现代数学基础丛书·典藏版　26

# 同调代数

周伯壎　著

科学出版社
北　京

## 内 容 简 介

同调代数是本世纪四十年代发展起来的，现在已成为代数学中的重要方向之一．同调代数是代数学中研究群、环、模理论的重要工具，也是研究数学中其他分支如：代数几何学、拓扑学、微分几何、函数论、代数数论的有效工具．

本书阐述同调代数的基本理论与方法，包括范畴、模、同调、同调函子与一些环、谱序列等五章．另外还有两个附录，阐述正则局部环的理论与 Serre 问题．

本书论证严格，起点不太高，但较深入，可供学过近世代数的大学生、研究生及数学工作者参考．

**图书在版编目(CIP)数据**

同调代数/周伯壎著．—北京：科学出版社，1988.2（2016.6 重印）
(现代数学基础丛书・典藏版；26)
ISBN 978-7-03-000628-8

I. ①同…　II. ①周…　III. ①同调代数　IV. ①O154

中国版本图书馆 CIP 数据核字(2016) 第 113130 号

责任编辑：张　扬／责任校对：林青梅
责任印制：徐晓晨／封面设计：王　浩

科学出版社出版
北京东黄城根北街 16 号
邮政编码：100717
http://www.sciencep.com

北京厚诚则铭印刷科技有限公司印刷

科学出版社发行　各地新华书店经销

*

1988 年 2 月第　一　版　开本：B5(720×1000)
2016 年 6 月印　　刷　印张：24
字数：311 000

**定价：168.00 元**

(如有印装质量问题，我社负责调换)

# 前　言

本世纪四十年代，代数拓扑学的一些概念与方法被引进到纯代数的领域，因而形成一种新的理论．在这种新的理论形成之初，许多代数学家都对其所研究的对象、所使用的方法以及所考虑的问题深感兴趣，因此，这种理论就被发展成代数学中的一个新的方向，称之为同调代数．同调代数的兴起对于群、李代数与可结合环的研究都起了非常重要的作用．特别是，五十年代末，数学家们运用同调代数的理论和方法证明了 Krull 的推测——任何正则局部环都是单一分解环——这样一个纯属环论的问题（代数几何学中所用的幂级数环当然是单一分解环，它是正则局部环的一个特例），因此，人们普遍认为，同调代数已不仅是一种理论，而且也是一种可以用来解决环论中的问题的有力工具．

本书的初稿是 1979 年在哈尔滨召开的同调代数讨论会上的讲稿，这几年又在教学实践中经过了多次的修改与增删而最后成书．笔者的意图是以不大的篇幅，使得青年代数工作者能在不太长的时间内（例如，学过近世代数的本科生或研究生在一个约 4 个研究生学分的课程内）就能基本掌握同调代数的一些基本理论和方法．

本书共五章．第一章阐述范畴，对偶原则与函子等基本概念，以作为同调代数的不可缺少的预备知识．事实上，范畴的概念和理论自从 1945 年由 MacLane 与 Eilenberg 提出以来，在数学的许多分支，例如代数几何学、拓扑学、微分几何学以及函数论中都已有所体现．

由于同调代数的研究对象基本上是模范畴以及由模范畴所派生的一些 Abel 范畴，所以第二章专门用来讨论模的基本概念、基本性质以及一些与后面几章有密切关系的模．第三章所讨论的同调与同调函子是同调代数的核心部分．代数拓扑中的复形、同调群、以及边缘等概念就是从这里引进代数学的. 建议读者在读这一章以前先读一下江泽涵著的《拓扑学引论》第三章，1，2两节，这样就可以有一些感性的知识. 讨论环的同调性质是第四章的内容. 该章首先考虑了模与环的同调维数以及一些有关的问题，随即讨论一些特殊类型的环.

由 Lerry (1946) 与 Koszul (1947) 所创立的谱序列既是一种理论，也是一种研究同调模的有效方法. 第五章引用 Massey 于 1952 年所提的正合偶来形成谱序列，并用过滤的理论举例说明谱序列在某些双复形上的应用. 末尾也简单地介绍了 Grothendieck 谱序列. 谱序列是一个较深的理论，本章的叙述仅仅是初步的介绍.

在书的末尾，我们加了两段附录，一是前面提到过的正则局部环，一是 Serre 问题. 后者是美国与苏联的数学家们在 1976 年几乎同时解决的. 实际上，附录是值得一读的. 读者在读过这些证明(以及多项式函子、矩阵函子等证明)以后，一定会十分欣赏其高超的技巧.

以上是笔者的设想、取材与安排，是否恰当尚祈读者不吝指正.

周伯壎

1984年7月于南京大学

# 目　　录

# 第一章 范 畴

## §1 范畴的概念

我们在数学中所研究的对象是多种多样的.但是,在某一个问题或某一个分支中,我们往往只研究某一种特定类型的对象,以及它们两两之间的某种关系与联系,例如,集合论研究集合与映射,群论研究群和群同态,拓扑学研究拓扑空间与连续映射,等等.本世纪四十年代中期,数学家们将每一种类型的所有对象,以及对象与对象之间的所述关系与联系都合成一个总体,发现不同的总体却有一些共同的简单规律,因此建立了一种统一的数学系统,这就是范畴的思想. 于是,所有的非空集合连同所有的映射组成集合的范畴 $\mathbb{S}$;所有的群连同所有的群同态组成群范畴 $\mathbb{G}$;所有的拓扑空间连同所有的连续映射组成拓扑空间的范畴 $\mathbb{T}$op, 等等. 归纳这些范畴的共同的性质,我们取

**定义 1** 一个范畴(category) $\mathbb{C}$ 是由下列三种成员所组成的:

$C_1$ 一类对象 $A$, $B$, $C$, $\cdots$;

$C_2$ 一类由每一对对象 $A$ 与 $B$ (相等或相异)所唯一确定的集合 $\mathbb{C}(A, B)$,集合中的元素叫做态射(morphism),而当 $\sigma\in\mathbb{C}(A, B)$ 时,$A$ 为 $\sigma$ 的定义域(domain), $B$ 为 $\sigma$ 的变区(range);

$C_3$ 一种对应方法, 使对任何 $\sigma\in\mathbb{C}(A, B)$ 与 $\tau\in\mathbb{C}(B, C)$ 都能对应唯一的一个 $\rho\in\mathbb{C}(A, C)$, 这个 $\rho$ 称为 $\sigma$ 与 $\tau$ 的乘积, 记成 $\rho=\tau\sigma$;

它们都应服从以下的三条公理:

$A_1$ 不相交性: 除非 $A=A'$ 且 $B=B'$, 态射集 $\mathbb{C}(A, B)$ 与 $\mathbb{C}(A', B')$ 不能相交;

$A_2$ 结合律: 当 $\sigma\in\mathbb{C}(A, B)$, $\tau\in\mathbb{C}(B, C)$, $f\in\mathbb{C}(C, D)$ 时, $f(\tau\sigma)=(f\tau)\sigma$;

$A_3$ 恒等态射的存在性：对任一对象 $A$，$\mathbb{C}(A, A)$中至少有一个元素 $\varepsilon_A$，使对任何 $\sigma\in\mathbb{C}(A, B)$，恒有 $\sigma\varepsilon_A=\sigma=\varepsilon_B\sigma$.

就范畴 $\mathbb{S}$ 来说，其对象是全体集合，$\mathbb{S}(A, B)$是由集合 $A$ 到集合$B$的所有映射之集．若 $\sigma\in\mathbb{S}(A, B)$，$\tau\in\mathbb{S}(B, C)$，对任何 $a\in A$，$(\tau\sigma)(a)=\tau(\sigma(a))\in C$，则 $\tau\sigma\in\mathbb{S}(A, C)$．再取 $\varepsilon_A$ 为集合 $A$ 到其自身的恒等映射 $\varepsilon_A(a)=a$，$\forall a\in A$，那么，显见，所有的三条公理均被满足．对于范畴 $\mathbb{G}$，对象是群，态射集 $\mathbb{G}(A, B)$是由群 $A$ 到群 $B$ 的所有群同态之集．对于范畴 $\mathbb{T}$op，对象是拓扑空间，态射是连续映射．此外，所有的交换群连同其所有的群同态组成交换群的范畴 $\mathbb{A}G$；所有的自由群连同其群同态组成自由群的范畴 $\mathbb{F}G$；而所有的自由交换群连同其群同态组成自由交换群范畴 $\mathbb{F}AG$，等等．

我们需要对定义 1 再作三点注释．

首先，$C_1$ 强调，任何一个范畴 $\mathbb{C}$ 的所有对象全体只是一个“类”，而不一定是一个集合．这意味着，所有对象全体无须满足集合的公理系，不然的话，如果规定全体对象组成一个集合，那么，对于 $\mathbb{S}$，必然会出现“所有集合的集合”这样的语句，这在逻辑上是荒谬的．虽然如此，我们仍然可以用集合论中的某些记号，例如，“$A\in\mathbb{C}$”或“$A\in\mathrm{obj}\mathbb{C}$”将表示“$A$ 是范畴 $\mathbb{C}$ 的一个对象”．当然，$C_1$ 也没有否定某一范畴的全体对象组成一个集合的可能性．在这种情况(所有对象组成一个集合时)，这个范畴将称为小范畴．

其次，$C_2$ 规定，任何一对对象 $A$ 与 $B$ 必有一个态射集 $\mathbb{C}(A, B)$ 与之对应，但是并没有强调 $\mathbb{C}(A, B)$ 不是空集($\mathbb{C}(A, A)$ 当然不能是空集，因为它至少含有一个元素 $\varepsilon_A$)．不难定义一个范畴 $\mathbb{C}$，使当 $A\neq B$ 时，$\mathbb{C}(A, B)$ 一定是一个空集．这样的范畴称为一个离散范畴(discrete category)．

最后，由 $A_3$，$\mathbb{C}(A, A)$ 中至少含有一个恒等态射 $\varepsilon_A$．当然，$\mathbb{C}(A, A)$ 中只能有一个恒等态射 $\varepsilon_A$，因为若 $\varepsilon'_A$ 也是一个恒等态射，则必有 $\varepsilon_A=\varepsilon_A\varepsilon'_A=\varepsilon'_A$．所以，对任何范畴 $\mathbb{C}$，与任何对象 $A$，$\mathbb{C}(A, A)$ 必是一个幺半群(monoid，有单位元的半群)．于是，一

个离散范畴只不过是一类对象 $A$, $B$, $C$, $\cdots$, 而每一个对象对应一个幺半群而已. 特别,若 $G$ 是任意的一个幺半群, 那么,我们就可以定义一个范畴 $\mathbb{C}$, 它只有一个对象, 用一个符号 $A$ 来表示, 而 $\mathbb{C}(A, A)$ 就取所给的 $G$. 这样, 只有一个对象的范畴叫做一个独异范畴.

在上面所举 $\mathbb{S}$, $\mathbb{G}$, $\mathbb{T}$op, 等等这些例子中,所有的态射都是映射,甚至于是同态(保持其代数结构),因而叫做态射,但是,在一般的范畴中, 其态射可以根本不是映射, 当然谈不上是同态了, 因为定义 1 并没有作此规定. 离散范畴当然就是这种类型. 我们再举一个例子,它在以后是要用到的.

**例 1** 拟有序集 设 $\Omega$ 为一个集合, 其元素之间存在一种可传与自反的关系 $R$, 即,若 $aRb$, 且 $bRc$, 则 $aRc$; 而且对任何 $a\in\Omega$, 恒有 $aRa$. 这种集合称为拟有序集. 我们现在以 $\Omega$ 的元素为对象来作成一个范畴 $\mathbb{C}$, 使当 $aRb$ 时定义 $\mathbb{C}(a, b)$ 为一个单元集合, 其唯一的元素是一个符号 $\phi_{ab}$, 如 $a$ 对 $b$ 无此关系. 即, 当 $a\bar{R}b$ 时, 定义 $\mathbb{C}(a, b)$ 为空集. 容易逐条验证,所有的 $a\in\Omega$ 连同所定义的 $\mathbb{C}(a, b)$ 组成一个范畴. 这里的态射根本不是映射,当然更不是同态.

下列两个例子是拟有序集的特例.

**例 2** 设 $\Omega$ 为实数集(所有实数之集的任一非空子集), $aRb$ 表示 $a\leqslant b$, 则得一个范畴.

**例 3** 以 $\Omega$ 表正整数集, $aRb$ 的意思是 $a$ 可整除 $b$(记为 $a|b$) 也得一个范畴.

设 $\mathbb{C}$ 为任一个范畴,我们常用一个箭头来表示态射, 即, 符号 $\sigma$: $A\to B$, 或 $A\xrightarrow{\sigma}B$ 都表示 $\sigma\in\mathbb{C}(A, B)$, 因此, $\sigma$ 的定义域 $A$ 也称为 $\sigma$ 的源(source),而其变区 $B$ 又叫做 $\sigma$ 的靶(target). 用交换图往往可以很形象地表达态射与态射的关系. 在平面上或空间中取一些点, 每一点代表一个对象, 不同的点可以代表同一个对象, 但一个点不能代表两个不相同的对象. 在点与点之间用箭头(代表相应的态射)连接起来，则得到一个由点与箭头所组成的图形。如果从图形上的任一顶点 $A$ 出发，沿着箭头方向有两条或两条以上的路径都可到达 $B$ 点，且任一路径上诸态射之积一定等于其余路径上诸态射之积，我们就称此图可交换. 通常以虚箭头来表示未知的或待定的态射，于是下列的左中右三图，若可交换则相应地表示 $f=\tau\sigma$; $\rho(\tau\sigma)=\rho f=g\sigma=(\rho\tau)\sigma$; 存在一个 $\tau\in\mathbb{C}(B, C)$ (或者求一个 $\tau\in\mathbb{C}(B, C)$) 使 $\tau\sigma=f$.

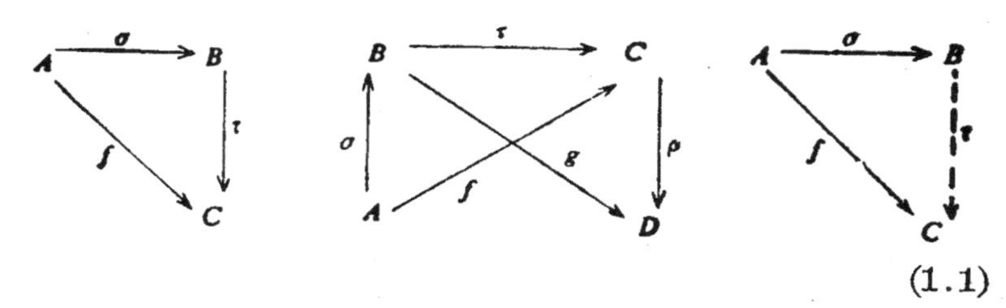


(1.1)

在抽象群论中，同构的群往往被认为是等同的. 这个概念也可以引用于范畴中的对象.

**定义 2** 设 $\sigma\in\mathbb{C}(A, B)$. 如果有 $\tau\in\mathbb{C}(B, A)$, 使 $\tau\sigma=\varepsilon_A$, $\sigma\tau=\varepsilon_B$(注意，两个条件缺一不可)，则称 $A$ 与 $B$ 是同构的，也称本质相等的，这时 $\sigma$ 与 $\tau$ 都叫同构，或单位态射，而且互为逆态射. 显然，单位态射的逆(不分左右)态射是唯一的.

对象的同构性显然是自反的、对称的、与可传的，因此任一范畴中的对象可按同构性来分成许多等价类，同一类中的对象都同构，不同类中的对象不能同构. 通常，若 $A$ 与 $B$ 同构，我们就写成 $A=B$, 这实际上表示 $A$ 所属的等价类等于 $B$ 所属的等价类. 当然，对某些具体情况，“=”往往表示“等同”，“$A=B$”的意思是“$A$ 与 $B$ 是同一个对象，不仅同构而已”. 在本书中(实际上在每一本抽象代数中). “=”往往都有这两种含义，读时必须注意. 有时为了强调 $A$ 与 $B$ 虽同构但不一定等同时，我们也采用记号“$A\cong B$”.

如果 $\sigma: A\to B$ 为同构，$\tau$ 为其逆态射，那么，在任何有关 $A$ 的交换图中，若换 $A$ 为 $B$, 换 $f\in\mathbb{C}(A, D)$ 为 $f\sigma$, 换 $g\in\mathbb{C}(E, A)$ 为 $\tau g$, 所得的图当然仍可交换，所以，在范畴的理论中，同构的对象

实际上具有相同的性质.

## §2 逆范畴与对偶原则

设$\mathbb{C}$为一个范畴, $A$, $B$, $C$, $\cdots$ 为其对象, $\mathbb{C}(A, B)$, $\cdots$ 为其态射集. 我们来用下列的方法作一个新的范畴 $\mathbb{C}^0$.

取 $\mathbb{C}^0$ 的对象仍为 $A$, $B$, $C$, $\cdots$, 但为了区别起见, 同一个 $A$ 在作为 $\mathbb{C}^0$ 的对象时改写成 $A^0$. 又取态射集 $\mathbb{C}^0(A^0, B^0)=\mathbb{C}(B, A)$, 同样, $\sigma\in\mathbb{C}(B, A)$在作为 $\mathbb{C}^0(A^0, B^0)$中的元素时, 改写成 $\sigma^0$. 因此, 同一个 $\sigma$, 在 $\mathbb{C}$ 中它的定义域是 $B$, 变区是 $A$, 而在 $\mathbb{C}^0$ 中, 它的定义域却是 $A^0=A$, 变区是 $B^0=B$, 恰好倒过来. 当 $\sigma^0\in\mathbb{C}^0(A^0, B^0)$, $\tau^0\in\mathbb{C}^0(B^0, C^0)$时, 因 $\sigma\in\mathbb{C}(B, A)$, $\tau\in\mathbb{C}(C, B)$, 故 $\sigma\tau\in\mathbb{C}(C, A)=\mathbb{C}^0(A^0, C^0)$, 所以我们定义 $\tau^0\sigma^0=\sigma\tau=(\sigma\tau)^0\in\mathbb{C}^0(A^0, C^0)$. 一般地, 定义 $\sigma_1^0\sigma_2^0\cdots\sigma_n^0=\sigma_n\sigma_{n-1}\cdots\sigma_1$. 于是组成 $\mathbb{C}^0$ 的三种成员都已确定. 容易验证, 三条公理也都是满足的. 所以 $\mathbb{C}^0$ 是一个范畴, 它称为范畴 $\mathbb{C}$ 的逆范畴. 显然 $\mathbb{C}^{00}=\mathbb{C}$. 对于 $\mathbb{C}$ 的任一交换图, 若把所有的对象与每一个态射的右上角都加上"0", 同时把所有的箭头都调转方向(都变成 $\mathbb{C}^0$ 中的对象与态射), 则得一个有关 $\mathbb{C}^0$ 的交换图. 同样, 对于 $\mathbb{C}^0$ 的任一个交换图, 擦去所有对象与态射的右上角的"0", 同时调转所有箭头的方向(变成 $\mathbb{C}$ 的对象与态射), 则得 $\mathbb{C}$ 的一个交换图.

例如, 对于群范畴 $\mathbb{G}$, 其逆范畴 $\mathbb{G}^0$ 的对象仍然是群, 但态射集 $\mathbb{G}^0(A^0, B^0)$却是由群 $B$ 到群 $A$ 的所有群同态之集. 再以§1中的例3为例. 以 $\mathbb{C}$ 表示那里的范畴, 那么, $\mathbb{C}^0$ 的对象仍然是正整数, 但当 $b|a$ 时, $\mathbb{C}^0(a, b)$是单元集合(注意, 若 $a$ 是 $b$ 的因数, 则 $\mathbb{C}(a, b)$是单元集合, 现在变成, $a$ 是 $b$ 的倍数时, $\mathbb{C}^0(a, b)$是单元集合), 否则 $\mathbb{C}^0(a, b)$是空集.

逆范畴所起的作用在于它提供了极其重要的对偶原则.

假定 $S$ 是一句对任何范畴都有意义的陈述语(说明一个概念, 提出一个命题, 肯定一条规律, 等等), 将 $S$ 引用于范畴 $\mathbb{C}$ 与 $\mathbb{C}^0$ 上,我们就得到两句有关 $\mathbb{C}$ 与 $\mathbb{C}^0$ 的陈述语 $S(\mathbb{C})$ 与 $S(\mathbb{C}^0)$，最后将 $S(\mathbb{C}^0)$ 翻译成一句有关 $\mathbb{C}$ 的陈述语，就是，$S(\mathbb{C}^0)$ 中 $\mathbb{C}^0$ 的对象都换成 $\mathbb{C}$ 的相应对象（只要擦去右上角的"0"），$\mathbb{C}^0$ 的态射都改成 $\mathbb{C}$ 的相应态射（擦去右上角的"0"，再调转方向），这样所得到的陈述语 $S^0(\mathbb{C})$ 是 $S(\mathbb{C})$ 的对偶陈述语. 若 $S(\mathbb{C})$ 说明一个概念，则 $S^0(\mathbb{C})$ 说明其对偶概念；若 $S(\mathbb{C})$ 是一个命题，则 $S^0(\mathbb{C})$ 是对偶命题；特别，如果 $S$ 是一条对 $\mathbb{C}$ 与 $\mathbb{C}^0$ 都已证明的定理，则 $S^0(\mathbb{C})$ 也是一条定理，勿需再证（因为 $S(\mathbb{C}^0)$ 与 $S^0(\mathbb{C})$ 是等价的）. 这就是对偶原则. 因此，由对偶原则，一个概念就变成两个概念，一条定理就变成两条定理.

下列定义中的始对象与终对象是一对最简单的对偶概念.

**定义 3** 若对任何对象 $A$, $\mathbb{C}(I, A)$ 一定是单元集合（只含有一个元素的集合），则 $I$ 叫做始对象；若对任何 $A$, $\mathbb{C}(A, T)$ 一定是单元集合，则 $T$ 叫终对象；若 $Z$ 既是始对象，又是终对象，则 $T$ 称为零对象.

例如，$\mathbb{S}$ 没有始对象，任何单元集合都是终对象；在§1例3的范畴中，1是始对象，但无终对象；在群范畴 $\mathbb{G}$ 中，单元群（只有一个元素的群）既是始对象，又是终对象，因而是零对象.

现在来说明始对象与终对象是相互对偶的概念.

以 $S(\mathbb{C})$ 表示定义3中的前半句话（始对象的定义）：若对任何对象 $A$, $\mathbb{C}(I, A)$ 一定是单元集合，则 $I$ 叫做（$\mathbb{C}$ 的）一个始对象. 那么，$S(\mathbb{C}^0)$ 就是 $\mathbb{C}^0$ 中的始对象的定义：若对任何对象 $A^0$, $\mathbb{C}^0(T^0, A^0)$ 一定是单元集合，则 $T^0$ 叫做（$\mathbb{C}^0$ 的）一个始对象. 由于 $\mathbb{C}^0(T^0, A^0)=\mathbb{C}(A, T)$，所以把 $S(\mathbb{C}^0)$ 翻译成有关 $\mathbb{C}$ 的陈述语，我们就得到 $S^0(\mathbb{C})$：若对任何对象 $A$, $C(A, T)$ 一定是单元集合，则 $T$ 为终对象.

显然，一个范畴 $\mathbb{C}$ 若有始对象，它本质上只能有一个始对象. 事实上，若 $I$ 与 $I'$ 都是始对象，那么，$\mathbb{C}(I, I')$ 与 $\mathbb{C}(I', I)$ 都是单元集合，其态射之积除了等于 $\varepsilon_I$ 与 $\varepsilon_{I'}$ 以外没有其它的可能性. 所以 $I$ 与 $I'$ 本质相等. 本命题既然对任何范畴都正确，它对 $\mathbb{C}^0$ 当然也是正确的. 但 $\mathbb{C}^0$ 中的始对象就是 $\mathbb{C}$ 的终对象, 所以本命题的对偶命题"范畴 $\mathbb{C}$ 若有终对象, 它基本上只能有一个终对象"也必然是正确的,无须再来证明.

至于零对象,我们有

**定理 1** 若 $\mathbb{C}$ 有零对象, 它本质上只能有一个零对象. 设 $Z$ 为任一个零对象, $O_{AZ}$ 与 $O_{ZB}$ 为 $\mathbb{C}(A, Z)$ 与 $\mathbb{C}(Z, B)$ 中唯一的元素,则乘积 $O_{ZB}O_{AZ}$ 不随零对象的选取而改变.

证 定理的第一部分由始对象与终对象的本质唯一性来得到.

第二部分的意思是,若 $Z'$ 是另一个零对象,则必有

$$O_{ZB}O_{AZ}=O_{Z'B}O_{AZ'}. \tag{2.1}$$

这也就是说,下面的图

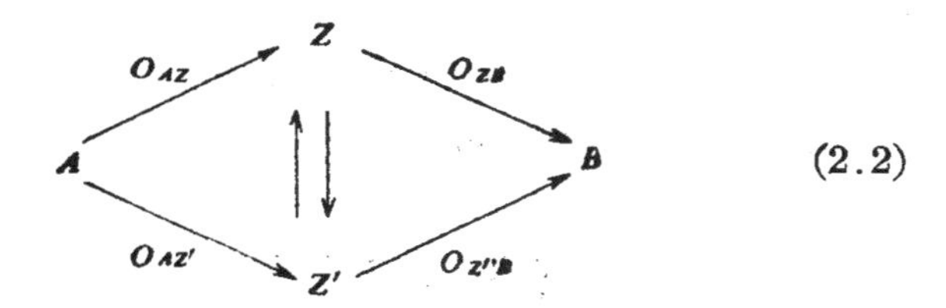


(2.2)

可交换,这里 $\sigma$ 与 $\tau$ 是 $\mathbb{C}(Z, Z')$ 与 $\mathbb{C}(Z', Z)$ 中唯一的元素.

我们首先有 $\tau O_{AZ'}=O_{AZ}$, $O_{Z'B}\sigma=O_{ZB}$, 所以

$$O_{ZB}O_{AZ}=O_{Z'B}\sigma\tau O_{AZ'}=O_{Z'B}\varepsilon_{Z'}O_{AZ'}=O_{Z'B}O_{AZ'},$$

即得(2.1). □

我们常以 $O_{AB}$ 来表示乘积 $O_{ZB}O_{AZ}$, 这里 $Z$ 是任一个零对象, 这个 $O_{AB}$ 叫做 $\mathbb{C}(A, B)$ 中的**零态射**. 于是, 若 $\mathbb{C}$ 有零对象, 则每一个 $\mathbb{C}(A, B)$ 中有一个且仅一个零态射. 为了简化, $O_{AB}$ 也记成 $O$. 当然在具体问题中, 我们应该认清, 同一个记号 $O$ 到底是 $O_{AB}$ 还是 $O_{A'B'}$. 我们再约定, "$O$"这个记号也用来表示零对象, 这样作在范畴理论中并无害处,但却便于叙述.

**推论** 设 $f\in\mathbb{C}(A, B)$, $g\in\mathbb{C}(B, C)$, 且 $f$ 与 $g$ 中至少有一个等于 0, 则 $gf=0$.

事实上，若 $f=O_{OB}O_{AO}$，则 $gf=gO_{OB}O_{AO}=O_{OC}O_{AO}=O_{AC}$. □

就范畴 $\mathbb{A}G$（所有的交换群连同其群同态所组成的范畴）来说明零对象与零态射的意义是一个很有直观性的例子. 我们假定所有交换群的群运算都是"+"法，那么，只有一个元素的群就是零群，以 $O$ 表示，而且每一个交换群都以 $O$ 为其最小的子群，易知，$\mathbb{A}G(A, O)$ 的唯一元素就是把 $A$ 全部映成 $O$ 的群同态，而 $\mathbb{A}G(O, B)$ 的唯一元素是把 $O$ 映成 $B$ 的零元素的群同态. 所以，零态射 $O_{AB}$ 就是这样的一个群同态，它把 $A$ 的所有元素都映成 $B$ 的零元素.

现在我们可以提供一个例子来说明上述推论的逆命题一般是不能成立的——在 $gf=0$ 的情况，$g$ 与 $f$ 可能都不是 0，即，态射中可能有零因子. 取 $A$ 与 $B$ 都是交换群，且 $A$ 为 $B$ 的真子群但 $\neq 0$. 让 $f$: $A\to B$，使 $f(a)=a\in B$, $\forall a\in A$，再取 $g$ 为由 $B$ 到 $B/A$ 的群同态. 显然，$f$ 与 $g$ 都不是 0，但对任何 $a\in A$, $gf(a)$ 是 $B/A$ 的零元素，故 $gf=0$.

## §3 单态射与满态射

在集合论中，设 $f$: $A\to B$ 是一个由集合 $A$ 到集合 $B$ 的映射，如果当 $a_1\neq a_2$ 时，必有 $f(a_1)\neq f(a_2)$，则 $f$ 叫做单映射；如果对于任何 $b\in B$，至少必有一个 $a\in A$，使 $f(a)=b$，则 $f$ 叫做满映射. 这样的提法在范畴论中是不能引用的，因为一般的范畴中的对象未必是集合，其态射也不一定是映射（例如 § 1 的例 1），没有 $a\in A$，与 $f(a)$ 这样的概念. 所以，要想把单映射与满映射这样的概念引用于范畴中，我们必须能够找到一种对任何范畴都有意义的陈述语.

我们先来看看作为单（满）映射需要什么充要条件. 先设 $f$: $A\to B$ 是单映射. 任取 $g_1$ 与 $g_2$ 都是由集合 $C$ 到集合 $A$ 的映射. 如果 $g_1\neq g_2$，必有 $c\in C$，使 $g_1(c)\neq g_2(c)$，因而 $fg_1(c)\neq fg_2(c)$，即 $fg_1\neq fg_2$. 因此，$f$ 是单映射的充要条件是，对任何 $C$，对任何 $g_1$,

$g_2$: $C \to A$，在 $fg_1 = fg_2$ 时，必有 $g_1 = g_2$。同样可以证明，$f$ 是满映射的充要条件是，对任何 $D$，任何 $h_1$，$h_2$: $B \to D$，在 $h_1 f = h_2 f$ 时，必有 $h_1 = h_2$。

这两个充要条件当然也可以作为单、满映射的定义。特别，由于它们本身对于任何范畴都有意义，所以我们取它们为单、满态射的定义。

**定义 4** 设 $f \in \mathbb{C}(A, B)$。如果对于任何 $C$，任何 $g_1$ 与 $g_2 \in \mathbb{C}(C, A)$，在 $fg_1 = fg_2$ 时，必然有 $g_1 = g_2$（满足左消去律），则 $f$ 叫做一个**单态射**。如果对于任何 $D$，任何 $h_1$，$h_2 \in \mathbb{C}(B, D)$，在 $h_1 f = h_2 f$ 时，必然有 $h_1 = h_2$（满足右消去律），则 $f$ 叫做一个**满态射**

在用箭头表示态射时，单态射常表以"$\rightarrowtail$"，而满态射常表以"$\twoheadrightarrow$"。

逆范畴 $\mathbb{C}^0$ 中的单态射的定义应该是"在 $f^0 h_1^0 = f^0 h_2^0$ 时，必然有 $h_1^0 = h_2^0$"。把这句陈述语翻译成有关 $\mathbb{C}$ 的陈述语，则得"$h_1 f = h_2 f$ 时，必然 $h_1 = h_2$"，这恰是满态射的定义。因此，单态射与满态射是相互对偶的。换言之，$f$: $A \to B$ 是单（满）态射，当且仅当 $f^0$: $B^0 \to A^0$ 是（$\mathbb{C}^0$ 中的）满（单）态射。所以，在把一句有关 $\mathbb{C}^0$ 的陈述语 $S(\mathbb{C}^0)$ 翻译成 $S(\mathbb{C})$ 的对偶陈述语 $S^0(\mathbb{C})$ 时，必须把 $S(\mathbb{C}^0)$ 中的满（单）态射改成单（满）态射。

**定理 2** 若 $fg$ 是满态射，则 $f$ 是满态射。

证 设有 $h_1 f = h_2 f$，则 $h_1 fg = h_2 fg$。因 $fg$ 是满态射，故 $h_1 = h_2$。□

将定理 2 应用于范畴 $\mathbb{C}^0$，即得"若 $f^0 g^0$ 是满态射，则 $f^0$ 是满态射"。翻译成有关 $\mathbb{C}$ 的陈述语，即得定理 2 的对偶定理。

**定理 2°** 若 $gf$ 是单态射，则 $f$ 是单态射。

定理 2° 的正确性是由对偶原则所保证的，所以勿需再证（虽然独立证明也是非常容易的）。

我们已经知道，在集合范畴 $\mathbb{S}$ 中，单（满）映射必是单（满）态射，其实，在群范畴 $\mathbb{G}$ 中也是这样，见

**定理 3** 在 $\mathbb{G}$ 中，$f \in \mathbb{G}(A, B)$ 是单（满）态射当且仅当 $f$ 是单

（满）同态.

注意，本定理的单满两部分都需证明，不能用对偶原则.

证　先证"单"部分.

设 $f: A\to B$ 为从群 $A$ 到 $B$ 的一个单同态（保持群结构的单映射），则当 $a_1, a_2\in A$，但 $a_1\neq a_2$ 时，$f(a_1)\neq f(a_2)$. 如果 $f$ 不是单态射，必有群 $C$，与 $g_1, g_2: C\to A$，$g_1\neq g_2$，但 $fg_1=fg_2$. 取 $c\in C$，使 $g_1(c)\neq g_2(c)$，于是 $fg_1(c)\neq fg_2(c)$，这时不可能有 $fg_1=fg_2$. 矛盾.

反过来，若 $f: A\to B$ 不是单同态，其核 $N$（是 $A$ 的某一个正规子群）至少要含有两个元素. 取 $g_1: N\rightarrowtail A$ 为嵌入映射，即，当 $a\in N$ 时，$g_1(a)=a\in A$. 又取 $g_2: N\to A$，使对任何 $a\in N$，恒有 $g_2(a)=e$ 为 $A$ 的单位元. 于是 $fg_1$ 与 $fg_2$ 都属于 $\mathbb{G}(N, B)$，它们都把 $N$ 的元素映成 $B$ 的单位元，故 $fg_1=fg_2$. 但因 $g_1\neq g_2$，左消去律不能成立，所以 $f$ 不能是单态射. "单"部分得证.

再证"满"部分.

设 $f: A\to B$ 为满同态（保持群结构的满映射），我们要证 $f$ 必是满态射. 任取 $g_1, g_2\in\mathbb{G}(B, C)$. 如果 $g_1\neq g_2$，则有 $b\in B$，使 $g_1(b)\neq g_2(b)$. 因 $f$ 是满同态，必有 $a\in A$，使 $f(a)=b$，因此 $g_1f(a)\neq g_2f(a)$. 这时 $g_1f$ 不能等于 $g_2f$. 因此，若 $g_1f=g_2f$，必然有 $g_1=g_2$. 这说明右消去律成立，因而 $f$ 是满态射.

反过来，如果 $f: A\to B$ 不是满同态，我们要证明它也不能是满态射. 为此，我们需要找到一个群 $S$，使在 $\mathbb{G}(B, S)$ 中有两个群同态 $g_1$ 与 $g_2$，$g_1\neq g_2$，但 $g_1f=g_2f$. 这说明右消去律不成立，因而就证明了 $f$ 不是满态射.

让 $f(A)=H$，它必是 $B$ 的一个真子群（因 $f$ 不是满同态）. 让 $\Phi=\mathbb{S}(B, GF(2))$，这里 $B$ 看成一个集合，$GF(2)$ 为二元域. 当 $\phi, \psi\in\Phi$，$x\in B$ 时，令 $(\phi+\psi)(x)=\phi(x)+\psi(x)$，则 $\Phi$ 作成一个交换群. 又当 $b, x\in B$，$\phi\in\Phi$ 时，定义 $(b\phi)(x)=\phi(xb)$，于是 $b\phi\in\Phi$，而且 $b(\phi+\psi)=b\phi+b\psi$，$(bb')\phi=b(b'\phi)$，$\phi+\phi=0$.

以 $S$ 表示所有二元向量 $(\phi, b)$ 之集，$\phi\in\Phi$，$b\in B$，并规定

$(\phi, b)(\psi, b') = (\phi + b\psi, bb')$. 不难验证，乘法满足结合律；$(0,1)$为单位元，这里 0 表示将 $B$ 的所有元素都映成 $GF(2)$ 的 0 元素之映射，而 1 为 $B$ 的单位元；而且 $(b^{-1}\phi, b^{-1})$ 为 $(\phi, b)$ 的逆元素. 故 $S$ 为一个群.

当 $b \in B$ 时，定义 $g_1(b) = (0, b) \in S$.

为了定义 $g_2$，我们取这样的 $\psi \in \Phi$，使当 $x \in H$ 时，$\psi(x) = 1$，而当 $x \in B$ 但 $\overline{\in} H$ 时，$\psi(x) = 0$. 于是，定义 $g_2(b) = (\psi + b\psi, b) \in S$. 易知 $g_1$ 与 $g_2$ 都是群同态，而且都是单的.

我们再证明，若 $b \in H$ 则 $\psi + b\psi = 0$，而当 $b \overline{\in} H$ 时，$\psi + b\psi \neq 0$. 事实上，当 $b \in H$ 时，若 $x \in H$，则 $(\psi + b\psi)(x) = \psi(x) + \psi(xb) = 1 + 1 = 0$，若 $x \overline{\in} H$，则 $(\psi + b\psi)(x) = \psi(x) + \psi(xb) = 0 + 0 = 0$. 所以，不论 $x$ 是否属于 $H$，$(\psi + b\psi)(x)$ 总等于 0，即，$\psi + b\psi = 0$. 当 $b \overline{\in} H$ 时，若 $x \in H$，必有 $(\psi + b\psi)(x) = \psi(x) + \psi(xb) = 1 + 0 = 1 \neq 0$，所以，$\psi + b\psi \neq 0$.

因此，当 $b \in H$ 时，$g_1(b) = (0, b) = g_2(b)$，而当 $b \overline{\in} H$ 时，$g_1(b) \neq g_2(b)$. 故得 $g_1 \neq g_2$.

对于任何 $a \in A$，$f(a) \in H$，所以 $g_1 f(a) = g_2 f(a)$，因此 $g_1 f = g_2 f$. 定理得证.

**定理 4** 单位态射是既单且满的.

证 若 $\sigma$ 是单位态射，则有 $\tau$，使 $\sigma\tau$ 与 $\tau\sigma$ 都是恒等态射. 恒等态射当然是既单又满的，故由定理 3，$\sigma$ 是既单且满的. □

对于范畴 $\mathbb{S}$, $\mathbb{G}$, $\mathbb{A}G$ 来说，定理 4 的逆定理也是正确的，因为在这些范畴中，既单且满的态射必是既单且满的映射与同态，即为同构，故有逆态射. 但是一般来说，定理 4 的逆命题是不正确的，既单且满的态射未必有逆态射. 举一个例子. 在实数集上建立两个拓扑，成为两个拓扑空间 $T$ 与 $T'$，前者是通常的拓扑，即以数学分析中所定的开集为 $T$ 的开集，后者是离散拓扑，每一个子集都是开集，特别是每一个点都是开集. 取 $f: T' \to T$，使对每一点 $a$，都有 $f(a) = a \in T$. 这个 $f$ 当然是连续的，而且是既单且满的. 其逆映射应该是这样的一个映射 $g: T \to T'$，使对每一个 $a \in T$，必有

$g(a)=a\in T''$. 但是 $g$ 是不连续的，因为在 $T'$ 中任取一点 $a$（它是 $T'$ 的一个开集），在 $T$ 中却找不到一个开集 $I$，使 $g(I)=a$，故 $g\overline{\in}$ $\mathbb{T}\mathrm{op}(T, T')$. 换言之，$f$ 没有逆态射，它当然不是单位态射.

最后，我们附注，若范畴 $\mathbb{C}$ 有零对象 $O$，则对任何对象 $B$，$\mathbb{C}(O, B)$ 中的唯一元素 $O_{OB}$ 必是一个单态射，因为 $O_{OB}$ 若能右乘以一个 $\sigma$，这个 $\sigma$ 的变区必然是 $O$，即，$\sigma$ 必是某一个 $\mathbb{C}(A, O)$ 中的元素. 但是 $\mathbb{C}(A, O)$ 中只有一个元素，所以在 $O_{OB}\sigma=O_{OB}\tau$ 时，必然有 $\sigma=\tau$. 对偶地，$\mathbb{C}(B, O)$ 中的唯一元素 $O_{BO}$ 必是满态射.

但，一般地，若 $A$ 不是终对象，则 $O_{AB}=O_{OB}O_{AO}$ 不是单态射；而当 $B$ 不是始对象时，$O_{AB}$ 不能是满态射.

## §4 核与上核

核与上核是范畴理论中的另一对非常重要的对偶概念.

**定义 5** 设范畴 $\mathbb{C}$ 有零对象，因而有零态射，则 $f\in\mathbb{C}(A, B)$ 的核 $\mathrm{Ker}\, f$ 是一个对象 $K$ 与一个态射 $\eta\in\mathbb{C}(K, A)$ 所组成的偶 $(K, \eta)$，使 (1) $\eta$ 是单态射；(2) $f\eta=0$；(3) 对任何 $g\in\mathbb{C}(D, A)$，只要 $fg=0$，就必有 $\tau\in\mathbb{C}(D, K)$，使 $\eta\tau=g$. 因此，若 $(K, \eta)$ 是 $\mathrm{Ker}\, f$，则对任何 $D$ 与任何 $g\in\mathbb{C}(D, A)$，在 $fg=0$ 时必有下面的交换图

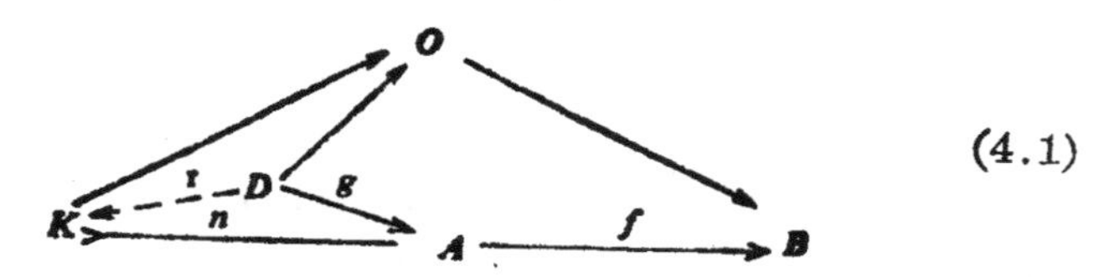


(4.1)

以群范畴 $\mathbb{G}$ 为例，其态射都是群同态. 如果 $f$ 是由群 $A$ 到 $B$ 的一个群同态，$K$ 是同态 $f$ 的核，则 $K$ 是 $A$ 的一个正规子群. 把 $K$ 从 $A$ 中拉出来，再嵌进入，则得一图

$$K \overset{\eta}{\rightarrowtail} A \overset{f}{\rightarrow} B \quad f\eta=0.$$

如果 $g$ 是群 $D$ 到 $A$ 的一个群同态，且 $fg=0$，则 $g(D)$ 必含在

$K \subseteq A$ 内．于是，当 $d \in D$ 时，让 $\tau(d) = g(d) \in K \subseteq A$，则 $\eta\tau = g$．这说明了，群同态 $f$ 的核也就是群范畴中的态射之核（加一个嵌入映射）．

定义 5 中的三个条件其实可以合并成两个条件．见

**定理 5** $(K, \eta)$ 是 $\mathrm{Ker}\, f$ 当且仅当 (1) $f\eta = 0$，(2) 对任何 $D$ 与 $g \in \mathbb{C}(D, A)$，只要 $fg = 0$，就必有唯一的 $\tau \in \mathbb{C}(D, K)$，使 $\eta\tau = g$．

我们看到，定义 5 中"$\eta$ 是单态射"这个条件换成了 $\tau$ 的唯一性．

证　若 $\eta$ 是单态射，则当 $g = \eta\tau_1 = \eta\tau_2$ 时，必有 $\tau_1 = \tau_2$．

反过来，若 $g = \eta\tau_1 = \eta\tau_2$，则因 $f\eta = 0$，必有 $fg = 0$．再从 $\tau_1$ 必等于 $\tau_2$ 得 $\eta$ 是单态射．□

定理 5 中的第二个条件常称为泛性质，它也是范畴理论中的一个很重要的性质．我们在本书中常要用到这个性质．

假定 $(K, \eta)$ 是 $f \in \mathbb{C}(A, B)$ 的核，那么，对任何单位态射 $\phi$: $K' \to K$（即 $K'$ 与 $K$ 同核），我们能证明：$(K', \eta\phi)$ 必也是 $f$ 的核．以群范畴 $\mathbb{G}$ 为例．我们常以记号 $\mathbb{Z}$ 来表示整数加法群（或环），而当 $p$ 为任一正整数时，以 $\mathbb{Z}_p$ 表示整数 mod $p$ 所得的加法群（或环）．让 $f$: $\mathbb{Z} \to \mathbb{Z}_p$．在群论中，$f$ 的核当然是 $(p)$．再以 $\eta$ 表示嵌入映射，则 $((b), \eta)$ 是态射 $f$ 的核．但对任何正整数 $m$，令 $\phi_m$: $(m) \to (b)$，使 $nm \mapsto np$，$n = 0, \pm 1, \pm 2, \cdots$，则 $((m), \eta\phi_m)$ 也是态射的核．由此看来，态射的核并不唯一．但由定义，我们立即就可得出

**推论 1** 若态射 $f$ 有核，它本质上只能有一个核．

事实上，若 $(K, \eta)$ 与 $(D, g)$ 都是 $f$ 的核，那么，因 $fg = 0$，必有唯一的 $\tau \in \mathbb{C}(D, K)$，使 $\eta\tau = g$．又从 $f\eta = 0$，必有唯一的 $\sigma \in \mathbb{C}(K, D)$，使 $g\sigma = \eta$．于是，$\eta\tau\sigma = g\sigma = \eta = \eta\varepsilon_K$．因 $\eta$ 是单态射，左消去律成立，$\tau\sigma = \varepsilon_K$．同理，$\sigma\tau = \varepsilon_D$．所以，$\tau$ 与 $\sigma$ 都是单位态射，而 $K$ 与 $D$ 同构．因此，$(K, \eta) = \mathrm{Ker}\, f$ 实际上是指一些同构于 $K$ 的对象连同相应的单态射所组成的等价类．

有时为简化计,"$(K, \eta)=\mathrm{Ker}\, f$"常改写成 $\eta=\mathrm{Ker}\, f$ 因为在 $\eta$ 已知时,其定义域 $K$ 当然是确定的,所以,可以省去.

核的对偶概念是上核. 为了用对偶原则来定义上核,我们任取 $f^0\in\mathbb{C}^0(B^0, A^0)$,并设$(W^0, \pi^0)$为 $f^0$ 的核,则有交换图

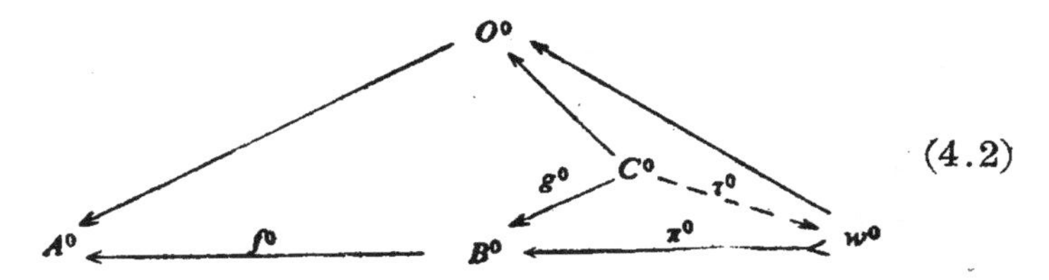


$$(4.2)$$

这是一个有关 $\mathbb{C}^0$ 的交换图. 翻译成 $\mathbb{C}$ 中的交换图(擦去右上角的"0",再调转所有的箭头方向,并注意,当 $\pi^0$ 是 $\mathbb{C}^0$ 中的单态射时,$\pi$ 是 $\mathbb{C}$ 中的满态射),得下列的交换图

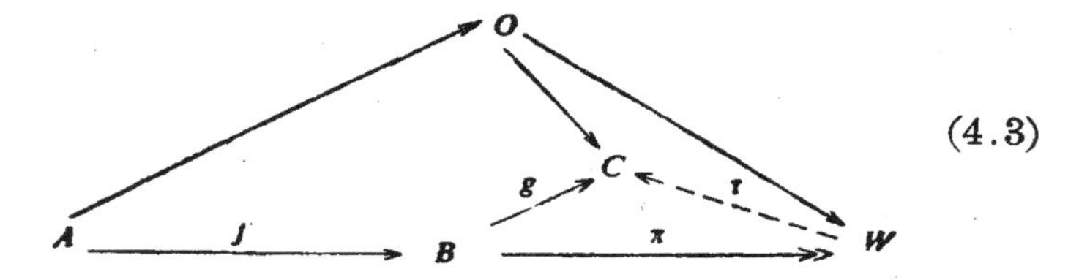


$$(4.3)$$

这个图表达了下面的定义.

**定义 5°** 设范畴有零对象,因而有零态射,则 $f\in\mathbb{C}(A, B)$的上核 $\mathrm{Cok}\, f$ 是一个对象 $W$ 与一个态射 $\pi\in\mathbb{C}(B, W)$所组成的偶,使 (1) $\pi$ 是满态射; (2) $\pi f=0$; (3) 对任何 $g\in\mathbb{C}(B, C)$, 只要 $gf=0$, 就必有 $\tau\in\mathbb{C}(W, C)$, 使 $\tau\pi=g$. 这时记成 $(W, \pi)=\mathrm{Cok}\, f$,或简记成 $\pi=\mathrm{Cok}\, f$.

定理 5 的对偶定理是

**定理 5°** $(W, \pi)$是 $\mathrm{Cok}\, f$ 当且仅当 (1) $\pi f=0$; (2) 对任何 $C$ 与任何 $g\in\mathbb{C}(B, C)$,只要 $gf=0$ 就必有唯一的 $\tau\in\mathbb{C}(W, C)$使 $\tau\pi=g$.

与核的情况一样, $\mathrm{Cok}\, f$ 也是一些同构的模与相应的满同态所组成的等价类. 类似地,$(W, \pi)=\mathrm{Cok}\, f$ 常简化成 $\pi=\mathrm{Cok}\, f$.

就群范畴 $\mathbb{G}$ 的情况来说明上核的意义．设 $f$: $A\to B$，如果 $B$ 是交换群，那么，$f(A)$（指 $f$ 的象）$=H$ 必是 $B$ 的正规子群．让 $W=B/H$，$\pi$为满同态 $B\to W$，那么，易证，$(W, \pi)=\mathrm{Cok}\ f$．但是在 $B$ 不是交换群的情况，问题就不那么简单了，因为这时 $f(A)=H$ 不一定是 $B$ 的正规子群．设$(W, \pi)=\mathrm{Cok}\ f$，则 $\pi$: $B\to W$ 是满同态，其核 $N$ 应是 $B$ 的一个正规子群且包含 $H$．不难证明，这时 $N$ 必须是包含 $H$ 的最小正规子群（所有包含 $H$ 的正规子群之交），因而 $W=B/N$.

我们证明

**定理 6** 设 $\mathbb{C}$ 有零对象，因而有零态射，则单态射的核是$(O, O)$（前一个 $O$ 指零对象，后一个 $O$ 指零态射）；而满态射的上核是$(O, O)$.

证 设 $f\in\mathbb{C}(A, B)$为单态射，$(K, \eta)=\mathrm{Ker}\ f$，则因 $f\eta=O=fO_{KA}$，故 $\eta=O_{KA}$．又因 $\eta$ 必须是单同态，所以 $O_{KA}$ 是单态射．如果 $K\neq 0$，$\mathbb{C}(K, K)$中至少有两个态射，一个是 $\varepsilon_K$，另一个是 $O_{KK}$，它们不能相等．但 $O_{KA}\varepsilon_K=O_{KA}O_{KK}$，左消去律不成立，矛盾．所以 $K$ 等于 0．□

逆命题一般不确．我们只需举一个反例来说明上核为零的态射未必是满态射就行了．取 $B$ 为一个单纯群，$A$ 为 $B$ 的一个真子群，$f$: $A\to B$ 为嵌入映射．由定理 3，$f$ 不是满态射（因它不是满同态）．但 $f(A)=A$，而包含 $A$ 的正规子群只能是 $B$，所以 $\mathrm{Cok}\ f=0$.

**推论 2** 零态射的核与上核都是单位态射.

事实上，$O_{AB}$ 的核显然是 $\varepsilon_A$．若 $\sigma\in\mathbb{C}(C, A)$也是 $O_{AB}$ 的核，则必有 $\tau\in\mathbb{C}(A, C)$，使 $\sigma\tau=\varepsilon_A$，$\tau\sigma=\varepsilon_C$，故 $\sigma$ 是单位态射．"上核"部分是类似的．□

## §5 积与上积

我们再来引进一对非常重要的对偶概念.

**定义 6** 设$\{A_\lambda\}$, $\lambda\in\varLambda$, 是范畴 $\mathbb{C}$ 中的一对象集, 如果对象 $A$ 与一集态射$\{\pi_\lambda\}$, $\pi_\lambda\in\mathbb{C}(A, A_\lambda)$, 具有泛性质, 即, 对任何 $C\in\mathbb{C}$, 与任何 $\sigma_\lambda\in\mathbb{C}(C, A_\lambda)$, 必有唯一的一个 $f\in\mathbb{C}(C, A)$, 使对任何 $\lambda\in\varLambda$ 均有交换图

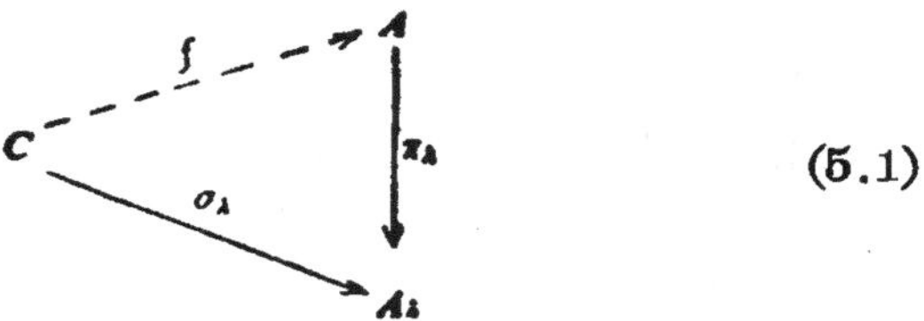


(5.1)

则$(A, \pi_\lambda)$叫做对象集$\{A_\lambda\}$的积或直积.

将(5.1)中所有的箭头都调转方向就得到积的对偶概念.

**定义 6°** 设$\{A_\lambda\}$, $\lambda\in\varLambda$, 是范畴 $\mathbb{C}$ 中的一集对象, 如果对象 $B$ 与一集态射$\{\eta_\lambda\}$, $\eta_\lambda\in\mathbb{C}(A_\lambda, B)$, 具有泛性质, 即, 对任何 $C\in\mathbb{C}$, 与任何 $\tau_\lambda\in\mathbb{C}(A_\lambda, C)$, 必有唯一的一个 $g\in\mathbb{C}(B, C)$, 使对任何 $\lambda\in\varLambda$ 均有交换图

(5.2)

则$(B, \eta_\lambda)$叫做对象集$\{A_\lambda\}$的上积.

显然, 如果$(A, \pi_\lambda)$是$\{A_\lambda\}$的积, 而 $A$ 与 $A'$ 同构, $\phi\psi=\varepsilon_{A'}$, $\psi\phi=\varepsilon_A$, 则$(A', \pi_\lambda\psi)$也是$\{A_\lambda\}$的积. 上积也是类似的, 所以积与上积(如果存在)都不唯一. 但是, 与上一节所述核与上核的情况一样, 我们有

**定理 7** 若对象集$\{A_\lambda\}$有积, 它本质上只能有一个积; 若对象集$\{A_\lambda\}$有上积, 它本质上只能有一个上积.

定理 7 中的两个命题是对偶的, 证其一个就行了.

设$(A, \pi_\lambda)$与$(C, \sigma_\lambda)$都是$\{A_\lambda\}$的积. 于是, 除了有唯一的 $f\in\mathbb{C}(C, A)$使 $\pi_\lambda f=\sigma_\lambda$ 以外, 还要有唯一的 $f'\in\mathbb{C}(A, C)$使 $\sigma_\lambda f'=\pi_\lambda$. 由此得 $\sigma_\lambda f'f=\pi_\lambda f=\sigma_\lambda$. 让 $h=f'f\in\mathbb{C}(C, C)$, 则有交换图

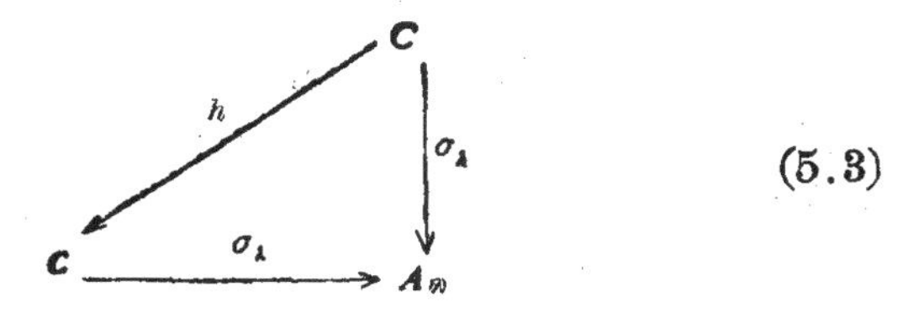


(5.3)

但横的$(C, \sigma_\lambda)$是$\{A_\lambda\}$的积，完成交换图(5.3)的$h$是唯一的. 显然，换$h$为$\varepsilon_C$也能完成这个交换图，故$h=f'f=\varepsilon_C$. 同理$ff'=\varepsilon_A$. 所以$A$与$C$同构. □

我们常以$\prod\limits_{\lambda\in} A_\lambda$与$\coprod\limits_{\lambda\in} A_\lambda$来表示$\{A_\lambda\}$的积与上积. 若$\Lambda$是有限集(特别是基数较小时)，$\prod\limits_\lambda A_\lambda$与$\coprod\limits_\lambda A_\lambda$有时也写成$A_1\prod A_2\prod\cdots\prod A_n$与$A_1\coprod A_2\coprod\cdots\coprod A_n$. 在$(A, \pi_\lambda)$ ($(B, \eta_\lambda)$) 为$\{A_\lambda\}$的积(上积)时，我们常写成$(A, \pi_\lambda)=\prod A_\lambda$ ($(B, \eta_\lambda)=\coprod A_\lambda$)，这里的等号当然是指本质相等的，$(A, \pi_\lambda)$实际上是一类相互同构的对象与相应态射的代表.

举几个例子.

**例 1** 取$\mathbb{C}$的对象类是所有的实数之集合，$a\leqslant b$时，$\mathbb{C}(a, b)$为由一个符号$\phi_{ab}$所组成的单元集合，否则$\mathbb{C}(a, b)$为空集. 设$S$为一些实数的集合$\{a_\lambda\}$，则$S$的积就是所有这些$a_\lambda$的下确界，而其上积就是这些$a_\lambda$的上确界. 这个例子说明了，对象集的积与上积是未必存在的.

**例 2** 设$\mathbb{C}$的对象类是所有的自然数，若$a|b$，则$\mathbb{C}(a, b)$为单元集合，否则$\mathbb{C}(a, b)$为空集. 易知，$\{a_\lambda\}$的积是诸$a_\lambda$的最大公因数，而上积则是最小公倍数.

**例 3** 在集合范畴$\mathbb{S}$中取一些集合$A_\lambda$之集合$\{A_\lambda\}$，$\lambda\in\Lambda$. 我们来求$\{A_\lambda\}$的积.

在$\Lambda$上定义一个函数$\phi$，使$\phi(\lambda)$在$A_\lambda$中取一个元素$a_\lambda$为其值，$\phi(\lambda)=a_\lambda\in A_\lambda$. 以$\Phi$表示所有这些$\phi$之集. 对于任一个$\lambda\in\Lambda$，任何$\phi\in\Phi$，若$\phi(\lambda)=a_\lambda\in A_\lambda$，我们就定义$\pi_\lambda(\phi)=a_\lambda\in A_\lambda$. 这个$\pi_\lambda$定义了$\Phi$到$A_\lambda$的一个映射，因此$\pi_\lambda\in\mathbb{S}(\Phi, A_\lambda)$. 我们

来证明$(\Phi, \pi_\lambda)=\prod A_\lambda$.

任取集合 $C$, 与 $\sigma_\lambda \in \mathbb{S}(C, A_\lambda)$. 任取 $c\in C$, 如果 $\sigma_\lambda(c)=b_\lambda$, 我们就能在 $\Phi$ 中找到一个 $\psi$, 使对任何 $\lambda\in\Lambda$, $\psi(\lambda)=b_\lambda\in A_\lambda$. 这个 $\psi$ 是唯一由 $c$ 所确定的, 它对每一个 $\lambda\in\Lambda$ 都有一个确定的值. 令 $\tau: C\to\Phi$, 使 $\tau(c)=\psi$. 于是 $\pi_\lambda\tau(c)=\pi_\lambda(\psi)=\psi(\lambda)=b_\lambda=\sigma_\lambda(c)$, 所以 $\pi_\lambda\tau=\sigma_\lambda$. 如果又有 $\tau'$, 使 $\pi_\lambda\tau'=\sigma_\lambda$, 则 $\pi_\lambda\tau'(c)=\sigma_\lambda(c)=b_\lambda$. 如果 $\tau'(c)=\psi'$, 则由 $\pi_\lambda$ 的定义, $\pi_\lambda(\psi')=\psi'(\lambda)=b_\lambda=\psi(\lambda)$. 此等式对所有的 $\lambda\in\Lambda$ 都成立, 故 $\psi'=\psi$, 因而 $\tau'(c)=\tau(c)$. 故 $\tau'=\tau$. 所以满足等式 $\pi_\lambda\tau=\sigma_\lambda$ 的 $\tau$ 是唯一的, 即 $(\Phi, \pi_\lambda)=\prod A_\lambda$.

上述证明中的 $\phi\in\Phi$ 还可以有另外一种表达方式. 若 $\phi(\lambda)=a_\lambda\in A_\lambda$, 我们就取这些 $a_\lambda$ 之集合 $\{a_\lambda\}$ 与之对应, 反之, 在每一个 $A_\lambda$ 中任取一个 $b_\lambda$, 则在 $\Phi$ 中有一个且仅有一个 $\psi$, 使 $\psi(\lambda)=b_\lambda$ 与集合 $\{b_\lambda\}$ 对应. 于是 $\Phi$ 就与这样的集合 $\{a_\lambda\}$ 一一对应, 而 $\pi_\lambda\{a_\lambda\}=a_\lambda\in A_\lambda$.

现在考虑诸 $A_\lambda$ 的上积. 对每一个 $A_\lambda$, 取一个集合 $S_\lambda$ 与之等价, 以 $\phi_\lambda$: $A_\lambda\to S_\lambda$ 表示其等价映射(即一一对应的映射), 并假定这些 $S_\lambda$ 中, 任何两个都不相交. (这当然是办得到的!)让 $S$ 为诸 $S_\lambda$ 之并, $S=\bigcup\limits_{\lambda\in\Lambda}S_\lambda$, 这个 $S$ 将称为诸 $A_\lambda$ 之和, 记成 $\sum\limits_{\lambda\in\Lambda}A_\lambda$, 它在等价的范围内是唯一的. 定义 $\eta_\lambda$: $A_\lambda\to S$, 使 $\eta_\lambda(a_\lambda)=\phi_\lambda(a_\lambda)\in S_\lambda\subseteq S$. 于是 $(S, \eta_\lambda)=\coprod\limits_{\lambda\in\Lambda}A_\lambda$.

**例 4** 取 $A_\lambda$ 都是交换群, 并假定所有的群运算都是"+"法, 而单位元素都是 0. 与例 3 一样, 取 $\phi$ 为一个定义于 $\Lambda$ 上的函数, $\phi(\lambda)=a_\lambda\in A_\lambda$. 再定义 $(\phi+\psi)(\lambda)=\phi(\lambda)+\psi(\lambda)$, 则所有的 $\phi$ 之集 $\Phi$ 是一个加法交换群. 照样定义 $\pi_\lambda$: $\Phi\to A_\lambda$, 则 $(\Phi, \pi_\lambda)=\prod A_\lambda$.

与集合范畴的情况一样, $\prod A_\lambda$ 中的 $\phi$ 可以表成一个集合 $\{a_\lambda\}$, $\lambda\in\Lambda$, $a_\lambda=\phi(\lambda)\in A_\lambda$, 而 $\{a_\lambda\}+\{a'_\lambda\}=\{a_\lambda+a'_\lambda\}$.

在 $\Phi$ 中取这样的 $\phi$, 它只对有限个 $\lambda$ 取值 $\phi(\lambda)$ 不为零. 以 $G$ 表这些 $\phi$ 的集合, 则 $G$ 是 $\Phi$ 的子群. 特别地, 在 $\Lambda$ 为有限集合时, $G=\Phi$. 群 $G$ 中的元素 $\phi$ 当然也可表成一个集合 $\{a_\lambda\}$, 这里

$\phi(\lambda)=a_\lambda$，且只有有限个 $a_\lambda\neq 0$. 如果把 $\Lambda$ 看成一个良序集，则 $\{a_\lambda\}$是一个向量(可能无穷维的)，其第 $\lambda$ 个分量是 $a_\lambda\in A_\lambda$，且只有有限个分量不为零. 这其实说明了，这个 $G$ 是诸 $A_\lambda$ 的直和，$G=\bigoplus_{\lambda\in\Lambda}A_\lambda$，而每一个 $A_\lambda$ 都是 $G$ 的一个子群. 以 $\eta_\lambda$: $A_\lambda\to G$ 表嵌入映射. 我们证明，$(G, \eta_\lambda)=\coprod_{\lambda\in\Lambda}A_\lambda$.

任取一个交换群 $C$，与群同态 $\tau_\lambda$: $A_\lambda\to C$. 在 $G$ 中任取一个元素 $a$，不失普遍性，假定 $a=(a_1, a_2, \cdots, a_n, 0, \cdots)$，$n<\infty$，$a_i\in A_i$. 定义 $g$: $G\to C$，使 $g(a)=\tau_1(a_1)+\tau_2(a_2)+\cdots+\tau_n(a_n)\in C$. 这个 $g$ 当然是一个群同态，而且对任何 $\lambda\in\Lambda$，都有 $g\eta_\lambda=\tau_\lambda$. $g$ 的唯一性是不成问题的. 这就证明我们的论断. 因此在本书中，我们往往以直和来代替上积. 当然，直和仅是一种群论的概念，它指着上述特定结构的群(用函数为元素或用向量为元素)，而 $\coprod A_\lambda$ 则是范畴论的概念，它实际上是指所有与 $\oplus A_\lambda$ 同构的群连同相应态射所组成的等价类.

附带说明，所有的交换群不能成为一个集合，“所有的交换群之集合”这种提法是荒谬的. 作为反证，我们假定所有的交换群组构成一个集合 $\Lambda$，则$\{A_\lambda\}$，$\lambda\in\Lambda$，已取尽了所有的交换群，这里，同构的群算成是同一个群. 于是，按照上面的作法，$G=\oplus A_\lambda$ 也必是一个交换群，而且以每一个 $A_\lambda$ 为其子群. 于是 $G$ 必与某一个 $A_\lambda$ 同构. 假定 $G\cong H$，则由集合论，$G$ 的基数 $=H$ 的基数，且 $\geqslant$ 任一个 $A_\lambda$ 的基数. 令 $K=\mathbb{S}(H, H)$，并当 $f, g\in K$ 时，定义 $(f+g)(h)=f(h)+g(h)$，于是 $K$ 是一个交换群，因而同构于诸 $A_\lambda$ 之一. 我们肯定 Card $K$ 严格地大于 Card $H$，因而严格地大于 Card $G$. 这样就引出矛盾.

首先，Card $K\geqslant$ Card $H$，因为对每一个 $h\in H$，我们都可以定义一个 $f\in K$，使对任何 $x\in H$，恒有 $f(x)=h$. 这说明，$K$ 有一个子集与 $H$ 等价.

其次，假定 Card $K=$ Card $H$，那么，对于任何 $h\in H$，将有一个 $f_h\in K$ 与 $h$ 对应. 我们现在可选一个 $\phi\in K$，使对任何 $h\in H$，

恒有$\phi(h)\neq f_\lambda(h)$，因而$\phi$不是任一个$f_\lambda$．这就破坏了$K$与$H$的一一对应性．

在例4中，$(\Phi, \pi_\lambda)=\prod A_\lambda$时，$\pi_\lambda$是满同态，因而是满态射；$(G, \eta_\lambda)=\coprod A_\lambda$时，$\eta_\lambda$是单同态，因而是单态射．这种现象其实有一般性．见

**定理 8** 设范畴有零对象，$(A, \pi_\lambda)=\prod\limits_{\lambda\in\Lambda} A_\lambda$，则对每一个$\omega\in\Lambda$，有$f_\omega\in\mathbb{C}(A_\omega, A)$使

$$\begin{aligned}&\pi_\lambda f_\lambda=\varepsilon_{A_\lambda},\\&\pi_\lambda f_\omega=0,\qquad 当\ \omega\neq\lambda\ 时.\end{aligned}\tag{5.4}$$

其对偶定理是

**定理 8°** 设范畴有零对象，$(B, \eta_\lambda)=\coprod\limits_{\lambda\in\Lambda} A_\lambda$，则对每一个$\omega\in\Lambda$，有$g_\omega\in\mathbb{C}(B, A_\omega)$使

$$\begin{aligned}&g_\lambda\eta_\lambda=\varepsilon_{A_\lambda},\\&g_\omega\eta_\lambda=0,\qquad 当\ \omega\neq\lambda\ 时.\end{aligned}\tag{5.5}$$

证 在图(5.1)中，取$C=A_\omega$．当$\lambda=\omega$时，取$\sigma_\lambda=\varepsilon_{A_\lambda}$，而当$\lambda\neq\omega$时，让$\sigma_\lambda=0$．于是有唯一的$f_\omega\in\mathbb{C}(A_\omega, A)$，使$\pi_\lambda f_\omega=\sigma_\lambda$．这就是(5.4)．

对于定理8°，只需注意，若$O$是$\mathbb{C}$的零对象，则$O^0$是$\mathbb{C}^0$的零对象．□

立得推论

**推论** 设$\mathbb{C}$有零对象，$(A, \pi_\lambda)=\prod\limits_{\lambda\in\Lambda} A_\lambda$，$(B, \eta_\lambda)=\coprod\limits_{\lambda\in\Lambda} A_\lambda$，则$\pi_\lambda$都是满态射，$\eta_\lambda$都是单态射．

由定理2与2°即得，因恒等态射总是既单且满的．□

## §6 加 法 范 畴

具有零对象的范畴$\mathbb{C}$如果再服从以下的三条公理则叫做一个**加法范畴**：

$A_4$ 对任何两个对象$A$与$B$，$\mathbb{C}(A, B)$总是一个加法交换群，

而零态射 $O_{AB}$ 是这个群的零元素;

$A_5$ 双边分配律成立,即,若 $\sigma, \sigma'\in\mathbb{C}(A,B)$, $\tau,\tau'\in\mathbb{C}(B,C)$,则

$$
\begin{aligned}
(\tau+\tau')\sigma=\tau\sigma+\tau'\sigma,\\
\tau(\sigma+\sigma')=\tau\sigma+\tau\sigma';
\end{aligned}
\tag{6.1}
$$

$A_6$ 任何有限个对象 $A_1, A_2, \cdots, A_n$ 必有上积 $\coprod A_i$.

当然并不是每一个范畴都是加法范畴,例如 $\mathbb{S}$,对任两个集合 $A$ 与 $B$, $\mathbb{S}(A, B)$ 并不是一个加法交换群.

加法交换群的一个重要的例子是自由交换群的范畴 $\mathbb{F}AG$. 一个交换群 $G$ 叫做定义于其一子集 $X$ 上的**自由交换群**,如果 $G$ 的每一个元素都可唯一地表成有限和 $\sum_{i=1}^{m} n_i x_i$, $m<\infty$, $x_i\in X$, $n_i\in\mathbb{Z}$ (本书中,记号 $\mathbb{Z}$ 总代表整数集,整数群,或整数环). 换言之,任一个自由交换群都是若干个 $\mathbb{Z}$ 的直和. 逐条验证,易知 $\mathbb{F}AG$ 是一个加法范畴.

**引理 1** 设 $\mathbb{C}$ 是一个加法范畴, $\tau$ 与 $\sigma$ 均为态射,且乘积有意义,则

$$
\tau(-\sigma)=-\tau\sigma=(-\tau)\sigma;
$$
$$
(-\tau)(-\sigma)=\tau\sigma.
$$

证 由 $\tau 0=0$ 与 $0\sigma=0$ 知

$$
0=\tau 0=\tau(\sigma+(-\sigma))=\tau\sigma+\tau(-\sigma);
$$
$$
0=0\sigma=(\tau+(-\tau))\sigma=\tau\sigma+(-\tau)\sigma;
$$
$$
0=0(-\sigma)=(\tau+(-\tau))(-\sigma)=-\tau\sigma+(-\tau)(-\sigma).
$$

迁项即得. □

**定理 9** 在加法范畴 $\mathbb{C}$ 中,对象 $B$ 与 $n$ 个态射 $\eta_\lambda\in\mathbb{C}(A_\lambda, B)$ 是 $\{A_\lambda\}$ 的上积, $\lambda=1, 2, \cdots, n$, 其充要条件是有唯一的 $\pi_\lambda\in\mathbb{C}(B, A_\lambda)$,使

$$
\begin{aligned}
&\pi_\lambda\eta_\lambda=\varepsilon_{A_\lambda};\\
&\pi_\omega\eta_\lambda=0, \quad \text{当 } \omega\neq\lambda \text{ 时};
\end{aligned}
\tag{6.2}
$$

而且

$$
\sum_{\lambda=1}^{n}\eta_\lambda\pi_\lambda=\varepsilon_B.
$$

证 设$(B, \eta_\lambda)=\coprod A_\lambda$，则由定理8°得到(6.2)的前两个式子。于是对$\omega=1, 2, \cdots, n$，有

$$\left(\sum_{\lambda=1}^{n}\eta_\lambda\pi_\lambda\right)\eta_\omega=\sum_{\lambda=1}^{n}\eta_\lambda\pi_\lambda\eta_\omega=\eta_\omega\varepsilon_{A_\omega}=\eta_\omega=\varepsilon_B\eta_\omega.$$

但由交换图

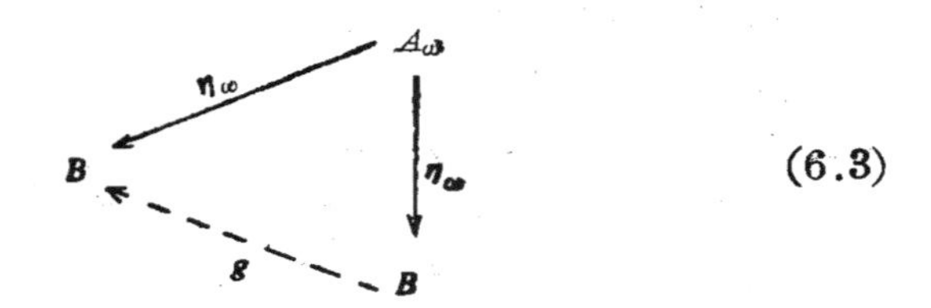


(6.3)

满足方程$g\eta_\omega=\eta_\omega$的$g$是唯一的，它只能是$\varepsilon_B$，故$\sum_{\lambda=1}^{n}\eta_\lambda\pi_\lambda=\varepsilon_B$。满足(6.2)的$\pi_\lambda$显然唯一。

反过来，假定$B$与$\eta_\lambda\in\mathbb{C}(A_\lambda, B)$有性质(6.3)，任取$C$与$\tau_\lambda\in\mathbb{C}(A_\lambda, C)$，令$g=\sum_{\omega=1}^{n}\tau_\omega\pi_\omega\in\mathbb{C}(B, C)$，则$g\eta_\lambda=\sum\tau_\omega\pi_\omega\eta_\lambda=\tau_\lambda\pi_\lambda\eta_\lambda=\tau_\lambda\varepsilon_{A_\lambda}=\tau_\lambda$，即，下图可交换

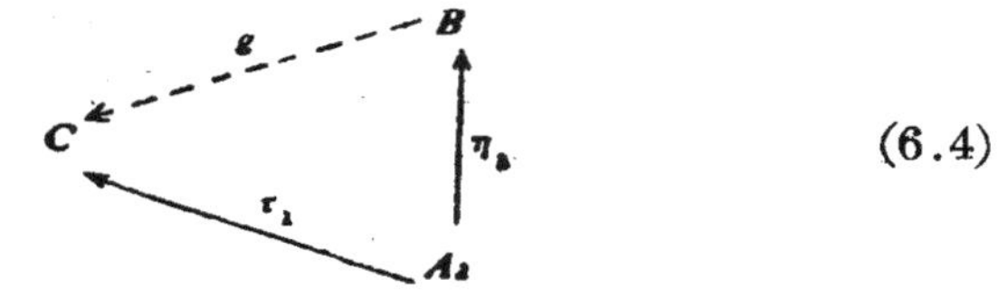


(6.4)

如果又有$g'\eta_\lambda=\tau_\lambda$，则

$$g'=g'\varepsilon_B=g'\sum\eta_\lambda\pi_\lambda=\sum g'\eta_\lambda\pi_\lambda=\sum\tau_\lambda\pi_\lambda=g.$$

所以完成交换图(6.4)(对所有的$\lambda$)的$g$是唯一的，故$(B, \eta_\lambda)=\coprod A_\lambda$。定理得证。

**推论1** 定理9中的$B$与$\pi_\lambda\in\mathbb{C}(B, A_\lambda)$是$\{A_\lambda\}$的积。

证 任取$C$与$\sigma_\lambda\in\mathbb{C}(C, A_\lambda)$，令$f=\sum_{\lambda=1}^{n}\eta_\lambda\sigma_\lambda\in\mathbb{C}(C, B)$，则

$$\pi_\omega f=\sum_{\lambda=1}^{n}\pi_\omega\eta_\lambda\sigma_\lambda=\varepsilon_{A_\omega}\sigma_\omega=\sigma_\omega.$$

如果又有$\pi_\omega f'=\sigma_\omega$，则$f'=\varepsilon_B f'=\sum\eta_\lambda\pi_\lambda f'=\sum\eta_\lambda\sigma_\lambda=f$。□

**推论 2** 在加法范畴中，任何有限个对象都有积.

**推论 3** 加法范畴 $\mathbb{C}$ 的逆范畴 $\mathbb{C}^0$ 也是加法范畴.

事实上，若 $(B, \pi_\lambda)=\prod A_\lambda$，则 $(B^0, \pi_\lambda^0)=\coprod A_\lambda^0$. □

本推论的作用在于表明对偶原则对于加法范畴也是适用的. 如果一个命题对于加法范畴已经证实，其对偶命题也必然正确.

**定理 10** 在加法范畴中，态射 $f$ 是单态射当且仅当 $\text{Ker } f=0$；是满态射，当且仅当 $\text{Cok } f=0$.

这两句话是对偶的，证其一句就行了.

必要性得自定理 6.

现证充分性. 若 $f$ 不是单态射，必有 $\tau_1\neq\tau_2$ 使 $f\tau_1=f\tau_2$，即，$f(\tau_1-\tau_2)=0$，但因 $\text{Ker } f=0$，故有 $\phi$，使 $0\phi=\tau_1-\tau_2$. 因 $0\phi=0$，所以 $\tau_1=\tau_2$. □

对于加法范畴 $\mathbb{C}$ 中的任一对象 $A$，$\mathbb{C}(A, A)$ 必是一个环，其单位元为 $\varepsilon_A$，这个环叫做 $A$ 的自同态环，记以 $\text{End } A$. 先证

**引理 2** 设 $\eta\in\mathbb{C}(B, A)$，$\pi\in\mathbb{C}(A, B)$，$\pi\eta=\varepsilon_B$，则 $\phi=\eta\pi$ 是 $\text{End } A$ 中的幂等元，且 $\eta=\text{Ker}(\varepsilon_A-\phi)$.

证 $\phi^2=\eta\pi\eta\pi=\eta\varepsilon_B\pi=\eta\pi=\phi$.

关于后一部分，我们知道 $\eta$ 是单态射，而且 $(\varepsilon_A-\phi)\eta=0$. 如果又有 $g\in\mathbb{C}(C, A)$，使 $(\varepsilon_A-\phi)g=0$，则 $g=\phi g=\eta\pi g=\eta(\pi g)$，故 $\eta=\text{Ker}(\varepsilon_A-\phi)$. □

由此可证

**定理 11** 设 $\phi\in\text{End}$ 是幂等元素，$\eta_1\in\mathbb{C}(A_1, A)$ 是 $\phi$ 的核，$\eta_2\in\mathbb{C}(A_2, A)$ 是 $\varepsilon_A-\phi$ 的核，则 $(A, \eta_1, \eta_2)=A_1\coprod A_2$.

证 任取 $B$ 与 $\tau_1\in\mathbb{C}(A_1, B)$，$\tau_2\in\mathbb{C}(A_2, B)$，作图

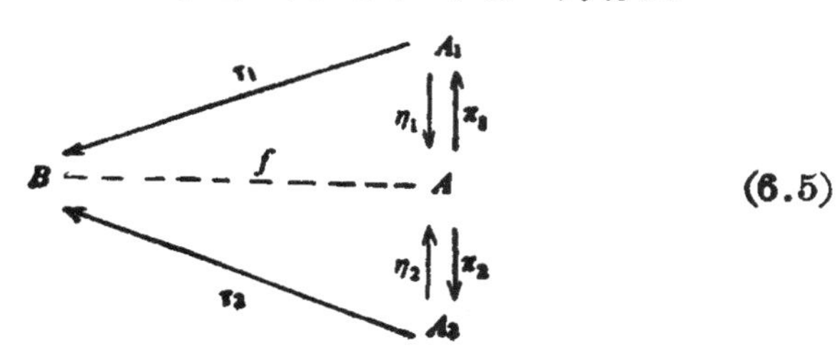


(6.5)

因 $\eta_1=\operatorname{Ker}\phi$, $\phi\eta_1=0$, 又因 $\phi(\varepsilon_A-\phi)=\phi-\phi^2=0$, 故有 $\pi_1\in\mathbb{C}(A, A_1)$, 使

$$\eta_1\pi_1=\varepsilon_A-\phi. \tag{6.6}$$

同理有 $\pi_2\in\mathbb{C}(A, A_2)$, 使 $\eta_2\pi_2=\phi$, 故有

$$\eta_1\pi_1+\eta_2\pi_2=\varepsilon_A. \tag{6.7}$$

由(6.6), $\eta_1\pi_1\eta_1=(\varepsilon_A-\phi)\eta_1=\varepsilon_A\eta_1-\phi\eta_1=\eta_1=\eta_1\varepsilon_{A_1}$. 因 $\eta_1$ 是单态射, $\pi_1\eta_1=\varepsilon_{A_1}$. 同样可得 $\pi_2\eta_2=\varepsilon_{A_2}$. 又因 $\eta_2\pi_2=\phi$, 故 $\eta_2\pi_2\eta_1=\phi\eta_1=0$, 所以 $\pi_2\eta_1=0$. 同样有 $\pi_1\eta_2=0$.

现在取 $f=\tau_1\pi_1+\tau_2\pi_2$, 则 $f\eta_1=\tau_1\pi_1\eta_1+\tau_2\pi_2\eta_1=\tau_1\varepsilon_{A_1}=\tau_1$; $f\eta_2=(\tau_1\pi_1+\tau_2\pi_2)\eta_2=\tau_2\pi_2\eta_2=\tau_2\varepsilon_{A_2}=\tau_2$. 因此(6.5)中上下两个三角形都可交换. 假定又有 $f'$, 使 $f'\eta_1=\tau_1$, $f'\eta_2=\tau_2$, 则 $f=\tau_1\pi_1+\tau_2\pi_2=f'\eta_1\pi_1+f'\eta_2\pi_2=f'(\eta_1\pi_1+\eta_2\pi_2)=f'\varepsilon_A=f'$. 故 $f$ 唯一, 所以 $(A, \eta_1, \eta_2)=A_1\coprod A_2$. 定理得证.

## §7 Abel 范畴

一个加法范畴 $\mathbb{C}$ 如果再服从下列的三条公理就叫做一个 Abel 范畴:

$A_7$ 任何态射都有核与上核;

$A_8$ 任何单(满)态射都是其上核(核)的核(上核);

$A_9$ 任何态射 $\sigma$ 都可分解成一个单态射 $\eta$ 与一个满态射 $\pi$ 之积, $\sigma=\eta\pi$, 这个分解式叫做 $\sigma$ 逆标准分解式.

由定义即可看出, Abel 范畴 $\mathbb{C}$ 的逆范畴 $\mathbb{C}^0$ 仍是一个 Abel 范畴, 因为, 首先, 加法范畴的逆范畴仍是加法范畴; 其次, 若 $\sigma$ 是 $\mathbb{C}$ 中的单(满)态射, 则 $\sigma^0$ 是 $\mathbb{C}^0$ 中的满(单)态射; 最后, $\sigma$ 的核(上核)对应于 $\sigma^0$ 的上核(核), 而当 $\sigma=\eta\pi$ 时, $\sigma^0=\pi^0\eta^0$. 所以对偶原则适用于 Abel 范畴.

不难逐条验证, 交换群的范畴 $\mathbb{A}G$ 是一个 Abel 范畴. 自由交换群的范畴 $\mathbb{F}AG$ 虽是一个加法范畴(见 §6), 但却不是一个 Abel 范畴. 我们举一个例子来说明. 设 $A$ 是由一元 $a$ 所生成的无穷

循环群，$B$ 是由一元 $b$ 所生成的无穷循环群，它们当然都是自由交换群．取 $\sigma: A\to B$，使 $\sigma(na)=2nb$，$n=0, \pm1, \pm2, \cdots$，它当然是一个单态射(因 $\operatorname{Ker}\sigma=0$)．让 $f=\operatorname{Cok}\sigma$，这里 $f: B\to N$，而 $N$ 是一个自由交换群．由 $f\sigma=0$ 得 $f(2nb)=2nf(b)=0$．如果 $0\neq f(b)\in N$，$2nf(b)$ 不可能等于 0，所以 $\operatorname{Cok}\sigma=0$．零态射的核只能是单位态射，但 $\sigma$ 却不是单位态射(没有逆态射)，所以单态射 $\sigma$ 不是其上核的核．

公理 $A_7$—$A_9$ 可归纳成下列的定理．

**定理 12** 加法范畴 $\mathbb{C}$ 是一个 Abel 范畴，其充要条件是对任一个态射 $\sigma\in\mathbb{C}(A, B)$，都有下列的交换图(注意"$\rightarrowtail$"表单态射，"$\twoheadrightarrow$"表满态射)：

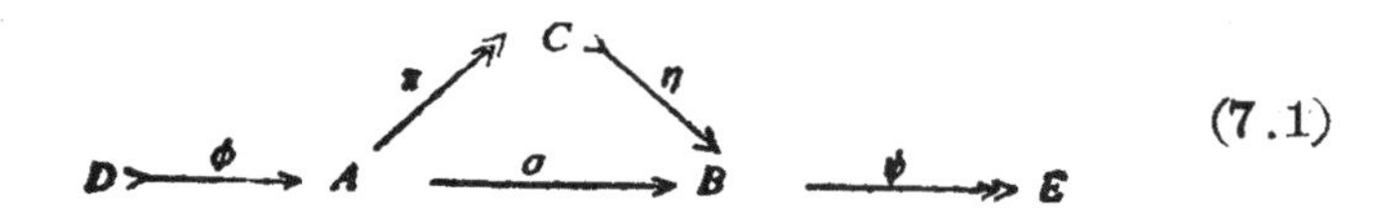


(7.1)

而且
$$\phi=\operatorname{Ker}\sigma=\operatorname{Ker}\pi,\quad \psi=\operatorname{Cok}\sigma=\operatorname{Cok}\eta,$$
$$\eta=\operatorname{Ker}\psi,\quad \pi=\operatorname{Cok}\phi. \tag{7.2}$$

证 必要性．$\sigma=\eta\pi$ 这个等式得自 $A_9$．

让 $\phi=\operatorname{Ker}\sigma$，则因 $\sigma\phi=0$ 得 $\pi\phi=0$．又若 $\pi\phi'=0$，则 $\eta\pi\phi'=\sigma\phi'=0$，故有 $\tau$，使 $\phi\tau=\phi'$．所以 $\phi=\operatorname{Ker}\pi$．

因 $\pi$ 是满态射，$\phi=\operatorname{Ker}\pi$，故 $\pi=\operatorname{Cok}\phi$．

注意到，(7.2) 中的两行中，左右两个等式是相互对偶的，所以无须再证．

现证充分性．假定对 $\sigma$ 既有(7.1)又有(7.2)．

$\sigma$ 既有核 $\phi$，又有上核 $\psi$，故得 $A_7$．

公理 $A_9$ 直接得自(7.1)的交换性．

为了证明 $A_8$，我们先假定 $\sigma$ 是满态射．由定理 6，$\psi=\operatorname{Cok}\sigma$ 必是零态射，再由 §4 的推论 2，$\eta=\operatorname{Ker}\psi$ 是单位态射．所以，当 $\pi$ 是 $\phi$ 的上核时，$\sigma$ 也是 $\phi$ 的上核．"单"部分是对偶的．定理得证．□

因此，我们常以(7.1)与(7.2)来作为 Abel 范畴的定义(当然首先要是一个加法范畴).

我们常称(7.1)中的$(C, \eta)$为$\sigma$的象，记成$(C, \eta)=\operatorname{Im}\sigma$，或$\eta=\operatorname{Im}\sigma$. 它当然是基本唯一的.

现就交换群的范畴$\mathbb{A}G$来说明(7.1)与(7.2)的意义. 我们约定,交换群的群运算都是“+”,单位元素都是“0”. 任取$A$与$B$为两个交换群,$\sigma: A\to B$是一个群同态. 以$C$表示同态的象(就是集合$A$经映射$\sigma$所得的象之集)，而$D$为同态$\sigma$的核，于是$C$与$D$相应为$B$与$A$的子群. 从$B$与$A$中把$C$与$D$拉出来，再嵌进去，得嵌入映射$\eta$与$\phi$. 以$\pi$表示$A$到$C$的满同态，它的效果与$\sigma$是一样的，当$a\in A$时，$\pi(a)=\sigma(a)\in C\subseteq B$，但$\pi\in\mathbb{C}(A, C)$，而$\sigma\in\mathbb{C}(A, B)$，不能认为$\pi=\sigma$. 再取$E\cong B/C$，就得到(7.1). (7.2)的四个等式是明显的.

我们在§3的定理4已经看到,单位态射必是既单且满的，而且也举过一个例子($\mathbb{T}$op),说明,一般说来，其逆不真. 但是，我们可证

**定理 13** 在 Abel 范畴中，既单且满的态射必是单位态射.

证 若(7.1)中的$\sigma$是单态射,其核$\phi$必是零态射$(A=0)$，而零态射的上核$\pi$必是单位态射. 又$\sigma$是满态射，其上核$\psi$为零态射$(E=0)$，而零态射的核$\eta$是单位态射. $\sigma$既是两个单位态射之积,当然是一个单位态射. □

对一般的加法范畴,本命题不真. 在本节开头所举的例子中，$\sigma: A\to B$, $\sigma(na)=2nb$，是一个单态射. 它也是一个满态射(但不是满同态,因为它的同态象并不充满$B$). 事实上，若有$\tau, \tau'\in\mathbb{F}AG(B, C)$，且$\tau\sigma=\tau'\sigma$，则$\tau\sigma(a)=\tau(2b)=2\tau(b)=\tau'\sigma(a)=\tau'(2b)=2\tau'(b)$,因此$\tau(b)=\tau'(b)$,即$\tau=\tau'$. 但我们已经知道,$\sigma$不是一个单位态射.

正合列是 Abel 范畴中的一个非常重要的概念与理论.

**定义 7** 在一列对象与态射

$$\cdots \longrightarrow A \xrightarrow{\sigma} B \xrightarrow{\tau} C \longrightarrow \cdots \qquad (7.3)$$

中，若 $\mathrm{Im}\,\sigma=\mathrm{Ker}\,\tau$，则称此列在 $B$ 处正合．如果在(7.3)的每一个非端点处都正合，则称此列为正合列．

**定理 14** 在(7.3)中，把 $\sigma$ 与 $\tau$ 都分解成标准分解式，$\sigma=\eta_1\pi_1$，$\tau=\eta_2\pi_2$，并以 $\mathrm{Coim}\,\sigma$ 来表示 $\pi_1$，则下列的四句话等价：

(1) $\mathrm{Im}\,\sigma=\mathrm{Ker}\,\tau$，

(2) $\eta_1=\mathrm{Ker}\,\pi_2=\mathrm{Im}\,\sigma$，

(3) $\pi_2=\mathrm{Cok}\,\eta_1=\mathrm{Coim}\,\tau$，

(4) $\pi_2=\mathrm{Coim}\,\tau=\mathrm{Cok}\,\sigma$．

证 (1)⇔(2) 只需注意 $\tau$ 与 $\pi_2$ 有相同的核(见图(7.1))．

(2)⇔(3) 任何单态射都是上核的核，任何态射都是其核的上核．

(3)⇔(4) $\eta_1$ 与 $\sigma$ 有相同的上核，而由定义 $\pi_2=\mathrm{Coim}\,\tau$． □

所以，满足定理 14 中 4 个条件之一时，(7.3)就在 $B$ 处正合．

我们特别注意下列的两端都是 0 的五对象列

$$0\to A\xrightarrow{\sigma}B\xrightarrow{\tau}C\to 0. \qquad (7.4)$$

如果(7.4)在 $B$ 与 $C$ 都正合，则称右正合列；若在 $A$ 与 $B$ 处都正合，则称左正合列；若在 $A$，$B$ 与 $C$ 三处都正合，即，既左正合又右正合，则称短正合列．右正合意味着 $\mathrm{Im}\,\sigma=\mathrm{Ker}\,\tau$，且 $\mathrm{Cok}\,\tau=0$，因而 $\tau$ 是满态射；左正合意味着 $\mathrm{Im}\,\sigma=\mathrm{Ker}\,\tau$ 且 $\mathrm{Ker}\,\sigma=0$，因而 $\sigma$ 是单态射．左，右，短正合列常表示成

$$\begin{array}{c} A\longrightarrow \underset{\|}{B} \longrightarrow\!\!\!\!\rightarrow C \\ A\rightarrowtail \underset{\|}{B} \longrightarrow C \\ A\rightarrowtail \underset{\|}{B} \longrightarrow\!\!\!\!\rightarrow C \end{array} \qquad (7.5)$$

$B$ 下加"‖"这样的记号表示在 $B$ 处正合，但有时在不会引起误解时，记号"‖"也被省掉．

对于短正合列，我们有下面的短五引理，也称三引理．

**定理 15** 设在图(7.6)中，实线部分可交换，两行均短正合，则当 $\phi$ 与 $\psi$ 都是单(满)态射时，$f$ 也必是单(满)态射，而当 $\phi$ 与 $\psi$ 都是单位态射时，$f$ 也是单位态射.

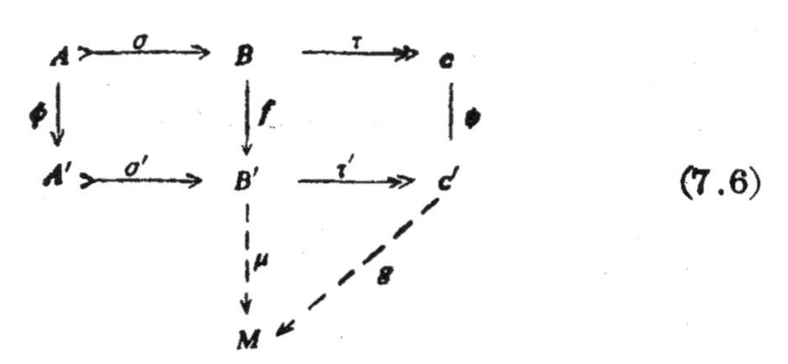


(7.6)

**证** 我们只要证明“满”部分，因为“单”部分是对偶的，而在这两部分都已证明以后，最后一部分也就证出了，因为一个态射是单位态射，当且仅当它是既单且满的.

设 $\phi$ 与 $\psi$ 都是满态射. 取 $(M, \mu)=\mathrm{Cok}\, f$, 则因 $0=\mu f$, 得 $0=\mu f\sigma=\mu\sigma'\phi$. 由于 $\phi$ 是满态射，$0=O\phi$，故从右消去律得 $\mu\sigma'=0$. 因 $(C', \tau')=\mathrm{Cok}\,\sigma'$ 故有 $g\in\mathbb{C}(C', M)$，使 $g\tau'=\mu$. 于是 $0=\mu f=g\tau' f=g\psi\tau$, 但 $\tau$ 与 $\psi$ 都是满态射；再由右消去律，得 $g=0$. 由此知 $\mu=g\tau'=0$，故 $f$ 是满态射($\mathrm{Cok}\, f=(M, \mu)=0$). 证毕.

在交换群的范畴中，态射就是群同态，单(满)态射就是单(满)同态. 对于这个范畴，我们有下面的五引理.

**定理 16** ($\mathbb{A}G$ 中的五引理)设下图为 $\mathbb{A}G$ 中的交换图:

$$\begin{array}{ccccccccc}
A_1 & \xrightarrow{f_1} & A_2 & \xrightarrow{f_2} & A_3 & \xrightarrow{f_3} & A_4 & \xrightarrow{f_4} & A_5 \\
\downarrow{\scriptstyle \phi_1} & & \downarrow{\scriptstyle \phi_2} & & \downarrow{\scriptstyle \phi_3} & & \downarrow{\scriptstyle \phi_4} & & \downarrow{\scriptstyle \phi_5} \\
A_1' & \xrightarrow{f_1'} & A_2' & \xrightarrow{f_2'} & A_3' & \xrightarrow{f_3'} & A_4' & \xrightarrow{f_4'} & A_5'
\end{array} \tag{7.7}$$

其中上下两行均正合，即，$\mathrm{Im}\, f_i=\mathrm{Ker}\, f_{i+1}$, $\mathrm{Im}\, f_i'=\mathrm{Ker}\, f_{i+1}'$, $i=1$, 2, 3, 4, 这里 $\mathrm{Im}\, f$ 与 $\mathrm{Ker}\, f$ 指群同态的象与核，我们有

(1) 若 $\phi_1$ 为满同态，$\phi_2$ 与 $\phi_4$ 为单同态，则 $\phi_3$ 为单同态;

(2) 若 $\phi_5$ 为单同态，$\phi_2$ 与 $\phi_4$ 为满同态，则 $\phi_3$ 为满同态.

证 (1) 假定 $\phi_3$ 不是单同态，必有 $0\neq a_3\in A_3$ 使 $\phi_3(a_3)=0$. 我们将由此来得出矛盾.

因 $\phi_4 f_3=f'_3\phi_3$，故 $\phi_4 f_3(a_3)=f'_3\phi_3(a_3)=f'_3(0)=0$. 但 $\phi_4$ 是单同态，$f_3(a_3)=0$，即 $a_3\in \mathrm{Ker}\, f_3=\mathrm{Im}\, f_2$. 因此有 $a_2\in A_2$ 使 $f_2(a_2)=a_3\neq 0$，即 $a_2\overline{\in}\, \mathrm{Ker}\, f_2=\mathrm{Im}\, f_1$.

让 $a'_2=\phi_2(a_2)$，则因 $\phi_3 f_2=f'_2\phi_2$，$f'_2\phi_2(a_2)=\phi_3 f_2(a_2)=\phi_3(a_3)=0$，所以 $\phi_2(a_2)=a'_2\in \mathrm{Ker}\, f'_2=\mathrm{Im}\, f'_1$. 因此有 $a'_1\in A'_1$，使 $a'_2=f'_1(a'_1)$.

因 $\phi_1$ 是满同态，故有 $a_1\in A_1$，使 $\phi_1(a_1)=a'_1$.

由于 $\phi_2 f_1=f'_1\phi_1$，故 $a'_2=f'_1(a'_1)=f'_1\phi_1(a_1)=\phi_2 f_1(a'_1)$，让 $f_1(a'_1)=\bar{a}_2\in A_2$，得 $a'_2=\phi_2(\bar{a}_2)$. 已知 $a'_2=\phi_2(a_2)$，而 $\phi_2$ 是单同态，故 $a_2=\bar{a}_2$. 但已知 $a_2\overline{\in}\, \mathrm{Im}\, f_1$，而 $\bar{a}_2=f_1(a'_1)$，即 $\bar{a}_2\in \mathrm{Im}\, f_1$，这就发生了矛盾.

(2) 任取 $x\in A'_3$，设 $f'_3(x)=a'_4$. 由正合性知 $f'_4(a'_4)=0$. 由于 $\phi_4$ 是满同态，有 $a_4\in A_4$，使 $\phi_4(a_4)=a'_4$. 因 $\phi_5 f_4=f'_4\phi_4$，得 $\phi_5 f_4(a_4)=f'_4\phi_4(a_4)=f'_4(a'_4)=0$. 因 $\phi_5$ 是单同态，$f_4(a_4)=0$.

于是 $a_4\in \mathrm{Ker}\, f_4=\mathrm{Im}\, f_3$，所以有 $a_3\in A_3$，使 $f_3(a_3)=a_4$. 让 $\phi_3(a_3)=a'_3$. 我们有 $f'_3(a'_3)=f'_3\phi_3(a_3)=\phi_4 f_3(a_3)=\phi_4(a_4)=a'_4$. 但一开头就假定了 $f'_3(x)=a'_4$，所以让 $y=x-a'_3$，则 $f'_3(y)=0$，$y\in \mathrm{Ker}\, f'_3=\mathrm{Im}\, f'_2$. 因此有 $a'_2\in A'_2$，使 $f'_2(a'_2)=y$. 由于 $\phi_2$ 是满同态，有 $a_2\in A_2$，使 $\phi_2(a_2)=a'_2$. 所以 $\phi_3 f_2(a_2)=f'_2\phi_2(a_2)=f'_2(a'_2)=y$. 让 $f_2(a_2)=\bar{a}_3$，得 $\phi_3(\bar{a}_3)=y=x-a'_3$.

于是 $x=\phi_3(\bar{a}_3)+a'_3=\phi_3(\bar{a}_3)+\phi_3(a_3)=\phi_3(\bar{a}_3+a_3)$. 因此 $\phi_3$ 是满同态. 定理证毕.

从字面上看来，本定理的(1)，(2)两部分是相互对偶的. 如果我们对于一般的 Abel 范畴证明了第一部分，那么第二部分直接得自对偶原则，无须再证了. 但目前的情况不是这样，我们仅对 $\mathbb{A}G$ 证明了 (1)，而此证明不适用于其逆范畴 (在 $\mathbb{A}G^0$ 中，态射 $\sigma^0: A^0\to B^0$ 是群 $B$ 到 $A$ 的群同态，而不是 $A^0$ 到 $B^0$ 的群同态)，因此，对偶原则无效，第二部分必须另行证明.

**推论** 若在 $\mathbb{A}G$ 中有交换图

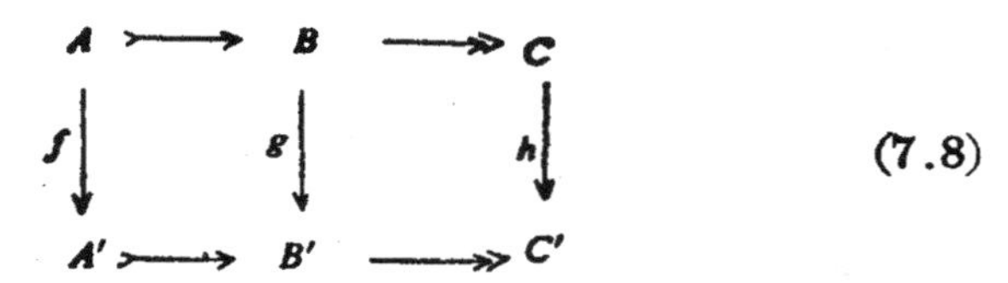


(7.8)

且两行均短正合，则当 $f$ 满 $g$ 单时，$h$ 必单；而当 $h$ 单，$g$ 满时，$f$ 必满.

事实上，只要在(7.8)的右边，或在其左边凑上两对 0，应用五引理即得.

## §8 函　　子

就象群同态可以看成是一个群到另一个群的变换一样，函子则是一个范畴到另一个范畴的变换，或者可以说，函子是一个范畴到另一个范畴的同态.

由范畴 $\mathbb{C}$ 到范畴 $\mathbb{C}'$ 的一个函子 $F$ 是一种具有双重意义的对应，一方面，它使 $\mathbb{C}$ 中的任一个对象 $A$ 对应 $\mathbb{C}'$ 中的某一个对象 $A'=F(A)$，同时又让 $\mathbb{C}(A, B)$ 中的每一个元素 $\sigma$ 对应 $\mathbb{C}'(F(A), F(B))$ 中的某一个元素 $\sigma'=F(\sigma)$，并且满足以下的两个等式

$$
\begin{aligned}
F(\sigma\tau)&=F(\sigma)F(\tau),\\
F(\varepsilon_A)&=\varepsilon_{F(A)}.
\end{aligned}
\tag{8.1}
$$

更准确地说，这里所定义的函子应该叫做共变函子. 所以，函子实际上是一种“映射”，它把 $\mathbb{C}$ 的对象映成 $\mathbb{C}'$ 的对象，同时又把态射集 $\mathbb{C}(A, B)$ 映到态射集 $\mathbb{C}'(F(A), F(B))$ 上(或内)，并且保持态射的乘法.

举几个例子.

**例 1** 取 $\mathbb{C}$ 为一个从群 $G$ 为唯一对象的范畴，其唯一的态射集 $\mathbb{C}(G, G)$ 就是 $G$ 的元素所组成的集合，态射的乘法就是群运算，

若取 $\mathbb{C}'$ 为另一个以群 $H$ 为其唯一对象的范畴，$\mathbb{C}'(H, H)$ 仍为 $H$ 的元素，态射乘法是群运算，那么，由 $\mathbb{C}$ 到 $\mathbb{C}'$ 的任一个函子 $F$，就是让 $F(G)=H$，而且对态射来说，$F$ 实际上是群 $G$ 到 $H$ 的群同态.

**例 2** 取 $\mathbb{C}$ 为范畴 $\mathbb{G}$，$\mathbb{C}'$ 为范畴 $\mathbb{A}G$. 当 $A\in\mathbb{G}$ 时，让 $N(A)$ 为 $A$ 中由 $a_1a_2\cdots a_na_1^{-1}\cdots a_n^{-1}$ 这样的元素所生成的子群，称为 $A$ 的换位子群. 任取 $x\in A$，则

$$
\begin{aligned}
xa_1\cdots a_na_1^{-1}\cdots a_n^{-1}x^{-1}&=xa_1\cdots a_n(a_n\cdots a_1)^{-1}x^{-1}\\
&=xa_1\cdots a_n(a_n\cdots a_1)^{-1}x^{-1}a_1^{-1}\cdots\\
&\cdot a_n^{-1}(a_n\cdots a_1)\in N(A),
\end{aligned}
$$

因此 $N(A)$ 是 $A$ 的一个正规子群. 易知，商群 $A/N(A)$ 是交换群. 任取 $\sigma$：$A\to B$ 为一个群同态，因为 $\sigma(a_1\cdots a_na_1^{-1}\cdots a_n^{-1})=\sigma(a_1)\cdots\sigma(a_n)\sigma(a_1)^{-1}\cdots\sigma(a_n)^{-1}\in N(B)$，所以 $\sigma$ 引出 $N(A)$ 到 $N(B)$ 的一个群同态，我们称这个群同态为 $\sigma$ 在 $N(A)$ 上的限制，记以 $\sigma|_{N(A)}$. 以 $[a]$ 表示 $a\in A$ 在 $A/N(A)$ 中的对应元素，即 $[a]=aN(A)$（左陪集），并让 $[a]$ 对应 $[\sigma(a)]\in A/N(A)$. 此定义是良好的，(因为它让 $A/N(A)$ 的单位元素对应 $B/N(B)$ 的单位元素)，并且提供了一个群同态

$$
\begin{aligned}
F(\sigma)\colon\ A/N(A)&\to B/N(A)\\
[a]&\mapsto[\sigma(a)],
\end{aligned}
$$

于是让 $F(A)=A/N(A)$，这是一个由 $\mathbb{G}$ 到 $\mathbb{A}G$ 的函子.

**例 3** 设 $\mathbb{C}$ 为任何一个范畴，当 $A$ 与 $B$ 为两个对象时，按范畴的定义，$\mathbb{C}(A, B)$ 是一个集合. 我们假定所有的 $\mathbb{C}(A, B)$ 都不是空的. 固定一个对象 $X$，让对象 $A$ 对应集合 $\mathbb{C}(X, A)$，并当 $\sigma\in\mathbb{C}(A, B)$ 时，对于任一个 $f\in\mathbb{C}(X, A)$，取 $\mathbb{C}(X, B)$ 中的 $\sigma f$ 与之对，如图(8.2)

于是，让 $F(A)=\mathbb{C}(X, A)$，而当 $\sigma\in\mathbb{C}(A, B)$ 时，定义 $F(\sigma)(f)=\sigma f$，这里 $f$ 是 $\mathbb{C}(X, A)$ 中任一个元素，而 $\sigma f\in\mathbb{C}(X, B)$. 这个定义可以表以下图：

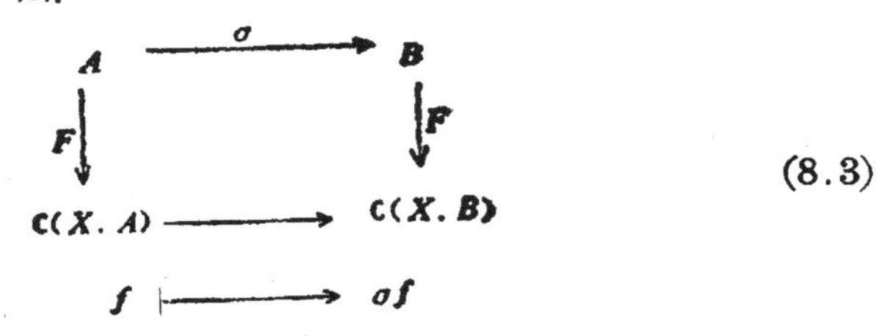


(8.3)

不难验证 $F$ 是 $\mathbb{C}$ 到 $\mathbb{S}$ 的一个函子.

**例 4** 设 $A$ 为任一个非空集合，$A=\{a_\lambda\}$，$\lambda\in\Lambda$，定义 $F(A)$ 为定义于 $A$ 上的自由加法群，即，$F(A)$ 中的每一个元素都可表成有限和 $\sum_{i=1}^{m} n_i a_{\lambda_i}$，这里 $m<\infty$，$n_i\in\mathbb{Z}$，$\lambda_i\in\Lambda$. 两个有限和相加是采用同类合并的办法. 若 $\sigma\in\mathbb{S}(A, B)$，则定义 $F(\sigma)$ 使 $\sum n_i a_{\lambda_i}\to\sum n_i\sigma(a_{\lambda_i})$，即得 $F(A)$ 到 $F(B)$ 的一个群同态. 这个函子称为自由函子.

在同调代数中常用到的函子是加法函子.

**定义 8** 由加法范畴 $\mathbb{C}$ 到加法范畴 $\mathbb{C}'$ 的函子 $F$ 叫做加法函子，如果对于任何 $f, g\in\mathbb{C}(A,B)$，恒有 $F(f+g)=F(f)+F(g)$. 换言之，$F$ 是加法交换群 $\mathbb{C}(A, B)$ 到 $\mathbb{C}'(F(A), F(B))$ 的一个群同态.

在讨论加法函子的基本性质以前，我们先证

**引理 1** 设 $\mathbb{C}$ 为加法范畴，则下列的三句话等价：

(1) $X$ 是零对象；

(2) $(X, \varepsilon_X, \varepsilon_X)=X\coprod X$；

(3) $(X, \varepsilon_X, \varepsilon_X)=X\prod X$.

证 (1)⇒(2)，(1)⇒(3) 是明显的，因为对任何 $A$，$\mathbb{C}(A, X)$ 与 $\mathbb{C}(X, A)$ 总是单元集合.

(2)⇒(3) $X$ 必是始对象，否则有 $f_1$ 与 $f_2$ 都属于 $\mathbb{C}(X, A)$，那么，由交换图

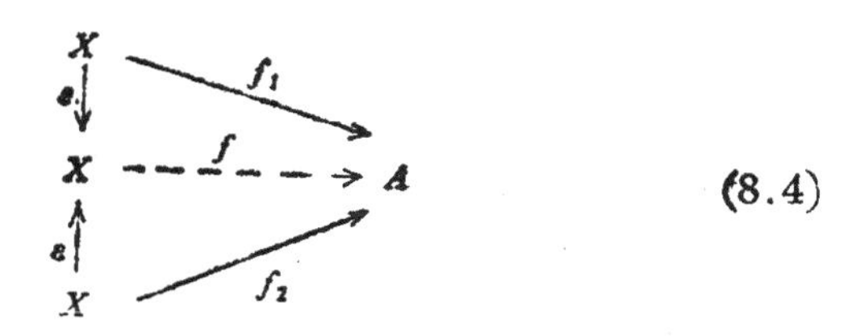


$$(8.4)$$

得 $f\varepsilon=f=f_1$, $f=f\varepsilon=f_2$. 于是 $\mathbb{C}(X, X)$ 也是单元集合，只含有一个元素，就是 $\varepsilon$. 所以满足(6.2)中三个等式的 $\pi_1$ 与 $\pi_2$ 只能都是 $\varepsilon$. 由定理 9 的推论 1, $(X, \varepsilon, \varepsilon)=X\coprod X$.

(3)⇒(2) 由对偶原则. 注意, $\mathbb{C}^0$ 也是加法范畴. 如果 $(X, \varepsilon, \varepsilon)$ 是 $X\prod X$, 则 $(X^0, \varepsilon^0, \varepsilon^0)$ 是 $X^0\coprod X^0$, 因而 $(X^0, \varepsilon^0, \varepsilon^0)$ 是 $X^0\prod X^0$, 所以 $(X, \varepsilon, \varepsilon)$ 是 $X\coprod X$.

(2), (3)⇒(1) 只需注意, 这时 $X$ 既是始对象, 又是终对象. □

**引理 2** 若 $\mathbb{C}$ 与 $\mathbb{C}'$ 都是加法范畴. $F$ 是由 $\mathbb{C}$ 到 $\mathbb{C}'$ 的函子，并且 $F(A\coprod B)=FA\coprod FB$, 则 $FO=0$, 这里的 $O$ 既表零对象, 又表零态射.

证 设 $X$ 为零对象, 由引理 1, $(X, \varepsilon, \varepsilon)=X\coprod X$. 于是 $(FX, \varepsilon_{FX}, \varepsilon_{FX})=FX\coprod FX$. 再由引理 1, $FX$ 是 $\mathbb{C}'$ 中的零对象, 因此 $\mathbb{C}'(FA, FB)$ 中的零元素只能是 $FO_{AB}$. □

现在我们证明

**定理 17** 对于任何一个由加法范畴 $\mathbb{C}$ 到加法范畴 $\mathbb{C}'$ 的函子 $F$: $\mathbb{C}\to\mathbb{C}'$, 下列的三句话等价:

(1) $F$ 是加法函子;

(2) $F$ 保持有限个对象的上积, 即, $F(\coprod_{\lambda\in\Lambda} A_\lambda)=\coprod_{\lambda\in\Lambda} FA_\lambda$, $\Lambda$ 是有限集合;

(3) $F$ 保持有限个对象的积, 即, $F(\prod_{\lambda\in\Lambda} A_\lambda)=\prod_{\lambda\in\Lambda} FA_\lambda$, $\Lambda$ 是有限集合.

证 (1)⇒(2) 假定 $(B, \eta_\lambda)=\coprod_{\lambda\in\Lambda} A_\lambda$, 则由定理 9, 有 $\pi_\lambda$, 使(6.2)成立. 因 $F$ 是加法函子, 并由引理 2, 有 $F\pi_\lambda F\eta_\lambda=\varepsilon_{FA_\lambda}$, $F\pi_\omega F\eta_\lambda=0$ 当 $\omega\neq\lambda$ 时, 以及 $\sum_\lambda F\eta_\lambda F\pi_\lambda=\varepsilon_{FB}$. 由定理 9 的充分

条件，$(FB,\ F\eta_\lambda)=\coprod FA_\lambda$.

(2)⇒(3)　取 $(B,\ \eta_\lambda)=\coprod A_\lambda$，则由定理 9，有 $\pi_\lambda$ 使(6.2)成立．特别，$F\pi_\lambda F\eta_\lambda=\varepsilon_{FA_\lambda}$，而当 $\omega\neq\lambda$ 时，$F\pi_\omega F\eta_\lambda=FO=0$(引理 2)．因 $(FB,\ F\eta_\lambda)=\coprod FA_\lambda$，故由定理 9，有 $\pi'_\lambda:\mathbb{C}'(FB,\ FA_\lambda)$ 使 $(FB,\ \pi'_\lambda)=\prod FA_\lambda$ 而且满足(6.2)．于是

$$F\pi_\omega=F\pi_\omega\varepsilon_{FB}=F\pi_\omega\sum F\eta_\lambda\pi'_\lambda=F\pi_\omega F\eta_\omega\pi'_\omega=\varepsilon_{FA_\omega}\pi'_\omega=\pi'_\omega.$$

所以 $(FB,\ F\pi_\lambda)=\prod FA_\lambda$．由于 $(B,\ \pi_\lambda)=\prod A_\lambda$，得(3)

(3)⇒(2)　由对偶原则．注意，$F$ 也是 $\mathbb{C}^0$ 到 $\mathbb{C}'^0$ 的函子．如果 $F(\prod A_\lambda)=\prod FA_\lambda$，则 $F(\coprod A_\lambda^0)=\coprod FA_\lambda^0$，因而 $F(\coprod A_\lambda^0)=\coprod FA_\lambda^0$，所以 $F(\coprod A_\lambda)=\coprod FA_\lambda$.

(2)，(3)⇒(1)　在 $\mathbb{C}$ 中任取两个对象 $A$ 与 $B$，并在 $\mathbb{C}(A,B)$ 中任取 $f$ 与 $g$．我们要证明，若函子 $F:\mathbb{C}\to\mathbb{C}'$ 保持有限多个对象的积与上积，则 $F(f+g)=Ff+Fg$.

设 $(C,\ \eta_1,\ \eta_2)=A\coprod A$，则由定理 9 及其推论，有 $\pi_1$ 与 $\pi_2$，使 $(C,\ \pi_1,\ \pi_2)=A\prod A$，这里

$$\pi_\lambda\eta_\lambda=\varepsilon_A,\qquad \lambda=1,\ 2;$$

$$\pi\omega\eta_\lambda=0,\qquad \omega\neq\lambda,$$

$$\eta_1\pi_1+\eta_2\pi_2=\varepsilon_C.$$

任取 $f,\ g\in\mathbb{C}(A,\ B)$，作图

$$A\xrightarrow{\varepsilon_A}A,\quad A\overset{\phi}{\dashrightarrow}C,\quad A\xrightarrow{\varepsilon_A}A,\quad C\xrightarrow{\pi_1}A,\quad C\xrightarrow{\pi_2}A;\qquad A\xrightarrow{\eta_1}C,\quad A\xrightarrow{\eta_2}C,\quad C\overset{\psi}{\dashrightarrow}B,\quad A\xrightarrow{f}B,\quad A\xrightarrow{g}B \tag{8.5}$$

有
$$\pi_1\phi=\varepsilon_A,\qquad \psi\eta_1=f,$$
$$\pi_2\phi=\varepsilon_A,\qquad \psi\eta_2=g. \tag{8.6}$$

实际计算，得 $\phi=\eta_1+\eta_2$，$\psi=f\pi_1+g\pi_2$.

由所给条件，$(FC,\ F\eta_1,\ F\eta_2)=FA\coprod FA$，$(FC, F\pi_1, F\pi_2)=FA\prod FA$，所以(8.5)与(8.6)的所有对象与态射都经 $F$ 后，交换性与等式仍然成立．因为

$$(FfF\pi_1+FgF\pi_2)F\eta_1=FfF\pi_1\eta_1+FgF\pi_2\eta_1=Ff,$$

$$(FfF\pi_1+FgF\pi_2)F\eta_2=FfF\pi_1\eta_2+FgF\pi_2\eta_2=Fg,$$

$$F\pi_1(F\eta_1+F\eta_2)=F\pi_1\eta_1+F\pi_1\eta_2=F\varepsilon_A=\varepsilon_{FA},$$

$$F\pi_2(F\eta_1+F\eta_2)=F\pi_2\eta_2+F\pi_2\eta_2=F\varepsilon_A=\varepsilon_{FA},$$

故由唯一性($(FC,\ F\eta_1,\ F\eta_2)=FA\coprod FA$, $(FC,\ F\pi_1,\ F\pi_2)=FA\coprod FA$),得

$$F\psi=FfF\pi_1+FgF\pi_2,\ F\phi=F\eta_1+F\eta_2.$$

于是

$$\begin{aligned}F\psi F\phi&=(FfF\pi_1+FgF\pi_2)(F\eta_1+F\eta_2)\\&=Ff\pi_1\eta_1+Fg\pi_2\eta_1+Ff\pi_1\eta_2+Fg\pi_2\eta_2\\&=Ff+Fg.\end{aligned}\tag{8.7}$$

另一方面,由于 $\psi\phi=\psi\varepsilon_C\phi=\psi(\eta_1\pi_1+\eta_2\pi_2)\phi=\psi\eta_1\pi_1\phi+\psi\eta_2\pi_2\phi=\psi\eta_1+\psi\eta_2=f+g$,所以

$$F\psi F\phi=F(f+g).$$

与(8.7)比较,即得 $F(f+g)=Ff+Fg$. 定理全部证毕.

函子的乘法是容易理解的. 如果 $F:\mathbb{C}\to\mathbb{C}'$, $F':\mathbb{C}'\to\mathbb{C}''$ 是两个函子,那么,$F'F$ 就是一个由 $\mathbb{C}$ 到 $\mathbb{C}''$ 的函子,它把 $\mathbb{C}$ 中的 $A$ 变成 $\mathbb{C}''$ 中的 $F'FA$, 把 $\sigma\in\mathbb{C}(A,\ B)$ 变成 $\mathbb{C}''(F'FA,\ F'FA)$ 中的 $F'F\sigma$. 这样作出的函子 $F'F$ 叫做 $F'$ 与 $F$ 的积. 特别,若 $F'F$ 是恒等函子 $I:\mathbb{C}\to\mathbb{C}$, 使 $IA=A, I\sigma=\sigma$, 那么, $F'$ 与 $F$ 就是互逆的.

最后,我们提出

**定义 9** 由 $\mathbb{C}$ 的逆范畴 $\mathbb{C}^0$ 到 $\mathbb{C}'$ 的一个函子 $T$ 叫做由 $\mathbb{C}$ 到 $\mathbb{C}'$ 的一个**逆变函子**. 这就是说,对任何 $A\in\mathrm{obj}\mathbb{C}$, 有 $TA\in\mathrm{obj}\mathbb{C}'$ 与之对应,对任何 $\sigma\in\mathbb{C}(B,\ A)$ 也必有 $T\sigma\in\mathbb{C}'(TA,\ TB)$ 与之对应,并且 $T(\sigma\tau)=T\tau T\sigma$, $T\varepsilon_A=\varepsilon_{TA}$.

把定义 9 中的 $T$ 表达成 $\mathbb{C}$ 与 $\mathbb{C}'$ 的关系可如下图

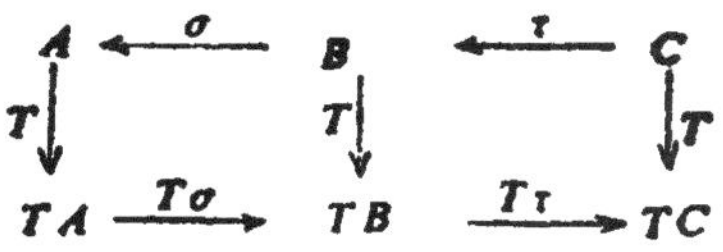

$$\begin{array}{ccccc}A & \xleftarrow{\sigma} & B & \xleftarrow{\tau} & C\\ {\scriptstyle T}\downarrow & & {\scriptstyle T}\downarrow & & \downarrow{\scriptstyle T}\\ TA & \xrightarrow{T\sigma} & TB & \xrightarrow{T\tau} & TC\end{array}\tag{8.8}$$

这里 $T(\sigma\tau)=T\tau T\sigma$, 这样的一个图形象化地说明了其所以叫做

“逆变”的原因，$\mathbb{C}$ 中各态射的方向与 $\mathbb{C}'$ 中相应态射的方向恰好相反.

举一个例. 在范畴 $\mathbb{C}$ 中固定取一个对象 $M$，并假定对所有的对象 $A\in\mathbb{C}$, $\mathbb{C}(A, M)$ 都不是空的. 让 $A\in\mathbb{C}$ 对应 $\mathbb{C}(A, M)$. 再当 $\sigma\in\mathbb{C}(A, B)$ 时，取一个 $f\in\mathbb{S}(\mathbb{C}(B, M), \mathbb{C}(A, M))$ 与之对应，这里当 $\tau\in\mathbb{C}(B, M)$ 时，定义 $f(\tau)=\tau\sigma$，表以下面的交换图

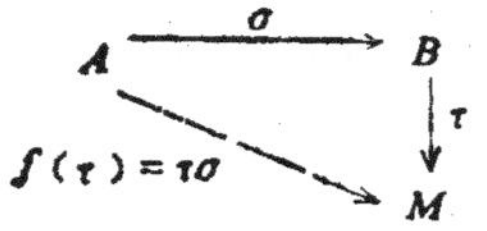

$$\begin{array}{ccc} A & \xrightarrow{\sigma} & B \\ & {\scriptstyle f(\tau)=\tau\sigma}\searrow & \downarrow{\scriptstyle\tau} \\ & & M \end{array} \tag{8.9}$$

让 $TA=\mathbb{C}(A, M)$, $T\sigma=f$，我们就有下面的图

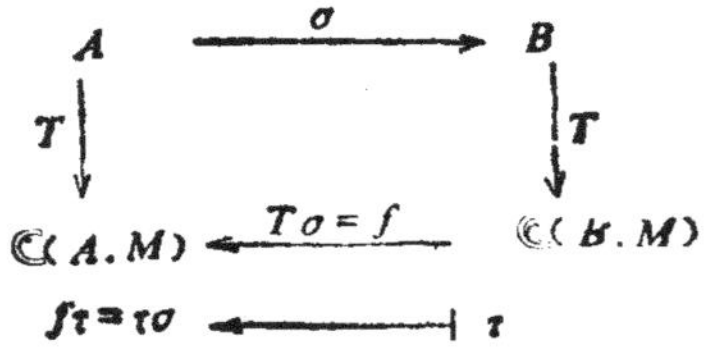

$$\begin{array}{ccc} A & \xrightarrow{\sigma} & B \\ {\scriptstyle T}\downarrow & & \downarrow{\scriptstyle T} \\ \mathbb{C}(A, M) & \xleftarrow{T\sigma=f} & \mathbb{C}(B, M) \\ f\tau=\tau\sigma & \longleftarrow\!\!\shortmid & \tau \end{array} \tag{8.10}$$

不难验证，$T(\sigma_1\sigma_2)=T\sigma_2 T\sigma_1$，这说明了，$T$ 是由范畴 $\mathbb{C}$ 到集合范畴 $\mathbb{S}$ 的一个逆变函子.

我们在本章中所阐述的仅是范畴理论中的最基本的部分，它是学习同调代数所必需的. 但在同调代数中我们还需要一些有关范畴与函子的其它理论，例如等价范畴，极限，自然变换，伴随函子等，我们将在用到它们时，结合具体情况，再行论述.

# 第二章 模

## §1 基本概念

在同调代数中，模是最重要的研究对象之一．早在上一世纪，Dirichlet 就曾考虑过多项式环上的模．本世纪二十年代，E. Nöther 曾一再提出过模在代数学上所起的重要作用．到了四十年代，由于环论的需要以及同调代数的兴起，模的理论更进一步得到了发展．

**定义 1** 设 $X$ 为一个加法交换群，而 $\mathfrak{A}$ 是一个环．如果有一个双线性映射 $\psi$，把 $\mathfrak{A}$ 与 $X$ 的笛卡尔积 $\mathfrak{A}\times X$ 映射到 $X$ 内，即有

$$M_1 \quad \psi(\alpha, x)\in X,\ \alpha\in\mathfrak{A},\ x\in X; \tag{1.1}$$

$$M_2 \quad \psi\Big(\sum_{i=1}^{n}\alpha_i, \sum_{j=1}^{m}x_j\Big)=\sum_{i,j}\psi(\alpha_i, x_j); \tag{1.2}$$

与

$$M_3 \quad \psi(\alpha_1\alpha_2, x)=\psi(\alpha_1, \psi(\alpha_2, x)), \tag{1.3}$$

则 $X$ 叫做环 $\mathfrak{A}$ 上的左模，也称左 $\mathfrak{A}$–模，简称 $\mathfrak{A}$–模．

我们看到，模的概念事实上是通常域上线性空间概念的推广，因此，用线性代数的名词，$\mathfrak{A}$ 叫做 $\mathfrak{A}$–模 $X$ 的系数环，$\mathfrak{A}$ 中的元素 $\alpha$ 叫做 $X$ 的标量，$X$ 中的元素 $x$ 叫做模元素，$\psi$ 叫标量乘法，而 $\psi(\alpha, x)$ 则叫做 $x$ 左乘以 $\alpha$ 所得到的标量积．

只有一个元素 0 的模叫做零模，记以 0，在这个模中，$0+0=0$，且所有的 $\psi(\alpha, 0)$ 都等于 0．

由 $M_2$ 易得减法的分配律：

$$\psi(\alpha_1-\alpha_2, x)=\psi(\alpha_1 x)-\psi(\alpha_2, x);$$

$$\psi(\alpha, x_1-x_2)=\psi(\alpha, x_1)-\psi(\alpha, x_2).$$

因此，若以 0 既表 $\mathfrak{A}$ 的零元素，又表 $X$ 的零元素，则 $\psi(0, x)=\psi(\alpha, 0)=0$．

举几个例子.

**例 1** 以 $\mathbb{Z}$ 表整数环, $\mathfrak{A}$ 为 $\mathbb{Z}$ 的任一子环, 而 $X$ 为任一个加法交换群. 如果当 $n\in\mathfrak{A}$, $x\in X$ 时, 定义 $\psi(n, x)=nx$, 则 $X$ 是一个 $\mathfrak{A}$ 模. 任何加法交换群都是 $\mathbb{Z}$ 模.

**例 2** 对于环 $\mathfrak{A}$ 与交换群 $X$, 定义 $\psi(\alpha, x)=0$ 为 $X$ 的零元素, 则 $X$ 是一个 $\mathfrak{A}$-模.

**例 3** 设 $X$ 为环 $\mathfrak{A}$ 的一个左理想, 当 $x\in X$, $\alpha\in\mathfrak{A}$ 时, 定义 $\psi(\alpha, x)=\alpha x$ 为环元素 $\alpha$ 与 $x$ 之积, 则 $X$ 作成一个 $\mathfrak{A}$-模. 特别, $\mathfrak{A}$ 本身是一个 $\mathfrak{A}$-模.

**例 4** 设 $X$ 是一个环, 而 $\mathfrak{A}$ 为其一个子环, 规定 $\psi(\alpha, x)=\alpha x$ 为环元素 $\alpha$ 与 $x$ 之积, 则 $X$ 是一个 $\mathfrak{A}$-模.

**例 5** 设 $S$ 为一个非空集合, $\mathfrak{A}$ 为一个环, 以 $X$ 表示由 $S$ 到 $\mathfrak{A}$ 的所有映射的集合, 即, 当 $f\in X$, $s\in S$ 时, $f(s)$ 为 $\mathfrak{A}$ 内一个元素. 如果规定, 当 $f$, $g\in X$ 时, $(f+g)(s)=f(s)+g(s)$, 则 $X$ 是一个加法交换群. 如果当 $\alpha\in\mathfrak{A}$ 时, 再规定, $(\alpha f)(s)=\alpha f(s)$. 如果定义 $\psi(\alpha, f)=\alpha f$, 则 $X$ 是一个 $\mathfrak{A}$-模.

**例 6** 取 $X$ 为一个加法交换群, $E=E(X)$ 为其左自同态环, 当 $\sigma\in E$, $x\in X$ 时, 令 $\psi(\sigma, x)=\sigma(x)$, 则 $\psi$ 满足 $M_1$—$M_3$, 因而 $X$ 是一个 $E$-模. 换言之, 任何加法交换群 $X$ 都是一个 $E(X)$-模.

例 6 则有其十分重要的定义. 设 $X$ 为 $\mathfrak{A}$-模, 标量乘法是 $\psi$. 任取一个 $\alpha\in\mathfrak{A}$, 对于任何 $x\in X$, 定义

$$\sigma(x)=\psi(\alpha, x),$$

则 $\sigma$ 为集合 $X$ 到其自身的一个映射, 且由 $\alpha$ 所唯一确定. 以 $\mu$ 表示这种对应, 即 $\mu(\alpha)=\sigma$. 由于

$$\begin{aligned}\sigma(x_1+x_2)&=\psi(\alpha, x_1+x_2)=\psi(\alpha, x_1)+\psi(\alpha, x_2)\\&=\sigma(x_1)+\sigma(x_2),\end{aligned}$$

故 $\sigma\in E(X)$, 因此, $\mu$ 是环 $\mathfrak{A}$ 到 $E(X)$ 的一个映射. 再者, 若 $\mu(\beta)=\tau$, 则

$$\begin{aligned}\mu(\alpha+\beta)(x)&=\psi(\alpha+\beta, x)=\psi(\alpha, x)+\psi(\beta, x)\\&=\sigma(x)+\tau(x)=\mu(\alpha)(x)+\mu(\beta)(x),\end{aligned}$$

$$\mu(\alpha\beta)(x)=\psi(\alpha\beta, x)=\psi(\alpha, \psi(\beta x))=\sigma(\psi(\beta, x))$$
$$=\sigma(\tau(x))=\sigma\tau(x)=\mu(\alpha)\mu(\beta)(x).$$

所以，上面所定义的 $\mu$ 是环 $\mathfrak{A}$ 到环 $E(X)$ 的一个环同态，其象 $\mathrm{Im}\,\mu$ 当然是 $E(X)$ 的一个子环．于是有

**定理 1** 设 $X$ 是一个加法交换群，$\mathfrak{A}$ 是一个环．如果 $X$ 是一个 $\mathfrak{A}$–模，则其标量乘法 $\psi$ 可引出同态 $\mu$: $\mathfrak{A}\to E(X)$．反之，任取一个环同态 $\mu$: $\mathfrak{A}\to E(X)$，则定义 $\psi(\alpha, x)=\mu(\alpha)(x)$ 后，$X$ 作成为一个 $\mathfrak{A}$–模.

**定义 2** 若定理 1 中的 $\mu$ 是单同态，即若 $\alpha\neq\beta$ 时，$\mu(\alpha)\neq\mu(\beta)$，则 $X$ 叫做一个忠实 $\mathfrak{A}$–模.

因此，$X$ 为忠实 $\mathfrak{A}$–模的充要条件是，当 $\alpha\neq\beta$ 时，至少有一个 $x\in X$，使 $\psi(\alpha, x)\neq\psi(\beta, x)$.

对于 $\mathfrak{A}$–模 $X$，我们取

$$^{\perp}X=\{\gamma\in\mathfrak{A}\,|\,\psi(\gamma, x)=0,\ \forall x\in X\}.$$

于是，首先，$^{\perp}X$ 不是空的，因为 $0\in{}^{\perp}X$；其次，若 $\gamma_1, \gamma_2\in{}^{\perp}X$，则 $\psi(\gamma_1-\gamma_2, x)=\psi(\gamma_1, x)-\psi(\gamma_2, x)=0$，即 $\gamma_1-\gamma_2\in{}^{\perp}X$；最后，若 $\gamma\in{}^{\perp}X$，$\alpha\in\mathfrak{A}$，则 $\psi(\alpha\gamma, x)=\psi(\alpha, \psi(\gamma, x))=\psi(\alpha, 0)=0$，$\psi(\gamma\alpha, x)=\psi(\gamma, \psi(\alpha, x))=0$，故 $\alpha\gamma$ 与 $\gamma\alpha$ 都属于 $^{\perp}X$，所以 $^{\perp}X$ 是 $\mathfrak{A}$ 的一个双边理想．显然，$X$ 是忠实 $\mathfrak{A}$–模的充要条件是 $^{\perp}X=0$.

为简便计，在不会引起误解的情况下(也就是，在 $\alpha x$ 并无其它已知的意义时)，$\mathfrak{A}$–模 $X$ 的标量积 $\psi(\alpha, x)$ 常改记成 $\alpha x$，因此，$M_1$—$M_3$ 可改写成 $\alpha x\in X$，$\sum\alpha_i\sum x_j=\sum_{i,j}\alpha_i x_j$，$(\alpha_1\alpha_2)x=\alpha_1(\alpha_2 x)$.

**定义 3** 设 $X$ 为一个 $\mathfrak{A}$–模．如果 $Y$ 是加法交换群 $X$ 的一个子群，并且当 $\alpha\in\mathfrak{A}$，$y\in Y$ 时，$\alpha y\in Y$，即，$Y$ 本身(对于同样的标量乘法)也是一个 $\mathfrak{A}$–模，则称 $Y$ 为 $X$ 的子模，或者为了强调它是 $\mathfrak{A}$–模起见，也称为子 $\mathfrak{A}$–模，$X$ 为 $Y$ 的扩模，记以 $Y\subseteq X$，或 $X\supseteq Y$．任一个非零的 $X$ 至少有两个子模，一个是 0，另一个是 $X$ 自己．这两个子模都是 $X$ 的平凡的子模，而其余的子模则为

非平凡的或真的子模．当 $Y$ 为 $X$ 的子模但又不等于 $X$ 时，常记成 $Y\subset X$.

**例 7** 设 $A$ 为环 $\mathfrak{A}$ 的左理想，$X$ 为 $\mathfrak{A}$-模，则集合

$$AX=\left\{\sum_{i=1}^{n}\alpha_i x_i \,\middle|\, \alpha_i\in A,\ x_i\in X,\ 1\leqslant n<\infty\right\}$$

是 $X$ 的子模，特别，把 $\mathfrak{A}$ 本身看成为 $\mathfrak{A}$- 模时，它的任一个左理想 $B$ 也是 $\mathfrak{A}$ 的子模.

设 $\{X_\lambda\}$, $\lambda\in\Lambda$, 为 $X$ 的一些子模 $X_\lambda$ 之集，指标集 $\Lambda$ 可有限可无穷．定义

$$\bigcap_\lambda X_\lambda=\{x\in X\mid x\in X_\lambda,\ \forall\lambda\in\Lambda\},$$

$$\sum_\lambda X_\lambda=\{x_{\lambda_1}+x_{\lambda_2}+\cdots+x_{\lambda_n}\mid x_{\lambda_i}\in x_{\lambda_i},\ n<\infty\},$$

则 $\bigcap\limits_\lambda X_\lambda$ 与 $\sum\limits_\lambda X_\lambda$ 都是 $X$ 的子模，前者为诸 $X_\lambda$ 之交，后者为诸 $X_\lambda$ 之和．我们有

**定理 2** 若 $Y=\sum\limits_{\lambda\in\Lambda}X_\lambda$, 则下列的三句话等价：

(1) $0=\sum\limits_{j=1}^{n}x_{\lambda_j}$ 时，必有 $x_{\lambda_j}=0$, 这里 $x_{\lambda_j}\in X_{\lambda_j}$, 且当 $i\neq j$ 时，$\lambda_i\neq\lambda_j$;

(2) 对任何 $\omega\in\Lambda$, 必有 $X_\omega\cap\sum\limits_{\lambda\neq\omega}X_\lambda=0$;

(3) 当 $\sum\limits_{i=1}^{n}x_{\lambda_i}=\sum\limits_{j=1}^{m}x'_{\omega_j}$, $0\neq x_{\lambda_i}\in X_{\lambda_i}$, $0\neq x'_{\omega_j}\in X_{\omega_j}$ 时，必有 $n=m$, 且在适当调整次序后，$\lambda_i=\omega_i$, $x_{\lambda_i}=x'_{\omega_i}$.

证 (1)⇒(2) 若有 $0\neq x_\omega=\sum x_{\lambda_i}$, $\lambda_i\neq\omega$, 则 $\sum x_{\lambda_i}-x_\omega=0$.

(2)⇒(3) 如果任何 $x'_{\omega_j}$ 都不等于 $x_{\lambda_1}$, 则 $X_{\lambda_1}\cap\sum\limits_{\omega\neq\lambda_1}X_\omega$ 至少包含一个不等于零的模元素 $x_{\lambda_1}$. 若 $\omega_1=\lambda_1$, 但 $x_{\lambda_1}\neq x'_{\omega_1}$, 情况也是这样.

(3)⇒(1) 若 $x_{\lambda_1}\neq 0$, 则 $-x_{\lambda_1}=\sum\limits_{j=2}^{n}x_{\lambda_j}$. □

如果 $Y=\sum X_\lambda$ 满足定理 2 的三个条件中的任一个，则 $Y$ 叫做诸 $X_\lambda$ 的直和，记成 $Y=\bigoplus\limits_{\lambda\in\Lambda}X_\lambda$. 这时 $Y$ 中的任一个元 $y$ 都是有限个 $x_{\lambda_i}$ 的和，$y=\sum x_{\lambda_i}$, 且此表达式是唯一的．有时我们把

$\oplus X_\lambda$ 中的元素表成一个集合 $\{x_{\lambda\in\Lambda}|x_\lambda\in X_\lambda\}$，但仅有有限个 $x_\lambda$ 不为 0. 当 $\Lambda$ 为一个良序集时，$\{x_\lambda\}$ 被看成一个向量，其第 $\lambda$ 个分量是 $x_\lambda$，若 $y=\sum x_{\lambda_i}$，则当把 $y$ 表成一个向量 $(x_\lambda)$ 时，若 $\lambda$ 不是诸 $\lambda_i$ 之一，则 $x_\lambda=0$. □

设 $W$ 为 $X$ 的一个子模. 取商群 $X/W$，对陪 $x+W$ 定义 $\alpha(x+W)=\alpha x+W$，则 $X/W$ 也是一个 $\mathfrak{A}$-模，称为**商模**. 当然，若 $W=X$，则 $X/W$ 为 0，若 $W=0$，则 $X/W$ 为 $X$ 自己.

右 $\mathfrak{A}$-模可以类似地定义. 若 $X$ 为加法交换群，如果对任何 $x\in X$，$\alpha\in\mathfrak{A}$，可定义标量积 $x\alpha$，使 $x\alpha\in X$，$\sum x_i\sum\alpha_j=\sum x_i\alpha_j$，而 $(x\alpha_1)\alpha_2=x(\alpha_1\alpha_2)$，则 $X$ 为一个右 $\mathfrak{A}$-模.

对于环 $\mathfrak{A}$，我们可改写其元素 $\alpha$ 为 $\alpha^0$，并定义

$$\alpha^0+\beta^0=\alpha+\beta;$$
$$\alpha^0\circ\beta^0=\beta\alpha;$$

于是所有这些 $\alpha^0$(就是 $\alpha$)对于所述的"+"与"0"来说组成一个环 $\mathfrak{A}^0$，它称为 $\mathfrak{A}$ 的**逆环**. 显然有 $\mathfrak{A}^{00}=\mathfrak{A}$.

当 $X$ 为一个左 $\mathfrak{A}$-模时，定义

$$x\alpha^0=\alpha x,\ x\in X,\ \alpha\in\mathfrak{A},$$

则 $$\sum x_i\sum\alpha_j^0=(\sum x_i)(\sum\alpha_j)^0=\sum\alpha_j\sum x_i=\sum\alpha_jx_i=\sum x_i\alpha_j^0,$$
$$x(\alpha^0\circ\beta^0)=x(\beta\alpha)^0=\beta\alpha x=\beta(\alpha x)=(\alpha x)\beta^0=(x\alpha^0)\beta^0.$$

所以 $X$ 是一个右 $\mathfrak{A}^0$-模. 换言之，任何左 $\mathfrak{A}$-模必是右 $\mathfrak{A}^0$-模，而任何右 $\mathfrak{A}$-模也必是左 $\mathfrak{A}^0$-模.

**定义 4** 设 $X$ 既是一个左 $\mathfrak{A}$-模，又是一个右 $\mathfrak{B}$-模，并且于 $x\in X$，$\alpha\in\mathfrak{A}$，$\beta\in\mathfrak{B}$ 时，恒有

$$(\alpha x)\beta=\alpha(x\beta),$$

则称 $X$ 为一个 $(\mathfrak{A},\mathfrak{B})$-模(指左 $\mathfrak{A}$ 右 $\mathfrak{B}$-模).

由定义即知，若 $X$ 为一个 $(\mathfrak{A},\mathfrak{B})$-模，它必然既是左 $\mathfrak{A}$-模，又是左 $\mathfrak{B}^0$-模，且 $\mathfrak{A}$ 的元素与 $\mathfrak{B}^0$ 的元素可交换，即

$$\alpha(\beta^0x)=\beta^0(\alpha x).$$

我们来看看这时 $\mathfrak{A}$ 与 $\mathfrak{B}$ 有什么关系？为此，我们取

$$C_X(\mathfrak{A})=\{\tau\in E(X)\,|\,\tau(\alpha x)=\alpha(\tau x),\ \forall\alpha\in\mathfrak{A},\ x\in X\}.$$

这里的 $E(X)$ 为加法交换群 $X$ 的左自同态环，容易验证，$O_X(\mathfrak{A})$ 是 $E(X)$ 的一个子环（不仅是子集而已），它称为 $\mathfrak{A}$ 对 $X$ 的**中心化环**．于是，$X$ 是 $(\mathfrak{A}, \mathfrak{B})$-模的充要条件是有环同态 $g: \mathfrak{B}\to O_X(\mathfrak{A})$，因为任何 $\beta^0\in\mathfrak{B}^0$ 实际上对于 $X$ 起着 $\mathfrak{A}$ 的中心化子的作用．

## §2 酉　　模

设 $X$ 为 $\mathfrak{A}$-模，由定理 1，有环同态 $\mu: \mathfrak{A}\to E(X)$，而 $\mu$ 的象 $\mathrm{Im}\,\mu$（指 $\mathfrak{A}$ 中的元素经 $\mu$ 所得之象的集合）是环 $E(X)$ 的子环．虽然 $E(X)$ 有单位元，就是 $X$ 的恒等自同构，但是 $\mathrm{Im}\,\mu$ 却未必有单位元，而且纵然 $\mathrm{Im}\,\mu$ 有单位元，它也未必是 $E(X)$ 的单位元．

我们取

**定义 5**　若 $\mathrm{Im}\,\mu$ 包含 $E(X)$ 的单位元，则 $X$ 叫做一个**酉 $\mathfrak{A}$-模**．（这里的“酉”是英文 unital 一字的音译．）

因此，$X$ 是酉 $\mathfrak{A}$-模的充要条件是 $\mathfrak{A}$ 中有一个元素 $\alpha$，使对任何 $x\in X$，恒有 $\alpha x=x$．因此对任何 $\beta\in\mathfrak{A}$，既有 $\alpha\beta x=\beta x$，又有 $\beta\alpha x=\beta x$．总之，左理想 $\{\gamma-\gamma\alpha\,|\,\gamma\in\mathfrak{A}\}$ 与右理想 $\{\alpha\gamma-\gamma\,|\,\gamma\in\mathfrak{A}\}$ 都含于 ${}^{\perp}X$ 内．如果 $X$ 是忠实 $\mathfrak{A}$-模，上述的 $\alpha$ 必是 $\mathfrak{A}$ 的单位元．

易知，若 $\mathfrak{A}$ 有单位元 1，则 $X$ 是酉 $\mathfrak{A}$-模的充要条件是

$$M_4\quad 1x=x,\ \forall x\in X.$$

其实，对于环 $\mathfrak{A}$，我们总可以找到一个扩环 $\mathfrak{A}^*\supseteq\mathfrak{A}$，使 $\mathfrak{A}^*$ 有单位元，并且当 $X$ 是一个 $\mathfrak{A}$-模时，可以定义这个 $X$ 为一个酉 $\mathfrak{A}^*$-模，使当 $\alpha\in\mathfrak{A}$，$x\in X$ 时，$\alpha x$ 作为 $\mathfrak{A}$-模中的模元素与它作为 $\mathfrak{A}^*$-模中的模元素是相等的．见

**定理 3**　设 $X$ 为 $\mathfrak{A}$-模，则 $X$ 可以开拓成为一个酉 $\mathfrak{A}^*$-模．

证　以 $\mathbb{Z}$ 表整数环．令 $\mathfrak{A}^*=\{(n, \alpha)\,|\,n\in\mathbb{Z},\ \alpha\in\mathfrak{A}\}$．规定

$$(n, \alpha)=(m, \beta)；当且仅当\ n=m,\ \alpha=\beta;$$

$$(n, \alpha)+(m, \beta)=(n+m, \alpha+\beta);$$
$$(n, \alpha)(m, \beta)=(nm, m\alpha+n\beta+\alpha\beta),$$
这里若 $n>0$, 则 $n\alpha$ 是 $n$ 个 $\alpha$ 之和, 若 $n<0$, 则 $n\alpha$ 是 $-n$ 个 $-\alpha$ 之和. 易证, $\mathfrak{A}^*$ 是一个环, 它以 $(1, 0)$ 为其单位元, 且有子环 $\mathfrak{A}_1=\{(0, \alpha)\,|\,\alpha\in\mathfrak{A}\}$ 与 $\mathfrak{A}$ 同构.

当 $x\in X$ 时, 定义 $(n, \alpha)x=nx+\alpha x$. 于是, 从 $(1, 0)x=x$ 知 $X$ 是一个酉 $\mathfrak{A}^*$-模. □

另一方面, 假定 $\mathfrak{A}$ 有单位元 1, 而 $X$ 是一个 $\mathfrak{A}$-模, 但不是酉 $\mathfrak{A}$-模, 则必有 $u\in X$, 使
$$1u=v\neq u,$$
于是
$$1u=1^2u=1v,$$
因而, 让 $w=u-v\neq 0$, 必有 $1w=0$. 令
$$X_0=\{u\in X\,|\,1u=0\},$$
$$X^*=\{v\in X\,|\,1v=v\},$$
易知, $X_0$ 与 $X^*$ 都是 $X$ 的子模, 它们的交只含一个元素, 就是 $X$ 的零元素 0. 我们有

**定理 4** $X=X_0\oplus X^*$, 其中 $\mathfrak{A}X_0=0$, 而 $X^*$ 是一个酉 $\mathfrak{A}$-模.

证 任取 $x\in X$, 设 $1x=y$, 让
$$x=x-y+y,$$
于是, $1x=1^2x=1y$, 故 $1(x-y)=0$, 因而 $\alpha(x-y)=\alpha 1(x-y)=0$, 即, $x-y\in X_0$. 又有 $1y=1^2x=1x=y$, 故 $y\in X^*$. 因此 $X=X_0+X^*$. 由 $X_0\cap X^*=\{0\}$ 知 $X=X_0\oplus X^*$. □

由定理 3 与定理 4, 我们看到, 若 $\mathfrak{A}$ 没有单位元, 那么, 任何 $\mathfrak{A}$-模 $X$ 都可开拓成为一个酉 $\mathfrak{A}^*$-模, 而 $\mathfrak{A}^*$ 有单位元(模本身没有变, 系数环扩大了); 而当 $\mathfrak{A}$ 有单位元, 但 $X$ 不是酉 $\mathfrak{A}$-模时, $X$ 可以收缩成为一个酉 $\mathfrak{A}$-模 $X^*$, 其补子模 $X_0$ 有性质 $\mathfrak{A}X_0=0$. 这样的 $X_0$ 虽然不一定等于 0, 但其意义不大. 所以, 我们在同调代数中, 除非特别申明, 所考虑的环都有单位元, 所有的模都是酉模.

## §3 模同态与模范畴

本书从现在起，如不特别申明，所有的环都有单位元 1(或者 $1_{\mathfrak{A}}$，用以表示环 $\mathfrak{A}$ 的单位元)，所有的模都是酉模.

假定 $\mathfrak{A}$ 是一个环，$A$ 与 $B$ 都是 $\mathfrak{A}$-模. 如果 $f$ 是加法交换群 $A$ 到 $B$ 的一个群同态，而且当 $\alpha\in\mathfrak{A}$，$a\in A$ 时，恒有

$$f(\alpha a)=\alpha f(a)\in B, \tag{3.1}$$

则 $f$ 叫做一个模同态，有时也称为 $\mathfrak{A}$-同态. 所有由 $A$ 到 $B$ 的模同态之集将表以 $\mathrm{Hom}(A, B)$，或者 $\mathrm{Hom}_{\mathfrak{A}}(A, B)$，用以表示其元素均是 $\mathfrak{A}$-同态. 在 $f\in\mathrm{Hom}(A, B)$，$g\in\mathrm{Hom}(B, C)$ 时，对 $\alpha\in\mathfrak{A}$，$a\in A$，定义 $gf(\alpha a)=g(f(\alpha a))=g(\alpha f(a))=\alpha gf(a)\in C$，故 $gf\in\mathrm{Hom}(A, C)$，它称为 $f$ 与 $g$ 之积. 在 $\mathrm{Hom}(A, A)$ 中有一个元素 $\varepsilon_A$，它把每一个 $a\in A$ 都映成它自己，$\varepsilon_A(a)=a$，因而对任何 $f\in\mathrm{Hom}(A, B)$ 恒有 $f\varepsilon_A=\varepsilon_B f$. 这个 $\varepsilon_A$ 称为 $A$ 的恒等自同构.

本书中，记号 $\varepsilon_A$ 始终表示 $A$ 的恒等自同构，或在范畴中表示 $A$ 的恒等态射，不作别用.

逐条验证即知，以所有的 $\mathfrak{A}$-模为对象类，以 $\mathrm{Hom}(A, B)$ 为态射集，即得一个模范畴，记之以 $\mathfrak{A}\mathbb{M}$. 类似可得右 $\mathfrak{A}$-模的范畴 $\mathbb{M}\mathfrak{A}$.

设 $f\in\mathrm{Hom}(A, B)$，我们取

$$\begin{aligned}&N=\{a\in A\mid f(a)=0\},\\&M=\{b\in B\mid \text{有 } a\in A, \text{ 使 } f(a)=b\},\end{aligned} \tag{3.2}$$

则 $N$ 与 $M$ 相应为 $A$ 与 $B$ 的子模，称为模同态 $f$ 的核与象，记以 $N=\mathrm{Ker}f$，$M=\mathrm{Im}f$，而 $B/M$ 叫做 $f$ 的上核，记以 $\mathrm{Cok}f=B/M$. 若 $N=0$，则 $f$ 为单同态；$M=B$ 则 $f$ 为满同态；$M=0$ 则 $f$ 为零同态. 若 $f$ 既是单同态又是满同态，则 $f$ 为同构，这时记成 $A\cong B$，或 $A\overset{f}{\cong}B$. 于是 $f$ 是单同态当且仅当 $a\neq a'$ 时，$f(a)\neq f(a')$；$f$ 为满同态当且仅当 $\mathrm{Cok}f=0$；$f$ 为同构当且仅当有 $g\in\mathrm{Hom}(B, A)$，使 $gf=\varepsilon_A$，$fg=\varepsilon_B$. 不难验证，单同态是模范畴的单态射，满同态

是模范畴中的满态射，同构是单位态射，而零同态则是零态射。

对于(3.2)中的 $N$ 与 $M$，我们定义

$\eta$: $N\to A$，使当 $a\in N$ 时，$\eta(a)=a\in A$；

$\pi$: $A\to M$，使当 $a\in A$ 时，$\pi(a)=f(a)\in M$；

$\eta'$: $M\to B$，使当 $b\in M$ 时，$\eta'(b)=b\in B$；

再让 $\pi'$ 为 $B$ 到商模 $B/M$ 的自然同态，于是 $\eta$ 与 $\eta'$ 都是单同态(而且是嵌入映射)，因而都是单态射；$\pi$ 与 $\pi'$ 都是满同态，因而都是满态射。由于 $f=\eta'\pi$，故得交换图

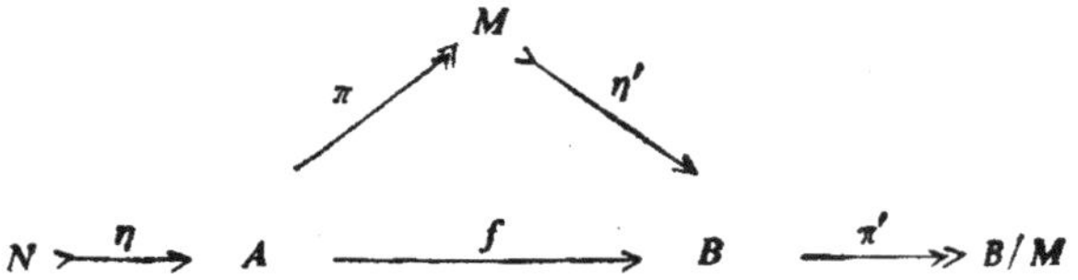

$$\begin{array}{ccccccc} & & & M & & & \\ & & \overset{\pi}{\nearrow} & & \overset{\eta'}{\searrow} & & \\ N & \xrightarrow{\eta} & A & \xrightarrow{\quad f \quad} & B & \xrightarrow{\pi'} & B/M \end{array} \tag{3.3}$$

因此，作为 $\mathfrak{A}\mathfrak{M}$ 中的态射，有 $\eta=\mathrm{Ker}f=\mathrm{Ker}\pi$，$\pi=\mathrm{Coim}f$，$\pi'=\mathrm{Cok}f=\mathrm{Cok}\eta'$，$\eta'=\mathrm{Im}f$.

任取 $f_1$ 与 $f_2\in\mathrm{Hom}(A,B)$. 当 $a\in A$ 时，定义

$$(f_1+f_2)(a)=f_1(a)+f_2(a),$$

于是

$$\begin{aligned}(f_1+f_2)(a_1+a_2)&=f_1(a_1+a_2)+f_2(a_1+a_2)\\&=f_1(a_1)+f_1(a_2)+f_2(a_1)+f_2(a_2)\\&=(f_1+f_2)(a_1)+(f_1+f_2)(a_2),\\(f_1+f_2)(\alpha a)&=f_1(\alpha a)+f_2(\alpha a)\\&=\alpha f_1(a)+\alpha f_2(a)=\alpha(f_1+f_2)(a),\end{aligned}$$

所以 $f_1+f_2\in\mathrm{Hom}(A,B)$，因而 $\mathrm{Hom}(A,B)$ 是一个加法交换群，零同态(把 $A$ 的所有元素都映成 $B$ 的 0)是这个群的零元素，而 $-f((-f)(a)=-f(a))$ 是 $f$ 的负元素. 容易验证，双边分配律也都是成立的.

我们仿照第一章§5例4中所述的办法来求一些 $\mathfrak{A}$-模 $A_\lambda$ 之集 $\{A_\lambda\}$，$\lambda\in\Lambda$，的积与上积，这里的 $\Lambda$ 是任意的集合. 在 $\Lambda$ 上定义一个函数 $\phi$，使当 $\lambda\in\Lambda$ 时，$\phi(\lambda)$ 为 $A_\lambda$ 中的某一个元素 $a_\lambda$，$\phi(\lambda)=a_\lambda\in A_\lambda$，$\lambda\in\Lambda$. 以 $\Phi$ 表示所有这些 $\phi$ 的集合(据集合论，如果 $A_\lambda$ 都是集合，$\Lambda$ 也是一个集合，则 $\Phi$ 也是一个集合). 当 $\phi_1$，$\phi_2\in\Phi$ 时，

定义$(\phi_1+\phi_2)(\lambda)=\phi_1(\lambda)+\phi_2(\lambda)$, $(\alpha\phi)(\lambda)=\alpha\phi(\lambda)$, 则$\Phi$不但是一个加法可换群，而且是一个$\mathfrak{A}$-模，因而$\Phi\in\mathfrak{A}\mathbb{M}$. 如果定义$\pi_\lambda(\phi)=\phi(\lambda)$, 则$\pi_\lambda$是$\Phi$到$A_\lambda$的一个模同态，而且是满的. 于是$(\Phi,\ \pi_\lambda)$就是诸$A_\lambda$的积$\prod_{\lambda\in\Lambda}A_\lambda$.

在$\Lambda$上定义这样的一个函数$\psi$, 使$\psi(\lambda)$为$A_\lambda$中的一个元素$a_\lambda$, 但仅对有限个$\lambda$, $a_\lambda$才不能是$A_\lambda$中的零元素，对其余的$\omega$, $\psi(\omega)$总是$A_\omega$中的零. 全体这样的函数$\psi$之集$\Psi$也是一个$\mathfrak{A}$-模. 对每一个$\lambda$, 定义一个映射$\eta_\lambda: A_\lambda\to\Psi$, 使当$a_\lambda\in A_\lambda$时，$\eta_\lambda(a_\lambda)$为这样的一个函数$\psi_\lambda$, $\psi_\lambda(\lambda)=a_\lambda$, 而当$\omega\neq\lambda$时，$\psi_\lambda(\omega)=0$, 可以证明$(\Psi,\ \eta_\lambda)$就是诸$A_\lambda$的上积$\coprod_{\lambda\in\Lambda}A_\lambda$.

当$\Lambda$为良序集时(由选择公理，任何集合都可定义一种序，使此集合成为一个良序集. 参见B. L. 范德瓦尔登，代数学I, 丁石孙等译，科学出版社(1979), 第一章，§7), 每一个$\phi\in\Phi$, 以及每一个$\psi\in\Psi$都可以表以一个向量，其第$\lambda$个分量是$\phi(\lambda)$. 当然，表达$\psi$的向量只能有限个分量不为0.

上面所定义的$\eta_\lambda: A_\lambda\to\Psi$当然是一个单同态，因此$\mathrm{Im}\eta_\lambda=A'_\lambda$就是$\Psi$的一个子模. 实际上，这个$\Psi$就是诸$A'_\lambda$的直和. 由于$A'_\lambda$与$A_\lambda$同构，这个$\Psi$也是诸$A_\lambda$的直和，$\Psi=\oplus A_\lambda$. 当然，象这样构造出来的直和仅是模论的概念. 作为模范畴中的对象，这个$\Psi=\oplus A_\lambda$连同所定义的$\eta_\lambda$是诸$A_\lambda$的上积. 但在范畴论中，任何与$\oplus A_\lambda$同构的模$C$连同相应的态射(模同态)也是诸$A_\lambda$的上积.

从$\Phi$与$\Psi$的作法即知，若$\Lambda$是有限集，则$\Phi$与$\Psi$是相等的.

综上所述，得

**定理 5** $\mathfrak{A}\mathbb{M}$是一个Abel范畴.

下面的定理是很重要的.

**定理 6** 对于$\mathfrak{A}\mathbb{M}$中的短正合列

$$0\longrightarrow A\xrightarrow{\eta}B\xrightarrow{\pi}C\longrightarrow 0 \tag{3.4}$$

下列的三句话等价:

(1) 有$\eta_1\in\mathrm{Hom}(C,B)$, 使$\pi\eta_1=\varepsilon_C$;

(2) 有 $\pi_1 \in \mathrm{Hom}(B, A)$，使 $\pi_1\eta = \varepsilon_A$；

(3) 有 $C' \cong C$，使 $B = \mathrm{Im}\eta \oplus C'$.

证　因 $\eta$ 是单同态，$\mathrm{Im}\eta \cong A$，所以，可以不失去普遍性，假定 $A$ 是 $B$ 的子模，$\eta$ 是嵌入映射，因而 $C \cong B/A$.

(1)⇒(3)　让 $C' = \mathrm{Im}\eta_1 \subseteq B$. 首先，$A \cap C' = \{0\}$. 事实上，若 $0 \neq c' \in C'$，则有 $0 \neq c \in C$，使 $\eta_1(c) = c'$，于是 $0 \neq c = \varepsilon_C(c) = \pi\eta_1(c) = \pi(c')$. 但 $A = \mathrm{Ker}\pi$，故 $c'$ 不能属于 $A$. 其次，$B = A + C'$. 任取 $b \in B$，设 $\pi(b) = c$，$\eta_1(c) = c' \in C' \subseteq B$. 让 $a = b - c'$，则 $\pi(a) = \pi(b) - \pi = c - \pi\eta_1(c) = c - \varepsilon_C(c) = c - c = 0$，故 $a \in A$. 所以 $B = A \oplus C'$. 易知 $C' \cong B/A$，因此 $C \cong C'$.

(3)⇒(1)　可假定 $C' = C$，因为 $A \oplus C$ 与 $A \oplus C'$ 是同构的，于是(3.4)变成

$$A \overset{\eta}{\rightarrowtail} A \oplus C \overset{\pi}{\twoheadrightarrow} C$$

由于 $A \oplus C$ 中的每一个元素都可唯一地表成 $a + c$ 的形状，而 $\pi(a + c) = \pi(c) \in C$，所以 $\pi$ 可引出 $C$ 的一个自同态 $\sigma$，$\sigma(c) = \pi(c)$. 此同态当然是满的. 它也是单的，因为 $\pi(c) = 0$ 将表示 $c \in A$，但 $A \cap C = \{0\}$. 以 $\tau$ 表其逆，再让 $\eta_1$: $C \to A \oplus C$，使 $\eta_1(c) = 0 + \tau(c)$，于是 $\pi\eta_1(c) = \pi(0 + \tau(c)) = \pi\tau(c) = \sigma\tau(c) = c$. 即，$\pi\eta_1 = \varepsilon_C$ 明所欲证.

用类似的方法可以证得(2)↔(3)，因而定理得证.

从定理的证明知道，(1)中的 $\eta_1$ 必是单同态，$\pi_1$ 必是满同态，而 $(B, \eta, \eta_1)$ 是 $A$ 与 $C$ 的上积，$(B, \pi_1, \pi)$ 是 $A$ 与 $C$ 的积.

对于一般的 Abel 范畴，满足(1)时，(3.4)为右可裂的；满足(2)时为左可裂的；既有(1)又有(2)为双边可裂的，或简称可裂的. 对于模范畴，定理 6 肯定了，任一单边可裂的短正合列必定是双边可裂的.

## §4　生成系与自由模

设 $S = \{s_{\lambda \in \Lambda}\}$ 为 $\mathfrak{A}$- 模 $X$ 中一些模元素 $s_\lambda$ 的集合，则 $X$ 中所

有可以表成下列形状

$$\sum_{i=1}^{n}\alpha_{\lambda_i}s_{\lambda_i},\ \lambda_i\in\Lambda,\ \alpha_{\lambda_i}\in\mathfrak{A},\ 0<n<\infty \tag{4.1}$$

的元素组成 $X$ 的一个子模 $Y$，我们称 $S$ 为 $Y$ 的一个生成系，或称 $Y$ 由 $S$ 所生成．如果这里的 $Y$ 恰等于 $X$，则 $S$ 为 $X$ 的生成系．当然，任何 $X$ 都有生成系（但不唯一），例如 $X$ 的全体模元素的集合就是 $X$ 的一个生成系．

如果 $X$ 的某一生成系 $S$ 仅含有限个（或可数无穷多个）元素，则 $X$ 叫有限（或可数）生成的．若生成系 $S$ 仅含一个元素 $s$，则 $X$ 叫做一个循环模，这时 $X$ 的每一个元素 $x$ 都可表成 $\alpha s$，$\alpha\in\mathfrak{A}$．

假定 $S$ 是 $X$ 的生成系，那么，$X$ 的每一个元素 $x$ 都可表成 $S$ 中元素的线性组合

$$x=\sum_{i=1}^{n}\alpha_i s_{\lambda_i},\ n<\infty,\ \alpha_i\in\mathfrak{A},\ s_{\lambda_i}\in S. \tag{4.2}$$

如果对于任何 $x\in X$，表达式(4.2)都是唯一的，则 $X$ 称为定义于 $S$ 上的自由模，$S$ 为其基底．与线性空间的情况相同，$X$ 是定义于 $S$ 上的自由模，当且仅当 $S$ 是 $X$ 的生成系，而且任何等式

$$\sum_{i=1}^{n}\alpha_i s_{\lambda_i}=0$$

都蕴含着 $\alpha_i=0,\ i=1,\cdots,n$．

自由模也可以定义于一个抽象集合上．设 $S=\{s_{\lambda\in\Lambda}\}$ 为一个任意的集合，指标集 $\Lambda$ 可有限可无穷，我们可以取所有的有限形式和

$$\sum_{i=1}^{n}\alpha_i s_{\lambda_i}$$

之集合为 $X$．两个这样的和相加，经同类项合并后仍是这样的有限和．再定义 $\alpha\sum\alpha_i s_{\lambda_i}=\sum\alpha\alpha_i s_{\lambda_i}$，则 $X$ 为定义于 $S$ 上的自由模．

自由模具有下列定理中所述的泛性质．

**定理 7** 设 $X$ 为 $\mathfrak{A}$-模，而 $S$ 是 $X$ 中一些模元素 $s_\lambda$ 集合，则 $X$ 是定义于 $S$ 上的自由模的充要条件是对任何 $\mathfrak{A}$-模 $M$，及任何映射 $\phi: S\to M$，恒有唯一的模同态 $f: X\to M$，使对任何 $s\in S$，

有 $f(s)=\phi(s)$，即，有交换图

(4.3)

这里 $\eta$ 是嵌入映射.

证 必要性 设 $X$ 为定义于 $S$ 上的自由模，则 $X$ 中任一元素 $x$ 必有唯一的表达式(4.2).

定义
$$f: X \longrightarrow M$$
$$\sum \alpha_i s_{\lambda_i} \mapsto \sum \alpha_i \phi(s_{\lambda_i})$$
这个 $f$ 显然是一个模同态，因为当 $x'=\sum \alpha'_j s_{\lambda'_j}$ 时，$x+x'=\sum \alpha_i s_{\lambda_i}+\sum \alpha'_j s_{\lambda'_j}$，而 $f(x+x')=\sum \alpha_i \phi(s_{\lambda_i})+\sum \alpha'_j \phi(s_{\lambda'_j})=f(x)+f(x')$，$f(\alpha x)=\alpha f(x)$ 是不待言的. 由 $f$ 的定义即知 $f\eta(s)=f(s)=\phi(s)$. 故有交换图(4.3). $f$ 的唯一性是明显的. 必要性得证.

充分性 首先证明 $S$ 是 $X$ 的生成系. 为此，我们假定 $X_1$ 是由 $S$ 所生成的子模，并让 $M=X/X_1$. 如果 $S$ 不是 $X$ 的生成系，则 $X_1\neq X$，因而 $M\neq 0$. 取 $\phi$: $S\to M$，使 $S$ 的任一元都映成 $M$ 的零元素 $\bar{0}$，即，当 $s\in S$ 时，$\phi(s)=\bar{0}$. 定义 $f_1$ 为由 $X$ 到 $M=X/X_1$ 的自然同态($X$ 的元素 $x$ 都映成它所属的陪集)，又取 $f_2$: $X\to M$ 为零同态，它把 $X$ 的元素都映成 $M$ 的零元素. 显然 $f_1\neq f_2$，但 $f_1(s)=f_2(s)$. 因此，完成交换图(4.3)的 $f$ 既可为 $f_1$ 又可是 $f_2$，不唯一. 由此矛盾知 $S$ 为 $X$ 的生成系.

任取一个抽象集合 $Y=\{y_{\lambda\in\Lambda}\}$ 与 $S$ 等价(即，它们的元素一一对应)，并以 $M$ 表示定义于 $Y$ 上的自由模. 取 $\phi$: $S\to M$，使 $\phi(s_\lambda)=y_\lambda$，则由所给的条件，有唯一的 $f$: $X\to M$，使
$$f(x)=f(\sum \alpha_i s_{\lambda_i})=\sum \alpha_i f(s_{\lambda_i})$$
$$=\sum \alpha_i \phi(s_{\lambda_i})=\sum \alpha_i y_{\lambda_i}\in M,$$
这个 $f$ 当然是满的. 它也是单的，因为 $\sum \alpha_i y_{\lambda_i}=0$ 时必有 $\alpha_i=0$. 所以 $M$ 与 $X$ 同构，故 $X$ 为自由模. □

**推论 1** 若 $X$ 是定义于 $S=\{s_\lambda\}$ 上的自由模，让 $X_\lambda=\mathfrak{A}s_\lambda$ 为

循环模，则 $X=\bigoplus_{\lambda\in\Lambda}X_\lambda$.

事实上，$X$ 中的每一个元素都是有限个 $X_\lambda$ 中的元素之和，而且表达式是唯一的.

把 $\mathfrak{A}$ 本身也看成 $\mathfrak{A}$–模(定义于单元集合 $\{1_{\mathfrak{A}}\}$ 上的模，而且是自由的). 让 $\alpha s_\lambda\in\mathfrak{A}s_\lambda$ 与 $\alpha$ 相对应，即得一个模同构. 所以推论 1 的结论可改成 $X=\bigoplus_{\lambda\in\Lambda}\mathfrak{A}$.

**推论 2** 任何 $\mathfrak{A}$– 模 $M$ 都是某一个自由模的同态象.

证 任取 $M$ 的一个生成系为 $S=\{s_{\lambda\in\Lambda}\}$. 取一个抽象集合 $Y=\{y_{\lambda\in\Lambda}\}$ 与 $S$ 等价. 让 $X$ 为定义于 $Y$ 上的自由模. 取 $\phi$: $Y\to M$，使 $\phi(y_\lambda)=s_\lambda$，则由定理 7，有模同态 $f$: $X\to M$，使 $f(y_\lambda)=\phi(y_\lambda)$. 这个 $f$ 当然是满同态，因而 $M=\operatorname{Im}f$. □

现在我们提出另一个问题：设 $X$ 为自由 $\mathfrak{A}$–模，但有两个基底 $S$ 与 $T$，问 $S$ 与 $T$ 是否有相同的基数？

可以肯定，如果 $S$ 是有限集，则 $T$ 也必是有限集. 事实上，每一个 $s\in S$ 都可由 $T$ 中有限个元素来线性表出，$s=\sum_{i=1}^{n}\alpha_i t_i$，$\alpha_i\in\mathfrak{A}$，$t_i\in T$. 因此 $T$ 中有限个元素就足够用来表达所有的 $s$ 了. 所以有限个 $t$ 就能组成 $X$ 的一个基底.

现在假定 $S$ 与 $T$ 都是无穷集合，我们将证明它们的基数 $|S|$ 与 $|T|$ 相等.

首先，让 $\Lambda$ 为 $T$ 的所有有限子集的集合. 当 $s\in S$ 时，$s=\sum_{i=1}^{n}\alpha_i t_i$，且表达式是唯一的. 让 $L$ 为由 $t_1,t_2,\cdots,t_n$ 这 $n$ 个元素所组成的集合，$L$ 当然属于 $\Lambda$. 于是定义一个映射

$$\begin{aligned} f:\quad & S\longrightarrow \Lambda \\ & s\longmapsto L \end{aligned}\tag{4.4}$$

让 $\Lambda'$ 为所有这些 $L$ 所组成的集合，它当然是 $\Lambda$ 的子集，但不一定等于 $\Lambda$. $\Lambda'$ 肯定是一个无穷集合. 不然的话，让 $T'=\cup L$, $L\in\Lambda'$，则 $T'$ 是一个有限集合，而且将构成 $X$ 的一个基底. 这不可能.

其次，(4.4)中的 $f$ 不一定是单射，可能对 $s\neq s'$，也有 $f(s')=f(s)=L$. 于是，对每一个 $L\in\Lambda'$，定义

$$f^{-1}L=S'=\{s'\in S\,|\,f(s')=L\} \tag{4.5}$$

我们肯定，对任何 $L\in\Lambda'$，$f^{-1}L$ 必是有限集合. 为了证明这句话，取 $L=\{t_1, t_2, \cdots, t_n\}$，每一个 $t_i$ 都是有限个 $s\in S$ 的线性组合，所以有限个 $s\in S$ 就足够用来表达所有的 $t_i\in L$. 以 $S_1$ 表示这些 $s$ 的集合. 如果 $S'=f^{-1}L$ 是无穷集合，必至少有一个 $s'\in S'$，但 $s'\notin S_1$，于是 $s'$ 可由 $L$ 的元素来线性表出，而 $L$ 的元素又都可由 $S_1$ 的元素来线性表出，那么，$s'$ 必可由 $S_1$ 的元素来线性表出. 这不可能，因为 $S$ 是 $X$ 的基底，而 $S_1$ 与 $S'$ 的元素都属于 $S$.

我们又肯定，若 $L_1\neq L_2$，则 $f^{-1}L_1$ 与 $f^{-1}L_2$ 不相交. 这是明显的，因为每一个 $s\in S$ 只能唯一地表成 $t$ 的线性组合. 由于每一个 $s\in S$ 必属于且仅属于一个 $f^{-1}L$，所以 $S$ 是一些两两不相交的有限子集 $f^{-1}L$ 之并

$$S=\bigcup_{L\in\Lambda'} f^{-1}L,$$

于是 $|S|\leqslant|\Lambda'|\aleph_0=|\Lambda'|\leqslant|\Lambda|$.

让 $\Lambda_n$ 为 $T$ 的 $n$ 元子集的集合，则由集合论的理论，$\Lambda_n\subseteq T\times T\times\cdots\times T$ ($n$ 个 $T$ 之积)，$|\Lambda_n|\leqslant|T|^n=|T|$(注意，$T$ 是无穷集合). 由于 $|T|\leqslant|\Lambda_n|$，故 $|\Lambda_n|=|T|$.

易知

$$\Lambda=\bigcup_n \Lambda_n,$$

而在 $n\neq m$ 时，$\Lambda_n\cap\Lambda_m$ 是空集，所以 $|\Lambda|=|T|\aleph_0=|T|$.

于是 $|S|\leqslant|T|$. 同理 $|T|\leqslant|S|$. 因此，$X$ 的两个无穷基底必有相同的基数.

但是，如果 $S$ 与 $T$ 都是有限集合，情况就不一样了. 举一个例. 设 $A$ 是域 $K$ 上的一个可数无穷维线性空间，它有一个基底为 $X=\{x_1, x_2, \cdots, x_n, \cdots\}$，是可数无穷集. 让 $X_1=\{x_1, x_3, x_5, \cdots\}$，$X_2=\{x_2, x_4, x_6, \cdots\}$，$A_1$ 与 $A_2$ 依次为以 $X_1$ 与 $X_2$ 为基底的 ($K$ 上的) 可数无穷维线性空间，则 $A=A_1\oplus A_2$. 以 $L(A, B)$ 表示由线性空间 $A$ 到线性空间 $B$ 的所有线性映射所组成的加法交换群，我们有 $L(A, A)=L(A_1\oplus A_2, A)=L(A_1, A)\oplus L(A_2, A)$. 现在，

$L(A, A)$事实上是 $A$ 的线性变换环，表以 $\mathfrak{A}$，而且当 $f\in\mathfrak{A}$, $g\in L(A_1, A)$时，$fg\in L(A_1, A)$，所以 $L(A_1, A)$ 是一个 $\mathfrak{A}$-模. 同理 $L(A_2, A)$也是一个 $\mathfrak{A}$-模. 取 $\sigma\in L(A_1, A)$，使 $\sigma(x_{2n-1})=x_n$, $\tau\in L(A_2, A)$，使 $\tau(x_{2n})=x_n$，则 $\sigma$ 与 $\tau$ 均为同构，且有 $L(A_1, A)=\mathfrak{A}\sigma$, $L(A_2, A)=\mathfrak{A}\tau$. 故 $\mathfrak{A}=\mathfrak{A}\sigma\oplus\mathfrak{A}\tau$. 易知 $\mathfrak{A}\sigma$ 与 $\mathfrak{A}\tau$ 都是自由循环模($\alpha\sigma=0$ 时，必有 $\alpha=0$)，以单元集合 $\{\sigma\}$ 与 $\{\tau\}$ 为其基底. 于是，作为自由 $\mathfrak{A}$-模，$\mathfrak{A}$ 有两个基底，一个是单元集合 $\{1_{\mathfrak{A}}\}$，另一个是二元集合 $\{\sigma, \tau\}$，这两个基底中基元素的个数不相等.

如果模范畴 $\mathfrak{A}\mathbb{M}$ 中任何自由模$X$的任何两个基底$S$与 $S'$ 都有相同的基数(其基元素一一对应)，则 $\mathfrak{A}$ 叫做一个**基数不变环**，简称为 IBN 环. 由上面所作的说明，$\mathfrak{A}$ 是否是一个 IBN 环，只要看它的有限生成的自由模之不同基底是否含有相同个数的基元素就行了. 由线性代数的理论，可除环是 IBN 环，而上面所举的例子说明，无穷维线性空间的线性变换环不是 IBN 环.

我们来证明

**定理 8** 交换环是 IBN 环.

证 设 $\mathfrak{A}$ 为交换环，$X$ 为任一个自由 $\mathfrak{A}$-模. 由 Zorn 引理，$\mathfrak{A}$ 有一个极大理想 $A$，而 $\mathfrak{A}/A=K$ 是一个域. 若 $X$ 有基底 $S=\{s_1, \cdots, s_n\}$，则 $X\cong\bigoplus_{\lambda=1,2,\cdots,n}\mathfrak{A}$, $AX\cong\bigoplus_{\lambda=1,\cdots,n}A$，因而 $X/AX\cong\bigoplus_{\lambda=1,\cdots,n}\mathfrak{A}/A=\bigoplus_{\lambda=1,\cdots,n}K$. 所以 $X/AX$ 实际上是域 $K$ 上的 $n$ 维线性空间. 若 $X$ 又有基底 $S'=\{s'_1, \cdots, s'_m\}$，则由上述理由，$X/AX$ 是域 $K$ 上的$m$维线性空间. 由于域是一个 IBN 环，任一个线性空间的维数都是确定的，故 $n=m$，所以 $\mathfrak{A}$ 是 IBN 环. □

设 $\mathfrak{A}$ 是 IBN 环，而 $F$ 是 $\mathfrak{A}$ 上自由模，其基底 $S$ 中共含 $n$ 个元素，我们称这个 $n$ 为 $F$ 的**秩**，这时 $F$ 常表以 $\mathfrak{A}^{(n)}$.

## §5 单 纯 模

单纯模与半单纯模在环论与模论中都占有非常重要的位置.

**定义 6** 设 $X$ 为 $\mathfrak{A}$-模且不为 0. 如果除了 0 与 $X$ 本身以外，$X$ 没有其它的子模，则 $X$ 叫做一个单纯 $\mathfrak{A}$-模.

由定义立即可得

**引理 1** 非零的 $X$ 是单纯的，其充要条件是 $X$ 中任何不等于 0 的 $x$ 都能生成 $X$，即，$X=\mathfrak{A}x$.

证 任取 $0\neq x\in X$，则 $\mathfrak{A}x\subseteq X$. 如果 $X$ 单纯，则 $X=\mathfrak{A}x$，因为 $\mathfrak{A}x$ 不可能等于 $0(1x=x\neq 0)$.

反过来，若 $X$ 不单纯，有非平凡的子模 $Y$. 在 $Y$ 中任取 $y\neq 0$，则 $0\neq\mathfrak{A}y\subseteq Y\subset X$. $X$ 不可能等于 $\mathfrak{A}y$. □

由此我们看到，单纯模首先是一个循环模. 下列引理给出了循环模的一个最基本的性质.

**引理 2** $X$ 是循环模的充要条件是 $\mathfrak{A}$ 有左理想 $A$，使 $X\cong\mathfrak{A}/A$，这里 $\mathfrak{A}$ 与 $A$ 都看成左 $\mathfrak{A}$-模.

证 定义一个模同态 $f:\mathfrak{A}\to\mathfrak{A}x$ 使 $f(\alpha)=\alpha x$. 以 $A$ 表 $f$ 的核，即，$A=\{\alpha\in\mathfrak{A}\mid\alpha x=0\}$. 易知 $A$ 为一个左理想，因而是一个 $\mathfrak{A}$-模，从短正合列

$$A\rightarrowtail\mathfrak{A}\twoheadrightarrow\mathfrak{A}x\qquad(5.1)$$

即知 $\mathfrak{A}x\cong\mathfrak{A}/A$.

反过来，任取一个左理想 $A$，在 $\mathfrak{A}/A$ 中取 $1+A$ 为 $A$ 关于 1 的陪集，则 $\mathfrak{A}/A=\mathfrak{A}(1+A)$. 所以 $\mathfrak{A}/A$ 是一个以 $1+A$ 为生成元素的循环模. □

**定理 9** $0\neq X$ 为单纯模的充要条件是 $\mathfrak{A}$ 有极大左理想 $A$，使 $X\cong\mathfrak{A}/A$. 这里的极大性指若有左理想 $B\supset A$，则 $B=\mathfrak{A}$.

证 若有左理想 $B$，使 $\mathfrak{A}\supset B\supset A$，则 $B/A$ 为 $\mathfrak{A}$-模，即不为 0，又含于 $\mathfrak{A}/A$ 内. 这时 $\mathfrak{A}/A$ 不能是单纯模.

设 $A$ 极大，要证 $\mathfrak{A}/A=X$ 为单纯 $\mathfrak{A}$-模. 由引理 1，$X$ 是由陪集 $1+A$ 所生成的 $\mathfrak{A}$-模. 任取 $y=\alpha+A\in X$，且 $y\neq 0$，即，$\alpha\overline{\in}A$，左理想 $\mathfrak{A}y$ 将严格地包含 $A$，所以 $\mathfrak{A}y=\mathfrak{A}$，即有 $\alpha'\in\mathfrak{A}$，使 $\alpha'\alpha+a=1$. 这说明 $1+A\in\mathfrak{A}y$，即，$X\subseteq\mathfrak{A}y$. 但 $y\in X$，$\mathfrak{A}y\subseteq X$，故 $X=\mathfrak{A}y$. 换言之，$X$ 中任何不为 0 的 $y$ 都可生成 $X$. 由引理 1，$X$ 单纯. □

下面的重要定理通常叫做 Schur 引理.

**定理 10** 若 $X$ 是单纯 $\mathfrak{A}$-模，则其左自同态环 $\mathrm{Hom}(X, X)$ 是一个可除环.

证 只要证明 $0\neq\sigma\in\mathrm{Hom}(X, X)$ 时，$\sigma$ 必是同构就行了，因为同构必有逆元素.

让 $C=\mathrm{Ker}\,\sigma$, $B=\mathrm{Im}\,\sigma$，则 $C$ 与 $B$ 都是 $X$ 的子模，因而或等于 $X$，或等于 0.

$B$ 当然不等于 0，否则 $\sigma=0$. 所以 $B=X$，$\sigma$ 是满同态. $C$ 不能等于 $X$，否则 $\sigma=0$. 所以 $C=0$. 因为 $\mathrm{Ker}\,\sigma=0$，故 $\sigma$ 为单同态. 既单且满，必是同构. □

设 $X$ 为单纯 $\mathfrak{A}$-模，$\Delta=\mathrm{Hom}(X, X)$ 为可除环，则由 $\mathrm{Hom}(X, X)$ 的定义，当 $\delta_i\in\Delta$, $x_j\in X$ 时，

$$(\sum\delta_i)\left(\sum_j x_j\right)=\sum_{i,j}\delta_i(x_j)$$

且 (5.2)

$$1_\Delta(x)=x$$

改写 $\delta(x)$ 为 $\delta x$ 以后，我们从(5.2)看到，$X$ 变成可除环 $\Delta$ 上的一个左线性空间，$X$ 中的模元素都是这个线性空间的向量，而 $\Delta$ 为这个空间的左系数环($\Delta$ 的元素 $\delta$ 写在向量 $x$ 的左边，得成 $\delta x$).

设 $\alpha\in\mathfrak{A}$，则由 $\mathrm{Hom}(X, X)$ 的定义，当 $\delta\in\Delta=\mathrm{Hom}(X, X)$ 时，$\alpha\delta x=\delta\alpha x$，因而

$$\alpha\sum\delta_i x_i=\sum\delta_i\alpha x_i.$$

所以 $\alpha$ 实际上起着这个线性空间的线性变换的作用. 换言之，若以 $L(X)$ 表示 $\Delta$ 上的这个线性空间 $X$ 的线性变换环，必有环同态

$$\phi: \mathfrak{A}\longrightarrow L(X). \qquad (5.3)$$

这样一来，同一个 $X$ 就有双重的身份，一方面，它是一个 $\mathfrak{A}$-模，而当 $0\neq\delta\in\Delta$ 时，$\delta$ 是 $X$ 的一个模同构；另一方面，它是可除环 $\Delta$ 上的一个线性空间，而任何 $\alpha\in\mathfrak{A}$ 都是这个线性空间的一个线性变换，当然不同的 $\alpha$ 可以代表相同的线性变换，因为(5.3)中的 $\phi$ 未必是单同态.

在 $X$ 中任取有限个在 $\Delta$ 上线性无关的元素 $x_1, x_2, \cdots, x_n$，对

于任何 $f\in L(X)$，我们称 $L$ 的子集 $N(f,\{x_1,\cdots,x_n\})=\{g\in L(X)\mid g(x_i)=f(x_i), i=1,\cdots,n\}$ 为 $f$ 的一个 $\{x_1,\cdots,x_n\}$邻域. 以这样的 $N$ 为邻域基，我们可在 $L(X)$ 上建立一个拓扑. 我们将证明，对于这个拓扑，$\mathfrak{A}$ 是处处稠密的. 这就是说，对于任何 $f\in L(X)$，任何邻域 $N=N(f,\{x_1,x_2,\cdots,x_n\})$，至少有一个 $\alpha\in\mathfrak{A}$，使 $\phi(\alpha)\in N$，换成代数的语言，我们有下面著名的

**定理 11**（关于单纯模的稠密性定理） 设 $X$ 为单纯 $\mathfrak{A}$-模，$\Delta=\mathrm{Hom}(X,X)$，则对 $\Delta$ 上任何有限个线性无关的模元素 $x_1,x_2,\cdots,x_n$，与同样个数的任意的模元素 $y_1,y_2,\cdots,y_n$，至少有一个 $\alpha\in\mathfrak{A}$，使

$$\alpha x_i=y_i,\ i=1,2,\cdots,n.$$

先证下面的引理.

**引理 3** 设 $n\geqslant 2$，$x_1,x_2,\cdots,x_n$ 在 $\Delta$ 上线性无关，则有 $\beta\in\mathfrak{A}$，使 $\beta x_1=0,\beta x_2=0,\cdots,\beta x_{n-1}=0$，但是 $\beta x_n\neq 0$.

证 因为每一个 $x_i$ 都不能等于 0，故由引理 1，$X=\mathfrak{A}x_i$. 令

$$A_i=\{\gamma\in\mathfrak{A}\mid \gamma x_i=0\},$$

则由定理 9，$A_i$ 为 $\mathfrak{A}$ 的极大左理想. 取 $B=\bigcap\limits_{i<n-1}A_i$，本引理的意思是 $B$ 不能包含在 $A_n$ 内.

对 $n$ 归纳.

设 $n=2$. 我们肯定 $A_1\nsubseteq A_2$，否则可有映射

$$\sigma:\ \mathfrak{A}x_1\longrightarrow\mathfrak{A}x_2$$

$$\alpha x_1\mapsto\alpha x_2,\ \forall\alpha\in\mathfrak{A}.$$

此映射的定义是良好的，因为 $\alpha x_1=0$ 当且仅当 $\alpha\in A_1\subseteq A_2$，这时 $\alpha x_2$ 也必等于 0. 于是 $\sigma$ 是 $X$ 的一个自同态，因而属于 $\Delta$. 由于 $\sigma x_1=x_2$，$x_1$ 与 $x_2$ 在 $\Delta$ 上是线性相关的，矛盾，所以 $A_1\nsubseteq A_2$，因而有 $\beta\in A_1$，但 $\beta\notin A_2$，即 $\beta x_1=0$，但 $\beta x_2\neq 0$. 本情况得证.

现设 $n>2$. 让 $C=\bigcap\limits_{i<n-2}A_i$，则 $B=\bigcap\limits_{i<n-1}A_i=C\cap A_{n-1}$. 由归纳法的假定，$C\nsubseteq A_{n-1}$，所以 $B\neq C$.

假定 $B\subseteq A_n$. 设 $\gamma\in C$，则 $\gamma x_{n-1}=0$ 当且仅当 $\gamma\in B$，这时必有 $\gamma x_n=0$. 所以可取

$$\tau: \ Cx_{n-1} \longrightarrow Cx_n, \quad \gamma x_{n-1} \mapsto \gamma x_n, \tag{5.4}$$

因 $C$ 是 $\mathfrak{A}$ 的左理想，所以 $Cx_{n-1}$ 是 $X$ 的一个子模．但 $Cx_{n-1}\neq 0$ (因 $C\nsubseteq A_{n-1}$)，$X$ 是单纯模，故 $Cx_{n-1}=X$，因此(5.4)中的 $\tau$ 是加法交换群 $X$ 到其自身的一个群同态．它也是模同态，因为 $X=Cx_{n-1}$，任一个 $x\in X$，有 $\gamma\in B$，使 $x=\gamma x_{n-1}$，故

$$\tau(\alpha x)=\tau(\alpha\gamma x_{n-1})=\alpha\gamma x_n=\alpha\tau(\gamma x_{n-1})=\alpha\tau(x),$$

所以 $\tau\in \mathrm{Hom}(X, X)$．

需证 $\tau\neq 0$．事实上，$x_1, x_2, \cdots, x_{n-2}, x_n$ 也在 $\Delta$ 上线性无关，所以由归纳法的假定，$C\nsubseteq A_n$，故 $Cx_n\neq 0$．但 $C$ 是左理想，$Cx_n$ 是 $\mathfrak{A}$-模，因此 $Cx_n=X$，而(5.4)中的 $\tau$ 是满同态．

任取 $\gamma\in C$，因 $\tau(\gamma x_{n-1})=\gamma x_n$，故

$$0=\tau(\gamma x_{n-1})-\gamma x_n=\gamma(\tau(x_{n-1})-x_n), \tag{5.5}$$

如果 $\tau(x_{n-1})-x_n, x_1, \cdots, x_{n-2}$ 在 $\Delta$ 上线性无关，则由归纳法的假定，必有 $\gamma\in C$，使 $\gamma(\tau(x_{n-1})-x_n)\neq 0$．但(5.5)说明了，情况并不如此，所以，$\tau(x_{n-1})-x_n, x_1, x_2, \cdots, x_{n-2}$ 必然在 $\Delta$ 上线性相关．可是 $\tau\in\Delta$ 且不为 0，故 $x_1, \cdots, x_{n-2}, x_{n-1}, x_n$ 在 $\Delta$ 上线性相关．矛盾．所以 $B\nsubseteq A_n$．□

现在证明定理 11．

$n=1$ 时，我们没有什么要证明的，因为在 $x_1\neq 0$ 时，$X=\mathfrak{A}x_1$，所以对任何 $y\in X$，必有 $\alpha\in\mathfrak{A}$，使 $y=\alpha x_1$．

现设 $n>1$．由引理 3，当 $i=1, 2, \cdots, n$ 时，有 $\beta_i\in\mathfrak{A}$，使 $\beta_i x_i=u_i\neq 0$，但当 $j\neq i$ 时，$\beta_i x_j=0$．因为 $X=\mathfrak{A}u_i$，故有 $\gamma_i\in\mathfrak{A}$，使 $\gamma_i u_i=y_i$．取 $\alpha=\gamma_1\beta_1+\gamma_2\beta_2+\cdots+\gamma_n\beta_n$，则

$$\alpha x_i=\left(\sum_j \gamma_j\beta_j\right)x_i=\gamma_i\beta_i x_i=\gamma_i u_i=y_i. \ \square$$

## §6 半 单 纯 模

**定义 7** 单纯模以及(有限或无穷多个)单纯模的直和都叫做

半单纯模.

**定理12** 对于$\mathfrak{A}$-模 $X$，下列的三句话等价：

(1) $X$ 是半单纯模；

(2) $X$ 的任一个非平凡子模都是 $X$ 的直和加项；

(3) $X$ 是一些(有限或无穷多个)单纯模的和.

证 (1)⇒(2) 设 $X=\bigoplus_{\lambda\in\Lambda}X_\lambda$, $X_\lambda$ 为单纯模，而 $0\neq A\subset X$. 取$\Lambda$的子集$\Gamma$，使$A\cap\bigoplus_{\lambda\in\Gamma}X_\lambda=0$，并以$\Omega$表这些$\Gamma$的集合. 这个$\Omega$不是空的，至少有一个$\lambda\in\Lambda$所组成的单元集合$\{\lambda\}$属于$\Omega$. 事实上，若每一个$\lambda\in\Lambda$都有$A\cap X_\lambda\neq 0$，那么，因$X_\lambda$单纯，$A$必包含$X_\lambda$，因而$A\supseteq\bigoplus_{\lambda\in\Lambda}X_\lambda=X$. 这不合$A$的条件.

因此，$\Omega$中的元素可按包含关系来排序. 设$\{J_\mu\}$是一个升链，并让$J=\bigcup_\mu J_\mu$. 如果有$A\cap\bigoplus_{\lambda\in J}X_\lambda\neq 0$，必有$0\neq a\in A$，$a=x_{\lambda_1}+\cdots+x_{\lambda_n}$，$x_{\lambda_i}\in X_{\lambda_i}$，而$\lambda_i\in J_{\mu_i}\subseteq J$. $\{J_\mu\}$既然是一个升链，$J_{\mu_1}$，$J_{\mu_2}$，$\cdots$，$J_{\mu_n}$这$n$个集合中必有一个极大的，设为$J_{\mu_n}$，它包含其余的$n-1$个集合，即$\lambda_1,\lambda_2,\cdots,\lambda_n$都属于$J_{\mu_n}$，于是$A\cap\bigoplus_{\lambda\in J_{\mu_n}}X_\lambda\neq 0$. 这违反了$J_{\mu_n}$的取法. 所以，$A\cap\bigoplus_{\lambda\in J}X_\lambda=0,\lambda\in\Omega$. 这说明，$\Omega$的任一升链必在$\Omega$中有极大的元素. 由 Zorn 引理，$\Omega$有极大的元素，设为$S$. 这个$S$当然不等于$\Lambda$，因为$A\cap\bigoplus_{\lambda\in\Lambda}X_\lambda=A\neq 0$.

令$B=\bigoplus_{\lambda\in S}X_\lambda$. 我们要证明$A\oplus B=X$. 首先，$A\cap B=0$. 其次，让$S'$为$S$在$\Lambda$中的余集，则当$\mu\in S'$时，$A\cap(B\oplus X_\mu)\neq 0$，因此，有$0\neq a=b+x_\mu$，$0\neq x_\mu\in X_\mu$. 因$X_\mu$单纯，$X_\mu$中任一元都可表成$\alpha x_\mu=\alpha a-\alpha b=a'+b'$的形状. 任取$x\in X$，则因$X=B\oplus(\bigoplus_{\lambda\in S'}X_\lambda)$，$x=b+\sum_{i=1}^n x_{\mu_i}$，$x_{\mu_i}\in X_{\mu_i}$，而$\mu_i\in S'$. 因$x_{\mu_i}\in A\oplus B$，故$x\in A\oplus B$.

(2)⇒(3) 已知$X$的任一非平凡子模都是$X$的直和加项. 我们首先证明，$X$的任一子模也必有$X$的这个性质.

为此，我们设$0\neq A\subset X$. 于是$X=A\oplus B$. 设$0\neq A_1\subset A$，则

$X=A_1\oplus B_1$. 让 $A_2=A\cap B_1$, 当然 $A_1\cap A_2=0$. 任取 $a\in A$, 作为 $X$ 的元素, 有 $a=a_1+b_1, a_1\in A_1, b_1\in B_1$, 但这时 $b_1=a-a_1\in A$, 故 $b_1\in A\cap B_1=A_2$. 所以 $A=A_1\oplus A_2$.

其次, 我们证明, $X$ 确有单纯子模. 为此, 我们任取 $0\neq x\in X$. 不含 $x$ 的子模之集不是空的, 零模至少是一个. 由 Zorn 引理, 有一个极大的子模 $A$ 不含 $x$. 于是 $X=A\oplus B$. 如果 $B$ 不单纯, 则 $B=C\oplus D$, 即, $X=A\oplus C\oplus D$. 由 $A$ 的极大性知 $x\in A\oplus C$, $x\in A\oplus D$, 即, $x=a+c=a'+d$, $a$ 与 $a'$ 都 $\in A, c\in C, d\in D$, 于是 $a-a'=d-c$. 但 $A\cap B=0$, 所以 $a=a'$, $c=d$. 但 $C\cap D=0$, 故 $c=d=0$, 所以 $x=a\in A$, 矛盾.

最后, 以 $\{X_{\lambda\in\Lambda}\}$ 为 $X$ 中所有单纯子模之集. 令

$$Y=\sum X_\lambda\subseteq X.$$

若 $Y\neq X$, 则 $X=Y\oplus B$. 这个 $B$ 也满足条件(2), 因而有单纯子模 $C$. 这个 $C$ 不属于集合 $\{X_\lambda\}$ 内, 因而 $\{X_{\lambda\in\Lambda}\}$ 不是所有单纯子模之集. 所以 $Y=\sum X_\lambda=X$.

(3)⇒(1) 假定 $X=\sum\limits_{\lambda\in\Lambda}X_\lambda$, $X_\lambda$ 是单纯子模, 取 $\Lambda$ 的子集 $I$, 使 $\sum\limits_{\lambda\in I}X_\lambda$ 实际上是这些 $X_\lambda$ 的直和, 并以 $\Omega$ 表所有这样的子集 $I$ 的集合. 集合 $\Omega$ 当然不是空的, 例如 $\Lambda$ 中任何 $\lambda$ 所组成的单元集合 $\{\lambda\}$ 就属于 $\Omega$. 集合 $\Omega$ 中的元素可以按包含关系来排序, 它当然是可归纳的, 因而 $\Omega$ 中有一个极大的元素 $S$. 这就是说, $\sum\limits_{\lambda\in S}X_\lambda$ 实际上是直和 $\bigoplus\limits_{\lambda\in S}X_\lambda$. 令

$$Y=\bigoplus_{\lambda\in S}X_\lambda.$$

任取 $\mu\in\Lambda$, 但 $\mu\notin S$, 则由 $S$ 与 $Y$ 的定义, $Y$ 与 $X_\mu$ 的和 $Y+X_\mu$ 不能是直和, 所以有 $0\neq x_\mu\in X_\mu\cap Y$, 即, $0\neq x_\mu=x_{\lambda_1}+\cdots+x_{\lambda_n}$, $\lambda_i\in S$, $x_{\lambda_i}\in X_{\lambda_i}$. 因 $X_\mu$ 单纯, $\mathfrak{A}x_\mu=X_\mu$, 所以 $X_\mu\subseteq Y$. 于是 $X\subseteq Y$, $X$ 是一些单纯子模的直和, 故 $X$ 半单纯. □

**推论** 半单纯模的非零子模与商模也必半单纯.

事实上, 半单纯模 $X$ 的任何非零子模 $A$ 都满足定理 12 的条

件(2)，因此也是半单纯的．又从(2)得 $X=A\oplus B$，故 $X/A=B$ 是半单纯模．

下列定理表达了半单纯模可有限分解的唯一性．

**定理 13** 设 $\mathfrak{A}$-模 $X$ 有两个分解式

$$X=A_1\oplus A_2\oplus\cdots\oplus A_n=\bigoplus_{\lambda\in\Lambda}B_\lambda,$$

这里的 $A_i$ 与 $B_\lambda$ 都是单纯子模，$n<\infty$，则 $\Lambda$ 也是有限集 $\{1,2,\cdots,n\}$，而且适当调整次序后，可有 $A_1\cong B_1, A_2\cong B_2,\cdots,A_n\cong B_n$．

证 对 $n$ 归纳．

$n=1$ 时，$\Lambda$ 当然只能含有一个元素，否则 $A_1$ 不能单纯．

设 $n>1$．我们可以假定 $\Lambda$ 是良序的，于是 $X$ 中的每一个 $x$ 都可表成两种向量，一种向量是 $(a_i(x))$，其第 $i$ 个分量是 $a_i(x)\in A_i$，这个向量叫 $A$-向量；另一种向量是 $(b_\lambda(x))$，其第 $\lambda$ 个分量 $b_\lambda(x)\in B_\lambda$，这个向量叫 $B$-向量．两种向量都是唯一的，$x=0$ 当且仅当所有的 $a_i(x)$ 与 $b_\lambda(x)$ 都等于 0．

取 $\eta: A_1\longrightarrow X$，使当 $a\in A_1$ 时，$\eta(a)=a\in X$．对每一个 $\lambda\in\Lambda$，定义 $\pi_\lambda: X\longrightarrow B_\lambda$，使 $\pi_\lambda(x)=b_\lambda(x)$．再让 $\sigma_\lambda=\pi_\lambda\eta: A_1\longrightarrow B_\lambda$．这些 $\sigma_\lambda$ 不能都等于 0，因为当 $0\neq a\in A_1\subseteq X$ 时，$a$ 的 $B$-向量 $(b_\lambda(a))$ 中不可能所有分量 $b_\lambda(a)$ 都是 0．不失普遍性，假定 $\sigma_1\neq0$．于是有 $a_1\in A_1$，使 $\sigma_1(a_1)=b_1\neq0$．因 $A_1$ 与 $B_1$ 都单纯，$A_1=\mathfrak{A}a_1, B_1=\mathfrak{A}b_1$．故 $\sigma_1$ 是一个同构．于是有

$$X=A_1\oplus A=B_1\oplus B,$$

这里 $A_1\cong B_1$，$A=\bigoplus_{i>1}A_i$，$B=\bigoplus_{\lambda>1}B_\lambda$．

定义 $\tau=\varepsilon_X-\sigma_1^{-1}\pi_1$，则 $\tau\in\mathrm{Hom}(X,X)$．先证 $\mathrm{Ker}\,\tau=A_1$．事实上，若 $a\in A_1$，则 $\tau(a)=\varepsilon_X(a)-\sigma_1^{-1}\pi_1(a)=a-a=0$，故 $A_1\subseteq\mathrm{Ker}\,\tau$．另一方面，设 $x\in\mathrm{Ker}\,\tau$，取 $x$ 的 $B$-向量 $(b_\lambda(x))$，则 $0=\tau x=x-\sigma_1^{-1}b_1(x)$，因此 $x=\sigma_1^{-1}b_1(x)$．但 $\sigma_1^{-1}b_1(x)\in A_1$，故 $\mathrm{Ker}\,\tau\subseteq A_1$．

再证 $\mathrm{Im}\,\tau=B$．任取 $b\in B\subseteq X$，则因 $\pi_1(b)=0$ 故 $\tau(b)=\varepsilon_X(b)=b$．所以 $B\subseteq\mathrm{Im}\,\tau$．另一方面，任取 $x=(b_\lambda(x))\in X$，$\tau x=$

$x-\sigma_1^{-1}\pi_1(x)=x-\sigma_1^{-1}b_1(x)$. 假定 $\sigma_1^{-1}b_1(x)=a\in A_1$, 则由 $\sigma_1$ 的定义, $a$ 的 $B$–向量 $(b_\lambda(a))$ 中, $b_1(a)=b_1(x)$, 所以 $\tau(x)\in B$, 即 $\mathrm{Im}\,\tau\subseteq B$. 于是有短正合列

$$A_1 \rightarrowtail X \xrightarrow{\tau} B,$$

因而 $B\cong X/A_1$. 但 $A=X/A_1$, 所以 $B\cong A$. 因此

$$A_2\oplus A_3\oplus\cdots\oplus A_n\cong\bigoplus_{\lambda>1}B_\lambda.$$

由归纳法的假定, $\Lambda$ 是有限集, 而且适当重排次序后有 $A_i\cong B_i$, $i=2,3,\cdots,n$. □

## §7 Nöther 模与 Artin 模

先证

**定理 14** 设 $X$ 为 $\mathfrak{A}$–模, 则下列的三个条件等价:

(1) 升链条件 任何一个由 $X$ 的子模所组成的升链

$$A_1\subseteq A_2\subseteq\cdots\subseteq A_n\subseteq\cdots \tag{7.1}$$

必有 $n$, 使 $A_n=A_{n+1}=A_{n+2}=\cdots$;

(2) 极大条件 在任何一个由 $X$ 的子模所组成的集合 $\{A_{\lambda\in\Lambda}\}$ 中, 必至少有一个极大的子模 $A$, 它不是此集合中其它任何子模 $A_\lambda$ 的非平凡子模;

(3) 有限条件 $X$ 的任何子模都是有限生成的.

**证** (1)⇒(2) 取 $\bar{A}_1\in\{A_{\lambda\in\Lambda}\}$. 如 $\bar{A}_1$ 不极大, 则有 $\bar{A}_1\subset\bar{A}_2$. 如 $\bar{A}_2$ 仍不极大, 则有 $\bar{A}_1\subset\bar{A}_2\subset\bar{A}_3$. 象这样, 在有限次后必须中止, 不然就要得到一个无穷升链 $\bar{A}_1\subset\bar{A}_2\subset\bar{A}_3\subset\cdots$, 违反升链条件.

(2)⇒(3) 设 $A$ 为 $X$ 的任一子模, 而 $S$ 为它的一个生成系. 以 $\{S_{\lambda\in\Lambda}\}$ 表示 $S$ 的所有有限子集之集(每一个 $S_\lambda$ 都是 $S$ 的有限子集), 并以 $A_\lambda$ 表示由 $S_\lambda$ 中的元素所生成的子模. 由极大条件, $\{A_\lambda\}$ 中有一个极大元素, 设为 $A_\mu$. 我们肯定 $A_\mu=A$. 不然的话, 必在 $S$ 中有一元 $s\overline{\in}A_\mu$. 在 $S_\mu$ 上再添一个 $s$ 仍为有限子集, 因而

是某一个 $S_\omega$. 这时 $A_\omega$ 将严格地包含 $A_\mu$, 后者不能极大. 因 $S_\mu$ 是有限集, $A$ 由 $S_\mu$ 所生成, 故 $A$ 有限生成.

(3)⇒(1) 任取一个升链

$$A_1 \subseteq A_2 \subseteq \cdots \subseteq A_n \subseteq \cdots,$$

取 $A_n$ 的一个有限生成系为 $S'_n$, 并取 $S_n = \bigcup_{i \leq n} S'_i$, 则 $S_n$ 也是 $A_n$ 的有限生成系. 让 $A = \bigcup_n A_n$, $S = \bigcup S_n$(注意 $S_{n-1} \subseteq S_n$), 则 $A$ 有生成系 $S$. 由有限条件, $A$ 是有限生成的($A$ 必是 $X$ 的子模), 设$\{a_1, a_2, \cdots, a_n\}$为其生成系. 因 $S$ 为 $A$ 的生成系, 每一个 $a_i$ 都是 $S$ 中有限个元素的线性组合. 因 $n < \infty$, 故 $S$ 中只需有限个元素就能表出全部的 $a_i$. 以 $S'$ 表这些能表出 $a_i$ 的所有元素之集, 则 $S'$ 是 $A$ 的有限生成系, 且为 $S$ 的有限子集. 因 $S = \bigcup S_n$, 而 $S_{n-1} \subseteq S_n$, 故有 $m$, 使 $S' \subseteq S_m$, 所以 $A \subseteq A_m$. 但 $A_m \subseteq A_{m+1} \subseteq \cdots \subseteq A$, 因此 $A_m = A_{m+1} = A_{m+2} = \cdots$. □

用类似的方法可得

**定理 15** 设 $X$ 为 $\mathfrak{A}$-模, 则下列的两个条件等价:

(1) 降链条件 任何一个由 $X$ 的子模所组成的降链.

$$A_1 \supseteq A_2 \supseteq \cdots \supseteq A_n \supseteq \cdots \tag{7.2}$$

必有 $n$, 使 $A_n = A_{n+1} = \cdots$;

(2) 极小条件 在任何一个由 $X$ 的非零子模所组成的集合 $\{A_{\lambda \in \Lambda}\}$ 中, 必至少有一个极小的子模 $A$, 它不以此集合中任何其它的 $A_\lambda$ 为其非平凡的子模. (当 $\{A_{\lambda \in \Lambda}\}$ 中有零模时则其极小元素当然是 0.)

证 (1)⇒(2) 在 $\{A_{\lambda \in \Lambda}\}$ 中任取一个 $\overline{A}_1$. 如 $\overline{A}_1$ 不极小, 则有 $\overline{A}_1 \supset \overline{A}_2$. 如 $\overline{A}_2$ 仍不极小, 则有 $\overline{A}_1 \subset \overline{A}_2 \subset \overline{A}_3$. 由降链条件, 这种取法必在有限次后中止.

(2)⇒(1) 在集合 $\{A_n\}$ 中必有一个极小元素. □

**定义 8** 如果 $X$ 满足定理 14 的三个条件之一, 则 $X$ 叫做一个 Nöther 模. 如果 $X$ 满足定理 15 中两个条件之一, 则 $X$ 叫 Artin 模.

我们应用上述理论来建立合成列的理论，它与群论中的合成列理论是类似的.

**定义 9** 如果一个以 $X$ 为首项的降链

$$X=X_0\supset X_1\supset X_2\supset\cdots\supset X_n=0,n<\infty \tag{7.3}$$

的商模

$$X_0/X_1,X_1/X_2,\cdots,X_{n-2}/X_{n-1},X_{n-1} \tag{7.4}$$

全是单纯模，则(7.3)叫做 $X$ 的一个合成列，而(7.4)为此合成列的商模列.

用群论中所用的方法(见 B.L.范德瓦尔登，代数学I，丁石孙等译，科学出版社(1979)，第六章，§48)，我们可得完全类似的定理.

**定理 16** 假定 $X$ 有合成列(7.3). 我们有

(1) 如果

$$X=Y_0\supset Y_1\supset Y_2\supset\cdots\supset Y_m=0 \tag{7.5}$$

为 $X$ 的另一个合成列，则 $n=m$，而且(7.3)的商模与(7.5)的因子模

$$Y_0/Y_1,Y_1/Y_2,\cdots,Y_{n-2}/Y_{n-1},Y_{n-1} \tag{7.6}$$

一一对应地同构，但不一定按照所排的次序；

(2) 以 $X$ 为首项的任何降链

$$X=X_0\supset A\supset\cdots\supset B\supset\cdots\supset C \tag{7.7}$$

必可加细成为一个合成列. 这就是说，必有一个合成列，使 $A$，$B,\cdots,C$ 均为其中的项.

因此，(7.3)中的 $n$ 仅随 $X$ 而定，不随合成列的改变而改变. 我们称这个 $n$ 为 $X$ 的长度. 易得

**推论** 若 $X$ 有合成列(7.3)，其长度为 $n$，$A\neq 0$ 为 $X$ 的一个真子模，则 $A$ 也有合成列，其长度小于 $n$.

事实上，由 $X\supset A\supset 0$ 可以加细成为一个合成列，其中 $A$ 以下的一段当然是 $A$ 的一个合成列，其长度显然小于 $n$. □

最后，我们证明

**定理 17** $X$ 有合成列，其充要条件是，$X$ 既为 Nöther 模又为 Artin 模.

证 $\Rightarrow$ 如果 $X$ 不是 Nöther 模，必有 $X$ 的子模所组成的无穷升链

$$A_1 \subset A_2 \subset A_3 \subset \cdots \subset A_n \subset \cdots \subset X,$$

于是有降链

$$X = X_0 \supset A_{n+1} \supset A_n \supset \cdots \supset A_1 \supset 0, \tag{7.8}$$

它不可能加细成为一个合成列（(7.8)中的项数大于 $n$）。

如果 $X$ 不是 Artin 模，必有一个无穷降链

$$X \supset B_1 \supset B_2 \supset \cdots,$$

也不能加细成为一个合成列.

$\Leftarrow$ $X$ 的非平凡子模中必有一个极大的子模，设为 $X_1$. $X_1$ 当然也是一个 Nöther 模，因此它的非平凡子模中必有一个极大的子模，设为 $X_2$. 由此即得一个降链

$$X = X_0 \supset X_1 \supset X_2 \supset \cdots,$$

此降链的长度必然有限. 又，$X_{i+1}$ 既是 $X_i$ 的极大子模，故商模 $X_i/X_{i+1}$ 必单纯. 所以 $X$ 有合成列. □

## §8 不可分解模

我们将在本节中来讨论模的另一种分解式，本节中的模仍然都是 $\mathfrak{A}$-模.

**定义 10** 如果一个 $\mathfrak{A}$-模 $A$ 可以分解成两个真子模的直和，$A = A_1 \oplus A_2$，则 $A$ 叫做一个可分解模，否则为不可分解模.

单纯模当然不可分解，但不可分解模未必单纯. 例如 $\mathbb{Z}$ 本身作为 $\mathbb{Z}$ 模，它的任一子模（事实上是 $\mathbb{Z}$ 的理想）都不可分解，但每一个子模都不单纯.

下列引理给出作为不可分解模的充要条件.

**引理 1** $A$ 为不可分解模，当且仅当其自同态环 $\Delta = \mathrm{Hom}(A, A)$ 中除了 0 与 1 以外，没有其它的幂等元.（这里的 $1 = \varepsilon_A$.）

证 必要性 设 $\delta \neq 0, 1$ 为一个幂等元，$\delta^2 = \delta$，则 $\delta(1-\delta) = 0$，故 $\delta$ 与 $1-\delta$ 既不是 0，也不可逆. 让 $A_1 = \mathrm{Im}\,\delta$，$A_2 = \mathrm{Im}(1-\delta)$.

首先，$A_1\cap A_2=0$，因 $\delta(a)=(1-\delta)(a')$ 表明 $a'=\delta(a+a')$，因而 $\delta(a')=\delta^2(a+a')=\delta(a)+\delta(a')$，故 $\delta(a)=0$.

其次，任取 $a\in A$，则 $a=\delta(a)+(1-\delta)(a)\in A_1+A_2$. 再注意到 $A_1$ 与 $A_2$ 都是 $A$ 的真子模，而 $A=A_1\oplus A_2$，$A$ 是可分解的.

充分性　设 $A=A_1\oplus A_2$. 定义 $\delta\in\Delta$，使 $\delta(a_1+a_2)=a_1$，则 $\delta^2=\delta$，$\delta$ 是幂等元且 $\neq 0,1$. □

局部环是一种具有上述性质（除了 0 与 1 以外没有其它的幂等元）的环. 如果环 $\Gamma$ 中所有不可逆的元素（既无左逆元，又无右逆元）组成 $\Gamma$ 的极大理想 $J$，不属于 $J$ 的元素既有左逆元又有右逆元（左右逆元素当然相等），则 $\Gamma$ 叫做一个**局部环**. 我们将在第四章中讨论这种环的性质. 目前，只需注意，如果 $\delta\neq 0,1$，但 $\delta^2=\delta$，于是从 $\delta(1-\delta)=0$ 知 $\delta$ 与 $1-\delta$ 都不是可逆元（都是零因子）因而都属于 $J$，所以 $1=\delta+1-\delta\in J$. 这不可能.

如果 $\Delta=\mathrm{Hom}(A,A)$ 是一个局部环，则 $A$ 叫做一个**强不可分解模**. 若以 $J$ 表 $\Delta$ 的极大理想，则 $\delta\in\Delta$ 当且仅当它不是 $A$ 的自同构.

**引理 2**　设 $A$ 不可分解，$\Delta=\mathrm{Hom}(A,A)$，$f: A\to B$，$g: B\to A$ 都是模同态，且 $fg$ 为 $B$ 的自同构，则 $f$ 与 $g$ 都是模同构.

证　取 $fg$ 的逆元素为 $h$，$fgh=\varepsilon_B$，并让 $\phi=gh$. 由 $f\phi=\varepsilon_B$ 知 $f$ 是满同态（第一章定理 2）.

令 $\delta=\phi f\in\Delta$，则 $\delta^2=\phi f\phi f=\phi\varepsilon_B f=\phi f=\delta$，$\delta$ 是幂等元，故 $\delta$ 或等于 0，或等于 1. 它不能等于 0，否则 $\varepsilon_B=\varepsilon_B^2=f\phi f\phi=f0\phi=0$. 所以 $\delta=\phi f=1=\varepsilon_A$. 这说明 $f$ 是单同态. 既单又满必是同构. $f$ 与 $fg$ 既都是同构，$g$ 当然是同构. □

我们来证明

**定理 18**　假定

$$X=A_1\oplus A_2\oplus\cdots\oplus A_n=B_1\oplus B_2\oplus\cdots\oplus B_m, \tag{8.1}$$

$A_i$ 与 $B_j$ 都是不可分解模，而 $A_i$ 都强不可分解，则 $n=m$，且适当调整次序后，有 $A_i\cong B_i$，$i=1,2,\cdots,n$.

证　对 $n$ 归纳.

$n=1$ 时，我们没有什么要证的.

设 $n>1$. 证明共分三步.

第一步. 我们证明，在诸 $B_j$ 中有一个，设为 $B_1$，使 $A_1 \cong B_1$.

由(8.1)，每一个 $x \in X$ 都有两个表达式，

$$x = a_1(x) + a_2(x) + \cdots + a_n(x),\ a_i(x) \in A_i$$

与

$$x = b_1(x) + b_2(x) + \cdots + b_m(x),\ b_j(x) \in B_j.$$

前者叫 $A$-表达式，后者叫 $B$-表达式，且都是唯一的. 定义

$$\begin{aligned} \pi_i:&\quad X \longrightarrow A_i,\ \pi_i(x) = a_i(x); \\ \pi_j':&\quad X \longrightarrow B_j,\ \pi_j'(x) = b_j(x); \\ \eta_i:&\quad A_i \longrightarrow X,\ \eta_i(a_i) = a_i \in X; \\ \eta_j':&\quad B_j \longrightarrow X,\ \eta_j'(b_j) = b_j \in X. \end{aligned} \tag{8.2}$$

易知 $\pi_i^2 = \pi_i$, $\pi_j'^2 = \pi_j'$, $\sum \pi_i = \varepsilon_X = \sum \pi_j'$, $\pi_i \eta_i = \varepsilon_{A_i}$, $\pi_j' \eta_j' = \varepsilon_{B_j}$. 于是

$$\varepsilon_{A_1} = \pi_1 \eta_1 = \pi_1^2 \eta_1 = \pi_1 \varepsilon_X \pi_1 \eta_1 = \sum_j \pi_1 \pi_j' \pi_1 \eta_1.$$

由于 $\varepsilon_{A_1}$ 是 $\Delta = \mathrm{Hom}(A_1, A_1)$ 的单位元，$\pi_1 \pi_j' \pi_1 \eta_1$ 都属于 $\Delta$，而 $\Delta$ 是局部环，如果每一个 $\pi_1 \pi_j' \pi_1 \eta_1$ 都不可逆，即，它们都属于 $\Delta$ 的极大理想 $J$，那么，$\varepsilon_{A_1}$ 也将属于 $J$，因而不可逆. 这是错误的. 所以至少有一个 $\pi_1 \pi_j' \pi_1 \eta_1$ 不属于 $J$，因而可逆，不失普遍性，我们可假定 $\pi_1 \pi_1' \pi_1 \eta_1$ 是 $\Delta$ 中的可逆元，因而是 $A$ 的自同构. 因为

$$\pi_1 \pi_1' \pi_1 \eta_1 = \pi_1 \varepsilon_{B_1} \pi_1' \pi_1 \eta_1 = (\pi_1 \varepsilon_{B_1})(\pi_1' \varepsilon_{A_1}),$$

而 $\pi_1 \varepsilon_{B_1} \in \mathrm{Hom}(B_1, A_1)$，$\pi_1' \varepsilon_{A_1} \in \mathrm{Hom}(A_1, B_1)$，$B_1$ 是不可分解模，所以由引理 2，$\pi_1 \varepsilon_{B_1}$ 与 $\pi_1' \varepsilon_{A_1}$ 都是同构. 换言之. $B_1$ 与 $A_1$ 同构.

第二步. 证明 $X = B_1 \oplus (A_2 \oplus \cdots \oplus A_n)$.

先证 $B_1 \cap (A_2 \oplus \cdots \oplus A_n) = 0$.

事实上，若 $x \in B_1 \cap (A_2 \oplus \cdots \oplus A_n)$，则 $\pi_1(x) = 0$，因为 $x \in A_2 \oplus \cdots \oplus A_n$. 又因 $x \in B_1$，故 $\pi_1(x) = \pi \varepsilon_{B_1}(x)$. 上面已经证明 $\pi_1 \varepsilon_{B_1}$ 是同构，所以 $x = 0$.

再证 $B_1 + (A_2 \oplus \cdots \oplus A_n) = X' \supseteq A_1$.

事实上，若 $x \in B_1$，则 $x \in X'$，而且当 $i > 1$ 时，$\pi_i(x) \in A_i \subseteq X'$. 因此 $\pi_1 \varepsilon_{B_1}(x) = \pi_1(x) = \sum_{i=1}^{n} \pi_i(x) - \sum_{i=2}^{n} \pi_i(x) = x - \sum_{i=2}^{n} \pi_i(x) \in$

$X'$. 上面已经证明 $\pi_1 s_{B_1}$ 是 $B_1$ 到 $A_1$ 同构，故 $\operatorname{Im}\pi_1 s_{B_1}=A_1$，所以 $A_1\subseteq X'$. 由此得 $X'=X$.

最后，由于 $X=A_1\oplus A_2\oplus\cdots\oplus A_n=B_1\oplus A_2\oplus\cdots\oplus A_n=B_1\oplus B_2\oplus\cdots\oplus B_m$，故 $A_2\oplus\cdots\oplus A_n\cong B_2\oplus\cdots\oplus B_m\cong X/B_1$. 由数学归纳法的假定即得本定理. □

设 $f$: $A\to A$ 为 $A$ 的一个自同态，我们取 $M_1=\operatorname{Im}f$，$M_2=\operatorname{Im}f^2=f(M_1)$，…，$M_n=\operatorname{Im}f^n=f(M_{n-1})$，$N_1=\operatorname{Ker}f$，$N_2=\operatorname{Ker}f^2,\cdots,N_m=\operatorname{Ker}f^m$. 易知

$$\begin{aligned}&A\supseteq M_1\supseteq M_2\supseteq\cdots\supseteq M_n\supseteq\cdots,\\&N_1\subseteq N_2\subseteq N_3\subseteq\cdots\subseteq N_m\subseteq\cdots,\end{aligned}\tag{8.3}$$

令

$$M=\bigcap_n M_n;\quad N=\bigcup_m N_m.\tag{8.4}$$

这里的每一个 $M_n$ 与 $N_m$ 都是 $A$ 的子模，因而 $M$ 与 $N$ 也都是 $A$ 的子模. 让 $\eta$: $M\to A$ 与 $\eta'$: $N\to A$ 为相应的嵌入映射，则 $f\eta\in\operatorname{Hom}(M,M)$，而 $f\eta'\in\operatorname{Hom}(N,N)$.

我们证明

**引理 3** 如果 $A$ 既是一个 Nöther 模，又是一个 Artin 模，则

$$A=M\oplus N,\tag{8.5}$$

而且 $f\eta$ 是 $M$ 的自同构，而 $f\eta'$ 是幂零元素.

证 (8.3) 中的两个链都只能有限长，这就是说，有 $n<\infty$，使

$$\begin{aligned}&M=M_n=M_{n+1}=\cdots,\\&N=N_n=N_{n+1}=\cdots.\end{aligned}$$

假定 $x\in M\cap N$，则有 $y\in A$，使 $x=f^n(y)$，而且 $f^n(x)=0$，所以 $0=f^n(x)=f^{2n}(y)$，$y\in\operatorname{Ker}f^{2n}=N_{2n}=N_{2n-1}=\cdots=N_n$. 于是 $f^n(y)=0$，即 $x=0$.

再在 $A$ 中任取一个 $a$，则 $f^n(a)\in M_n=M_{2n}$，即，有 $b\in A$，使 $f^n(a)=f^{n}(b)$. 于是 $f^n(a-f^n(b))=0$，即，$a-f^n(b)\in\operatorname{Ker}f^n=N$. 再注意到 $f^n(b)\in M$ 即得 (8.5).

由于 $N=\operatorname{Ker}f^n$，故当 $x\in N$ 时，$f^n(x)=0$，所以 $f\eta'$ 是幂

零的.

因为 $M_n=M=f^n(A)$, $M=M_{n+1}=f^{n+1}(A)=ff^n(A)=f(M)$, 故 $f\eta$ 是 $M$ 的自同构.

我们还需要一条引理.

**引理 4** 设 $A$ 是不可分解模, 而且既是一个 Nöther 模, 又是一个 Artin 模, 则 $\mathrm{Hom}(A,A)$ 是一个局部环, 其中的元素或者是 $A$ 的自同构, 或者是幂零的.

证 任取 $f\in\mathrm{Hom}(A,A)$, 则对于这个 $f$, 我们可有引理 3 中的 $M$ 与 $N$, 使 $A=M\oplus N$. 但 $A$ 不可分解, 所以 $A$ 或等于 $M$, 或等于 $N$. 如 $A=M$, 则 $f$ 是自同构, 如 $A=N$, 则 $f$ 幂零.

于是, $\Delta=\mathrm{Hom}(A,A)$ 只有两种元素, 一种是可逆元, 另一种是幂零元.

如果 $f\in\Delta$ 是幂零元素, 它既不能是单同态又不能是满同态, 所以, 对任何 $\delta\in\Delta$, $f\delta$ 不是满同态, $\delta f$ 不是单同态. 因此 $f\delta$ 与 $\delta f$ 都不是 $\Delta$ 的可逆元. (可逆元是既单且满的同态.)

现在设 $f_1$ 与 $f_2$ 都是 $\Delta$ 的幂零元素, 但 $f_1+f_2$ 却不幂零, 故为 $\Delta$ 的可逆元素, 因此是 $A$ 的自同构. 以 $\delta$ 表其逆同构, 即, $(f_1+f_2)\delta=\varepsilon_A$ 为 $A$ 的恒等自同构. 让 $g_1=f_1\delta$, $g_2=f_2\delta$, 则 $g_1=\varepsilon_A-g_2$. 上面已经证明了, $g_1$ 与 $g_2$ 都是幂零元. 设 $g_2^n=0$, 则 $(\varepsilon_A-g_2)(\varepsilon_A+g_2+g_2^2+\cdots+g_2^{n-1})=\varepsilon_A$, $(\varepsilon_A+g_2+\cdots+g^{n-1})(\varepsilon_A-g_2)=\varepsilon_A$. 这说明 $g_1=\varepsilon_A-g_2$ 有逆元素. 不可能.

总之, 若 $f$ 幂零, 则 $f\delta$ 与 $\delta f$ 也都幂零. 若 $f_1$ 与 $f_2$ 幂零, 则 $f_1+f_2$ 也幂零. 所以, $\Delta$ 中所有的幂零元素组成 $\Delta$ 的一个极大理想 $J$, 不属 $J$ 的元素都是 $\Delta$ 的可逆元. 因此 $\Delta$ 是局部环. □

由此得到下列的 Krull-Schmidt 定理.

**定理 19** 设 $X$ 有合成列(即 $X$ 既是 Nöther 模, 又是 Artin 模), 则 $X$ 可分解成不可分解模的直和, 且在同构的范围内, 其分解式是唯一的.

证 设 $X$ 有长度 $n$(即合成列的长度). 对 $n$ 归纳.

$n=1$ 时, $X$ 本身是单纯模, 故为不可分解模.

设 $n>1$. 设 $X$ 可分解成 $A\oplus B$, 则因 $A$ 与 $B$ 都是 $X$ 的子模,所以它们的长度都小于 $n$. 由归纳法的假定,$A=A_1\oplus\cdots\oplus A_m$, $B=B_1\oplus\cdots\oplus B_k$,所以 $X$ 有分解式

$$X=A_1\oplus\cdots\oplus A_m\oplus B_1\oplus\cdots\oplus B_k.$$

我们证明了定理的第一部分.

假定 $\qquad X=X_1\oplus X_2\oplus\cdots\oplus X_n=Y_1\oplus Y_2\oplus\cdots\oplus Y_m$,

这里的 $X_i$ 与 $Y_j$ 都不可分解. 由引理 4, 每一个 $X_i$ 都是强不可分解的. 再由定理 18, 知 $n=m$, 且重新排列次序后, 有 $A_i\cong B_i$, $i=1,2,\cdots,n$. □

## §9 投 射 模

在模论与同调代数中,投射模是最重要的模之一.

**定义 11** 设 $P$ 为一个 $\mathfrak{A}$-模, 如果对于任何 $\sigma\in\mathrm{Hom}(P, A)$, 任何满同态 $\tau\in\mathrm{Hom}(B,A)$, 恒有同态 $f\in\mathrm{Hom}(P,B)$, 使 $\tau f=\sigma$, 即,有交换图

$$\begin{array}{ccc} & & P \\ & \swarrow & \downarrow\sigma \\ B & \twoheadrightarrow & A \end{array} \tag{9.1}$$

则 $P$ 叫做一个投射模. 形象化的说法, $P$ 是投射模当且仅当在任意给定了满同态 $\tau: B\to A$ 以后,任何 $\sigma\in\mathrm{Hom}(P,A)$ 都可以“升”成一个 $f\in\mathrm{Hom}(P,B)$.

自由模一定投射. 事实上, 若 $F$ 是定义于集合 $S=\{s_{\lambda\in\Lambda}\}$ 上的自由模,则 $\sigma\in\mathrm{Hom}(F,A)$ 是由诸 $s_\lambda$ 的象 $\sigma(s_\lambda)$ 所一意确定的. 假定 $\sigma(s_\lambda)=a_\lambda\in A$, 任取 $b_\lambda\in B$, 使 $\tau(b_\lambda)=a_\lambda$(因 $\tau$ 是满同态, 这个 $b_\lambda$ 是存在的,但不一定唯一),当 $x=\sum_{i=1}^{n}\alpha_i s_{\lambda_i}$ 为 $F$ 中任意的一个元素时,定义

$$f(x)=\sum\alpha_i b_{\lambda_i},$$

于是 $f\in\mathrm{Hom}(F,B)$,而且 $\tau f=\sigma$,所以 $F$ 是投射模.

并不是每一个模都投射. 举一个简单的例子. 让 $\mathfrak{A}$ 为整数环 $\mathbb{Z}$, $m$ 是一个自然数, 则 $\mathbb{Z}/(m)$ 显然是一个 $\mathbb{Z}$ 模, 这里 $(m)$ 表示由 $m$ 所生成的理想. 在(9.1)中, 让 $P=A=\mathbb{Z}/(m)$, $\sigma$ 为恒等映射, $\tau$ 为自 $\mathbb{Z}$ 到 $\mathbb{Z}/(m)$ 的满同态. 易知, 这时找不到 $f$ 来使(9.1)成为交换图. 事实上, $\mathrm{Hom}(\mathbb{Z}/(m), \mathbb{Z})$ 只有一个元素, 就是零同态.

由 § 4 中的推论 2 立得

**定理 20** 任何一个模都是某一个投射模的同态象, 即, 对任何 $\mathfrak{A}$-模 $C$, 必能找到一个投射模 $P$, 使有满同态 $\pi: P \twoheadrightarrow C$.

我们通常称定理中的 $P$ 与 $\pi$ 为 $C$ 的投射表现.

判断一个模 $P$ 是否投射可用下面的定理.

**定理 21** 下列的三句话等价:

(1) $P$ 是投射模;

(2) 每一个以 $P$ 为第三项的短正合列都可裂;

$$A \longrightarrow B \xrightarrow{\pi} P \twoheadrightarrow \tag{9.2}$$

(3) 有自由模 $F$, 使 $F=P \oplus Q$.

证 (1)⇒(2) 设有短正合列(9.2), 取 $\varepsilon_P$ 为 $P$ 的恒等自同构, 则因 $P$ 投射, 有交换图

$$\begin{array}{ccc} & & P \\ & \swarrow^{\eta} & \downarrow{\varepsilon_P} \\ B & \xrightarrow{\pi} & P \end{array} \tag{9.3}$$

即 $\pi\eta=\varepsilon$. 由 § 3 的定理6, (9.2)可裂.

(2)⇒(3) 由 § 4中的推论 2, 有自由模 $B$ 及满同态 $\pi: B \twoheadrightarrow P$, 让 $A=\operatorname{Ker}\pi$, 则得(9.2). 由 § 3 的定理 6, 有 $P' \cong P$, 使 $B=A \oplus P' \cong A \oplus P=F$. 这个 $F$ 既与 $B$ 同构, 而 $B$ 是自由模, 故 $F$ 自由.

(3)⇒(1) 设 $F=P \oplus Q$ 为自由模, 让 $\eta: P \to F$ 为嵌入映射, $\pi: F \to P=F/Q$ 为自然同态. 任取 $\sigma: P \to A$, $\tau: B \to A$, 作下图

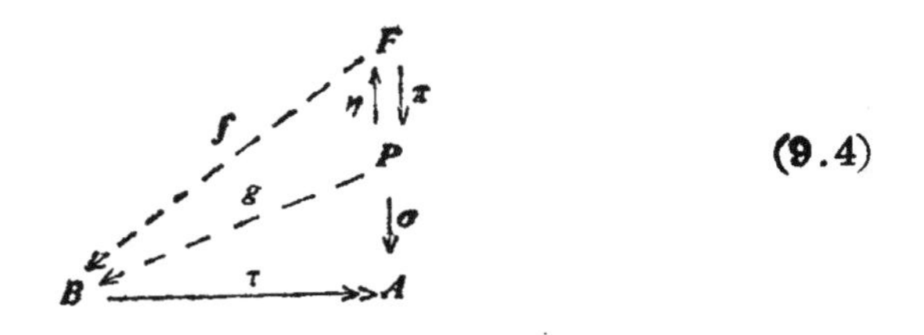


$$(9.4)$$

因 $F$ 也是投射模，故有 $f$，使 $\tau f=\sigma\pi$. 再取 $g=f\eta$，则 $\tau g=\tau f\eta=\sigma\pi\eta=\sigma\varepsilon_P=\sigma$. 故 $P$投射. □

**推论** 若有 $Q$，使 $P\oplus Q=P'$ 为投射模，则 $P$ 为投射模.

事实上，设 $P'\oplus Q'=F$ 为自由模，则 $P\oplus(Q\oplus Q')=F$ 为自由模. □

自由模虽一定投射，但投射模却未必自由. 可举一例. 设 $\mathfrak{A}$ 是两个环 $R$ 与 $S$ 的直和，$\mathfrak{A}=R\oplus S$. 环 $\mathfrak{A}$ 本身作为 $\mathfrak{A}$-模是自由的(定义于单元集合 $\{1\mathfrak{A}\}$ 上)，因此，由定理 21，作为 $\mathfrak{A}$ 模，$R$ 与 $S$ 都是投射 $\mathfrak{A}$ 模 ($\mathfrak{A}R=(R\mathfrak{A}S)R=R^2=R$, $\mathfrak{A}S=(R\oplus S)S=S^2=S$)，但它们都不可能是自由 $\oplus$ 模. 因为若 $R$ 有一个 $\mathfrak{A}$-基底 $\{r_{\lambda\in\Lambda}\}$，则 $sr_\lambda=0$，违反基底的定义.

但是，对某些环来说，投射模却一定自由. 见

**定理 22** 左主理想环(这里指的是每一个左理想都是主理想，而且没有零因子)上自由模的非零子模仍然自由.

由于投射模总是自由模的直和加项，故为自由模的子模，因此，本定理肯定了，左主理想环上的投射模一定自由.

证 设 $\mathfrak{A}$ 为左主理想环，$F$ 是一个定义于集合$\{x_{\mu\in\Lambda}\}$上的自由 $\mathfrak{A}$-模，$\Lambda$ 为良序集，并设 $L$ 为 $F$ 的任一子模. 取 $F_\lambda$ 为定义于 $\{x_{\mu\leq\lambda}\}$ 上的自由模，而 $F'_\lambda$ 是定义于 $\{x_{\mu<\lambda}\}$ 上的自由模，$L_\lambda=L\cap F_\lambda$. 于是在 $\lambda_1<\lambda_2$ 时，$F_{\lambda_1}\subseteq F'_{\lambda_2}\subset F_{\lambda_2}$，$L_{\lambda_1}\subseteq L_{\lambda_2}$. 我们将用超穷归纳法来证明以下的两个性质：(1) 每一个不为 0 的 $L_\lambda$都是自由的；(2) 可以取 $L_\lambda$ 的基底 $Y_\lambda$，使当 $\lambda_1\leqslant\lambda_2$ 时，$Y_{\lambda_1}\subseteq Y_{\lambda_2}$.

设 $\lambda=1$，这时 $L_1=L\cap F_1$. 如果 $L_1\neq0$，则 $L_1$ 中任一元都可表成 $\gamma x_1$ 的形状，$\gamma\in\mathfrak{A}$. 所有这些 $\gamma$ 组成 $\mathfrak{A}$ 的一个左理想，因而是

主理想，设为 $\mathfrak{A}\alpha_1$. 因此 $L_1$ 是定义于单元集合 $\{\alpha_1 x_1\}$ 上的自由模.

设 $\lambda>1$，且对所有的 $\mu<\lambda$，$L_\mu$ 都具有所述的两个性质. 让 $L'_\lambda=\bigcup\limits_{\mu<\lambda} L_\mu$. 如果 $L'_\lambda\neq 0$，它必是自由的，且有基底 $Y'_\lambda=\bigcup\limits_{\mu<\lambda} Y_\mu$，因 $L'_\lambda$ 中的任一元都属于某一个 $L_\mu$，而 $L_\mu$ 中的任一元都可由 $Y_\mu$ 中有限个元素来线性表出. 如果 $L_\lambda=L'_\lambda$，它当然自由. 如果 $L_\lambda\supset L'_\lambda$，则 $L_\lambda$ 中至少有一个元素 $w=v+u$，$v\in F'_\lambda$，$u=\gamma x_\lambda\neq 0$. 所有这些 $\gamma$ 添上 0 组成 $\mathfrak{A}$ 的一个左理想，因而是主理想，设为 $\mathfrak{A}\alpha_\lambda$. 于是 $L_\lambda$ 中有一个元素 $y_\lambda=v_\lambda+\alpha_\lambda x_\lambda$，而且 $L_\lambda$ 中任何元素 $y$ 都可表成 $v+\beta\alpha_\lambda x_\lambda$ 的形状，$\beta\in\mathfrak{A}$. 因此，$y=(v-\beta v_\lambda)+\beta y_\lambda$. 一方面 $v-\beta v_\lambda\in L_\lambda\subseteq L$，另一方面 $v-\beta v_\lambda\in F'_\lambda$，它必是集合 $\{x_{\mu<\lambda}\}$ 中有限个元素的线性组合，因此属于某一个 $F_\mu$，而 $\mu<\lambda$，故 $v-\beta v_\lambda\in L\cap F_\mu=L_\mu\subseteq L'_\lambda$. 于是 $L_\lambda=L'_\lambda\oplus\mathfrak{A}y_\lambda$，因而是自由的，它以 $Y'_\lambda\cup\{y_\lambda\}$ 为其一个基底.

因为 $L=\bigcup L_\lambda$，故 $L$ 是自由的，它以 $Y=\bigcup\limits_{\lambda} Y_\lambda$ 为其一个基底. □

定理 21 启发我们提出这样的一个问题：若每一个 $P_\lambda$ 都投射，$\lambda\in\Lambda$，$\Lambda$ 是任意的集合，它们的直和 $\bigoplus\limits_{\lambda\in\Lambda} P_\lambda$ 是否也投射？答案是肯定的，见

**定理 23** $P=\bigoplus\limits_{\lambda\in\Lambda} P_\lambda$ 是投射模当且仅当每一个 $P_\lambda$ 都是投射模. 更广泛一点，若对诸单同态 $\eta_\lambda$: $P_\lambda\to P$ 来说，$(P,\eta_\lambda)$ 是诸 $P_\lambda$ 的上积 $\coprod P_\lambda$，则 $P$ 是投射模当且仅当每一个 $P_\lambda$ 都投射.

证 假定 $P$ 是投射模. 任取 $\sigma_\lambda=\mathrm{Hom}(P_\lambda,B)$ 与满同态 $\tau$: $A\twoheadrightarrow B$，我们要求一个 $\psi_\lambda$: $P_\lambda\to A$，使 $\tau\psi_\lambda=\sigma_\lambda$.

由上积的定义，有唯一的 $\phi$: $P\to B$，使对任何 $\lambda\in\Lambda$，都有 $\phi\eta_\lambda=\sigma_\lambda$. 又因 $P$ 是投射模，有 $\psi$: $P\to A$ 使 $\tau\psi=\phi$，如图

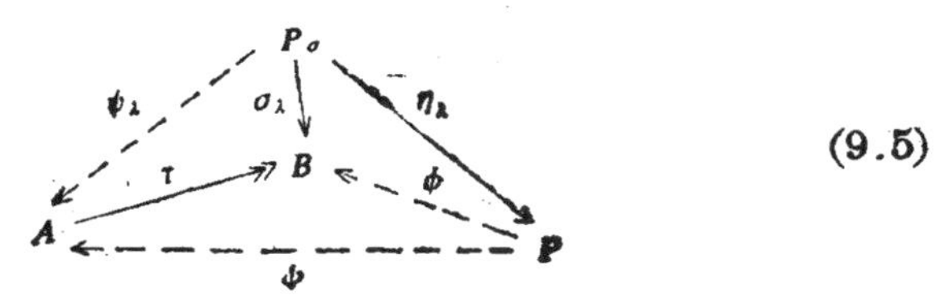


(9.5)

令 $\psi_\lambda=\psi\eta_\lambda$，则

$$\tau\psi_\lambda=\tau\psi\eta_\lambda=\phi\eta_\lambda=\sigma_\lambda,$$

所以每一个 $P_\lambda$ 都是投射模．

反过来，假定每一个 $P_\lambda$ 都是投射模，并且(9.5)中的 $\phi$ 与 $\tau$ 都已给定．取 $\sigma_\lambda=\phi\eta_\lambda$: $P_\lambda\to B$，则因 $P_\lambda$ 是投射模，有 $\psi_\lambda$: $P_\lambda\to A$，使 $\tau\psi_\lambda=\sigma_\lambda$．因 $(P,\eta_\lambda)$ 是诸 $P_\lambda$ 的上积，有唯一的 $\psi$，使 $\psi\eta_\lambda=\psi_\lambda$，故 $\tau\psi\eta_\lambda=\tau\psi_\lambda=\sigma_\lambda=\phi\eta_\lambda$．但满足方程 $\sigma_\lambda=\phi\eta_\lambda$ 的 $\phi$ 是唯一的，所以 $\phi=\tau\psi$．故 $P$ 是投射模．□

当然会联想到，对于积 $\prod_{\lambda\in\Lambda}P_\lambda$ 是否类似的定理．可以肯定，若 $P=\prod P_\lambda$ 是投射模，则每一个 $P_\lambda$ 也必投射，因为这时 $P=(\prod_{\mu\neq\lambda}P_\mu)\oplus P_\lambda$．但在 $\Lambda$ 为无穷集合，每一个 $P_\lambda$ 都是投射模时，它们的积 $\prod P_\lambda$ 却未必是投射的．举一个例．取 $\mathbb{Z}$ 为整数环，把 $\mathbb{Z}$ 本身看成一个 $\mathbb{Z}$ 模，则它是一个定义于单元集合 $\{1\}$ 上的自由模，因而是投射模．让 $X$ 为可数无穷多个 $\mathbb{Z}$ 的直积，$X=\prod\mathbb{Z}$，于是 $X$ 也是一个 $\mathbb{Z}$-模，它的每一个元素 $x$ 都可以表成一个无穷序列 $\{\gamma_1,\gamma_2,\cdots,\gamma_n,\cdots\}$ 简记成 $\{\gamma_n\}$，$\gamma_n\in\mathbb{Z}$．我们要证明，$X$ 不是一个投射模．

用反证法．假定 $X$ 是投射 $\mathbb{Z}$-模，那么，由于 $\mathbb{Z}$ 是主理想环，$X$ 必是自由 $\mathbb{Z}$-模．我们首先肯定 $X$ 的任一基底都是不可数集．一方面，如果 $X$ 是定义于可数集 $S=\{s_1,s_2,\cdots,s_n,\cdots\}$ 上的自由模，让 $X_n$ 为定义于 $\{s_1,\cdots,s_n\}$ 上的自由模，则 $X=\bigcup_n X_n$ 而且由于每一个 $X_n$ 都是可数集知 $X$ 也必可数．但在另一方面，$X$ 是 $\mathbb{Z}$ 上所有无穷序列的集合，这个集合是连续统，不可能可数．

任取一个素数 $p$．$x=\{\gamma_n\}\in X$ 叫做有 $p$ 性质，如果对任何自然数 $m$，必有 $n_0=n_0(m)$，使当 $n>n_0$ 时，$p^m|\gamma_n$，$X$ 中所有具有 $p$ 性质的序列组成 $X$ 的一个子模 $A$．对于任何 $x=\{\gamma_n\}\in X$，取 $\{x^n\gamma_n\}$ 与之对应，这个 $\{p^n\gamma_n\}$ 当然具有 $p$ 性质，因而属于 $A$．换言之．这种对应提供了由 $X$ 到 $A$ 的一个单同态，因而 $A$ 有一个子模与 $X$ 同构．所以，如果 $X$ 没有可数基底，$A$ 也不能有可数基底．

作短正合列

$$pA \xrightarrow{\eta} A \xrightarrow{\pi} A/pA.$$

任取 $a=\{\alpha_n\}\in A$. 作除法 $\alpha_n=p\beta_n+\gamma_n, 0\leqslant\gamma_n\leqslant p-1$. 由于 $\{\beta_n\}$ 必属于 $A$, 故 $\pi(a)=\{\bar{\alpha}_n\}$, 这里的 $\bar{\alpha}_n$ 是 $\alpha_n$ 在商环 $\mathbb{Z}/(p)$ 上的同态象, 且只能有有限个不为 0(对充分大的 $n$, 必有 $p|\alpha_n$). 换言之, $A/pA$ 的元素实际上是域 $\mathbb{Z}/(p)$ 上的一个无穷序列, 但只有有限项不为 0. 这就是说, $A/pA$ 是 $\mathbb{Z}/(p)$ 上的一个线性空间, 有一个基底为 $\{e_n\}$, 这里的 $e_n$ 指标准单位向量($\aleph_0$ 维的), 其第 $n$ 个分量是 1, 其余分量都是 0, 所以 $A/pA$ 在 $\mathbb{Z}/(p)$ 上有可数基底.

任取 $\mathbb{Z}$ 上自由模 $A$ 的一个基底 $\{v_{\lambda\in\Lambda}\}$, 我们已知它是不可数的. 设 $\pi(u_\lambda)=\bar{u}_\lambda\in A/pA$. 任取 $a=\sum\limits_{i=1}^{n}\alpha_i u_i\in A$, $\pi(a)=\sum\limits_{i=1}^{n}\bar{\alpha}_i\bar{u}_i\in A/pA, \bar{\alpha}_i\in\mathbb{Z}/(p)$. 如果 $\pi(a)=0$, 则 $a\in pA$. 由于 $\{u_\lambda\}$ 是 $A$ 的基底, $a\in pA$ 当且仅当 $p|\alpha_i$, 即 $\bar{\alpha}_i=0$. 这说明了, 不可数集 $\{\bar{u}_{\lambda\in\Lambda}\}$ 是 $\mathbb{Z}/(p)$ 上线性无关的, 因此 $\mathbb{Z}/(b)$ 上的线性空间 $A/pA$ 又有一个基底 $\{\bar{u}_\lambda\}$ 但不可数. 这是不可能的.

由上述矛盾得到我们要证的结论, $X$ 不能是投射模.

把环 $\mathfrak{A}$ 本身看成 $\mathfrak{A}$-模, 我们可得投射模的另一个充要条件.

**定理 24** $\mathfrak{A}$-模 $P$ 是投射的, 其充要条件是 $P$ 有一个子集 $\{p_{\lambda\in\Lambda}\}$, $\mathrm{Hom}\mathfrak{A}(P, \mathfrak{A})$ 中一个相应的子集 $\{f_{\lambda\in\Lambda}\}$, 使对每一个 $p\in P$, $\{f_\lambda\}$ 中只能有有限个 $f_\lambda$, 使 $f_\lambda(p)\neq 0$, 而且

$$p=\sum_\lambda f_\lambda(p)p_\lambda. \tag{9.6}$$

证 设 $P$ 是投射模, 而 $F=P\oplus Q$, $F$ 是定义于 $\{x_{\lambda\in\Lambda}\}$ 上的自由模, 并设 $x_\lambda=p_\lambda+q_\lambda$.

在 $\mathrm{Hom}(F, \mathfrak{A})$ 中取 $f_\lambda$, 使 $f_\lambda(x_\lambda)=1$, 而当 $\lambda\neq\mu$ 时, $f_\lambda(x_\mu)=0$, 因此, 当 $F$ 中的元素 $x$ 表成有限和, $x=\sum\alpha_\lambda x_\lambda$ 时, $f_\lambda(x)=\alpha_\lambda$.

首先, 因 $P$ 是 $F$ 的子模, 所以 $P$ 中的每一个模元素 $p$ 都可唯一地表成有限个 $x_\lambda$ 的线性组合

$$p=\sum_{i=1}^{n}\alpha_i x_{\lambda_i}, \alpha_i\neq 0,$$

于是

$$f_{\lambda_i}(p)=\sum\alpha_j f_{\lambda_i}(x_{\lambda_j})=\alpha_i\neq 0,\ i=1,2,\cdots,n.$$

而且当 $\mu\neq\lambda_1,\lambda_2,\cdots,\lambda_n$ 时，$f_\mu(p)=0$.

其次，从

$$p=\sum\alpha_i x_{\lambda_i}=\sum\alpha_i(p_{\lambda_i}+q_{\lambda_i}),$$

知 $\sum\alpha_i q_{\lambda_i}=0$（因 $P\cap Q=0$），故

$$p=\sum\alpha_i x_{\lambda_i}=\sum\alpha_i p_{\lambda_i}=\sum f_{\lambda_i}(p)p_{\lambda_i}.$$

必要性得证.

现在假定定理的条件是满足的. 由等式 $p=\sum f_\lambda(p)p_\lambda$ 知 $\{p_{\lambda\in\Lambda}\}$ 是 $P$ 的一个生成系. 取未定量 $\{x_{\lambda\in\Lambda}\}$ 使 $x_\lambda$ 与 $p_\lambda$ 一一对应. 让 $F$ 定义于集合 $\{x_{\lambda\in\Lambda}\}$ 上的自由模，并定义 $\pi(\sum\alpha_\lambda x_\lambda)=\sum\alpha_\lambda p_\lambda$，则 $\pi\in\mathrm{Hom}(F,P)$ 且为满同态. 令 $Q=\mathrm{Ker}\,\pi$，得一个短正合列

$$Q\xrightarrow{\ \eta\ }F\xrightarrow{\ \pi\ }P \qquad (9.7)$$

这里的 $\eta$ 为嵌入映射. 我们来证明(9.7)可裂. 为此，对每一个 $p=\sum f_\lambda(p)p_\lambda\in P$，取 $x=\sum f_\lambda(p)x_\lambda$. 此表达式是有意义的，因为只能有有限个 $f_\lambda(p)\neq 0$，而 $x$ 是由 $p$ 所一意确定的. 令 $\psi(p)=x$，则

$$\begin{aligned}\psi(p+p')&=\sum f_\lambda(p+p')x_\lambda=\sum(f_\lambda(p)+f_\lambda(p'))x_\lambda\\&=\sum f_\lambda(b)x_\lambda+\sum f_\lambda(p')x_\lambda=\psi(p)+\psi(p');\\ \psi(\alpha p)&=\sum f_\lambda(\alpha p)x_\lambda=\sum\alpha f_\lambda(p)x_\lambda=\alpha\psi(p),\end{aligned}$$

所以 $\psi\in\mathrm{Hom}(P,F)$. 又由

$$\pi\psi(p)=\pi(\sum_\lambda f_\lambda(p)x_\lambda)=\sum f_\lambda(p)p_\lambda=p$$

知 $\pi\psi=\varepsilon_P$，故(9.7)可裂. 因此有 $P'\cong P$，使 $F=P'\oplus Q\cong P\oplus Q$，故 $P$ 为投射模. □

附注　在什么环上，投射模的积仍然投射，这个问题已在1960年解决，其充要条件是这个环既是左完全的（右主理想之集满足降链条件）又是右凝聚的（任一个右理想都是有限相关的）. 见 Chase 的论文: Direct Products of Modules, *Trans. A. M. S.*, **97**

(1960), 457—473.

本节中所提出的另一个问题，在什么环上，任何投射模都自由．这个问题是非常使人感兴趣的．我们将在第四章以及本书的附录二中看到这样的环的例子．

## §10 内 射 模

内射模与投射模是一双相互对偶的概念．将图 (9.1) 中所有的箭头都调转方向，并且满改成单，就得到内射模的定义．

**定义 12** 设 $J$ 为一个 $\mathfrak{A}$-模，如果对于任何 $\sigma\in\mathrm{Hom}(A,J)$，任何单同态 $\eta\in\mathrm{Hom}(A,B)$，恒有 $\tau\in\mathrm{Hom}(B,J)$，使 $\tau\eta=\sigma$，则称 $J$ 为一个内射模，见 (10.1)．

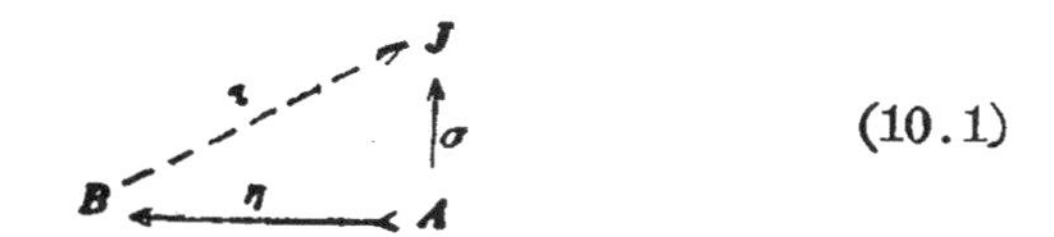

(10.1)

判定一个 $\mathfrak{A}$-模 $J$ 是不是内射模可以用下列的 Baer 判别法．

**定理 25** $J$ 是内射模，其充要条件是，对 $\mathfrak{A}$ 的任一左理想 $S$ (看成一个左 $\mathfrak{A}$-模)，任何 $g\in\mathrm{Hom}(S,J)$，必有 $x\in J$，使对所有的 $s\in S$，恒有 $g(s)=sx$．

证 必要性 设 $J$ 为内射 $\mathfrak{A}$-模．取 (10.1) 中的 $B$ 为 $\mathfrak{A}$，$A$ 为 $S$，$\eta\in\mathrm{Hom}(S,\mathfrak{A})$ 为嵌入映射，$\sigma$ 为 $g$，则有 $\tau\in\mathrm{Hom}(\mathfrak{A},J)$，使 $\tau\eta=g$．让 $\tau(1)=x\in J$，则当 $s\in S$ 时，

$$g(s)=\tau\eta(s)=\tau(s)=\tau(s\cdot 1)=s\tau(1)=sx.$$

充分性 假定定理所给的条件是满足的．任取 $A$ 与 $B$ 都是 $\mathfrak{A}$-模，任取 $\eta\in\mathrm{Hom}(A,B)$ 为单同态，我们要证明，对于任何 $\sigma\in\mathrm{Hom}(A,J)$，一定有 $\tau\in\mathrm{Hom}(B,J)$，使 $\tau\eta=\sigma$，如图 (10.1)．不失普遍性，我们可以假定 $A$ 是 $B$ 的子模，而 $\eta$ 是嵌入映射．

在 $B$ 的所有子模中，取这样的子模 $B'$，它需满足下列的两个条件：(1) $B'\supseteq A$，(2) 有 $f'\in\mathrm{Hom}(B',J)$，使 $f'\eta=\sigma$．以 $\Omega$ 表所有

这些子模 $B'$ 的集合. $\Omega$ 不是空的，例如 $A$ 本身就是 $\Omega$ 的一个元素，因为 $\sigma\eta=\sigma$. 如果 $B_1\subseteq B_2$ 都是 $\Omega$ 的元素，它们相应的同态为 $f_1$ 与 $f_2$, $f_1\eta=f_2\eta=\sigma$, 并且当 $b\in B_1$ 时，$f_1(b)=f_2(b)$，则说 $B_1\leqslant B_2$. 于是，$\Omega$ 中的元素可按"$\leqslant$"来排序，使之成为一个拟有序集. 若 $\{B_\mu\}$ 为 $\Omega$ 中的任一个升链，令 $C'=\bigcup\limits_{\mu}B_\mu$，则当 $c\in C'$，必有 $B_\mu$ 使 $c\in B_\mu$，这时，我们定义 $h'(c)=f_\mu(c)$. 这个定义是良好的，因而若 $c$ 又是 $B_\nu$ 的元素，而 $B_\mu\leqslant B_\nu$，则必有 $f_\nu(c)=f_\mu(c)$. 易知 $h'\in \mathrm{Hom}(C',J)$，而且 $h'\eta=\sigma$，因为对所有的 $\mu$ 都有 $f_\mu\eta=\sigma$. 这个 $C'$ 当然 $\supseteq A$，所以 $C'\in\Omega$. 于是，由 Zorn 引理，$\Omega$ 中有一个极大的元素 $C$，设相应的同态为 $h$, $h\eta=\sigma$.

我们要证明 $C=B$. 如果这句话得到证实，我们的问题就解决了，因为这个 $h$ 就是我们要求的 $\tau$.

用反证法. 假定 $B\neq C$，则 $B$ 有一个元素 $b$ 不属于 $C$. 令 $D=C+\mathfrak{A}b$, $S=\{s\in\mathfrak{A}\mid sb\in C\}$. 易知 $D$ 是 $B$ 的子模，包含 $C$ 但不等于 $C$，而 $S$ 是 $\mathfrak{A}$ 的一个左理想. 当 $s\in S$ 时，定义 $g(s)=h(sb)\in J$，于是

$$
\begin{aligned}
g(\alpha_1s_1+\alpha_2s_2)&=h((\alpha_1s_1+\alpha_2s_2)b),\ \alpha_i\in\mathfrak{A},\ s_i\in S,\\
&=h(\alpha_1s_1b+\alpha_2s_2b)\\
&=\alpha_1h(s_1b)+\alpha_2h(s_2b)\\
&=\alpha_1g(s_1)+\alpha_2g(s_2).
\end{aligned}
$$

所以 $g\in\mathrm{Hom}(S,J)$，故由定理所给的条件，有 $x\in J$，使 $g(s)=sx$. 现在当 $c+\alpha b\in D$ 时，定义

$$\phi(c+\alpha b)=h(c)+\alpha x\in J.$$

这个 $\phi$ 是一意的，因为若 $c+\alpha b=c'+\alpha' b$，则 $c-c'=(\alpha'-\alpha)b\in C$，故 $\alpha'-\alpha\in S$，所以 $(\alpha'-\alpha)x=g(\alpha'-\alpha)=h((\alpha'-\alpha)b)=h(c-c')$，即，$\phi(c+\alpha b)=h(c)+\alpha x=h(c')+\alpha' x=\phi(c'+\alpha' b)$. 易证 $\phi\in\mathrm{Hom}(D,J)$，故 $\phi\eta=\sigma$. 这说明 $D\in\Omega$, $C$ 不能极大，得出矛盾. □

Baer 判别法有另外一种形式，见

**定理 25′** $\mathfrak{A}$-模 $J$ 是内射模的充要条件是，对 $\mathfrak{A}$ 的任何左理

想 $S$，任何 $g\in\mathrm{Hom}(S,J)$ 都可开拓成 $f\in\mathrm{Hom}(\mathfrak{A},J)$，使当 $s\in S$ 时，$g(s)=f(s)$．这就是说，在判定 $J$ 是否内射时，不需要考虑(10.1)中的一般的 $A$ 与 $B$，只要让 $B=\mathfrak{A}$，$A$为 $\mathfrak{A}$ 的任一左理想就行了．

定理 25⟹定理25′．$g(s)=sx$ 可以开拓成 $f(\alpha)=\alpha x$，$\alpha\in\mathfrak{A}$，$x\in J$．

定理 25′⟹定理 25．给定$g\in\mathrm{Hom}(S,J)$，则由所给的条件，$g$ 可以开拓成$f\in\mathrm{Hom}(\mathfrak{A},J)$．设$f(1)=x\in J$，则$f(\alpha)=\alpha f(1)=\alpha x$．因此当 $s\in S$ 时，$g(s)=f(s)=sx$．□

定理 20 肯定了，对于任何模 $C$，必有一个投射模 $P$，使有满同态 $\pi$: $P\twoheadrightarrow C$．与此相对偶的是

**定理 26** 对于任何 $\mathfrak{A}$-模 $C$，必有一个内射模 $J$ 使有单同态 $\eta$: $C\rightarrowtail J$．如果认定 $\mathrm{Im}\,\eta$ 就是 $C$，那么，本定理的意思是，任何 $C$ 都可以嵌入到一个内射模中，这个内射模称为 $C$ 的一个内射扩模．

虽然投射模与内射模的定义可适用于任何范畴 $\mathbb{C}$（应改成投射对象与内射对象，(9.1)与(10.1)中的同态都改成态射），而且是对偶的．由定理 20 与 26 所表达的命题也是对偶的，但是我们并不能用对偶原则来从定理 20 得到定理 26，必须重新证明．其原因是，在证明定理 20 时，我们用到了模范畴的具体定义，$\sigma$: $A\to B$ 是由 $A$ 到 $B$ 的一个模同态．此证明对于逆范畴$(\mathfrak{A}\mathbb{M})^0$无效．所以对偶原则对定理 20 是不能引用的．

为了证明定理 26，我们需要可除群的概念和理论．

**定义 13** 加法交换群 $G$ 叫做可除的，如果对任何 $x\in G$，任何整数 $n\neq 0$，必有 $y\in G$（不一定唯一），使 $ny=x$．可除群也称可除 $\mathbb{Z}$ 模（注意，$\mathbb{A}G$ 就是 $\mathbb{Z}\mathbb{M}$）．

**引理 1** $G$ 是内射 $\mathbb{Z}$ 模，当且仅当它是可除群．

证 设 $G$ 是内射 $\mathbb{Z}$ 模．任取 $0\neq n\in\mathbb{Z}$．让 $N=(n)$ 为 $\mathbb{Z}$ 中由 $n$ 所生成的主理想．对于 $x\in G$定义

$$\sigma:\ N\to G,$$

$$mn\mapsto mx,$$

与 $$\eta:\ N\to\mathbb{Z},$$
$$mn\mapsto mn\in\mathbb{Z},$$

于是，因 $G$ 是内射 $\mathbb{Z}$ 模，$\eta$ 是单同态，有 $f\in\mathrm{Hom}(\mathbb{Z},G)$，使 $f\eta=\sigma$. 设 $f(1)=y$，则 $ny=nf(1)=f(n)=f\eta(n)=\sigma(n)=x$，故 $G$ 可除.

反过来，设 $G$ 可除，任取 $\mathbb{Z}$ 的理想 $N=(n)$，$n\neq0$，并设 $g$ 为 $\mathrm{Hom}_{\mathbb{Z}}(N,G)$ 中任一元素. 若 $g(n)=x\in G$，则因 $G$ 可除，有 $y\in G$，使 $ny=x$，定义 $f(m)=my\in G$，$m\in\mathbb{Z}$，则 $f\in\mathrm{Hom}(\mathbb{Z},G)$，$f(mn)=mny=mx=mg(n)=g(mn)$. 所以由定理 25′，$G$ 是内射 $\mathbb{Z}$-模. □

**引理 2** 任何交换群都可嵌入到一个可除群中.

证 先假定 $G$ 是一个定义于集合 $\{x_{\lambda\in\Lambda}\}$ 上的自由 $\mathbb{Z}$-模. 以 $R$ 表有理数域，让 $H$ 为定义于 $\{x_{\lambda\in\Lambda}\}$ 上的自由 $R$-模. $H$ 显然是一个可除 $\mathbb{Z}$ 模，而 $G$ 是其子群.

现在设 $G$ 是一个任意的加法交换群. 把它看成一个 $\mathbb{Z}$-模，取一个自由 $\mathbb{Z}$-模 $F$，使 $G$ 为其同态象，得一个短正合列

$$N\overset{\eta}{\rightarrowtail}F\overset{\pi}{\twoheadrightarrow}G,$$

这里，$N=\mathrm{Ker}\,\pi$，而 $G\cong F/N$，把 $F$ 嵌入到一个可除群 $H$ 中，则 $G$ 是 $H/N$ 的一个子群. 注意，可除群的商群也是可除的. □

设 $R$ 为一个交换环，$\mathfrak{A}$ 既是一个环，又是一个 $R$-模，而且当 $r,r'\in R,\alpha,\alpha'\in\mathfrak{A}$ 时，$(r\alpha)(r'\alpha')=(rr')(\alpha\alpha')$，则 $\mathfrak{A}$ 叫做一个 $R$ 上的代数，也称 $R$-环或 $R$-代数. 由于 $r\alpha=(r1_{\mathfrak{A}})\alpha$，所以 $\mathfrak{A}$ 的理想首先是 $\mathfrak{A}$ 的子代数. 对于任意的环 $\mathfrak{A}$，任意的交换环 $R$，以 $C(\mathfrak{A})$ 表示 $\mathfrak{A}$ 的中心（$\gamma\in C(\mathfrak{A})$ 当且仅当 $\gamma\in\mathfrak{A}$，而且对任何 $\alpha\in\mathfrak{A}$，恒有 $\gamma\alpha=\alpha\gamma$），那么，任何环同态 $\psi:R\to C(\mathfrak{A})$ 就可以把 $\mathfrak{A}$ 变成一个 $R$-代数，因为可令 $r\alpha=\psi(r)\alpha$.

假定 $\mathfrak{A}$ 是一个 $R$-代数，$G$ 是一个 $R$-模，把 $\mathfrak{A}$ 仅看成一个 $R$-模，则得同态群 $\mathrm{Hom}_R(\mathfrak{A},G)$. 当 $\alpha,\alpha'\in\mathfrak{A}$，$f_1$，$f_2\in\mathrm{Hom}_R(\mathfrak{A},G)$ 时，定义

$$(\alpha f)(\alpha') = f(\alpha'\alpha) \in G,$$

则 $\alpha f \in \mathrm{Hom}(\mathfrak{A}, G)$，而且

$$(\alpha_1+\alpha_2)(f_1+f_2) = \sum_{i,j=1}^{2} \alpha_i f_j,$$

$$(\alpha_1\alpha_2)f(\alpha') = f(\alpha'\alpha_1\alpha_2) = (\alpha_2 f)(\alpha'\alpha_1)$$
$$= (\alpha_1(\alpha_2 f))(\alpha'),$$

所以 $\mathrm{Hom}_R(\mathfrak{A}, G)$ 是一个 $\mathfrak{A}$-模. 我们有

**引理 3** 若 $G$ 是内射 $R$-模，$\mathfrak{A}$ 是 $R$-代数，则 $\mathrm{Hom}_R(\mathfrak{A}, G)$ 是一个内射 $\mathfrak{A}$-模.

证 任取 $S$ 为 $\mathfrak{A}$ 的左理想，$f \in \mathrm{Hom}_{\mathfrak{A}}(S, \mathrm{Hom}_R(\mathfrak{A}, G))$，$\eta$: $S \to \mathfrak{A}$ 为嵌入映射，我们要求得一个 $g \in \mathrm{Hom}_{\mathfrak{A}}(\mathfrak{A}, \mathrm{Hom}_R(\mathfrak{A}, G))$，使 $g\eta = f$，即，下图可交换

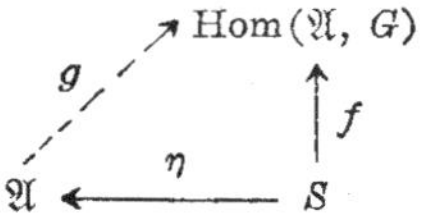

$$\begin{array}{ccc} & & \mathrm{Hom}(\mathfrak{A}, G) \\ & \overset{g}{\nearrow} & \uparrow f \\ \mathfrak{A} & \xleftarrow{\eta} & S \end{array} \tag{10.2}$$

任取 $s \in S$，由定义 $f(s) \in \mathrm{Hom}(\mathfrak{A}, G)$，所以 $f(s)(1_{\mathfrak{A}}) = a_s \in G$. 令 $\phi(s) = a_s$，则 $\phi$ 是由 $S$ 到 $G$ 的一个映射. 由于 $\phi(rs) = f(rs)(1_{\mathfrak{A}}) = (rf(s))(1_{\mathfrak{A}}) = f(s)(r1_{\mathfrak{A}}) = r(f(s)(1_{\mathfrak{A}})) = ra_s = r\phi(s)$，所以 $\phi \in \mathrm{Hom}_R(S, G)$.

因 $G$ 是内射 $R$-模，故有 $\psi$: $\mathfrak{A} \to G$，使下图可交换

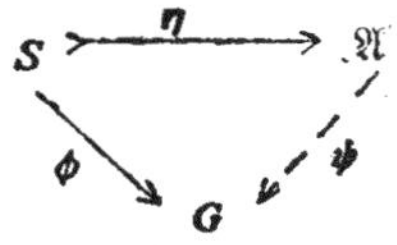

$$\begin{array}{ccc} S & \xrightarrow{\eta} & \mathfrak{A} \\ & \underset{\phi}{\searrow} \quad \underset{\psi}{\swarrow} & \\ & G & \end{array} \tag{10.3}$$

令 $g(\alpha) = \alpha\psi \in \mathrm{Hom}(\mathfrak{A}, G)$；则 $g\eta(s) = g(s) = s\psi$，而且 $(g\eta(s))(\alpha) = (s\psi)(\alpha) = \psi(\alpha s) = \phi(\alpha s) = f(\alpha s)(1_{\mathfrak{A}}) = (\alpha f(s))(1_{\mathfrak{A}}) = f(s)(\alpha)$. 所以 $g\eta(s) = f(s)$，即 $g\eta = f$，故 $\mathrm{Hom}(\mathfrak{A}, G)$ 为内射 $\mathfrak{A}$-模. □

现在来证明定理 26.

把 $\mathfrak{A}$ 与 $C$ 都看成 $\mathbb{Z}$-模. 当 $c \in C$ 时，定义 $f_c(\alpha) = \alpha c \in C$，再让 $g(c) = f_c \in \mathrm{Hom}_{\mathbb{Z}}(\mathfrak{A}, C)$. 要证 $g \in \mathrm{Hom}_{\mathfrak{A}}(C, \mathrm{Hom}(\mathfrak{A}, C))$. 事实上

$$g(c+c')(\alpha)=f_{c+c'}(\alpha)=\alpha(c+c')=\alpha c+\alpha c'$$
$$=f_c(\alpha)+f_{c'}(\alpha)=g(c)(\alpha)+g(c')(\alpha).$$
即，$g(c+c')=g(c)+g(c')$. 再者
$$g(\alpha c)(\alpha')=f_{\alpha c}(\alpha')=\alpha'\alpha c=f_c(\alpha'\alpha)$$
$$=(\alpha f_c)(\alpha')=(\alpha g(c))(\alpha'),$$
所以 $g(\alpha c)=\alpha g(c)$. 这个 $g$ 显然是单同态，因为若 $g(c)=g(c')$，则 $f_c=f_{c'}$，因而 $c=f_c(1_{\mathfrak{A}})=f_{c'}(1_{\mathfrak{A}})=c'$.

把交换群 $C$ 嵌入到一个可除群(因而是内射 $\mathbb{Z}$-模) $D$ 中，则每一个 $\tau\in\mathrm{Hom}_{\mathbb{Z}}(\mathfrak{A}, C)$ 都对应一个 $\eta_1\tau\in\mathrm{Hom}_{\mathbb{Z}}(\mathfrak{A}, D)$，这里 $\eta_1$ 是嵌入映射，如图

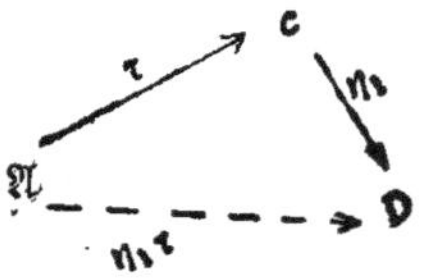

$$\begin{array}{ccc} & & C \\ & \overset{\tau}{\nearrow} & \downarrow\eta_1 \\ \mathfrak{A} & \xrightarrow[\eta_1\tau]{} & D \end{array} \qquad (10.4)$$

最后定义映射 $\bar{\eta}$: $\mathrm{Hom}_{\mathbb{Z}}(\mathfrak{A}, C)\to\mathrm{Hom}_{\mathbb{Z}}(\mathfrak{A}, D)$ 使 $\bar{\eta}(\tau)=\eta_1\tau$，易知 $\bar{\eta}$ 是($\mathfrak{A}$-模的)模同态，而且是单同态. 于是有
$$C\overset{g}{\rightarrowtail}\mathrm{Hom}_{\mathbb{Z}}(\mathfrak{A}, C)\overset{\bar{\eta}}{\rightarrowtail}\mathrm{Hom}_{\mathbb{Z}}(\mathfrak{A}, D),$$
注意，$\mathrm{Hom}_{\mathbb{Z}}(\mathfrak{A}, D)$ 是内射 $\mathfrak{A}$-模，$\bar{\eta}g$ 是单同态，即得定理. □

**定理 27** 对于 $\mathfrak{A}$-模 $I$，下列的三句话等价：

(1) $I$ 是内射模；

(2) 任何以 $I$ 为第一项的短正合列
$$I\overset{\eta}{\rightarrowtail}A\overset{\pi}{\longrightarrow}B \qquad (10.5)$$
都可裂；

(3) 有内射模 $I'$，使 $I'=I\oplus I_1$.

证 (1)⇒(2) 设有(10.5)，作图

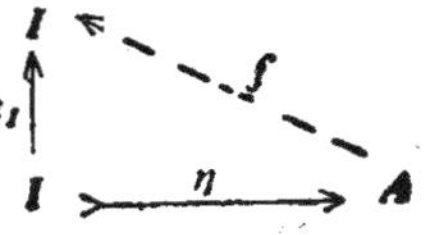

$$\begin{array}{ccc} I & \overset{f}{\dashleftarrow} & \\ \uparrow\varepsilon_I & & \\ I & \overset{\eta}{\rightarrowtail} & A \end{array} \qquad (10.6)$$

则有 $f$，使 $f\eta=\varepsilon_I$.

(2)⇒(3) 将 $I$ 嵌入到一个内射模 $I'$ 内得 $I'=I\oplus I_1$.

(3)⇒(1) 设 $I'=I\oplus I_1$ 为内射模，仿照定理 21 的证法，作图

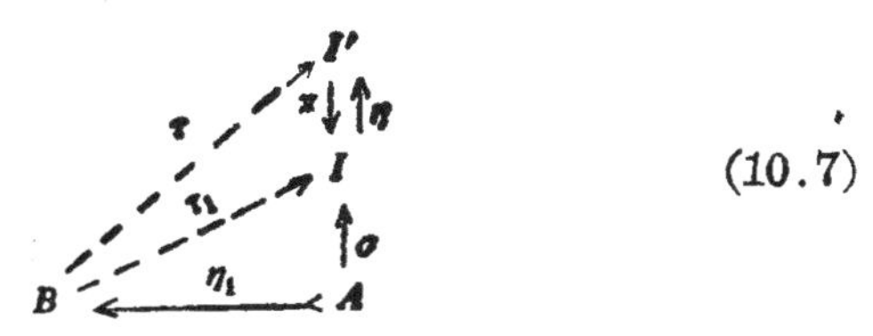

$$(10.7)$$

因 $I'$ 内射，得 $\tau$，再让 $\tau_1=\pi\tau$，即得交换图. □

与定理 23 相对偶，只要将图(9.5)中所有的箭头都调转方向，满改成单，就可证明

**定理 28** $I=\prod\limits_{\lambda\in\Lambda}I_\lambda$ 是内射模，当且仅当每一个 $I_\lambda$ 都是内射的.

内射模的直和当然未必内射，我们将在第四章 § 12 中证明一个充要条件.

## § 11 内射包与投射盖

我们提出这样的一个问题：给定一个 $\mathfrak{A}$-模 $A\neq 0$，在其所有的内射扩模中，能否找到一个最小的内射模 $E$？这个 $E$ 将叫做 $A$ 的内射包. 这就是说，若 $E$ 是 $A$ 的内射包，则其任何一个非平凡的内射子模都不能包含 $A$. 问题是，$A$ 的内射包是否存在？若存在，能有几个？

为了回答所提出的问题，我们引进本性扩模的概念. 设 $B\supseteq A$，若 $B$ 的任一非零子模 $B_0$ 与 $A$ 的交 $B_0\cap A$ 都不是 0，则 $B$ 叫做 $A$ 的一个本性扩模. $A$ 自己当然是 $A$ 的本性扩模，但这是平凡的. 所有有理数所组成的加法群显然是整数群(都是 $\mathbb{Z}$ 模)的本性扩模. 若 $B=A\oplus C$，而 $C\neq 0$，则 $B$ 不能是 $A$ 的本性扩模，因为，例如，$C\cap A=0$.

关于本性扩模的充要条件，我们有

**引理 1** 设 $B\supset A$，则 $B$ 是 $A$ 的本性扩模，其充要条件是，对

任何 $0\neq b\in B$，必有 $\alpha\in\mathfrak{A}$，使 $0\neq\alpha b\in A$.

必要性是明显的，因为循环子模 $\mathfrak{A}b$ 与 $A$ 的交不为 $0$.

充分性也是明显的. 任取 $B_0\subset B$，在 $B_0$ 中任取 $b\neq0$，则因 $0\neq\alpha b\in A$，故 $B_0\cap A\neq0$. □

下列的引理 2 又给出了内射模的一个充要条件.

**引理 2** $A$ 是内射模，其充要条件是 $A$ 没有非平凡的本性扩模.

证 设 $A$ 是内射模，而 $B$ 是 $A$ 的任一个非平凡扩模，则因短正合列

$$A\rightarrowtail B\twoheadrightarrow C=B/A$$

可裂，知 $B\cong A\oplus C$，这时 $B$ 不能是 $A$ 的本性扩模.

反过来，假定 $A$ 没有非平凡的本性扩模. 取 $E$ 为 $A$ 的任一个内射扩模. 因 $E$ 不是 $A$ 的本性扩模，故有 $E_0\subset E$，使 $E_0\cap A=0$. 由 Zorn 引理，存在一个极大的子模 $C\subset E$，使 $C\cap A=0$，令 $M=A\oplus C$. 我们肯定 $E=M$. 为了证明，我们任取 $e\in E$，但 $e\overline{\in}C$，则由 $C$ 的极大性，$(\mathfrak{A}e+C)\cap A\neq0$，有 $0\neq\alpha e+c\in A$. 这说明，对 $E/C$ 中任一个元素 $[e]\neq0$，必有 $\alpha\in\mathfrak{A}$，使 $\alpha[e]\in A\oplus C/C$. 由引理 1，$E/C$ 是 $A\oplus C/C$ 的一个本性扩模. 由于 $A\oplus C/C$ 与 $A$ 同构，而由引理所给的条件，$A$ 没有非平凡的本性扩模，所以 $E/C=A\oplus C/C$，因而 $E=A\oplus C$. 由定理 27，$A$ 是内射模. □

现在我们证明

**定理 29** 下列的三句话等价：

(1) $E$ 是 $A$ 的一个极大的本性扩模，即，当 $M\supseteq E$ 也是 $A$ 的本性扩模时，必有 $M=E$；

(2) $E$ 既是 $A$ 的一个本性扩模，又是一个内射模；

(3) $E$ 是 $A$ 的一个最小的内射扩模，即，当 $E\supseteq E_0\supseteq A$ 而 $E_0$ 也内射时，必定 $E=E_0$.

证 在 $A$ 本身是内射模时，满足任一条件的 $E$ 必然就是 $A$ 自己. 所以我们假定 $A$ 不是内射模.

(1)⇒(2) 若 $M$ 是 $E$ 的一个本性扩模，它必然是 $A$ 的一个

本性扩模，因为 $0\neq(M_0\cap E)\cap A\subseteq M_0\cap A$. 所以，当 $E$ 是 $A$ 的一个极大的本性扩模时，$E$ 不可能有非平凡的本性扩模. 由引理 2, $E$ 是内射模.

(2)⇒(3) 若 $E\supseteq E_0\supset A$, 且 $E_0$ 内射，则由引理 2, $E_0$ 不可能以 $E$ 为其非平凡的本性扩模. 但这时，$E$ 确实是 $E_0$ 的本性扩模；因为对 $E$ 的任一子模 $E_1$, 必有 $0\neq E_1\cap A\subseteq E_1\cap E_0$. 故 $E=E_0$.

(3)⇒(1) 取 $\{E_\lambda\}$ 为 $E$ 中 $A$ 的所有本性扩模的集合. 这个集合不是空的，例如 $A$ 本身就是其中之一. 在 $\{E_\lambda\}$ 中任取一个升链 $\{E_\mu\}$, 让 $E'=\cup E_\mu$. 于是 $E'\subseteq E$. 若 $M$ 为 $E'$ 的任一非零子模，则 $M\cap A=((\cup E_\mu)\cap M)\cap A=\cup(E_\mu\cap M)\cap A=\cup((E_\mu\cap M)\cap A)\neq 0$, 所以 $E'$ 也是诸 $E_\lambda$ 之一. 因此 $\{E_\lambda\}$ 中有一个极大的元素，设为 $\bar{E}$. 我们来证明，$\bar{E}$ 是内射模. 如若不然，由引理 2, $\bar{E}$ 必有一个非平凡的本性扩模 $N$. 以 $\eta_1$: $\bar{E}\to E$, $\eta_2$: $\bar{E}\to N$ 均表嵌入映射，则因 $E$ 是内射模，必有交换图

$$\begin{array}{ccc} E & \overset{\sigma}{\dashleftarrow} & N \\ \uparrow{\scriptstyle\eta_1} & \nearrow{\scriptstyle\eta_2} & \\ \bar{E} & & \end{array} \tag{11.1}$$

由于 $\operatorname{Ker}\sigma\cap\bar{E}=0$(否则 $\eta_1$ 不能是单同态)，所以 $\operatorname{Ker}\sigma$ 等于 0 (因 $N$ 是 $\bar{E}$ 的本性扩模)，$\sigma$ 是单同态. 当 $\bar{e}\in\bar{E}$ 时，$\bar{e}=\eta_1(\bar{e})=\sigma\eta_2(\bar{e})$, 故 $\operatorname{Im}\sigma\supseteq\bar{E}$, 而若 $x\in N$, $x\bar{\in}\bar{E}$, $\sigma(x)$ 不能属于 $\operatorname{Im}\eta_1$. 因此 $\operatorname{Im}\sigma\supset\bar{E}$, 且为 $\bar{E}$ 的本性扩模，因而是 $A$ 的本性扩模. 这违反了 $\bar{E}$ 的极大性. 所以 $\bar{E}$ 是内射模. 再由 $E$ 的极小性知 $\bar{E}=E$, 因而 $E$ 是 $A$ 的本性扩模.

若有 $M\supseteq E\supset A$ 也是 $A$ 的本性扩模，那么，$M$ 也必是 $E$ 的本性扩模. 但 $E$ 没有非平凡的本性扩模，所以 $M=E$, 因而 $E$ 是 $A$ 的一个极大的本性扩模. □

这条定理肯定了，若 $A$ 有内射包 $E$, 则 $E$ 必然既是一个内射模，又是 $A$ 的一个本性扩模. 上述定理的证明中提供了内射包的存在性.

**定理 30** $A$ 的任何内射扩模 $I$ 必有一个子模 $E$ 为 $A$ 的内射包.

证 在 $I$ 的所有子模中存在一个 $E$ 为 $A$ 的极大的本性扩模(见定理 29 的证明之最后一部分),它必是 $A$ 的最小的内射扩模,因而是 $A$ 的内射包. □

**推论 1** $A$ 的两个内射包必同构. 换言之,在同构的范围内,$A$ 只有一个内射包.

如果 $E_1$ 与 $E_2$ 都是 $A$ 的内射包,则有交换图

(11.2)

这里 $\eta_1$ 与 $\eta_2$ 都是嵌入映射. 从 $\mathrm{Ker}\,\sigma\cap A=0$ 知道 $\mathrm{Ker}\,\sigma=0$,故 $\sigma$ 为单同态,因而 $\mathrm{Im}\,\sigma$ 也是内射模且 $\supseteq A$. 但 $E_2$ 是 $A$ 的一个最小的内射扩模,故 $\mathrm{Im}\,\sigma=E_2$. 既单且满必是同构. □

**推论 2** $E$ 是 $A$ 的内射包当且仅当(1) $E$ 是 $A$ 的内射扩模;(2)对于 $A$ 的任一个内射扩模 $I$,完成下列交换图的 $\sigma$ 必是单同态.

(11.3)

事实上,因 $I$ 内射,故 $\sigma$ 存在. 由于 $E$ 是 $A$ 的本性扩模,其任一非零子模 $B$ 与 $A$ 的交 $B\cap A\neq 0$. 若 $\sigma$ 不是单同态,则 $0\neq\mathrm{Ker}\,\sigma$,但这时 $\mathrm{Ker}\,\sigma$ 与 $A$ 的交却必等于 0.

反过来,取 $I$ 为 $A$ 的内射包,则因 $\mathrm{Im}\,\sigma$ 与 $E$ 同构,故 $\mathrm{Im}\,\sigma$ 也是 $A$ 的内射扩模. 由于 $I$ 最小,所以 $\mathrm{Im}\,\sigma=I$,即,$\sigma$ 是满同态. 既单且满必是同构. □

本节开头所提的问题已经解决.

与内射包的概念相对偶的是投射盖.

**定义 14** 投射模 $P$ 叫做 $A$ 的一个**投射盖**,如果有满同态

$\pi: P\twoheadrightarrow A$，使对任何投射模 $Q$ 与满同态 $\pi': Q\twoheadrightarrow A$，完成下列交换图的 $\sigma$ 一定是满同态。

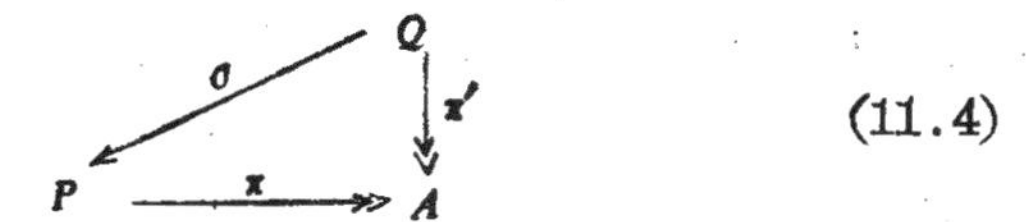


(11.4)

我们看到，定义 14 中的条件与推论 2 中的两个条件恰好是对偶的（比较图(11.3)与(11.4)）。但是，我们对于内射包所证明的定理是专对模范畴而言的，对其他范畴并不适用。所以对上面已证的关于内射包的定理不能用对偶原则。

现在证明

**定理 31** 投射模 $P$ 与满同态 $\pi: P\twoheadrightarrow A$ 为 $A$ 的投射盖，其充要条件是对 $P$ 的任一个非平凡子模 $P'$，$\pi$ 在 $P'$ 上的限制一定不能是满同态。

注意，以 $\eta: P'\to P$ 表嵌入映射，那么，$\pi$ 在 $P'$ 上的限制 $\pi|_{P'}$ 事实上等于 $\pi\eta: P'\to A$。

证 假定 $(P,\pi)$ 是 $A$ 的投射盖，$P'\subset P$，而 $\pi\eta$ 是满同态，那么，在(11.4)中换 $P$ 为 $P'$，$\pi$ 为 $\pi\eta$，则得一个 $\sigma: Q\to P'$。但这个 $\sigma$ 也可看成由 $Q$ 到 $P$ 的模同态。这时 $\sigma$ 不是满的。矛盾。

假定 $\pi$ 在任何 $P'\subset P$ 上的限制都不是满的，那么，完成交换图(11.4)的 $\sigma$ 必然是满同态。否则，若 $\operatorname{Im}\sigma=P'\subset P$，从 $\pi\sigma=\pi'$ 为满同态知道 $\pi$ 在 $P'$ 上的限制是满的。□

**推论 3** $P$ 与 $\pi: P\to A$ 为 $A$ 的投射盖，当且仅当 $\operatorname{Ker}\pi+M=P$ 时，必有 $M=P$。

证 必要性 若 $M$ 是 $P$ 的一个非平凡子模，那么，由 $\operatorname{Ker}\pi+M=P$ 知 $\pi$ 在 $M$ 上的限制是满同态，这时由定理 31，$(P,\pi)$ 不能是 $A$ 的投射盖。

反过来，如果 $(P,\pi)$ 不是 $A$ 的投射盖，那么，必有 $Q$ 与 $\pi'$: $Q\to A$，使(11.4)中的 $\sigma$ 不是满同态，即，$\operatorname{Im}\sigma=M\subset P$。但这时 $\operatorname{Ker}\pi+M=P$，违反所给的条件。□

**推论 4** 若 $A$ 有投射盖，则在同构的范围内，它只有一个投射盖.

证 假定(11.4)中的$(P,\pi)$与$(Q,\pi')$都是$A$的投射盖，则因$\sigma: Q\to P$是满同态，有单同态$\eta: P\to Q$，使$\sigma\eta=\varepsilon_P$. 如果$\operatorname{Im}\eta=B\subset Q$，则$\pi'$在$B$上的限制必是满的，这时由定理31，$(Q,\pi')$不能是投射盖. □

上面所证明的定理与推论都没有保证投射盖的存在性. 事实上，与内射包的情况不同，没射盖并不是普遍存在的，由此也可看出，正确命题的对偶命题未必正确. 见下面的命题.

**命题** 整数环$\mathbb{Z}$上的模$A$有投射盖，当且仅当它是自由模.

证 若$A$是自由模，它的投射盖当然就是它自己.

设$A$有投射盖$(P,\pi)$，因$P$是投射模，由定理22，$P$必是自由模，而且由于$\operatorname{Ker}\pi$是$P$的子模，若$\operatorname{Ker}\pi\neq0$，它也是自由的.

取$P$的一个基底为$\{x_{\lambda\in\Lambda}\}$. 这些基元素$x_\lambda$可分成三类，第一类是那些属于$\operatorname{Ker}\pi$的$x_\lambda$，这一类的元素改写成$u$；第二类是那些$x_\mu$，使由$x_\mu$生成的循环模$\mathbb{Z}x_\mu$与$\operatorname{Ker}\pi$的交为0，即$\mathbb{Z}x_\mu\cap\operatorname{Ker}\pi=0$，这一类的元素改写成$v$；不属于上属两类的$x_\lambda$为第三类，改写成$w$. 注意，一个$x_\lambda$是一个$w$的条件是，它本身不属于$\operatorname{Ker}\pi$，但却有一个整数$n>1$，使$nx_\lambda\in\operatorname{Ker}\pi$. 让$\alpha$为满足这个条件的最小的正整数，故$\mathbb{Z}\alpha w\subseteq\operatorname{Ker}\pi$. 取$\beta>1$与$\alpha$互素，得$\mathbb{Z}w=\mathbb{Z}\alpha w+\mathbb{Z}\beta w$. 因为$P=\sum_u\mathbb{Z}u+\sum_v\mathbb{Z}v+\sum_w\mathbb{Z}\alpha w+\mathbb{Z}\beta w=\sum\mathbb{Z}u+\sum\mathbb{Z}\alpha w+\sum\mathbb{Z}v+\sum\mathbb{Z}\beta w=\operatorname{Ker}\pi+\sum\mathbb{Z}v+\sum\mathbb{Z}\beta w$. 由定理31的推论3，$\sum\mathbb{Z}v+\sum\mathbb{Z}\beta w=P$，$P$由$v$与$\beta w$所生成. 但任何一个$w$都不能是$v$与$\beta w$的线性组合，所以$w$实际上是不存在的，因此$P$是定义于$v$上的自由模，于是$\operatorname{Ker}\pi=0$，$\pi$为单同态. 所以$A\cong P$，$A$是自由模.

附注 可以证明，每一个左$\mathfrak{A}$-模都有投射盖，其充要条件是$\mathfrak{A}$的右主理想之集满足极小条件. 见 Anderson-Fuller, Rings and Categories of Modules, Springer-Verlag (1974)，第135页.

## § 12 对偶模与自反模

设 $X$ 为左 $\mathfrak{A}$-模，把 $\mathfrak{A}$ 本身也看成一个左 $\mathfrak{A}$-模，当 $\alpha\in\mathfrak{A}$, $x\in X$, $f\in \mathrm{Hom}_{\mathfrak{A}}(X,\mathfrak{A})$ 时，定义

$$(f\alpha)(x)=f(x)\alpha\in\mathfrak{A}, \tag{12.1}$$

则

$$(f\alpha)(x+x')=f(x+x')\alpha=(f(x)+f(x'))\alpha$$
$$=(f\alpha)(x)+(f\alpha)(x'),$$
$$(f\alpha)(\alpha' x)=f(\alpha' x)\alpha=\alpha' f(x)\alpha=\alpha'(f\alpha)(x),$$

所以 $f\alpha\in \mathrm{Hom}(X,\mathfrak{A})$. 再者，当 $\alpha=\alpha_1+\alpha_2$, $\alpha'=\alpha_1\alpha_2$ 时，

$$(f\alpha)(x)=f(x)\alpha=f(x)(\alpha_1+\alpha_2)$$
$$=f(x)\alpha_1+f(x)\alpha_2$$
$$=(f\alpha_1)(x)+(f\alpha_2)(x)$$
$$=(f\alpha_1+f\alpha_2)(x),$$
$$(f\alpha')(x)=f(x)\alpha_1\alpha_2=(f\alpha_1)(x)\alpha_2$$
$$=((f\alpha_1)\alpha_2)(x),$$

故 $f(\alpha_1+\alpha_2)=f\alpha_1+f\alpha_2$, $f\alpha_1\alpha_2=(f\alpha_1)\alpha_2$, 因而 $\mathrm{Hom}(X,\mathfrak{A})$ 是一个右 $\mathfrak{A}$-模. 这个右 $\mathfrak{A}$-模 $\mathrm{Hom}(X,\mathfrak{A})$ 将叫做 $X$ 的**对偶模**，也称**共轭模**，记之以 $X^*$. 类似地，若 $Y$ 是右 $\mathfrak{A}$-模，则其对偶模 $Y^*$ 是一个左 $\mathfrak{A}$-模. 因此，在 $X$ 是一个左 $\mathfrak{A}$-模时，其对偶模 $X^*$ 的对偶模 $X^{**}$ 也是一个左 $\mathfrak{A}$-模.

任取 $x\in X$, 对于 $f\in X^*=\mathrm{Hom}(X,\mathfrak{A})$, 定义

$$x^{**}(f)=f(x)\in\mathfrak{A}, \tag{12.2}$$

则

$$x^{**}(f+g)=(f+g)(x)=f(x)+g(x)$$
$$=x^{**}(f)+x^{**}(g),$$
$$x^{**}(f\alpha)=(f\alpha)(x)=f(x)\alpha=x^{**}(f)\alpha,$$

所以，$x^{**}$ 是右 $\mathfrak{A}$-模 $X^*$ 到 $\mathfrak{A}$（看成一个右 $\mathfrak{A}$-模）的一个模同态，即，$x^{**}\in \mathrm{Hom}(X^*,\mathfrak{A})=X^{**}$, 这里 $\mathrm{Hom}(X^*,\mathfrak{A})$ 是指右 $\mathfrak{A}$-模的同态群. 又当 $x,y\in X$, $\alpha\in\mathfrak{A}$, $f\in X^*$ 时，

$$(x+y)^{**}(f)=f(x+y)=f(x)+f(y)$$

$$=x^{**}(f)+y^{**}(f)$$
$$=(x^{**}+y^{**})(f),$$
$$(\alpha x)^{**}(f)=f(\alpha x)=\alpha f(x)=\alpha x^{**}(f),$$

所以 $(x+y)^{**}=x^{**}+y^{**}$, $(\alpha x)^{**}=\alpha x^{**}$ 令 $\mu(x)=x^{**}$, 则 $\mu\in \mathrm{Hom}_{\mathfrak{A}}(X,X^{**})$. 这个 $\mu$(或记成 $\mu_X$)叫做 $X$ 的自然映射.

**定义 15** 若 $\mu_X$ 是同构, 则 $X$ 叫做自反模, 若为单同态, 则 $X$ 叫做半自反模.

半自反模有时也叫做缺挠模(torsionless module), 但这将与群论中的无挠群(torsionfree)相混. 它们也确有些关系. 例如, 一个交换群 $X$ 在看成为一个 $\mathbb{Z}$ 模时, 若为半自反的, 它一定是无挠的. 事实上, 如果 $x\in X$, 但 $nx=0$, 则对任何 $g\in \mathrm{Hom}(X,\mathbb{Z})$, 必有 $0=g(0)=g(nx)=ng(x)$, 因而 $g(x)=0$, 所以 $x^{**}(g)=g(x)=0$, 即, $x^{**}=0$. 这说明, $\mu$ 不能是单同态. 反之不确, 无挠群在看成 $\mathbb{Z}$ 模时, 不一定是半自反的. 举一个例, 以 $X$ 表所有有理数的加法群, 它是无挠的. 任取 $g\in \mathrm{Hom}(X,\mathbb{Z})$, 若 $g(1)=m\neq 0$, 则对任何整数 $p\neq 0$, 必有 $m=g(1)=g\left(p\cdot\frac{1}{p}\right)=pg\left(\frac{1}{p}\right)$. 于是 $p$ 为 $m$ 的因子. 这当然是不可能的, 所以 $g(1)=0$, 因而 $1^{**}(g)=g(1)=0$, $1^{**}=0$. 自然映射 $\mu$ 不是单的.

取 $A$ 与 $B$ 都是 $\mathfrak{A}$-模, $\sigma\in \mathrm{Hom}(A,B)$. 如(12.3)的左图所示, $\sigma$ 将引出一个 $\sigma^*\in \mathrm{Hom}(B^*,A^*)$, 使当 $g\in B^*=\mathrm{Hom}(B,\mathfrak{A})$ 时, $\sigma^*(g)=g\sigma\in \mathrm{Hom}(A,\mathfrak{A})=A^*$. 再由(12.3)的右图所示, 每一个 $\sigma^*\in \mathrm{Hom}(B^*,A^*)$ 将引出一个 $\sigma^{**}\in \mathrm{Hom}(A^{**},B^{**})$, 使当 $f^*\in A^{**}=\mathrm{Hom}(A^*,\mathfrak{A})$ 时, $\sigma^{**}(f^*)=f^*\sigma^*$.

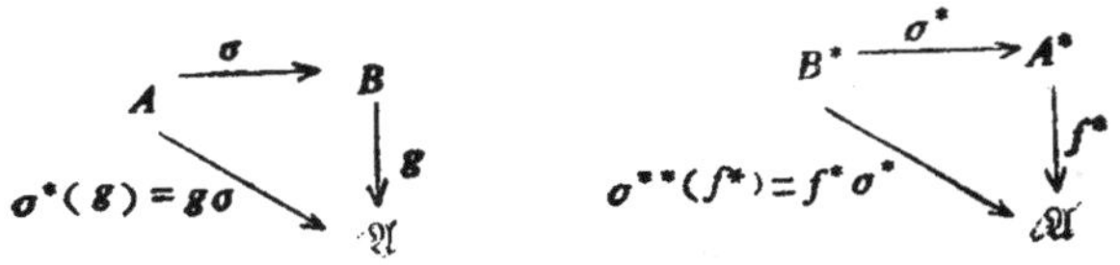

$$\begin{array}{ccc} A & \xrightarrow{\sigma} & B \\ & \searrow{\scriptstyle \sigma^*(g)=g\sigma} & \downarrow{\scriptstyle g} \\ & & \mathfrak{A} \end{array} \qquad \begin{array}{ccc} B^* & \xrightarrow{\sigma^*} & A^* \\ & \searrow{\scriptstyle \sigma^{**}(f^*)=f^*\sigma^*} & \downarrow{\scriptstyle f^*} \\ & & \mathfrak{A} \end{array} \qquad (12.3)$$

象这样, 每一个 $\sigma\in \mathrm{Hom}(A,B)$ 就对应一个且仅一个 $\sigma^{**}\in \mathrm{Hom}(A^{**},B^{**})$.

我们有

**定理 32** (1) 下图可交换

$$\begin{array}{ccc} A & \xrightarrow{\sigma} & B \\ {\scriptstyle \mu_A}\downarrow & & \downarrow{\scriptstyle \mu_B} \\ A^{**} & \xrightarrow{\sigma^{**}} & B^{**} \end{array} \qquad (12.4)$$

(2) 以(**)表示 $A$ 与 $A^{**}$ 的对应，同时又表示 $\sigma$ 与 $\sigma^{**}$ 的对应，则(**)是范畴 $\mathfrak{AM}$ 到其自身的一个共变函子.

证 (1) 任取 $a\in A$，设 $\sigma(a)=b\in B$. 对于任何 $g\in B^*=\mathrm{Hom}(B,\mathfrak{A})$，有

$$\begin{aligned} b^{**}(g)=g(b)=g(\sigma(a))=(g\sigma)(a)=\sigma^*(g)(a) \\ =a^{**}(\sigma^*(g))=a^{**}\sigma^*(g), \end{aligned}$$

故 $a^{**}\sigma^*=b^{**}$. 注意，$a^{**}\sigma^*=\sigma^{**}(a^{**})=\sigma^{**}\mu_A(a)$，$b^{**}=\mu_B(b)=\mu_B\sigma(a)$，而 $a$ 是任意的，故 $\sigma^{**}\mu_A=\mu_B\sigma$，(12.4) 可交换.

(2) 首先，$\varepsilon_A{}^{**}$ 显然是 $A^{**}$ 的恒等自同构 $\varepsilon_{A^{**}}$.

其次，若 $\sigma\in\mathrm{Hom}(A,B)$，$\tau\in\mathrm{Hom}(B,C)$，我们要证 $(\tau\sigma)^{**}=\tau^{**}\sigma^{**}$，如图 (12.5)

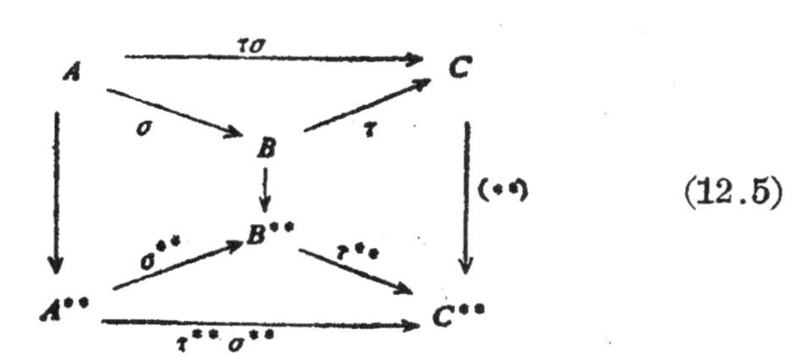


(12.5)

为此，我们任取 $h\in\mathrm{Hom}(C,\mathfrak{A})=C^*$，如(12.6)的左图，

$$\begin{array}{ccccc} A & \xrightarrow{\sigma} & B & \xrightarrow{\tau} & C \\ & \searrow^{\sigma^*(\tau^*(h))} & \downarrow{\scriptstyle \tau^*(h)} & \swarrow_{h} & \\ & & \mathfrak{A} & & \end{array} \qquad \begin{array}{ccccc} C^* & \xrightarrow{\tau^*} & B^* & \xrightarrow{\sigma^*} & A^* \\ & \searrow^{\tau^{**}(\sigma^{**}(f))} & \downarrow{\scriptstyle \sigma^{**}(f)} & \swarrow_{f} & \\ & & \mathfrak{A} & & \end{array} \qquad (12.6)$$

则有 $\tau^*(h)=h\tau$，$(\tau\sigma)^*(h)=h\tau\sigma=\tau^*(h)\sigma=\sigma^*(\tau^*(h))=\sigma^*\tau^*(h)$，

因此$(\tau\sigma)^*=\sigma^*\tau^*$. 再由(12.6)的右图，对任何$f\in\mathrm{Hom}(A^*(\mathfrak{A}))=A^{**}$, $\sigma^{**}(f)=f\sigma^*$, $(\sigma^*\tau^*)^*(f)=f\sigma^*\tau^*=\sigma^{**}(f)\tau^*=\tau^{**}(\sigma^{**}(f))=\tau^{**}\sigma^{**}(f)$, 故$(\sigma^*\tau^*)^*=\tau^{**}\sigma^{**}$. 于是$(\tau\sigma)^{**}=(\sigma^*\tau^*)^*=\tau^{**}\sigma^{**}$, 所以$(**)$为共变函子. □

**定理 33** 半自反模的子模也必半自反；自反模的直和加项也必自反.

证 取交换图

$$\begin{array}{ccccc} A & \xrightarrow{\eta} & B & \xrightarrow{\pi} & C=B/A \\ \mu_A\downarrow & & \downarrow\mu_B & & \downarrow\mu_C \\ A^{**} & \xrightarrow{\eta^{**}} & B^{**} & \xrightarrow{\pi^{**}} & C^{**} \end{array} \qquad (12.7)$$

$\eta$是嵌入映射(即$A\subseteq B$)，上一行是正合列.

如果$B$是半自反模，即，$\mu_B$是单同态，则因$\eta$是单同态，故$\mu_B\eta$是单同态，所以$\eta^{**}\mu_A=\mu_B\eta$是单同态. 由第一章§3定理2°知$\mu_A$是单同态，即，$A$为半自反模.

假定$B=A\oplus C$, (12.7)的第一行可裂正合，故有$\eta_1\in\mathrm{Hom}(C,B)$，使$\pi\eta_1=\varepsilon_C$. 于是$\varepsilon_C^{**}=\varepsilon_{C^{**}}=\pi^{**}\eta_1^{**}$知$\pi^{**}$必是满同态(第一章§3定理2). 于是由$\mu_C\pi=\pi^{**}\mu_B$, 若$\mu_B$是同构，则$\mu_C$是满同态. 又从$\mu_B\eta_1=\eta_1^{**}\mu_C$知$\mu_C$是单同态，故$\mu_C$为同构，$C$为自反模. □

**定理 34** 自由模是半自反模，有限生成的自由模是自反模.

证 设$F$是定义于集合$\{x_{\lambda\in\Lambda}\}$上的自由模，每一个$x\in F$都唯一地表成有限和$\sum\alpha_\lambda x_\lambda$, $\alpha_\lambda\in\mathfrak{A}$, 但只有有限个不为0. 定义$f_\lambda$，使$f_\lambda(x)=\alpha_\lambda$. 易知$f_\lambda\in\mathrm{Hom}(F,\mathfrak{A})=F^*$.

任取$x=\sum\alpha_\lambda x_\lambda\neq0$. 如果$x^{**}=0$, 则对所有的$\lambda\in\Lambda$, 都要有$0=x^{**}(f_\lambda)=f_\lambda(x)=\alpha_\lambda$. 这不可能. 所以在$x\neq0$时，$x^{**}$也不等于0，因而$\mu_F$是单同态，$F$是半自反模.

现在假定$F$是定义于有限集合$\{x_1,x_2,\cdots x_n\}$上的自由$\mathfrak{A}$-模. 定义$f_i$，使$f_i(x_j)=\delta_{ij}$(克氏$\delta$)，于是在$x=\sum\alpha_i x_i$时，$f_j(x)=\alpha_j$, $i,j=1,2,\cdots,n$. 易知$f_i\in\mathrm{Hom}(F,\mathfrak{A})=F^*$, 而且$F^*$是定义于$\{f_1,f_2,\cdots,f_n\}$上的右$\mathfrak{A}$-模. 再定义$x_i^{**}$，使$x_i^{**}(f_j)=f_j(x_i)=\delta_{ji}$.

那么，$F^{**}$ 就是定义于$\{x_1^{**}, x_2^{**}, \cdots, x_n^{**}\}$上的左 $\mathfrak{A}$-模，而 $\mu_F(x_i)=x_i^{**}$，故 $\mu_F$ 为同构，$F$ 为自反模. □

**推论 1** 投射模是半自反模，而有限生成的投射模是自反模.

事实上，投射模是自由模的直和加项，由定理 33 与定理 34 即得本推论. □

有了 $X^*$ 与 $X^{**}$ 等概念，我们自然会定义 $X^{***}=\mathrm{Hom}(X^{**}, \mathfrak{A})$，并且由于 $X^{**}$ 是一个左 $\mathfrak{A}$-模，$X^{***}$ 是一个右 $\mathfrak{A}$-模. 因为 $\mu_X$ 是 $X$ 到 $X^{**}$ 的一个（左 $\mathfrak{A}$-模的）模同态，所以它也决定一个由 $X^{***}$ 到 $X^*$ 的模同态 $\mu_X^*$，如下列的交换图.

$$\begin{array}{ccc} X & \xrightarrow{\mu_X} & X^{**} \\ & {\scriptstyle \mu_X^*(x^{***})}\searrow \quad \swarrow{\scriptstyle x^{***}} & \\ & \mathfrak{A} & \end{array} \tag{12.8}$$

其中 $\mu_X^*(x^{***})=x^{***}\mu_X$.

我们有

**定理 35** $\mu_X^*\mu_{X^*}=\varepsilon_{X^*}$.

证 任取 $x^*\in X^*$，$\mu_{X^*}(x^*)=x^{***}\in X^{***}$，则由 $\mu_X^*$ 的定义，$\mu_X^*\mu_{X^*}(x^*)=\mu_X^*(x^{***})=x^{***}\mu_X$. 于是，当 $a\in X$ 时，有

$$x^{***}\mu_X(a)=x^{***}(a^{**})=a^{**}(x^*)=x^*(a),$$

所以 $$x^*=x^{***}\mu_X=\mu_X^*(x^{***})=\mu_X^*(\mu_{X^*}(x^*)).$$

由于 $x^*$ 是任意的，$\mu_X^*\mu_{X^*}=\varepsilon_{X^*}$. □

**推论 2** 对于任意的 $X\in{}_{\mathfrak{A}}\mathbb{M}$，$X^*$ 总是一个半自反模.

事实上，因 $\varepsilon_{X^*}$ 是单同态，故由定理 35，$\mu_{X^*}$ 是单同态. □

最后，我们证明半自反模的两个充要条件.

**定理 36** 下列的三句话等价：

(1) $X$ 是半自反模；

(2) $\bigcap\limits_{f\in X^*}\mathrm{Ker}\, f=0$；

(3) 设 $X^*$ 有生成系 $\{f_{\lambda\in\Lambda}\}$，令 $\mathfrak{A}_\lambda=\mathfrak{A}$，则 $X$ 单同态于 $\prod\limits_{\lambda\in\Lambda}\mathfrak{A}_\lambda$，这里 $\mathfrak{A}_\lambda=\mathfrak{A}$ 都看成右 $\mathfrak{A}$-模.

证 (1)⇔(2) 对于任何 $\mathfrak{A}$ 模 $A$ 来说，$a\in \operatorname{Ker}\mu_A$ 的充要条件是 $a^{**}=0$，也即，对任何 $g\in A^*$，$a^{**}(g)=g(a)=0$. 所以 $\operatorname{Ker}\mu_A=\bigcap_{g\in A^*}\operatorname{Ker}g$.

如果 $X$ 半自反，则 $\operatorname{Ker}\mu_X=0$，因而 $\bigcap_{f\in X^*}\operatorname{Ker}f=0$. 反之亦然.

(1)⇒(3) 任取 $x\in X$，定义 $\phi(x)=\{\alpha_{\lambda\in\lambda}\}\in\prod_\lambda\mathfrak{A}_\lambda$，这里 $\alpha_\lambda=f_\lambda(x)$. 这个 $\phi$ 是 $X$ 到 $\prod_\lambda\mathfrak{A}_\lambda$ 的一个同态. 如果 $\phi$ 不是单同态，必有 $0\neq x\in X$，使对所有的 $f_\lambda$ 都有 $f_\lambda(x)=0$，因而对任何 $f\in X^*$ 都有 $f(x)=0$. 即，$0\neq x\in\bigcap_{f\in X^*}\operatorname{Ker}f$. 由(2)，$X$ 不是半自反模.

(3)⇒(1) 我们先证 $A=\prod_\lambda\mathfrak{A}_\lambda$ 是半自反的，因而由于 $X$ 同构于 $A$ 的一个子模，所以 $X$ 也必半自反.

$\mathfrak{A}$ 本身作为自由 $\mathfrak{A}$-模，当然是半自反的. 若 $A$ 不半自反，必有 $0\neq a=\{\alpha_{\lambda\in\Lambda}\}$ 使 $a^{**}=0$. 设 $\alpha_{\lambda_0}\neq 0$. 定义 $g$: $A\to\mathfrak{A}$，使当 $c=\{\gamma_\lambda\}$ 时，$g(c)=\gamma_{\lambda_0}$. 作交换图

$$\begin{array}{ccc} A & \xrightarrow{g} & \mathfrak{A} \\ {\scriptstyle\mu_A}\downarrow & & \downarrow{\scriptstyle\mu_{\mathfrak{A}}} \\ A^{**} & \xrightarrow{g^{**}} & \mathfrak{A}^{**} \end{array} \tag{12.9}$$

则 $$0=g^{**}(a^{**})=g^{**}\mu_A(a)=\mu_{\mathfrak{A}}g(a)=\mu_{\mathfrak{A}}(\alpha_{\lambda_0})\neq 0$$

(因 $\mu_{\mathfrak{A}}$ 是单同态)，矛盾. 所以 $A$ 是半自反模，因而 $X$ 是半自反模. □

## §13 极限，拉回与推出

正向极限与反向极限是范畴理论中另一对非常重要的对偶概念.

在第一章§1中，我们曾定义过拟有序集 $\Gamma$，它是一个小范畴(所有的对象组成一个集合)，而任何态射集 $\Gamma(i,j)$ 都或为空集，

或为单元集合．在 $\Gamma(i,j)$ 不是空集时，我们常以记号"$i\leqslant j$"来表其中唯一的元素，于是，由于 $\Gamma(i,i)$ 不能是空的，它的唯一的元素必是恒等态射 $\varepsilon_i$，故 $\varepsilon_i$ 就是"$i\leqslant i$"（自反律），而且当 $i\leqslant j, j\leqslant k$ 时，必有 $i\leqslant k$（可传律）．

设 $\mathbb{C}$ 为任意的范畴，$\mathbb{C}$ 中的一个以拟有序集 $\Gamma$ 为其指标集的**正向系**是一个由 $\Gamma$ 到 $\mathbb{C}$ 的函子 $F$，它对每一个 $i\in\Gamma$ 取 $\mathbb{C}$ 中的一个对象 $F(i)$ 与之对应，且当 $i\leqslant j$ 时，有 $\phi^i_j\in\mathbb{C}(F(i), F(j))$，使 $\phi^i_i=\varepsilon_{F(i)}$，而且当 $i\leqslant j\leqslant k$ 时，$\phi^j_k\phi^i_j=\phi^i_k$．

正向系通常也表以 $\{F(i), \phi^i_j\}$．

举几个例子．

**例 1** $F: \Gamma\to\Gamma$，使 $F(i)=i$，则 $\Gamma$ 本身就是一个以 $\Gamma$ 为指标集的正向系．若 $M$ 是一个 $\mathfrak{A}$-模，则其所有子模之集由"$\subseteq$"关系而成为一个拟有序集．让 $F(A)=A$，$\phi^i_j$ 为 $A_i$ 到 $A_j$ 的嵌入映射，则得正向系．

**例 2** 让 $\Gamma$ 为由正整数按自然顺序所组成的拟有序集，则 $\mathbb{C}$ 中的任一个以 $\Gamma$ 为指标集的正向系事实上就是一个序列

$$C_1\longrightarrow C_2\longrightarrow C_3\longrightarrow \cdots \qquad (13.1)$$

**例 3** 设 $A$ 为范畴 $\mathbb{C}$ 中的一个（固定的）对象，而对任何 $i$，恒有 $F(i)=A$，这时 $\phi^i_j$ 只能是 $A$ 的恒等态射 $\varepsilon_A$，因而 $\{A, \varepsilon_A\}$ 是一个正向系，叫做**常系**，记以 $|A|$．

**例 4** 设 $\Gamma$ 有平凡序，即当 $i\neq j$ 时，$\Gamma(i,j)$ 一定是空集．这时任何一个以 $\Gamma$ 为指标集的正向系只不过是一些对象 $F(i)$ 的集合而已．注意，有平凡序的拟有序集是一个离散小范畴（第一章§1），因此范畴 $\mathbb{C}$ 中任何一些对象的集合都是一个以离散小范畴为指标集的正向系．

**定义 16** 设 $\{C_i, \phi^i_j\}$ 为范畴 $\mathbb{C}$ 中的一个以 $\Gamma$ 为指标集的正向系．若有对象 $A$ 与态射 $f_i\in\mathbb{C}(C_i, A)$，使当 $i\leqslant j$ 时，$f_i=f_j\phi^i_j$，并且对任何对象 $X$，与 $g_i\in\mathbb{C}(C_i, X)$，只要 $g_i=g_j\phi^i_j$，就必有唯一的一个 $\sigma\in\mathbb{C}(A, X)$，使对一切 $i$，恒有 $g_i=\sigma f_i$，换言之，有交换图

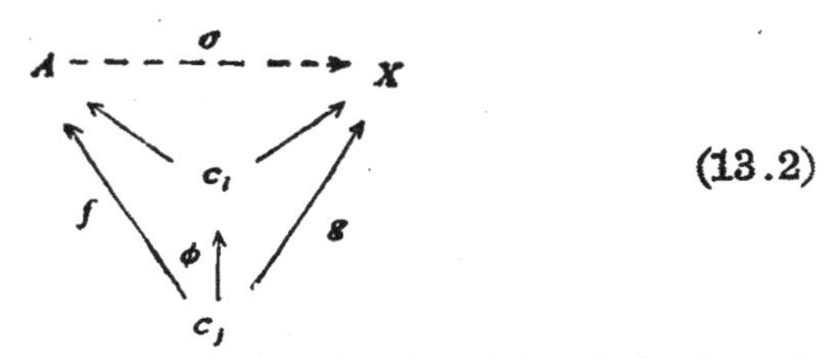


(13.2)

则$(A, f_i)$称为诸$\{C_i, \phi_j^i\}$的正向极限(也称上极限),记以$A = \varinjlim C_i$,注意,记号中本应标上$f$与$\phi$,但如在不会引起误解时,可以省去.

正向系$\{C_i, \phi_j^i\}$如有正向极限,它本质上只能有一个.事实上,如果在(13.2)中,$(X, g)$与$(A, f)$都是正向极限,则有唯一的$\mu \in \mathbb{C}(X, A)$使$\mu g_i = f_i$,因此$\mu\sigma f_i = f_i$.再在同一个图中,换$X$为$A$,$g_i$为$f_i$,则有$\varepsilon_A = f_i$.由于满足方程$hf_i = f_i$的解$h$是唯一的,故$\mu\sigma = \varepsilon_A$.同理$\sigma\mu = \varepsilon_X$,即,$A$与$X$同构.所以$\varinjlim C_i$不是指某一个特定的$A$,而是指一类的对象以及相应的态射,而这一类的对象是相互同构的,$A = \varinjlim C_i$仅不过表示$A$是这一类的一个代表而已.

**例 5** 取$\mathbb{Z}$为整数集,其大小按自然顺序,则得一个拟有序集合.对每一个$n \in \mathbb{Z}$,取一个集合$S_n$与之对应,当$n < m$时,$S_n \subseteq S_m$,并让$\phi_m^n$为嵌入映射,即得一个正向系.易知$\varinjlim S_n = \bigcup S_n$.

**例 6** 设$M$为一个$\mathfrak{A}$-模,其所有有限生成的子模之集按"$\subseteq$"而成为一个拟有序集,易知$M = \varinjlim M_i$.

**例 7** 设$\Gamma$为离散小范畴,$F(i) = C_i$为$\mathbb{C}$中的对象,则$\coprod_{i \in \Gamma} C_i = \varinjlim C_i$.

反向系与反向极限相应为正向系与正向极限的对偶概念.由拟有序集$\Gamma$(作为一个小范畴)到范畴$\mathbb{C}$的一个逆变函子$G$为$\mathbb{C}$中的一个以$\Gamma$为指标集的反向系.这就是说,当$i \in \Gamma$时,$G(i)$是$\mathbb{C}$中的一个对象,而当$i \leqslant j$时,有$\psi_i^j \in \mathbb{C}(G(j), G(i))$与之对应,使$\psi_i^i$为$G(i)$的恒等态射,且当$i \leqslant j \leqslant k$时,$\psi_i^j \psi_j^k = \psi_i^k$.

**定义 16°** 设$\{\bar{C}_i, \psi_i^j\}$是范畴$\mathbb{C}$中的一个以$\Gamma$为指标集的反向系.若有对象$\bar{A}$与态射$\bar{f}_i \in \mathbb{C}(\bar{A}, \bar{C}_i)$,使当$i \leqslant j$时,$\bar{f}_i = \psi_i^j \bar{f}_j$,

并且对于任何对象 $\bar{X}$，与任何 $\bar{g}_i\in\mathbb{C}(\bar{X},\bar{C}_i)$，只要 $\psi_i^j\bar{g}_j=\bar{g}_i$，就必有唯一的 $\tau\in\mathbb{C}(\bar{X},\bar{A})$，使下图可交换(就是把图(13.2)中的所有箭头都调转方向)，

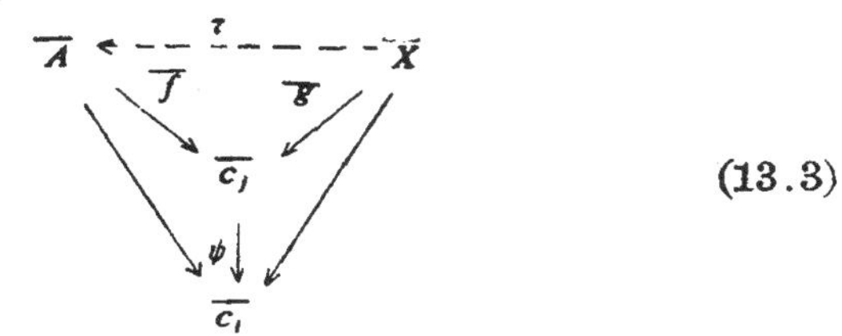


(13.3)

则称 $(\bar{A},\bar{f}_i)$ 为诸 $\{\bar{C}_i,\psi_i^j\}$ 的反向极限，记成 $\bar{A}=\varprojlim\bar{C}_i$.

与正向极限的情况一样，反向极限如果存在的话也在本质上是唯一的.

**例 8** 如果 $\Gamma$ 是一个由正整数按自然顺序所组成的拟有序集，$\mathbb{C}$ 为任一个范畴，那么，以 $\Gamma$ 为指标集的反向列就是一个如下图所示的反向列

$$\bar{C}_1\longleftarrow\bar{C}_2\longleftarrow\bar{C}_3\xrightarrow{\psi_3^4}\cdots,$$

特别，如果 $\mathbb{C}$ 的对象是集合，当 $A\subseteq B$ 时，定义 $\mathbb{C}(A,B)$ 为嵌入映射，否则为空集，那么，其反向列(13.4)就有 $\bar{C}_n\supseteq\bar{C}_{n+1}$，而 $\psi_n^{n+1}$ 是嵌入映射，因而其反向极限是所有集合 $\bar{C}_n$ 之交.

**例 9** 若指标集有平凡序，那么，诸 $C_i$ 的反向极限必是它们的积 $\varprojlim\bar{C}_i=\prod\bar{C}_i$.

现在假定指标集 $\Gamma$ 只有三个元素 $\{0,1,2\}$，并规定 $0<1$，$0<2$，但 1 与 2 不能比较，则 $\Gamma$ 也是一个拟有序集. 它在范畴 $\mathbb{C}$ 中相应的正向系是 $\phi_1$: $A_0\to A_1$，$\phi_2$: $A_0\to A_2$，如下列左边的图:

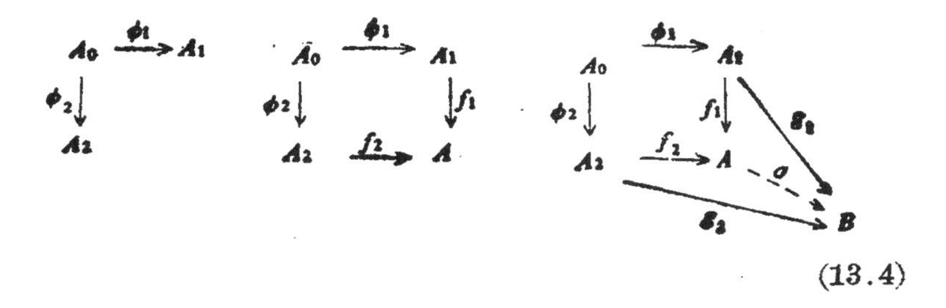


(13.4)

于是它们的正向极限就是$(A, f_1, f_2)$，使(13.4)中间的图可交换，即，$f_1\phi_1 = f_2\phi_2$，并且对任何$(B, g_1, g_2)$，只要$g_1\phi_1 = g_2\phi_2$，就必有唯一的$\sigma: A \to B$，使$\sigma f_i = g_i, i = 1, 2$，即，(13.4)右边的图也可交换．这样的$(A, f)$叫做$\{\phi_1, \phi_2\}$的推出，"推出"一词是形象化的词，在能完成交换图的$(B, g)$中，$(A, f)$最具代表性，它能"推出"到任何$B$.

与上述推出相对偶，设有反向系如(13.5)的左图

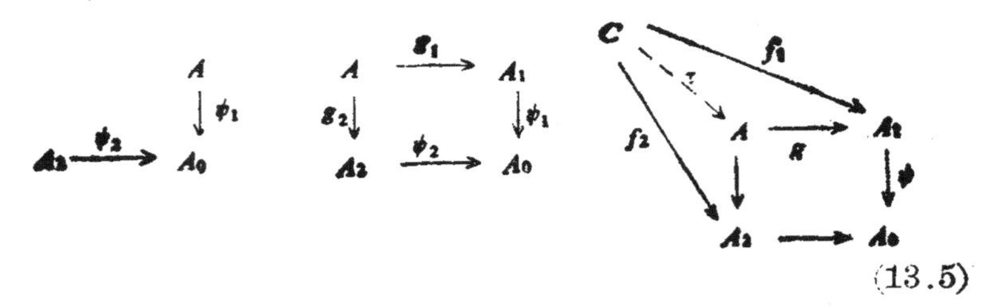

(13.5)

那么，它们的反向极限就是一个$(A, g_1, g_2)$，使中间的图可交换，且有由右图所示的泛性质．这个$(A, g_1, g_2)$叫做$\{\psi_1, \psi_2\}$的拉回．

我们就模范畴$\mathfrak{A}\mathbb{M}$的情况来考虑推出与拉回的问题．以下的$A_i, A$与$B$都是$\mathfrak{A}$-模，所有态射都是模同态．

设有$\phi_i: A_0 \to A_i, \psi_i: A_i \to A, i = 1, 2$，定义

$$(\phi_1, \phi_2): \ A_0 \longrightarrow A_1 \oplus A_2$$
$$a_0 \mapsto (\phi_1(a_0), \phi_2(a_0)),$$
$$\psi_1 + \psi_2: \ A_1 \oplus A_2 \longrightarrow A$$
$$(a_1, a_2) \longrightarrow \psi_1(a_1) + \psi_2(a_2),$$

则有

**引理** 图

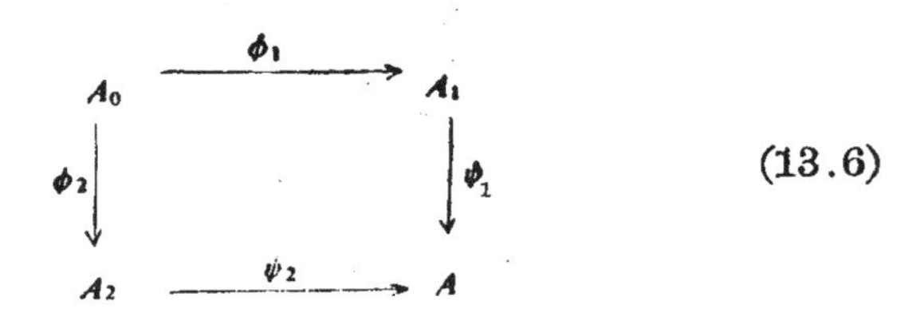

(13.6)

可交换的充要条件是$(\psi_1 + \psi_2)(\phi_1, -\phi_2) = 0$.

证 若$a_0 \in A$，则

$$
\begin{aligned}
&(\psi_1+\psi_2)(\phi_1, -\phi_2)(a_0) \\
&\quad =(\psi_1, \psi_2)(\phi_1(a_0), -\phi_2(a_0)) \\
&\quad =(\psi_1\phi_1-\psi_2\phi_2)(a_0). \quad \square
\end{aligned}
$$

**定理 37** (1) $(A, \psi_1, \psi_2)$是$\{\phi_1, \phi_2\}$的推出,当且仅当

$$
A_0 \xrightarrow{(\phi_1, -\phi_2)} A_1 \oplus A_2 \xrightarrow{\psi_1+\psi_2} A \longrightarrow 0 \tag{13.7}
$$

右正合;

(2) $(A_0, \phi_1, \phi_2)$为$\{\psi_1, \psi_2\}$的拉回,当且仅当

$$
0 \longrightarrow A_0 \xrightarrow{(\phi_1, -\phi_2)} A_1 \oplus A_2 \xrightarrow{\psi_1+\psi_2} A \tag{13.8}
$$

左正合.

证 (1) 必要性 设$(A, \psi_1, \psi_2)$是$\{\phi_1, \phi_2\}$的推出,取$f$: $A_1 \oplus A_2 \longrightarrow B$为$(\phi_1, -\phi_2)$的上核. 让$f_1$为$f$在$A_1$上的限制, 而$f_2$为$f$在$A_2$上的限制, 故$f=f_1+f_2$, 且$0=f(\phi_1, -\phi_2)=(f_1+f_2)(\phi_1, -\phi_2)=f_1\phi_1-f_2\phi_2$. 由推出性, 有唯一的$\sigma$: $A\to B$, 使$\sigma\psi_1=f_1, \sigma\psi_2=f_2$. 另一方面, 因$f_1+f_2$是$(\phi_1, -\phi_2)$的上核, 故有唯一的$\tau$: $B\to A$, 使$\tau(f_1+f_2)=\psi_1+\psi_2$, 所以$\tau\sigma(\psi_1+\psi_2)=\psi_1+\psi_2$, $\sigma\tau(f_1+f_2)=f_1+f_2$. 由$\sigma$与$\tau$的唯一性, $\tau\sigma=\varepsilon_A, \sigma\tau=\varepsilon_B$, 故$A$与$B$同构, 因此(13.7)右正合.

反过来, 任取$f_1$: $A_1\to B$, $f_2$: $A_2\to B$, 使$f_1\phi_1=f_2\phi_2$, 则有$f_1+f_2$: $A_1\oplus A_2\to B$, 使$(f_1+f_2)(\phi_1, -\phi_2)=0$. 由于$\psi_1+\psi_2$是$(\phi_1, -\phi_2)$的上核, 故有唯一的$\sigma$: $A\to B$, 使$\sigma(\psi_1+\psi_2)=f_1+f_2$, 即, $\sigma\psi_1=f_1, \sigma\psi_2=f_2$. 所以$(A, \psi_1, \psi_2)$是$\{\phi_1, \phi_2\}$的推出.

定理的第二部分是类似的. $\square$

由本定理, 在给定了$\phi_1$与$\phi_2$以后, 它们的推出就是$(A_1\oplus A_2/\mathrm{Im}(\phi_1, -\phi_2), \psi_1, \psi_2)$, 这里的$\mathrm{Im}(\phi_1, -\phi_2)$是$A_1\oplus A_2$中所有形如$(\phi_1(a_0), -\phi_2(a_0))$的元素所组成的子模, 而$\psi_1(a_1)=(a_1, 0)+\mathrm{Im}(\phi_1, -\phi_2)$, $\psi_2(a_2)=(0, a_2)+\mathrm{Im}(\phi_1, -\phi_2)$. 如果$\psi_1$与$\psi_2$已给定, 它们的拉回就是$(A_0, \phi_1, \phi_2)$, 这里$A_0$是$A_1\oplus A_2$中所有满足条件$\psi_1(a_1)=\psi_2(a_2)$的$(a_1, a_2)$所组成的子模, $\phi_1(a_1, a_2)=a_1$,

$\phi_2(a_1a_2)=a_2$. 这就完全解决了拉回与推出的存在性问题.

现在考虑模范畴 $\mathfrak{A}\mathbb{M}$ 中一般的正向极限与反向极限的问题.

设 $\{C_i, \phi_j^i\}$ 为 $\mathfrak{A}\mathbb{M}$ 中任意的一个正向系, $C_i$ 都是 $\mathfrak{A}$-模, $\phi_j^i$: $C_i \to C_j$ 为模同态, $i\leqslant j$. 让 $D=\bigoplus\limits_{i\in\Gamma} C_i$, $\eta_i$: $C_i\to D$ 为嵌入映射, $S$ 为由所有取形 $\eta_i(c_i)-\eta_j\phi_j^i(c_i)$ 的模元素($D$ 内的)所生成的($D$ 的)子模, $c_i\in C_i$. 再取 $A=D/S$, $f_i(c_i)=\eta_i(c_i)+S\in A$. 易得

**定理 38** $(A, f_i)=\varinjlim\{C_i, \phi_j^i\}$.

为了进一步地讨论 $\varinjlim C_i$ 的性质, 我们对指标集 $\Gamma$ 再加一个条件: 对于任何两个元素 $i$ 与 $j$, 必有 $k\in\Gamma$, 使 $i\leqslant k$, 与 $j\leqslant k$. 满足这个条件的拟有序集叫做一个有向拟有序集.

**定理 39** 设 $\Gamma$ 为有向拟有序集, $\{C_i, \phi_j^i\}$ 为 $\mathfrak{A}\mathbb{M}$ 中的一个正向系, $A=\bigoplus C_i/S$ 为其正向极限, $\eta_i$: $C_i\to\bigoplus C_i$ 为嵌入映射, 则

(1) $A$ 是由所有 $\eta_i(c_i)+S$ 这样的元素所组成的;

(2) $\eta_i(c_i)+S=0$(注意, 这是 $A$ 中的 0)之充要条件是有某一个 $t\geqslant i$, 使 $\phi_t^i(c_i)=0$.

证 我们把 $\bigoplus C_i$ 中的元素都写成有限和 $\sum\limits_i \eta_i(c_i)$ 的形状, 则 $A=\varinjlim C_i$ 任一元 $x$ 都可表成 $x=\sum\eta_i(c_i)+S$. 取 $t\geqslant$ 所有的这些 $i$, 令 $y^i=\phi_t^i(c_i)\in C_t$, 则 $y=\sum\limits_i y^i\in C_t$, 且

$$\sum\eta_i(c_i)-\eta_t(y)=\sum(\eta_i(c_i)-\eta_t\phi_t^i(c_i))\in S,$$

因此
$$x=\sum\eta_i(c_i)+S=\eta_t(y)+S.$$

故得(1).

关于(2), 先假定有某一个 $t\geqslant i$, 使 $\phi_t^i(c_i)=0$, 则 $\eta_i(c_i)=\eta_i(c_i)-\eta_t\phi_t^i(c_i)\in S$, 故 $\eta_i(c_i)+S$ 是 $A$ 的零元素.

反过来, 假定 $\eta_i(c_i)+S$ 是 $A$ 的零元素, 则 $\eta_i(c_i)\in S$, 因而

$$\eta_i(c_i)=\sum_j(\eta_j(c_j)-\eta_k(\phi_k^j(c_j))),$$

这里的 $k$ 随 $j$ 而定. 取 $t\geqslant$ 所有的 $j$ 与 $k$, 则

$$\eta_j(c_j)-\eta_k\phi_k^j(c_j)=\eta_j(c_j)-\eta_t\phi_t^j(c_j)+$$

$$\eta_k(-\phi_k^j(c_j))-\eta_t\phi_t^k(-\phi_k^j(c_j)). \qquad (13.9)$$

于是，由于

$$\begin{aligned}-\eta_t\phi_t^i(c_i)&=\eta_i(c_i)-\eta_t\phi_t^i(c_i)-\eta_i(c_i)\\&=\eta_i(c_i)-\eta_t\phi_t^i(c_i)-\sum_j(\eta_j(c_j)-\eta_k\phi_k^j(c_j)),\end{aligned}$$

则以(13.9)代入，重新整理后，可得

$$\eta_t\phi_t^i(c_j)=\sum(\eta_j(c_j')-\eta_t\phi_t^j(c_j')). \qquad (13.10)$$

上式左右双方都是 $\oplus C_i$ 中某一元素 $x$，但左边实际上是 $x$ 的第 $t$ 个分量，右边当 $j\neq t$ 时，$\eta_j(c_j')$ 是第 $j$ 个分量，因而必等于 0．又因 $\phi_t^t$ 是 $C_t$ 的恒等映射，$\eta_t(c_t')-\eta_t\phi_t^t(c_t')=0$，所以(13.10)的右边等于 0，故左边也等于 0．又因 $\eta_t$ 是单同态，$\phi_t^i(c_i)=0$．□

反向极限既是正向极限的对偶概念，而 $\{C_i,\phi_i^j\}$ 的正向极限 $\underset{\rightarrow}{\lim}C_i$ 是直和 $\oplus C_i$ 的商模，那么，可以猜得出来，反向系 $\{\bar{C}_i,\psi_i^j\}$ 的反向极限必是直积 $\prod\bar{C}_i$ 的子模．诚然，以 $\bar{D}$ 表示诸 $\bar{C}_i$ 的直积则 $\bar{D}$ 是所有集合 $\{c_{\lambda\in\Gamma}\}$ 所组成的，$c_i\in\bar{C}_i$．在 $\bar{D}$ 中取这样的 $\alpha=\{c_i\}$，使当 $i\leqslant j$ 时，恒有 $c_j=\psi_i^j(c_j)$．这样的 $\alpha$ 当然是存在的，例如 $\{0\}$ 就是一个．让 $\bar{A}=\{\alpha=\{c_i\}\in\bar{D}\mid 当\ i\leqslant j\ 时, \psi_i^j(c_j)=c_i\}$，则有

**定理 40** $\qquad \bar{A}=\underset{\leftarrow}{\lim}\,\bar{C}_i.$

我们已经知道，反向极限本质上是唯一的．

证　在图(13.3)中，当 $\alpha=\{c_i\}\in\bar{A}$ 时，定义 $f_i(\alpha)=c_i\in\bar{C}_i$．具体验算即得 $\bar{A}=\underset{\leftarrow}{\lim}\,\bar{C}_i$．□

## §14　自然变换与等价范畴

我们最后来讨论自然变换与等价范畴的理论以结束本章．

**定义 17**　假定 $\mathbb{C}$ 与 $\mathbb{D}$ 是两个范畴，而 $F$ 与 $G$ 都是由 $\mathbb{C}$ 到 $\mathbb{D}$ 的共变函子．若有一个规则 $\omega$，使对 $\mathbb{C}$ 的任一对象 $X$，能取一个态射 $\omega_X\in\mathbb{D}(F(X),G(X))$ 与之对应，并对任何 $\sigma\in\mathbb{C}(X,Y)$ 都有交换图

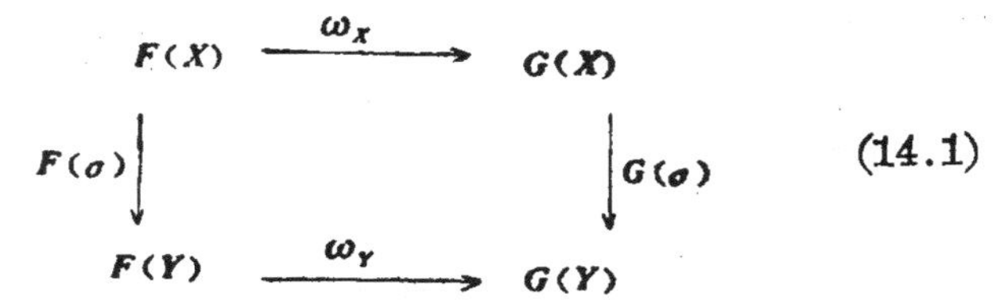

(14.1)

则 $\omega$ 叫做由 $F$ 到 $G$ 的一个自然变换，如果每一个 $\omega_X$ 都是同构，则 $\omega$ 是由 $F$ 到 $G$ 的一个自然同构.

如果 $\omega: F\to G, \omega': G\to H$ 都是自然变换，这里 $F, G, H$ 都是范畴 $\mathbb{C}$ 到 $\mathbb{D}$ 的共变函子，那么，由交换图

$$\begin{array}{ccccc} F(X) & \xrightarrow{\omega} & G(X) & \xrightarrow{\omega'} & H(X) \\ {\scriptstyle F(\sigma)}\downarrow & & {\scriptstyle G(\sigma)}\downarrow & & \downarrow{\scriptstyle H(\sigma)} \\ F(Y) & \longrightarrow & G(Y) & \longrightarrow & H(Y) \end{array} \qquad (14.2)$$

即知 $\omega'\omega$ 也是一个由 $F$ 到 $H$ 的自然变换，这里 $(\omega'\omega)_X=\omega'_X\omega_X$. 因此自然变换的乘积也是一个自然变换. 易知自然变换的乘法满足结合律.

在 $F=G$ 的情况，取 $\varepsilon_F$ 为这样的一个变换，它对 $\mathbb{C}$ 中任何对象 $X$，恒取 $(\varepsilon_F)_X=\varepsilon_{F(X)}$ 为 $F(X)$ 的恒等态射，则 $\varepsilon_F$ 是 $F$ 到 $F$ 的一个自然变换，称为恒等自然变换.

如果 $\omega: F\to G$ 是自然同构，我们就说 $F$ 与 $G$ 自然同构，或自然等价，记以 $F\sim G$. 自然等价性确实是一种等价关系，因为 $\omega^{-1}$（定义 $(\omega^{-1})_X=(\omega_X)^{-1}$）是 $G$ 到 $F$ 的一个自然同构，而且当 $\omega$ 与 $\omega'$ 都是自然同构时，$\omega'\omega$ 也是自然同构.

举两个例子.

**例 1** 取 $\mathbb{C}=\mathbb{D}$ 都是群范畴 $\mathbb{G}$，让 $F$ 为 $\mathbb{G}$ 到其自身的恒等函子，$F(X)=X, F(\sigma)=\sigma$，再让 $G(X)=X/N$，$N$ 为 $X$ 的换位子群，让 $\omega_X$ 为 $X$ 到 $X/N$ 的满同态，则 $\omega$ 为一个由 $F$ 到 $G$ 的自然变换.

如果这样定义 $\omega$，当 $X$ 是有限群时，$\omega_X$ 是零同态，它把 $X$ 的

所有元素都映射到 $X/N$ 的单位元素上；但当 $X$ 为无穷群时，$\omega_X$ 为 $X$ 到 $X/N$ 的满同态．这样的 $\omega$ 虽然可称为 $F$ 到 $G$ 的变换，但不是自然的．我们还将在第五章中看到不自然的例子．

**例 2** 取 $\mathbb{C}$ 为模范畴 $\mathfrak{A}\mathbb{M}$．仍设 $F$ 为 $\mathfrak{A}\mathbb{M}$ 的恒等函子，$G$ 为函子(**)：$\mathfrak{A}\mathbb{M}\to\mathfrak{A}\mathbb{M}$，则由 § 12 的理论，(12.4)中的 $\mu$ 就是 $F$ 到 $G$ 的一个自然变换．

**定义 18** 如果对于函子 $F$：$\mathbb{C}\to\mathbb{D}$，有函子 $G$：$\mathbb{D}\to\mathbb{C}$，使 $GF$：$\mathbb{C}\to\mathbb{C}$ 与 $\mathbb{C}$ 的恒等函子 $\varepsilon_{\mathbb{C}}$（$\varepsilon_{\mathbb{C}}(C)=C, \varepsilon_{\mathbb{C}}(\sigma)=\sigma$）等价，$GF\sim\varepsilon_{\mathbb{C}}$，则 $F$ 为左可逆的；若 $FG\sim\varepsilon_{\mathbb{D}}$，则 $F$ 为右可逆的；既左可逆，又右可逆则为可逆的．若对 $\mathbb{C}$ 与 $\mathbb{D}$ 存在可逆函子，则 $\mathbb{C}$ 与 $\mathbb{D}$ 为等价的．等价性显然是一种等价关系．

现在假定 $F$ 是由模范畴 $\mathfrak{A}\mathbb{M}$ 到 $\mathfrak{B}\mathbb{M}$ 的一个共变加法函子（模范畴是 Abel 范畴，它首先是一个加法范畴），那么，对于任何 $\mathfrak{A}$-模 $A$ 与 $B$，$F$ 是加法交换群 $\mathrm{Hom}_{\mathfrak{A}}(A,B)$ 到加法交换群 $\mathrm{Hom}_{\mathfrak{B}}(F(A),F(B))$ 的一个群同态．如果对于任何 $A$ 与 $B$，$F$ 都是单同态，则 $F$ 叫做一个忠实函子，如果是同构，则 $F$ 叫做一个完全忠实函子．

我们证明

**定理 41** 加法函子 $F$：$\mathfrak{A}\mathbb{M}\to\mathfrak{B}\mathbb{M}$ 是可逆的，其充要条件是

(1) $F$ 是完全忠实函子；

(2) 对于 $\mathfrak{B}\mathbb{M}$ 中的任一个 $M$，$\mathfrak{A}\mathbb{M}$ 中有一个 $A$，使 $F(A)$ 与 $M$ 同构．

证 必要性 取交换图

$$\begin{array}{ccccc} A & \xrightarrow{\omega_A} & & & GF(A) \\ \sigma\downarrow & & F(A) \\ & & \downarrow F(\sigma) & & \downarrow GF(\sigma) \\ & & F(B) \\ B & \xrightarrow[\omega_B]{} & & & GF(B) \end{array} \qquad (14.3)$$

其中的 $\omega_A$ 与 $\omega_B$ 均为同构（因 $GF$ 与 $\varepsilon_{\mathfrak{A}\mathbb{M}}$ 自然等价）．若有 $\sigma\neq 0$，但 $F(\sigma)=0$，这时 $GF(\sigma)$ 也必为 0，(14.3)不能可交换，所以 $F$ 为

单同态. 又若 $\tau\in \mathrm{Hom}(F(A),F(B))$, 则 $G(\tau)\in \mathrm{Hom}(GF(A), GF(B))$, 由(14.3), 可以定义一个 $\sigma\in \mathrm{Hom}(A,B)$, 使 $\omega_B\sigma = G(\tau)\omega_A$, 因此 $\tau=F(\sigma)$, $F$ 为满同态. 既单又满必为同构, 故 $F$ 为完全忠实函子.

在 $\mathfrak{BM}$ 中任取一个 $M$, 设 $G(M)=A$. 因 $F$ 可逆, 故 $FG(M) = F(A)$ 与 $M$ 同构.

充分性 对于 $\mathfrak{BM}$ 中的任一个 $M$, 取一个 $A$, 使有同构 $\sigma_M$: $M\to F(A)$. 取定这个 $A$ 与 $\sigma_M$($\mathfrak{AM}$ 中可能有许多 $A$, 都能使 $F(A)\cong M$, 现在我们是任意取定其中的一个, 并取定一个 $\sigma_M$).

定义 $G(M)=A$.

设 $G(N)=B$, 而 $f\in \mathrm{Hom}_{\mathfrak{B}}(M,N)$, 则由交换图

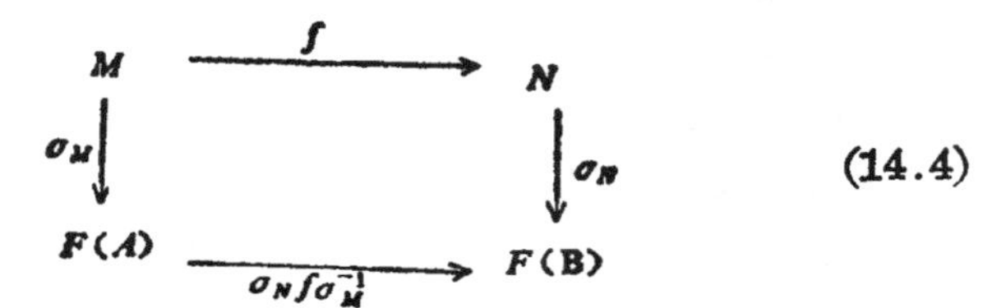


(14.4)

知 $\sigma_N f\sigma_M^{-1}\in \mathrm{Hom}(F(A),F(B))$. 因 $F$ 完全忠实, 有唯一的 $\phi\in \mathrm{Hom}(A,B)$, 使 $F(\phi)=\sigma_N f\sigma_M^{-1}$. 于是我们定义 $G(f)=\phi$.

现证 $G$ 是 $\mathfrak{BM}$ 到 $\mathfrak{AM}$ 的一个函子.

首先, 在(14.4)中, 让 $N=M$, $f=\varepsilon_M$, 则 $\sigma_N=\sigma_M B=A$, 因而 $\sigma_N f\sigma_M^{-1}=\sigma_M\varepsilon_M\sigma_M^{-1}=\varepsilon_{F(A)}=F(\varepsilon_A)$, 所以 $G(\varepsilon_M)=\varepsilon_A=\varepsilon_{G(M)}$.

其次, 任取 $g\in \mathrm{Hom}_{\mathfrak{B}}(N,L)$, $G(L)=C$, 并设 $G(g)=\psi$, 则因 $\sigma_L gf\sigma_M^{-1}=\sigma_L g\sigma_N^{-1}\sigma_N f\sigma_M^{-1}=F(\psi)F(\phi)=F(\psi\phi)$, 得 $G(gf)=\psi\phi = G(g)G(f)$. 所以 $G$ 为函子.

把(14.4)中的 $A$ 与 $B$ 改写成 $G(M)$ 与 $G(N)$, 因 $\sigma_M$ 与 $\sigma_N$ 都是同构, 所以 $FG\sim\varepsilon_{\mathfrak{BM}}$, $F$ 右可逆.

尚需证明 $F$ 左可逆. 为此, 任取 $A$ 为 $\mathfrak{A}$-模, 设 $F(A)=M$, $G(M)=A'$. 由 $G$ 的定义, $\sigma_M$: $M\to F(A')$ 为一个已确定的同构, 这个同构就是 $F(A)$ 到 $F(A')$ 的同构. 因 $F$ 完全忠实, 有唯一的 $\tau_A$: $A\to A'$ 使 $F(\tau_A)=\sigma_M$, 而 $\tau_A$ 为同构. 注意, $A'=G(M)=$

$GF(A)$. 所以，由交换图

$$\begin{array}{ccc} A & \xrightarrow{\tau_A} & GF(A)=A' \\ \phi\downarrow & & \downarrow GF(\phi) \\ B & \xrightarrow{\tau_B} & GF(B)=B' \end{array} \tag{14.5}$$

知 $GF\sim\varepsilon_{\mathfrak{A}\mathcal{M}}$，$F$ 左可逆. □

等价范畴与可逆函子还有一些应予注意的性质.

**定理 42** 设 $F$: $\mathfrak{A}\mathcal{M}\to\mathfrak{B}\mathcal{M}$ 为可逆函子，则当

$$\begin{array}{l} 0\longrightarrow F(A)\xrightarrow{F(\eta)}F(B)\xrightarrow{F(\pi)}F(C) \\ F(A)\longrightarrow F(B)\longrightarrow F(C)\longrightarrow 0 \end{array} \tag{14.6}$$

依次左右正合时，

$$\begin{array}{l} 0\longrightarrow A\xrightarrow{\eta}B\xrightarrow{\pi}C \\ A\longrightarrow B\longrightarrow C\longrightarrow 0 \end{array} \tag{14.7}$$

也依次左右正合，其逆也真. 因此，可逆函子是正合函子.

证 已知 $(A,\eta)=\operatorname{Ker}\pi$，要证 $(F(A),F(\eta))=\operatorname{Ker}F(\pi)$.

设有 $f\in\operatorname{Hom}_{\mathfrak{B}}(M,F(B))$，使 $F(\pi)f=0$. 取 $A_1$ 为 $\mathfrak{A}$-模，使有同构 $\sigma$: $F(A_1)\to M$（定理 41），于是 $f\sigma$ 为 $F(A_1)$ 到 $F(B)$ 的同态，且 $F(\pi)f\sigma=0$. 因为 $F$ 是 $\operatorname{Hom}_{\mathfrak{A}}(A_1,B)$ 到 $\operatorname{Hom}_{\mathfrak{B}}(F(A_1),F(B))$ 的群同构，故有 $\phi\in\operatorname{Hom}_{\mathfrak{A}}(A_1,B)$，使 $F(\phi)=f\sigma$，如图

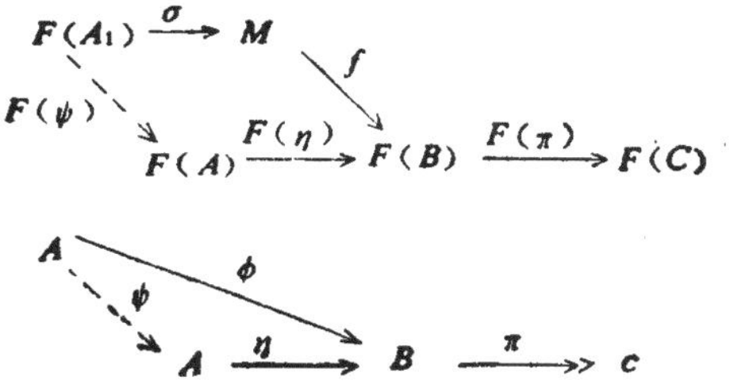

$$\begin{array}{l} F(A_1)\xrightarrow{\sigma}M,\quad f: M\to F(B),\quad F(\psi): F(A_1)\dashrightarrow F(A) \\ F(A)\xrightarrow{F(\eta)}F(B)\xrightarrow{F(\pi)}F(C) \\ A_1\xrightarrow{\phi}B,\quad \psi: A_1\dashrightarrow A \\ A\xrightarrow{\eta}B\xrightarrow{\pi}C \end{array} \tag{14.8}$$

因为 $0=F(\pi)f\sigma=F(\pi)F(\phi)=F(\pi\phi)$，$F$ 为同构，所以 $\pi\phi=0$. 因此，由核的性质，有唯一的 $\psi$，使 $\eta\psi=\phi$，即 $F(\eta)F(\psi)=F(\phi)$

$=f\sigma$，或者 $F(\eta)F(\psi)\sigma^{-1}=f$. 易知，满足等式 $F(\eta)g=f$ 的解 $g$ 是唯一的，即 $g=F(\psi)\sigma^{-1}$. 所以 $(F(A),F(\eta))=\mathrm{Ker}\,F(\pi)$.

反过来，设 $(F(A),\ F(\eta))=\mathrm{Ker}\,F(\pi)$. 设有 $\phi$: $D\to B$，使 $\pi\phi=0$. 于是以 $F(\pi)F(\phi)=0$，得有唯一的 $\sigma$: $F(D)\to F(A)$，使 $F(\eta)\sigma=F(\phi)$. 因 $F$ 是群同构，故 $\sigma=F(\tau)$，即 $F(\eta\tau)=F(\phi)$. 所以 $\eta\tau=\phi$，易知 $\tau$ 是唯一的. 所以 $(A,\eta)=\mathrm{Ker}\,\pi$.

右正合部分是对偶的. □

由此立得

**定理 43** 设 $F$: $\mathfrak{A}\mathbb{M}\to\mathfrak{B}\mathbb{M}$ 是可逆函子，则 $X$ 为投射（内射）$\mathfrak{A}$-模，当且仅当 $F(X)$ 为投射（内射）$\mathfrak{B}$-模.

证 短正合列

$$A\rightarrowtail B\twoheadrightarrow C$$

可裂，当且仅当短正合列

$$F(A)\rightarrowtail F(B)\twoheadrightarrow F(C)$$

可裂. □

以上对共变函子所阐述的理论可以对偶地引用于逆变函子.

假定 $\overline{F}$ 与 $\overline{G}$ 都是由范畴 $\mathbb{C}$ 到 $\mathbf{D}$ 的逆变函子. 如果有一个规则 $\overline{\omega}$，使对 $\mathbb{C}$ 中的每一个对象 $X$，恒有一个 $\overline{\omega}_X\in\mathbf{D}(\overline{F}(X),\overline{G}(X))$ 与之对应，并当 $\sigma\in\mathbb{C}(Y,X)$ 时，有交换图

$$\begin{array}{ccc} X & \overline{F}(X) \xrightarrow{\ \overline{\omega}_X\ } \overline{G}(X) \\ \uparrow{\scriptstyle\sigma} & \downarrow{\scriptstyle\overline{F}(\sigma)} \qquad\qquad \downarrow{\scriptstyle\overline{G}(\sigma)} \\ Y & \overline{F}(Y) \xrightarrow{\ \overline{\omega}_Y\ } \overline{G}(Y) \end{array} \tag{14.9}$$

则称 $\overline{\omega}$: $\overline{F}\to\overline{G}$ 为一个自然变换. 关于逆变函子的自然同构与自然等价性都类似于上述的关于共变函子的论述.

# 第三章 同 调

## §1 复形与同调模

仍设 $\mathfrak{A}$ 是一个有单位元 $1_{\mathfrak{A}}$(或 1) 的环, $\mathfrak{A}\mathbb{M}$ 为所有的左 $\mathfrak{A}$-模连同所有的模同态所组成的模范畴. 在 $\mathfrak{A}\mathbb{M}$ 中取一系列 $\mathfrak{A}$-模 $A_n$, $-\infty<n<\infty$, 并取 $d_n\in \mathrm{Hom}(A_n, A_{n-1})$, 即得一列(注意, 足码随箭头方向而下降)

$$\cdots \longrightarrow A_{n+1} \xrightarrow{d_{n+1}} A_n \xrightarrow{d_n} A_{n-1} \longrightarrow \cdots, \tag{1.1}$$

如果对所有的 $n$, 再有

$$d_n d_{n-1}=0, \tag{1.2}$$

则 (1.1) 叫做一个复形, 或称链, 记成 $(A, d)$, $A_n$ 为此复形的第 $n$ 次项, 或 $n$-项, 整数 $n$ 为该项的次数, $d_n$ 为其微分. 如果所有的微分都等于 0, 则此复形叫做平凡的. 列 (1.1) 的左右两端可能并不一定无穷, 这时如有必要可以 0 再补足. 甚至于, 单独一个模 $X$ 也可以补足成为一个复形, 这只需让 $X=A_n$, 其余的 $A_m$ 都等于 0, 所有的微分都等于 0 就行了, 这里的 $n$ 可以按需要来任意指定.

条件 (1.2) 意味着

$$\mathrm{Im}\, d_{n+1} \subseteq \mathrm{Ker}\, d_n, \tag{1.3}$$

我们称商模

$$\mathrm{Ker}\, d_n/\mathrm{Im}\, d_{n+1}=H_n(A, d)$$

为复形 $(A, d)$ 的第 $n$ 个同调模. 全体 $H_n(A, d)$ 的集合 $\{H_n(A, d)\}$ 叫做 $(A, d)$ 的同调 $H(A, d)$, $\mathrm{Ker}\, d_n$ 中的元素叫做 $H(A, d)$ 的 $n$-循环, $\mathrm{Im}\, d_{n+1}$ 中的元素叫 $n$-边缘. 当 $a$, $a'\in \mathrm{Ker}\, d_n$ 时, 若 $a\equiv a' (\mathrm{mod}\, \mathrm{Im}\, d_{n+1})$, 则称 $a$ 与 $a'$ 是同调的. 显然, 所有的 $H_n(A, d)$ 都等于 0 的充要条件是 (1.1) 为一个正合列.

假定 $(A, d)$ 与 $(B, \bar{d})$ 是两个复形. 如果 $f_n\in \mathrm{Hom}(A_n, B_n)$,

使下图可交换

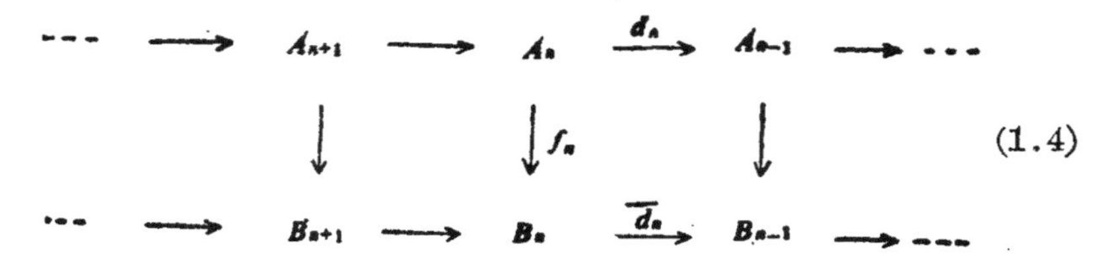

$$(1.4)$$

则称$\{f_n\}$为$(A,\ d)$到$(B,\ \bar{d})$的复形映射，或链变换，记成$f\colon (A,\ d)\to(B,\ \bar{d})$. 若$\phi\colon (B,\ \bar{d})\to(C,\ \delta)$，则$\phi f=\{\phi_n f_n\}$为$(A,\ d)$到$(C,\ \delta)$的复形映射. 逐条验证即知，所有的$\mathfrak{A}$-模的复形映射连同它们两两之间的复形映射组成一个复形范畴，记以$\{\mathfrak{A}\mathbb{M}\}$. 因此，若$f\colon (A,\ d)\to(B,\ \bar{d})$，而且每一个$f_n$都是模同构，则$f$为复形同构，$(A,\ d)$与$(B,\ \bar{d})$是同构，或本质相等的.

任取一个整数$n$. 对于复形$(A,\ d)$，我们取$\operatorname{Ker} d_n$与之对应. 若$f\colon (A,\ d)\to(B,\ \bar{d})$为一个复形映射，则当$a\in\operatorname{Ker} d_n$时，$0=f_{n-1}d_n(a)=\bar{d}_n f_n(a)$，故$f_n(a)\in\operatorname{Ker}\bar{d}_n$. 换言之，若以$f_n^K$表示$f_n$在$\operatorname{Ker} d_n$上的限制，那么，$f_n^K$就属于$\operatorname{Hom}(\operatorname{Ker} d_n,\ \operatorname{Ker}\bar{d}_n)$. 因此我们就得一个函子$\operatorname{Ker}_n\colon \{\mathfrak{A}\mathbb{M}\}\to\mathfrak{A}\mathbb{M}$，它把$(A,\ d)$变成$\operatorname{Ker} d_n$，把$f\colon (A,\ d)\to(B,\ \bar{d})$变成$f_n^K$. 肩码$K$有时可以省去.

取自然同态(每一个元素都映到其所属的陪集)

$$\phi_n^A\colon \operatorname{Ker} d_n\to H_n(A,\ d)=\operatorname{Ker} d_n/\operatorname{Im} d_{n+1}, \tag{1.5}$$

并当$a\in\operatorname{Ker} d_n$时，以记号$[a]$表示$a$经$\phi_n^A$所映成的象，即，$\phi_n^A(a)=[a]=a+\operatorname{Im} d_{n+1}$. 由于$\phi_n^A$是满同态，$H_n(A,\ d)$中的每一个元素都可表成$[a]$，故若让$f_{*n}([a])=\phi_n^B(f_n(a))=[f_n(a)]$，则得同态$f_{*n}\colon H_n(A,\ d)\to H_n(B,\ \bar{d})$，且有下列的交换图：必须

$$\begin{array}{ccc}
\operatorname{Ker} d_n & \xrightarrow{\ \phi_n^A\ } & H_n(A,\ d) \\
{\scriptstyle f_n}\downarrow & & \downarrow{\scriptstyle f_{*n}} \\
\operatorname{Ker}\bar{d}_n & \xrightarrow{\ \phi_n^B\ } & H_n(B,\ \bar{d})
\end{array} \tag{1.6}$$

证明，这里$f_{*n}$的定义是良好的，即，要证，若$[a]=[a_1]$，则必有$[f_n(a)]=[f_n(a_1)]$．事实上，若$[a]=[a_1]$，则$a-a_1\in \operatorname{Im} d_{n+1}$，因此有$a'\in A_{n+1}$，使$d_{n+1}(a')=a-a_1$．于是$f_n d_{n+1}(a')=\bar{d}_{n+1}f_{n+1}(a')$，故 $0=\phi_n^B\bar{d}_{n+1}f_{n+1}(a')=\phi_n^B f_n(a-a_1)=\phi_n^B f_n(a)-\phi_n^B f(a_1)=[f_n(a)]-[f_n(a_1)]=f_{*n}([a])-f_{*n}([a_1])$．由此我们得到了

**定理1** 对任何整数$n$，有函子$H_n$: $\{\mathfrak{A}\mathbb{M}\}\to\mathfrak{A}\mathbb{M}$，它把复形$(A, d)$变成$n$-同调模$H_n(A, d)$，它同时把复形映射$f$: $(A, d)\to(B, \bar{d})$变成$f_{*n}$: $H_n(A, d)\to H_n(B, \bar{d})$，使有交换图(1.6)．

我们称$f_{*n}$为复形映射$f$: $(A, d)\to(B, \bar{d})$的第$n$个**同调映射**，而$H_n$为复形范畴的第$n$个**同调函子**．图(1.6)说明，$\phi$是$\operatorname{Ker}_n$到$H_n$的自然变换．

如果(1.4)中所有的$f_n$都是同构，那么，在将$f_n$限制于$\operatorname{Im}d_{n+1}$与$\operatorname{Ker} d_n$上，我们将得到$\operatorname{Im} d_{n+1}$到$\operatorname{Im}\bar{d}_{n+1}$的同构，与$\operatorname{Ker}d_n$到$\operatorname{Ker}\bar{d}_n$的同构，于是，由五引理

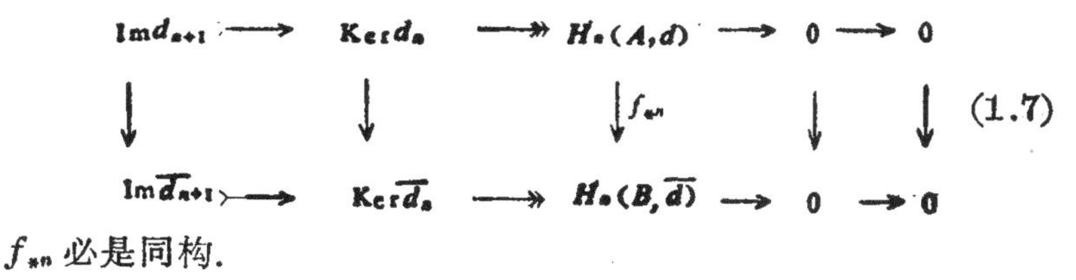


$f_{*n}$必是同构．

假定$f$: $(A, d)\to(B, \bar{d})$，$\bar{f}$: $(B, \bar{d})\to(C, \delta)$都是复形映射，则$\bar{f}f=\{\bar{f}_n f_n\}$是$(A, d)$到$(C, \delta)$的复形映射，如下列的交换图：

$$
\begin{array}{ccccccccc}
\cdots & \longrightarrow & A_{n+1} & \longrightarrow & A_n & \xrightarrow{d_n} & A_{n-1} & \longrightarrow & \cdots \\
 & & \downarrow & & \downarrow{\scriptstyle f_n} & & \downarrow & & \\
\cdots & \longrightarrow & B_{n+1} & \longrightarrow & B_n & \xrightarrow{\bar{d}_n} & B_{n-1} & \longrightarrow & \cdots \\
 & & \downarrow & & \downarrow{\scriptstyle \bar{f}_n} & & \downarrow & & \\
\cdots & \longrightarrow & C_{n+1} & \longrightarrow & C_n & \xrightarrow{\delta_n} & C_{n-1} & \longrightarrow & \cdots
\end{array}
\qquad (1.8)
$$

于是有

**定理 2** $(\bar{f}f)_{*n}=\bar{f}_{*n}f_{*n}$.

**证** 作交换图

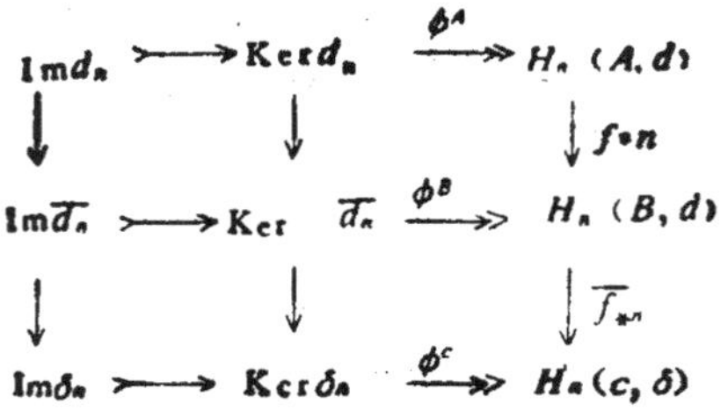

$$\begin{array}{ccccc}
\mathrm{Im}\,d_n & \rightarrowtail & \mathrm{Ker}\,d_n & \xrightarrow{\phi^A} & H_n(A,d) \\
\downarrow & & \downarrow & & \downarrow f_{*n} \\
\mathrm{Im}\,\bar{d}_n & \rightarrowtail & \mathrm{Ker}\,\bar{d}_n & \xrightarrow{\phi^B} & H_n(B,\bar{d}) \\
\downarrow & & \downarrow & & \downarrow \bar{f}_{*n} \\
\mathrm{Im}\,\delta_n & \rightarrowtail & \mathrm{Ker}\,\delta_n & \xrightarrow{\phi^C} & H_n(C,\delta)
\end{array} \tag{1.9}$$

由图(1.9)即知$(\bar{f}f)_{*n}=\bar{f}_{*n}f_{*n}$. □

同伦性不仅在代数拓扑中，在同调代数中也是非常重要的概念.

**定义 1** 假定 $f$ 与 $g$ 都是由$(A, d)$到$(B, \bar{d})$的复形映射. 如果对每一个 $n$, 有模同态 $h_n$: $A_n\to B_{n+1}$, 使

$$\bar{d}_{n+1}h_n+h_{n-1}d_n=f_n-g_n, \tag{1.10}$$

则称 $h=\{h_n\}$ 为由 $f$ 到 $g$ 的一个链同伦，这时时称 $f$ 与 $g$ 是同伦的, 记成 $h$: $f\simeq g$, 如图

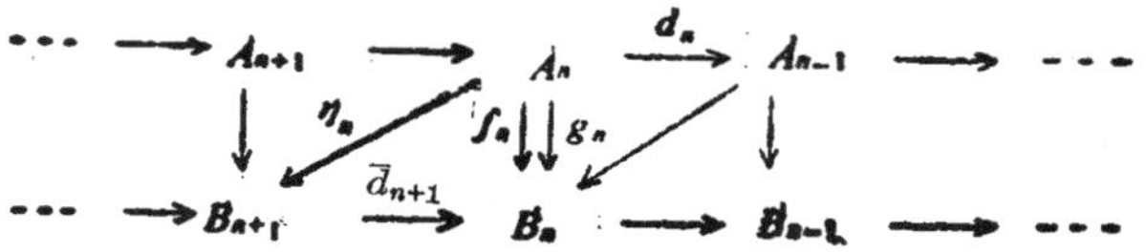

$$\begin{array}{ccccccccc}
\cdots & \longrightarrow & A_{n+1} & \longrightarrow & A_n & \xrightarrow{d_n} & A_{n-1} & \longrightarrow & \cdots \\
 & & \downarrow & \swarrow h_n & f_n\downarrow\downarrow g_n & \swarrow & \downarrow & & \\
\cdots & \longrightarrow & B_{n+1} & \xrightarrow{\bar{d}_{n+1}} & B_n & \longrightarrow & B_{n-1} & \longrightarrow & \cdots
\end{array} \tag{1.11}$$

同伦性显然是等价关系, 因为让 $h_n=0$, 得 $f\simeq f$; 改(1.10)中的 $h_n$ 为 $-h_n$, 即得 $-h$: $g\simeq f$; 再让 $\bar{h}$: $g\simeq\bar{f}$, 得 $h+\bar{h}$: $f\simeq\bar{f}$.

**定理 3** 若有 $h$: $f\simeq g$, 则 $f_*=g_*$.

证 任取 $a\in\mathrm{Ker}\,d_n$, 则由(1.10)

$$f_n(a)-g_n(a)=\bar{d}_{n+1}h_n(a)-h_{n-1}d_n(a)=\bar{d}_{n+1}h_n(a)\in\mathrm{Im}\,\bar{d}_{n+1}.$$

故由(1.4)与(1.6)

$$0=\phi_n^B(f_n-g_n)(a)=(f_{*n}-g_{*n})\phi_n^A(a),$$

因而

$$f_{*n}\phi_n^A(a)=g_{*n}\phi_n^A(a).$$

由于 $\phi_n^A$ 是满同态, 故 $f_{*n}=g_{*n}$. □

**推论 1** 若 $f:(A,d)\to(B,\bar{d})$, $g:(B,\bar{d})\to(A,d)$ 都是复形映射, $gf$ 与 $\varepsilon_A$ 同伦, $fg$ 与 $\varepsilon_B$ 同伦, 这里 $\varepsilon_A$ 与 $\varepsilon_B$ 相应表示复形 $(A,d)$ 与 $(B,\bar{d})$ 的恒等映射, 则 $H_n(A)$ 与 $H_n(B)$ 同构.

**证** $(\varepsilon_A)_{*n}=\varepsilon_{H_n(A)}$ 为 $H_n(A,d)$ 的恒等自同构, 所以当 $[a]\in H_n(A,d)$, $[b]\in H_n(B,\bar{d})$ 时, $f_{*n}g_{*n}([b])=(\varepsilon_B)_{*n}([b])=[b]$, $g_{*n}f_{*n}([a])=(\varepsilon_A)_{*n}([a])=[a]$, 故 $f_{*n}$ 与 $g_{*n}$ 都是同构. □

**推论 2** 设 $f,g:(A,d)\to(B,\bar{d})$; $\bar{f},\bar{g}:(B,\bar{d})\to(C,\delta)$ 均为复形映射, 且 $h:f\simeq g$, $\bar{h}:\bar{f}\simeq\bar{g}$, 则 $\bar{f}f$ 与 $\bar{g}g$ 也必同伦, 其链同伦为

$$\bar{f}h+\bar{h}g:\bar{f}f\simeq\bar{g}g.$$

**证** 由所给条件, 我们有

$$\bar{d}_{n+1}h_n+h_{n-1}d_n=f_n-g_n,$$
$$\delta_{n+1}\bar{h}_n+\bar{h}_{n-1}\bar{d}_n=\bar{f}_n-\bar{g}_n,$$

第一式左乘以 $\bar{f}_n$, 第二式右乘以 $g_n$, 相加, 得

$$\begin{aligned}\bar{f}_nf_n-\bar{g}_ng_n&=\bar{f}_n\bar{d}_{n+1}h_n+\bar{f}_nh_{n-1}d_n\\&\quad+\delta_{n+1}\bar{h}_ng_n+\bar{h}_{n-1}\bar{d}_ng_n\\&=\delta_{n+1}\bar{f}_{n+1}h_n+\bar{f}_nh_{n-1}d_n+\delta_{n+1}\bar{h}_ng_n+\bar{h}_{n-1}g_{n-1}d_n\\&=\delta_{n+1}(\bar{f}_{n+1}h_n+\bar{h}_ng_n)+(\bar{f}_nh_{n-1}+\bar{h}_{n-1}g_{n-1})d_n.\end{aligned}$$

□

上复形与上同调是复形与同调的对偶概念.

若有一链

$$\cdots\leftarrow X^{n+1}\xleftarrow{d^n}X^n\xleftarrow{d^{n-1}}X^{n-1}\leftarrow\cdots,\qquad(1.12)$$

其中 $d^nd^{n-1}=0$, 则称 (1.12) 为一个上复形 (注意其肩码随箭头方向上升), 而

$$\mathrm{Ker}\,d^n/\mathrm{Im}\,d^{n-1}=H^n(X,d)$$

为上复形 $(X,d)$ 的 $n$–上同调模. 循环与边缘的定义与同调的情况是相同的. 本节所述有关复形的概念与理论可全部对偶地用于上复形, 不再详述.

**附注** 在本书中, 写在一个文字的右上角的指数可以仅是肩

码，不表幂次．例如 (1.12) 中的 $X^n$ 当然不能理解为 $X$ 的 $n$ 次幂．纵然在可以自乘的情况，例如 $f\in \mathrm{Hom}(X, X)$，$f^2$ 也可以不表示 $f$ 的平方，当然这时必须声明，以免误解．

## §2 同调正合列定理

设 $(A, d)$，$(B, \bar{d})$ 与 $(C, \delta)$ 都是复形，并有复形映射

$$\eta: (A, d)\to(B, \bar{d}),$$
$$\pi: (B, \bar{d})\to(C, \delta),$$

且对每一个 $n$，都有短正合列

$$A_n \overset{\eta_n}{\rightarrowtail} B_n \overset{\pi_n}{\twoheadrightarrow} C_n, \tag{2.1}$$

因而有下列的交换图

$$\begin{array}{ccccccccc}
\cdots & \longrightarrow & A_{n+1} & \longrightarrow & A_n & \xrightarrow{d} & A_{n-1} & \longrightarrow & \cdots \\
 & & \downarrow & & \downarrow{\scriptstyle \eta_n} & & \downarrow & & \\
\cdots & \longrightarrow & B_{n+1} & \longrightarrow & B_n & \xrightarrow{\bar{d}} & B_{n-1} & \longrightarrow & \cdots \\
 & & \downarrow & & \downarrow{\scriptstyle \pi_n} & & \downarrow & & \\
\cdots & \longrightarrow & C_{n+1} & \longrightarrow & C_n & \xrightarrow{\delta} & C_{n-1} & \longrightarrow & \cdots
\end{array} \tag{2.2}$$

则有下列重要的

**定理 4**（同调正合列定理） 对于复形的正合列 (2.2)，有模同态 $\theta_n: H_n(C)\to H_{n-1}(A)$，使有长正合列

$$\cdots\to H_n(A)\xrightarrow{\eta_{*n}} H_n(B)\xrightarrow{\pi_{*n}} H_n(C)\xrightarrow{\theta_n} H_{n-1}(A)\to\cdots, \tag{2.3}$$

这个 $\theta$ 常称为连接映射．

证 为了醒目，并与 (2.2) 相对应起见，我们把 (2.3) 改写成

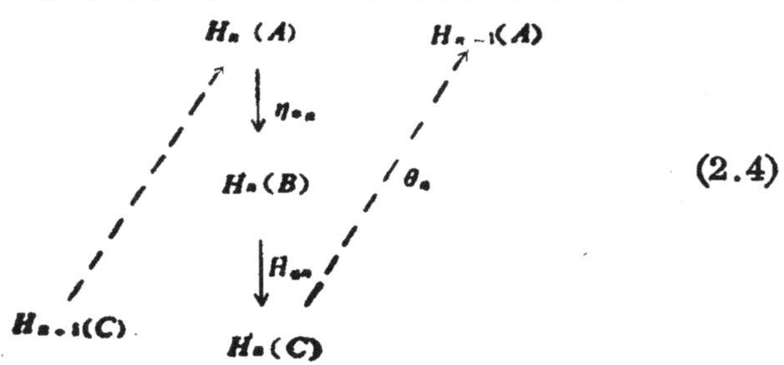


(2.4)

证明共分四步：(1) 定义 $\theta_n$；(2) 在 $H_n(B)$ 处正合；(3) 在 $H_n(C)$ 处正合；(4) 在 $H_{n-1}(A)$ 处正合.

(1) 定义 $\theta_n$. 我们先用下列的方法定义一个模同态 $f$: $\mathrm{Ker}\delta_n \to H_{n-1}(A)$. 当 $a_{n-1} \in \mathrm{Ker}\, d_{n-1}$ 时，它在 $H_{n-1}(A)$ 中相应的元素将表以 $[a_{n-1}]$.

设 $c \in \mathrm{Ker}\, \delta_n$. 因 $\pi_n$ 是满同态，有 $b_n \in B_n$，使 $\pi_n(b_n) = c$. 由 (2.2) 的交换性，$\pi_{n-1}\bar{d}_n(b_n) = \delta_n\pi_n(b_n) = \delta_n(c) = 0$，故 $\bar{d}_n(b_n) \in \mathrm{Ker}\,\pi_{n-1}$，因而有 $a_{n-1} \in A_{n-1}$ 使 $\eta_{n-1}(a_{n-1}) = \bar{d}_n(b_n)$. 再由 (2.2) 的交换性，有 $\eta_{n-2}d_{n-1}(a_{n-1}) = \bar{d}_{n-1}\eta_{n-1}(a_{n-1}) = \bar{d}_{n-1}\bar{d}_n(b_n) = 0$. 又因 $\eta_{n-2}$ 是单同态，故 $d_{n-1}(a_{n-1}) = 0$，即，$a_{n-1} \in \mathrm{Ker}\, d_{n-1}$. 于是我们定义 $f(c) = [a_{n-1}]$. 简言之，$c$ 与 $a_{n-1}$ 的关系是，先有 $\pi_n(b_n) = c$，然后，$\bar{d}_n(b_n) = \eta_{n-1}(a_{n-1})$.

这个 $f$ 的定义尚不能认为是良好的，因为 $a_{n-1}$ 虽然由 $b_n$ 所唯一确定，但却可能有 $b'_n \in B_n$，也有 $\pi_n(b'_n) = c$. 于是用上述方法，可能会有另外一个 $a'_{n-1} \in \mathrm{Ker}\, d_{n-1}$，使 $\eta_{n-1}(a'_{n-1}) = \bar{d}_n(b'_n)$. 如果是这样，那么，从 $\pi_n(b_n) = \pi_n(b'_n) = c$ 知 $\pi_n(b_n - b'_n) = 0$，因而 $b_n - b'_n \in \mathrm{Ker}\,\pi_n = \mathrm{Im}\,\eta_n$，即，有 $a_n \in A_n$，使 $b_n - b'_n = \eta_n(a_n)$，因而由交换性，$\bar{d}_n\eta_n(a_n) = \bar{d}_n(b_n - b'_n) = \eta_{n-1}d_n(a_n) = \eta_{n-1}(a_{n-1} - a'_{n-1})$. 因 $\eta_{n-1}$ 是单同态，$a_{n-1} - a'_{n-1} = d_n(a_n)$，所以，在自然同态 $\mathrm{Ker}\, d_{n-1} \to H_{n-1}(A)$ 中，$a_{n-1}$ 与 $a'_{n-1}$ 所取的象 $[a_{n-1}]$ 与 $[a'_{n-1}]$ 是相等的，于是 $f$ 是良好定义的，它是由 $\mathrm{Ker}\,\delta_n$ 到 $H_{n-1}(A)$ 的一个模同态.

我们肯定 $\mathrm{Im}\,\delta_{n+1} \subseteq \mathrm{Ker}\, f$. 设 $c = \delta_{n+1}(c_{n+1})$，因 $\pi_{n+1}$ 是满同态，有 $b_{n+1} \in B_{n+1}$，使 $\pi_{n+1}(b_{n+1}) = c_{n+1}$，所以 $c = \delta_{n+1}(c_{n+1}) = \delta_{n+1}\pi_{n+1}(b_{n+1}) = \pi_n\bar{d}_{n+1}(b_{n+1})$. 因此，若 $f(c) = [a_{n-1}]$，必有 $a'_{n-1} \in A_{n-1}$，使 $[a'_{n-1}] = [a_{n-1}]$，且 $\eta_{n-1}(a'_{n-1}) = \bar{d}_n\bar{d}_{n+1}(b_{n+1}) = 0$，即，$a'_{n-1} = 0$，故 $f(c) = 0$，$c \in \mathrm{Ker}\, f$. 于是这个 $f$ 实际上是 $H_n(C) = \mathrm{Ker}\,\delta_n/\mathrm{Im}\,\delta_{n+1}$ 到 $H_n(A)$ 的一个模同态. 这个模同态将记以 $\theta_n$，它与 $f$ 的关系是 $\theta_n([c]) = f(c)$.

(2) 在 $H_n(B)$ 处正合. 作图 (2.5). 由 (1.6)，图 (2.5) 中上下两个正方形都是可交换的.

$$
\begin{array}{ccc}
\mathrm{Ker}\, d_n & \xrightarrow{\phi_n^A} & H_n(A) \\
\downarrow \eta_n^k & & \downarrow \eta_{*n} \\
\mathrm{Ker}\, \bar{d}_n & \xrightarrow{\phi_n^B} & H_n(B) \\
\downarrow \pi_n^k & & \downarrow \pi_{*n} \\
\mathrm{Ker}\, \delta_n & \xrightarrow{\phi_n^C} & H_n(C)
\end{array}
\tag{2.5}
$$

我们得 $0=\phi_n^C\pi_n^K\eta_n^K=\pi_{*n}\phi_n^B\eta_n^K=\pi_{*n}\eta_{*n}\phi_n^A$.

因 $\phi_n^A$ 是满同态，故 $\pi_{*n}\eta_{*n}=0$，因此，$\mathrm{Im}\,\eta_{*n}\subseteq\mathrm{Ker}\,\pi_{*n}$.

反过来，设 $[b]\in\mathrm{Ker}\,\pi_{*n}$，而 $[b]=\phi_n^B(b)$．由于 $0=\phi_n^C\pi_n^K(b)$，故 $\pi_n^K(b)\in\mathrm{Im}\,\delta_{n+1}$，所以有 $c_{n+1}\in C_{n+1}$，使 $\delta_{n+1}(c_{n+1})=\pi_n(b)$．再因 $\pi_{n+1}$ 是满同态，有 $b_{n+1}\in B_{n+1}$，使 $\pi_{n+1}(b_{n+1})=c_{n+1}$．所以 $\pi_n(b)=\delta_{n+1}\pi_{n+1}(b_{n+1})=\pi_n\bar{d}_{n+1}(b_{n+1})$．设 $\bar{d}_{n+1}(b_{n+1})=b'\in B_n$，则 $\pi_n(b-b')=0$，即 $b-b'\in\mathrm{Ker}\,\pi_n=\mathrm{Im}\,\eta_n$，因此有 $a\in A_n$，使 $\eta_n(a)=b-b'$．于是，$0=\bar{d}_n(b-b')=\bar{d}\eta_{nn}(a)=\eta_{n-1}d_n(a)$，故 $d_n(a)=0$，$a\in\mathrm{Ker}\,d_n$．所以 $[b]=\phi_n^B(b)=\phi_n^B(b'+\eta_n(a))=\phi_n^B(\bar{d}_{n+1}(b_{n+1})+\eta_n(a))=\eta_{*n}\phi_n^A(a)\in\mathrm{Im}\,\eta_{*n}$.

(3) 在 $H_n(c)$ 处正合．设 $[c]=\pi_{*n}([b])\in\mathrm{Im}\,\pi_{*n}$，则 $\bar{c}=\pi_n(b)\in\mathrm{Ker}\,\delta_n$．令 $f(\bar{c})=[a]\in H_{n-1}(A)$，这里的 $f$ 是(1)中在定义 $\theta_n$ 时，所定义的 $f$．由定义，有 $\bar{a}\in\mathrm{Ker}\,d_{n-1}$，使 $[a]=[\bar{a}]$，且 $\eta_{n-1}(\bar{a})=\bar{d}_n(b)$．但 $b\in\mathrm{Ker}\,\bar{d}_n$，$\bar{d}_n(b)=0$，故 $\bar{a}=0$．因此 $f(\bar{c})=0$．注意，$[c]=\pi_{*n}([b])=\pi_{*n}\phi_n^B(b)=\phi_n^C\pi_n^K(b)=\phi_n^C(\bar{c})$，所以 $\theta_n([c])=\theta_n\phi_n^C(\bar{c})=f(\bar{c})=0$，$[c]\in\mathrm{Ker}\,\theta_n$．所以 $\mathrm{Im}\,\pi_{*n}\subseteq\mathrm{Ker}\,\theta_n$.

反过来，任取 $[c]\in\mathrm{Ker}\,\theta_n$，即，$c\in\mathrm{Ker}\,f$．让 $b_n\in B_n$，使 $\pi_n(b_n)=c$，则有 $a\in\mathrm{Im}\,d_n$，使 $\bar{d}_n(b_n)=\eta_{n-1}(a)$（因为 $f(c)=0$）．取 $a_n\in A_n$，使 $d_n(a_n)=a$，于是 $\bar{d}_n(b_n)=\eta_{n-1}d_n(a_n)=\bar{d}_n\eta_n(a_n)$，所以 $b_n-\eta_n(a_n)\in\mathrm{Ker}\,\bar{d}_n$．因此 $\pi_n(b_n-\eta_n(a_n))=\pi_n(b_n)=c$．故 $[c]=\phi_n^C(c)=\phi_n^C\pi_n(b_n)=\pi_{*n}\phi_n^B(b_n)$，$[c]\in\mathrm{Im}\,\pi_{*n}$.

(4) 在 $H_{n-1}(A)$ 处正合．先证 $\eta_{*n-1}\theta_n=0$．为此，任取 $c\in\mathrm{Ker}\,\delta_n$，并假定 $f(c)=\theta_n([c])=[a]\in H_{n-1}(A)$．取 $b_n\in B_n$，使

$\pi_n(b_n)=c$，于是由 $f$ 的定义，有 $[a']=[a]$，使 $\bar{d}_n(b_n)=\eta_{n-1}(a')$. 所以 $0=\phi_n^B\eta_{n-1}(a')=\eta_{*n-1}\phi_n^A(a')=\eta_{*n-1}[a']=\eta_{*n-1}\theta_n([c])$. 由 c 性质，$\eta_{*n-1}\theta_n=0$.

反过来，设 $[a]\in\operatorname{Ker}\eta_{*n-1}$，则由 $\eta_{*n-1}([a])=0$ 知有 $b\in B_n$，使 $\eta_{n-1}(a)=\bar{d}_n(b)$. 让 $c=\pi_n(b)$，于是由 $f$ 及 $\theta_n$ 的定义 $f(c)=\theta_n([c])=[a]$. 因此 $[a]\in\operatorname{Im}\theta_n$，即 $\operatorname{Ker}\eta_{*n-1}\subseteq\operatorname{Im}\theta_n$.
定理全部证毕.

现在考虑两个复形的短正合列

$$(A,\ d)\stackrel{\eta}{\rightarrowtail}(B,\ \bar{d})\stackrel{\pi}{\twoheadrightarrow}(C,\ \delta),$$

与

$$(A',\ d')\stackrel{\eta'}{\rightarrowtail}(B',\bar{d}')\stackrel{\pi'}{\twoheadrightarrow}(C',\ \delta').$$

如有 $g$，使得下列(立体的)图可交换

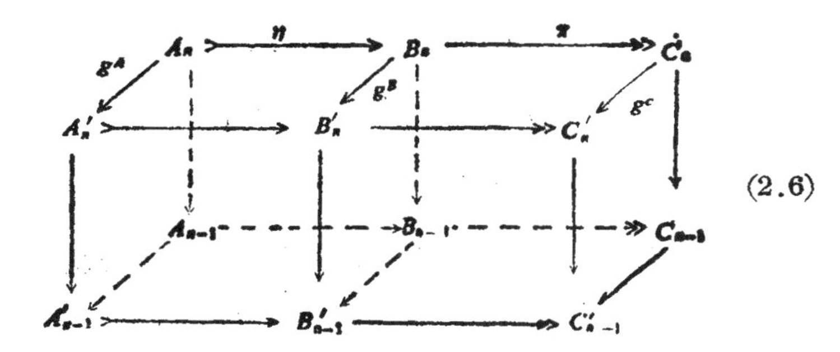


(2.6)

那么，以这些短正合列为对象，以 $g$ 为态射，我们又得到一个范畴. 对每一个 $n$，这个范畴都有到 $\mathfrak{AM}$ 的三个函子，就是 $H_n(A)$，$H_n(B)$ 与 $H_n(C)$. 同调正合列定理说明了，$\eta_{*n}$，$\pi_{*n}$ 与 $\theta_n$ 是这三个函子的变换. 我们现在说证明它们都是自然的.

**定理 4** ($\eta_*$, $\pi_*$, $\theta$ 的自然性)设有交换图:

$$\begin{array}{ccccc}
(A,d) & \stackrel{\eta}{\rightarrowtail} & (B,\bar{d}) & \stackrel{\pi}{\twoheadrightarrow} & (C,\delta)\\
\downarrow g^A & & \downarrow g^B & & \downarrow g^C\\
(A',d') & \stackrel{\eta'}{\rightarrowtail} & (B',\bar{d}') & \stackrel{\pi'}{\twoheadrightarrow} & (C',\delta')
\end{array} \tag{2.7}$$

则有交换图

$$
\begin{array}{ccccccccccc}
\cdots \longrightarrow & H_n(A) & \xrightarrow{\eta_{*n}} & H_n(B) & \xrightarrow{\pi_{*n}} & H_n(C) & \xrightarrow{\theta_n} & H_{n-1}(A) & \longrightarrow \cdots \\
& \downarrow g^A_{*n} & & \downarrow g^B_{*n} & & \downarrow g^C_{*n} & & \downarrow g^A_{*n-1} & \\
\cdots \longrightarrow & H_n(A') & \xrightarrow{\eta'_{*n}} & H_n(B') & \xrightarrow{\pi'_{*n}} & H_n(C') & \xrightarrow{\theta'_n} & H_{n-1}(A') & \longrightarrow \cdots
\end{array}
\tag{2.8}
$$

证　左边两个正方形的交换性是明显的，因为 $\eta$, $g$ 都是复形范畴的态射，而 $H_n$ 则是复形范畴到 $\mathfrak{AM}$ 的共变函子，所以在 $g^B\eta=\eta'g^A$ 时，也必有 $g^B_{*n}\eta_{*n}=\eta'_{*n}g^A_{*n}$.

至于最右边的一个正方形，我们首先注意图

$$
\begin{array}{ccc}
\operatorname{Ker}\delta_n & \xrightarrow{f} & H_{n-1}(A) \\
\downarrow g^C_n & & \downarrow g^A_{*n-1} \\
\operatorname{Ker}\delta'_n & \xrightarrow{f'} & H_{n-1}(A')
\end{array}
\tag{2.9}
$$

这里的 $f$ 是定理 4 证明(1)中的 $f$, $g^C_n$ 当然指它在 $\operatorname{Ker}\delta_n$ 上的限制. 如果 $c\in\operatorname{Ker}\delta_n$, $f(c)=[a]\in H_{n-1}(A)$, 则由 $f$ 的定义，有 $b_n\in B_n$, 使 $\pi_n(b_n)=c$, 且 $\bar{d}_n(b_n)=\eta_{n-1}(a)$. 经过映射 $g$ 以后，上述的关系式就变成(注意(2.7)的交换性) $\pi'_n(g^B_n(b_n))=g^C_n(c)$, $\bar{d}'_n(g^B_n(b_n))=g^B_{n-1}\bar{d}_n(b_n)=g^B_{n-1}\eta_{n-1}(a)=\eta'_{n-1}g^A_{n-1}(a)$. 所以，当 $f(c)=[a]\in H_{n-1}(A)$ 时，$f'(g^C_n(c))=f_{*n-1}([a])$. 这证明了(2.9)的交换性.

由于 $f(c)=\theta_n([c])$，故得(2.8)最右边一个正方形的交换性.
□

上复形的情况是对偶的. 如果 $(A,\ d)$, $(B,\ \bar{d})$ 与 $(C,\ \delta)$ 都是上复形，且有短正合

$$
(A,\ d)\rightarrowtail(B,\ \bar{d})\twoheadrightarrow(C,\ \delta), \tag{2.10}
$$

则有

**定理 4°**（上同调正合列定理） 设有上复形的短正合列

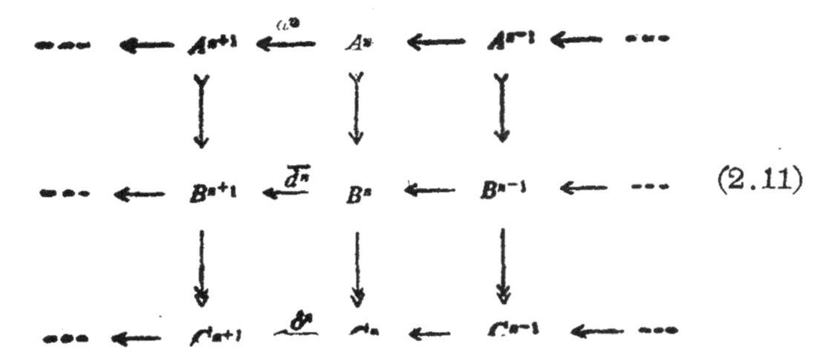

(2.11)

则有长正合列

$$\cdots \to H^n(A) \xrightarrow{\eta_*^n} H^n(B) \xrightarrow{\pi_*^n} H^n(C) \xrightarrow{\theta^n} H^{n+1}(A) \to \cdots \tag{2.12}$$

## §3 投射分解与内射分解

设 $A$ 为一个 $\mathfrak{A}$ 模，它的一个投射分解 $\{p_n, d_n\}$ 是一个正合列

$$\cdots \to P_n \xrightarrow{d_n} P_{n-1} \to \cdots \to P_1 \to P_0 \twoheadrightarrow A, \tag{3.1}$$

其中每一个 $P_n$ 都是投射 $\mathfrak{A}$-模. 由于每一个 $A$ 都是某一个投射模的同态象，所以每一个 $A$ 都有投射分解，因为当有短正合列

$$N \overset{\eta}{\rightarrowtail} P_0 \xrightarrow{d_0} A$$

时，让 $\eta$ 为嵌入映射，再取

$$N_1 \rightarrowtail P_1 \twoheadrightarrow N,$$

即得

$$N_1 \rightarrowtail P_1 \to P_0 \twoheadrightarrow A.$$

继续如此作，即得(3.1). 由 $d_{n-1}d_n=0$ 知(3.1)是一个复形，但其所有的同调模都等于 0. 把(3.1)中的 $A$ 与 $d_0$ 都换成 0，所得的复形为 $A$ 的舍元投射分解，其第 0 个同调模为 $A$.

设 $f \in \mathrm{Hom}(A, B)$，而 $\{P_n, d_n\}$ 与 $\{\bar{P}_n, \bar{d}_n\}$ 相应为 $A$ 与 $B$ 的投射分解，则有

**定理 5** 存在 $f_n \in \mathrm{Hom}(P_n, \bar{P}_n)$，$n=0, 1, 2, \cdots$，使下图

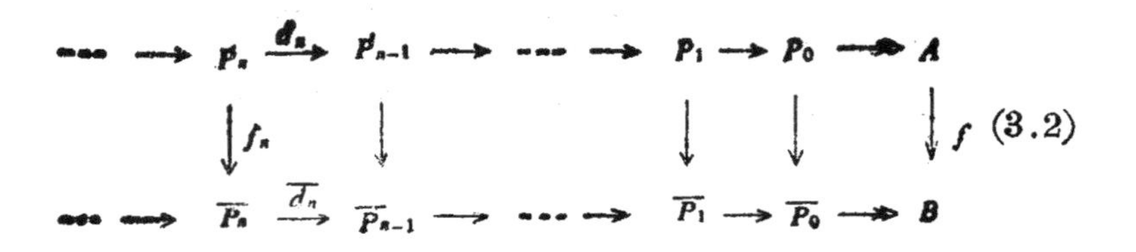

可交换. 这些 $f_n$ 叫做由 $f$ 所引出的映射.

事实上, 由于 $P_0$ 是投射模, $\bar{d}_0$ 是满同态, 所以有 $f_0 \in \mathrm{Hom}(P_0, \bar{P}_0)$, 使 $fd_0 = \bar{d}_0 f_0$. 假定 $f_0, f_1, \cdots, f_{n-1}$ 都已定出, 则从 $\bar{d}_{n-1} f_{n-1} d_n = f_{n-2} d_{n-1} d_n = 0$ 知 $\mathrm{Im}\, f_{n-1} d_n \subseteq \mathrm{Ker}\, \bar{d}_{n-1} = \mathrm{Im}\, \bar{d}_n$, 再因 $P_n$ 是投射模, 故有 $f_n \in \mathrm{Hom}(P_n, \bar{P}_n)$, 使 $\bar{d}_n f_n = f_{n-1} d_n$. □

注意, 在证明中并不需要(3.2)的上一行正合, 只需要是投射模的复形, 而下一行并不需要所有的 $\bar{P}_n$ 都投射, 但需要正合.

我们来证明下面重要的

**定理 6** (比较定理) 如果在(3.2)中, 除了$\{f_n\}$是由 $f$ 所引出的映射以外, $\{g_n\}$ 也是由 $f$ 所引出的映射, 则 $\{f_n\}$ 与 $\{g_n\}$ 是同伦的.

证 图(3.2)既是可交换的, 而在换 $f_n$ 为 $g_n$ 后仍可交换, 所以, 换 $f_n$ 为 $\phi_n = f_n - g_n$, 换 $f$ 为 $0 = f - f$ 以后必仍可交换, 于是有下列由实线所组成的交换图:

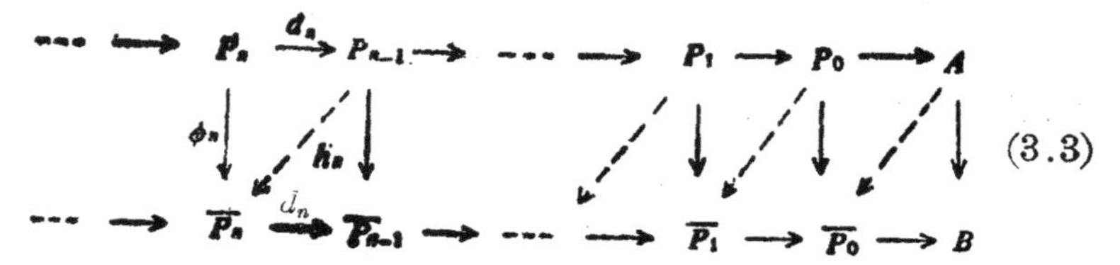

我们用归纳法来定义这些 $h_n$, 使 $\phi_n = h_n d_n + \bar{d}_{n+1} h_{n+1}$.

首先, 取 $h_0 = 0$.

其次, 由于 $\bar{d}_0 \phi_0 = 0\, d_0 = 0$, 故 $\mathrm{Im}\, \phi_0 \subseteq \mathrm{Ker}\, \bar{d}_0 = \mathrm{Im}\, \bar{d}_1$. 又因 $P_0$ 是投射模, 所以有 $h_1: P_0 \to \bar{P}_1$, 使 $\phi_0 = \bar{d}_1 h_1 = \bar{d}_1 h_1 + 0 = \bar{d}_1 h_1 + h_0 d_0$.

最后, 设 $n \geqslant 1$, 而 $h_0, h_1, \cdots, h_n$ 都已求到, 我们令 $\psi_n = \phi_n -$

$h_nd_n \in \mathrm{Hom}(P_n, \bar{P}_n)$，则 $\bar{d}_n\psi_n = \bar{d}_n\phi_n - \bar{d}_nh_nd_n = \phi_{n-1}d_n - \bar{d}_nh_nd_n = (\phi_{n-1} - \bar{d}_nh_n)d_n = (h_{n-1}d_{n-1} + \bar{d}_nh_n - \bar{d}_nh_n)d_n = h_{n-1}d_{n-1}d_n = 0$，所以 $\mathrm{Im}\,\psi_n \subseteq \mathrm{Ker}\bar{d}_n = \mathrm{Im}\,\bar{d}_{n+1}$. 因 $P_n$ 是投射模，有 $h_{n+1} \in \mathrm{Hom}(P_n, \bar{P}_{n+1})$，使 $\psi_n = \bar{d}_{n+1}h_{n+1}$，即，$\phi_n = h_nd_n + \bar{d}_{n+1}h_{n+1}$. □

**定理 7** 设有 $A \overset{\eta}{\rightarrowtail} C \overset{\pi}{\twoheadrightarrow} B$ 为短正合列，$A$ 与 $B$ 依次有投射分解 $\{P_n, d_n\}$ 与 $\{\bar{P}_n, \bar{d}_n\}$，则可定出 $\{\delta_n\}$，使 $\{P_n \oplus \bar{P}_n, \delta_n\}$ 为 $C$ 的一个投射分解，下图可交换，各行各列均正合，且有关 $P_n$ 的各列均可裂正合：

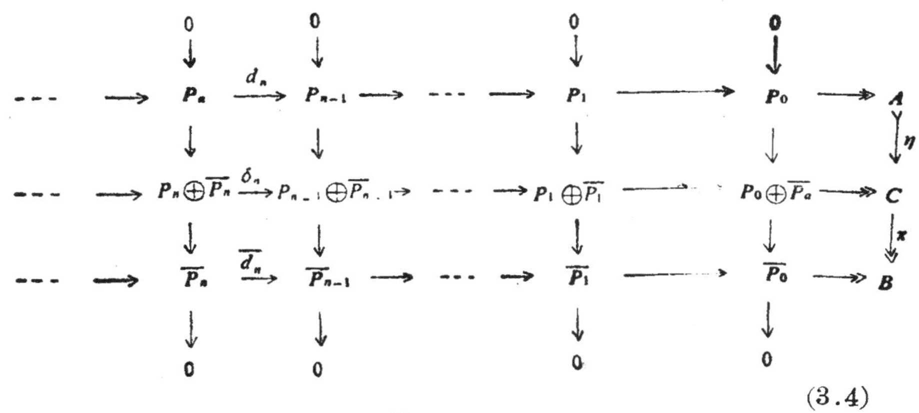


(3.4)

证 当 $p_n \in P_n$，$\bar{p}_n \in \bar{P}_n$ 时，定义 $\eta_n(p_n) = p_n + 0 \in P_n \oplus \bar{P}_n$，$\pi_n(p_n + \bar{p}_n) = \bar{p}_n \in \bar{P}_n$，$\bar{\eta}_n(\bar{p}_n) = 0 + \bar{p}_n \in P_n \oplus \bar{P}_n$，$\bar{\pi}_n(p_n + \bar{p}_n) = p_n \in P_n$，即知有关 $P$ 的各列均可裂正合.

所有的 $P_n \oplus \bar{P}_n$ 当然都是投射模，因为投射模的直和仍是投射的.

我们要定义 $\delta_n$，使(3.4)可交换，且中间一行正合.

先定义 $\delta_0$. 由于 $\pi$ 是满同态，$\bar{P}_0$ 是投射模，故有 $\phi: \bar{P}_0 \to C$，使 $\pi\phi = \bar{d}_0$. 令 $\delta_0 = \phi\pi_0 + \eta d_0\bar{\pi}_0$，则

$$\delta_0\eta_0 = (\phi\pi_0 + \eta d_0\bar{\pi}_0)\eta_0 = \phi\pi_0\eta_0 + \eta d_0\bar{\pi}_0\eta_0 = \eta d_0;$$

$$\pi\delta_0 = \pi(\phi\pi_0 + \eta d_0\bar{\pi}_0) = \pi\phi\pi_0 + \pi\eta d_0\bar{\pi}_0 = \bar{d}_0\pi_0,$$

所以(3.4)最右边的两个正方形都是可交换的.

需要验证 $\delta_0$ 是满同态. 为此, 任取 $c\in C$, 设 $\pi(c)=b\in B$. 因 $\bar{d}_0$ 是满同态, 有 $\bar{p}_0\in\bar{P}_0$, 使 $\bar{d}_0(\bar{p}_0)=b$. 设 $\phi(\bar{p}_0)=c_1\in C$, 则 $\pi(c)=b=\bar{d}_0(\bar{p}_0)=\pi\phi(\bar{p}_0)=\pi(c_1)$, 所以 $c-c_1\in\mathrm{Ker}\pi=\mathrm{Im}\,\eta$, 因而有 $a\in A$, 使 $\eta(a)=c-c_1$. 由于 $d_0$ 是满同态, 有 $p_0\in P_0$, 使 $d_0(p_0)=a$, 故

$$
\begin{aligned}
\delta_0(p_0+\bar{p}_0)&=\phi\pi_0(p_0+\bar{p}_0)+\eta d_0\bar{\pi}_0(p_1+\bar{p}_0)\\
&=\phi(\bar{p}_0)+\eta d_0(p_0)=c_1+\eta(a)\\
&=c_1+c-c_1=c,
\end{aligned}
$$

即, $c\in\mathrm{Im}\delta_0$, $\delta_0$ 是满同态.

再决定 $\delta_1$. 让 $Q=\mathrm{Ker}\,d_0$, $\bar{Q}=\mathrm{Ker}\,\bar{d}_0$, $S=\mathrm{Ker}\,\delta_0$, 并取 $\sigma$, $\bar{\sigma}$ 与 $\tau$ 为相应的嵌入映射. 再让 $d_1=\sigma d_1'$, $\bar{d}_1=\bar{\sigma}\bar{d}_1'$(均由 Abel 范畴的性质), 如图(3.5), 实箭头已知, 虚箭头待定:

$$
\begin{array}{ccccccc}
P_1 & \xrightarrow{d_1'} & Q & \xrightarrow{\sigma} & r_0 & \xrightarrow{d_0} & A \\
\downarrow{\scriptstyle\eta} & & \downarrow{\scriptstyle\eta'} & & \downarrow{\scriptstyle\eta_0} & & \downarrow{\scriptstyle\eta} \\
P_1\oplus\bar{P}_1 & \xrightarrow{\delta'} & S & \xrightarrow{\tau} & P_0\oplus\bar{P}_0 & \xrightarrow{\delta_0} & C \\
\downarrow{\scriptstyle\pi} & & \downarrow{\scriptstyle\pi'} & & \downarrow{\scriptstyle\pi_0} & \nearrow{\scriptstyle\phi} & \downarrow{\scriptstyle\pi} \\
\bar{P}_1 & \xrightarrow{\bar{d}_1} & \bar{Q} & \xrightarrow{\bar{\sigma}} & \bar{P}_0 & \xrightarrow{\bar{d}_0} & B
\end{array}
\qquad (3.5)
$$

当 $q\in Q$ 时, $\delta_0\eta_0\sigma(q)=\eta d_0\sigma(q)=0$, 故可令 $\eta'(q)=\eta_0\sigma(q)\in\mathrm{Ker}\delta_0=S$. 同样, 当 $s\in S$ 时, 令 $\pi'(s)=\pi_0\tau(s)\in\mathrm{Ker}\,\bar{d}_0=\bar{Q}$.

由于 $\eta_0\sigma=\tau\eta'$, $\pi_0\tau=\bar{\sigma}\pi'$, 所以(3.5)中间的上下两个正方形都可交换, 因而 $\pi'\eta'=0$. $\eta'$ 当然是单同态(因 $\eta_0$, $\sigma$, 与 $\tau$ 都是单同态), 现需证明 $\pi'$ 是满同态. 为此, 任取 $\bar{q}\in\bar{Q}$, 让 $\phi\bar{\sigma}(\bar{q})=c\in C$, 于是 $\pi(c)=\pi\phi\bar{\sigma}(\bar{q})=\bar{d}_0\bar{\sigma}(\bar{q})=0$, 即, $c\in\mathrm{Ker}\,\pi=\mathrm{Im}\,\eta$, 因此有 $a\in A$, $\eta(a)=c$. 取 $p_0\in P_0$ 使 $d_0(p_0)=a$, 则 $\delta_0(-p_0+\bar{q})=(\phi\pi_0+\eta d_0\bar{\pi}_0)(-p_0+\bar{q})=\phi(\bar{q})-\eta d_0(p_0)=c-\eta(a)=c-c=0$, 故 $-p_0+\bar{q}\in\mathrm{Ker}\,\delta_0=S$, 而 $\pi'(-p_0+\bar{q})=\bar{q}$, 所以 $\pi'$ 是满同态.

再证 $\mathrm{Ker}\,\pi'=\mathrm{Im}\,\eta'$. 为此, 任取 $p_0+\bar{p}_0\in\mathrm{Ker}\,\pi'$, 则 $0=\bar{\sigma}\pi'(p_0+\bar{p}_0)=\pi_0\tau(p_0+\bar{p}_0)=\bar{p}_0$. 于是, $0=\delta_0\tau(p_0+\bar{p}_0)=\delta_0\tau(p_0)$

$=\delta_0(p_0)=\eta d_0\bar{\pi}_0(p_0)=\eta d_0(p_0)$. 因 $\eta$ 是单同态, $d_0(p_0)=0$, $p_0\in\operatorname{Ker}d_0=Q$. 所以,若 $p_1+\bar{p}_0\in\operatorname{Ker}\pi'$, 则 $p_0+\bar{p}_0\in\operatorname{Im}\eta'$, 即, $\operatorname{Ker}\pi'\subseteq\operatorname{Im}\eta'$.

于是 $Q\overset{\eta'}{\rightarrowtail}S\overset{\pi'}{\twoheadrightarrow}\bar{Q}$ 是短正合列, $d_1'$ 与 $\bar{d}_1'$ 都是满同态, 所以可以仿照求 $\delta_0$ 的方法来求一个 $\delta_1'$, 再让 $\delta_1=\tau\delta_1'$, 即为所求.

用类似的方法可以求出 $\delta_2$, $\delta_3$, $\cdots$. □

与投射分解相对偶的是内射分解. 如果正合列

$$0\to A\to Q^0\overset{d^0}{\to}Q^1\overset{d^1}{\to}\cdots \tag{3.6}$$

中每一个 $Q^n$ 都是内射模, 则 (3.6) 为 $A$ 的一个内射分解. 同样, 若换 $A$ 为 0, 则得 $A$ 的舍元内射分解. 由于每一个 $A$ 都可嵌入到一个内射模中, 故任何 $A$ 都有内射分解.

用完全相同的方法可得

**定理 6°** 设 $f: A\to B$, $\{Q^n, d^n\}$ 与 $\{\bar{Q}^n, \bar{d}^n\}$ 相应为 $A$ 与 $B$ 的内射分解, 则有 $f_n: Q^n\to\bar{Q}^n$, 使下图可交换

$$\begin{array}{ccccccccc}0&\to&A&\to&Q^0&\overset{d^0}{\to}&Q^1&\to&\cdots\\ &&\downarrow f&&\downarrow f_0&&\downarrow f_1&&\\ 0&\to&B&\to&\bar{Q}^0&\overset{\bar{d}^0}{\to}&\bar{Q}^1&\to&\cdots\end{array} \tag{3.7}$$

再者, 若换 $\{f_n\}$ 为 $\{g_n\}$, 只要仍可交换, 则 $\{f_n\}$ 与 $\{g_n\}$ 是同伦的.

**定理 7°** 设有 $B\rightarrowtail C\twoheadrightarrow A$ 为短正合列, $B$ 与 $A$ 依次有内射分解 $\{\bar{Q}^n, \bar{d}^n\}$ 与 $\{Q^n, d^n\}$, 则可定出 $\{\delta^n\}$ 使 $\{\bar{Q}^n\oplus Q^n, \delta^n\}$ 为 $C$ 的一个内射分解, 下图可交换, 各有关 $Q$ 的列均可裂正合:

$$\begin{array}{ccccccccccc}0&\to&A&\to&Q^0&\overset{d^0}{\to}&Q^1&\overset{d^1}{\to}&Q^2&\overset{d^2}{\to}&\cdots\\ &&\downarrow\eta&&\downarrow\eta_0&&\downarrow\eta_1&&\downarrow\eta_2&&\\ 0&\to&B&\to&Q^0\oplus\overline{Q^0}&\overset{\delta^0}{\to}&Q^1\oplus\overline{Q^1}&\overset{\delta^1}{\to}&Q^2\oplus\overline{Q^2}&\overset{\delta^2}{\to}&\cdots\\ &&\downarrow\pi&&\downarrow\pi_0&&\downarrow\pi_1&&\downarrow\pi_2&&\\ 0&\to&C&\to&\overline{Q^0}&\overset{\bar{d}^0}{\to}&\overline{Q^1}&\overset{\bar{d}^1}{\to}&\overline{Q^2}&\overset{\bar{d}^2}{\to}&\cdots\end{array} \tag{3.8}$$

## §4 导出函子

我们将在本节中，按模的投射分解与内射分解来从一个加法函子 $T$ 导出一系列的新函子 $L_nT$ 与 $R^nT$, $n=0, 1, 2, \cdots$. 这些 $L_nT$ 与 $R^nT$ 将叫做由 $T$ 所导出的左与右导出函子.

先设 $T$ 是一个由模范畴 $\mathfrak{AM}$ 到模范畴 $\mathfrak{BM}$ 的共变加法函子. 在 $\mathfrak{AM}$ 中任取一个对象 $A$, 设 $A$ 的一个投射分解为

$$\cdots \to P_n \xrightarrow{d_1} P_{n-1} \to \cdots \to P_1 \to P_0 \twoheadrightarrow A. \tag{4.1}$$

取 $A$ 的舍元投射分解，引用 $T$, 则得一列

$$\cdots \to TP_n \xrightarrow{Td_n} TP_{n-1} \to \cdots \to TP_1 \to TP_0 \to 0. \tag{4.2}$$

由于 $T$ 是加法函子，它保持任何 $\mathrm{Hom}(A, B)$ 的群结构，故 $T0=0$, 因而 $Td_{n-1}Td_n=Td_{n-1}d_n=T0=0$, 所以 (4.2) 是一个复形，但不一定正合. 以 $L_n^PTA$ 表 (4.2) 的同调模，即

$$\begin{aligned} &L_0^PTA=TP_0/\mathrm{Im}\,Td_1=\mathrm{Cok}\,Td_1,\\ &L_n^PTA=\mathrm{Ker}\,Td_n/\mathrm{Im}\,Td_{n+1},\ n>0. \end{aligned} \tag{4.3}$$

我们要证明两个性质：第一，这些 $L_n^PTA$ 实际上并不倚赖于 $\{P_n, d_n\}$ 的选取，换一个投射分解 $\{P'_n, d'_n\}$ 所得的 $L_n^{P'}TA$ 与 $L_n^PTA$ 同构，因此肩码 $P$ 可以去掉，$L_n^PTA$ 可写成 $L_nTA$; 第二，对每一个 $f\in\mathrm{Hom}(A, B)$, 可以由 $T$ 来定义一个 $L_nTf\in\mathrm{Hom}(L_nTA, L_nTB)$, 使 $L_nT$ 为由 $\mathfrak{AM}$ 到 $\mathfrak{BM}$ 的一个共变函子.

为此，我们取 $f: A\to B$, 并任取 $B$ 的一个投射分解 $\{\bar{P}_n, \bar{d}\}$, 对图 (3.2) 引用函子 $T$, 即得 $\mathfrak{BM}$ 中的一个交换图

$$\begin{array}{ccccccccccccc} \cdots & \longrightarrow & TP_n & \longrightarrow & TP_{n-1} & \longrightarrow & \cdots & \longrightarrow & TP_1 & \longrightarrow & TP_0 & \longrightarrow & 0\\ & & \big\downarrow {\scriptstyle Tf_n} & & \big\downarrow & & & & \big\downarrow & & \big\downarrow {\scriptstyle Tf_0} & & \\ \cdots & \longrightarrow & T\bar{P}_n & \longrightarrow & T\bar{P}_{n-1} & \longrightarrow & \cdots & \longrightarrow & T\bar{P}_1 & \longrightarrow & T\bar{P}_0 & \longrightarrow & 0 \end{array} \tag{4.4}$$

由定理 1，复形映射$\{Tf_n\}$将引出同调映射

$$(Tf)_{*n}: L_n^P TA \to L_n^{\bar{P}} TB. \tag{4.5}$$

这些$(LT)_{*n}$虽是由$\{f_n\}$而得出来的，但事实上并不倚赖于这些$f_n$，因为换$\{f_n\}$为$\{g_n\}$，只要图(3.2)仍是可交换的，则由比较定理，$\{f_n\}$与$\{g_n\}$是同伦的，所以

$$\begin{aligned} Tf_n - Tg_n &= T(f_n - g_n) = T(h_{n-1}d_n + \bar{d}_{n+1}h_n) \\ &= Th_{n-1}Td_n + T\bar{d}_{n+1}Th_n, \end{aligned}$$

即，$\{Tf_n\}$与$\{Tg_n\}$同伦，于是，由定理 2，$(Tf)_{*n} = (Tg)_{*n}$. 换言之，这些$(Tf)_{*n}$仅由$f$，$P$与$\bar{P}$所确定，不倚赖于复形映射$\{f_n\}$的选取.

再取$\phi: B \to C$，而$C$有投射分解$\{\tilde{P}_n, \tilde{d}_n\}$，任意取一个复形映射$\{\phi_n\}$，则得

$$(T\phi)_{*n}: L_n^{\bar{P}} TB \to L_n^{\tilde{P}} TC.$$

于是从$\phi f: A \to C$，得

$$(T\phi f)_{*n} = (T\phi)_{*n}(Tf)_{*n}. \tag{4.6}$$

假定$C = A$，$\{\tilde{P}_n, \tilde{d}_n\} = \{P_n, d_n\}$，$f: A \to B$为同构，$\phi: B \to A$为$f$的逆，那么，由$\varepsilon_A: A \to A$就有$\{\varepsilon_{P_n}\}$与$\{\phi_n f_n\}$都是复形映射，因而同伦，所以$(Tf^{-1})_{*n}(Tf)_{*n}$是$L_n^P TA$的恒等自同构. 同理，$(Tf)_{*n}(Tf^{-1})_{*n}$是$L_n^{\bar{P}} TB$的恒等自同构，所以$(Tf)_{*n}: L_n^P TA \to L_n^{\bar{P}} TB$，$(T\phi)_{*n}: L_n^{\bar{P}} TB \to L_n^P TA$都是同构.

任取$A$的两个投射分解$\{P, d\}$与$\{\bar{P}, \bar{d}\}$，那么，由恒等自同构$\varepsilon_A$可得同构$(T\varepsilon(P, \bar{P}))_{*n}: L_n^P TA \to L_n^{\bar{P}} TA$. 这个同构在以下的意义下被认为是典范的，如果$x^P \in L_n^P TA$对应$x^{\bar{P}} \in L_n^{\bar{P}} TA$，而由$(T\varepsilon(\bar{P}, \tilde{P})_{*n})$，$x^{\bar{P}}$对应$x^{\tilde{P}} \in L_n^{\tilde{P}} TA$，则由(4.6)，$(T\varepsilon(P, \tilde{P}))_{*n}$将使$x^P$对应$x^{\tilde{P}}$. 于是，对于$A$的各个投射分解$\{P_n, d_n\}$，$\{\bar{P}_n, \bar{d}_n\}$，$\{\tilde{P}_n, \tilde{d}_n\}$，…，上述类型的同构将建立$L_n^P TA$，$L_n^{\bar{P}} TA$，$L_n^{\tilde{P}} TA$的相应元素的一种对应关系，这种关系是自反，对称与可传的，因而是等价关系. 把等价的元素都看成同一个元素（事实是把等价类看成一个元素），我们可以认定$L_n^P TA$，$L_n^{\bar{P}} TA$，$L_n^{\tilde{P}} TA$… 都是相等的，记以$L_n TA$. 换言之，对每一个$\mathfrak{A}$-模$A$，任一个由$\mathfrak{A}$-模到$\mathfrak{B}$-

模的加法函子 $T$，我们可以唯一地确定一个 $\mathfrak{B}$-模 $L_nTA$，而且对任何模同态 $f: A\to B$，可唯一地确定一个模同态 $(Tf)_{*n}: L_nTA\to L_nTB$，这个 $(Tf)_{*n}$ 将记以 $L_nTf$. 再由 $L_nT\varepsilon_A=\varepsilon_{L_nTA}$，以及(4.6)，我们得到一个由 $\mathfrak{A}\mathbb{M}$ 到 $\mathfrak{B}\mathbb{M}$ 的函子 $L_nT$. 这个函子叫做由 $T$ 所导出的第 $n$ 个左导出函子.

**定理 8** 如果 $T$ 是一个右正合函子，即，当 $A\to B\to C\to 0$ 右正合时，$TA\to TB\to TC\to 0$ 也右正合，则函子 $L_0T$ 与 $T$ 自然同构.

**证** 取 $A$ 的一个投射分解 $\{P_n, d_n\}$，取右正合列

$$P_1\xrightarrow{d_1}P_0\xrightarrow{d_0}A\to 0,$$

则有右正合列

$$TP_1\to TP_0\to TA\to 0.$$

于是

$$L_0TA=\operatorname{Cok}Td_1=TP_0/\operatorname{Im}Td_1\cong TA.$$

自然性表现在下列的交换图

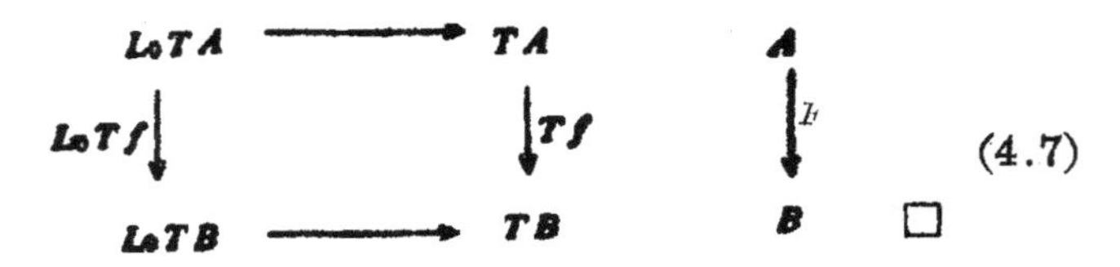


(4.7) □

**定理 9** 若 $P$ 是投射模，则当 $n>0$ 时，$L_nTP=0$.

**证** 取 $P$ 的一个投射分解 $0\to P\to P\to 0$ 即得. □

**定理 10** 对于所有的 $n\geqslant 0$，$L_nT$ 是加法函子.

**证** 若 $A$ 与 $B$ 相应有投射分解 $\{P_n, d_n\}$ 与 $\{\bar{P}_n, \bar{d}_n\}$，则 $A\oplus B$ 有投射分解 $\{P_n\oplus\bar{P}_n, d_n\oplus\bar{d}_n\}$，这里 $(d_n\oplus\bar{d}_n)(p_n+\bar{p}_n)=d_n(p_n)+\bar{d}_n(\bar{p}_n)$. □

由此立得

**定理 11** 若 $A\overset{\eta}{\rightarrowtail}C\overset{\pi}{\twoheadrightarrow}B$ 为短正合列，则有长正合列

$$\cdots\to L_nTA\xrightarrow{L_nT\eta}L_nTC\xrightarrow{L_nT\pi}L_nTB\xrightarrow{\theta_n}L_{n-1}TA\to\cdots. \quad (4.8)$$

**证** 取 $A$ 的投射分解为 $\{P_n, d_n\}$，$B$ 的投射分解为 $\{\overline{P}_n, \overline{d}_n\}$，则由(3.4)，并因 $T$ 是加法函子，得交换图

$$\begin{array}{ccccccccccc}
\cdots & \longrightarrow & TP_n & \xrightarrow{Td} & TP_{n-1} & \longrightarrow & \cdots & \longrightarrow & TP_0 & \longrightarrow & 0 \\
 & & \downarrow & & \downarrow & & & & \downarrow & & \\
\cdots & \longrightarrow & TP_n \oplus T\overline{P}_n & \xrightarrow{T\delta} & TP_{n-1} \oplus T\overline{P}_{n-1} & \longrightarrow & \cdots & \longrightarrow & TP_0 \oplus T\overline{P}_0 & \longrightarrow & 0 \\
 & & \downarrow & & \downarrow & & & & \downarrow & & \\
\cdots & \longrightarrow & T\overline{P}_n & \xrightarrow{T\overline{d}} & T\overline{P}_{n-1} & \longrightarrow & \cdots & \longrightarrow & T\overline{P}_0 & \longrightarrow & 0
\end{array} \tag{4.9}$$

这里 $\{P_n \oplus \overline{P}_n, \delta_n\}$ 是 $C$ 的投射分解(见定理7)，各行均为复形，各列均短正合. 于是由定理4即得本定理. □

**定理 12** 设 $\{P_n, d_n\}$ 为 $A$ 的投射分解，$A_n = \mathrm{Im}\, d_n$，并设 $T$ 右正合，则

(1) 当 $n \geqslant 1$ 时，有左正合列 $0 \to L_nTA \to TA_n \to TP_{n-1}$;

(2) 当 $m \geqslant 1$ 时，有 $L_mTA_n = L_{n+m}TA$.

**证** (1) 由交换图

$$\begin{array}{ccccccc}
\cdots \longrightarrow & P_{n+1} \longrightarrow & P_n & \xrightarrow{\pi} & A_n & \longrightarrow \cdots \\
 & & & \searrow \quad \swarrow \eta & & \\
 & & & P_{n-1} & &
\end{array} \tag{4.10}$$

得交换图

$$\begin{array}{ccccccc}
\cdots \longrightarrow & TP_{n+1} \longrightarrow & TP_n & \xrightarrow{T\pi} & TA_n & \longrightarrow \cdots \\
 & & & \searrow \quad \swarrow & & \\
 & & & TP_{n-1} & &
\end{array} \tag{4.11}$$

因 $T$ 右正合，故 $T\pi$ 是满同态，所以 $TA_n = TP_n/\mathrm{Im}\, Td_{n+1}$. 若 $x \in \mathrm{Ker} T\eta$，取 $\bar{x} \in TP_n$，使 $T\pi(\bar{x}) = x$，则 $Td_n(\bar{x}) = T\eta T\pi(\bar{x}) = T\eta\pi(\bar{x}) = T\eta(x) = 0$，所以 $\bar{x} \in \mathrm{Ker}\, Td_n$. 于是 $\mathrm{Ker} T\eta = \mathrm{Ker}\, Td_n/\mathrm{Im} Td_{n+1} = L_nTA$.

(2) 因为 $\cdots \to P_{n+1} \to P_n \twoheadrightarrow A_n$ 是 $A_n$ 的一个投射分解，故从

$$\cdots \to TP_{n+m} \to \cdots \to TP_{n+1} \to TP_n \to TA_n$$

得到 $L_m TA_n = L_{n+m} TA$. □

仍设 $T$ 为共变加法函子，我们取 $A$ 的一个内射分解

$$0 \to A \to Q^0 \xrightarrow{\partial^0} Q^1 \to \cdots \to Q^n \xrightarrow{\partial^n} \cdots,$$

于是得一个上复形

$$0 \to TA \to TQ^0 \xrightarrow{T\partial^0} TQ^1 \to \cdots \to TQ^n \xrightarrow{T\partial^n} \cdots, \quad (4.12)$$

其上同调模将表以

$$R_Q^0 TA = \text{Ker}\, T\partial^0, \quad (4.13)$$

$$R_Q^n TA = \text{Ker} T\partial^n / \text{Im} T\partial^{n-1}.$$

同样可以证明，这些 $R_Q^n TA$ 实际上与所取的内射分解 $\{Q^n, \partial^n\}$ 无关，换一个内射分解$\{Q'^n, \partial'^n\}$所得的 $R_{Q'}^n TA$ 与 $R_Q^n TA$ 典范地同构. 同时，对于任何模同态 $f: A \to B$, 可以定义出一个 $R^n Tf: R^n TA \to R^n TB$, 因此，$R^n T$ 是由范畴 $\mathfrak{A}\mathbb{M}$ 到 $\mathfrak{B}\mathbb{M}$ 的一个共变加法函子，称为由 $T$ 所导出的右导出函子.

下列定理是上述相应定理的对偶定理，但需另行证明，不过方法基本上相同.

**定理 8°** 如果 $T$ 是一个左正合函子，即，当 $0 \to A \to B \to C$ 左正合时，$0 \to TA \to TB \to TC$ 也左正合，则 $R^0 T$ 与 $T$ 自然同构.

**定理 9°** 若 $Q$ 是内射模，则当 $n > 0$ 时，$R^n TQ = 0$.

**定理 10°** $R^n T$ 是加法函子.

**定理 11°** 若 $A \rightarrowtail C \twoheadrightarrow B$为短正合列，则有长正合列

$$\cdots \to R^n TA \to R^n TC \to R^n TB \xrightarrow{\theta^n} R^{n+1} TA \to \cdots. \quad (4.14)$$

**定理 12°** 设 $\{Q^n, \partial^n\}$ 为 $A$ 的内射分解，$A^n = \text{Ker}\, \partial^n$, 并设 $T$ 左正合，则

(1) 当 $n \geqslant 1$ 时，有右正合列 $TQ^{n-1} \to TA^n \twoheadrightarrow R^n TA$,

(2) 当 $m \geqslant 1$ 时，$R^m TA_n = R^{n+m} TA$.

我们现在考虑逆变函子的情况. 设 $S$ 为一个由 $\mathfrak{A}\mathbb{M}$ 到 $\mathfrak{B}\mathbb{M}$ 的逆变函子,若取 $\{P_n, d_n\}$ 为 $A$ 的投射分解,则有上复形

$$0 \to SP_0 \to SP_1 \to \cdots \to SP_n \xrightarrow{Sd_n} \cdots. \tag{4.15}$$

于是让

$$R_P^0SA = \text{Ker } Sd_1,$$
$$R_P^nSA = \text{Ker } Sd_n / \text{Im } Sd_{n-1}, \quad n>0.$$

如果取 $\{Q^n, \partial^n\}$ 为 $A$ 的内射分解,则有复形

$$\cdots \to SQ^n \xrightarrow{S\partial^{n-1}} SQ^{n-1} \to \cdots \to SQ^1 \to SQ^0 \to 0.$$

于是让

$$\begin{aligned} L_0^QSA &= \text{Cok } S\partial^0, \\ L_n^QSA &= \text{Ker } S\partial^{n-1} / \text{Im } S\partial^n, \quad n>0. \end{aligned} \tag{4.16}$$

与共变函子的情况一样, 可以证明这些 $R_P^nSA$ 与 $L_n^QSA$ 都与所取的投射分解与内射分解无关, 因而(4.15)与(4.16)中的足码 $P$ 与肩码 $Q$ 都可以去掉. 同时, 对于 $f \in \text{Hom}(A, B)$, 可得 $R^nSf$ 与 $L_nSf$ 分别属于 $\text{Hom}(R^nSB, R^nSA)$ 与 $\text{Hom}(L_nSB, L_nSA)$. 因此, $R^nS$ 与 $L_nS$ 是一些由 $\mathfrak{A}\mathbb{M}$ 到 $\mathfrak{B}\mathbb{M}$ 的逆变加法函子, 前者为由 $S$ 所导出的右导出函子,后者为左导出函子.

总结起来,我们有:

设 $T$ 是共变加法函子, 若右正合, 则用投射分解, 得到 $L_nT$, 这时 $L_0T$ 与 $T$ 自然同构; 若左正合, 则用内射分解, 得到 $R^nT$, 这时 $R^0T$ 与 $T$ 自然同构. $L_nT$ 与 $R^nT$ 都是共变函子.

设 $S$ 是逆变加法函子, 若左正合, 则用投射分解, 得到 $L_nS$, 这时 $L_0S$ 与 $S$ 自然同构,若右正合, 则用内射分解, 得到 $R^nS$, 这时 $R^0S$ 与 $S$ 自然同构. $L_nS$ 与 $R^nS$ 都是逆变函子.

## §5 函子的变换

设 $T$ 是一个由 $\mathfrak{A}\mathbb{M}$ 到 $\mathfrak{B}\mathbb{M}$ 的共变加法函子, 则当 $A$ 为一个 $\mathfrak{A}$-模时, $L_nTA$ 是一个 $\mathfrak{B}$-模. 现在要考虑, 换 $T$ 成另一个共变加法函子 $T'$ 时, $L_nTA$ 与 $L_nT'A$ 有什么关系?

假定 $\tau$: $T \to T'$ 是一个由 $T$ 到 $T'$ 的自然变换, 取 $A$ 的一个

投射分解为

$$\cdots \to P_{n+1} \to P_n \xrightarrow{d_n} \cdots \to P_0 \twoheadrightarrow A, \tag{5.1}$$

则有 $\tau(P_n) \in \mathrm{Hom}_{\mathfrak{B}}(TP_n, T'P_n)$，使有交换图.

$$\begin{array}{ccccccccccc} \cdots & \longrightarrow & TP_{n+1} & \longrightarrow & TP_n & \longrightarrow & \cdots & \longrightarrow & TP_0 & \longrightarrow & 0 \\ & & \downarrow & & \downarrow{\scriptstyle \tau(P_n)} & & & & \downarrow & & \\ \cdots & \longrightarrow & T'P_{n+1} & \longrightarrow & T'P_n & \longrightarrow & \cdots & \longrightarrow & T'P_0 & \longrightarrow & 0 \end{array} \tag{5.2}$$

因此，$\{\tau(P_n)\}$ 是复形映射，由定理 1，$\tau(P_n)$ 可引出 $L_nTA$ 到 $L_nT'A$ 的一个模同态 $\tau_{*n}(A)$，使下图可交换

$$\begin{array}{ccc} \mathrm{Ker}\, Td_n & \xrightarrow{\ \phi\ } & L_nTA \\ \downarrow{\scriptstyle \tau(P_n)} & & \downarrow{\scriptstyle \tau_{*n}(A)} \\ \mathrm{Ker}\, T'd_n & \xrightarrow{\ \phi'\ } & L_nT'A \end{array} \tag{5.3}$$

这里的 $\phi$ 与 $\phi'$ 都是自然同态，而 $\tau(P_n)$ 代表 $\tau(P_n)$ 在 $\mathrm{Ker}\, Td_n$ 上的限制.

我们首先有

**引理 1** $\tau_{*n}$ 是导出函子 $L_nT$ 到 $L_nT'$ 的一个自然变换. 它将称为由 $\tau$ 所导出的导出变换.

证 任取 $f \in \mathrm{Hom}(A, B)$，并设 $\{\bar{P}_n, \bar{d}_n\}$ 为 $B$ 的一个投射分解，则有交换图

$$\begin{array}{ccc} \mathrm{Ker}\, Td_n & \xrightarrow{\ \phi\ } & L_nTA \\ \downarrow{\scriptstyle Tf_n} & & \downarrow{\scriptstyle L_nTf} \\ \mathrm{Ker}\, T\bar{d}_n & \xrightarrow{\ \psi\ } & L_nTB \end{array} \tag{5.4}$$

图 (5.3) 中换 $A$ 为 $B$，(5.4) 中换 $T$ 为 $T'$，合起来我们一共得到四个交换图. 再考虑图 (5.5)，其左边的一个图是可交换的（因 $\tau$ 是自然变换），所以右边的一个图也可交换

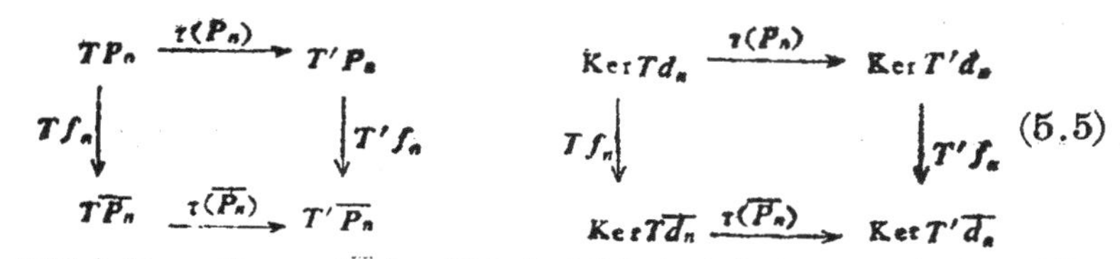


(5.5)

右图中的 $\tau(P_n)$, $\tau(\overline{P}_n)$, $Tf_n$ 与 $T'f_n$ 当然指它们在各相应 Ker 上的限制，我们一般不取其它的记号. (我们的记号已经够多，够复杂的了！)当然，这里不难证明，$\mathrm{Ker}\,Td_n$ 中的元素经过映射 $\tau(P_n)$ 与 $Tf_n$ 确取象于 $\mathrm{Ker}\,T'd_n$ 与 $\mathrm{Ker}\,T\overline{d}_n$ 内，而 $\mathrm{Ker}\,T'd_n$ 与 $\mathrm{Ker}\,T\overline{d}_n$ 中的元素经映射 $T'f_n$ 与 $\tau(\overline{P}_n)$ 确都取象于 $\mathrm{Ker}\,T'\overline{d}_n$ 内. 于是下列六面体的前后上下左等五个正方形都是可交换的:

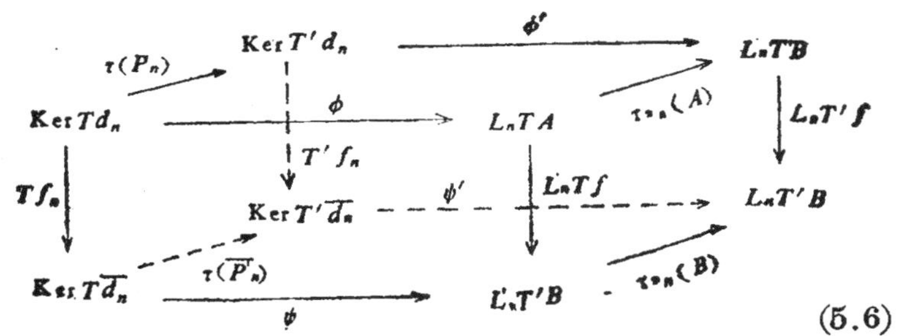


(5.6)

所以
$$\begin{aligned}\tau_{*n}(B)\,L_nTf\phi &= \tau_{*n}(B)\,\psi Tf_n = \psi'\tau(\overline{P}_n)Tf_n\\ &= \psi'T'f_n\tau(P_n) = L_nTf'\phi'\tau(P_n)\\ &= L_nT'f\tau_{*n}(A)\phi.\end{aligned}$$

因 $\phi$ 是满同态，故 $\tau_{*n}(B)\,L_nTf = L_nT'f\tau_{*n}(A)$, (5.6)的右边一个正方形也可交换. 这说明，$\tau_{*n}$ 是 $L_nT$ 到 $L_nT'$ 的自然变换. □

由此易得

**引理2** 设 $\tau$: $T\to T'$ 为共变加法函子 $T$ 到 $T'$ 的一个自然变换，而

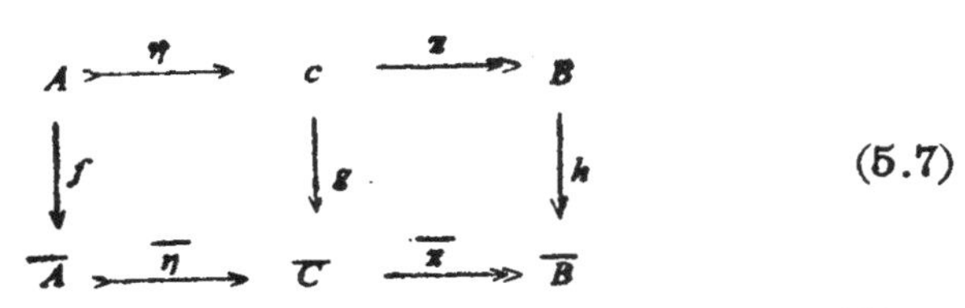


(5.7)

可交换，两行都正合，则有两个交换图：

$$\begin{array}{ccccccccccc}
\cdots & \longrightarrow & L_nTA & \xrightarrow{L_nT\kappa} & L_nTC & \xrightarrow{L_nT\pi} & L_nTB & \longrightarrow & L_{n-1}TA & \longrightarrow & \cdots \\
 & & \downarrow & & \downarrow & & \downarrow & & \downarrow & & \\
\cdots & \longrightarrow & L_nT'A & \xrightarrow{L_nT\kappa} & L_nT'C & \xrightarrow{L_nT\pi} & L_nT'B & \longrightarrow & L_{n-1}T'A & \longrightarrow & \cdots
\end{array} \tag{5.8}$$

$$\begin{array}{ccccccccccc}
\cdots & \longrightarrow & L_nTA & \xrightarrow{L_nT} & L_nTC & \xrightarrow{L_nT\pi} & L_nTB & \longrightarrow & L_{n-1}TA & \longrightarrow & \cdots \\
 & & \downarrow & & \downarrow & & \downarrow & & \downarrow & & \\
\cdots & \longrightarrow & L_nT\overline{A} & \xrightarrow{L_nT\overline{\kappa}} & L_nT\overline{C} & \xrightarrow{L_nT\overline{\pi}} & L_nT\overline{B} & \longrightarrow & L_{n-1}T\overline{A} & \longrightarrow & \cdots
\end{array} \tag{5.9}$$

证　各行得自定理 11(4.8)；诸 $\tau_{*n}$ 得自引理 1，$f_{*n}$，$g_{*n}$，与 $h_{*n}$ 得自导出函子的定义．□

为了能得到类似于定理 11 的长正合列，我们取三个共变加法函子 $T$, $T'$, 与 $T''$: $\mathfrak{A}\mathbb{M}\to\mathfrak{B}\mathbb{M}$，并取自然变换 $\tau$: $T\to T'$, $\tau'$: $T'\to T''$，又假定对任何投射模 $P$，恒有短正合列：

$$0\to TP\xrightarrow{\tau(P)}T'P\xrightarrow{\tau'(P)}T''P\to 0.$$

这时我们称

$$T\xrightarrow{\tau}T'\xrightarrow{\tau'}T''$$

对投射模正合．由引理 2 即有

**定理 13**　设 $T\to T'\to T''$ 对投射模正合，则对任何 $\mathfrak{A}$–模，恒有长正合列

$$\begin{aligned}
\cdots &\to L_nTA\to L_nT'A\to L_nT''A\to L_{n-1}TA \\
&\to\cdots\cdots \\
&\to L_1T''A\to L_0TA\to L_0T'A\to L_0T''A\to 0.
\end{aligned} \tag{5.10}$$

证　取 $A$ 的一个投射分解为 $\{P_n, d_n\}$，引用函子 $T$, $T'$, $T''$

及 $\tau$ 与 $\tau'$，再由定理 4 即得. □

上面所述的理论当然可以对偶地引用于逆变函子，其定理的证明只需作适当的修改，有的箭头方向需要调转. 具体地说，若 $S$, $S'$, 与 $S''$ 都是由 $\mathfrak{A}\mathbb{M}$ 到 $\mathfrak{B}\mathbb{M}$ 的逆变加法函子，$\tau: S\to S'$ 与 $\tau': S'\to S''$ 都是自然变换，而且 $S\xrightarrow{\tau}S'\xrightarrow{\tau'}S''$ 对投射模正合，则有

**定理 13°** 对任何 $A$，恒有长正合列

$$\begin{aligned}0\to L_0SA\to L_0S'A\to L_0S''A\to L_1SA\\ \to\cdots\cdots\qquad\qquad\qquad\qquad\qquad\qquad\\ \to L_nSA\to L_nS'A\to L_nS''A\to\cdots.\end{aligned}\tag{5.11}$$

## §6 函子 Hom 与 Ext

在第二章中我们已经知道，若 $M$ 与 $A$ 都是 $\mathfrak{A}$-模，则 $\mathrm{Hom}(M, A)$ 与 $\mathrm{Hom}(A, M)$ 都是加法交换群，因而都是范畴 $\mathbb{A}G(=\mathbb{Z}\mathbb{M})$ 中的对象. 现在让 $M$ 固定，任取两个 $\mathfrak{A}$-模 $A$ 与 $B$，任取一个模同态 $\phi: A\to B$，则对任何 $\sigma\in\mathrm{Hom}(M, A)$ 有 $\phi\sigma\in\mathrm{Hom}(M, B)$，对任何 $\tau\in\mathrm{Hom}(B, M)$ 有 $\tau\phi\in\mathrm{Hom}(A, M)$，如图(6.1).

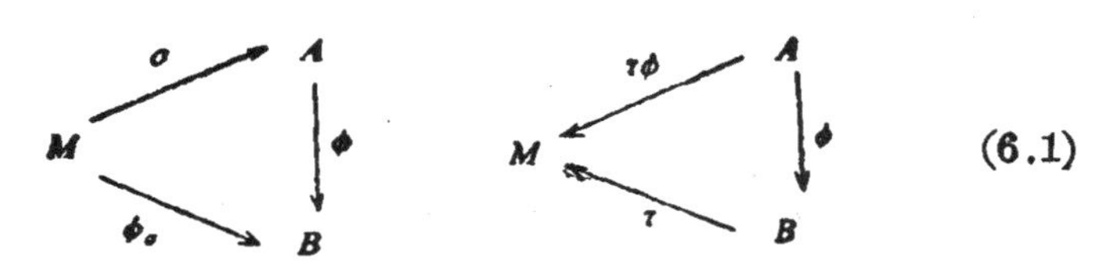

(6.1)

于是我们定义两个由 $\mathfrak{A}\mathbb{M}$ 到 $\mathbb{A}G$ 的函子，一个是 $\mathrm{Hom}(M, -)$，它把 $A$ 变成 $\mathrm{Hom}(M, A)$，并对 $\phi: A\to B$，定义

$$\begin{aligned}\mathrm{Hom}(M, \phi): \mathrm{Hom}(M, A)&\to\mathrm{Hom}(M, B)\\ \sigma&\mapsto\phi\sigma.\end{aligned}$$

另一个是 $\mathrm{Hom}(-, M)$，它把 $A$ 变成 $\mathrm{Hom}(A, M)$，并对 $\phi: A\to B$，定义

$$\mathrm{Hom}(\phi, M): \mathrm{Hom}(B, M) \to \mathrm{Hom}(A, M)$$
$$\tau \mapsto \tau\phi.$$

易知 $\mathrm{Hom}(M, -)$ 是共变函子，$\mathrm{Hom}(-, M)$ 是逆变函子.

首先有

**定理 14** $\mathrm{Hom}(M, -)$ 与 $\mathrm{Hom}(-, M)$ 都是左正合函子，即当

$$A \overset{\eta}{\rightarrowtail} B \overset{\pi}{\twoheadrightarrow} C \tag{6.2}$$

为短正合列时，必有左正合列

$$0 \to \mathrm{Hom}(M, A) \xrightarrow{\mathrm{Hom}(M, \eta)} \mathrm{Hom}(M, B) \xrightarrow{\mathrm{Hom}(M, \pi)} \mathrm{Hom}(M, C) \tag{6.3}$$

与

$$0 \to \mathrm{Hom}(C, M) \xrightarrow{\mathrm{Hom}(\pi, M)} \mathrm{Hom}(B, M) \xrightarrow{\mathrm{Hom}(\eta, M)} \mathrm{Hom}(A, M). \tag{6.4}$$

证 (1) 设 $\sigma \in \mathrm{Hom}(M, A)$，若 $\mathrm{Hom}(M, \eta)(\sigma) = \eta\sigma = 0$，则因 $\eta$ 是单同态，故 $\sigma = 0$，即，$\mathrm{Hom}(M, \eta)$ 是单的.

任取 $\tau \in \mathrm{Hom}(C, M)$. 若 $\mathrm{Hom}(\pi, M)(\tau) = \tau\pi = 0$，则因 $\pi$ 是满同态，故 $\tau = 0$. 所以 $\mathrm{Hom}(\pi, M)$ 也是单同态.

(2) (6.3) 在 $\mathrm{Hom}(M, B)$ 处正合. 首先注意，$\mathrm{Hom}(M, \pi) \cdot \mathrm{Hom}(M, \eta) = \mathrm{Hom}(M, \pi\eta) = \mathrm{Hom}(M, 0) = 0$，故有 $\mathrm{Im}\,\mathrm{Hom}(M, \eta) \subseteq \mathrm{Ker}\,\mathrm{Hom}(M, \pi)$. 反过来，设 $\tau \in \mathrm{Ker}\,\mathrm{Hom}(M, \pi)$，即 $\pi\tau = 0$. 任取 $m \in M$，并设 $\tau(m) = b \in B$，故 $\pi(b) = 0$，$b \in \mathrm{Ker}\,\pi$，因此有 $a \in A$，使 $\eta(a) = b$. 定义 $\sigma(m) = a$. 我们来证明 $\sigma \in \mathrm{Hom}(M, A)$. 为此，若 $\sigma(m') = a'$，则由 $\sigma$ 的定义，$\eta(a') = \tau(m')$，故 $\eta(a + a') = \tau(m + m')$，即，$\sigma(m + m') = a + a' = \sigma(m) + \sigma(m')$. 再当 $\alpha \in \mathfrak{A}$ 时，因 $\eta(\alpha a) = \tau(\alpha m)$，故 $\sigma(\alpha m) = \alpha a = \alpha\sigma(m)$. 最后，再由 $\sigma$ 的定义，若 $\sigma(m) = a$，则 $\eta\sigma(m) = \eta(a) = \tau(m)$，故 $\tau = \eta\sigma = \mathrm{Hom}(M, \eta)(\sigma)$，所以 $\tau \in \mathrm{Im}\,\mathrm{Hom}(M, \eta)$，因此 $\mathrm{Ker}\,\mathrm{Hom}(M, \pi) \subseteq \mathrm{Im}\,\mathrm{Hom}(M, \eta)$.

(3) (6.4)在$\mathrm{Hom}(B, M)$处正合. 首先注意, $\mathrm{Hom}(\eta, M)\cdot\mathrm{Hom}(\pi, M)=\mathrm{Hom}(\pi\eta, M)=\mathrm{Hom}(0, M)=0$,所以$\mathrm{Im\,Hom}(\pi, M)\subseteq\mathrm{KerHom}(\eta, M)$. 其次,设$\tau\in\mathrm{Hom}(B, M)$,而$\mathrm{Hom}(\eta, M)(\tau)=\tau\eta=0$. 任取$c\in C$, 有$b\in B$, 使$\pi(b)=c$, 设$\tau(b)=m\in M$, 则定义$\sigma(c)=m$. 同样, 我们可证明, $\sigma\in\mathrm{Hom}(C, M)$. 于是,由$\tau(b)=\sigma(c)=\sigma\pi(b)$, 得$\tau=\sigma\pi=\mathrm{Hom}(\pi, M)(\sigma)$, 所以$\tau\in\mathrm{ImHom}(\pi, M)$,故$\mathrm{KerHom}(\eta, M)\subseteq\mathrm{ImHom}(\pi, M)$. □

应该指出, 在证(6.3)时, 仅需(6.2)左正合, 不需$\pi$为满同态,而在证(6.4)时,仅需(6.2)右正合,不需$\eta$是单同态.

**推论** 若(6.2)可裂正合,则(6.3)与(6.4)也都可裂正合.

事实上, 若$\pi\eta_1=\varepsilon_C$, 则$\mathrm{Hom}(M, \pi)\mathrm{Hom}(M, \eta_1)=\mathrm{Hom}(M, \pi\eta_1)=\mathrm{Hom}(M, \varepsilon_C)=\varepsilon_{\mathrm{Hom}(M, C)}$,故(6.3)正合且可裂. 同样,若$\pi_1\eta=\varepsilon_A$,则$\mathrm{Hom}(\eta, M)\mathrm{Hom}(\pi_1, M)=\mathrm{Hom}(\pi_1\eta, M)=\mathrm{Hom}(\varepsilon_A, M)=\varepsilon_{\mathrm{Hom}(A, M)}$,故(6.4)可裂正合. □

**定理 15** (1) $M$是投射模,当且仅当(6.2)短正合时,(6.3)也短正合;

(2) $M$是内射模,当且仅当(6.2)短正合时,(6.4)也短正合.

证 与定理14相比较, 仅需证明, $M$为投射模, 当且仅当$\mathrm{Hom}(M, \pi)$是满同态; $M$为内射模, 当且仅当$\mathrm{Hom}(\eta, M)$是满同态.

(1) 若$M$是投射模, 则对任何$\sigma\in\mathrm{Hom}(M, C)$, 有$\tau\in\mathrm{Hom}(M, B)$,使$\sigma=\pi\tau=\mathrm{Hom}(M, \pi)(\tau)$,故$\sigma\in\mathrm{ImHom}(M, \pi)$;而$\mathrm{Hom}(M, \pi)$是满同态. 若$\mathrm{Hom}(M, \pi)$是满同态,即, 对任何$\sigma\in\mathrm{Hom}(M, C)$,有$\tau\in\mathrm{Hom}(M, B)$, 使$\sigma=\mathrm{Hom}(M, \pi)(\tau)=\pi\tau$,则由投射模的定义即知$M$是投射模.

(2) 若$M$是内射模, 则对任何$\sigma\in\mathrm{Hom}(A, M)$, 必有$\tau\in\mathrm{Hom}(B, M)$,使$\sigma=\tau\eta=\mathrm{Hom}(\eta, M)(\tau)$,即,$\sigma\in\mathrm{Im\,Hom}(\eta, M)$,因而$\mathrm{Hom}(\eta, M)$是满同态. 反之, 若$\mathrm{Hom}(\eta, M)$是满同态, 则对任何$\sigma\in\mathrm{Hom}(A, M)$, 必有$\tau\in\mathrm{Hom}(B, M)$, 使$\sigma=\mathrm{Hom}(\eta, M)(\tau)=\tau\eta$. 这其实就是内射模的定义. □

由于函子 Hom(—, $M$)是一个逆变加法且左正合函子，所以我们可以用 § 4 所述的理论来从投射分解导出 Hom(—, $M$)的右导出函子. 对这些右导出函子，我们将用一个特别的记号，见

**定义 2** 设 $M$ 为一个(固定的)$\mathfrak{A}$-模，定义

$$\mathrm{Ext}^n_{\mathfrak{A}}(—, M)=R^n\mathrm{Hom}(—, M),$$

这里 $\mathrm{Ext}^n_{\mathfrak{A}}(—, M)$中的足码 $\mathfrak{A}$ 如果不会引起误解的话(例如在不牵涉到其它的环时)可以省去，而写成 $\mathrm{Ext}^n(—, M)$.

于是，按照导出函子的定义，若$\{P_n, d_n\}$是 $A$ 的一个投射分解，引用函子 Hom(—, $M$)以后，即得一个上复形

$$\begin{aligned}&\cdots\leftarrow \mathrm{Hom}(P_n, M)\xleftarrow{\mathrm{Hom}(d_n, M)}\mathrm{Hom}(P_{n-1}, M)\leftarrow\cdots\\&\cdots\leftarrow \mathrm{Hom}(P_1, M)\leftarrow \mathrm{Hom}(P_0, M)\leftarrow 0,\end{aligned}\tag{6.5}$$

而 $\mathrm{Ext}^n(A, M)$就是这个上复形的上同调群. 具体地，我们有

$$\begin{aligned}&\mathrm{Ext}^0(A, M)=\mathrm{Ker\,Hom}(d_1, M);\\&\mathrm{Ext}^n(A, M)=\mathrm{Ker\,Hom}(d_{n+1}, M)/\mathrm{Im\,Hom}(d_n, M).\end{aligned}\tag{6.6}$$

当 $\sigma\in\mathrm{Hom}(A, B)$ 时，$\mathrm{Ext}^n(\sigma, M): \mathrm{Ext}^n(B, M)\to\mathrm{Ext}^n(A, M)$ 是由 $\sigma$ 按 § 4 中所述的办法引出来的.

于是，§ 4 末尾关于 $R^nS$ 的定理 8°, 9°, 10°, 11° 与 12° 可全部应用于 $\mathrm{Ext}^n(—, M)$.

**定理 16** $\mathrm{Ext}^0(A, M)\cong\mathrm{Hom}(A, M)$.

**定理 17** 对所有的 $n=0, 1, 2, \cdots$, $\mathrm{Ext}^n(—, M)$ 是逆变加法函子.

**定理 18** 若 $A\rightarrowtail C\twoheadrightarrow B$ 为短正合列，则有长正合列

$$\begin{aligned}&\cdots\leftarrow\mathrm{Ext}^n(A, M)\leftarrow\mathrm{Ext}^n(C, M)\leftarrow\mathrm{Ext}^n(B, M)\\&\quad\leftarrow\mathrm{Ext}^{n-1}(A, M)\leftarrow\cdots\\&\quad\leftarrow\mathrm{Ext}^1(A, M)\leftarrow\mathrm{Ext}^1(C, M)\leftarrow\mathrm{Ext}^1(B, M)\\&\quad\leftarrow\mathrm{Hom}(A, M)\leftarrow\mathrm{Hom}(C, M)\\&\quad\leftarrow\mathrm{Hom}(B, M)\leftarrow 0.\end{aligned}\tag{6.7}$$

**定理 19** 设 $n\geqslant 1$, $A_n\overset{\eta}{\rightarrowtail}P_{n-1}\xrightarrow{d_{n-1}}P_{n-2}\to\cdots\to P_0\to A$ 为

正合列，$P_{n-1}$，$P_{n-2}$，…，$P_0$ 为投射模，则

(1) $\mathrm{Hom}(P_{n-1}, M) \xrightarrow{\mathrm{Hom}(\eta, M)} \mathrm{Hom}(A_n, M) \to \mathrm{Ext}^n(A, M) \to 0$ 右正合，即，$\mathrm{Ext}^n(A, M) \cong \mathrm{Hom}(A_n, M)/\mathrm{Im}\,\mathrm{Hom}(\eta, M)$.

(2) 当 $m \geqslant 1$ 时，$\mathrm{Ext}^{n+m}(A, M) \cong \mathrm{Ext}^m(A_n, M)$.

**定理 20** 设 $\{A_{\lambda\in\Lambda}\}$ 为任意的一 $\mathfrak{A}$-模集，则对 $n=0, 1, 2, \cdots$，有

$$\mathrm{Ext}^n(\coprod_\lambda A_\lambda, M) \cong \prod_\lambda \mathrm{Ext}^n(A_\lambda, M). \tag{6.8}$$

再若 $\{M_\lambda\}$ 为任意的一 $\mathfrak{A}$-模集，则对 $n=0, 1, 2, \cdots$，有

$$\mathrm{Ext}^n(A, \prod_\lambda M_\lambda) \cong \prod_\lambda \mathrm{Ext}^n(A, M_\lambda). \tag{6.9}$$

先证引理

**引理** $$\mathrm{Hom}(\coprod_{\lambda\in\Lambda} A_\lambda, M) \overset{f}{\cong} \prod_\lambda \mathrm{Hom}(A_\lambda, M); \tag{6.10}$$

$$\mathrm{Hom}(A, \prod_\lambda M_\lambda) \cong \prod_\lambda \mathrm{Hom}(A, M_\lambda). \tag{6.11}$$

证 设 $C = \coprod_\lambda A_\lambda$，以 $\eta_\lambda$: $A_\lambda \to C$ 表示上积的定义中的单同态，则当 $\phi \in \mathrm{Hom}(C, M)$ 时，$\phi\eta_\lambda \in \mathrm{Hom}(A_\lambda, M)$，因而 $\{\phi\eta_{\lambda\in\Lambda}\} \in \prod_\lambda \mathrm{Hom}(A_\lambda, M)$. 令

$$f: \mathrm{Hom}(\coprod_\lambda A_\lambda, M) \to \prod \mathrm{Hom}(A_\lambda, M)$$

$$\phi \mapsto \{\phi\eta_{\lambda\in\Lambda}\}.$$

首先，$f$ 是满的，因为任取 $\sigma_\lambda \in \mathrm{Hom}(A_\lambda, M)$，$\{\sigma_{\lambda\in\Lambda}\} \in \prod \mathrm{Hom}(A_\lambda, M)$，则由上积的定义，有 $\phi \in \coprod_\lambda A_\lambda \to M$，使 $\sigma_\lambda = \phi\eta_\lambda$. 次，$f$ 也是单的，因为，如果对所有的 $\lambda \in \Lambda$ 都有 $\phi\eta_\lambda = 0$，那么，由于每一个 $c \in C$ 都可表成有限和 $c = \Sigma\eta_\lambda(a_\lambda)$，$a_\lambda \in A_\lambda$，故 $\phi(c) = \Sigma\phi\eta_\lambda(a_\lambda) = 0$，即，$\phi = 0$. 既满又单，必是同构.

关于 (6.11)，我们取 $\pi_\lambda$: $\prod M_\lambda \to M_\lambda$ 为积的定义中的满同态，则当 $\phi \in \mathrm{Hom}(A, \prod M_\lambda)$ 时，$\pi_\lambda\phi \in \mathrm{Hom}(A, M_\lambda)$，于是让 $\phi$ 与 $\{\pi_\lambda\phi\}$ 对应，我们得到一个同态

$$g: \mathrm{Hom}(A, \prod M_\lambda) \to \prod \mathrm{Hom}(A, M_\lambda).$$

它是单的，因为若 $\phi \neq 0$，则至少有一个 $\pi_\lambda \phi \neq 0$，因而 $\{\pi_\lambda \phi\} \neq 0$. 它也是满的，因为对任何 $\sigma_\lambda$: $A \to M_\lambda$，由积的定义，有 $\phi$: $A \to \prod M_\lambda$，使 $\pi_\lambda \phi = \sigma_\lambda$. □

我们现在用归纳法来证明(6.8).

$n=0$ 时，(6.8)式已由(6.10)得到保证，因为 $\mathrm{Ext}^0(A, M) = \mathrm{Hom}(A, M)$.

设 $n=1$. 对每一个 $\lambda \in \Lambda$，取短正合列

$$N_\lambda \overset{\rho_\lambda}{\rightarrowtail} P_\lambda \overset{\omega_\lambda}{\twoheadrightarrow} A_\lambda,$$

这里的 $P_\lambda$ 都是投射模，于是由上积的定义，可得交换图：

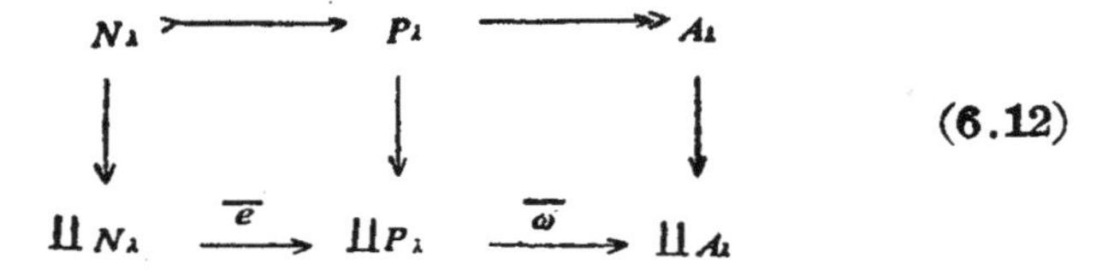

各纵箭头都表上积定义中的单同态. 于是(6.12)的第二行也是一个短正合列. 由定理19(1)，$n=1$ 的情况，有交换图(注意，$\coprod P_\lambda$ 是投射模)

$$\begin{array}{ccccccc}
\mathrm{Hom}(\coprod P_\lambda, M) & \longrightarrow & \mathrm{Hom}(\coprod N_\lambda, M) & \longrightarrow & \mathrm{Ext}^1(\coprod A_\lambda, M) & \longrightarrow & \mathrm{Ext}^1(\coprod P_\lambda, M) = 0 \\
\downarrow f & & \downarrow \bar{f} & & \downarrow f' & & \downarrow \\
\prod \mathrm{Hom}(P_\lambda, M) & \longrightarrow & \prod \mathrm{Hom}(N_\lambda, M) & \longrightarrow & \prod \mathrm{Ext}^1(A_\lambda, M) & \longrightarrow & \prod \mathrm{Ext}^1(P_\lambda, M) = 0
\end{array} \tag{6.13}$$

两行均右正合，$f$ 与 $\bar{f}$ 都是引理中的同构，故由五引理，$f'$ 也是同构.

最后，设 $n>1$. 仍取上述的短正合列 $N_\lambda \rightarrowtail P_\lambda \twoheadrightarrow A_\lambda$，则由定理19(2)，以及归纳法的假定，有

$$\prod_\lambda \mathrm{Ext}^n(A_\lambda, M) \cong \prod_\lambda \mathrm{Ext}^{n-1}(N_\lambda, M) \cong \mathrm{Ext}^{n-1}(\coprod N_\lambda, M)$$
$$\cong \mathrm{Ext}^n(\coprod A_\lambda, M),$$

这个公式中的最后一个"$\cong$"是从(6.12)的第二行与定理19(2)来得到的. (6.8)得证.

对于(6.9),可仍用归纳法,先取$A$的投射分解,引用(6.11),用相类似的办法即得. □

附注　上述引理使我们联想到以下的三个问题.

1. $\mathrm{Hom}(A, \prod_{\lambda\in\Lambda} M_\lambda)$与$\prod \mathrm{Hom}(A, M_\lambda)$是否同构?

在$\Lambda$为有限集合时,这两个群当然同构. 我们可举一例,说明在$\Lambda$为无穷集合时,这两个群可不同构. 让$\Lambda$为可数无穷集合,$\mathfrak{A}=\mathbb{Z}$为整数环,$A$与$M_\lambda$都等于$\mathbb{Z}$(都看成$\mathbb{Z}$模). 由于$\mathrm{Hom}\mathbb{Z}(\mathbb{Z}, \bigoplus_\lambda \mathbb{Z})$中的元素$\sigma$是由$\sigma(1)$所唯一决定的,$\sigma(n)=n\sigma(1)=nx\in\bigoplus\mathbb{Z}$,而且任取$x\in\bigoplus\mathbb{Z}$,必可让$\sigma(1)=x$得

$$\sigma\in\mathrm{Hom}(\mathbb{Z}, \bigoplus\mathbb{Z}),$$

所以$\mathrm{Hom}(\mathbb{Z}, \bigoplus\mathbb{Z})\cong\bigoplus\mathbb{Z}$. 同理,$\prod\mathrm{Hom}(\mathbb{Z}, \mathbb{Z})\cong\prod\mathbb{Z}$. 在$\Lambda$为可数无穷集的情况,$\bigoplus\mathbb{Z}$与$\prod\mathbb{Z}$不能同构,因为前者为可数集合,而后者不是可数集合(实际上是连续统).

2. $\mathrm{Hom}(\prod_{\lambda\in\Lambda} A_\lambda, M)$与$\prod\mathrm{Hom}(A_\lambda, M)$, $\mathrm{Hom}(\prod A_\lambda, M)$与$\prod\mathrm{Hom}(A_\lambda, M)$是否同构?

在$\Lambda$为无穷集合的情况,这两对一般都不同构. 举一个例. 让$\{p_1, p_2, \cdots, p_n, \cdots\}$为素数序列,$\mathfrak{A}=\mathbb{Z}$, $A_n=\mathbb{Z}/p_n\mathbb{Z}$, $M=\prod_n \mathbb{Z}/p_n\mathbb{Z}/\bigoplus\mathbb{Z}/p_n\mathbb{Z}$. $\mathrm{Hom}(\prod_n A_n, M)$当然不等于0. 但在另一方面,对任何$n$,易知$\mathrm{Hom}(A_n, M)=0$.

3. $\mathrm{Hom}(A, \prod_{\lambda\in\Lambda} M_\lambda)$与$\prod\mathrm{Hom}(A, M_\lambda)$是否同构?

一般不是. 仍取$\{p_1, p_2, \cdots, p_n, \cdots\}$为素数序列. 让$A=\bigoplus_n \mathbb{Z}/p_n\mathbb{Z}$, $M_n=\mathbb{Z}/p_n\mathbb{Z}$. 易知$\mathrm{Hom}(\mathbb{Z}/p_n\mathbb{Z}, \mathbb{Z}/p_m\mathbb{Z})$当$n=m$时等于$\mathbb{Z}/p_n\mathbb{Z}$;而当$n\neq m$时等于0. 于是$\mathrm{Hom}(A, \bigoplus M_n)\cong\prod\mathrm{Hom}(\mathbb{Z}/p_n\mathbb{Z}, \bigoplus\mathbb{Z}/p_n\mathbb{Z})\cong\prod_n \mathbb{Z}/p_n\mathbb{Z}$,但是$\bigoplus_n \mathrm{Hom}(A, M_n)\cong\bigoplus_n\prod_m \mathrm{Hom}(\mathbb{Z}/p_m\mathbb{Z}, \mathbb{Z}/p_n\mathbb{Z}=\bigoplus_n \mathbb{Z}/p_n\mathbb{Z}$,它们不能同构.

## § 7 函子 $\mathrm{Ext}^n(A, -)$

设 $\tau\in \mathrm{Hom}_{\mathfrak{A}}(M, L)$，则当 $\sigma\in\mathrm{Hom}_{\mathfrak{A}}(A, M)$ 时，$\tau\sigma\in \mathrm{Hom}(A, L)$．我们以 $\tau(A)$ 表示这种对应，即，$\tau(A)(\sigma)=\tau\sigma$，故 $\tau(A)\in\mathrm{Hom}\mathbb{Z}(\mathrm{Hom}(A, M), \mathrm{Hom}(A, L))$，因而 $\tau$ 是逆变函子 $\mathrm{Hom}(-, M)$ 到 $\mathrm{Hom}(-, L)$ 的一种变换．我们将证明 $\tau$ 是自然的．为此，任取 $f\in\mathrm{Hom}(A, B)$，$\bar{\sigma}\in\mathrm{Hom}(B, M)$，作图

$$\begin{array}{ccc} \mathrm{Hom}(A, M) & \xrightarrow{\tau(A)} & \mathrm{Hom}(A, L) \\ {\scriptstyle \mathrm{Hom}(f, M)}\downarrow & & \downarrow{\scriptstyle \mathrm{Hom}(f, L)} \\ \mathrm{Hom}(B, M) & \xrightarrow{\tau(B)} & \mathrm{Hom}(B, L) \end{array} \tag{7.1}$$

则因 $\quad \tau(A)\mathrm{Hom}(f, M)(\bar{\sigma})=\tau(A)(\bar{\sigma}f)=\tau\bar{\sigma}f,$

$\qquad\quad \mathrm{Hom}(f, L)\tau(B)(\bar{\sigma})=\mathrm{Hom}(f, L)(\tau\bar{\sigma})=\tau\bar{\sigma}f,$

故(7.1)可交换，所以 $\tau: \mathrm{Hom}(-, M)\to\mathrm{Hom}(-, L)$ 是自然变换．由 § 5 的理论，有导出变换 $\tau_{*n}: \mathrm{Ext}^n(-, M)\to\mathrm{Ext}^n(-, L)$，$n=0, 1, 2, \cdots$．这样一来，我们对于任何 $A$ 为 $\mathfrak{A}$-模，又可定义一系列的函子 $\mathrm{Ext}^n(A, -)$，它对任何 $M$ 取值 $\mathrm{Ext}^n(A, M)$，而对任何 $\tau: M\to L$，取 $\mathrm{Ext}^n(A, \tau)=\tau_{*n}(A)$．因此有

**定理 21** $\mathrm{Ext}^n(A, -)$ 是共变函子．

于是 $\mathrm{Ext}^n(-, -)$ 是一种“双函子”，其中有两个变量 $A$ 与 $M$．当 $A$ 固定时，让 $M$ 变，则 $\mathrm{Ext}^n(A, -)$ 是共变函子；让 $M$ 固定，$A$ 变动，则 $\mathrm{Ext}^n(-, M)$ 是一个逆变函子，从表面上看来，这两种函子是用两种方式定义出来的，$\mathrm{Ext}^n(-, M)$ 是由 $\mathrm{Hom}(-, M)$ 导出的，而 $\mathrm{Ext}^n(A, -)$ 则是由函子变换来定义的．我们将在 § 11 中证明，$\mathrm{Ext}^n(A, -)$ 也是导出函子，它是由 $\mathrm{Hom}(A, -)$ 导出的．

注意到，当 $M\overset{\eta}{\rightarrowtail}L\overset{\pi}{\twoheadrightarrow}K$ 为短正合列时，若 $P$ 为投射模，也必

有短正合列 $\mathrm{Hom}(P, M) \rightarrowtail \mathrm{Hom}(P, L) \twoheadrightarrow \mathrm{Hom}(P, K)$，所以函子列

$$\mathrm{Hom}(-, M) \xrightarrow{\eta_*} \mathrm{Hom}(-, L) \xrightarrow{\pi_*} \mathrm{Hom}(-, K)$$

对投射模正合，其中 $\eta_*$ 与 $\pi_*$ 为相应的自然变换，所以由定理 13°，有

**定理 22** 设 $M \rightarrowtail L \twoheadrightarrow K$ 短正合，则对任何 $A$ 恒有长正合列(注意 $\mathrm{Ext}^0(A, B)=\mathrm{Hom}(A, B)$)：

$$\begin{aligned}0 &\to \mathrm{Hom}(A, M) \xrightarrow{\eta_{*0}(A)} \mathrm{Hom}(A, L) \xrightarrow{\pi_{*0}(A)} \mathrm{Hom}(A, K)\\ &\xrightarrow{\theta} \mathrm{Ext}^1(A, M) \to \mathrm{Ext}^1(A, L) \to \mathrm{Ext}^1(A, K)\\ &\to \cdots\\ &\to \mathrm{Ext}^n(A, M) \xrightarrow{\eta_{*n}(A)} \mathrm{Ext}^n(A, L) \xrightarrow{\pi_{*n}(A)} \mathrm{Ext}^n(A, K)\\ &\to \cdots\cdots\end{aligned} \tag{7.2}$$

由此即得

**定理 23** 下列的三句话等价：

(1) $A$ 是投射模；

(2) 对任何 $n>0$，任何 $M$，必有 $\mathrm{Ext}^n(A, M)=0$；

(3) 对任何 $M$，必有 $\mathrm{Ext}^1(A, M)=0$.

**证** (1)⇒(2) 因 $A$ 投射，故 $0 \to A \to A \to 0$ 是 $A$ 的投射分解.

(2)⇒(3) 当然.

(3)⇒(1) 由(7.2)，因 $\mathrm{Ext}^1(A, M)=0$，故有短正合列 $0 \to \mathrm{Hom}(A, M) \to \mathrm{Hom}(A, L) \to \mathrm{Hom}(A, K) \to 0$，从定理 15 知 $A$ 是投射模. □

与定理 23 相对偶，我们有下列的定理 24，其证明不需要本节的理论.

**定理 24** 下列的三句话等价：

(1) $M$ 是内射模；

(2) 对任何 $n>0$, 与任何 $A$, 必有 $\mathrm{Ext}^n(A, M)=0$;

(3) 对任何 $A$, 必有 $\mathrm{Ext}^1(A, M)=0$.

证 (1)⇒(2) 取$\{P_n, d_n\}$为 $A$ 的投射分解, 让 $A_n=\mathrm{Im}d_n$, 则有短正合列 $A_n \overset{\eta}{\rightarrowtail} P_{n-1} \overset{\pi}{\twoheadrightarrow} A_{n-1}$. 因 $M$ 内射, 故有短正合列 $\mathrm{Hom}(A_{n-1}, M) \rightarrowtail \mathrm{Hom}(P_{n-1}, M) \twoheadrightarrow \mathrm{Hom}(A_n, M)$. 于是由定理 19(1), $\mathrm{Ext}^n(A, M)=\mathrm{Hom}(A_n, M)/\mathrm{Im}\,\mathrm{Hom}(\eta, M)=0$, 因为 $\mathrm{Hom}(\eta, M)$是满同态.

(2)⇒(3) 当然.

(3)⇒(1) 由定理 18, 对任何 $A \rightarrowtail C \twoheadrightarrow B$, 恒有 $\mathrm{Hom}(B, M) \rightarrowtail \mathrm{Hom}(C, M) \twoheadrightarrow \mathrm{Hom}(A, M)$为短正合列, 故 $M$ 内射.

## §8 函 子 ⊗

我们将在本节与下一节中定义同调代数中的另一个基本函子, 即, 函子⊗, 或称张量积, 并讨论由它所导出的导出函子.

**定义 3** 设 $M$ 为右 $\mathfrak{A}$-模, $A$ 为左 $\mathfrak{A}$-模, $G$ 为一个加法交换群. 由 $M$ 与 $A$ 的笛卡尔积 $M\times A$ 到 $G$ 的一个映射 $\psi$: $M\times A\to G$ 叫做线性平衡的, 如果 $\psi$ 满足以下的两个条件:

(1) $\psi(m_1+m_2, a_1+a_2)=\sum_{i,j=1}^{2}\psi(m_i, a_j)$,

(2) $\alpha\in\mathfrak{A}$ 时, $\psi(m\alpha, a)=\psi(m, \alpha a)$.

**定义 4** 设 $\psi$: $M\times A\to G$ 为一个线性平衡映射, 如果再有条件:

$\otimes_1$ $G$ 是由 $\psi$ 的象所生成的, 即, $G$ 中每一个元素 $x$ 都可表成有限和 $x=\sum_{i=1}^{n}\psi(m_i, a_i)$;

$\otimes_2$ 对于任何线性平衡映射 $\phi$: $M\times A\to H$, 必有 $f$: $G\to H$ 为群同态, 使 $f\psi=\phi$, 即, 有交换图

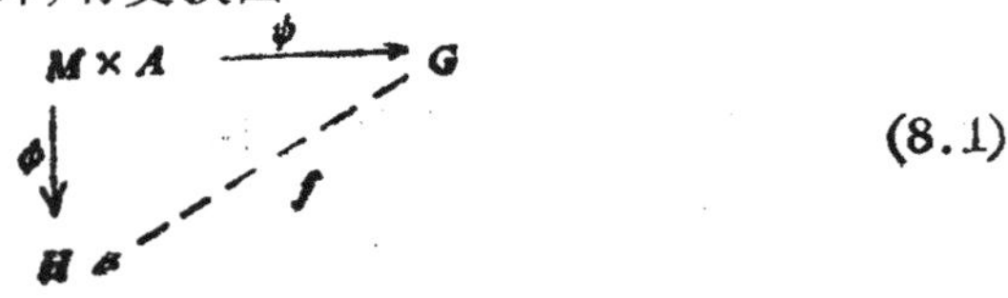


(8.1)

则 $G$ 叫做 $M$ 与 $A$ 关于 $\mathfrak{A}$ 的**张量积**，记成 $M \underset{\mathfrak{A}}{\otimes} A$，或者在不会引起误解时，记成 $M\otimes A$，而 $G$ 中的元素 $x$ 可写成 $\sum m_i\otimes a_i$.

我们注意，定义 4 中 $\otimes_1$ 与 $\otimes_2$ 这两个条件等价于下列的一个条件：

$\otimes$ 对于任何线性平衡映射 $\phi$: $M\times A\to H$，必有唯一的 $f$: $G\to H$，使 $f\psi=\phi$.

事实上，若有 $\otimes_1$ 与 $\otimes_2$，但有 $f_1\psi=f_2\psi=\phi$，则因 $G$ 中每一个元素 $x$ 都由 $\psi$ 的象生成，$x=\sum\psi(m_i, a_i)$，$f_1(x)=\sum f_1\psi(m_i, a_i)=f_2(x)=\sum f_2\psi(m_i, a_i)=\sum\phi(m_i, a_i)$，故 $f_1=f_2$.

反过来，假定线性平衡映射 $\psi$ 满足条件 $\otimes$，它当然满足条件 $\otimes_2$. 设 $G_1\subseteq G$ 为由 $\psi$ 的象所生成的子群，并在 (8.1) 中取 $H$ 为 $G_1$，$\phi(m, a)=\psi(m, a)$，则有 $f$: $G\to G_1$，使 $f\psi=\phi$. 以 $\eta$ 表 $G_1$ 到 $G$ 的嵌入映射，则 $\eta f\psi=\eta\phi=\psi$. 再作下图

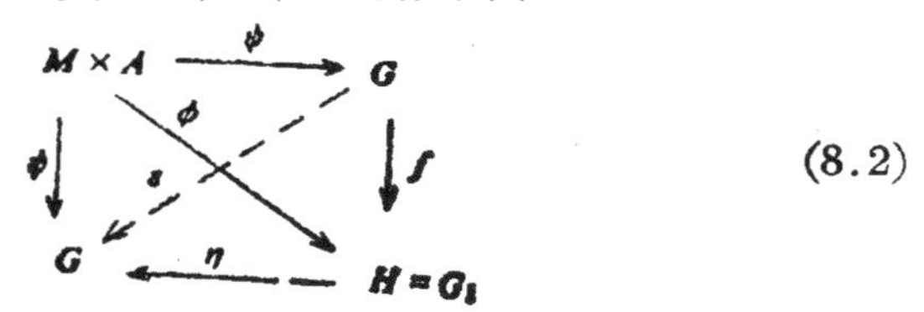


(8.2)

一方面 $\varepsilon_G\psi=\psi$，另一方面 $\eta f\psi=\psi$. 由唯一性，$\eta f=\varepsilon_G$. 所以 $\eta$ 是满同态，故 $G_1=G$，即，$G$ 是由 $\psi$ 的象所生成的.

首先需要证明

**定理 25** $M\otimes A$ 存在且唯一.

证 对每一个 $m\in M$，$a\in A$，作一个符号 $[m, a]$，并以 $F$ 表示由这些符号所生成的自由群. 以 $N$ 表示由 $F$ 中所有形如 $[m_1+m_2, a]-[m_1, a]-[m_2, a]$，$[m, a_1+a_2]-[m, a_1]-[m, a_2]$，$[m\alpha, a]-[m, \alpha a]$. 这样的元素所生成的自由子群，再令 $G=F/N$. 定义 $\psi(m, a)=[m, a] \pmod N$，则 $\psi$ 显然是一个线性平衡映射，而且 $G$ 是由 $\psi$ 的象所生成的. 若 $\phi$: $M\times A\to H$ 为任一个线性平衡映射，取 $\bar{f}$: $F\to H$，使 $\bar{f}(\sum\pm[m_i, a_i])=\sum\pm\phi(m_i, a_i)$. 这个 $\bar{f}$ 当然是群同态，而且 $N\subseteq\operatorname{Ker}\bar{f}$. 所以，这个 $\bar{f}$ 将引出 $G$

到 $H$ 的一个群同态 $\psi$, 且 $f\psi=\phi$. 因此 $G$ 是 $M\otimes A$.

如果图(8.1)中的 $G$ 与 $H$ 都是 $M$ 与 $A$ 的张量积, 则不但有 $f\psi=\phi$, 也有 $g\phi=\psi$, 因而 $fg\phi=f\psi=\phi$, $gf\psi=g\phi=\psi$. 故 $fg=\varepsilon_H$, $gf=\varepsilon_G$, 所以 $G$ 与 $H$ 同构. □

在 $G$ 因有 $\psi$ 而成为 $M\otimes G$ 时, $\psi$ 通常叫做一个**张量映射**, 而 $G$ 中的元素则称为**张量**.

根据定义, $M\otimes A$ 有以下的基本性质:

(1) $m\alpha\otimes a=m\otimes\alpha a,\ m\in M,\ a\in A,\ \alpha\in\mathfrak{A}$;

(2) $(\sum m_i)\otimes(\sum a_j)=\sum_{i,j} m_i\otimes a_j$;

(3) $0\otimes a=m\otimes 0=0$;

(4) $M\underset{\mathfrak{A}}{\otimes}\mathfrak{A}\cong M$, $\mathfrak{A}\underset{\mathfrak{A}}{\otimes}A\cong A$, $\mathfrak{A}\underset{\mathfrak{B}}{\otimes}\mathfrak{A}\cong\mathfrak{A}$, 这里的 $\mathfrak{A}$ 按需要可看成左 $\mathfrak{A}$-模或右 $\mathfrak{A}$-模.

证 取(8.1)中的 $G$ 为 $M\otimes\mathfrak{A}$, $H$ 为 $M$, $\phi(m,\alpha)=m\alpha\in M$. 这个 $\phi$ 显然是线性平衡的, 因此有 $f$: $M\otimes\mathfrak{A}\to M$, 使 $f(\sum m_i\otimes\alpha_i)=\sum m_i\alpha_i$. 这个 $f$ 当然是满的, 因为任何 $m\in M$, $f(m\otimes 1)=m$. 它也是单的, 因为若 $f(\sum m_i\otimes\alpha_i)=\sum m_i\alpha_i=0$, 则 $\sum m_i\otimes\alpha_i=\sum m_i\alpha_i\otimes 1=0\otimes 1=0$. 所以 $f$ 是群同构.

其余的两个等式的证明是类似的. □

(5) 设 $d$: $M\to M'$, $\partial$: $A\to A'$ 都是模同态, 则有唯一的 $f$: $M\otimes A\to M'\otimes A'$, 使 $f(m\otimes a)=d(m)\otimes\partial(a)$. 这个 $f$ 将表以 $d\otimes\partial$, 这仅是一个记号, 并不表示张量积. 特别, 若 $d$ 与 $\partial$ 都是同构, 则 $d\otimes\partial$ 为同构.

证 取 (8.1) 中的 $G$ 为 $M\otimes A$, $H$ 为 $M'\otimes A'$, $\phi(m,a)=d(m)\otimes\partial(a)$ 即得.

(6) 设 $M$ 又是左 $\mathfrak{B}$-模, 而且 $(\beta m)\alpha=\beta(m\alpha)$, 则定 $\beta(m\otimes a)=\beta m\otimes a$ 使 $M\otimes A$ 成为一个 $\mathfrak{B}$-模.

由此又得

(7) 设 $A$ 为一个 $\mathfrak{A}$-模, $\mathfrak{B}$ 是 $\mathfrak{A}$ 上的代数(有环同态 $\theta$: $\mathfrak{A}\to\mathfrak{B}$, 使 $\theta$ 的象含在 $\mathfrak{B}$ 的中心 $C(\mathfrak{B})$ 内, 则 $\alpha\beta=\theta(\alpha)\beta=\beta\theta(\alpha)=$

$\beta\alpha)$，则 $\mathfrak{B}\bigotimes_{\mathfrak{A}}A$ 是一个左 $\mathfrak{B}$-模.

(8) $(\coprod_{\lambda\in\Lambda}M_\lambda)\otimes A\cong\coprod_\lambda(M_\lambda\otimes A)$,

$M\otimes\coprod_{\lambda\in\Lambda}A_\lambda\cong\coprod_\lambda(M\otimes A_\lambda)$.

证 可取 $\coprod_\lambda M_\lambda$ 为直和 $\bigoplus_\lambda M_\lambda$，因此每一个 $x\in\bigoplus_\lambda M_\lambda$ 都可唯一地表示成有限和 $x=\sum m_\lambda$, $m_\lambda\in M_\lambda$，但只有有限个 $m_\lambda$ 不为 0.

取 $\psi$: $(\bigoplus_\lambda M_\lambda)\times A\to(\bigoplus_\lambda M_\lambda)\otimes A$ 为张量映射，再定义 $\phi$: $(\bigoplus_\lambda M_\lambda)\times A\to\bigoplus_\lambda(M_\lambda\otimes A)$，使 $\phi(\sum m_\lambda, a)=\sum(m_\lambda\otimes a)$，则由张量积的定义，有唯一的 $f$: $(\bigoplus_\lambda M_\lambda)\otimes A\to\bigoplus_\lambda(M_\lambda\otimes A)$，使 $f\psi=\phi$.

让 $\eta_\lambda$: $M_\lambda\otimes A\to\bigoplus(M_\lambda\otimes A)$ 为嵌入映射，$\eta'_\lambda$: $M_\lambda\otimes A\to\bigoplus M_\lambda\otimes A$，使 $\eta'_\lambda(m_\lambda\otimes a)=m_\lambda\otimes a\in\bigoplus M_\lambda\otimes A$，则由上积的定义，有 $g$: $\bigoplus(M_\lambda\otimes A)\to\bigoplus M_\lambda\otimes A$，使 $g\eta_\lambda=\eta'_\lambda$. 易知 $fg$ 与 $gf$ 相应为 $\bigoplus(M_\lambda\otimes A)$ 与 $\bigoplus M\otimes A$ 的恒等自同构.

第二个同构是类似的. □

由以上的定义与性质，在 $M$ 固定时，$M\otimes$—就成为由 $\mathfrak{A}\mathbb{M}$ 到 $\mathbb{A}G$ 的一个函子，它把 $\mathfrak{A}\mathbb{M}$ 中的 $A$ 变成 $M\otimes A$，同时又把 $\sigma$: $A\to B$ 变成 $\varepsilon_M\otimes\sigma$: $M\otimes A\to M\otimes B$. 同样，当 $A$ 固定时，—$\otimes A$ 是一个由 $\mathbb{M}\mathfrak{A}$ 到 $\mathbb{A}G$ 的函子，它把 $M$ 变成 $M\otimes A$，同时把 $\tau$: $M\to L$ 变成 $\tau\otimes\varepsilon_A$: $M\otimes A\to L\otimes A$.

现在我们证明

**定理 26** $M\otimes$—与—$\otimes A$ 都是共变加法右正合函子.

证 其共变性与加法性都是明显的. 现在只要证明 $M\otimes$—是右正合函子. —$\otimes A$ 的情况是类似的.

假定有短正合列

$$A\overset{\eta}{\rightarrowtail}C\overset{\pi}{\twoheadrightarrow}B,\tag{8.3}$$

我们要证

$$M\otimes A\xrightarrow{\varepsilon_M\otimes\eta}M\otimes C\xrightarrow{\varepsilon_M\otimes\pi}M\otimes B\tag{8.4}$$

右正合. 同态 $\varepsilon_M\otimes\pi$ 当然是满的. 为了证明(8.4)在 $M\otimes C$ 处正

合，我们取 $\omega$：$M\otimes C\to D$ 为 $\varepsilon_M\otimes\eta$ 的上核，于是，由于 $(\varepsilon_M\otimes\pi)\cdot(\varepsilon_M\otimes\eta)=\varepsilon_M\otimes\pi\eta=\varepsilon_M\otimes 0=0$，故有 $g$：$D\to M\otimes B$，使 $g\omega=\varepsilon_M\otimes\pi$，如图(8.5)

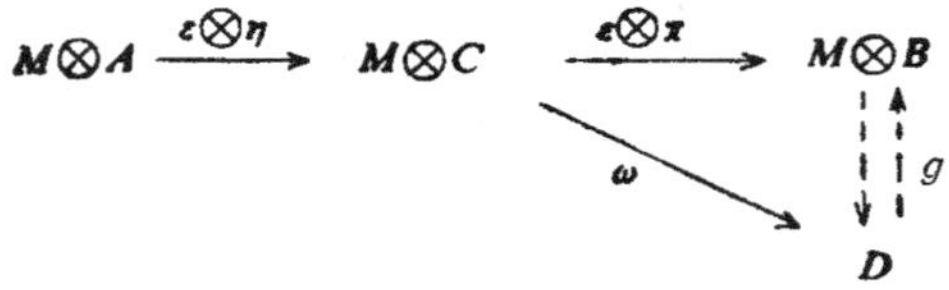

$$\begin{array}{ccccc} M\otimes A & \xrightarrow{\varepsilon\otimes\eta} & M\otimes C & \xrightarrow{\varepsilon\otimes\pi} & M\otimes B \\ & & & \searrow^{\omega} & \downarrow\uparrow g \\ & & & & D \end{array} \qquad (8.5)$$

再当 $b\in B$ 时，取 $c\in C$，使 $\pi(c)=b$．定义 $\phi$：$M\times B\to D$，使 $\phi(m,b)=\omega(m\otimes c)$．这个 $\phi$ 的定义是良好的，因为若另有 $c'\in C$，使 $\pi(c')=b$，则 $\pi(c-c')=0$，$c-c'\in\mathrm{Ker}\,\pi=\mathrm{Im}\,\eta$，故有 $a\in A$，使 $\eta(a)=c-c'$．于是 $\omega(m\otimes c-m\otimes c')=\omega(m\otimes(c-c'))=\omega(m\otimes\eta(a))=\omega(\varepsilon_M\otimes\eta)(m\otimes a)=0$．所以 $\omega(m\otimes c)=\omega(m\otimes c')$．这个 $\phi$ 当然是线性平衡的，所以有 $f$：$M\otimes B\to D$，使 $f(m\otimes b)=\phi(m,b)=\omega(m\otimes c)$，这里 $\pi(c)=b$．

现在证明 $gf$ 与 $fg$ 相应为 $M\otimes B$ 与 $D$ 的恒等自同构．为此，任取 $m\otimes b\in M\otimes B$，则 $f(m\otimes b)=\phi(m,b)=\omega(m\otimes c)$，故 $gf(m\otimes b)=g\omega(m\otimes c)=(\varepsilon_M\otimes\pi)(m\otimes c)=m\otimes\pi(c)=m\otimes b$．所以 $gf=\varepsilon_{M\otimes B}$．另一方面，任取 $m\otimes c\in M\otimes C$，则 $fg\omega(m\otimes c)=fgf(m\otimes b)=f\varepsilon_{M\otimes B}(m\otimes b)=f(m\otimes b)=\omega(m\otimes c)$．所以 $fg\omega=\omega$．但 $\omega$ 是满同态，由右消去法，$fg=\varepsilon_D$．因此 $g$ 是同构，$\varepsilon\otimes\pi=g\omega$，故 $\varepsilon\otimes\pi$：$M\otimes C\to M\otimes B$ 也是 $\varepsilon_M\otimes\eta$ 的上核，(8.4) 在 $M\otimes C$ 处正合．□

其实，所有如 $M\otimes$— 与 —$\otimes A$ 这样的函子已经取尽了由 $\mathfrak{A}\mathbb{M}$ 与 $\mathbb{M}\mathfrak{A}$ 到 $\mathbb{A}G$ 的所有共变加法右正合函子．见下面的 Watts 定理．

**定理 27** 对于任何一个由 $\mathfrak{A}\mathbb{M}$ 到 $\mathbb{A}G$ 的共变加法右正合函子 $F$，有右 $\mathfrak{A}$-模 $M$，使 $F$ 与函子 $M\otimes$— 自然等价．

证 把 $\mathfrak{A}$ 本身看成一个左 $\mathfrak{A}$-模，则 $F(\mathfrak{A})=M$ 是一个加法交换群．我们先把 $M$ 定义成为一个右 $\mathfrak{A}$-模．为此，当 $\alpha\in\mathfrak{A}$ 时，定义 $\phi_\alpha$．$\mathfrak{A}\to\mathfrak{A}$ 使 $\phi_\alpha(\alpha')=\alpha'\alpha$，则 $\phi_\alpha$ 是一个由左 $\mathfrak{A}$-模 $\mathfrak{A}$ 到其

自身的一个模自同态. 于是 $F\phi_\alpha$ 就是由 $M$ 到其自身的一个群自同态. 任取 $\alpha\in\mathfrak{A}$, $m\in M$, 定义 $m\alpha=F\phi_\alpha(m)$, 则

$$\begin{aligned} m(\alpha_1+\alpha_2) &= F\phi_{\alpha_1+\alpha_2}(m)=F(\phi_{\alpha_1}+\phi_{\alpha_2})(m) \\ &= (F\phi_{\alpha_1}+F\phi_{\alpha_2})(m)=F\phi_{\alpha_1}(m)+F\phi_{\alpha_2}(m) \\ &= m\alpha_1+m\alpha_2; \end{aligned}$$

$$\begin{aligned} (m\alpha_1)\alpha_2 &= F\phi_{\alpha_2}(m\alpha_1)=F\phi_{\alpha_2}F\phi_{\alpha_1}(m) \\ &= F(\phi_{\alpha_2}\phi_{\alpha_1})(m)=F\phi_{\alpha_1\alpha_2}(m)=m(\alpha_1\alpha_2); \end{aligned}$$

$$\begin{aligned} (m_1+m_2)\alpha &= F\phi_\alpha(m_1+m_2)=F\phi_\alpha(m_1)+F\phi_\alpha(m_2) \\ &= m_1\alpha+m_2\alpha. \end{aligned}$$

所以 $M$ 是一个右 $\mathfrak{A}$-模.

其次, 对任意的一个左 $\mathfrak{A}$-模 $X$, 我们来定义一个线性平衡映射 $f: M\times X\to F(X)$. 为此, 对于 $x\in X$, 我们定义 $\phi_x: \mathfrak{A}\to X$, 使 $\phi_x(\alpha)=\alpha x$, 因而 $\phi_x$ 是左 $\mathfrak{A}$-模 $\mathfrak{A}$ 到 $X$ 的一个模同态, 于是 $F\phi_x$ 是 $M(=F\mathfrak{A})$ 到 $F(X)$ 的一个群同态. 对于 $m\in M$, $x\in X$, 定义 $f: M\times X\to F(X)$, 使 $f(m, x)=F\phi_x(m)\in F(X)$. 因为

$$\begin{aligned} f(m_1+m_2,\ x_1+x_2) &= F\phi_{x_1+x_2}(m_1+m_2) \\ &= F\phi_{x_1+x_2}(m_1)+F\phi_{x_1+x_2}(m_2) \\ &= F\phi_{x_1}(m_1)+F\phi_{x_2}(m_2)+F\phi_{x_1}(m_2)+F\phi_2(m_2), \end{aligned}$$

$$\begin{aligned} f(m\alpha, x) &= F\phi_x(m\alpha)=F\phi_x(F\phi_\alpha(m)) \\ &= F\phi_xF\phi_\alpha(m)=F(\phi_x\phi_\alpha)(m) \\ &= F\phi_{\alpha x}(m)=f(m,\ \alpha x). \end{aligned}$$

所以 $f$ 是线性平衡的.

最后, 由张量积的定义, 有唯一的 $\tau_X: M\otimes X\to F(X)$, 使 $\tau_X(m\otimes x)=F\phi_x(m)$, 因此, $\tau$ 是由函子 $M\otimes$—到函子 $F$ 的一个变换. 我们要证明它是自然的. 为此, 任取 $\sigma: X\to Y$, 则当 $m\otimes x\in M\otimes X$ 时,

$$F(\sigma)\tau_X(m\otimes x)=F(\sigma)F\phi_x(m)=F(\sigma\phi_x)(m)=F\phi_{\sigma x}(m),$$

$$\tau_Y(\varepsilon_M\otimes\sigma)(m\otimes x)=\tau_Y(m\otimes\sigma x)=F\phi_{\tau x}(m),$$

即, 有交换图

$$\begin{array}{ccc} M\otimes X & \xrightarrow{\tau_X} & F(X) \\ \downarrow{\scriptstyle \varepsilon_M\otimes\sigma} & & \downarrow{\scriptstyle F(\sigma)} \\ M\otimes Y & \xrightarrow{\tau_Y} & F(Y) \end{array} \qquad (8.6)$$

故 $\tau$ 是自然变换.

还需证明每一个 $\tau_X$ 都是同构. 为此, 先设 $X=\mathfrak{A}$(看成 $\mathfrak{A}$-模), 则 $M\otimes\mathfrak{A}=M$, $F(\mathfrak{A})=M$, 而且 $\tau_{\mathfrak{A}}(m\otimes\alpha)=\tau_{\mathfrak{A}}(m\alpha\otimes 1)=F\phi_1(m\alpha)=F\varepsilon_{\mathfrak{A}}(m\alpha)=m\alpha$, 故 $\tau_{\mathfrak{A}}$ 为同构. 其次, 设 $X$ 为自由模, 则因自由模是许多 $\mathfrak{A}$ 的直和, $X=\bigoplus_\lambda\mathfrak{A}$, 故 $M\otimes X=M\otimes\bigoplus_\lambda\mathfrak{A}=\bigoplus_\lambda M\otimes\mathfrak{A}\cong\bigoplus_\lambda F(\mathfrak{A})$, 所以在 $X$ 为自由模时, $\tau_X$ 也是同构. 最后, 设 $X$ 为任意的 $\mathfrak{A}$-模. 取右正合列

$$B\to A\twoheadrightarrow X,$$

其中 $A$ 与 $B$ 都是自由模. 从(8.6)得交换图

$$\begin{array}{ccccc} M\otimes B & \longrightarrow & M\otimes A & \twoheadrightarrow & M\otimes X \\ \downarrow{\scriptstyle \tau_B} & & \downarrow{\scriptstyle \tau_A} & & \downarrow{\scriptstyle \tau_X} \\ F(B) & \longrightarrow & F(A) & \longrightarrow & F(X) \end{array} \qquad (8.7)$$

两行均右正合, $\tau_B$ 与 $\tau_A$ 均为同构, 由五引理(右边再添两对 0)知 $\tau_X$ 也是同构, 定理全部证毕.

## §9 平 坦 模

定理 26 告诉我们, 函子 $M\otimes-$ 与 $-\otimes A$ 都右正合, 但一般说来,这两个函子都不左正合. 举一个例. 取 $\mathfrak{A}=\mathbb{Z}$ 为整数环, $B$ 为由一元 $b$ 所生成的无穷循环群, $A$ 是由 $3b$ 所生成的无穷循环群, 它是 $B$ 的子群. 以 $M$ 表示由 0, $x$ 与 $2x$ 这三个元素所组成的三元循环群, $3x=0$. 易知, $M\otimes A$ 与 $M\otimes B$ 都与 $M$ 同构, 因而都不等于 0. 让 $\eta$: $A\to B$ 为嵌入映射, 因而是单同态, 但 $\varepsilon_M\otimes\eta$

却等于0，它把 $M\otimes A$ 中的每一个元素都映成 $M\otimes B$ 中的 0（在 $M\otimes A$ 中，$x\otimes 3b\neq 0$，但在 $M\otimes B$ 中，$x\otimes 3b=3x\otimes b=0\otimes b=0$）。这时函子 $M\otimes -$ 不是左正合的.

**定义 5** 如果函子 $M\underset{\mathfrak{A}}{\otimes}-$ 左正合，则 $M$ 叫做一个平坦右 $\mathfrak{A}$-模. 同样，如果函子 $-\otimes A$ 左正合，则 $A$ 叫做一个平坦左 $\mathfrak{A}$-模.

若一个右 $\mathfrak{A}$-模 $M$ 的所有有限生成的子模都平坦，则 $M$ 本身也平坦. 事实上，若 $\sigma$: $A\to B$ 是单同态，而 $\varepsilon_M\otimes\sigma$: $M\otimes A\to M\otimes B$ 却不是单同态，必有 $\sum_{i=1}^{n}m_i\otimes a_i\in M\otimes A$ 不为 0，但是它被映射 $\varepsilon_M\otimes\sigma$ 映到 $M\otimes B$ 的象却是 0，即，$\Sigma m_i\otimes\sigma(a_i)=0$. 于是，由 $m_1, m_2, \cdots, m_n$ 所生成的子模 $M_1$ 不能是平坦的.

**定理 28** $\coprod\limits_{\lambda\in\Lambda}M_\lambda$ 是平坦的，当且仅当每一个 $M_\lambda$ 都是平坦的.

证 由基本性质 8，$\coprod\limits_{\lambda}M_\lambda\otimes A\cong\coprod\limits_{\lambda}(M_\lambda\otimes A)$. 若 $\sigma$: $A\to B$ 为单同态，则有交换图

$$\begin{array}{ccc}\coprod\limits_{\lambda}M_\lambda\otimes A & \longrightarrow & \coprod\limits_{\lambda}(M_\lambda\otimes A)\\ \downarrow & & \downarrow\\ \coprod\limits_{\lambda}M_\lambda\otimes B & \longrightarrow & \coprod\limits_{\lambda}(M_\lambda\otimes B)\end{array}\qquad(9.1)$$

两条纵箭头都是同构，所以两横箭头中若有一个是单同态，另一个也必是单同态. □

由本定理易得下列重要的

**定理 29** 投射模必平坦.

证 首先证明，环 $\mathfrak{A}$ 本身不论是看成左 $\mathfrak{A}$-模或右 $\mathfrak{A}$-模都是平坦的. 事实上，$\mathfrak{A}\otimes A$ 中的任一个元素都可写成 $1\otimes a$，1 是 $\mathfrak{A}$ 的单位元. 让 $a\in A$ 与 $1\otimes a\in\mathfrak{A}\underset{\mathfrak{B}}{\otimes}A$ 相对应，这给出了 $A$ 与 $\mathfrak{A}\otimes A$ 的同构（基本性质 (4)）. 所以，若 $\sigma$: $A\to B$ 是单同态，则 $\mathfrak{A}\otimes A\xrightarrow{\varepsilon_{\mathfrak{A}}\otimes\sigma}\mathfrak{A}\otimes B$ 也必是单同态.

其次，自由模是许多个 $\mathfrak{A}$ 的上积，由定理 28，自由模是平坦

模.

最后，自由模是投射模的直和，故再由定理 28，投射模是平坦模. □

现在我们来讨论平坦模与内射模的一些关系，以及其进一步的性质.

为此，我们假定 $\mathfrak{A}$ 与 $\mathfrak{B}$ 为两个环，$M$ 为一个 $(\mathfrak{B}, \mathfrak{A})$-模，即，左 $\mathfrak{B}$ 右 $\mathfrak{A}$-模，$E$ 为左 $\mathfrak{B}$-模，则当 $f\in \mathrm{Hom}_{\mathfrak{B}}(M, E)$，$\alpha\in\mathfrak{A}$ 时，若定义 $(\alpha f(m)=f(m\alpha)$，那么，$\mathrm{Hom}_{\mathfrak{B}}(M, E)$ 就作成一个左 $\mathfrak{A}$-模. 又当 $A$ 是左 $\mathfrak{A}$-模，$\beta\in\mathfrak{B}$ 时，定义 $\beta(m\underset{\mathfrak{A}}{\otimes}a)=\beta m\otimes a$，则 $M\underset{\mathfrak{A}}{\otimes}A$ 是一个左 $\mathfrak{B}$-模. 这三个模 $M$，$E$ 与 $A$ 有下列引理中所表达的关系.

**引理 1**(相伴性定理) 有群同构

$$\omega: \mathrm{Hom}_{\mathfrak{A}}(A, \mathrm{Hom}_{\mathfrak{B}}(M, E))\to \mathrm{Hom}_{\mathfrak{B}}(M\underset{\mathfrak{A}}{\otimes}A, E)$$

$$\phi\mapsto f \tag{9.2}$$

$$\phi(a)(m)=f(m\otimes a)\in E.$$

证 设 $\phi\in \mathrm{Hom}_{\mathfrak{A}}(A, \mathrm{Hom}_{\mathfrak{B}}(M, E))$，则对任何 $a\in A$，$\phi(a)\in \mathrm{Hom}_{\mathfrak{B}}(M, E)$，所以 $\phi(a)(m)=e\in E$，而且 $\phi(\sum a_i)(\sum m_j)=\sum_{i,j}\phi(a_i)(m_j)\in E$. 又当 $\alpha\in\mathfrak{A}$ 时，$\phi(\alpha a)(m)=(\alpha\phi(a))(m)=\phi(a)(m\alpha)$. 因此，$\phi$ 实际上是 $M\times A\to E$ 的一个线性平衡映射，所以，由张量积的定义，有唯一的 $f$: $M\otimes A\to E$，使 $f\psi=\phi$，这里 $\psi$: $M\times A\to M\otimes A$ 为张量映射. 以 $\omega$ 表示 $\phi$ 与 $f$ 的这种对应. 由关系式 $\phi(a)(m)=f(m\otimes a)$ 知 $\omega$ 给出了一个群同态. 这个同态是满的，因为任给一个 $f\in \mathrm{Hom}_{\mathfrak{B}}(M\underset{\mathfrak{A}}{\otimes}A, E)$，可取 $\phi=f\psi$ 为由 $M\times A\to E$ 的一个线性平衡映射. 它也是单的，因为 $f=0$ 当且仅当 $\phi=0$. □

(9.2) 式的双方对于范畴 $\mathfrak{A}\mathbb{M}$，$\mathfrak{B}\mathbb{M}\mathfrak{A}$，与 $\mathfrak{B}\mathbb{M}$ 提出了它们到 $\mathbb{A}G$ 的三对函子，它们是 $\mathrm{Hom}_{\mathfrak{A}}(—, \mathrm{Hom}_{\mathfrak{B}}(M, E))$ 与 $\mathrm{Hom}_{\mathfrak{B}}(M\underset{\mathfrak{A}}{\otimes}—, E)$；$\mathrm{Hom}_{\mathfrak{A}}(A, \mathrm{Hom}_{\mathfrak{B}}(—, E))$ 与 $\mathrm{Hom}_{\mathfrak{B}}(—\otimes A, E)$；以及

$\mathrm{Hom}_{\mathfrak{A}}(A, \mathrm{Hom}_{\mathfrak{B}}(M, -))$ 与 $\mathrm{Hom}_{\mathfrak{B}}(M\otimes A, -)$. 前两对是逆变的，后一对是共变的. 由 Hom 与 $\otimes$ 的性质，(9.2) 中的 $\omega$ 对每一对都是自然同构（在 $A$, $M$, $E$ 这三个变量中，固定其中的两个，让第三个变）,所以上述的三对函子，每一对都是自然等价的.

我们将在本节末尾的附注中解释本引理叫做相伴性定理的原因.

由相伴性定理，我们可得平坦模与内射模的一些关系.

**定理 30** 若 $M$ 是平坦右 $\mathfrak{A}$ 模，且是 $(\mathfrak{B}, \mathfrak{A})$ 双模，$E$ 是内射左 $\mathfrak{B}$-模，则 $\mathrm{Hom}_{\mathfrak{B}}(M, E)$ 是内射左 $\mathfrak{A}$-模.

证 设 $A \rightarrowtail B \twoheadrightarrow C$ 为左 $\mathfrak{A}$-模的短正合列，因 $M$ 平坦，故有短正合列 $M\otimes A \rightarrowtail M\otimes B \twoheadrightarrow M\otimes C$, 又因 $E$ 内射，有

$$\mathrm{Hom}(M\otimes C, E) \rightarrowtail \mathrm{Hom}(M\otimes B, E) \twoheadrightarrow \mathrm{Hom}(M\otimes A, E).$$

由相伴性定理，得到短正合列

$$\mathrm{Hom}(C, \mathrm{Hom}(M, E)) \rightarrowtail \mathrm{Hom}(B, \mathrm{Hom}(M, E)) \twoheadrightarrow \mathrm{Hom}(A, \mathrm{Hom}(M, E)).$$

所以 $\mathrm{Hom}_{\mathfrak{B}}(M, E)$ 是内射左 $\mathfrak{A}$-模. □

若取定理 30 中的 $\mathfrak{B}$ 为 $\mathbb{Z}$, $E$ 为 $Q/\mathbb{Z}$, 这里的 $Q$ 是有理数所组成的加法交换群（因而是 $\mathbb{Z}$-模），则定理 30 的逆命题也是正确的.

**定理 31** 右 $\mathfrak{A}$-模 $M$ 是平坦的，其充要条件是 $\mathrm{Hom}_{\mathbb{Z}}(M, Q/\mathbb{Z})$ 为内射左 $\mathfrak{A}$-模.（注意，这里的 $\mathbb{Z}$ 有两用，既作为整数环，又是加法交换群，即，$\mathbb{Z}$-模）.

证 必要性得自定理 30, 因 $Q/\mathbb{Z}$ 是可除的，因而是内射 $\mathbb{Z}$-模.

反过来，设 $A \overset{\eta}{\rightarrowtail} B \overset{\pi}{\twoheadrightarrow} C$, 则得右正合列

$$M\otimes A \xrightarrow{\varepsilon\otimes\eta} M\otimes B \xrightarrow{\varepsilon\otimes\pi} M\otimes C \tag{9.3}$$

与正合列

$$\begin{aligned}&\mathrm{Hom}_{\mathfrak{A}}(C, \mathrm{Hom}_{\mathbb{Z}}(M, Q/\mathbb{Z})) \rightarrowtail \\ &\quad \mathrm{Hom}_{\mathfrak{A}}(B, \mathrm{Hom}_{\mathbb{Z}}(M, Q/\mathbb{Z})) \\ &\quad \twoheadrightarrow \mathrm{Hom}_{\mathfrak{A}}(A, \mathrm{Hom}_{\mathbb{Z}}(M, Q/\mathbb{Z})).\end{aligned} \tag{9.4}$$

因而由相伴性定理，有

$$\operatorname{Hom}_{\mathbb{Z}}(M\underset{\mathfrak{A}}{\otimes}C,\ Q/\mathbb{Z}) \rightarrowtail \operatorname{Hom}(M\otimes B,\ Q/\mathbb{Z}) \twoheadrightarrow \operatorname{Hom}_{\mathbb{Z}}(M\otimes A,\ Q/\mathbb{Z}), \tag{9.5}$$

这里当 $f\in \operatorname{Hom}(M\otimes A,\ Q/\mathbb{Z})$ 时，有 $g\in \operatorname{Hom}(M\otimes B,\ Q/\mathbb{Z})$，使 $f=g(\varepsilon\otimes\eta)$．如果(9.3)不左正合，必有 $0\neq x\in M\otimes A$，使 $(\varepsilon\otimes\eta)x=0$．让 $X$ 为由 $x$ 所生成的循环群．若 $X$ 的阶为$\infty$，则定义 $f_1(x)=\frac{1}{2}+\mathbb{Z}\in Q/\mathbb{Z}$，若 $X$ 的阶为 $n$，则令 $f_1(x)=\frac{1}{n}+\mathbb{Z}\in Q/\mathbb{Z}$，即，$f_1$ 为 $X$ 到 $Q/\mathbb{Z}$ 的群同态．由于 $Q/\mathbb{Z}$ 是内射模，有 $f\colon M\otimes A\to Q/\mathbb{Z}$，使 $f(x)=f_1(x)\neq 0$．但 $f(x)=g(\varepsilon\otimes\eta)(x)=0$，矛盾．所以(9.3)左正合，故 $M$ 是平坦模．□

我们现在叙述并证明平坦模的一个判定法．

**定理 32** 右 $\mathfrak{A}$-模 $M$ 是平坦的，其充要条件是对 $\mathfrak{A}$ 的任何一个有限生成的左理想 $A$，映射

$$g\colon M\otimes A\to MA,\quad m\otimes a\mapsto ma \tag{9.6}$$

是一个群同构．此条件满足时，对任何左理想 $A'$（不限于有限生成的），$g\colon M\otimes A'\to MA'$ 也是同构．

证　必要性　设 $M$ 平坦，$A\xrightarrow{\eta}\mathfrak{A}$ 为嵌入映射，则

$$\varepsilon_M\otimes\eta\colon M\otimes A\to M\otimes\mathfrak{A}\cong M$$

是单同态．于是由交换图

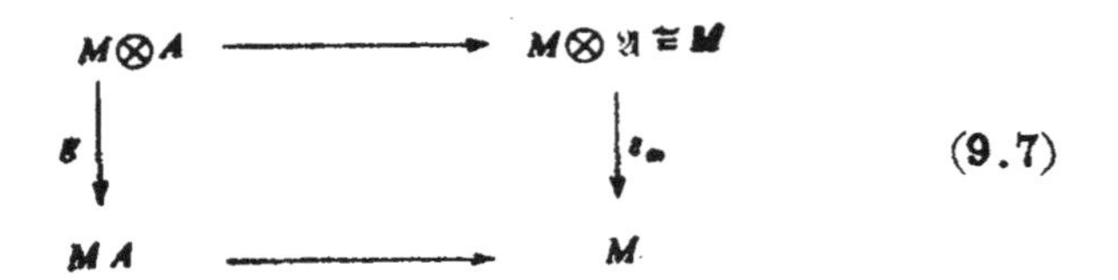


(9.7)

以及两横箭头都表嵌入映射，知 $g$ 必是同构．这里并未用到“$A$ 是有限生成的”这个条件．

充分性　我们首先证明，如果(9.6)中的 $g$ 对于有限生成的左

理想 $A$ 是同构，它对于任何理想 $A'$ 也必是同构，为此，假定有 $a_1', a_2', \cdots, a_n' \in A'$，$0 \neq \sum m_i \otimes a_i' \in M \otimes A'$，但 $g(\sum m_i \otimes a_i') = \sum m_i a_i' = 0$. 我们以 $A$ 表示由 $a_1', a_2', \cdots, a_n'$ 所生成的左理想，则有交换图

$$\begin{array}{ccc} M \otimes A & \xrightarrow{\varepsilon_M \otimes \eta} & M \otimes A' \\ g \downarrow & & \downarrow g \\ MA & \xrightarrow{\eta'} & MA' \end{array} \tag{9.8}$$

$\eta$ 与 $\eta'$ 为相应的嵌入映射，左边的 $g$ 根据所给条件是同构. 让 $x = \sum m_i \otimes a_i' \in M \otimes A$，$x \neq 0$. 于是，$0 \neq x' = \eta' g(x) = \eta' \sum m_i a_i' = \sum m_i a_i' \in MA'$. 但 $g(\varepsilon_M \otimes \eta)(x) = \sum m_i a_i' \in MA'$ 且等于 0. 矛盾.

因此，对于 $\mathfrak{A}$ 的任一左理想 $A$，(9.6) 中的 $g$ 是一个同构，故

$$\sigma: M \underset{\mathfrak{A}}{\otimes} A \to M$$

$$m \otimes a \mapsto ma \in MA \subseteq M$$

是群的单同态. 取 $E = Q/\mathbb{Z}$，它是一个内射 $\mathbb{Z}$-模，故

$$\begin{aligned} \sigma': \mathrm{Hom}_{\mathbf{Z}}(M, E) &\to \mathrm{Hom}_{\mathbf{Z}}(M \otimes A, E) \\ h &\mapsto h\sigma \end{aligned} \tag{9.9}$$

为满同态(定理 15(2)). 由相伴性定理，有同构.

$$\begin{aligned} \theta: \mathrm{Hom}_{\mathbf{Z}}(M \otimes A, E) &\to \mathrm{Hom}_{\mathfrak{A}}(A, \mathrm{Hom}_{\mathbf{Z}}(M, E)) \\ f &\mapsto \phi, \end{aligned} \tag{9.10}$$

这里 $$f(m \otimes a) = \phi(a)(m) \in E.$$

考虑 $\mathrm{Hom}_{\mathfrak{A}}(\mathfrak{A}, \mathrm{Hom}_{\mathbf{Z}}(M, E))$ (注意，$\mathrm{Hom}_{\mathbf{Z}}(M, E)$ 是一个左 $\mathfrak{A}$-模). 当 $\psi \in \mathrm{Hom}(\mathfrak{A}, \mathrm{Hom}(M, E))$ 时，$\psi(\alpha) = \alpha\psi(1) \in \mathrm{Hom}(M, E)$，于是让

$$\begin{aligned} \tau: \mathrm{Hom}(\mathfrak{A}, \mathrm{Hom}(M, E)) &\to \mathrm{Hom}_{\mathbf{Z}}(M, E) \\ \psi &\mapsto \psi(1), \end{aligned} \tag{9.11}$$

则 $\tau$ 为同构. 再者，当 $\alpha \in \mathfrak{A}$，$m \in M$ 时，$\alpha\psi(1)(m) = \psi(1)(m\alpha)$

$\in E$. 这样一来，就有

$$\theta\sigma'\tau: \mathrm{Hom}(\mathfrak{A}, \mathrm{Hom}(M, E)) \to \mathrm{Hom}(A, \mathrm{Hom}(M, E))$$

为满同态. 于是，任取 $\phi \in \mathrm{Hom}(A, \mathrm{Hom}(M, E))$，必有 $\psi \in \mathrm{Hom}(\mathfrak{A}, \mathrm{Hom}(M, E))$，使 $\phi = \theta\sigma'\tau(\psi) = \theta\sigma'\psi(1) = \theta(\psi(1)\sigma)$. 由(9.10)，这表示 $(\psi(1)\sigma)(m \otimes a) = \phi(a)(m) \in E$. 但 $(\psi(1)\sigma) \cdot (m \otimes a) = \psi(1)(ma) = a\psi(1)(m)$，因 $m$ 是任意的，故 $\phi(a) = a\psi(1)$. 这说明了，对任何 $\phi: A \to \mathrm{Hom}_{\mathbf{Z}}(M, E)$，必有 $\psi: \mathfrak{A} \to \mathrm{Hom}_{\mathbf{Z}}(M, E)$，使对任何 $a \in A$，有 $\psi(a) = \phi(a)$. 由 Baer 判别法，$\mathrm{Hom}_{\mathbf{Z}}(M, E)$ 是内射模. 再由定理 31，$M$ 是平坦右 $\mathfrak{A}$-模. □

**推论** $M$ 是平坦右 $\mathfrak{A}$-模，$N$ 为其子模，则 $M/N$ 平坦的充要条件是对任何有限生成的左理想 $A$，恒有

$$NA = MA \cap N.$$

如此条件具备，则对任何左理想 $A$，也有此条件.

**证** 从短正合列

$$N \overset{\eta}{\rightarrowtail} M \overset{\pi}{\twoheadrightarrow} M/N$$

得交换图

$$\begin{array}{ccccc} N \otimes A & \xrightarrow{\eta \otimes \varepsilon_A} & M \otimes A & \xrightarrow{\pi \otimes \varepsilon_A} & M/N \otimes A \\ \downarrow g & & \downarrow g & & \downarrow \varepsilon \\ NA & \xrightarrow{\eta'} & MA & \xrightarrow{(\pi \otimes \varepsilon_A) g^{-1}} & M/N \otimes A \end{array} \tag{9.12}$$

图中的两个 $g$ 都是(9.6)中的 $g$，左边的 $g$ 是满同态，中间的是同构，$\eta'$ 是嵌入映射，上一行右正合，下一行短正合. 所以

$$M/N \otimes A \cong MA/NA.$$

因此，由定理 32，$M/N$ 是平坦模的充要条件是 $(M/N)A \cong MA/NA$. 但由同构定理

$$(M/N)A \cong MA + N/N \cong MA/MA \cap N.$$

而 $MA/NA \cong MA/MA \cap N$ 的充要条件是 $NA = MA \cap N$. (注意 $NA \subseteq MA \cap N$.) □

定理 29 告诉了我们，投射模必平坦. 我们现在用定理 31 来

举一个例子说明平坦模未必投射. 取 $\mathfrak{A}=\mathbb{Z}$ 为整数环, $M$ 为可数无穷多个 $\mathbb{Z}$ 的直积, 即, $M$ 中每一个元素都是 $\mathbb{Z}$ 上的一个无穷序列 $\{a_1, a_2, \cdots, a_n, \cdots\}$, $a_n\in\mathbb{Z}$. 对 $\mathbb{Z}$ 的任一理想 $A$(它是一个主理想), $M\otimes A\to MA$ 显然是一个同构, 所以 $M$ 是平坦 $\mathfrak{A}$-模. 但在第二章 §9 中我们已经证明, 这个 $M$ 不是投射模.

为了研究平坦模何时投射的问题, 我们取

**定义 6** 若对一个模(左 $\mathfrak{A}$-模或右 $\mathfrak{A}$-模) $M$ 有短正合列

$$0\to N\xrightarrow{\eta}F\xrightarrow{\alpha}M\to 0, \tag{9.13}$$

$N$ 与 $F$ 都有限生成, 且 $F$ 为有限生成的自由模, 则称 $M$ 可有限表现(也称有限相关).

有限生成的投射模必可有限表现. 事实上, 若投射模 $P$ 由 $m_1, m_2, \cdots, m_n$ 生成, 可取 $F$ 为定义于 $\{x_1, x_2, \cdots, x_n\}$ 上的自由模. 取 $\pi: F\to P$ 为满同态, 并让 $N=\mathrm{Ker}\,\pi$, 则因 $F=N\coprod P$, 有满同态 $\pi': F\to N$, 于是 $\pi'(x_1), \cdots, \pi'(x_n)$ 将生成 $N$.

我们有

**定理 33** 可有限表现的平坦模必是投射模.

本定理事实上是下列引理的推论.

**引理 2** 设 (9.13) 中的 $M$ 是平坦右 $\mathfrak{A}$-模, $F$ 为定义于 $\{x_1, x_2, \cdots, x_n\}$ 上的自由模, $\eta$ 为嵌入映射, 则对 $N$ 中任何有限个元素 $v_1, v_2, \cdots, v_s$, 必有模同态 $\sigma: F\to N$, 使 $\sigma(v_i)=v_i$, $i=1, 2, \cdots, s$.

证 用归纳法.

设 $s=1$. 假定 $v_1=\sum x_i\alpha_i$, $\alpha_i\in\mathfrak{A}$. 以 $A$ 表示由 $\alpha_1, \alpha_2, \cdots, \alpha_n$ 所生成的左理想, 则因 $F$ 与 $M$ 都平坦, 故由定理 32 的推论, $v_1\in FA\cap N=NA$, 所以有 $u_1, u_2, \cdots, u_n\in N$, 使 $v_1=\sum u_i\alpha_i$. 令 $\sigma_1(x_i)=u_i$, 则 $\sigma_1$ 为 $F$ 到 $N$ 的模同态, 且 $\sigma_1(v_1)=v_1$.

设 $s>1$, 用上述方法定义一个 $\sigma_s: F\to N$, 使 $\sigma_s(v_s)=v_s$. 令 $v_i'=v_i-\sigma_s(v_i)$, 由归纳法的假定, 有 $\sigma': F\to N$, 使 $\sigma'(v_i')=v_i'$. 最后, 当 $x\in F$ 时, 定义 $\sigma(x)=\sigma_s(x)+\sigma'(x-\sigma_s(x))\in N$. 易知

$\sigma$ 是 $F$ 到 $N$ 的模同态，而且当 $i=1, 2, \cdots, s$ 时，$\sigma(v_i)=v_i$. □

若取 $v_1, v_2, \cdots, v_s$ 为 (9.13) 中 $N$ 的生成系，则取引理中的 $\sigma$，注意到 $\eta(v_i)=v_i$($\eta$ 是嵌入映射)，$\sigma\eta(v_i)=\sigma(v_i)=v_i$，故 $\sigma\eta=\varepsilon_N$，(9.13)可裂，所以 $M$ 为投射模. 明所欲证.

附注 1　在 §8 中，我们曾证明张量积的基本性质 (8)，$(\coprod_\lambda M_\lambda)\otimes A\cong\coprod_\lambda(M_\lambda\otimes A)$. 我们将应用本节的定理来举一个例子，用以说明换 $\coprod$ 为 $\prod$，同构式一般是不成立的. 为此，我们取 $\mathfrak{A}=\mathbb{Z}$ 为整数环，$Q$ 为有理数的加法群. 作为 $\mathbb{Z}$-模，$Q$ 是平坦的，因为对 $\mathbb{Z}$ 的任一理想 $B$(它是一个主理想)，$g: Q\otimes_{\mathbb{Z}} B\to QB=Q$ 必是同构. 取 $\{p_1, p_2, \cdots, p_n, \cdots\}$为素数序列，$M_n=\mathbb{Z}/p_n\mathbb{Z}$. 首先，$M_n\otimes_{\mathbb{Z}} Q=0$，因为当 $x\in M_n$，$\frac{q}{p}\in Q$ 时，$x\otimes\frac{q}{p}=x\otimes\frac{qp_n}{pp_n}=p_nx\otimes q/pp_n=0\otimes q/pp_n=0$. 所以 $\prod_n(M_n\otimes Q)=0$. 其次，让 $M=\prod M_n$，则 $M$ 中任一个元素都是一个序列 $\{x_1, x_2, \cdots, x_n, \cdots\}$，$x_n\in M_n$. 任取 $m\in\mathbb{Z}$，在映射 $\mathbb{Z}\to M_n$ 中，设$m$取象为 $[m]_n$，让 $m$ 对应 $\{[m]_1, [m]_2, \cdots\}\in\prod M_n$. 这种对应提供了一个单同态 $\eta$: $\mathbb{Z}\to\prod M_n$. 由于 $Q$ 是平坦 $\mathbb{Z}$-模，$\eta\otimes\varepsilon_Q$: $\mathbb{Z}\otimes_{\mathbb{Z}} Q\to\prod M_n\otimes_{\mathbb{Z}} Q$ 是单同态. 因 $\mathbb{Z}\otimes Q\cong Q\neq0$，故$\prod M_n\otimes Q\neq0$，它当然不能同构于 $\prod(M_n\otimes Q)=0$.

附注 2　D. M. Kan 于 1958 年在他的一篇论文[19] 中首先提出了相伴函子的概念. 此概念源出集合论中的所谓指数律：设 $A, B, C$ 为三个非空集合，$A\times B$ 为 $A$ 与 $B$ 的笛卡尔积，则有等价映射

$$\omega: \mathbb{S}(A, \mathbb{S}(B, C))\to\mathbb{S}(A\times B, C)$$

$$\phi\mapsto f \tag{9.14}$$

$$\phi(a)(b)=f(a, b)=c\in C.$$

在集合论中 $\mathbb{S}(B, C)$ 常表以 $C^B$，故(9.14)称为指数律. ((9.14)与(9.2)多么相象！)让 $B$ 固定，我们可以定义两个函子，$F$：让 $A$ 对

应 $A\times B$，另一个是 $G$：让 $C$ 对应 $\mathbb{S}(B, C)$，那么，(9.14) 可改写成

$$\omega: \mathbb{S}(A, G(C)) \to \mathbb{S}(F(A), C).$$

推广这个概念，我们有相伴函子的定义.

设 $\mathbb{C}$ 与 $\mathbb{C}'$ 为两个范畴，函子 $F: \mathbb{C}\to\mathbb{C}'$ 叫做 $G: \mathbb{C}'\to\mathbb{C}$ 的**左相伴函子**，如果对 $\mathbb{C}$ 中的任何对象 $A$，与 $\mathbb{C}'$ 中的任何对象 $C$，恒有自然等价

$$\mathbb{C}(A, G(C)) \overset{\omega_{A,C}}{\cong} \mathbb{C}'(F(A), C).$$

联系到 (9.2)，若让 $F=-\otimes B$, $G=\mathrm{Hom}(B, -)$，我们看到，$F$ 恰是 $G$ 的左相伴函子.

## §10 函 子 Tor

由 §8，$M\otimes-$ 与 $-\otimes A$ 都是共变加法右正合函子，所以都可以按投射分解来导出它们的导出函子. 由 $M\otimes-$ 所导出的函子将表以记号 $\mathrm{Tor}_n(M, -)$，而由 $-\otimes A$ 所导出的导出函子将表以记号 $\overline{\mathrm{Tor}}_n(-, A)$. 我们将看到，对于任何右 $\mathfrak{A}$-模 $M$，与任何左 $\mathfrak{A}$-模 $A$，恒有 $\mathrm{Tor}_n(M, A)\cong\overline{\mathrm{Tor}}_n(M, A)$, $n=0, 1, 2, 3, \cdots$，所以，后者上面加一横杠事实上是不必要的.

按照导出函子的定义，任取 $A$ 与 $M$ 的投射分解

$$\cdots\to P_n \xrightarrow{d_n} P_{n-1}\to\cdots\to P_1\to P_0\twoheadrightarrow A, \tag{10.1}$$

$$\cdots\to Q_n \xrightarrow{\partial_n} Q_{n-1}\to\cdots\to Q_1\to Q_0\twoheadrightarrow M, \tag{10.2}$$

则得两个复形

$$\cdots\to M\otimes P_n \xrightarrow{\varepsilon_M\otimes d_n} M\otimes P_{n-1}\to\cdots\to M\otimes P_0\to 0, \tag{10.3}$$

$$\cdots\to Q_n\otimes A \xrightarrow{\partial_n\otimes\varepsilon_A} Q_{n-1}\otimes A\to\cdots\to Q_0\otimes A\to 0, \tag{10.4}$$

于是

$$\begin{aligned}&\mathrm{Tor}_0(M, A)=\mathrm{Cok}\,\varepsilon_M\otimes d_1,\\&\mathrm{Tor}_n(M, A)=\mathrm{Ker}\,\varepsilon_M\otimes d_n/\mathrm{Im}\,\varepsilon_M\otimes d_{n+1},\ n>0,\end{aligned} \tag{10.5}$$

$$\overline{\mathrm{Tor}_0}(M,\ A)=\mathrm{Cok}\partial_1\otimes\varepsilon_A,$$
$$\overline{\mathrm{Tor}_n}(M,\ A)=\mathrm{Ker}\partial_n\otimes\varepsilon_A/\mathrm{Im}\partial_{n+1}\otimes\varepsilon_A,\ n>0. \tag{10.6}$$

把§4中的定理8—12引用于$\mathrm{Tor}_n(M,\ A)$上，即得

**定理 34** (1) $\mathrm{Tor}_0(M,\ A)=M\otimes A$;

(2) 若$A$是投射模，则当$n\geqslant 1$时，$\mathrm{Tor}_n(M,\ A)=0$;

(3) 若$B\rightarrowtail C\twoheadrightarrow A$是短正合列，则有长正合列

$$\begin{aligned}\cdots &\to \mathrm{Tor}_n(M,\ B)\to \mathrm{Tor}_n(M,\ C)\to \mathrm{Tor}_n(M,\ A)\\ &\to \mathrm{Tor}_{n-1}(M,\ B)\\ &\to \cdots\cdots\cdots\cdots\\ &\to M\otimes B\to M\otimes C\to M\otimes A\to 0;\end{aligned} \tag{10.7}$$

(4) 设在(10.3)中，取$A_n=\mathrm{Im}d_n,\ n>0$，则有左正合列

$$0\to \mathrm{Tor}_n(M,\ A)\to M\otimes A_n\to M\otimes P_{n-1};$$

(5) $A_n$的意义同上，则当$k\geqslant 1$时，

$$\mathrm{Tor}_{n+k}(M,\ A)\cong \mathrm{Tor}_k(M,\ A_n);$$

(6) 若$N\rightarrowtail L\twoheadrightarrow M$为短正合列，则有长正合列：

$$\begin{aligned}\cdots &\to \overline{\mathrm{Tor}_n}(N,\ A)\to \overline{\mathrm{Tor}_n}(L,\ A)\to \overline{\mathrm{Tor}_n}(M,\ A)\\ &\to \overline{\mathrm{Tor}_{n-1}}(N,\ A)\to \overline{\mathrm{Tor}_{n-1}}(L,\ A)\to \overline{\mathrm{Tor}_{n-1}}(M,\ A)\\ &\to \cdots\cdots\\ &\to M\otimes A\to L\otimes A\to N\otimes A\to 0.\end{aligned} \tag{10.8}$$

**证** (1)，(2)，(3)，(4)，(5)诸条不过是定理8—12的具体化，无须再证.

关于(6)，只要注意，投射模必平坦，故当$M\rightarrowtail L\twoheadrightarrow N$时，也必有短正合列$M\otimes P_n\rightarrowtail L\otimes P_n\twoheadrightarrow N\otimes P_n$. 再由定理4，即得(10.8). □

**推论** 若$n\geqslant 1$，且(10.7)中的$C$是投射模，则

$$\mathrm{Tor}_n(M,\ B)\cong \mathrm{Tor}_{n+1}(M,\ A).$$

事实上，由定理34(2)，$\mathrm{Tor}_n(M,\ C)=\mathrm{Tor}_{n+1}(M,\ C)=0$，故由(10.7)得正合列

$$0\to \mathrm{Tor}_n(M,\ B)\to \mathrm{Tor}_{n-1}(M,\ B)\to 0.\ \square$$

**定理 35** 对于一个右 $\mathfrak{A}$-模 $M$，下列的三句话等价：

(1) $M$ 是平坦模；

(2) 对任何左 $\mathfrak{A}$-模 $A$, $n>0$, $\mathrm{Tor}_n(M, A)=0$;

(3) 对任何左 $\mathfrak{A}$-模 $A$, $\mathrm{Tor}_1(M, A)=0$;

证 (1)⇒(2) 取 $\{P_n, d_n\}$ 为 $A$ 的投射分解，于是 $P_{n+1}\to P_n\to P_{n-1}$ 在 $P_n$ 处正合. 因 $M$ 平坦，故

$$M\otimes P_{n+1}\to M\otimes P_n\to M\otimes P_{n-1}$$

在 $M\otimes P_n$ 处正合，所以 $\mathrm{Tor}_n(M, A)=0$.

(2)⇒(3) 当然

(3)⇒(1) 任取一个短正合列

$$0\to B\to C\to A\to 0,$$

因为 $\mathrm{Tor}_1(M, A)=0$，故由(10.7)得正合列

$$0\to M\otimes B\to M\otimes C\to M\otimes A\to 0,$$

所以 $M$ 为平坦模. □

由于 $-\otimes A$ 也是共变加法右正合函子，所以由导出函子的理论，我们可对 $\overline{\mathrm{Tor}_n}$ 得出完全相类似的定理，此处不再叙述.

**定理 36** 对于任何右 $\mathfrak{A}$-模 $M$ 与左 $\mathfrak{A}$-模 $A$，恒有

$$\mathrm{Tor}_n(M, A)\cong\overline{\mathrm{Tor}_n}(M, A),\ n=0, 1, 2, \cdots. \qquad (10.9)$$

证 对 $n$ 归纳.

设 $n=0$. (10.9)的左右双方这时都等于 $M\otimes A$，故本定理在 $n=0$ 的情况得证.

设 $n=1$. 取(10.2)为 $M$ 的投射分解，并让 $M_1=\mathrm{Im}\,\partial_1$，则有短正合列

$$M_1\rightarrowtail Q_0\twoheadrightarrow M, \qquad (10.10)$$

因 $Q_0$ 为投射模，$\mathrm{Tor}_1(Q_0, A)=0$，故由(10.8)，得正合列

$$0\to\overline{\mathrm{Tor}_1}(M, A)\to M_1\otimes A\to Q_0\otimes A\to M\otimes A\to 0. \qquad (10.11)$$

现在考虑函子 $\overline{\mathrm{Tor}_1}(-, A)$. 对于(10.10)，我们有长正合列

$$\cdots \to \overline{\mathrm{Tor}_1}(Q_0,\ A) \to \overline{\mathrm{Tor}_1}(M,\ A) \to M_1 \otimes A$$
$$\to Q_0 \otimes A \to M \otimes A \to 0. \qquad (10.12)$$

因 $Q_0$ 是投射模，$\overline{\mathrm{Tor}_1}(Q_0,\ A)=0$，再与 (10.11) 相比较，即得 $\mathrm{Tor}_1(M,\ A) \cong \overline{\mathrm{Tor}_1}\ (M,\ A)$.

最后，设 $n>1$. 取(10.1)为 $A$ 的投射分解，并令 $A_1=\mathrm{Im}\ d_1$. 由定理 34(5)，$\mathrm{Tor}_n(M,\ A) \cong \mathrm{Tor}_{n-1}(M,\ A_1)$. 另一方面，取短正合列

$$A_1 \rightarrowtail P_0 \twoheadrightarrow A,$$

则因 $P_0$ 是投射模，$\mathrm{Tor}_n(M,\ P_0)=0$，故有正合列

$$0=\overline{\mathrm{Tor}_n}(M,\ P_0) \to \overline{\mathrm{Tor}_n}(M,\ A)$$
$$\to \overline{\mathrm{Tor}_{n-1}}(M,\ A_1) \to \overline{\mathrm{Tor}_{n-1}}(M,\ P_0)=0.$$

于是
$$\overline{\mathrm{Tor}_n}(M,\ A) \cong \overline{\mathrm{Tor}_{n-1}}(M,\ A_1).$$

所以，当 $\mathrm{Tor}_{n-1}(M,\ A_1) \cong \overline{\mathrm{Tor}_{n-1}}(M,\ A_1)$ 时，也必有 $\mathrm{Tor}_n(M, A) \cong \overline{\mathrm{Tor}_n}(M,\ A)$. □

因此，$\mathrm{Tor}_n\ (M,\ A)$ 有两个定义，一是先取 $A$ 的投射分解 (10.1)，再作复形(10.3)，然后求其同调模；另一个定义是先取 $M$ 的一个投射分解(10.2)，再作复形(10.4)，然后求其同调模. 定理 36 告诉我们，这两个定义是等价的，即，用两种方法所求的同调模是同构的.

下列推论再给出平坦模的一个充分必要条件.

**推论 1** 右 $\mathfrak{A}$-模 $M$ 是平坦的，当且仅当对任何左 $\mathfrak{A}$-模 $A$ 及任何以 $M$ 为第三项的短正合列

$$N \overset{\eta}{\rightarrowtail} L \overset{\pi}{\twoheadrightarrow} M,$$

恒有短正合列

$$N \otimes A \rightarrowtail L \otimes A \twoheadrightarrow M \otimes A. \qquad (10.13)$$

证 必要性 由定理 35，$\mathrm{Tor}_1(M,\ A)=0$，再由定理 34(6)，得(10.13).

充分性 取短正合列(10.10)，因 $Q_0$ 为投射模因而是平坦模，故由定理 35，$\mathrm{Tor}_1(Q_0,\ A)=0$. 再由定理 34(6)，有正合列

$$0=\mathrm{Tor}_1(Q_0,\ A)\to\mathrm{Tor}_1(M,\ A)$$
$$\to M_1\otimes A\rightarrowtail Q_0\otimes A\to M\otimes A\to 0,$$

故 $\mathrm{Tor}_1(M,\ A)=0$. 从定理35知, $M$ 是平坦模. □

定理35是对 $M$ 来说的, 换成 $A$ 当然也正确, 于是有

**推论2** 对于一个左 $\mathfrak{A}$-模 $A$, 下列的四句话等价:

(1) $A$ 是平坦模;

(2) 对任何右 $\mathfrak{A}$-模 $M$, $\mathrm{Tor}_n(M,\ A)=0,\ n\geqslant 1$;

(3) 对任何右 $\mathfrak{A}$-模 $M$, $\mathrm{Tor}_1(M,\ A)=0$;

(4) 对任何以 $A$ 为第三项的短正合列

$$B\rightarrowtail C\twoheadrightarrow A$$

以及任何右 $\mathfrak{A}$-模 $M$, 恒有短正合列

$$M\otimes B\rightarrowtail M\otimes C\twoheadrightarrow M\otimes A.$$

## §11 函子 Hom(A, —)的导出函子

我们在§6中讨论了从逆变加法左正合函子 $\mathrm{Hom}(—,\ M)$ 所导出的函子 $\mathrm{Ext}^n(—,\ M)$, 现在我们来讨论由共变加法左正合函子 $\mathrm{Hom}(A,\ —)$ 所导出的右导出函子, 暂表以 $\overline{\mathrm{Ext}^n}(A,\ —)$.

函子 $\mathrm{Hom}(A,\ —)$ 既是一个共变加法左正合函子, 那么, 由§4末尾的结论, 在求 $\overline{\mathrm{Ext}^n}(A,\ M)$ 时, 我们先需取 $M$ 的一个内射分解

$$M\to Q^0\to Q^1\to\cdots\to Q^n\xrightarrow{\partial^n}\cdots,\tag{11.1}$$

则得一个上复形

$$\begin{gathered}0\to\mathrm{Hom}(A,\ Q^0)\to\mathrm{Hom}(A,\ Q^1)\to\cdots\\ \to\mathrm{Hom}(A,\ Q^n)\xrightarrow{\mathrm{Hom}(A,\ \partial^n)}\cdots,\end{gathered}\tag{11.2}$$

于是由导出函子的定义

$$\begin{aligned}&\overline{\mathrm{Ext}^0}(A,\ M)=\mathrm{Ker\,Hom}(A,\ \partial^0),\\ &\overline{\mathrm{Ext}^n}(A,\ M)=\mathrm{Ker\,Hom}(A,\ \partial^n)/\mathrm{Im\,Hom}(A,\ \partial^{n-1}),\ n>0.\end{aligned}\tag{11.3}$$

所以由§4所述的理论，有

**定理 37** 函子 $\overline{\mathrm{Ext}}^n(A, -)$ 有下列的基本性质：

(1) $\overline{\mathrm{Ext}}^0(A, M)=\mathrm{Hom}(A, M)$；

(2) 当 $n>0$，而 $M$ 为内射模时

$$\overline{\mathrm{Ext}}^n(A, M)=0;$$

(3) 对于任何短正合列

$$N\rightarrowtail L\twoheadrightarrow M,$$

必有长正合列

$$\begin{aligned}0&\to \mathrm{Hom}(A, N)\to \mathrm{Hom}(A, L)\to \mathrm{Hom}(A, M)\\&\to \overline{\mathrm{Ext}}^1(A, N)\to \overline{\mathrm{Ext}}^1(A, L)\to \overline{\mathrm{Ext}}^1(A, M)\\&\to \overline{\mathrm{Ext}}^2(A, N)\to \overline{\mathrm{Ext}}^2(A, L)\to \overline{\mathrm{Ext}}^2(A, M)\\&\to \cdots\cdots.\end{aligned}\qquad(11.4)$$

这条定理所列有关 $\overline{\mathrm{Ext}}$ 的三条性质实际上是决定性的. 这里所谓决定性，其意义在于

**定理 38** 设 $\{T^n, n=0, 1, 2, \cdots\}$ 为一系列由 $\mathfrak{A}\mathbb{M}$ 到 $\mathbb{A}\mathcal{G}$ 的共变加法函子，如果

(1) $T^0(M)$ 与 $\mathrm{Hom}(A, M)$ 自然同构；

(2) 当 $M$ 为内射模，$n>0$ 时，$T^n(M)=0$；

(3) 对任何短正合列 $N\rightarrowtail L\twoheadrightarrow M$，恒有长正合列

$$\begin{aligned}0&\to T^0(N)\to T^0(L)\to T^0(M)\\&\xrightarrow{\theta} T^1(N)\to T^1(L)\to T^1(M)\\&\to T^2(N)\to T^2(L)\to T^2(M)\\&\to \cdots\cdots,\end{aligned}\qquad(11.5)$$

而且其中的 $\theta$ 是自然的，则对所有的 $n=0, 1, 2, \cdots$，$T^n$ 都与 $\overline{\mathrm{Ext}}^n(A, -)$ 自然等价. 换言之，这时对任何 $M$，$T^n(M)$ 都与 $\overline{\mathrm{Ext}}^n(A, M)$ 自然同构.

证 对 $n$ 归纳.

设 $n=0$，则由条件(1)，$T^0(M)$ 与 $\mathrm{Hom}(A, M)$ 自然同构，而 $\mathrm{Hom}(A, M)=\overline{\mathrm{Ext}}^0(A, M)$.

设 $n=1$. 取 $M$ 的一个内射表现, $M\rightarrowtail Q\twoheadrightarrow M_1$, $Q$ 为内射模,则由(11.5)与定理37,可作下图

$$\begin{array}{ccccccc}
T^0(Q) & \longrightarrow & T^0(M_1) & \longrightarrow & T^1(M) & \longrightarrow & T^1(Q)=0 \\
\downarrow f & & \downarrow f & & \downarrow \tau^1(M) & & \\
\mathrm{Hom}(A,Q) & \longrightarrow & \mathrm{Hom}(A,M_1) & \longrightarrow & \overline{\mathrm{Ext}^1}(A,M) & \longrightarrow & \overline{\mathrm{Ext}^1}(A,Q)=0
\end{array} \qquad (11.6)$$

这里的 $f$ 是条件(1)中所规定的自然同构,因而左边的正方形是交换图. 图(11.6)的上下两行均正合, 故可求出 $\tau^1(M)$, 使右边的正方形也可交换. 再由五引理(右边再添两个0), 知 $\tau^1(M)$是同构.

需证 $\tau^1$ 是自然的. 为此, 我们任取 $\sigma$: $M\to M'$, 且 $M'$ 有内射表现

$$M'\rightarrowtail Q'\twoheadrightarrow M_1'.$$

由 $Q'$ 的内射性,可求到 $h_1$,因而再求到 $h_2$,使下图可交换

$$\begin{array}{ccccc}
M & \rightarrowtail & Q & \twoheadrightarrow & M_1 \\
\downarrow \sigma & & \downarrow h_1 & & \downarrow h_2 \\
M' & \rightarrowtail & Q' & \twoheadrightarrow & M_1'
\end{array} \qquad (11.7)$$

再作立体图

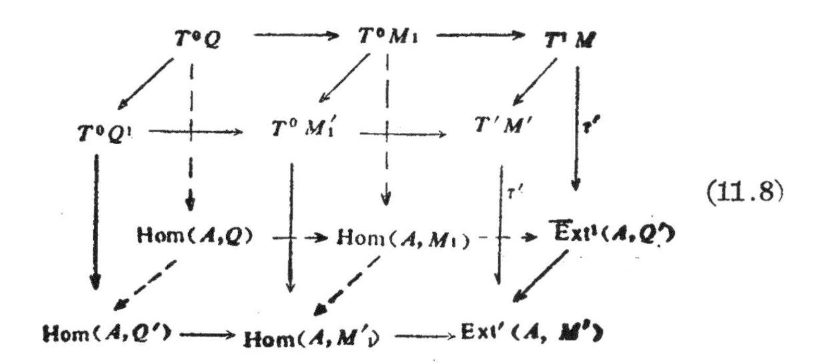


(11.8)

左边立方体的六个面都可交换，右边立方体的上下前后的四个面都可交换，因此最右边的一个正方形也可交换．这就证明了 $\tau^1$ 的自然性．

最后，设 $n>1$．取 $M \rightarrowtail Q \twoheadrightarrow M_1$ 为 $M$ 的一个内射表现，$Q$ 为内射模．由定理 37，$\overline{\mathrm{Ext}}^{n-1}(A, M_1)$ 与 $\overline{\mathrm{Ext}}^n(A, M)$ 自然同构．再由定理 38 所给的条件，$T^{n-1}M_1$ 与 $T^nM$ 自然同构．由归纳法的假定 $\tau^{n-1}(M_1)$：$T^{n-1}M_1 \to \overline{\mathrm{Ext}}^{n-1}(A, M_1)$ 是自然同构，易得 $\tau^n(M)$：$T^nM \to \overline{\mathrm{Ext}}^n(A, M)$ 为自然同构．□

注意到 § 7 中所讨论的函子 $\mathrm{Ext}^n(A, —)$，我们看到，这个函子恰好满足定理 38 中的三个条件，因此有

**推论** $\mathrm{Ext}^n(A, —)$ 与 $\overline{\mathrm{Ext}}^n(A, —)$ 自然等价．

因此，对于 $\mathfrak{A}\mathbb{M}$ 中的任何两个模 $A$ 与 $M$，$\mathrm{Ext}^n(A, M)$ 就有两种求法：一个是先取 $A$ 的投射分解 $\{P_n, d_n\}$，再取上复形 $\mathrm{Hom}(P, M)$ 的上同调模；另一个是先取 $M$ 的一个内射分解 $\{Q^n, \partial^n\}$ 再取上复形 $\mathrm{Hom}(A, Q)$ 的上同调模．上述推论肯定了，由这两种方法所求出的上同调模是自然同构的．

## § 12 模 扩 张

我们将考虑模扩张与 Ext 的关系．

**定义 7** 对于已知的 $\mathfrak{A}$-模 $A$ 与 $C$ 来说，任何一个短正合列

$$A \overset{\eta}{\rightarrowtail} B \overset{\pi}{\twoheadrightarrow} C \tag{12.1}$$

都是 $A$ 按 $C$ 的一个模扩张．

在 $A$ 与 $C$ 已给定的条件下，(12.1) 是由 $B$, $\eta$ 以及 $\pi$ 所决定的，因此，纵然在同样的 $B$，但不同的 $\eta$ 或不同的 $\pi$ 时，所给的短正合列应该认为是不同的模扩张．例如，$A$ 是由一元 $a$ 所生成的 3 阶循环群，$B$ 是由 $b$ 所生成的 9 阶循环群，而 $C$ 是由 $c$ 所生成的 3 阶循环群，让 $\eta_1 a=3b$, $\eta_2 a=6b$, $\pi_1 b=c$, $\pi_2 b=2c$，我们就有 4 个模扩张（$A$, $B$, $C$ 都是 $\mathbb{Z}$-模）

$$A \overset{\eta_1}{\rightarrowtail} B \overset{\pi_1}{\twoheadrightarrow} C$$

$$A \overset{\eta_1}{\rightarrowtail} B \overset{\pi_2}{\twoheadrightarrow} C \qquad (12.2)$$

$$A \overset{\eta_2}{\rightarrowtail} B \overset{\pi_1}{\twoheadrightarrow} C$$

$$A \overset{\eta_2}{\rightarrowtail} B \overset{\pi_2}{\twoheadrightarrow} C$$

我们常用希腊字母 $\Delta$ 来代表一个模扩张. 如果

$$\Delta: \ A \overset{\eta}{\rightarrowtail} B \overset{\pi}{\twoheadrightarrow} C$$

与

$$\Delta': A \overset{\eta'}{\rightarrowtail} B' \overset{\pi'}{\twoheadrightarrow} C$$

为 $A$ 按 $C$ 的两个模扩张，如果有 $\sigma: B \to B'$，使得下图可交换

$$\begin{array}{ccccc} A & \overset{\eta}{\rightarrowtail} & B & \overset{\pi}{\twoheadrightarrow} & C \\ {\scriptstyle \varepsilon_A}\downarrow & & \downarrow{\scriptstyle \sigma} & & \downarrow{\scriptstyle \varepsilon_C} \\ A & \overset{\eta'}{\rightarrowtail} & B' & \overset{\pi'}{\twoheadrightarrow} & C \end{array} \qquad (12.3)$$

则称 $\Delta$ 等价于 $\Delta'$，记成 $\Delta \sim \Delta'$. 由五引理((12.3)的左右两边各加一对 0)易知，若 $\Delta \sim \Delta'$，$\sigma$ 必为同构. 但反之不然，若 $B$ 与 $B'$ 同构，甚至于相等，$\Delta$ 也可能与 $\Delta'$ 不等价. 例如(12.2)中，第一个等价于第四个模扩张，第二个等价于第三个模扩张，但第一与第二这两个模扩张却不等价.

模扩张的等价性显然是自反、对称、与可传的，因此，$A$ 按 $C$ 的所有模扩张可按等价性来分类. 与 $\Delta$ 等价的等价类常记以记号 $[\Delta]$，而以 $E(C, A)$ 表示所有这样的等价类的集合.

我们要证明

**定理 39** 集合 $E(C, A)$ 与集合 $\mathrm{Ext}^1(C, A)$ 是等价的.

证 定理的意思是存在一个集合映射 $\theta$(不考虑其群结构，因为 $E(C, A)$ 尚未定义成一个群)，

$$\theta: \mathrm{Ext}^1(C, A) \to E(C, A), \qquad (12.4)$$

且 $\theta$ 是既单且满的.

取 $C$ 的一个投射分解为 $\{P_n, d_n\}$，并取上复形

$$0 \to \mathrm{Hom}(P_0, A) \xrightarrow{\mathrm{Hom}(d_1, A)} \mathrm{Hom}(P_1, A) \xrightarrow{\mathrm{Hom}(d_2, A)} \cdots,$$

则由定义

$$\mathrm{Ext}^1(C, A) = \mathrm{Ker}\mathrm{Hom}(d_2, A)/\mathrm{Im}\,\mathrm{Hom}(d_1, A).$$

任取 $f \in \mathrm{Ker}\mathrm{Hom}(d_2, A)$，则因 $\mathrm{Hom}(d_2, A)(f) = fd_2$，故 $fd_2 = 0$. 作推出图

$$\begin{array}{ccc} P_1 & \xrightarrow{d_1} & P_0 \\ f\downarrow & & \downarrow\tau \\ A & \xrightarrow{\eta} & B \end{array} \tag{12.5}$$

这里 $B = A \oplus P_0/N$，而 $N$ 是 $A \oplus P_0$ 中由所有取形如 $(f(x), -d_1(x))$ 的元素所组成的子群，这里 $x$ 通过 $P_1$ 的所有的元素，于是 $B$ 中任一个元素都可以表成 $(a, y) + N$ 这样的陪集的形式. 定义

$$\eta(a) = (a, 0) + N, \ \tau(y) = (0, y) + N, \ y \in P_0.$$

先证明 $\eta$ 是单同态. 事实上，如果 $\eta(a) = (a, 0) + N = 0$（$B$ 中的 0），则 $(a, 0) \in N$，即，有 $x \in P_1$，使 $f(x) = a$，而 $d_1(x) = 0$. 于是 $x \in \mathrm{Ker}\, d_1 = \mathrm{Im}\, d_2$，所以有 $w \in P_2$，使 $x = d_2(w)$，因此 $a = f(x) = fd_2(w) = 0$.

其次，定义 $\pi: B \to C$，使 $\pi((a, y) + N) = d_0(y) \in C$. 由于 $d_0$ 是满同态，故 $\pi$ 为满同态，且有交换图

$$\begin{array}{ccccccc} P_2 \longrightarrow & P_1 & \xrightarrow{d_1} & P_0 & \xrightarrow{d_0} & C \\ & \downarrow f & & \downarrow \tau & & \downarrow \varepsilon_C \\ 0 \longrightarrow & A & \xrightarrow{\eta} & B & \xrightarrow{\pi} & C \end{array} \tag{12.6}$$

最后，$\mathrm{Im}\,\eta = \mathrm{Ker}\,\pi$. 事实上，显然有 $\pi\eta = 0$，故 $\mathrm{Im}\eta \subseteq \mathrm{Ker}\,\pi$. 现假定 $\pi((a, y) + N) = d_0(y) = 0$，则 $y \in \mathrm{Ker}\, d_0 = \mathrm{Im}\, d_1$，因此有 $x \in P_0$，使 $y = d_1(x)$. 于是 $(a, y) + N = (a, d_1(x)) + N = (a + f(x), 0) + (f(-x), -d_1(-x)) + N = (a + f(x), 0) + N$（因为

$(f(-x),\ -d_1(-x))\in N)=\eta(a+f(x))$. 故 $\mathrm{Ker}\,\pi\subseteq\mathrm{Im}\,\eta$. 所以(12.6)的第二行是一个短正合列，因而是一个模扩张 $\varDelta$.

假定 $\varDelta'$: $A\overset{\eta'}{\rightarrowtail}B'\overset{\pi'}{\twoheadrightarrow}C$ 是任一个模扩张. 如果 $\varDelta\sim\varDelta'$，则有 $\sigma$: $B\to B'$，使 $\sigma\eta=\eta'$, $\pi'\sigma=\pi$. 那么，把(12.6)的第二行换成 $\varDelta'$，只要换 $\tau$ 成 $\sigma\tau$ 我们仍然得到交换图. 反之，若在(12.6)中换 $\varDelta$ 为 $\varDelta'$ 后仍能找到 $\tau'$: $P_0\to B'$ 使可交换，则由推出性，有 $\sigma$: $B\to B'$，使 $\sigma\eta=\eta'$, $\pi'\sigma=\pi$，故 $\varDelta\sim\varDelta'$. 因此，$\varDelta'\sim\varDelta$ 的充要条件是将 $\varDelta'$ 代入(12.6)的第二行，可以求到 $\tau'$，使(12.6)可交换. 我们得到一个映射

$$\begin{aligned}\theta_1\colon\ \mathrm{KerHom}(d_2,\ A)&\to E(C,\ A)\\ f&\mapsto[\varDelta].\end{aligned}\tag{12.7}$$

我们现证明 $\theta_1(f)=\theta_1(g)$ 当且仅当 $f-g\in\mathrm{Im\,Hom}(d_1,\ A)$. 事实上，如果 $f-g=\mathrm{Hom}(d_1,\ A)(h)=hd_1$，我们将有交换图

$$\begin{array}{ccccccc}P_2 & \longrightarrow & P_1 & \xrightarrow{d_1} & P_0 & \xrightarrow{d_0} & C\\ & & \Big\downarrow{\scriptstyle f-hd_1} & & \Big\downarrow{\scriptstyle \tau-\eta h} & & \Big\downarrow{\scriptstyle \varepsilon_C}\\ 0 & \longrightarrow & A & \xrightarrow{\eta} & B & \xrightarrow{\pi} & C\end{array}\tag{12.8}$$

因此 $\theta_1(f-hd_1)=\theta_1(g)=\theta_1(f)=[\varDelta]$. 反之，若 $\theta_1(g)=\theta_1(f)=[\varDelta]$，那么将(12.6)中的 $f$ 换成 $g$（当然要 $\tau$ 成另一个同态，设为 $\tau'$），必仍可交换. 这时 $f$ 与 $g$ 是同伦的，即，有 $h$: $P_0\to A$，使 $f-g=hd_1\in\mathrm{ImHom}(d_1,\ A)$.

所以(12.7)中的 $\theta_1$ 事实上可引出 $\mathrm{Ext}^1(C,\ A)$ $(=\mathrm{Ker\,Hom}(d_2,\ A)/\mathrm{ImHom}(d_1,\ A))$ 到 $E(C,\ A)$ 的一个集合映射 $\theta$. 于是得(12.4). 这个 $\theta$ 当然是单映射.

这个 $\theta$ 也是满的. 因为任给 $\varDelta$: $A\rightarrowtail B\twoheadrightarrow C$，则在(12.6)中，从 $\varepsilon_C$ 我们一定能找到复形映射 $\tau$ 与 $f$，使(12.6)可交换. 按照 $\theta_1$ 的定义，$\theta_1(f)=[\varDelta]$. □

由于定理 39，我们可以认为，$\mathrm{Ext}^1(C,\ A)$ 中的每一个元素都

是 $A$ 按 $C$ 的一个模扩张(等价的模扩张算成一个模扩张). 换言之, $\mathrm{Ext}^1$ 与"模扩张"可以认为是等义词. 也就是由于这个原因,函子 Ext 才用这三个字母来作为它的记号,因为在英文中,"扩张"一词是 extension.

那么, $\mathrm{Ext}^1(C, A)$ 中的 0 元素是哪一个模扩张呢? 为了回答这个问题,我们称一个模扩张

$$\Delta: A \rightarrowtail B \twoheadrightarrow C$$

为可裂扩张,如果短正合列 $\Delta$ 可裂. 两个可裂扩张显然是相互等价的,因为若

$$\Delta: A \overset{\eta}{\rightarrowtail} A \oplus \bar{\eta} C \overset{\pi}{\twoheadrightarrow} C,\ \pi\bar{\eta} = \varepsilon_C,$$

与

$$\Delta': A \overset{\eta'}{\rightarrowtail} A \oplus \bar{\eta}' C \overset{\pi'}{\twoheadrightarrow} C,\ \pi'\bar{\eta}' = \varepsilon_C$$

都是可裂扩张,则让 $\sigma: A \oplus \bar{\eta} C \to A \oplus \bar{\eta}' C$, 使得 $\sigma(a, \bar{\eta}(c)) = (a, \bar{\eta}'(c))$ 即知 $\Delta \sim \Delta'$.

我们有

**定理 40** 以 $[\Delta_0]$ 表示可裂扩张的等价类, 则

$$\theta(0) = [\Delta_0].$$

证 假定 $\theta_1(f) = [\Delta_0]$, 则有交换图

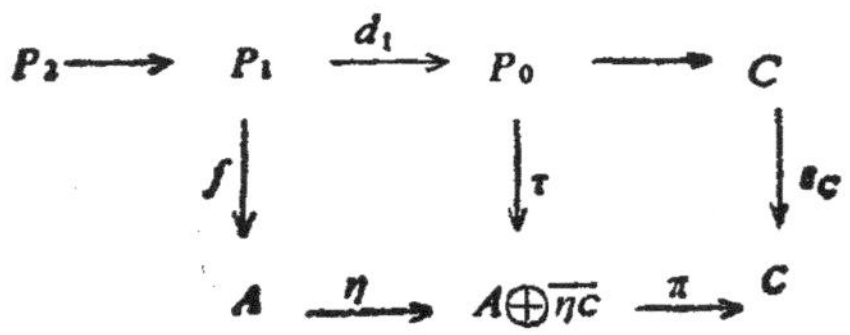

$$\begin{array}{ccccccc} P_2 & \longrightarrow & P_1 & \xrightarrow{d_1} & P_0 & \longrightarrow & C \\ & & \downarrow f & & \downarrow \tau & & \downarrow \varepsilon_C \\ & & A & \xrightarrow{\eta} & A \oplus \overline{\eta C} & \xrightarrow{\pi} & C \end{array} \tag{12.9}$$

定义 $h: P_0 \to A$, 使当 $y \in P_0$, $\tau(y) = (a, \bar{c})$ 时, $h(y) = a$. 任取 $x \in P_1$, $f(x) = a$, 则因 $\eta f(x) = \eta(a) = (a, 0) = \tau d_1(x)$, $hd_1(x) = a = f(x)$, 故 $f = hd_1 \in \mathrm{Im}\,\mathrm{Hom}(d_1, A)$. 所以 $\theta_1(f) = \theta_1(0)$, 因此 $\theta(0) = [\Delta_0]$. □

**推论** $\mathrm{Ext}^1(C, A) = 0$ 当且仅当 $A$ 按 $C$ 的每一个扩张都可裂.

事实上, 可裂扩张总是存在的, 这只需取 $B = A \oplus C$ 就行了.

于是，$\mathrm{Ext}^1(C, A)=0$ 的充要条件是只有一类模扩张，它只能是可裂扩张. □

附注 1　本节所述的模扩张 $A \rightarrowtail B \twoheadrightarrow C$ 可称为一阶模扩张，因为在 $A$ 与 $C$ 之间只插进一个模. 类似地，在 $A$ 与 $C$ 已给定时，正合列

$$A \rightarrowtail B_1 \to B_2 \to \cdots \to B_n \twoheadrightarrow C \qquad (12.10)$$

将称为 $n$ 阶扩张. 可仿照本节的办法来定义 $n$ 阶扩张的等价类，并证明，所有 $n$ 阶扩张的等价类之集合 $E^n(C, A)$ 与 $\mathrm{Ext}^n(C, A)$ 一一对应. 具体作法可见 MacLane 的书 Homology，第 82—87 页.

附注 2　本节只考虑 $E(C, A)$ 为一个集合，并未定义它的加法. 当然通过 $\mathrm{Ext}^1(C, A)$ 的加法，可以把 $E(C, A)$ 定义成一个群. 但是也可以用其它的方法来独立地定义其加法.

## §13　模的挠性质

正如函子 Ext 与模扩张的关系一样，函子 Tor 与模的挠性质也有一定的关系. 模的挠性质英文字为 Torsion，而函子 Tor 恰是取其前三个字母所组成的记号. 不过，讨论到模的挠性质时，我们只考虑整环上的模.

设 $\mathfrak{A}$ 是一个整环(有单位元，无零因子的交换环)，$K$ 为其商域，并取 $N=K/\mathfrak{A}$，则 $N$ 与 $K$ 都是 $\mathfrak{A}$-模，而且都是可除的，同时都是内射 $\mathfrak{A}$-模. (可除模的概念见第二章，那里虽然是对整数环 $\mathbb{Z}$ 上的模而定义的，当然可以推广到一般的整环上的模. ) 同样，作为 $\mathfrak{A}$-模，$\mathrm{Hom}_{\mathfrak{A}}(K, N)$ 是可除的，同时是内射的，可直接验证 $K$ 是平坦 $\mathfrak{A}$-模.

设 $A$ 为任一个 $\mathfrak{A}$-模，定义 $tA=\{a\in A \mid 有\ 0\neq\alpha\in\mathfrak{A},\ 使\ \alpha a=0\}$，则 $tA$ 为 $A$ 的一个子模. 若 $tA=A$，则 $A$ 叫做一个**挠模**，若 $tA=0$，则 $A$ 叫做一个**无挠模**. 由于 $ttA=tA$，所以 $tA$ 本身是一个挠模，称为 $A$ 的**挠子模**. 若 $f: A\to B$ 为模同态，它当然把 $tA$

变到 $tB$，故 $t$ 是 $\mathfrak{A}\mathbb{M}$ 到其自身的一个函子，称为**挠函子**.

我们有

**引理 1** 若 $A$ 是挠模，则

$$\mathrm{Tor}_1^{\mathfrak{A}}(N, A) \cong A.$$

证 取正合列

$$\mathfrak{A} \rightarrowtail K \twoheadrightarrow N, \tag{13.1}$$

则有正合列

$$\mathrm{Tor}_1(K, A) \to \mathrm{Tor}_1(N, A) \to \mathfrak{A} \otimes A \to K \otimes A.$$

最左边的一项 $\mathrm{Tor}_1(K, A)=0$，因 $K$ 是平坦模．最右边的一项 $K \otimes A$ 也是 0，因 $K$ 是 $\mathfrak{A}$ 的商域，而 $A$ 是挠模．再因 $\mathfrak{A} \otimes A \cong A$，故得引理．□

**引理 2** 若 $A$ 是任意的 $\mathfrak{A}$-模，则对任何 $n \geqslant 2$，有

$$\mathrm{Tor}_n(N, A)=0.$$

证 从(13.1)，有正合列

$$\mathrm{Tor}_n(K, A) \to \mathrm{Tor}_n(N, A) \to \mathrm{Tor}_{n-1}(\mathfrak{A}, A).$$

最左边一项为 0，因 $K$ 平坦；最右边一项也是 0，也因 $\mathfrak{A}$ 平坦，故 $\mathrm{Tor}_n(N, A)=0$．□

**引理 3** 若 $A$ 是无挠模，则

$$\mathrm{Tor}_1(N, A)=0.$$

证 先把 $A$ 嵌入到一个内射 $\mathfrak{A}$-模 $E$ 中，$\eta: A \rightarrowtail E$．因 $A$ 无挠，故 $A \cap tE=0$，因此 $\eta$ 实质上是一个单同态 $\bar{\eta}: A \rightarrowtail E/tE=B$.

我们先证明 $B$ 是域 $K$ 上的一个线性空间（$K$是 $\mathfrak{A}$ 的商域）．为此，任取 $0 \neq r \in \mathfrak{A}$，$e \in E$．以 $R=(r)$ 表主理想，并定义 $f: R \to E$，使 $f(\alpha r)=\alpha e$．因 $E$ 是内射模，$f$ 可拓成一个模同态 $g: \mathfrak{A} \to E$，使 $g(\alpha r)=f(\alpha r)$．让 $g(1)=x$．于是，$e=f(r)=g(r)=rg(1)=rx$．这说明，在 $e \in E$，$0 \neq r \in \mathfrak{A}$ 时，有 $x \in E$ 使 $rx=e$．如果又有 $rx'=e$，则 $r(x-x')=0$，$x-x' \in tE$．所以，对 $B$ 中的任何 $b$，任何 $0 \neq r \in \mathfrak{A}$，必有唯一的 $y \in B$，使 $ry=b$．可让为这个 $y=\dfrac{b}{r}$.
所以 $B$ 是 $K$ 上的一个线性空间.

由于线性空间是许多个 $K$ 的直和，而 $K$ 是平坦 $\mathfrak{A}$-模，所以 $B$ 是平坦 $\mathfrak{A}$-模. 我们证明了，任何无挠 $\mathfrak{A}$-模必可嵌入到一个平坦 $\mathfrak{A}$-模中. 取

$$A \rightarrowtail B \twoheadrightarrow B/A,$$

则有 $\operatorname{Tor}_2(N, B/A) \to \operatorname{Tor}_1(N, A) \to \operatorname{Tor}_1(N, B)$.

左端 $=0$(由引理 2)，右端也是 0(因 $B$ 平坦)，故得引理.

我们现在证明

**定理 41** 有自然同构($tA$ 与 $\operatorname{Tor}_1(N, A)$ 都作为 $\mathfrak{A}$-模)

$$\tau_A: tA \to \operatorname{Tor}_1(N, A).$$

证 取正合列 $tA \rightarrowtail A \twoheadrightarrow A/tA$，则有正合列

$$\operatorname{Tor}_2(N, A/tA) \to \operatorname{Tor}_1(N, tA) \to \operatorname{Tor}_1(N, A) \to \operatorname{Tor}_1(N, A/tA).$$

两端都是 0(因 $A/tA$ 是无挠模)，而 $\operatorname{Tor}_1(N, tA) \cong tA$ (引理 1)，故有所要求的 $\tau$. 自然性表现在下列的交换图

$$\begin{array}{ccc} tA & \xrightarrow{\tau_A} & \operatorname{Tor}_1(N, A) \\ \downarrow & & \downarrow \\ tB & \xrightarrow{\tau_B} & \operatorname{Tor}_1(N, B) \end{array} \qquad (13.2)$$

□

这条定理说明了，挠函子 $t$ 与函子 $\operatorname{Tor}_1(N, -)$ 是自然等价的，它体现了挠性质与 Tor 的一个具体关系.

## § 14 群的同调与上同调

我们将介绍群的同调与上同调的最基本的概念与理论来结束本章，它是本章前几节的一个特殊的情况，所考虑的环是一种较特殊的环，叫做群环.

设 $G$ 为一个乘法群，以 $\mathbb{Z}G$ 表示定义集合 $G$ 上的加法自由交换群，即，$\mathbb{Z}G$ 中任一个元素 $\alpha$ 都取形

$$\alpha = \sum_{x \in G} m(x)x, \ m(x) \in \mathbb{Z},$$

这里 $\mathbb{Z}$ 为整数环，而诸 $m(x)$ 中只能有有限个不等于 0. 如果

$$\beta=\sum_{y\in G} m'(y)y\in\mathbb{Z}G,$$

定义

$$\alpha\beta=\sum_{x,y\in G} m(x)m'(y)xy,$$

则 $\mathbb{Z}G$ 作成一个环，称为 $G$ 的**整群环**(意思是整数环上的群环).

如果 $A$ 是一个加法交换群，$\mathrm{Aut}\,A$ 为其所有的自同构所组成的乘法群，$\phi: G\to\mathrm{Aut}\,A$ 为一个群同态，那么，对于 $x\in G$, $a\in A$, 可定义

$$xa=\phi(x)a, \tag{14.1}$$

因而

$$(xx')a=x(x'a),\ 1_G a=a,$$

这时称 $A$ 为一个左 $G$–**模**，简称 $G$–模. 同样可定义右 $G$–模. 再当 $n\in\mathbb{Z}$ 时，定义 $(nx)a=n(xa)$，则 $G$–模变成一个 $\mathbb{Z}G$–模. 反之，任何一个 $\mathbb{Z}G$–模也必然是一个 $G$–模，因为任何群元素 $x\in G$ 必有逆元素 $x^{-1}$，所以若 $A$ 是 $\mathbb{Z}G$–模，则由 $xa$ 的定义可以得到群同态 $\phi: G\to\mathrm{Aut}\,A$. 换言之，我们没有必要来区分这两种模，这就是说，$G$–模就是 $\mathbb{Z}G$–模，$\mathbb{Z}G$–模也就是 $G$–模.

如果群同态 $\phi: G\to\mathrm{Aut}\,A$ 把 $G$ 的每一个元素都变成 $\mathrm{Aut}\,A$ 的单位元，因而对任何 $x\in G$, 任何 $a\in A$, 恒有 $xa=a$, 那么就称 $A$ 是一个**平凡的** $G$–模. 特别，加法群 $\mathbb{Z}$ 本身也可以看成一个平凡的 $G$–模，这时 $xn=n$, $x\in G$, $n\in\mathbb{Z}$, 因而有平凡的环同态

$$g: \mathbb{Z}G\to\mathbb{Z}, \tag{14.2}$$

$$\sum_{x\in G} m(x)x\mapsto\sum m(x).$$

这个 $g$ 将称为 $\mathbb{Z}G$ 的**增广**，而其核，记以 $IG$，则为 $\mathbb{Z}G$ 的**增广理想**，$IG=\{\sum m(x)x\in\mathbb{Z}G\mid\sum m(x)=0\}$. 增广理想在群的同调与上同调理论，以及群表示理论中都起着非常重要的作用.

增广理想的基本性质见于

**引理 1** (1) 作为加法交换群，$IG$ 是在集合

$$W=\{x-1\mid 1\neq x\in G\} \tag{14.3}$$

上自由的(符号 1 既用作 $G$ 的单位元，也用作整数 1)；

(2) 若 $S=\{s_{\lambda\in\Lambda}\}$ 是 $G$ 的一个生成系，则作为 $G$–模，$IG$ 是由

集合$\{s_\lambda-1|s_\lambda\in S\}$所生成的.

证 (1) $W$ 中的元素显然是在 $\mathbb{Z}$ 上线性无关的，因为若 $\sum_{i=1}^{n} m_i(x_i-1)=0$, $0\neq m_i\in\mathbb{Z}$, 则 $\sum m_i x_i-(\sum m_i)1=0$. 诸 $x_1$, $x_2$, $\cdots$, $x_n$ 都互不相等,又都不等于1,这个等式将违反群$\mathbb{Z}G$的自由性.

(2) 让 $T=\{s-1|s\in S\}$, 我们将证明,若 $x\in G$, 则 $x-1$ 属于由T所生成的$G$–模,设为 $M$.

让 $x=s_1^{\pm1}s_2^{\pm1}\cdots s_k^{\pm1}$. 对 $k$ 用归纳法.

$k=1$ 时, $s^{-1}-1=-s^{-1}(s-1)\in M$.

设 $k>1$, 并让 $y=s_1^{\pm1}\cdots s_{k-1}^{\pm1}$, 则当 $x=ys_k$ 时, $x-1=ys_k-1=y(s_k-1)+(y-1)$. 由归纳法的假定, $y-1\in M$, 故 $x-1\in M$. 若 $x=ys_k^{-1}-1$, 则 $x-1=ys_k^{-1}-1=y(s_k^{-1}-1)+y-1=-ys_k^{-1}(s_n-1)+y-1\in M$. □

让 $\mathbb{Z}$ 为一个平凡的左 $G$–模, $A$ 为左 $G$–模, $B$ 为右 $G$–模, 我们取

**定义 8** 称

$$H^n(G,A)=\mathrm{Ext}_G^n(\mathbb{Z},A) \tag{14.4}$$

为 $G$ 的以 $A$ 为系数的第 $n$ 个上同调群. 又称

$$H_n(G,B)=\mathrm{Tor}_n^G(B,\mathbb{Z}) \tag{14.5}$$

为 $G$ 的以 $B$ 为系数的第 $n$ 个同调群. 这里的 $\mathrm{Ext}_G^n$ 与 $\mathrm{Tor}_n^G$ 当然指 $\mathrm{Ext}_{\mathbb{Z}G}^n$ 与 $\mathrm{Tor}_n^{\mathbb{Z}G}$.

按照标准的作法,求这些 $H^n$ 与 $H_n$, 首先要取 $\mathbb{Z}$ 与 $B$ 的投射分解,或取 $A$ 的内射分解,再作复形及其同调. 但是,纵然在很简单的情况,用这个方法来计算 $H^n$ 与 $H_n$ 也是很困难的,因此不得不研究其它的方法.

我们将只考虑 $n=0$ 与 1 的最简单的情况.

1. $H^0$ 与 $H_0$

由 Ext 的基本性质, $H^0(G,A)=\mathrm{Ext}_G^0(\mathbb{Z},A)=\mathrm{Hom}_G(\mathbb{Z},A)$, 而 $f\in\mathrm{Hom}_G(\mathbb{Z},A)$是由它在 $1\in\mathbb{Z}$ 处所取的象 $f(1)\in A$ 来唯一确定的,因为 $f(n)$是 $n$ 个 $f(1)$之和,或 $-n$个$-f(1)$之和. 我

们来看一看，$A$ 中哪一个元素 $a$ 可以作为 $f\in \mathrm{Hom}(\mathbb{Z}, A)$ 在 $1\in\mathbb{Z}$ 处所取的象．设 $f(1)=a\in A$，则由 $\mathrm{Hom}(\mathbb{Z}, A)$ 的性质，$f(x\cdot 1)=xf(1)=xa$，$x\in G$．但因 $\mathbb{Z}$ 是平凡的 $G$-模，$x\cdot 1=1$，所以 $a=xa$．反之，若对任何 $x\in G$，恒有 $xa=a$，则令 $f(n)=na$，得 $f\in \mathrm{Hom}(\mathbb{Z}, A)$．

定义

$$A^G=\{a\in A \mid 对任何\ x\in G, 恒有\ xa=a\}, \tag{14.6}$$

则 $\mathrm{Hom}_G(\mathbb{Z}, A)\cong A^G$．

与 $A^G$ 的概念相对偶，若 $B$ 为右 $G$-模，让 $B_1$ 为由 $B$ 中所有取形 $b(x-1)$ 的元素所生成的子群，这里 $x\in G$，1 为 $G$ 的单位元，令

$$B_G=B/B_1,$$

则有

**定理 42** $H^0(G, A)\cong A^G$,

$H_0(G, B)\cong B_G$.

证　由定义，$H_0(G, B)=\mathrm{Tor}_0^G(B, \mathbb{Z})=B\underset{G}{\otimes}\mathbb{Z}$．作映射

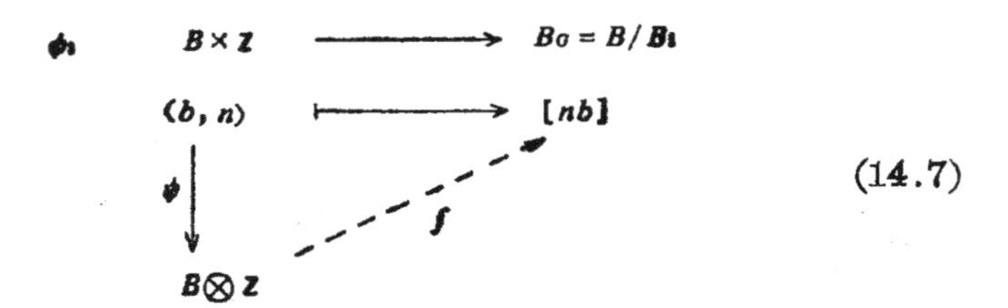


(14.7)

这里 $\phi(b, n)=[nb]$，而 $[b]$ 为在自然同态 $B\to B/B_1$ 中 $b$ 所取的象（即，陪集 $b+B_1$），$nb$ 是 $n$ 个 $b$ 之和（$n\geqslant 0$ 时），或 $-n$ 个 $-b$ 之和（$n<0$ 时）．这个 $\phi$ 显然是线性平衡的，因为当 $x\in G$ 时，$\phi(bx, n)=[nbx]=[nb]=\phi(b, n)=\phi(b, xn)$，于是，由张量积的定义，有 $f$，使 $f(b\otimes n)=[nb]$．$f$ 当然是满的．它也是单的，因为若 $[b]=0$，则 $b=b'(x-1)$，而 $b\otimes 1=b'(x-1)\otimes 1=b'\otimes(x-1)\cdot 1=b'\otimes(x\cdot 1-1)=b'\otimes(1-1)=b'\otimes 0=0$．所以 $f$ 是同构，因而 $B\underset{G}{\otimes}\mathbb{Z}\cong B_G$．另一同构之证由 $A^G$ 的定义与上段说明已得出．□

**推论** 若 $A$ 与 $B$ 都是平凡的 $G$–模，则

$$H^0(G, A)\cong A;\ H_0(G, B)\cong B.$$

事实上，若 $A$ 与 $B$ 都是平凡的 $G$–模，则 $A^G=A$, $B_G=B/B_1=B$(因 $B_1=0$). □

2. $H^1$ 与 $H_1$.

我们这里将只考虑一种特殊的情况，即，$A$ 与 $B$ 都假定是平凡的 $G$–模. 一般情况将在下一节讨论.

我们要证明

**定理 43** 设 $B$ 是平凡的右 $G$–模，$G'$ 是 $G$ 的换位子群，则有

$$H_1(G, B)\cong B\otimes IG/(IG)^2\cong B\otimes G/G', \tag{14.8}$$

式中两个 $\otimes$ 都是对 $\mathbb{Z}$ 取的，$(IG)^2$ 表示增广理想 $IG$ 的平方.

**证** 取增广映射 $g$，则得短正合列

$$IG\rightarrowtail \mathbb{Z}G\twoheadrightarrow \mathbb{Z}.$$

这三个模都是左 $\mathbb{Z}G$–模，而 $\mathrm{Tor}_1^G(B, \mathbb{Z}G)=0$，故有正合列

$$0\to H_1(G, B)\to B\underset{G}{\otimes}IG\xrightarrow{h}B\underset{G}{\otimes}\mathbb{Z}G\to B\underset{G}{\otimes}\mathbb{Z}\to 0. \tag{14.9}$$

由引理 1，$IG$ 是定义于集合 $W=\{x-1\mid 1\neq x\in G\}$ 上的自由群，而 $h(b\otimes(x-1))=b\otimes(x-1)\in B\underset{G}{\otimes}\mathbb{Z}G$. 但因 $B$ 是一个平凡的 $G$–模，$b\otimes(x-1)=b(x-1)\otimes 1=(b-b)\otimes 1=0$，故 $\mathrm{Ker}\,h=B\underset{G}{\otimes}IG$，所以

$$H_1(G, B)\cong B\underset{G}{\otimes}IG. \tag{14.10}$$

我们要证明

$$B\underset{G}{\otimes}IG\cong B\underset{G}{\otimes}IG/(IG)^2. \tag{14.11}$$

为此，我们取映射

$$\phi: B\times IG\to B\otimes IG/(IG)^2,$$
$$(b, x-1)\mapsto b\otimes[x-1].$$

这里 $[x-1]$ 仍表示在自然同态 $IG\to IG/(IG)^2$ 中，$x-1$ 所取的象. 映射 $\phi$ 是线性平衡的，因为一方面，当 $y\in G$ 时，$\phi(by, x-1)$

$=\phi(b, x-1)$，而另一方面，$\phi(b, y(x-1))=\phi(b, (y-1)(x-1)+(x-1))=b\otimes[x-1]$ (注意 $(y-1)(x-1)\in(IG)^2$). 所以，由张量积的定义，有 $f: B\underset{G}{\otimes}IG\to B\underset{G}{\otimes}IG/(IG)^2$，使 $f(b\otimes(x-1))=b\otimes[x-1]$.

再定义 $\phi_1$: $B\times IG/(IG)^2\to B\underset{G}{\otimes}IG$,

$$(b, [x-1])\mapsto b\otimes(x-1).$$

此定义是良好的，因为若 $v\in IG$，$[x-1]=[v]$，则 $x-1-v\in(IG)^2$，而对 $(y-1)(x-1)\in(IG)^2$，作为 $B\underset{G}{\otimes}IG$ 的子群，$b\otimes(y-1)(x-1)=b(y-1)\otimes(x-1)=(by-b)\otimes(x-1)=(b-b)\otimes(x-1)=0$. 于是再由张量积的定义，有 $f_1$: $B\underset{G}{\otimes}IG/(IG)^2\to B\underset{G}{\otimes}IG$，使 $f_1(b\otimes[x-1])=b\otimes(x-1)$. 与 $f$ 相比较，即知 $f$ 与 $f_1$ 互为逆映射. 因此得(14.11). 由(14.10)即得(14.8)中的第一个同构式.

最后，我们证明加法交换群 $IG/(IG)^2$ 与乘法交换群 $G/G'$ 同构. 为此我们先定义

$$\psi': IG\to G/G',$$
$$\prod m(x)(x-1)\mapsto\prod[x^{m(x)}]=\prod[x]^{m(x)},$$

这里 $\prod$ 是乘积记号，$[x]$ 表示 $x\in G$ 在自然同态 $G\to G/G'$ 下所取的象. 由于 $\psi'((y-1)(x-1))=\psi'((yx-1)-(x-1)-(y-1))=[yx][x]^{-1}[y^{-1}]=[y][x][x]^{-1}[y]^{-1}=1_{G/G'}$，所以 $(IG)^2\subseteq\mathrm{Ker}\psi'$，因而由 $\psi'$ 可得同态

$$\psi: IG/(IG)^2\to G/G'. \tag{14.12}$$

同样地，定义一个群同态

$$\sigma': G\to IG/(IG)^2,$$
$$x^m\mapsto m[x-1].$$

这里，当然，$[x-1]$ 是 $x-1\in IG$ 在自然同态 $IG\to IG/(IG)^2$ 下所取之象. 由于 $IG/(IG)^2$ 是加法交换群，$G$ 的换位子群 $G'$ 必包含在 $\sigma'$ 的核内，所以由 $\sigma'$ 可得一个群同态

$$\sigma:\ G/G' \to IG/(IG)^2.$$

易知 $\sigma$ 与 $\psi$ 是互逆的. 因此 (14.12) 中的 $\psi$ 是群同构, 故得 (14.8) 的第二个同构式. □

**推论** 若 $\mathbb{Z}$ 是平凡 $G$–模, 则

$$H_1(G,\ \mathbb{Z}) \cong G/G' \cong IG/(IG)^2.$$

事实上,

$$\mathbb{Z} \underset{\mathbb{Z}}{\otimes} IG/(IG)^2 \cong IG/(IG)^2,\ \mathbb{Z} \underset{\mathbb{Z}}{\otimes} G/G' \cong G/G'. \ \square$$

关于 $H^1$, 我们有下列的定理, 它可以看成为定理 43 的对偶定理.

**定理 44** 若 $A$ 是平凡的左 $G$–模, $G'$ 是 $G$ 的换位子群, 则有

$$H^1(G,\ A) \cong \mathrm{Hom}(IG/(IG)^2,\ A) \cong \mathrm{Hom}(G/G',\ A). \tag{14.13}$$

证 从

$$IG \overset{\eta}{\rightarrowtail} \mathbb{Z}G \twoheadrightarrow \mathbb{Z}$$

及 $H^1(G,\ A)$ 的定义, 有

$$0 \to \mathrm{Hom}(\mathbb{Z},\ A) \to \mathrm{Hom}_G(\mathbb{Z}G,\ A)$$

$$\xrightarrow{h} \mathrm{Hom}_G(IG,\ A) \to H^1(G,\ A) \to 0 \tag{14.14}$$

(注意 $\mathrm{Ext}_G^1(\mathbb{Z}G,\ A)=0$, 因 $\mathbb{Z}G$ 本身是投射 $G$–模). 任取 $f \in \mathrm{Hom}(\mathbb{Z}G,\ A)$, $h(f)=f\eta \in \mathrm{Hom}(IG,\ A)$, 于是 $f\eta(x-1)=f(x-1)=(x-1)f(1)$. 若 $f(1)=a\in A$, 则 $(x-1)f(1)=(x-1)a=xa-a=a-a=0$. 所以对任何 $f$, $h(f)=f\eta=0$, 即, $h=0$. 由 (14.14) 得

$$\mathrm{Hom}_G(IG,\ A) \cong H^1(G,\ A). \tag{14.15}$$

又设 $\psi \in \mathrm{Hom}_G(IG,\ A)$. 任取 $(y-1)(x-1) \in (IG)^2$, 则 $\psi((y-1)(x-1))=(y-1)\psi(x-1)=y\psi(x-1)-\psi(x-1)=\psi(x-1)-\psi(x-1)=0$, 因此, $(IG)^2 \subseteq \mathrm{Ker}\,\psi$. 所以, 任何 $\psi \in \mathrm{Hom}_G(IG,\ A)$ 均对应一个 $\psi' \in \mathrm{Hom}(IG/(IG)^2,\ A)$. 此对应是一一的, 故

$$\mathrm{Hom}_G(IG,\ A) \cong \mathrm{Hom}_G(IG/(IG)^2,\ A).$$

我们证明了 (14.13) 的第一个同构式. 再因为 $IG/(IG)^2 \cong G/G'$, 得到 (14.13) 的第二个同构式. 定理得证. □

## § 15 导映射与 $H^1$

设 $A$ 为一般的 $G$–模，不一定平凡，我们想通过所谓导映射来表达 $H^1(G, A)$.

**定义 9** 设 $G$ 为乘法群，$A$ 为左 $G$–模. 如果映射 $d: G\to A$ 满足条件

$$d(xy)=d(x)+x\,d(y),\ x,\ y\in G, \tag{15.1}$$

则 $d$ 做一个由 $G$ 到 $A$ 的导映射.

显然 $d(1)=0$, 因为 $d(1)=d(1\cdot 1)=d(1)+1\cdot d(1)=2d(1)$. 但导映射并不是一个群同态，除非 $A$ 是一个平凡的 $G$–模，因为这时 $x\,dy=dy$.（$G$ 是乘法群，$A$ 是加法群.）

若 $d$ 与 $d'$ 都是导映射，当 $x\in G$ 时，令 $(d+d')(x)=d(x)+d'(x)$, 则由 $G$ 到 $A$ 的所有导映射组成一个加法交换群，记之以 $D(G, A)$.

任取 $a\in A$, 令 $d_a(x)=(x-1)a$, 则因 $d_a(xy)=(xy-1)a=(x-1)a+x(y-1)a=d_a(x)+xd_a(y)$, 故 $d_a\in D(G, A)$. 让 $\tau(a)=d_a$, 则 $\tau$ 提供了 $A$ 到 $D(G, A)$ 的一个群同态，而 $\tau=0$ 当且仅当 $A$ 为平凡的 $G$–模. 我们称 $\operatorname{Im}\tau$ 为主导映射群，而 $\operatorname{Im}\tau$ 中的元素为主导映射. 我们常以记号 $ID(G, A)$ 表示 $\operatorname{Im}\tau$, 它当然是 $D(G, A)$ 的一个子群.

下列引理给出了 $D(G, A)$ 与增广理想 $IG$ 的一个重要关系.

**引理 1** $D(G, A)$ 与 $\operatorname{Hom}_G(IG, A)$ 同构，同构性对 $A$ 自然.

换言之，$D(G, -)$ 与 $\operatorname{Hom}_G(IG, -)$ 都是由模范畴 $G\mathbb{M}$ 到 $\mathbb{A}G$ 的共变函子，这两个函子是自然等价的.

证 当 $d\in D(G, A)$ 时，定义 $\sigma(d)$ 为集合 $IG$ 到 $A$ 的一个映射，使 $\sigma(d)(\sum(x_i-1))=\sum d(x_i)\in A$.

$\sigma(d)$ 当然是一个群同态. 再者，当 $y\in G$, $x-1\in IG$ 时，

$$\begin{aligned}\sigma(d)(y(x-1))&=\sigma(d)(yx-1-(y-1))=d(yx)-d(y)\\&=yd(x)=y\sigma(d)(x-1).\end{aligned}$$

所以 $\sigma(d)$ 是一个模同态，即，$\sigma(d)\in \mathrm{Hom}(IG, A)$.

设 $d=d_1+d_2$，则 $\sigma(d)(x-1)=d(x)=(d_1+d_2)(x)=d_1(x)+d_2(x)=\sigma(d_1)(x-1)+\sigma(d_2)(x-1)=(\sigma(d_1)+\sigma(d_2))(x-1)$. 所以 $\sigma$ 是 $D(G, A)$ 到 $\mathrm{Hom}_G(IG, A)$ 的一个群同态.

今求其逆. 任取 $\phi$: $IG\to A$ 为模同态. 令 $d_\phi$: $G\to A$, 使 $d_\phi(x)=\phi(x-1)$. 于是 $d_\phi(yx)=\phi(yx-1)=\phi(y(x-1)+(y-1))=y\phi(x-1)+\phi(y-1)=yd_\phi(x)+d_\phi(y)$，故 $d_\phi\in D(G, A)$. 定义 $\tau$: $\mathrm{Hom}(IG, A)\to D(G, A)$，使 $\tau(\phi)=d_\phi$，注意，$\tau(\phi+\phi')=\tau(\phi)+\tau(\phi')$，所以 $\tau$ 是一个群同态. 易知 $\tau$ 与 $\sigma$ 是互逆的. 故 $\sigma$ 为一个同构.

$\sigma$ 的自然性表现在下列的交换图:

$$\begin{array}{ccc} D(G,A) & \xrightarrow{\sigma_A} & \mathrm{Hom}_G(IG,A') \\ \downarrow & & \downarrow \\ D(G,A') & \xrightarrow{\sigma_{A'}} & \mathrm{Hom}_G(IG,A) \end{array} \tag{15.2}$$

对于 $f\in \mathrm{Hom}_G(A, A')$，当 $d\in D(G, A)$ 时，$df\in D(G, A')$ 而当 $\phi\in \mathrm{Hom}_G(IG, A)$ 时，$\phi f\in \mathrm{Hom}_G(IG, A')$. □

由此得

**定理 45** 对于任意的 $G$–模 $A$，有

$$H^1(G, A)\cong D(G, A)/ID(G, A), \tag{15.3}$$

特别，若 $A$ 是平凡的 $G$–模，则

$$H^1(G, A)\cong D(G, A). \tag{15.4}$$

证 由上一节的(14.14)式(它对任何 $A$ 都成立)，有

$$\mathrm{Im}h \rightarrowtail \mathrm{Hom}_G(IG, A) \twoheadrightarrow H^1(G, A).$$

由引理 1，有 $\tau$: $\mathrm{Hom}(IG, A)\to D(G, A)$ 为同构，且对 $A$ 自然.

设 $\phi\in \mathrm{Im}\, h$，则有 $f\in \mathrm{Hom}_G(\mathbb{Z}G, A)$，使 $\phi=h(f)=f\eta$，这里 $\eta$ 表嵌入映射 $IG\to \mathbb{Z}G$，于是 $\phi(x-1)=f\eta(x-1)=f(x-1)=(x-1)f(1)$. 让 $f(1)=a$，则 $\phi(x-1)=(x-1)a$. 反之，若

$\phi\in\mathrm{Hom}(IG, A)$，且有 $a\in A$，使对任何 $x\in G$，恒有 $\phi(x-1)=(x-1)a$. 取 $f\in\mathrm{Hom}_G(\mathbb{Z}G, A)$，使 $f(1)=a$，则易知，$\phi=h(f)\in\mathrm{Im}\,h$. 所以，$\phi\in\mathrm{Im}\,h$ 当且仅当有 $a\in A$，使对任何 $x\in G$，恒有 $\phi(x-1)=(x-1)a$.

对每一个 $\phi\in\mathrm{Im}\,h$，我们定义一个 $d\in ID(G, A)$ 使 $d(x)=\phi(x-1)=(x-1)a$. 因此 $\mathrm{Im}\,h$ 与 $ID(G, A)$ 同构. 我们作出下图

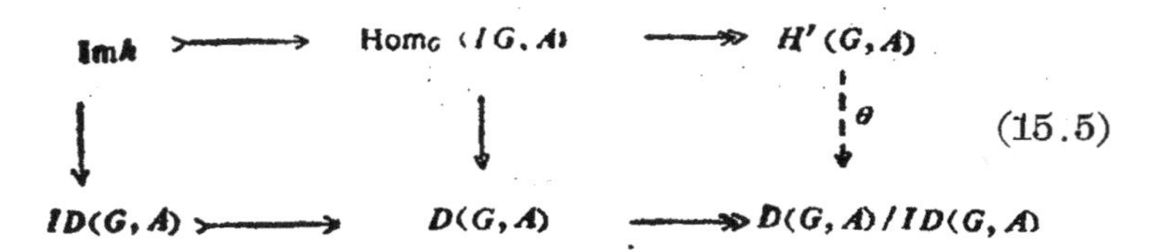


(15.5)

左边的正方形可交换，所以可求出 $\theta$，使右边的正方形也可交换. 再者，两纵箭头都是同构，故 $\theta$ 也是同构. □

取 $A$ 与 $G$ 的笛卡尔积 $A\times G=\{(a, x)\,|\,a\in A, x\in G\}$ 并定义

$$(a, x)(a', x')=(a+xa', xx'), \tag{15.6}$$

具体计算即知上述乘法是可结合的，$(0, 1)$ 为其单位元，而且 $(-x^{-1}a, x^{-1})$ 为 $(a, x)$ 的逆元，故 $A\times G$ 为一个群，但不一定可交换. 又定义 $\eta(a)=(a, 1)$，$\pi(a, x)=x$，则 $\mathrm{Im}\,\eta$ 是乘法群 $A\times G$ 的一个正规子群，$G$ 为其相应的商群，因而有正合列

$$A\rightarrowtail A\times G\twoheadrightarrow G. \tag{15.7}$$

再定义 $p: G\to A\times G$，使 $p(x)=(0, x)$；$q: A\times G\to A$，使 $q(a, x)=a$，则 $\pi p=\varepsilon_G$，$q\eta=\varepsilon_A$，这里的 $p$ 是群同态，但 $q$ 却未必是群同态，它仅是集合的映射. 不过，如果再定义 $(a, x)a'=xa'$，那么，$A$ 就是一个左 $A\times G$ 模，而 $q$ 是这个模的一个导映射，因为

$$\begin{aligned}q((a, x)(a', x'))&=q(a+xa', xx')=a+xa'\\&=q(a, x)+(a, x)q(a', x').\end{aligned}$$

易得

**引理 2** 以 $F$ 表示所有满足条件 $\pi f=\varepsilon_G$ 的群同态 $f: G\to A\times G$ 之集，则集合 $D(G, A)$ 与 $F$ 等价（即，它们的元素一一对

应).

证 设$d\in D(G,A)$. 取$h(d)=f$, 使 $f(x)=(d(x),x)\in A\times G$. 当然$\pi f(x)=\pi(d(x),x)=x$. 现需证明$f$是$G$到$A\times G$的群同态. 为此, 我们任取$x, y\in G$, 则$f(xy)=(d(xy),xy)=(d(x)+xd(y),xy)=(d(x),x)(d(y),y)=f(x)f(y)$, 故$f\in F$, 而$h$是$D(G,A)$到$F$的一个映射.

反过来,任取$f\in F$,设$f(x)=(a_x,x)$. 令$d(x)=a_x\in A$. 由于$f$是群同态, 故$f(xy)=f(x)f(y)=(a_x,x)(a_y,y)=(a_x+xa_y,xy)$. 所以,$d(xy)=a_x+xa_y=dx+xdy$, 即,$d\in D(G,A)$.

总之, $F$与$D(G,A)$由关系式$f(x)=(d(x),x)$而成为等价集合. □

现在我们假定$G$是定义于集合$S$上的自由群(未必可交换). 这就是说,$S$是$G$的子集,且对任何群$H$,任何映射$h: S\to H$,必有唯一的群同态$f: G\to H$,使当$s\in S$时,有$f(s)=h(s)$,即,有下列交换图所表达的泛性质

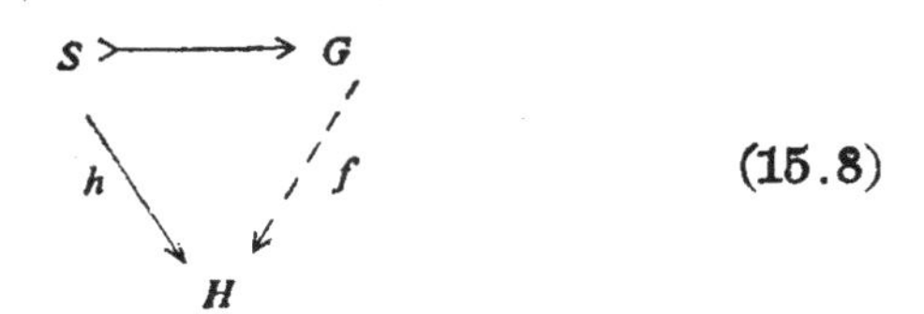


(15.8)

这等价于说, $G$中任一个不等于1的元素$x$必有唯一的分解式$x=s_1^{e_1}s_2^{e_2}\cdots s_n^{e_n}$; $e_i=\pm1$, 且$s_{i+1}^{e_{i+1}}\neq s_i^{-e_i}$.

我们证明

**引理3** 设$G$是定义于集合$S$上的自由群, 则$IG$是定义于集合$S-1=\{s-1\mid s\in S\}$上的自由$\mathbb{Z}G$-模.

证 设$A$为一个左$G$-模,$\sigma$: $S-1\to A$为任一映射, 我们要证明,有唯一的模同态$\phi: IG\to A$使$\phi(s-1)=\sigma(s-1)$. (注意,由§14的引理1(2),$S-1$是左$G$-模$IG$的生成系.)

令$B=A\times G$, 并定义$h(s)=(\sigma(s-1),s)\in B$, 则因$G$是自由的, 有唯一的群同态$f: G\to B$, 使$f(s)=h(s)$. 于是, 取$x=$

$s_1^{e_1}\cdots s_n^{e_n}$，则 $f(x)=h(s_1^{e_1})\cdots h(s_n^{e_n})=(a_x, x)$. 由引理 2，这个 $f$ 唯一地对应一个 $d\in D(G, A)$，使 $d(x)=a_x$. 特别，$d(s)=\sigma(s-1)$. 再由引理 1，这个 $d$ 对应唯一的 $\sigma(d)=\phi\in \mathrm{Hom}_G(IG, A)$，使 $d(s)=\phi(s-1)=\sigma(s-1)$. $\phi$ 的存在性得证，其唯一性是明显的，因为 $S-1$ 是 $IG$ 的生成系. □

最后，我们证明

**定理 46** 若 $G$ 是自由群，$A$ 与 $B$ 为 $G$-模，则当 $n\geqslant 2$ 时，恒有

$$H^n(G, A)=0=H_n(G, B).$$

证 $IG$ 与 $\mathbb{Z}G$ 都是自由 $\mathbb{Z}G$-模，故

$$IG \rightarrowtail \mathbb{Z}G \twoheadrightarrow \mathbb{Z}$$

为 $\mathbb{Z}$(作为平凡 $G$-模)的投射分解.

附注 群的同调与上同调是一个很大的项目，有着很丰富的内容. 我们这里只能介绍其最基本的概念与理论，较深入或较全面的讨论不属于本书的范围，它应该是一本专著的任务. 有兴趣的读者可以看，例如，Weiss 著《群的上同调》一书(Cohomology of Groups, Academic Press, 1969)，也可参看 K. S. Brown 著《群的上同调》一书(Cohomology of Groups, Springer-Verlag, 1982).

# 第四章　同调维数与某些环

## §1　模的投射维数

环 $\mathfrak{A}$ 显然是与其相应的模范畴 $\mathfrak{A}\mathbb{M}$ 相联系着的，我们将在本章中应用以上三章所讨论的理论来研究环的性质．同调维数的理论是其一个非常重要的方面．

**定义 1**　零模 0 的投射维数定为 $-1$．若 $\mathfrak{A}$-模 $A\neq 0$，则定义 $A$ 的投射维数为最小的整数 $n$，使对任何 $C$，恒有 $\mathrm{Ext}_{\mathfrak{A}}^{n+1}(A, C)=0$．如果这样的 $n$ 不存在，即对任何 $n$，恒有 $B_n$，使 $\mathrm{Ext}_{\mathfrak{A}}^{n}(A, B_n)\neq 0$，则 $A$ 的投射维数定为 $\infty$．

我们常用记号 $\mathrm{Pd}_{\mathfrak{A}}A$ 来表示 $A$ 的投射维数，足码 $\mathfrak{A}$ 表示 $A$ 是 $\mathfrak{A}$-模，而在不会引起误解的情况，可以省去．

由于对任何 $A\neq 0$，$\mathrm{Ext}^0(A, A)=\mathrm{Hom}(A, A)\neq 0$，所以在 $A\neq 0$ 时，$\mathrm{Pd}A\geqslant 0$．特别，若 $A$ 是投射模，则 $\mathrm{Pd}\,A=0$，因为这时对任何 $n\geqslant 0$，任何 $C$，恒有 $\mathrm{Ext}^{n+1}(A, C)=0$．反之，若 $\mathrm{Pd}\,A=0$，则 $A$ 是投射模．

为了更具体地考虑 $\mathrm{Pd}\,A$，我们先证

**引理 1**　若 $A\rightarrowtail P\twoheadrightarrow C$ 为短正合列，且 $P$ 为投射模，则当 $n\geqslant 1$ 时，对任何 $M$，恒有

$$\mathrm{Ext}^n(A, M)\cong\mathrm{Ext}^{n+1}(B, M).$$

证　由第三章定理 18 的(6.7)式，因 $P$ 投射，$n\geqslant 1$，$\mathrm{Ext}^n(P, M)=0$，故有正合列

$$0\to\mathrm{Ext}^n(A, M)\to\mathrm{Ext}^{n+1}(B, M)\to 0,$$

所以 $\mathrm{Ext}^n(A, M)\cong\mathrm{Ext}^{n+1}(B, M)$．□

下列引理叫做 Schanuel 引理．

**引理 2**　设有两个短正合列

$$X \rightarrowtail^{\eta} P \xrightarrow{\pi} A$$

与

$$X' \rightarrowtail^{\eta'} P' \xrightarrow{\pi'} A,$$

其中 $P$ 与 $P'$ 都是投射模，则

$$X \oplus P' \cong X' \oplus P.$$

证　可定义 $f$ 与 $g$，使有交换图：

$$\begin{array}{ccccc} X & \rightarrowtail & P & \twoheadrightarrow & A \\ \downarrow g & & \downarrow f & & \downarrow 1_A \\ X' & \rightarrowtail & P' & \twoheadrightarrow & A \end{array} \tag{1.1}$$

再定义

$$\sigma: X \to P \oplus X'$$
$$x \mapsto (-\eta(x),\ g(x))$$

与

$$\tau:\ P \oplus X' \to P'$$
$$(p,\ x') \mapsto f(p) + \eta'(x').$$

首先，$\sigma$ 是单同态，因为 $(-\eta(x),\ g(x)) = 0$ 时，$\eta(x) = 0$，并因 $\eta$ 是单同态，$x = 0$.

其次，$\tau$ 是满同态. 任取 $p' \in P'$，设 $\pi'(p') = a \in A$，再取 $p \in P$，使 $\pi(p) = a = \pi'(p')$. 让 $p' - f(p) = p_1$，则因

$$\pi'(p_1) = \pi'(p') - \pi' f(p) = \pi'(p') - \pi(p) = 0,$$

故

$$p_1 \in \operatorname{Ker} \pi' = \operatorname{Im} \eta',$$

所以有 $x' \in X'$，使 $\eta'(x') = p_1$，因此，

$$p' = f(p) + p_1 = f(p) + \eta'(x') = \tau(p,\ x').$$

最后，$\operatorname{Im} \sigma = \operatorname{Ker} \tau$. 事定上，若 $x \in X$，则

$$\tau\sigma(x) = \tau(-\eta(x),\ g(x)) = -f\eta(x) + \eta' g(x) = 0,$$

故

$$\operatorname{Im} \sigma \subseteq \operatorname{Ker} \tau.$$

若 $(p,\ x') \in \operatorname{Ker} \tau$，则 $f(p) + \eta'(x') = 0$. 于是，

$$0 = \pi'(f(p) + \eta'(X')) = \pi' f(p) + \pi' \eta'(X')$$
$$= \pi' f(p) = \pi(p),$$

所以 $p \in \operatorname{Ker} \pi = \operatorname{Im} \eta$. 因此，有 $x \in X$，使 $p = \eta(x)$. 再因

$$0=\eta'(x')+f\eta(x)=\eta'(x')+\eta'g(x)$$
$$=\eta'(x'+g(x)),$$

$\eta'$ 为单同态，$x'+g(x)=0$, $x'=-g(x)$. 所以

$$(p,\ x')=(-\eta(-x),\ g(-x))=\sigma(x)\in\operatorname{Im}\sigma.$$

于是我们有短正合列

$$X\rightarrowtail P\oplus X'\twoheadrightarrow P'.$$

再因 $P'$ 是投射模，故 $X\oplus P'\cong P\oplus X'$. □

推广引理 2，我们有

**引理 3** 设

$$N\rightarrowtail P_{n-1}\xrightarrow{d_{n-1}}P_{n-2}\longrightarrow\cdots\longrightarrow P_0\twoheadrightarrow A$$

与 $$N'\rightarrowtail P'_{n-1}\xrightarrow{d'_{n-1}}P'_{n-2}\longrightarrow\cdots\longrightarrow P'_0\twoheadrightarrow A \tag{1.2}$$

都是正合列，$P_i$ 与 $P'_j$ 都是投射模，则

$$N\oplus P'_{n-1}\oplus P_{n-2}\oplus\cdots\oplus C$$
$$\cong N'\oplus P_{n-1}\oplus P'_{n-2}\oplus\cdots\oplus C', \tag{1.3}$$

这里若 $n$ 是偶数，则 $C=P_0$, $C'=P'_0$; 若 $n$ 是奇数，则 $C=P'_0$, $C'=P_0$.

证 对 $n$ 归纳.

$n=1$ 时，其结论已由引理 2 所肯定.

设 $n>1$，让 $\operatorname{Im}d_1=X$, $\operatorname{Im}d'_1=X'$. 由引理 2，$X\oplus P'_0\cong X'\oplus P_0$，我们将有两个正合列

$$N\rightarrowtail P_{n-1}\to\cdots\to P_2\to P_1\oplus P'_0\twoheadrightarrow X\oplus P'_0,$$
$$N'\rightarrowtail P'_{n-1}\to\cdots\to P'_2\to P'_1\oplus P_0\twoheadrightarrow X'\oplus P_0.$$

于是由归纳法的假定

$$N\oplus P'_{n-1}\oplus P_{n-2}\oplus\cdots\oplus\bar{C}$$
$$\cong N'\oplus P_{n-1}\oplus P'_{n-2}\oplus\cdots\oplus\bar{C}',$$

这里当 $n$ 为偶数时，$\bar{C}=P'_1\oplus P_0$, $\bar{C}'=P_1\oplus P'_0$，而当 $n$ 为奇数时，$\bar{C}=P_1\oplus P'_0$, $\bar{C}'=P'_1\oplus P_0$. □

**推论** (1.2)中的 $N$ 与 $N'$ 或者两个都是投射模，或者两个都不是投射模.

事实上，若(1.3)中的 $N$ 是投射模，则该式左方是投射模(投射模的直和仍然投射)，因而 $N'$ 也必是投射模. 反之亦真. □

我们有

**定理 1** 设 $A$ 为 $\mathfrak{A}$-模，$n\geqslant 0$，则下列的七句话等价：

(1) $A$ 有一个其长度为 $n$ 的投射分解

$$0\to P_n\to P_{n-1}\to\cdots\to P_1\to P_0\twoheadrightarrow A;$$

(2) 设 $\{P'_i,\ d'_i\}$ 为 $A$ 的任一个投射分解，则 $\operatorname{Im} d'_n$ 是投射模；

(3) 设

$$0\to X\to \bar{P}_{n-1}\to\cdots\to \bar{P}_1\to \bar{P}_0\twoheadrightarrow A$$

为任一个正合列，$\bar{P}_0,\ \bar{P}_1,\ \cdots,\ \bar{P}_{n-1}$ 都是投射模，则 $X$ 也是投射模；

(4) 对任何 $\mathfrak{A}$-模 $M$，恒有

$$\operatorname{Ext}^{n+j}(A,\ M)=0,\ j=1,\ 2,\ \cdots;$$

(5) 对任何 $\mathfrak{A}$-模 $M$，恒有

$$\operatorname{Ext}^{n+1}(A,\ M)=0;$$

(6) $\operatorname{Pd} A\leqslant n$;

(7) 在 $0\to M\to L\to N\to 0$ 为正合列时，有右正合列

$$\operatorname{Ext}^n(A,\ M)\to\operatorname{Ext}^n(A,\ L)\to\operatorname{Ext}^n(A,\ N)\to 0.$$

证 (1)$\Leftrightarrow$(2)，(1)$\Leftrightarrow$(3)都由引理 3 及推论.

(1)$\Rightarrow$(4) 显然，因为这时 $\operatorname{Hom}(0,\ M)=0$.

(4)$\Rightarrow$(5) 当然.

(5)$\Rightarrow$(6) 由 $\operatorname{Pd} A$ 的定义.

(6)$\Rightarrow$(2) 设 $\operatorname{Pd} A=m\leqslant n$. 任取 $\{P'_i,\ d'_i\}$ 为 $A$ 的一个投射分解，我们有短正合列

$$\operatorname{Im} d'_1\rightarrowtail P'_0\twoheadrightarrow A,$$

$$\operatorname{Im} d'_{j+1}\rightarrowtail P'_j\twoheadrightarrow \operatorname{Im} d'_j,\ j>0,$$

于是由引理 1，对任何 $M$，有

$$\begin{aligned}0&=\operatorname{Ext}^{m+1}(A,\ M)=\operatorname{Ext}^m(\operatorname{Im} d'_1,\ M)\\&=\operatorname{Ext}^{m-1}(\operatorname{Im} d'_2,\ M)=\cdots=\operatorname{Ext}^1(\operatorname{Im} d'_m,\ M),\end{aligned}$$

由第三章§7定理23, $\operatorname{Im} d'_m$ 是投射模,因此

$$0=\operatorname{Ext}^{n-m+1}(\operatorname{Im} d'_m, M)=\operatorname{Ext}^{n-m}(\operatorname{Im} d'_{m+1}, M)$$
$$=\cdots=\operatorname{Ext}'(\operatorname{Im} d'_n, M).$$

故 $\operatorname{Im} d'_n$ 是投射模.

(7)⇔(5) 由第三章§7定理22, 所述右正合列能够成立的充要条件是 $\operatorname{Ext}^{n+1}(A, M)=0$.

定理的证明全部完成. □

**推论1** 若 $\operatorname{Pd} A=n>0$, 则对所有的左 $\mathfrak{A}$-模 $M$, 所有的右 $\mathfrak{A}$-模 $L$, 当 $j=1, 2, \cdots$ 时,恒有

$$\operatorname{Ext}^{n+j}(A, M)=0, \operatorname{Tor}_{n+j}(L, A)=0;$$

而对 $m\leqslant n$, 必有一个左 $\mathfrak{A}$-模 $B_m$, 使 $\operatorname{Ext}^m(A, B_m)\neq 0$.

证 第一部分得自定理1.

关于第二部分,先取 $B$, 使 $\operatorname{Ext}^n(A, B)\neq 0$. 把 $B$ 嵌入到一个内射模 $Q$ 中,得短正合列

$$B\rightarrowtail Q\twoheadrightarrow B_{n-1},$$

则有

$$\operatorname{Ext}^{n-1}(A, B_{n-1})\rightarrow\operatorname{Ext}^n(A, B)\rightarrow\operatorname{Ext}^n(A, Q)=0.$$

由于 $\operatorname{Ext}^n(A, B)\neq 0$, 故 $\operatorname{Ext}^{n-1}(A, B_{n-1})\neq 0$. □

定理1也指明, $A$ 的投射维数可由其投射分解的长度来定出, 即,有

**推论2** $\operatorname{Pd} A=n$ 的充要条件是 $A$ 有一个投射分解 $\{P_n, d_n\}$, 其中当 $i>n$ 时, $P_i=0$, 而当 $i<n$ 时, $\operatorname{Im} d_i$ 不能是投射模.

下列定理在计算模的投射维数时是非常有用的.

**定理2** 设 $A\rightarrowtail B\twoheadrightarrow C$ 为短正合列,则

(1) 当 $\operatorname{Pd} B>\operatorname{Pd} A$ 时, $\operatorname{Pd} C=\operatorname{Pd} B$;

(2) 当 $\operatorname{Pd} B<\operatorname{Pd} A$ 时, $\operatorname{Pd} C=\operatorname{Pd} A+1$;

(3) 当 $\operatorname{Pd} B=\operatorname{Pd} A$ 时, $\operatorname{Pd} C\leqslant\operatorname{Pd} A+1$.

证 对于任何 $M$, 任何 $n\geqslant 0$, 有正合列

$$\cdots\longrightarrow\operatorname{Ext}^n(C, M)\rightarrow\operatorname{Ext}^n(B, M)\rightarrow\operatorname{Ext}^n(A, M)$$
$$\rightarrow\operatorname{Ext}^{n+1}(C, M)\rightarrow\operatorname{Ext}^{n+1}(B, M)\rightarrow\operatorname{Ext}^{n+1}(A, M)$$

$\to \cdots$.

$$(1.4)$$

如果当 $m \geqslant n$ 时, $\mathrm{Ext}^m(A, M)=0$, 但 $\mathrm{Ext}^n(B, M)\neq 0$, 则 $\mathrm{Ext}^n(C, M)\neq 0$. 于是由(1.4), 当 $j>0$ 时,

$$\mathrm{Ext}^{n+j}(C, M)\cong \mathrm{Ext}^{n+j}(B, M),$$

故 $\mathrm{Pd}\,B=\mathrm{Pd}\,C$.

如果当 $m \geqslant n$ 时, $\mathrm{Ext}^m(B, M)=0$, 但 $\mathrm{Ext}^n(A, M)\neq 0$, 则 $\mathrm{Ext}^{n+1}(C, M)$不能是 0, 而且对于 $j=1, 2, \cdots$,

$$\mathrm{Ext}^{n+j}(C, M)\cong \mathrm{Ext}^{n+j-1}(A, M).$$

所以 $\mathrm{Pd}\,C=\mathrm{Pd}\,B+1$.

如果当 $m \geqslant n$ 时,

$$\mathrm{Ext}^m(B, M)=\mathrm{Ext}^m(A, M)=0,$$

则 $\mathrm{Ext}^{n+1}(C, M)$必等于 0, 所以这时 $\mathrm{Pd}C\leqslant \mathrm{Pd}A+1$. □

**推论 3** 若 $A \rightarrowtail B \twoheadrightarrow C$, 而且 $A, B, C$ 中有两个的投射维数有限, 第三个的投射维数也必有限.

**推论 4** 若 $A \rightarrowtail B \twoheadrightarrow C$, 且 $B$ 为投射模, 则 $\mathrm{Pd}\,C\leqslant 1+\mathrm{Pd}\,A$.

最后我们证明

**定理 3** $\mathrm{Pd}(\bigoplus_{\lambda\in\Lambda} A_\lambda)=\sup_{\lambda\in\Lambda}\mathrm{Pd}\,A_\lambda$.

**证** 由第三章§6 定理 20, 对任何 $n$, 任何 $M$, 恒有

$$\mathrm{Ext}^n(\bigoplus A_\lambda, M)\cong \prod_\lambda \mathrm{Ext}^n(A_\lambda, M),$$

所以 $\mathrm{Ext}^n(\bigoplus A_\lambda, M)=0$ 当且仅当对每一个 $\lambda$, $\mathrm{Ext}^n(A_\lambda, M)=0$.

## §2 模的内射维数

内射维数与投射维数是相互对偶的概念.

**定义 2** 设 $C$ 为 $\mathfrak{A}$-模, 其内射维数定义为最小的整数 $n$, 使对任何 $A$, 恒有 $\mathrm{Ext}^{n+1}(A, C)=0$. 如果这样的 $n$ 不存在, 即对任何 $n$, 一定有 $A$, 使 $\mathrm{Ext}^{n+1}(A, C)\neq 0$, 则 $C$ 的内射维数为 $\infty$. 零模的内射维数仍为 $-1$. 我们常以 $\mathrm{Id}\,C$ 表内射维数.

下面的引理是 Schanuel 引理(§1引理2)的对偶定理(但需另行证明).

**引理 1** 设有两个短正合列

$$A \rightarrowtail^{\eta} Q \xrightarrow{\pi}\!\!\!\twoheadrightarrow N,$$
$$A \rightarrowtail^{\eta'} Q' \xrightarrow{\pi'}\!\!\!\twoheadrightarrow N', \tag{2.1}$$

其中 $Q$ 与 $Q'$ 都是内射模, 则

$$Q \oplus N' \cong Q' \oplus N.$$

证 我们的证明是与§1中的引理2的证明相类似的. 首先, 求 $f$ 与 $g$, 使有交换图

$$\begin{array}{ccccc} A & \rightarrowtail & Q & \twoheadrightarrow & N \\ {\scriptstyle 1_A}\downarrow & & \downarrow{\scriptstyle f} & & \downarrow{\scriptstyle g} \\ A & \rightarrowtail & Q' & \twoheadrightarrow & N' \end{array} \tag{2.2}$$

然后定义 $\tau: Q \to Q' \oplus N$

$$q \mapsto (-f(q),\ \pi(q))$$

与 $\sigma: Q' \oplus N \to N'$

$$(q',\ n) \mapsto \pi'(q') + g(n),$$

则有短正合列

$$Q \rightarrowtail^{\tau} Q' \oplus N \xrightarrow{\sigma}\!\!\!\twoheadrightarrow N'.$$

这里必须证明 $\tau$ 是单同态, $\sigma$ 是满同态, 并且 $\mathrm{Im}\,\tau = \mathrm{Ker}\,\sigma$. 证明并不困难, 可仿照§1引理2的办法, 但略有改变.

于是因 $Q$ 是内射模, 故得 $Q \oplus N' \cong Q' \oplus N$. □

推广引理1, 则有

**引理 2** 设有两个正合列

$$A \rightarrowtail Q_0 \to Q_1 \to \cdots \to Q_{n-1} \twoheadrightarrow N,$$
$$A \rightarrowtail Q'_0 \to Q'_1 \to \cdots \to Q'_{n-1} \twoheadrightarrow N',$$

则有 $Q_0 \oplus Q'_1 \oplus Q_2 \oplus \cdots \cong Q'_0 \oplus Q_1 \oplus Q'_2 \oplus \cdots.$

因此, $N$ 与 $N'$ 中若有一个是内射模, 另一个也必是内射模.

证法与§1引理3的证法相同. □

**定理4** 设 $O$ 为一个 $\mathfrak{A}$-模, $n\geqslant 0$, 则下列的七句话等价:

(1) $O$ 有一个内射分解:

$$O\rightarrowtail Q^0\to Q'\to\cdots\to Q^{n-1}\twoheadrightarrow Q^n;$$

(2) 设

$$O\rightarrowtail Q'^0\xrightarrow{d'^0}Q'^1\xrightarrow{d'^1}\cdots\longrightarrow Q'^{n-1}\to Q'^n\to\cdots$$

为 $O$ 的任一内射分解, 则 $\operatorname{Im} d'^{n-1}$ 是内射模;

(3) 若

$$O\rightarrowtail \bar{Q}^0\to\bar{Q}^1\to\cdots\to\bar{Q}^{n-1}\twoheadrightarrow X$$

为任一正合列, $\bar{Q}^0$, $\bar{Q}^1$, $\cdots$, $\bar{Q}^{n-1}$ 都是内射模, 则 $X$ 也是内射模;

(4) 对任何 $\mathfrak{A}$-模 $A$, 恒有

$$\operatorname{Ext}^{n+j}(A, O)=0,\ j=1,\ 2,\ \cdots;$$

(5) 对任何 $\mathfrak{A}$-模 $A$, 恒有

$$\operatorname{Ext}^{n+1}(A, O)=0;$$

(6) $\operatorname{Id} O\leqslant n$;

(7) 在 $0\to N\to L\to M\to 0$ 为正合列时, 有右正合列

$$\operatorname{Ext}^n(M, O)\to\operatorname{Ext}^n(L, O)\to\operatorname{Ext}^n(N, O)\to 0.$$

证法与定理1的证法相同. □

**推论1** $O$ 是内射模, 当且仅当 $\operatorname{Id} O=0$.

**推论2** $\operatorname{Id} O=n$, 其充要条件是 $O$ 有一个内射分解 $\{Q^i,\ d^i\}$, 其中当 $i>n$ 时, $Q^i=0$, 而当 $i<n$ 时, $\operatorname{Ker} d^i$ 不是内射模.

**推论3** 若 $\operatorname{Id} O=n>0$, 则当 $m\leqslant n$ 时, 必有 $A_m$, 使

$$\operatorname{Ext}^m(A_m, O)\neq 0.$$

## §3 环的总体维数

总体维数是环的一个很重要的同调性质.

**定义3** 环 $O$ 的总体维数定为 $-1$, 不分左右. 若 $\mathfrak{A}\neq 0$, 则在所有的左 $\mathfrak{A}$-模中, 其最大的投射维数 $n$ 定义为 $\mathfrak{A}$ 的左总体维数,

简称左维数，记成 $\operatorname{Lgd}\mathfrak{A}=n$. 如果这样的 $n$ 不存在，则 $\operatorname{Lgd}\mathfrak{A}=\infty$. 同样，在所有的右 $\mathfrak{A}$-模中，其最大的投射维数 $m$ 定义为 $\mathfrak{A}$ 的右总体维数，简称右维数，记成 $\operatorname{Rgd}\mathfrak{A}=m$. 如果这样的 $m$ 不存在，则 $\operatorname{Rgd}\mathfrak{A}=\infty$.

我们将看到，有的环的左右维数并不相等，但也有的环 $\mathfrak{A}$ 其左右维数是相等的，特别是交换环，这时其左右维数之值称为总体维数，记以 $\operatorname{Gd}\mathfrak{A}$.

我们首先有

**定理 5** 对于 $n\geqslant 0$, 下列的五句话等价：

(1) $\operatorname{Lgd}\mathfrak{A}\leqslant n$;

(2) 对任何 $A$, $\operatorname{Pd}A\leqslant n$;

(3) 对任何 $C$, $\operatorname{Id}C\leqslant n$;

(4) 对任何 $A$ 与 $C$, 有

$$\operatorname{Ext}^{n+j}(A, C)=0,\ j=1, 2, \cdots;$$

(5) 对任何 $A$ 与 $C$, 恒有

$$\operatorname{Ext}^{n+1}(A, C)=0.$$

证 (1)$\Leftrightarrow$(2) 由总体维数的定义.

(2)$\Leftrightarrow$(4)$\Leftrightarrow$(5) 由投射维数的定义及定理 1.

(3)$\Leftrightarrow$(4)$\Leftrightarrow$(5) 由内射维数的定义及定理 4. □

立得

**推论** $\operatorname{Lgd}\mathfrak{A}=\sup\limits_{A}\operatorname{Pd}A=\sup\limits_{C}\operatorname{Id}C$

$$=\sup_{A,C}\{n\,|\,\operatorname{Ext}^n(A, C)\neq 0\}.$$

推论中的 $A$ 所取的范围还可以缩小到循环模. 我们有下列的 Auslander 定理.

**定理 6** $\operatorname{Lgd}\mathfrak{A}=\sup\operatorname{Pd}N$, $N$ 为循环模.

在第二章 § 5 中，我们曾证明过，$N$ 为循环模当且仅当有左理想 $J$ 使 $N\cong\mathfrak{A}/J$. 因为在 $N=\mathfrak{A}x$ 为循环模时，让 $J$ 为 $x$ 的左零化理想，则 $N\cong\mathfrak{A}/J$, 而在另一方面，$\mathfrak{A}/J$ 是由 $1+J$ 所生成的循环模. 因此，定理 6 有另一种形式，见

**定理 6′** $\operatorname{Lgd}\mathfrak{A}=\sup\limits_{J}\operatorname{Pd}\mathfrak{A}/J$.

**证** 如果有一个循环模，其投射维数为 $\infty$，那么，我们就没有什么要证明的，因为这时 $\operatorname{Lgd}\mathfrak{A}$ 只能等于 $\infty$.

现在假定 $\sup\operatorname{Pd}N=n<\infty$. 于是对任何循环模 $N$ 与任何 $C$，必有 $\operatorname{Ext}^{n+1}(N,\ C)=0$. 任取 $C$ 的一个内射分解

$$C\rightarrowtail Q^0\to Q^1\to\cdots\to Q^{n-1}\to Q^n\xrightarrow{\partial^n}\cdots,\tag{3.1}$$

于是

$$\begin{aligned}0=\operatorname{Ext}^{n+1}(N,\ C)&\cong\operatorname{Ext}^n(N,\ \operatorname{Im}\partial^0)\cong\cdots\\&\cong\operatorname{Ext}^1(N,\ \operatorname{Im}\partial^{n-1}).\end{aligned}$$

让 $N=\mathfrak{A}/J$，$J$ 为左理想，则从短正合列

$$J\overset{\eta}{\rightarrowtail}\mathfrak{A}\twoheadrightarrow N$$

得右正合列

$$\begin{aligned}&\operatorname{Hom}(\mathfrak{A},\ \operatorname{Im}\partial^{n-1})\xrightarrow{\sigma}\operatorname{Hom}(J,\ \operatorname{Im}\partial^{n-1})\\&\quad\to\operatorname{Ext}^1(N,\ \operatorname{Im}\partial^{n-1})=0,\end{aligned}$$

故 $\sigma$ 为满同态. 这说明，对任何 $f\in\operatorname{Hom}(J,\ \operatorname{Im}\partial^{n-1})$，有 $g\in\operatorname{Hom}(\mathfrak{A},\ \operatorname{Im}\partial^{-1})$，使 $\sigma(g)=g\eta=f$，如下图所示

(3.2)

由于 $J$ 是任意的，故由 Baer 判别法，$\operatorname{Im}\partial^{n-1}$是内射模，因而由定理4，$\operatorname{Id}C\leqslant n$. 由于 $C$ 也是任意的，由定理 5，$\operatorname{Lgd}\mathfrak{A}=n$.

**推论 1** 如果 $\operatorname{Lgd}\mathfrak{A}\geqslant 1$，则

$$\operatorname{Lgd}\mathfrak{A}=\sup_{J}\operatorname{Pd}J+1,$$

$J$ 为左理想.

**证** 由于左理想也是左 $\mathfrak{A}$–模，所以，对任何左理想 $J$，从总体维数的定义，$\operatorname{Lgd}\mathfrak{A}\geqslant\operatorname{Pd}J$，因而 $\operatorname{Lgd}\mathfrak{A}\geqslant\sup\limits_{J}\operatorname{Pd}J$. 如果 $\sup\operatorname{Pd}J$

$=\infty$，那么，$\operatorname{Lgd}\mathfrak{A}$ 也只能是 $\infty$。

现在假定 $\sup\operatorname{Pd}J=n<\infty$。

取短正合列

$$J\rightarrowtail\mathfrak{A}\twoheadrightarrow N,$$

这里 $J$ 是左理想，$N$ 是循环模．环 $\mathfrak{A}$ 本身是一个自由 $\mathfrak{A}$-模，因而是投射 $\mathfrak{A}$-模，故 $\operatorname{Pd}_{\mathfrak{A}}\mathfrak{A}=0$。

如果 $n=0$，则每一个 $J$ 都是投射模，则由定理 2(3)，（这时 $\operatorname{Pd}J=0$）得 $\operatorname{Pd}N\leqslant 1$．如果每一个 $\operatorname{Pd}N$ 都等于 0，则由定理 6，$\operatorname{Lgd}\mathfrak{A}=0$，不能 $\geqslant 1$，所以至少有一个 $\operatorname{Pd}N=1$，这时 $\operatorname{Lgd}\mathfrak{A}=1=\sup\operatorname{Pd}J+1$。

如果 $n>0$，则对任何 $N$，必有 $\operatorname{Pd}N\leqslant n+1$，但因至少有一个 $J$，使 $\operatorname{Pd}J=n$，故由定理 2(2) $\operatorname{Pd}\mathfrak{A}/J=n+1$．所以 $\sup\operatorname{Pd}N=n+1$．由定理 6，$\operatorname{Lgd}\mathfrak{A}=n+1=\sup\operatorname{Pd}J+1$．□

在第二章 §7 中我们曾定义一个 $\mathfrak{A}$-模 $M$ 的合成列，它是一个以 $M$ 为首的降链

$$M=M_0>M_1>M_2>\cdots>M_r=0, \tag{3.3}$$

其中的因子模

$$M_0/M_1,\ M_1/M_2,\ \cdots,\ M_{r-1}/M_r=M_{r-1} \tag{3.4}$$

都是单纯模．在那里，我们也曾指出，若 $M$ 有合成列，则以 $M$ 为首的任何降链都可加细成为一个合成列；$M$ 的任两个合成列必有相等的长度，而且其因子模一一对应地同构，但不一定按照所排的次序．

如果 $\mathfrak{A}$ 本身作为 $\mathfrak{A}$-模有合成列（这等价于说，$\mathfrak{A}$ 的左理想之集既满足极大条件，又满足极小条件，见第二章 §7 定理 17），则定理 6 中的 $N$ 可以仅取单纯模（单纯模必循环，循环模未必单纯）．

**定理 7** 如果 $\mathfrak{A}$ 本身作为 $\mathfrak{A}$-模有合成列（合成列中的各项当然都是左理想），则

$$\operatorname{Lgd}\mathfrak{A}=\sup\operatorname{Pd}C,$$

$C$ 取单纯 $\mathfrak{A}$-模．

**证** 由于单纯模必循环，故

$$\sup_{C\text{单纯}} \operatorname{Pd} C \leqslant \sup_{N\text{循环}} \operatorname{Pd} N,$$

因此 $\sup \operatorname{Pd} C \leqslant \operatorname{Lgd} \mathfrak{A}$. 于是，若 $\sup \operatorname{Pd} C = \infty$, 则 $\operatorname{Lgd} \mathfrak{A}$ 也必等于 $\infty$. 所以我们可以假定 $\sup \operatorname{Pd} C = n < \infty$.

我们先证，若 $M$ 有合成列(3.3)，则 $\operatorname{Pd} M \leqslant n$. 对 $r$ 归纳. $r=1$ 时，$M$ 本身是单纯模，故 $\operatorname{Pd} M \leqslant n$. 现设 $r>1$. 让 $A = M/M_1$, 则 $A$ 为单纯模，其合成列的长度为 1，而 $M_1$ 的合成列的长度为 $r-1$，所以，由归纳法的假定 $\operatorname{Pd} A \leqslant n$, 且 $\operatorname{Pd} M_1 \leqslant n$. 由短正合列

$$M_1 \rightarrowtail M \twoheadrightarrow A,$$

并由定理 2, $\operatorname{Pd} M \leqslant n$.

现在假定

$$\mathfrak{A} \supset J_1 \supset J_2 \cdots \supset J_r = 0$$

为 $\mathfrak{A}$ 的一个合成列，$T_i$ 均为左理想. 若 $N$ 是循环模，则

$$N = \mathfrak{A}N \supset J_1 N \supset J_2 N \supset \cdots \supset J_r N = 0$$

是 $N$ 的一个合成列，所以由上面已证得的结论知 $\operatorname{Pd} N \leqslant n$. 由于 $N$ 是任意的，故 $\operatorname{Lgd} \mathfrak{A} = \sup \operatorname{Pd} N \leqslant n$. □

**推论 2** 若 $\mathfrak{A}$ 有合成列，且 $\operatorname{Lgd} \mathfrak{A} > 0$, 则

$$\operatorname{Lgd} \mathfrak{A} = \sup \operatorname{Pd} L + 1,$$

$L$ 取极左大理想.

证 $C$ 为单纯模当且仅当 $C \cong \mathfrak{A}/L$, $L$ 为极大左理想，取短正合列

$$L \rightarrowtail \mathfrak{A} \twoheadrightarrow C,$$

则与推论 1 完全相同，可得希证的结论. □

**附注 1** 五十年代，同调代数学家 Auslander, Eilenberg, Kaplansky, Nakayama(中山正)等在日本名古屋数学学报上发表了一系列研究同调维数(包括模的投射维数，内射维数与环的总体维数)的论文，对这个理论起了奠基性的作用.

**附注 2** 如果环 $\mathfrak{A}$ 是两个子环 $\mathfrak{A}_1$ 与 $\mathfrak{A}_2$ 的直和，即，

$$\mathfrak{A} = \mathfrak{A}_1 + \mathfrak{A}_2,$$

且

$$\alpha_1\alpha_2 = \alpha_2\alpha_1 = 0,\ \alpha_1 \in \mathfrak{A}_1,\ \alpha_2 \in \mathfrak{A}_2,$$

则

$$\mathrm{Lgd}\,\mathfrak{A}=\max(\mathrm{Lgd}\,\mathfrak{A}_1,\ \mathrm{Lgd}\,\mathfrak{A}_2). \tag{3.5}$$

其证明可分三步：

第一，若 $P_1$ 是左 $\mathfrak{A}_1$-模，$P_2$ 是左 $\mathfrak{A}_2$-模，则 $P_1 \oplus P_2$ 是左 $\mathfrak{A}$-模. 反之，任何左 $\mathfrak{A}$-模 $P$ 均可分解成 $P=P_1\oplus P_2$，这里 $P_1$ 是左 $\mathfrak{A}_1$-模，$P_2$ 是左 $\mathfrak{A}_2$-模.

其次，若 $P_1$ 是左 $\mathfrak{A}_1$-模，则它可定义成左 $\mathfrak{A}$-模（让 $\mathfrak{A}_2 P_1=0$），于是，$P_1$ 是投射左 $\mathfrak{A}_1$-模当且仅当它是投射左 $\mathfrak{A}$-模.

最后，若 $P=P_1\oplus P_2$，$P$，$P_1$ 与 $P_2$ 相应为左 $\mathfrak{A}$-模，左 $\mathfrak{A}_1$-模与左 $\mathfrak{A}_2$-模，则 $P$ 为投射 $\mathfrak{A}$-模当且仅当 $P_1$ 与 $P_2$ 为投射 $\mathfrak{A}_1$-模与投射 $\mathfrak{A}_2$-模.

## §4 多项式环与合冲定理

我们将在本节中讨论多项式环的总体维数. 为此，我们首先需要一条换环定理.

设 $\mathfrak{A}$ 为任意的一个环，$x$ 为其中心中的一个元素（对任何 $\alpha\in\mathfrak{A}$，恒有 $\alpha x=x\alpha$），且不为零因子，并让 $\mathfrak{B}$ 表剩余类环 $\mathfrak{A}/(x)$，这里的 $(x)$ 当然是由 $x$ 所生成的双边主理想. 任取一个 $\mathfrak{B}$-模 $A$，我们可以把 $A$ 定义成为一个 $\mathfrak{A}$-模，即，当 $\alpha\in\mathfrak{A}$，$a\in A$ 时，定义 $\alpha a=[\alpha]a$，这里的 $[\alpha]$ 表示在自然同态 $\mathfrak{A}\to\mathfrak{A}/(x)$ 下，$\alpha$ 所取的象，$[\alpha]=$ 陪集 $\alpha+(x)$. 因此，同一个 $A$ 既是一个 $\mathfrak{B}$-模，又是一个 $\mathfrak{A}$-模. 在作为 $\mathfrak{A}$-模时，这个 $A$ 将表以 $A_{\mathfrak{A}}$，其投射维数将表以 $\mathrm{Pd}_{\mathfrak{A}} A_{\mathfrak{A}}$. 在作为 $\mathfrak{B}$-模时，其投射维数将表以 $\mathrm{Pd}_{\mathfrak{B}} A$.

我们有

**定理 8**（**第一换环定理**） 设 $x$ 为环 $\mathfrak{A}$ 的中心中的元素，且不为零因子，$\mathfrak{B}=\mathfrak{A}/(x)$，$A$ 为一个 $\mathfrak{B}$-模，则当 $\mathrm{Pd}_{\mathfrak{B}} A=n<\infty$ 时，$\mathrm{Pd}_{\mathfrak{A}} A_{\mathfrak{A}}=n+1$. 因此，如果 $\mathrm{Lgd}\,\mathfrak{B}<\infty$，则

$$\mathrm{Lgd}\,\mathfrak{A}\geqslant \mathrm{Lgd}\,\mathfrak{B}+1. \tag{4.1}$$

证　设 $n=0$，则 $A$ 为投射 $\mathfrak{B}$-模. 我们肯定 $A_{\mathfrak{A}}$ 不能是投射 $\mathfrak{A}$-模. 不然的话，它必是某一个自由 $\mathfrak{A}$-模 $F$ 的直和加项，因而是

$F$ 的子模. 假定 $F$ 定义于集合 $\{y_{\lambda\in\Lambda}\}$ 上, 则 $A_{\mathfrak{A}}$ 的每一个非零的元素 $a$ 必是这些 $y_\lambda$ 的有限线性组合, 即

$$0\neq a=\sum_{i=1}^{n}\alpha_i y_i,\quad \alpha_i\in\mathfrak{A},$$

而且其系数 $\alpha_i$ 是唯一的. 但 $0=xa=\sum x\alpha_i y_i$, 故 $x\alpha_i=0$. 因 $x$ 不是零因子, 所以 $\alpha_i=0$, 因而 $a=0$. 矛盾. 所以 $\mathrm{Pd}_{\mathfrak{A}}A_{\mathfrak{A}}\geqslant 1$.

要证 $\mathrm{Pd}_{\mathfrak{B}}A_{\mathfrak{A}}\leqslant 1$. 因 $A$ 是投射 $\mathfrak{B}$-模, 故有自由 $\mathfrak{B}$-模 $G=A\oplus B$. 设 $G$ 是定义于集合 $\{y_{\lambda\in\Lambda}\}$ 上的自由 $\mathfrak{B}$-模, 则 $G_{\mathfrak{A}}$ 以 $\{y_{\lambda\in\Lambda}\}$ 为其生成系. 取 $G'$ 为定义于集合 $\{u_{\lambda\in\Lambda}\}$ 上的自由 $\mathfrak{A}$-模, $G''$ 为定义于集合 $\{xu_{\lambda\in\Lambda}\}$ 上的自由 $\mathfrak{A}$-模, 则有短正合列

$$G''\rightarrowtail G'\twoheadrightarrow G_{\mathfrak{A}} \tag{4.2}$$

$$u_\lambda\twoheadrightarrow y_\lambda,$$

由于 $G'$ 与 $G''$ 都是自由 $\mathfrak{A}$-模, 因而是投射 $\mathfrak{A}$-模, 故(4.2)表明 $\mathrm{Pd}_{\mathfrak{B}}G_{\mathfrak{A}}\leqslant 1$. 但(4.2)肯定不可裂, 否则 $G'$ 中有一子模 $G_1$ 与 $G_{\mathfrak{A}}$ 同构, 这时必有 $xG_1=0$, 不可能. 所以 $G_{\mathfrak{A}}$ 不是一个投射模, $\mathrm{Pd}_{\mathfrak{A}}G_{\mathfrak{A}}\geqslant 1$. 于是 $\mathrm{Pd}_{\mathfrak{A}}G_{\mathfrak{A}}=1$.

由 $G=A\oplus B$ 得 $G_{\mathfrak{A}}=A_{\mathfrak{A}}\oplus B_{\mathfrak{A}}$. 从 $\mathrm{Pd}_{\mathfrak{A}}G_{\mathfrak{A}}=1$ 及定理 **3**, 知 $\mathrm{Pd}_{\mathfrak{A}}A_{\mathfrak{A}}\leqslant 1$. 定理的前一部分对于 $n=0$ 的情况得证.

设 $n=1$. 取 $G$ 为自由 $\mathfrak{B}$-模, 使有短正合列

$$N\rightarrowtail G\twoheadrightarrow A, \tag{4.3}$$

因而有

$$N_{\mathfrak{A}}\rightarrowtail G_{\mathfrak{A}}\twoheadrightarrow A_{\mathfrak{A}}. \tag{4.4}$$

由于 $\mathrm{Pd}_{\mathfrak{B}}A=1$, 由定理 1, (4.3) 为 $A$ 的一个投射分解, $N$ 为投射 $\mathfrak{B}$-模. 所以, 由 $n=0$ 的情况, $\mathrm{Pd}_{\mathfrak{A}}N_{\mathfrak{A}}=\mathrm{Pd}_{\mathfrak{A}}G_{\mathfrak{A}}=1$. 由定理 2, $\mathrm{Pd}_{\mathfrak{A}}A_{\mathfrak{A}}\leqslant 2$.

$\mathrm{Pd}_{\mathfrak{A}}A_{\mathfrak{A}}$ 当然 $\neq 0$, 因为 $A_{\mathfrak{A}}$ 不可能是一个自由 $\mathfrak{A}$-模的子模, 当然不能是投射模.

需证 $\mathrm{Pd}_{\mathfrak{A}}A_{\mathfrak{A}}\neq 1$. 如果 $\mathrm{Pd}_{\mathfrak{A}}A_{\mathfrak{A}}=1$, 则有自由 $\mathfrak{A}$-模 $F$ 与投射 $\mathfrak{A}$-模 $H\subseteq F$ 使有短正合列

$$H\overset{\eta}{\rightarrowtail}F\overset{\pi}{\twoheadrightarrow}A_{\mathfrak{A}}. \tag{4.5}$$

因 $xA_{\mathfrak{A}}=0$，故 $xF\subseteq H=\operatorname{Ker}\pi$，因此有

$$xH\subseteq xF\subseteq H.$$

于是由同态定理，得

$$H/xF\rightarrowtail F/xF\twoheadrightarrow A. \tag{4.6}$$

上式中 $H/xF$ 与 $F/xF$ 其实都是 $\mathfrak{B}$-模，因此(4.6)是 $\mathfrak{B}$-模的一个短正合列. 若 $F$ 是定义于 $\{y_{\lambda\in\Lambda}\}$ 上的自由 $\mathfrak{A}$-模，则 $F/xF$ 是定义于同一个集合 $\{y_\lambda\}$ 上的自由 $\mathfrak{B}$-模. 因 $\mathrm{Pd}_{\mathfrak{B}}A=1$，故 $H/xF$ 是投射 $\mathfrak{B}$-模，所以短正合列

$$xF/xH\rightarrowtail H/xH\twoheadrightarrow H/xF$$

可裂，故

$$H/xH\cong xF/xH\oplus H/xF.$$

因 $H$ 是投射 $\mathfrak{B}$-模，故 $H/xH$ 是投射 $\mathfrak{B}$-模，因而 $xF/xH$ 是投射 $\mathfrak{B}$-模. 但 $xF/xH\cong F/H\cong A$（$x$ 不是零因子!），所以 $A$ 是投射 $\mathfrak{B}$-模，$\mathrm{Pd}_{\mathfrak{B}}A=0\neq1$. 矛盾. 因此，在 $\mathrm{Pd}_{\mathfrak{B}}A=1$ 时，$\mathrm{Pd}_{\mathfrak{A}}A_{\mathfrak{A}}=2$.

最后，让 $n>1$. 取 $G$ 为自由 $\mathfrak{B}$-模，得短正合列(4.3). 由定理 2，因 $\mathrm{Pd}_{\mathfrak{B}}G=0$，故必有 $\mathrm{Pd}_{\mathfrak{B}}N=\mathrm{Pd}_{\mathfrak{B}}A-1=n-1$. 由归纳法的假定，$\mathrm{Pd}_{\mathfrak{A}}N_{\mathfrak{A}}=n>1$，再因 $\mathrm{Pd}_{\mathfrak{A}}G_{\mathfrak{A}}=1$，故由定理 2，$\mathrm{Pd}_{\mathfrak{A}}A_{\mathfrak{A}}=1+n$. 定理的前一半得证.

后一半是明显的. □

注意，定理 8 的条件"$\mathrm{Lgd}\,\mathfrak{B}<\infty$"是不可缺少的. 我们可举一个例来说明，在 $\mathrm{Lgd}\,\mathfrak{B}=\infty$ 时，却可能有 $\mathrm{Lgd}\,\mathfrak{A}<\infty$.

取整数环 $\mathbb{Z}$，它是一个主理想环. 每一个主理想 $(m)\neq0$ 都是一个定义于单元集合 $\{m\}$ 上的自由模，因而每一个循环模 $\mathbb{Z}/m\mathbb{Z}$ 都有投射维数 $\leqslant1$. 如果 $m>1$，则 $A=\mathbb{Z}/m\mathbb{Z}$ 肯定不是自由 $\mathbb{Z}$-模，因而也不能是投射 $\mathbb{Z}$-模（主理想环上的投射模必自由! 第二章 §9 定理 12）. 所以 $A=\mathbb{Z}/m\mathbb{Z}$ 的投射维数等于 1. 这说明了(定理 6)$\mathbb{Z}$ 的总体维数 $\mathrm{Gd}\mathbb{Z}=1$.（交换环的总体维数不分左右.）

考虑 $\mathfrak{B}=\mathbb{Z}/(4)$，它的元素将表以符号 $\bar{0}$, $\bar{1}$, $\bar{2}$, 与 $\bar{3}$. 让 $A=(\bar{2})$ 为由 $\bar{2}$ 所生成的主理想. 取短正合列

$$(\bar{2})\rightarrowtail\mathfrak{B}\twoheadrightarrow(\bar{2})$$

$$b\cdot\bar{1}\mapsto b\cdot\bar{2}$$

作为自由 $\mathfrak{B}$ 模，$\mathfrak{B}$ 与 $(\bar{2})\oplus(\bar{2})$ 不同构，因为 $\bar{2}\mathfrak{B}\neq 0$，但 $\bar{2}((\bar{2})\oplus(\bar{2}))=0$. 所以 $(\bar{2})$ 不是一个投射模. 其实，$(\bar{2})$ 作为一个 $\mathfrak{B}$-模，有一个无穷长的投射分解

$$\cdots\longrightarrow\mathfrak{B}\xrightarrow{d_n}\mathfrak{B}\longrightarrow\cdots\longrightarrow\mathfrak{B}\longrightarrow(\bar{2}),$$

其中 $d_n(b)=b\cdot\bar{2}$，所以每一个 $\operatorname{Im}d_n$ 都等于 $(\bar{2})$，因而都不是投射模，故 $\operatorname{Pd}_{\mathfrak{B}}(\bar{2})=\infty$. 于是 $\operatorname{Gd}\mathfrak{B}=\infty$.

不过，按照定理 8，如果有集合 $\{A_{\lambda\in\Lambda}\}$ 为 $\mathfrak{B}$-模之集，每一个 $\operatorname{Pd}_{\mathfrak{B}}A_\lambda$ 都有限，但 $\operatorname{Pd}_{\mathfrak{B}}A_\lambda$ 之集无界，则 $\operatorname{Lgd}\mathfrak{A}$ 与 $\operatorname{Lgd}\mathfrak{B}$ 都是 $\infty$.

我们现在转到多项式的理论.

设 $\mathfrak{B}$ 为一个环，$A$ 为一个 $\mathfrak{B}$-模. 取 $x$ 为一个符号，我们称下列的形式

$$a(x)=a_0+a_1x+\cdots+a_mx^m,\ a_i\in A,\ a_m\neq 0, \tag{4.7}$$

为 $A$ 上的一个 $m$ 次多项式，$A$ 中的元素 $a_0\neq 0$ 为一个 0 次多项式，而 $A$ 中的零元素 0 为零多项式，但无次数. 可以按照传统的办法来定义 $a(x)=b(x)$（次数相等，相应系数相等）与 $a(x)+b(x)$（同类项合并）. 于是，$A$ 上的全体多项式成为一个加法交换群，记成 $A[x]$.

如果 $\beta(x)=\beta_0+\beta_1x+\cdots+\beta_nx^n\in\mathfrak{B}[x]$，$a(x)\in A[x]$，我们定义

$$\beta(x)a(x)=b_0+b_1x+b_2x^2+\cdots,$$

其中

$$b_s=\sum_{i+j=s}\beta_i a_j, \tag{4.8}$$

则 $\mathfrak{B}[x]$ 是一个环，称为 $\mathfrak{B}$ 上一元 $x$ 的多项式环，而 $A[x]$ 为一个 $\mathfrak{B}[x]$-模. 如果改写 $1_{\mathfrak{B}}x$ 为 $x$，则 $x$ 在 $\mathfrak{B}[x]$ 的中心内，且不为零因子. 同时，(4.8) 也定义了 $x^nx^m=x^{n+m}$，所以 $x^n$ 可以理解为 $x$ 的 $n$ 次幂，它满足通常的指数律.

若 $\beta(x)=\beta_0+\beta_1x+\cdots+\beta_nx^n$，而 $\beta'\in\mathfrak{B}$，则由 (4.8)，

$$\beta(x)\beta'=\beta_0\beta'+\beta_1\beta'x+\cdots+\beta_n\beta'x^n\in\mathfrak{B}[x],$$

所以 $\mathfrak{B}[x]$ 是一个右 $\mathfrak{B}$-模（当然也是左 $\mathfrak{B}$-模）. 我们有

**引理 1** (1) 作为右 $\mathfrak{B}$-模，$\mathfrak{B}[x]$ 是平坦的；

(2) $A[x]\cong\mathfrak{B}[x]\underset{\mathfrak{B}}{\otimes}A$.

证 (1) 作为右 $\mathfrak{B}$-模，$\mathfrak{B}[x]$ 事实上是一个自由模，定义于集合 $\{1, x, x^2, \cdots\}$ 上.

(2) 让 $a_jx^j$ 对应 $x^j\otimes a_j$ 即得同构. □

**推论 1** (1) 若 $A$ 是自由 $\mathfrak{B}$-模，则 $A[x]$ 是自由 $\mathfrak{B}[x]$-模；

(2) 若 $A$ 是投射 $\mathfrak{B}$-模，则 $A[x]$ 是投射 $\mathfrak{B}[x]$-模.

证 (1) 若 $A$ 定义于集合 $S=\{s_{\lambda\in\Lambda}\}$ 上，则 $\mathfrak{B}[x]\otimes A$ 是定义于 $S=\{s_\lambda\}$ 上的自由 $\mathfrak{B}[x]$-模.

(2) 若 $F$ 为自由模，$F=A\oplus B$，则

$$\mathfrak{B}[x]\otimes F=\mathfrak{B}[x]\otimes A\oplus\mathfrak{B}[x]\otimes B. \ \square$$

于是有

**定理 9** 设 $A$ 为 $\mathfrak{B}$-模，则

$$\mathrm{Pd}_{\mathfrak{B}}A=\mathrm{Pd}_{\mathfrak{B}[x]}A[x].$$

证 任取 $A$ 的一个投射分解

$$\cdots\longrightarrow P_n\xrightarrow{d_n}P_{n-1}\to\cdots\to P_0\twoheadrightarrow A,$$

则得 $A[x]$ 的投射分解 ($\mathfrak{B}[x]\otimes P_n$ 是投射 $\mathfrak{B}[x]$-模)

$$\cdots\to\mathfrak{B}[x]\otimes P_n\xrightarrow{\varepsilon\otimes d_n}\mathfrak{B}[x]\otimes P_{n-1}\to\cdots\to\mathfrak{B}[x]\otimes P_0 \twoheadrightarrow A[x]. \tag{4.9}$$

如果 $\mathrm{Im}\,d_n$ 是投射模，则 $\mathrm{Im}\,\varepsilon\otimes d_n$ 也必是投射 $\mathfrak{B}[x]$-模，所以

$$\mathrm{Pd}_{\mathfrak{B}[x]}A[x]\leqslant\mathrm{Pd}_{\mathfrak{B}}A.$$

现在假定 $A[x]$ 有投射分解

$$0\to Q_n\to Q_{n-1}\to\cdots\to Q_0\twoheadrightarrow A[x], \tag{4.10}$$

这些 $Q_i$ 都是投射 $\mathfrak{B}[x]$-模，但作为 $\mathfrak{B}$-模，它们首先是投射 $\mathfrak{B}$-模. 作为一个 $\mathfrak{B}$-模，$A[x]$ 事实上是可数无穷多个 $A$ 的直和，因此 $\mathrm{Pd}(\underset{\Gamma}{\oplus}A)\leqslant n$. 如果取 (4.10) 为 $A[x]$ 的一个最短的投射分解，则由定理 3,

$$\mathrm{Pd}_{\mathfrak{B}}A\leqslant n=\mathrm{Pd}_{\mathfrak{B}[x]}A[x]. \ \square$$

至于 Lgd $\mathfrak{B}$ 与 Lgd $\mathfrak{B}[x]$ 的关系，下列的定理给出了准确的答案.

**定理 10** 设 $\mathfrak{A}=\mathfrak{B}[x]$，则

$$\operatorname{Lgd}\mathfrak{A}=\operatorname{Lgd}\mathfrak{B}+1.$$

证 定理 9 已知指明，若 Lgd $\mathfrak{B}=\infty$，则 Lgd $\mathfrak{A}$ 也必是 $\infty$. 所以我们可假定 Lgd $\mathfrak{B}<\infty$.

由于 $x$ 在 $\mathfrak{A}=\mathfrak{A}[x]$ 的中心内，且不为零因子故由定理 8

$$\operatorname{Lgd}\mathfrak{A}\geqslant\operatorname{Lgd}\mathfrak{B}+1.$$

现在我们需要证明 Lgd $\mathfrak{A}\leqslant$ Lgd $\mathfrak{B}+1$.

任取 $C$ 为一个 $\mathfrak{A}$-模，它首先是一个 $\mathfrak{B}$-模. 在作为 $\mathfrak{B}$-模时，这个 $C$ 将表以 $C_{\mathfrak{B}}$.

令 $\Gamma$ 为非负整数集，$\Gamma=\{0,1,2,\cdots\}$，并取 $B=\bigoplus_{\Gamma}C_{\mathfrak{B}}$，于是 $B$ 中任何 $b$ 都可唯一地表成一个有限序列，$b=(c_0, c_1, \cdots, c_m, 0, \cdots)$，$c_j\in C_{\mathfrak{B}}$. 如果 $\alpha\in\mathfrak{A}$，$\alpha=\beta_0+\beta_1x+\cdots+\beta_nx^n$，我们定义

$$\alpha b=(c'_0, c'_1, \cdots),$$

使

$$c'_s=\sum_{i+j=s}\beta_i c_j,$$

则 $B$ 作成一个 $\mathfrak{A}$-模

定义

$$\pi:\ B\to C \tag{4.11}$$

$$(c_0, c_1, \cdots, c_m, 0, \cdots)\mapsto c_0+c_1x+\cdots+c_mx^m,$$

这个 $\pi$ 当然是一个满同态，因为任取 $c_0\in C$，必有 $\pi(c_0, 0, 0, \cdots)=c_0$. 但 $\pi$ 不是单同态，因为在 $c\in C$ 时，$c=(c-c_1x)+c_1x$，故

$$\pi(c, 0, \cdots)=\pi(c-c_1x, c_1, 0, \cdots).$$

让 $A=\operatorname{Ker}\pi$，则有 $\mathfrak{A}$-模的短正合列

$$A\rightarrowtail B\xrightarrow{\pi}\twoheadrightarrow C. \tag{4.12}$$

我们要证明 $A\cong B$，因而 $\operatorname{Pd}_{\mathfrak{A}}A=\operatorname{Pd}_{\mathfrak{A}}B$.

为此，任取 $0\neq b=(b_0, b_1, \cdots, b_{m-1}, 0, \cdots)\in B$，并定义 $a=(a_0, a_1, \cdots, a_m, 0, \cdots)$ 使

$$
\begin{aligned}
a_0 &= b_0 x, \\
a_1 &= b_1 x - b_0, \\
&\cdots \\
a_{m-1} &= b_{m-1} x - b_{m-2}, \\
a_m &= -b_{m-1},
\end{aligned} \tag{4.13}
$$

直接计算,即知 $\pi(a)=0$, 即, $a\in \operatorname{Ker}\pi = A$. 这种由 $b$ 求 $a$ 的方法提供了一个模同态 $\sigma: B\to A$. 它显然是单的,因为由(4.13),若 $\sigma(b)=0$,则 $b$ 必等于0. 它也必是满的,因为若

$$0\neq a=(a_0,\ a_1,\ \cdots,\ a_m,\ 0,\ \cdots)\in \operatorname{Ker}\pi,$$

必有 $m>0$, 且代入(4.13)可以解出 $b_{m-1}$, $b_{m-2}$, $\cdots$, $b_0$, 故 $a\in \operatorname{Im}\sigma$. 所以 $A\cong B$, 于是由定理2,

$$\operatorname{Pd}_{\mathfrak{A}} C \leqslant \operatorname{Pd}_{\mathfrak{A}} B+1. \tag{4.14}$$

现在让 $B$ 中的 $b=(c_0,\ c_1,\ \cdots,\ c_m,\ 0,\ \cdots)$ 对应 $C_{\mathfrak{B}}[x]$ 中的 $c_0+c_1x+\cdots+c_mx^m$. 这种对应实际上是 $\mathfrak{A}$-模的模同构,故

$$\operatorname{Pd}_{\mathfrak{A}} B=\operatorname{Pd}_{\mathfrak{A}} C_{\mathfrak{B}}[x].$$

由(4.14),并由定理9,即得

$$\operatorname{Pd}_{\mathfrak{A}} C \leqslant \operatorname{Pd}_{\mathfrak{A}} C_{\mathfrak{B}}[x]+1=\operatorname{Pd}_{\mathfrak{B}} C_{\mathfrak{B}}+1.$$

由于 $C$ 是任意的 $\mathfrak{A}$-模,故 $\operatorname{Lgd}\mathfrak{A}\leqslant \operatorname{Lgd}\mathfrak{B}+1$. □

**推论 2** $\operatorname{Lgd}\mathfrak{B}[x_1,\ x_2,\ \cdots,\ x_s]=\operatorname{Lgd}\mathfrak{B}+s$.

由简单的数学归纳法即得.

下列的推论叫做 Hilbert 合冲定理.

**推论 3** 若 $\mathfrak{B}$ 是一个域,则

$$\operatorname{Lgd}\mathfrak{B}[x_1,\ x_2,\ \cdots,\ x_s]=s.$$

事实上,域上的每一个模都是自由的,因而是投射的,所以 $\operatorname{Lgd}\mathfrak{B}=0$. □

## §5 矩阵函子

设 $\mathfrak{A}$ 为一个环,$n$ 为自然数,以 $\mathfrak{A}$ 的元素为矩阵元素的 $n$ 行矩阵将称为 $\mathfrak{A}$ 上的 $n$ 行矩阵. 这样的矩阵之加法与乘法都与线

性代数中所述矩阵的加法与乘法相同，因此，所有 $\mathfrak{A}$ 上的 $n$ 行矩阵为一个环，称为 $\mathfrak{A}$ 上的 $n$ 行矩阵环，记之以 $\mathfrak{M}_n(\mathfrak{A})$. 我们将应用第二章 § 14 中所述可逆函子与等价范畴的理论来证明，$\mathfrak{A}$ 与 $\mathfrak{M}(\mathfrak{A})$ 有相等的总体维数.

设 $A$ 为任一个 $\mathfrak{A}$-模，让 $\mathfrak{B}=\mathrm{End}_{\mathfrak{A}}A$ 为 $A$ 的右自同态环，即当 $\alpha\in\mathfrak{A}$, $a\in A$, $\beta\in\mathfrak{B}$ 时，

$$(\alpha a)\beta=\alpha(a\beta)\in A,$$

$$(\sum a_i)(\sum\beta_j)=\sum_{i,j}a_i\beta_j,$$

$$a(\beta_1\beta_2)=(a\beta_1)\beta_2,$$

于是 $A$ 是一个 $(\mathfrak{A},\ \mathfrak{B})$-模(左 $\mathfrak{A}$ 右 $\mathfrak{B}$-模). 对于 $f\in\mathrm{Hom}_{\mathfrak{A}}(A,B)$，定义 $(\beta f)(a)=f(a\beta)$，则 $\mathrm{Hom}_{\mathfrak{A}}(A,\ B)$ 被定义成为一个左 $\mathfrak{B}$-模.

以 $F$ 表示函子 $\mathrm{Hom}_{\mathfrak{A}}(A,\ -)$，于是，$F$ 把 $B$ 变成

$$F(B)=\mathrm{Hom}_{\mathfrak{A}}(A,\ B),$$

同时又把 $\sigma\in\mathrm{Hom}_{\mathfrak{A}}(B,\ C)$ 变成

$$F(\sigma):\mathrm{Hom}_{\mathfrak{A}}(A,\ B)\to\mathrm{Hom}_{\mathfrak{A}}(A,\ C),$$

使当 $f\in\mathrm{Hom}_{\mathfrak{A}}(A,\ B)$ 时，$F(\sigma)(f)=\sigma f$. 由于 $\mathrm{Hom}_{\mathfrak{A}}(A,\ B)$ 与 $\mathrm{Hom}(A,\ C)$ 都是 $\mathfrak{B}$-模，我们要证明，$F(\sigma)$ 也是 $\mathfrak{B}$-模的模同态. 事实上，任取 $\beta\in\mathfrak{B}$, $a\in A$，我们有

$$\begin{aligned}F(\sigma)(\beta f)(a)&=\sigma(\beta f)(a)=\sigma f(a\beta)=(\sigma f)(a\beta)\\&=\beta(\sigma f)(a)=\beta F(\sigma)(f)(a),\end{aligned}$$

故

$$F(\sigma)(\beta f)=\beta F(\sigma)(f). \tag{5.1}$$

所以，当 $\sigma$ 是 $\mathfrak{A}$-模 $B$ 到 $\mathfrak{A}$-模 $C$ 的一个模同态时，$F(\sigma)$ 是 $\mathfrak{B}$-模 $\mathrm{Hom}_{\mathfrak{A}}(A,\ B)$ 到 $\mathfrak{B}$-模 ${}_{\mathfrak{A}}\mathrm{Hom}(A,\ C)$ 的一个模同态. 因此，$F$ 是 $_{\mathfrak{A}}\mathbb{M}$ 到 $_{\mathfrak{B}}\mathbb{M}$ 的一个共变加法左正合函子.

考虑 $A$ 的左自同态环 $\mathrm{Hom}_{\mathfrak{A}}(A,\ A)$(对于左 $\mathfrak{A}$-模 $A$，我们总是把映射 $f\in\mathrm{Hom}_{\mathfrak{A}}(A,\ A)$ 写在被映射的元素 $a$ 的左边)，由上面的理论，当 $f\in\mathrm{Hom}(A,\ A)$, $\beta\in\mathfrak{B}$ 时，$\beta f\in\mathrm{Hom}(A,A)$. 特别，$\beta\varepsilon_A\in\mathrm{Hom}(A,\ A)$, $\varepsilon_A$ 为环 $\mathrm{Hom}(A,\ A)$ 的单位元素. 任取

$f\in \mathrm{Hom}(A, A)$，我们取 $\beta$，使对任何 $a\in A$，恒有 $f(a)=a\beta$. 于是，因 $f(\alpha a)=\alpha f(a)$，得 $(\alpha a)\beta=\alpha(a\beta)$，故 $\beta\in\mathfrak{B}$. 再者，

$$f(a)=a\beta=(\varepsilon_A a)\beta=\varepsilon_A(a\beta)=\beta\varepsilon_A(a),$$

所以 $f=\beta\varepsilon_A$. 这说明了，$\mathrm{Hom}_{\mathfrak{A}}(A, A)$ 是一个 $\mathfrak{B}$ 上的自由循环模，$\mathrm{Hom}_{\mathfrak{A}}(A, A)=\mathfrak{B}\varepsilon_A$. 以下，我们将以 $\beta^0$ 表示 $\beta\varepsilon_A$.（注意，$\beta\in\mathfrak{B}$，$\beta^0$ 与 $\varepsilon_A$ 都属于 $\mathrm{Hom}_{\mathfrak{A}}(A, A)$.）

首先有

**引理 1** 上面所定义的函子 $F$ 实际上是环同构

$$F: \mathrm{Hom}_{\mathfrak{A}}(A, A)\to \mathrm{Hom}_{\mathfrak{B}}(F(A), F(A)) \tag{5.2}$$

（注意，$F(A)=\mathrm{Hom}_{\mathfrak{A}}(A, A)$）.

证 任取 $\sigma\in \mathrm{Hom}_{\mathfrak{A}}(A, A)$，我们作出下图

$$\begin{array}{ccc} A & \xrightarrow[\iota]{\sigma} & A \\ F\downarrow & & \downarrow F \\ F(A)=\mathrm{Hom}(A,A) & \xrightarrow{F(\sigma)} & \mathrm{Hom}(A,A)=F(A) \\ f & \longmapsto & \sigma f \end{array} \tag{5.3}$$

两个纵箭头表对应.

$F$ 既是一个共变加法函子，它当然是环同态.

$F$ 必是单的. 因为 $F(\sigma)=0$ 表示对任何 $f\in\mathrm{Hom}(A, A)$，$\sigma f$ 必等于 0. 若取 $f=\varepsilon_A$，则 $\sigma=0$.

它也必是满的. 为此，任取 $\psi\in \mathrm{Hom}_{\mathfrak{B}}(\mathrm{Hom}(A, A), \mathrm{Hom}(A, A))$，令 $\psi(\varepsilon_A)=\sigma\in\mathrm{Hom}(A, A)$. 让 $\sigma$ 为 (5.3) 上面一行的 $\sigma$，则对任何 $\beta^0=\beta\varepsilon_A\in\mathrm{Hom}(A, A)$，有

$$\begin{aligned} F(\sigma)(\beta\varepsilon_A)&=\beta F(\sigma)(\varepsilon_A)=\beta\sigma\varepsilon_A=\beta\sigma \\ &=\beta\psi(\varepsilon_A)=\psi(\beta\varepsilon_A), \end{aligned}$$

所以 $F(\sigma)=\psi$. 故 $F$ 为环同构. □

现在取 $A$ 为一个定义于有限集合 $\{x_1, x_2, \cdots, x_n\}$ 上的自由 $\mathfrak{A}$ 模，则 $\mathfrak{B}=\mathrm{End}_{\mathfrak{A}} A$ 与 $\mathfrak{M}_n(\mathfrak{A})$ 同构（我们取 $\mathfrak{B}$ 为 $A$ 的右自同态

环，目的就在于此）．让定 $\mathfrak{A}$ 就是 $\mathfrak{M}_n(\mathfrak{A})$，因此上面所定义的函子 $F$ 就是 $\mathfrak{A}\mathbb{M}$ 到 $\mathfrak{M}_n(\mathfrak{A})\mathbb{M}$ 的一个共变加法函子．我们将证明 $F$ 是可逆的．为此还需要三条引理．引理中的 $A$ 都是定义于 $\{x_1, \cdots, x_n\}$ 上的自由 $\mathfrak{A}$-模．

**引理 2** 假定 $B_{\lambda\in\Lambda}$ 均为 $\mathfrak{A}$-模，$B=\bigoplus\limits_{\lambda\in\Lambda}B_\lambda$，取 $\pi_\lambda$: $B\to B_\lambda$，使当 $\{b_{\mu\in\Lambda}\}\in B$ 时，$\pi_\lambda\{b_\mu\}=b_\lambda$，则当 $\phi\in\mathrm{Hom}_{\mathfrak{A}}(A, B)$ 时，$\{\pi_\lambda\phi\}\in\bigoplus\mathrm{Hom}_{\mathfrak{A}}(A, B_\lambda)$，且

$$f: \mathrm{Hom}_{\mathfrak{A}}(A, B)\to\bigoplus_{\lambda\in\Lambda}\mathrm{Hom}_{\mathfrak{A}}(A, B_\lambda)$$

$$\phi\mapsto\{\pi_\lambda\phi\} \tag{5.4}$$

为 $(\mathfrak{B}$-) 模同构．（比较第三章 § 6 末所举的例子．）

证 先需证明，集合 $\{\pi_{\lambda\in\Lambda}\phi\}$ 中只能有有限个 $\pi_\lambda\phi$ 不为 0.

任取 $a\in A$，$a=\sum\limits_{i=1}^n\alpha_ix_i$，因而 $\phi(a)=\sum\alpha_i\phi(x_i)$．让 $\phi(x_i)=\{b_\lambda^{(i)}\}\in B=\bigoplus B_\lambda$，这里只能有有限个 $b_\lambda^{(i)}$ 不为 0．因 $n<\infty$，故 $\Lambda$ 有一个有限子集，设为 $\{1, 2, \cdots, m\}$，使 $\mathrm{Im}\,\phi\subseteq\bigoplus\limits_{i=1}^m B_i$．于是，当 $\lambda\leqslant m$ 时 $\pi_\lambda\phi$ 不为 0，而当 $\lambda\overline{\in}\{1, 2, \cdots, m\}$ 时，$\pi_\lambda\phi$ 一定等于 0．由于 $\pi_\lambda\phi\in\mathrm{Hom}(A, B_\lambda)$，故 $\{\pi_\lambda\phi\}\in\bigoplus\limits_{\lambda\in\Lambda}\mathrm{Hom}(A, B_\lambda)$．

(5.4) 中的 $f$ 显然是群同态．要证它也是 $(\mathfrak{B}$-) 模同态，我们任取 $\beta\in\mathrm{End}_{\mathfrak{A}}A$，$a\in A$，则因

$$\pi_\lambda(\beta\phi)(a)=\pi_\lambda\phi(a\beta)=\beta\pi_\lambda\phi(a),$$

即，$\pi_\lambda\beta\phi=\beta\pi_\lambda\phi$，所以

$$f(\beta\phi)=\{\pi_\lambda\beta\phi\}=\{\beta\pi_\lambda\phi\}=\beta\{\pi_\lambda\phi\}=\beta f(\phi).$$

$f$ 必是单同态，因为 $\{\pi_\lambda\phi\}=0$ 当且仅当 $\phi=0$.

要证 $f$ 也是满同态．取 $\eta_\lambda$: $B_\lambda\to B$，使 $\pi_\lambda\eta_\lambda=\varepsilon_{B_\lambda}$，并任取 $\{\phi_{\lambda\in\Lambda}\}\in\bigoplus\mathrm{Hom}(A, B_\lambda)$．由于 $\phi_\lambda$ 中只能有有限个不为 0，故可求出 $\phi=\sum\eta_\lambda\phi_\lambda$，于是 $\pi_\lambda\phi=\phi_\lambda$，因而 $f(\phi)=\{\phi_\lambda\}$．□

**引理 3** 设 $\Lambda$ 与 $\Omega$ 都是非空集合，$C=\bigoplus\limits_\Lambda A$，$D=\bigoplus\limits_\Omega A$，则由函子 $F(=\mathrm{Hom}_{\mathfrak{A}}(A, —))$ 所定的群同态

$$\mathrm{Hom}_{\mathfrak{A}}(C, D) \to \mathrm{Hom}_{\mathfrak{B}}(F(C), F(D))$$

是同构.

证 由引理 2,有同构

$$F(C)=\mathrm{Hom}(A, C)\cong \bigoplus_{A} \mathrm{Hom}(A, A)=\bigoplus_{A} F(A) \qquad (5.5)$$

$$\phi \mapsto \{\pi_\lambda \phi\},$$

又由第三章 § 6 的引理,有同构

$$\mathrm{Hom}(C, D)\cong \prod_{A} \mathrm{Hom}(A, D),$$

再由(5.5)

$$\mathrm{Hom}(F(C), F(D))\cong \mathrm{Hom}(\bigoplus_{A} F(A), F(D))$$

$$\cong \prod_{A} \mathrm{Hom}(F(A), F(D)),$$

于是得一个交换图

$$\begin{array}{ccc} \mathrm{Hom}(C,D) & \longrightarrow & \prod_{A} \mathrm{Hom}(A,D) \\ \downarrow & & \downarrow \\ \mathrm{Hom}(F(C), F(D)) & \longrightarrow & \prod_{A} \mathrm{Hom}(F(A), F(D)) \end{array} \qquad (5.6)$$

两横箭头都是同构,两纵箭头都是由 $F$ 所定的群同态. 如果我们能证明(5.6)右边的箭头是同构,则左边的箭头也必是同构,我们的引理就证出了.

由引理 2, $\mathrm{Hom}(A, D)\cong \bigoplus_{\Omega} \mathrm{Hom}(A, A)$, 即, $F(D)\cong \bigoplus_{\Omega} F(A)$,于是,由于 $F(A)$ 与 $F(D)$ 都是 $\mathfrak{B}$-模,有

$$\mathrm{Hom}(F(A), F(D))\cong \mathrm{Hom}(F(A), \bigoplus_{\Omega} F(A)).$$

再考虑到, $F(A)$ 是定义于单元集合 $\{s_A\}$ 上的自由 $\mathfrak{B}$-模, 由引理 2,

$$\mathrm{Hom}(F(A), F(D))\cong \mathrm{Hom}(F(A), \bigoplus_{\Omega} F(A))$$

$$\cong \bigoplus_{\Omega} \mathrm{Hom}(F(A), F(A)).$$

于是得到下列的交换图:

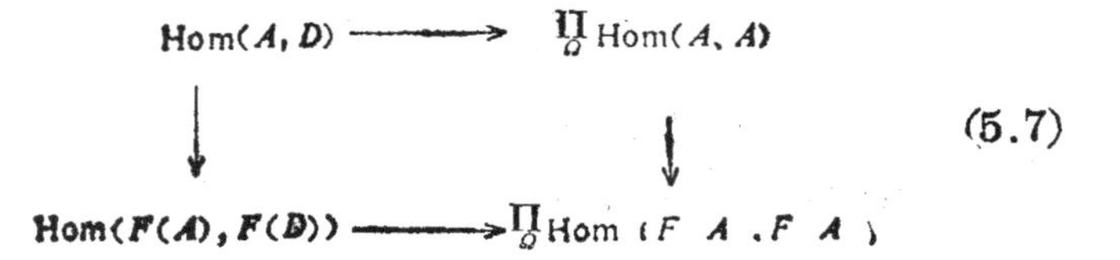

$$(5.7)$$

两横箭头均为同构，右边的纵箭头由引理 1 也是同构，故左边的纵箭头也必是同构. 代入(5.6)即得引理. □

**引理 4** $F$ 是可逆函子.

证 由第二章 § 14 的定理 41，我们需要证明：(1)对于任一个 $\mathfrak{B}$-模 $W$，有一个 $\mathfrak{A}$-模 $L$ 使 $F(L)$ 与 $W$ 同构；(2)对于任何两个 $\mathfrak{A}$-模 $L$ 与 $N$，由 $F$ 所得的群同态 $\mathrm{Hom}_{\mathfrak{A}}(L, N)\to\mathrm{Hom}_{\mathfrak{B}}(F(L), F(N))$ 是一个同构.

(1) 由于 $F(A)$ 是自由循环 $\mathfrak{B}$-模，所以对于任一个右 $\mathfrak{B}$-模 $W$，有右正合列

$$\bigoplus_{A} F(A)\xrightarrow{f}\bigoplus_{\Omega} F(A)\twoheadrightarrow W. \tag{5.8}$$

由引理 2，$\bigoplus\limits_{A} F(A)\cong F(\bigoplus\limits_{A} A)$，$\bigoplus\limits_{\Omega} F(A)\cong F(\bigoplus\limits_{\Omega} A)$，故有

$$F(\bigoplus_{A} A)\xrightarrow{f} F(\bigoplus_{\Omega} A)\twoheadrightarrow W. \tag{5.9}$$

由引理 3，有唯一的 $\phi\in\mathrm{Hom}(\bigoplus\limits_{A} A,\ \bigoplus\limits_{\Omega} A)$，使 $F(\phi)=f$. 让 $L=\bigoplus\limits_{\Omega} A/\mathrm{Im}\,\phi$，得

$$\bigoplus_{A} A\xrightarrow{\phi}\bigoplus_{\Omega} A\twoheadrightarrow L. \tag{5.10}$$

由定义，$A$ 是自由 $\mathfrak{A}$-模(定义于 $\{x_1,\ x_2,\ \cdots,\ x_n\}$ 上)，故为投射 $\mathfrak{A}$-模，因此 $F=\mathrm{Hom}(A,\ —)$ 是正合函子，所以有

$$F(\bigoplus_{A} A)\xrightarrow{f} F(\bigoplus_{\Omega} A)\twoheadrightarrow F(L),$$

与(5.9)比较，即得

$$F(L)\cong W.$$

现在证明第(2)部分. 我们的目的是要证明，由 $F$ 所得的群

同态

$$F: \mathrm{Hom}_{\mathfrak{A}}(L, N) \to \mathrm{Hom}_{\mathfrak{B}}(F(L), F(N)) \qquad (5.11)$$
$$\sigma \mapsto F(\sigma)$$

是一个同构，这里当 $f \in \mathrm{Hom}(A, L) = F(L)$ 时，$F(\sigma)f = \sigma f$.

先证 $F$ 是单的. 假定 $F(\sigma) = 0$，则对任何 $f \in \mathrm{Hom}_{\mathfrak{A}}(A, L)$ 必有 $\sigma f = 0$. 由于 $A$ 是自由 $\mathfrak{A}$-模（定义于集合 $\{x_1, x_2, \cdots, x_n\}$ 上），故有集合 $\Omega$，使 $C = \bigoplus_{\Omega} A$ 时，有满同态

$$C = \bigoplus_{\Omega} A \twoheadrightarrow L.$$

以 $\pi_\lambda: C \to A$ 与 $\eta_\lambda: A \to C$ 表相应的投射与嵌入映射，则有同构

$$\mathrm{Hom}(C, L) = \mathrm{Hom}(\oplus A, L) \to \prod_{\Omega} \mathrm{Hom}(A, L)$$
$$\phi \mapsto \{\phi\eta_\lambda\}.$$

于是对于上述的 $\sigma$，有交换图

$$\begin{array}{ccc} \mathrm{Hom}(C, L) & \longrightarrow & \prod_{\Omega} \mathrm{Hom}(A, L) \\ \downarrow & & \downarrow \\ \mathrm{Hom}(C, N) & \longrightarrow & \prod_{\Omega} \mathrm{Hom}(A, N) \end{array} \qquad (5.12)$$

左边的纵箭头表示 $\phi \in \mathrm{Hom}(C, L)$ 变成 $\psi = \sigma\phi \in \mathrm{Hom}(C, N)$，右边的纵箭头表示 $\{\phi_\lambda\}$ 变成 $\{\sigma\phi_\lambda\}$，上面的横箭头表示 $\phi$ 变 $\{\phi\eta_\lambda\}$，下面的横箭头表示 $\psi$ 变成 $\{\psi\eta_\lambda\}$. 如果对任何 $f_\lambda \in \mathrm{Hom}(A, L)$ 恒有 $\sigma f_\lambda = 0$，则左边的纵箭头必为零同态，即，对任何 $\phi \in \mathrm{Hom}(C, L)$，必 $\sigma\phi = 0$. 若取 $\phi$ 为满同态，则 $\sigma$ 必等于 0. 故 (5.11) 中的同态 $F$ 是单的.

再证 (5.11) 中的 $F$ 是满的. 为此，任取一个 $\psi \in \mathrm{Hom}(F(L), F(N))$，我们要找一个 $\sigma \in \mathrm{Hom}_{\mathfrak{A}}(L, N)$ 使 $F(\sigma) = \psi$. 因为 $A$ 是自由 $\mathfrak{A}$-模，故有集合 $\Lambda_1, \Lambda_2, \Omega_1, \Omega_2$，使有两个右正合列

$$\bigoplus_{\Lambda_1} A \xrightarrow{f_1} \bigoplus_{\Omega_1} A \xrightarrow{g_1} L,$$

$$\bigoplus_{\Lambda_2} A \xrightarrow{f_2} \bigoplus_{\Omega_2} A \xrightarrow{g_2} N,$$

由于 $F$ 是正合函子，$F(\oplus A)=\oplus F(A)$，$F(A)$是自由 $\mathfrak{B}$-模，$\oplus F(A)$是自由 $\mathfrak{B}$-模，因而是投射 $\mathfrak{A}$-模，故从 $\psi$ 可得交换图

$$\begin{array}{ccccc} F(\underset{\Lambda_1}{\oplus} A) & \xrightarrow{F(f_1)} & F(\underset{\Omega_1}{\oplus} A) & \xrightarrow{F(g_1)} & F(L) \\ \downarrow{\phi_2} & & \downarrow{\phi_1} & & \downarrow{\psi} \\ F(\underset{\Lambda_2}{\oplus} A) & \xrightarrow{F(f_2)} & F(\underset{\Omega_2}{\oplus} A) & \xrightarrow{F(g_2)} & F(N) \end{array} \tag{5.13}$$

由引理3，有 $h_1:\underset{\Omega_1}{\oplus} A\to\underset{\Omega_2}{\oplus} A$

与 $$h_2:\underset{\Lambda_1}{\oplus} A\to\underset{\Lambda_2}{\oplus} A,$$

使 $$F(h_1)=\phi_1,\ F(h_2)=\phi_2.$$

于是

$$\begin{aligned} F(h_1f_1)&=F(h_1)F(f_1)=\phi_1F(f_1)\\ &=F(f_2)\phi_2=F(f_2h_2),\\ F(h_1f_1&-f_2h_1)=0. \end{aligned}$$

由引理3，

$$F:\mathrm{Hom}(\underset{\Lambda_1}{\oplus} A,\ \underset{\Omega_2}{\oplus} A)\to\mathrm{Hom}(F(\underset{\Lambda_1}{\oplus} A),\ F(\underset{\Omega_2}{\oplus} A))$$

是单同态，故 $h_1f_1=f_2h_1$，于是下图左边的正方形是可交换的

$$\begin{array}{ccccc} \underset{\Lambda_1}{\oplus} A & \xrightarrow{f_1} & \underset{\Omega_1}{\oplus} A & \xrightarrow{g_1} & L \\ \downarrow{h_2} & & \downarrow{h_1} & & \downarrow{\sigma} \\ \underset{\Lambda_2}{\oplus} A & \xrightarrow{f_2} & \underset{\Omega_2}{\oplus} A & \xrightarrow{g_2} & N \end{array} \tag{5.14}$$

于是可定出 $\sigma$ 使右边的正方形也可交换. 因此

$$\begin{aligned} F(\sigma)F(g_1)&=F(\sigma g_1)=F(g_2)F(h_1)\\ &=F(g_2)\phi_1=\psi F(g_1). \end{aligned}$$

由于 $F(g_1)$是满同态，故 $F(\sigma)=\psi$. □

我们现在有本节的主要定理.

**定理 11** 设 $n$ 为一个自然数，则

$$\operatorname{Lgd}\mathfrak{A}=\operatorname{Lgd}\mathfrak{M}_n(\mathfrak{A}).$$

证 取 $A$ 为定义于集合 $\{x_1, x_2, \cdots, x_n\}$ 上的自由模，$F=\operatorname{Hom}(A, —)$，$\mathfrak{B}=\operatorname{End}_{\mathfrak{A}}A=\mathfrak{M}_n(\mathfrak{A})$. 由引理 4，$F$ 是可逆函子，设 $G$ 为其逆.

任取 $B$ 为左 $\mathfrak{A}$-模，取其一个投射分解

$$0\to P_m\to P_{m-1}\to\cdots\to P_1\to P_0\twoheadrightarrow B,$$

则

$$0\to F(P_m)\to F(P_{m-1})\to\cdots\to F(P_0)\twoheadrightarrow F(B)$$

为 $F(B)$ 的一个投射分解. 所以若 $\operatorname{Pd}_{\mathfrak{A}}B=m<\infty$，则 $\operatorname{Pd}_{\mathfrak{B}}F(B)\leqslant m$. 同理 $\operatorname{Pd}_{\mathfrak{A}}F(B)\leqslant\operatorname{Pd}_{\mathfrak{A}}(B)$. 因此，在 $\operatorname{Pd}_{\mathfrak{A}}B=m<\infty$ 的情况，$\operatorname{Pd}_{\mathfrak{A}}B=\operatorname{Pd}_{\mathfrak{B}}F(B)$.

上述论证显然适用于 $m=\infty$ 的情况. 定理得证. □

右维数的情况是类似的，证明比左维数要稍简单一些，因为在考虑 $A$ 为右 $\mathfrak{A}$-模时，$\operatorname{Hom}_{\mathfrak{A}}(A, B)$ 本身就是一个右 $\operatorname{Hom}(A, A)$-模，而当 $A$ 为定义于 $\{x_1, x_2, \cdots, x_n\}$ 上的自由模时，

$$\operatorname{Hom}(A, A)=\operatorname{End}_{\mathfrak{A}}A=\mathfrak{M}_n(\mathfrak{A}).$$

## §6 总体维数等于 0 的环

除环上的模都是自由模，因而都是投射模，由于投射模的投射维数等于 0，所以除环的总体维数等于 0. 我们的问题是，除了除环以外，还有没有其它的环也以 0 为其总体维数？这些环的结构如何？

下列的定理回答了这个问题.

**定理 12** 对于模范畴 $_{\mathfrak{A}}\mathbb{M}$，下列的五句话等价：

(1) 每一个模都是投射模；

(2) 每一个模都是内射模；

(3) 由 $\mathfrak{A}$-模所排成的短正合列都可裂；

(4) 任何模都是半单纯的；

(5) 有两两正交的幂等元素 $e_1, e_2, \cdots, e_n \in \mathfrak{A}$，即，$e_i^2 = 1$，而当 $i \neq j$ 时，$e_i e_j = 0$，使

$$\mathfrak{A} = \mathfrak{A}e_1 \oplus \mathfrak{A}e_2 \oplus \cdots \oplus \mathfrak{A}e_n. \tag{6.1}$$

这里的 $\mathfrak{A}e_j$ 都是单纯左理想，即，若左理想 $A \subset \mathfrak{A}e_j$，则必 $A = 0$.

证 (1)⇒(2) 若每一个 $\mathfrak{A}$-模都是投射模，则 $\mathrm{Lgd}\,\mathfrak{A} = 0$，因而由定理 5 的推论，每一个 $\mathfrak{A}$-模也必是内射模.

(2)⇒(3) 因 $A$ 是内射模，故短正合列

$$A \rightarrowtail B \twoheadrightarrow C$$

可裂.

(3)⇒(4) 由第二章 § 6 的定理 12，要想证明每一个 $B \neq 0$ 都是半单纯的，只需证明，若 $0 \neq A \subset B$，则有 $C \subset B$，使 $A \oplus C = B$.

取短正合列 $A \rightarrowtail B \twoheadrightarrow B/A$，则因此列可裂，故有 $C \cong B/A$，使 $A \oplus C = B$.

(4)⇒(5) $\mathfrak{A}$ 本身也必是半单纯模，故

$$\mathfrak{A} = \bigoplus_{\lambda \in \Lambda} A_\lambda,$$

这里每一个 $A_\lambda$ 都是 $\mathfrak{A}$ 的单纯子模，因而是单纯左理想. 设

$$1 = e_1 + e_2 + \cdots + e_n, \ 0 \neq e_i \in A_i,$$

则对任何 $\alpha \in \mathfrak{A}$，有

$$\alpha = \alpha e_1 + \alpha e_2 + \cdots + \alpha e_n, \ \alpha e_i \in A_i.$$

这个表达式是唯一的，所以 $\Lambda$ 实际上是一个有限集合，

$$\Lambda = \{1, 2, \cdots, n\},$$

故

$$\mathfrak{A} = \mathfrak{A}e_1 \oplus \mathfrak{A}e_2 \oplus \cdots \oplus \mathfrak{A}e_n.$$

因为

$$\begin{aligned} 0 = e_i - e_i = e_i \cdot 1 - e_i = e_i \sum_{j=1}^{n} e_j - e_i \\ = e_i e_1 + e_i e_2 + \cdots + e_i e_{i-1} + (e_i^2 - e_i) \\ + e_i e_{i+1} + \cdots + e_i e_n, \end{aligned} \tag{6.2}$$

由于 $e_i e_j \in \mathfrak{A}e_j$，故 (6.2) 表示 $e_i^2 - e_i = 0$，而当 $j \neq i$ 时，$e_i e_j = 0$.

(5)⇒(1) 任取 $A$ 为一个 $\mathfrak{A}$-模，我们先来证明 $A$ 是一个内射模，因而其内射维数 $\mathrm{Id}\,A = 0$，故 $\mathrm{Lgd}\,\mathfrak{A} = 0$（定理 5），所以每一个 $\mathfrak{A}$-模 $B$ 都是投射模.

任取 $B$ 为 $A$ 的扩模，$A\subset B$．由 Zorn 引理，$B$ 有一个子模 $C$ 与 $A$ 的交为 0，$A\cap C=0$，而且在所有与 $A$ 相交为 0 的子模中，$C$ 是极大的．让 $B'=A\oplus C$．如果 $B'\neq B$，必有 $b\in B$，$b\overline{\in} B'$．在 $e_1b$, $e_2b$, $\cdots$, $e_nb$ 中至少有一个元素，设为 $e_1b$，不属于 $B'$，否则就要有 $b=1\cdot b=(\sum e_i)b=\sum e_ib\in B'$．让 $u=e_1b\overline{\in}B'$，而 $A'=\mathfrak{A}u$．我们肯定 $A'$ 必单纯．否则有 $0\neq A''\subset A'$，因而有 $0\neq \alpha u\in A''$，而 $\mathfrak{A}\alpha u\subseteq A''\subset A'$，于是必有 $0\neq\mathfrak{A}\alpha e_1\subset\mathfrak{A}e_1$，$\mathfrak{A}e_1$ 不能单纯．

因为 $e_1b\overline{\in}B'$，所以 $A'\cap B'=0$，故 $B'+A'$ 是直和．但

$$B'\oplus A'=A\oplus C\oplus A',\ A\cap(C\oplus A')=0,$$

所以在与 $A$ 相交为 0 的子模中，$C$ 不能极大（$C\oplus A'$ 当然 $\supset C$）．矛盾．所以 $B'=B=A\oplus C$．

这说明，在 $A$ 为 $B$ 的子模时，必有 $B=A\oplus C$，故 $A$ 为内射模．□

**定义 4** 满足定理 12 中任一条件的环叫做半单纯环．

因此，环 $\mathfrak{A}$ 半单纯的充要条件是 $\mathrm{Lgd}\,\mathfrak{A}=0$．

为了更进一步了解半单纯环的性质，我们取

**定义 5** 左理想 $A$ 叫做幂零的，如果有自然数 $n$，使 $A^n=0$，即，$A$ 中任意 $n$ 个元素之积 $a_1a_2\cdots a_n$ 一定为 0．所有幂零左理想之和叫做环 $\mathfrak{A}$ 的诣零根．

幂零左理想中的每一个元素都是幂零的，因为若 $A^n=0$，$a\in A$，则 $a^n=0$．有限个幂零左理想之和一定是一个幂零左理想，因为若 $A_i^{n_i}=0$，$i=1, 2, \cdots, m$，则 $(\sum A_i)^{\sum n_i-m+1}=0$．若 $A$ 是幂零左理想，$A^n=0$，则双边理想 $A\mathfrak{A}$ 也一定幂零，因为

$$(A\mathfrak{A})^n=A\mathfrak{A}A\mathfrak{A}\cdots A\mathfrak{A}=A^n\mathfrak{A}=0.$$

以 $\{A_{\lambda\in\Lambda}\}$ 表 $\mathfrak{A}$ 中所有幂理想之集，$N=\sum A_\lambda$ 为 $\mathfrak{A}$ 的诣零根，则因 $A_\lambda\mathfrak{A}$ 也是幂零左理想，故 $N\mathfrak{A}=\sum A_\lambda\mathfrak{A}\subseteq\sum A_\lambda=N$，所以 $\mathfrak{A}$ 的诣零根是一个双边理想．

**定义 6** 如果作为 $\mathfrak{A}$–模，$\mathfrak{A}$ 本身是一个左 Artin 模，则 $\mathfrak{A}$ 叫做一个左 Artin 环．

由第二章 §7，$\mathfrak{A}$ 是一个左 Artin 环，则任何左理想之集

$\{A_{\lambda\in\Lambda}\}$ 中至少有一个极小的左理想，它不包含此集合中任何其它的左理想，等价地，对任何左理想的降链

$$A_1 \supseteq A_2 \supseteq A_3 \supseteq \cdots$$

必有一个自然数 $n$，使 $A_n = A_{n+1} = \cdots$. 因此，左 Artin 环又称为左 DCC 环，这里的 DCC 三个字母是英文 descending chain condition 三个词(意即降链条件)的第一个字母.

如果 $\mathfrak{A}$ 是左 DCC 环，$N$ 为其诣零根，则 $N$ 本身也必是幂零的. 事实上，因 $\mathfrak{A}$ 是左 DCC 环，必有自然数 $n$，使

$$M = N^n = N^{n+1} = \cdots = N^{2n} = M^2,$$

当然 $N$ 幂零当且仅当 $M=0$. 如果 $M\neq 0$，则 $M^2\neq 0$. 以 $S$ 表 $\mathfrak{A}$ 中满足条件 $MB\neq 0$ 的所有左理想 $B$ 的集合. 此集合不是空的，例如 $M$ 就是 $S$ 的一个元素. 由极小条件，有极小的左理想 $I$，使 $MI\neq 0$. 当然有 $0\neq b\in I$，使 $Mb\neq 0$. 由于 $M^2b = Mb\neq 0$, $Mb\in S$，但 $b\in I$, $Mb\subseteq I$, $I$ 极小，故 $Mb = I$. 于是有 $c\in M$，使 $cb = b$，即 $(1-c)b=0$. 因 $c\in M$, $C$ 是幂零的，$c^s=0$，于是

$$(1+c+c^2+\cdots+c^{s-1})(1-c)=1,$$

因此
$$(1+c+c^2+\cdots+c^{s-1})(1-c)b=0,$$

于是 $b=0$. 发生矛盾. 所以 $M=N^n=0$, $N$ 是幂零理想.

值得提一下，左 DCC 环未必是右 DCC 环，即，对左理想有降链条件的环，对右理想未必有降链条件. 举一个例. 设 $Q$ 为有理数域，$R=Q(x_1, x_2, x_3, \cdots)$ 为 $Q$ 上无穷多个未定量的有理函数域，$S=Q(x_1^2, x_2^2, \cdots)$. 让 $\mathfrak{A}=\begin{pmatrix} R & R \\ 0 & S\end{pmatrix}$ 为 $2\times 2$ 矩阵环. 它只有六个左理想，即

$$0,\ \begin{pmatrix} R & 0 \\ 0 & 0\end{pmatrix},\ \begin{pmatrix} 0 & R \\ 0 & 0\end{pmatrix},\ \begin{pmatrix} R & R \\ 0 & 0\end{pmatrix},\ \begin{pmatrix} 0 & R \\ 0 & S\end{pmatrix} \text{与 } \mathfrak{A}.$$

让 $S_n = Q(x_1^2, x_2^2, \cdots, x_n^2, x_{n+1}, x_{n+2}, \cdots)$. 注意，$R\supset S_1\supset S_2\supset\cdots\supset S$，而且 $S_nS=S_n$. 取 $A_n=\begin{pmatrix} 0 & S_n \\ 0 & 0\end{pmatrix}$，则 $A_n$ 是 $\mathfrak{A}$ 的右理想，而且 $A_1\supset A_2\supset A_3\supset\cdots$，故 $\mathfrak{A}$ 不是右 DCC 环，但它是左 DCC 环.

我们现在证明半单纯环的结构定理.

**定理 13** 对于环 $\mathfrak{A}$, 下列的三句话等价:

(1) $\mathfrak{A}$ 是半单纯环;

(2) $\mathfrak{A}=\bigoplus_{i=1,2,\cdots,m}\mathfrak{A}_i$, 这里 $m<\infty$, 每一个 $\mathfrak{A}_i$ 都是 $\mathfrak{A}$ 的双边理想,而且同构于某可除环 $\Delta_i$ 上的一个 $n_i$ 行矩阵环 $\mathfrak{M}_{n_i}(\Delta_i)$;

(3) $\mathfrak{A}$ 是左 DCC 环,且其诣零根等于 0.

证 (1)⟹(2) 由(6.1)式, $\mathfrak{A}$ 可以分解成

$$\mathfrak{A}=\mathfrak{A}e_1\oplus\mathfrak{A}e_2\oplus\cdots\oplus\mathfrak{A}e_n,$$

把这 $n$ 个 $\mathfrak{A}e_i$ 分组, 每一组中的任两个 $\mathfrak{A}e_i$ 与 $\mathfrak{A}e_j$ 都是模同构的(每一个左理想都是一个左 $\mathfrak{A}$-模), 不同组中的 $\mathfrak{A}e_i$ 与 $\mathfrak{A}e_j$ 不同构. 假定共分成 $m$ 组, 每组中诸 $\mathfrak{A}e_i$ 的直和依次为 $\mathfrak{A}_1$, $\mathfrak{A}_2$, $\cdots$, $\mathfrak{A}_m$, 我们就有

$$\mathfrak{A}=\mathfrak{A}_1\oplus\mathfrak{A}_2\oplus\cdots\oplus\mathfrak{A}_m. \tag{6.3}$$

我们要证明, 当 $i\neq j$ 时, $\mathfrak{A}_i\mathfrak{A}_j=0$, 由此即得, (6.3)中的每一个 $\mathfrak{A}_i$ 都是 $\mathfrak{A}$ 的一个双边理想.

假定 $\mathfrak{A}_1\mathfrak{A}_2\neq 0$, 那么, $\mathfrak{A}_1$ 与 $\mathfrak{A}_2$ 的直和加项中必各有一项设为 $\mathfrak{A}e_1$ 与 $\mathfrak{A}e_2$, 其乘积 $\mathfrak{A}e_1\mathfrak{A}e_2\neq 0$. 因此必有 $\alpha'\in\mathfrak{A}$, 使 $e_1\alpha'e_2\neq 0$. 定义

$$\phi:\ \mathfrak{A}e_1\to\mathfrak{A}e_2,$$

$$\alpha e_1\mapsto\alpha e_1\alpha'e_2,$$

则 $\phi$ 是 $\mathfrak{A}e_1$ 到 $\mathfrak{A}e_2$ 的模同态, 且不等于 0. 因 $\mathfrak{A}e_1$ 与 $\mathfrak{A}e_2$ 都是单纯理想因而是单纯模, 故 $\phi$ 为同构, 这违反了 $\mathfrak{A}_1$ 与 $\mathfrak{A}_2$ 的定义.

(6.3) 中的每一个 $\mathfrak{A}_i$ 本身都是一个环, 而且如果

$$\mathfrak{A}_1=\mathfrak{A}e_1\oplus\mathfrak{A}e_2\oplus\cdots\oplus\mathfrak{A}e_p,$$

则 $e_1+e_2+\cdots+e_p$ 是 $\mathfrak{A}_1$ 的单位元. 再由 $\mathfrak{A}_i\mathfrak{A}_j=0$($i\neq j$ 时), 可得 $\mathfrak{A}_1=\mathfrak{A}_1e_1\oplus\cdots\oplus\mathfrak{A}_1e_p$.

我们要证明, (6.3)中的每一个 $\mathfrak{A}_i$ 都是某一个可除环 $\Delta_i$ 上的 $n_i$ 行全矩阵环 $\mathfrak{M}_{n_i}(\Delta_i)$.

为此, 我们任取一个 $\mathfrak{A}_i$, 并改写 $\mathfrak{A}_i$ 为 $\mathfrak{A}$, 则

$$\mathfrak{A}=\mathfrak{A}e_1\oplus\mathfrak{A}e_2\oplus\cdots\oplus\mathfrak{A}e_p, \tag{6.4}$$

这里 $1=e_1+e_2+\cdots+e_p$, $e_i$ 为相互正交的幂等元(正交性指当 $i\neq j$ 时, $e_ie_j=0$), 并且 $\mathfrak{A}e_i$ 与 $\mathfrak{A}e_j$ 相互模同构, 而 $\mathfrak{A}e_i$ 是单纯左理想.

由于 $\mathfrak{A}e_i$ 是单纯模, 由 Schur 引理, 它的右自同态环 $\Delta$ 是一个除环. 又 $\mathfrak{A}e_i$ 与 $\mathfrak{A}e_j$ 同构, 所以可以认定每一个 $\mathfrak{A}e_i$ 的自同态环都是 $\Delta$.

设 $f$: $\mathfrak{A}e_i\to\mathfrak{A}e_j$ 为任一同态, $f(e_i)=re_j$, $r\in\mathfrak{A}$, 则

$$f(\alpha e_i)=f(\alpha e_i^2)=\alpha e_if(e_i)=\alpha e_ire_j,$$

所以, 每一个 $f\in\mathrm{Hom}_{\mathfrak{A}}(\mathfrak{A}e_i,\ \mathfrak{A}e_j)$ 都对应一个且仅一个 $e_ire_j\in e_i\mathfrak{A}e_j$. 反之, 任取 $e_ire_j\in e_i\mathfrak{A}e_j$, 定义 $f(e_i)=e_ire_j$, 则 $f\in\mathrm{Hom}_{\mathfrak{A}}(\mathfrak{A}e_i,\ \mathfrak{A}e_j)$. 因此 $\mathrm{Hom}(\mathfrak{A}e_i,\ \mathfrak{A}e_j)$ 与 $e_i\mathfrak{A}e_j$ 成一一对应关系. 为了更好地表达这种对应, 我们将把 $f\in\mathrm{Hom}(\mathfrak{A}e_i,\ \mathfrak{A}e_j)$ 写在被映射的元素的右边, 即, 若 $f(e_1)=e_1re_j$, 我们就写成 $e_1f=e_1re_j$. 于是, 若 $g$: $\mathfrak{A}e_j\to\mathfrak{A}e_i$, $e_jg=e_jse_i$, 则 $e_1fg=e_1re_jse_i$. 我们将看到, 这样作对于将 $\mathfrak{A}$ 映射成一个矩阵环是有其方便之处的.

任取 $f_j$: $\mathfrak{A}e_1\to\mathfrak{A}e_j$ 为同构, $e_1f_j=e_1r_je_j\neq0$, $j=1, 2, \cdots, p$. 以 $f_j^{-1}$ 为 $f_j$ 之逆, 设 $e_jf_j^{-1}=e_js_je_1$. 于是, 由于 $f_jf_j^{-1}$ 与 $f_j^{-1}f_j$ 相应为 $\mathfrak{A}e_1$ 与 $\mathfrak{A}e_j$ 的恒等自同构, 故

$$e_1r_je_js_je_1=e_1;\quad e_js_je_1r_je_j=e_j. \tag{6.5}$$

设 $\alpha\in\mathfrak{A}$, 定义 $d_{ij}^{\alpha}$: $\mathfrak{A}e_1\to\mathfrak{A}e_1$, 使 $e_1d_{ij}^{\alpha}=e_1\Gamma_ie_i\alpha e_js_je_1$, 于是 $d_{ij}^{\alpha}\in\Delta$, 因而有一个映射

$$\begin{aligned}\phi:\ \mathfrak{A}&\to\mathfrak{M}_p(\Delta)\\ \alpha&\mapsto(d_{ij}^{\alpha}).\end{aligned} \tag{6.6}$$

我们来证明 $\phi$ 是一个环同构.

首先, $\phi$ 是环同态.

由定义即知

$$\phi(\alpha+\beta)=(d_{ij}^{\alpha+\beta})=(d_{ij}^{\alpha})+(\alpha_{ij}^{\beta})=\phi(\alpha)+\phi(\beta).$$

设 $(d_{ij}^{\alpha})(d_{ij}^{\beta})=(\sigma_{ij})$, 这里

$$\sigma_{ij}=\sum_{k=1}^{p}d_{ik}^{\alpha}d_{kj}^{\beta},$$

则
$$e_1\sigma_{ij}=\sum_k e_1 d_{ik}^{\alpha}d_{kj}^{\beta}$$
$$=\sum_k e_1 r_i e_i \alpha e_k s_k e_1 r_k e_k \beta e_j s_j e_1$$
$$=e_1 r_i e_i \alpha\Big(\sum_k e_k s_k e_1 r_k e_k\Big)\beta e_j s_j e_1$$
由(6.5)
$$=e_1 r_i e_i \alpha\Big(\sum e_k\Big)\beta e_j s_j e_1$$
因 $\sum e_k=1$
$$=e_1 r_i e_i \alpha\beta e_j s_j e_1=e_1 d_{ij}^{\alpha\beta},$$
故
$$\phi(\alpha\beta)=\phi(\alpha)\phi(\beta),$$
$\phi$ 是环同态.

再证 $\phi$ 是单同态.

为此,设 $d_{ij}^{\alpha}=d_{ij}^{\beta}$,于是 $e_1 r_i e_i \alpha e_j s_j e_1=e_1 r_i e_i \beta e_j s_j e_1$. 左乘以 $e_i s_i$,右乘以 $r_j e_j$,由(6.5),得 $e_i\alpha e_j=e_i\beta e_j$. 于是
$$\alpha=\sum_{i,j} e_i\alpha e_j=\sum e_i\beta e_j=\beta.$$

最后证明 $\phi$ 是满同态.

任取 $d\in\Delta$,设 $e_1 d=e_1 r e_1$. 让 $1\leqslant\lambda\leqslant p$, $1\leqslant\omega\leqslant p$,定义 $D_{\lambda\omega}$ 为一个 $p$ 行矩阵,使其 $(\lambda,\omega)$ 位置的元素为 $d$,其余位置的元素均为0. 让 $\alpha=e_\lambda s_\lambda e_1 r e_1 r_\omega e_\omega$. 于是 $e_1 d_{ij}^{\alpha}=e_1 r_i e_i \alpha e_j s_j e_1$. 因 $e_1, e_2, \cdots, e_p$ 是两两正交的幂等元素,故由直接代入得 $i=\lambda$ 且 $j=\omega$ 时,$d_{\lambda\omega}^{\alpha}=e_1 r e_1=d$,否则 $d_{ij}^{\alpha}=0$. 换言之,$\phi(\alpha)=D_{\lambda\omega}$. 现在设 $D=\sum_{\lambda,\omega}D_{\lambda\omega}$,取 $\alpha_{\lambda\omega}$ 使 $\phi(\alpha_{\lambda\omega})=D_{\lambda\omega}$,于是 $\phi(\sum_{\lambda,\omega}\alpha_{\lambda\omega})=D$. 所以 $\phi$ 是满同态.

由此得到定理13的(2).

(2)⟹(3) $\mathfrak{A}_1$ 是可除环 $\Delta_1$ 上的 $n_1$ 行矩阵环,它首先是 $\Delta_1$ 上的 $n_1^2$ 维线性空间. 当 $\sigma\in\Delta_1$ 时,让 $E$ 为单位矩阵,则 $\sigma E\in\mathfrak{A}_1$,因而若 $A$ 是 $\mathfrak{A}_1$ 的左理想,则 $\sigma\in A\subseteq A$,故 $A$ 是 $\mathfrak{A}_1$ 的子空间. 所以若 $A$ 与 $B$ 都是左理想,$B\subset A$,则 $B$ 的线性维数必小于 $A$ 的线性维数. 设 $\{A_\lambda\}$ 为左理想之集,具有最小线性维数的 $A_{\lambda_0}$ 必是集 $\{A_\lambda\}$ 中的极小左理想. 因此 $\mathfrak{A}_1$ 是左DCC环. 同理,每一个 $\mathfrak{A}_i$ 都是左DCC环.

设 $A$ 是 $\mathfrak{A}=\mathfrak{A}_1\oplus\cdots\oplus\mathfrak{A}_m$ 的一个左理想,让 $A_i=A\cap\mathfrak{A}_i$,则 $A\supseteq A_1\oplus\cdots\oplus A_m$,而 $A_i$ 为 $\mathfrak{A}_i$ 的一个左理想. 反之,任取 $a\in A$,

$a=a_1+a_2+\cdots+a_m$, 则 $\mathfrak{A}_i a_i=\mathfrak{A}_i a\in A$, $a_i\in A$. 所以

$$A\subseteq A_1\oplus\cdots\oplus A_m.$$

因此 $A=A_1\oplus A_2\oplus\cdots\oplus A_m$. 因每一个 $\mathfrak{A}_i$ 都是左 DCC 环, 故 $\mathfrak{A}$ 是左 DCC 环.

设 $N$ 为 $\mathfrak{A}$ 的诣零根, 则 $N$ 幂零. 让 $N=N_1\oplus\cdots\oplus N_m$, 于是每一个 $N_i$ 也必幂零.

现证明, 除环 $\Delta$ 上的 $n$ 行矩阵环 $\mathfrak{M}_n(\Delta)$ 中, 除了 0 与其本身以外, 没有其它的理想, 当然更谈不上有幂零理想了. 为此, 让 $E_{ij}$ 表示其 $(i,\ j)$ 位置为 1, 其余位置为 0 的矩阵, 则 $\mathfrak{M}_n(\Delta)$ 中任一矩阵 $d=(d_{ij})$ 都可表成 $d=\sum d_{ij}E_{ij}$. 如果 $d_{\lambda\omega}\neq 0$, 则 $d_{\lambda\omega}^{-1}E_{1\lambda}dE_{\omega 1}=E_{11}$. 如果 $A$ 是此矩阵环的一个理想, $0\neq d\in A$, 则 $E_{11}\in A$. 同理, $E_{ii}\in A$, 因而单位矩阵 $E\in A$, $A=\mathfrak{M}_n(\Delta)$.

于是定理的(3)得证.

(3)⇒(1) $\mathfrak{A}$ 的左理想既有极小条件, 它必有极小左理想. 设 $A$ 为任一个极小左理想. 因 $\mathfrak{A}$ 没有幂零的极小左理想, 故 $A^2\neq 0$. 由于 $A^2\subseteq A$, 故 $A^2=A$, 因此有 $a\in A$, 使 $Aa\neq 0$. 但 $Aa$ 为左理想, 且 $\subseteq A$, 所以 $Aa=A$. 于是有 $e\in A$, 使 $ea=a$. 我们将证明, 这个 $e$ 是幂等元素, 且 $A=\mathfrak{A}e$.

定义 $\sigma$: $A\to A$, 使当 $x\in A$ 时, $\sigma(x)=xa$. 因 $A$ 单纯(极小左理想当然是单纯左理想), 故 $\sigma$ 为同构. 由于 $a=ea=e^2a$, 故 $\sigma(e^2)=\sigma(e)$, 所以 $e^2=e$, $e$ 为幂等元素. 又 $\mathfrak{A}e\subseteq A$, 故 $A=\mathfrak{A}e$.

设 $P$ 为 $\mathfrak{A}$ 的任一左理想, 由降链条件, $P$ 必至少包含一个极小左理想 $A=\mathfrak{A}e\subseteq P$. 由于 $0\neq Pe\subseteq\mathfrak{A}e=A$, 故 $Pe=A$. 定义 $P_1=\{x-xe\mid x\in P\}$, 则 $P_1$ 为一个左理想, 且因 $x=xe+x-xe$, $P=A+P_1$, 如果 $xe=x'-x'e\in A\cap P_1$, $x,\ x'\in P$, 则

$$xe=xe^2=x'e-x'e^2=x'e-x'e=0,$$

所以 $P=A\oplus P_1$. 再在 $P_1$ 内取一个极小左理想 $A_1$, 则 $P_1=A_1\oplus P_2$, 因而 $P=A_1\oplus A_2\oplus P_2$. 再继续如此分解 $P_2$. 但这必有终止之时, 因 $\mathfrak{A}$ 有极小条件, 所以每一个左理想都是极小左理想的直和. 这个结论同样适用于 $\mathfrak{A}$ 本身, $\mathfrak{A}$ 是极小左理想的直和.

于是，作为 $\mathfrak{A}$-模，$\mathfrak{A}$ 是半单纯模．由第二章 § 6 的定理 12，$\mathfrak{A}$ 的任一左理想 $P$ 必是 $\mathfrak{A}$ 的直和加项，$\mathfrak{A}=P\oplus Q$.

任取 $\mathfrak{A}x$ 为一个循环模，则有左理想 $P$，使有短正合列

$$P \rightarrowtail \mathfrak{A} \twoheadrightarrow \mathfrak{A}x,$$

因 $\mathfrak{A}=P\oplus Q$，此列可裂，故 $\mathfrak{A}x$ 为投射模，$\mathrm{Pd}\,\mathfrak{A}x=0$．由定理 6，$\mathrm{Lgd}\,\mathfrak{A}=0$，$\mathfrak{A}$ 是半单纯环．定理全部证毕．

**推论 1** 可交换的半单纯环是有限个域的直和．

事实上，$\mathfrak{M}_n(\Delta)$ 是交换环当且仅当 $n=1$，$\Delta$ 是一个域．□

**推论 2** 若 $\mathfrak{A}$ 是半单纯环，则对右理想，$\mathfrak{A}$ 也有降链条件，且其诣零根等于 0，即，若 $\mathrm{Lgd}\,\mathfrak{A}=0$，则 $\mathrm{Rgd}\,\mathfrak{A}$．也等于 0.

事实上，定理 13 的条件(2)不分左右．□

如果环 $\mathfrak{A}$ 对左理想有极小条件，而且没有非平凡的双边理想，则 $\mathfrak{A}$ 叫做一个单纯环．因此，由定理 13，$\mathfrak{A}$ 是单纯环的充要条件是 $\mathfrak{A}$ 为某可除环上的矩阵环．

附注 1　本节所讨论的半单纯环有时也叫做具有极小条件的半单纯环，因为这里我们除了假定其诣零根为 0 以外，还假定了极小条件．用环论的方法可以证明定理 12 的(5)，定理 13 的(2)与(3)是等价的(我们这里用了同调的理论)，具体的阐述可参见 Artin 等的专著；Rings with Minimum Condition, University of Michigan, 1944.

附注 2　与单纯环密切相关（可认为是单纯环概念的推广）的环是本原环，它是某除环 $\Delta$ 上的线性空间的线性变换完全环的一个稠密子环(参看第二章 §5)，而按照 N. Jacobson 的理论，任何环均同态于一些本原环的次直和(其核为 Jacobson 根)．参见 Jacobson 的专著：Structure of Rings, Colloquium Publications, AMS(1956)．

关于本原环的总体维数可见李微的论文"关于本原环的总体维数"，南京大学学报，数学半年刊，第一卷第一期(1984)，64—70，在此文中，李微证明了，对于 $0\leqslant m\leqslant\infty$，有非零基座的本原环 $\mathfrak{A}$，使其左右总体维数都等于 $m$.

## §7 总体维数$\leqslant 1$的环

**定义 7** 若 $\mathrm{Lgd}\,\mathfrak{A}\leqslant 1$，则 $\mathfrak{A}$ 叫做一个左遗传环. 同样地，若 $\mathrm{Rgd}\,\mathfrak{A}\leqslant 1$，则 $\mathfrak{A}$ 为右遗传环. 半单纯环(其总体维数等于0)为平凡的遗传环.

设 $A=\mathfrak{A}a$ 是一个循环模，则有左理想 $J$，使有

$$J\rightarrowtail\mathfrak{A}\twoheadrightarrow A, \tag{7.1}$$

于是，$\mathrm{Pd}\,A\leqslant 1$ 的充要条件是(7.1)为 $A$ 的投射分解，因此 $J$ 是投射模. 由定理6，得

**定理 14** $\mathfrak{A}$ 是左遗传环，其充要条件是其每一个左理想都是投射模.

我们在§4中已经看到，整数环 $\mathbb{Z}$ 的总体维数等于1、而由合冲定义，域 $K$ 上的一元 $x$ 的多项式环 $K[x]$ 也以1为其总体维数. 这两个环都是不平凡的遗传环. 一般地，若 $\mathfrak{A}$ 是主理想整环，但不是一个域，它一定是一个不平凡的遗传环，因为它的任一个理想都是一个自由循环模.

左遗传环未必是右遗传环. 举一个例. 设 $\mathbb{Z}$ 为整数环，$Q$ 为有理数域，$\mathfrak{A}$ 为2行矩阵环 $\begin{pmatrix}\mathbb{Z} & 0\\ Q & Q\end{pmatrix}$，它的每一个元素都是取形 $\begin{pmatrix}n & 0\\ q & q'\end{pmatrix}$ 的2行矩阵，$n\in\mathbb{Z}$，$q$，$q'\in Q$. 环 $\mathfrak{A}$ 总共只有六种左理想，它们是 $I(a)=\begin{pmatrix}a\mathbb{Z} & 0\\ Q & 0\end{pmatrix}$，$0\neq a$ 为一个固定的整数；$A=\begin{pmatrix}0 & 0\\ 0 & Q\end{pmatrix}$；$B=\begin{pmatrix}0 & 0\\ Q & 0\end{pmatrix}$；$C=\left\{\begin{pmatrix}0 & 0\\ q & q\end{pmatrix}\middle| q\in Q\right\}$；$I(a)+A$；与 $A+B$. 我们来证明，这六种理想都是投射 $\mathfrak{A}$-模. 由于 $I(1)\oplus A=\mathfrak{A}$，故 $A$ 与 $I(1)$ 都是投射 $\mathfrak{A}$-模. $I(1)$ 与 $I(a)$ 同构(让 $\begin{pmatrix}a_n & 0\\ q & q'\end{pmatrix}$ 与 $\begin{pmatrix}n & 0\\ q & q'\end{pmatrix}$ 对应)，故 $I(a)$ 是投射模. 又因 $A\cong B\cong C$(让

$\begin{pmatrix}0&0\\0&q\end{pmatrix}$对应$\begin{pmatrix}0&0\\q&0\end{pmatrix}$,又让$\begin{pmatrix}0&0\\q&0\end{pmatrix}$对应$\begin{pmatrix}0&0\\q&q\end{pmatrix}$),故$B$与$C$都是投射模. 最后,$I(a)+A$与$A+B$实际上都是直和,所以这六种左理想都是投射模. 因此$\mathfrak{A}$是左遗传环.

我们要找一个右理想$A$,它不是右投射$\mathfrak{A}$-模,这样就证明了$\mathfrak{A}$不是右遗传环.

为此,当$n=0, 1, 2, \cdots$时,令$q_n=\frac{1}{2^n}$,并让$\delta_n=\begin{pmatrix}0&0\\q_n&0\end{pmatrix}$,再以$A$表示由$\delta_0, \delta_1, \delta_2, \cdots$,所生成的右理想. 注意,$A$中任一个元素$\delta$都是诸$\delta_i$的有限线性组合,$\delta=\sum_{i=0}^{m}\delta_i\alpha_i$, $\alpha_i\in\mathfrak{A}$. 作出其和即知$\delta=\begin{pmatrix}0&0\\a/2^m&0\end{pmatrix}$, $a\in\mathbb{Z}$. 这个$\delta$无论如何都不可能等于$\delta_{m+t}$, $t\geqslant1$.

以$F$表示定义于$\{x_0, x_1, \cdots\}$上的自由右$\mathfrak{A}$-模. 作满同态

$$\begin{aligned}\pi:\ &F\twoheadrightarrow A\\ &x_i\mapsto\delta_i,\end{aligned}\tag{7.2}$$

如果$A$是投射模,必有$\eta$: $A\to F$,使$\pi\eta=\varepsilon_A$为$A$的恒等自同构. 假定$\eta(\delta_0)=\sum_{i=0}^{m}x_i\alpha_i$, $\alpha_i\in\mathfrak{A}$,且$\alpha_m\neq0$. 再让$\eta(\delta_{m+1})=\sum_{i=0}^{n}x_i\beta_i$. 我们肯定$n>m$,否则$\delta_{m+1}=\pi\eta(\delta_{m+1})=\sum_{i=0}^{n}\pi(x_i\beta_i)=\sum_{i=0}^{n}\delta_i\beta_i$,这在$n\leqslant m$时是不可能的. 所以$n>m$.

让$\gamma=\begin{pmatrix}2^{m+1}&0\\0&0\end{pmatrix}\in\mathfrak{A}$,则$\delta_0=\delta_{m+1}\gamma$,故

$$\eta(\delta_0)=\eta(\delta_{m+1})\gamma=\sum_{i=0}^{n}x_i\beta_i\gamma,\quad n>m.$$

但$\eta(\delta_0)=\sum_{i=0}^{m}x_i\alpha_i$,所以,在$i\leqslant m$时,$\alpha_i=\beta_i\gamma$,而在$i=m+1, m+2, \cdots, n$时,$\beta_i\gamma=0$,这时必有$\beta_i=\begin{pmatrix}0&0\\0&q_i'\end{pmatrix}$, $q_i'\in Q$. 于是

$$\delta_{m+1}=\Pi\,\eta(\delta_{m+1})=\Pi\left(\sum_{i=0}^{n}x_i\beta_i\right)=\sum_{i=0}^{n}\delta_i\beta_i,\tag{7.3}$$

但在 $i\geqslant m+1$ 时，$\delta_i\beta_i=\begin{pmatrix}0 & 0\\ 1/2^i & 0\end{pmatrix}\begin{pmatrix}0 & 0\\ 0 & q_i'\end{pmatrix}=0$. 于是(7.3)说明 $\delta_{m+1}=\sum_{i=0}^{m}\delta_i\beta_i$. 我们早已说过，这是不可能的. 所以 $\eta$ 不可能存在，因而 $A$ 不能是投射模.

这个例子说明了，左遗传环未必是右遗传环，而且也说明，对于一般的环，其左右总体维数未必相等.

以下所述的遗传环都指左遗传环.

**定理 15** 设 $\mathfrak{A}$ 为遗传环，则 $\mathfrak{A}$ 上任何自由模 $F$ 的子模都是一些与 $\mathfrak{A}$ 的左理想同构的子模之直和.

证 设 $F$ 为定义于集合 $\{x_{\lambda\in\Lambda}\}$ 上的自由模，并假定 $\Lambda$ 为良序集. 当 $\lambda\in\Lambda$ 时，令 $F_\lambda$ 为由所有 $x_\omega$, $\omega<\lambda$, 所生成的自由模，$\overline{F}_\lambda$ 为由所有的 $x_\omega$, $\omega\leqslant\lambda$ 所生成的自由模，故 $F_\lambda\subseteq\overline{F}_\lambda\subseteq F$.

设 $L$ 为 $F$ 的任一子模，令 $L_\lambda=L\cap F_\lambda$, $\overline{L}_\lambda=L\cap\overline{F}_\lambda$. 当 $a\in\overline{L}_\lambda$ 时，$a=b+\alpha x_\lambda$, $b\in L_\lambda$, $\alpha\in\mathfrak{A}$. 这个 $\alpha$ 是由 $a$ 所唯一确定的. 对所有的 $a\in\overline{L}_\lambda$, 取 $A_\lambda$ 为相应 $\alpha$ 之集，则 $A_\lambda$ 为 $\mathfrak{A}$ 的一个左理想，因而是投射模. 定义 $\sigma$: $\overline{L}_\lambda\to A_\lambda$, 使 $\sigma(a)=\alpha$, 于是因 $L_\lambda=\mathrm{Ker}\,\sigma$, $\sigma$ 是满同态，$A_\lambda$ 为投射模，故有 $C_\lambda\subseteq\overline{L}_\lambda$, 使 $C_\lambda$ 与 $A_\lambda$ 同构，且

$$\overline{L}_\lambda=L_\lambda\oplus C_\lambda. \tag{7.4}$$

我们先证明

$$\overline{L}_\lambda=\bigoplus_{\mu\leqslant\lambda}C_\mu. \tag{7.5}$$

对 $\lambda$ 归纳.

在 $\lambda=1$ 时，我们没有什么要证的，因为这时 $\overline{L}_1=C_1$.

设 $\lambda>1$, 并对所有的 $\omega<\lambda$, $\overline{L}_\omega=\bigoplus_{\mu\leqslant\omega}C_\mu$.

首先，对所有的 $\mu\leqslant\lambda$, 诸 $C_\mu$ 之和是直和. 如若不然，就必有

$$c_{\mu_1}+c_{\mu_2}+\cdots+c_{\mu_n}=0,\ \mu_1<\mu_2<\cdots<\mu_n\leqslant\lambda,\ c_{\mu_i}\in C_{\mu_i}.$$

如果 $\mu_n<\lambda$, 则由归纳法的假定，所有的 $c_{\mu_i}$ 都等于 0. 如果 $\mu_n=\lambda$, 则因 $\overline{L}_{\mu_1}\subseteq\overline{L}_{\mu_2}\subseteq\cdots\subseteq\overline{L}_{\mu_{n-1}}\subseteq L_\lambda$, 且 $L_\lambda$ 与 $C_\lambda$ 之和是直和，故

$$c_{\mu_1}+c_{\mu_2}+\cdots+c_{\mu_{n-1}}=c_{\mu_n}=0.$$

再由归纳法的假定，$c_{\mu_i}=0$.

其次，任取 $c\in\widetilde{L}_\lambda$，让 $c=b+c_\lambda$, $b\in L_\lambda$, $c_\lambda\in C_\lambda$，并设

$$b=\sum_{i=1}^{m}\alpha_{\mu_i}x_{\mu_i},\ \mu_1<\mu_2<\cdots<\mu_m<\lambda,$$

则 $b\in\overline{L}_{\mu_m}$. 由归纳法的假定，$b\in\overline{L}_{\mu_m}=\bigoplus_{\omega\leqslant\mu_m}C_\omega$. 因此，$c\in\bigoplus_{\mu\leqslant\lambda}C_\mu$.
所以 $\overline{L}_\lambda=\bigoplus_{\omega\leqslant\lambda}C_\omega$.

最后，任取 $c\in L$，设 $c=\sum_{i=1}^{m}\alpha_i x_{\mu_i}$，则

$$c\in L\cap\overline{F}_{\mu_m}=\overline{L}_{\mu_m}=\bigoplus_{\omega\leqslant\mu_m}C_\omega\subseteq\bigoplus_{\lambda}C_\lambda,$$

所以 $L=\bigoplus_{\lambda}C_\lambda$. □

在进一步考虑遗传环的特性以前，我们先证两条引理，其中的环 $\mathfrak{A}$ 是任意的.

**引理 1** $\mathfrak{A}$-模 $P$ 是投射的，其充要条件是对任何内射模 $Q$，图(7.6)中有 $f$ 使 $\pi f=\sigma$，

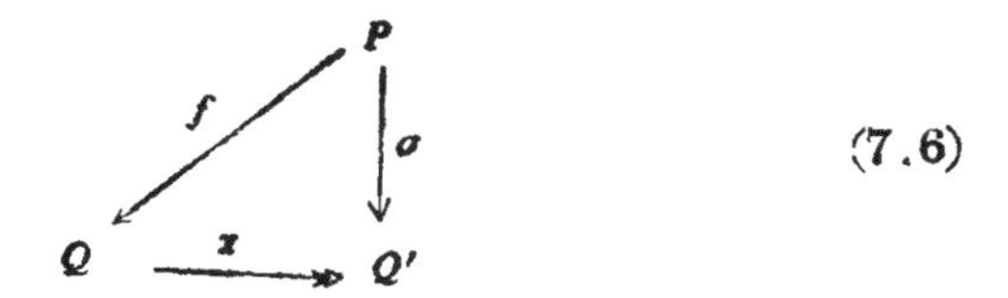

(7.6)

这说明，在证明 $P$ 为投射模时，不需要考虑任意的 $Q$，只需要考虑 $Q$ 是内射模就行了.

证 必要性得自投射模的定义，勿需要 $Q$ 的内射性.

充分性 设有下列左图，取内射模 $Q$，

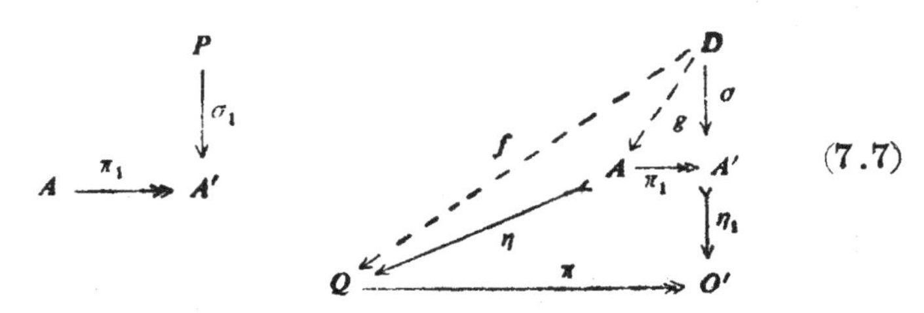

(7.7)

使 $A$ 为 $Q$ 的子模(第二章 §10 定理 26). 让 $\eta$ 为嵌入映射. 设

$\operatorname{Ker}\pi_1=A''$, 并取 $Q'=Q/A''$, 则 $A'=A/A''\subseteq Q/A''=Q'$. 以 $\eta_1$ 表相应的嵌入映射. 根据所给条件, 有 $f: P\to Q$, 使 $\pi f=\eta_1\sigma_1$. 当 $p\in P$ 时, $\eta_1\sigma_1(p)\in A'\subset Q'$, 故 $f(p)\in A\subseteq Q$. 所以可定义 $g: P\to A$, 使 $g(p)=f(p)$. 因此, 让 $\pi_1$ 为 $\pi$ 在 $A$ 上的限制, 则 $\pi_1 g=\sigma_1$. 所以 $P$ 为投射模. □

**引理 2** $Q$ 是内射模, 其充要条件是对投射模 $P$, 有 $g: P\to Q$, 使下图可交换

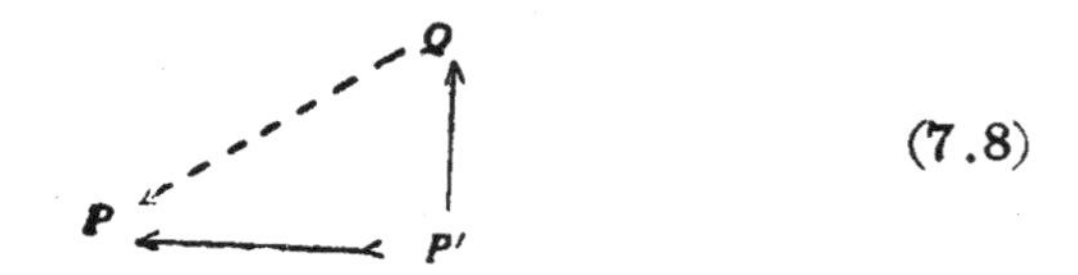


(7.8)

证 参照引理 1 的证明, 其每一步都改成其对偶陈述语, 即得. □

我们现在证明下列的定理, 它刻划了遗传环的特性.

**定理 16** 对于环 $\mathfrak{A}$, 下列的三句话等价:

(1) $\mathfrak{A}$ 是左遗传环;

(2) 任何投射 $\mathfrak{A}$-模的子模仍必投射;

(3) 任何内射 $\mathfrak{A}$-模的商模也必内射.

证 (1)⇒(2) 投射 $P$ 是某自由模 $F$ 的子模, 因而 $P$ 的子模 $P'$ 也必是 $F$ 的子模. 由定理 15, $P'$ 同构于 $\mathfrak{A}$ 的一些左理想的直和. 因 $\mathfrak{A}$ 是遗传环, 左理想都是投射模, 而投射模的直和仍然投射, 故 $P'$ 是投射模.

(2)⇒(1) $\mathfrak{A}$ 本身是自由模因而是投射模, 其子模是 $\mathfrak{A}$ 的左理想. 由所给条件, $\mathfrak{A}$ 的每一个左理想都是投射模, 所以 $\mathfrak{A}$ 是遗传环.

(2)⇒(3) 设 $Q$ 为内射模, $\pi: Q\to Q'$ 为满同态, 我们要证 $Q'$ 是一个内射模.

任取一个投射模 $P$, $P'$ 为其任一子模, $f: P'\to Q'$ 为任一同态, 如图

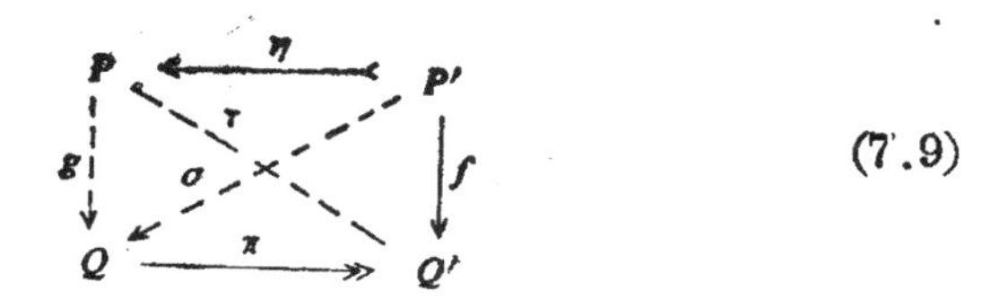


$$(7.9)$$

我们要证明，存在$\tau$，使$\tau\eta=f$，那么，由引理2，$Q'$必是内射模.

事实上，由所给条件，$P'$为投射模，因而有$\sigma$，使$\pi\sigma=f$. 又因$Q$内射，有$g$，使$g\eta=\sigma$. 于是令$\tau=\pi g$，则为所求.

(3)⇒(2) 与上述证明相对偶，用引理1，即得. □

我们自然会联想到，可交换的遗传环会有什么进一步的性质. 我们将只考虑整环的情况，所谓整环是指有单位元无零因子的交换环. 这种环将有商域.

**定义8** 遗传整环叫做 Dedekind 环.

为了研究 Dedekind 环的性质，我们取

**定义9** 设$\mathfrak{A}$为一个整环，其商域为$Q$. $\mathfrak{A}$的一个理想$I$叫做**可逆的**，如果$I$中有元素$\alpha_1, \alpha_2, \cdots, \alpha_n$，$Q$中有元素$q_1, q_2, \cdots, q_n$，使

(1) $q_iI\subseteq\mathfrak{A}$, $i=1, 2, \cdots, n$;

(2) $\sum_{i=1}^{n} q_i\alpha_i=1$.

于是，若$I$可逆，则$I$必是由$\alpha_1, \alpha_2, \cdots, \alpha_n$所生成的. 事实上，任取$\beta\in I$，则由(2)，$\beta=\sum\beta q_i\alpha_i$. 又由(1) $\beta q_i=\beta_i\in\mathfrak{A}$，故$\beta=\sum\beta_i\alpha_i$. 再者，若$I$可逆，定义

$$I^{-1}=\left\{\sum_{i=1}^{n}\beta_i q_i \,\middle|\, \beta_i\in\mathfrak{A}\right\},$$

则$I^{-1}$为一个$\mathfrak{A}$-模，又为$Q$的子群，而且$I^{-1}I=\mathfrak{A}$.

**引理3** 设$\mathfrak{A}$为整环，$Q$为其商域，$I$为$\mathfrak{A}$的一个非零的理想，则$I$为投射$\mathfrak{A}$-模的充要条件是$I$可逆.

证 设$I$是投射模，则由第二章§9定理24，$I$有一个子集$\{\alpha_{\lambda\in\Lambda}\}$，$\mathrm{Hom}_{\mathfrak{A}}(I, \mathfrak{A})$中有一个相应的子集$\{f_{\lambda\in\Lambda}\}$，使对每一个

$\beta\in I$, $\{f_{\lambda\in\Lambda}\}$ 中只能有有限个 $f_\lambda$, 使 $f_\lambda(\beta)\neq 0$, 且

$$\beta=\sum_\lambda f_\lambda(\beta)\alpha_\lambda.$$

先固定一个 $\beta\neq 0$, 取

$$q_\lambda=\frac{f_\lambda(\beta)}{\beta}\in Q, \tag{7.10}$$

则 $q_\lambda$ 中只能有有限个不为 0. 我们肯定, 这些 $q_\lambda$ 并不倚赖于 $\beta$ 的选取, 换一个 $\beta'\neq 0$, 也必有 $q_\lambda=\dfrac{f_\lambda(\beta')}{\beta'}$, 因为 $\beta f_\lambda(\beta')=f(\beta\beta')=\beta' f_\lambda(\beta)$. 因此对任何 $\beta'\in I$, $q_\lambda\beta'=f_\lambda(\beta')\in\mathfrak{A}$. 又因 $\beta=\sum f_\lambda(\beta)\alpha_\lambda$, 得 $\sum q_\lambda\alpha_\lambda=1$. 所以 $I$ 可逆.

反过来, 设 $I$ 可逆. 取 $q_\lambda$ 与 $\alpha_\lambda$, 使 $\sum\limits_{\lambda=1}^{n}q_\lambda\alpha_\lambda=1$, 则 $I$ 是由 $\alpha_1$, $\alpha_2$, $\cdots$, $\alpha_n$ 所生成的. 任取 $\beta\in I$, 定义 $\phi_\lambda(\beta)=\beta q_\lambda\in\mathfrak{A}$, 则 $\phi_\lambda\in\mathrm{Hom}_{\mathfrak{A}}(I,\mathfrak{A})$, 由于 $\beta=\beta\sum q_\lambda\alpha_\lambda=\sum\beta q_\lambda\alpha_\lambda=\sum\phi_\lambda(\beta)\alpha_\lambda$, 故从第二章 §9 定理 24, $I$ 是投射模. □

作为本引理的直接推论, 我们有

**定理 17** 整环 $\mathfrak{A}$ 是 Dedekind 环, 其充要条件是它的每一个理想都可逆.

我们在第二章 §10 中 (那里的引理 1) 曾证明, 交换群 $G$ 是内射 $\mathbb{Z}$-模当且仅当它是可除群. 我们将考虑一般整环的情况. 设 $\mathfrak{A}$ 为一个整环, 而 $A$ 为一个 $\mathfrak{A}$-模. 如果对任何 $a\in A$, 任何 $0\neq\alpha\in\mathfrak{A}$, $A$ 中有一个 $x$, 使 $\alpha x=a$, 则 $A$ 叫做**可除的**. 由 Baer 判别法, 对于任何整环 $\mathfrak{A}$, 内射模必是可除模. 事实上, 任取 $0\neq\alpha\in\mathfrak{A}$, 任取 $a\in A$, 令 $S$ 为主理想 $(\alpha)$, 并取 $g:S\to A$, 使 $g(\alpha'\alpha)=\alpha' a$, 则当 $A$ 为内射模时, $g$ 可以开拓成 $f:\mathfrak{A}\to A$, 使

$$a=g(\alpha)=f(\alpha)=\alpha f(1).$$

设 $f(1)=x$, 则 $a=\alpha x$, $A$ 是可除模.

下列定理指出, 对于一般的整环, 可除模未必内射.

**定理 18** 整环 $\mathfrak{A}$ 是 Dedekind 环当且仅当它的每一个可除模都是内射模.

由于可逆理想都是有限生成的, 而 Dedekind 环的每一个非

零理想都可逆，所以它的每一个非零理想都是有限生成的．因此，若整环 $\mathfrak{A}$ 有非有限生成的理想，它就不可能是 Dedekind 环．由本定理，这样的环上，可除模就不一定是内射模．

现在证明定理 18．如果环 $\mathfrak{A}$ 上每一个可除模都内射，则因内射模必可除，其商模也必可除，故内射模的商模也必是内射模．由定理 16，$\mathfrak{A}$ 是遗传环，因而是 Dedekind 环．

反过来，设 $\mathfrak{A}$ 是 Dedekind 环，而 $A$ 是一个可除模．设 $I$ 为 $\mathfrak{A}$ 的任一个非零的理想，$f\in \mathrm{Hom}(I, A)$．由于 $I$ 是可逆的，有 $\alpha_1, \alpha_2, \cdots, \alpha_n\in I$，$q_1, q_2, \cdots, q_n\in Q$（$\mathfrak{A}$ 的商域），使 $\sum q_i\alpha_i=1$，且 $q_iI\subseteq\mathfrak{A}$．因 $A$ 可除，故有 $x_i$，使 $\alpha_ix_i=f(\alpha_i)$．任取 $\beta\in I$，则因 $\beta=\sum\beta q_i\alpha_i$，故

$$f(\beta)=\sum\beta q_if(\alpha_i)=\sum\beta q_i\alpha_ix_i=\beta\sum q_i\alpha_ix_i.$$

让 $x=\sum q_i\alpha_ix_i$，它不随 $\beta$ 而变，因此可取 $g:\mathfrak{A}\to A$，使 $g(\alpha)=\alpha x$．于是 $g(\beta)=\beta x=f(\beta)$．由 Baer 判别法，$A$ 是内射模．□

最后，我们再应用引理 3 来证明．

**定理 19** 单一分解整环 $\mathfrak{A}$ 的理想 $I$ 是投射的，其充要条件是 $I$ 为主理想．

证 主理想当然是投射模（事实上是自由循环模）．

现设理想 $I$ 是投射模，则由引理 3，它是可逆的，所以有 $\alpha_1, \alpha_2, \cdots, \alpha_n\in I$，$q_1, q_2, \cdots, q_n\in Q$，使 $\sum q_i\alpha_i=1$，$q_iI\subseteq\mathfrak{A}$，而且 $I$ 是由 $\alpha_1, \alpha_2, \cdots, \alpha_n$ 所生成的．设 $q_i=\beta_i/\gamma_i$，并由单一分解性，诸 $\gamma_i$ 有最小公倍，设为 $\gamma$．于是

$$\gamma=\gamma\sum q_i\alpha_i=\sum\gamma\beta_i/\gamma_i\alpha_i\in I,$$

因此，$\mathfrak{A}r\subseteq I$．另一方面，因 $(\beta_i/\gamma_i)\alpha_j\in\mathfrak{A}$，并在 $\beta_i$ 与 $\gamma_i$ 互素的情况下，$\gamma_i$ 是 $\alpha_j$ 的因子，故 $\gamma$ 是 $\alpha_j$ 的因子．让 $\alpha_j=\gamma\delta_j$，$\delta_j\in\mathfrak{A}$，得 $\alpha_j\in\mathfrak{A}\gamma$，于是 $I\subseteq\mathfrak{A}\gamma$．□

## §8 半遗传环与 Prüfer 环

**定义 10** 如果环 $\mathfrak{A}$ 的每一个有限生成的左理想都是投射模，

则 $\mathfrak{A}$ 叫做左半遗传环. 半遗传整环叫 Prüfer 环.

遗传环当然是半遗传环, 因此半遗传环必有一些与遗传环相类似的性质.

**定理 20** 若 $\mathfrak{A}$ 是左半遗传环, 则任何自由模 $F$ 的任一有限生成的子模都是有限个子模的直和, 这些子模都与 $\mathfrak{A}$ 的有限生成的左理想同构. 因此, 半遗传环上的投射模的任何有限生成的子模也必投射.

证 设 $F$ 是定义于集合 $\{x_{\lambda\in\Lambda}\}$ 上的自由模, 而 $P$ 是 $F$ 的一个子模, 且由 $p_1, p_2, \cdots, p_m$ 所生成. 由于每一个 $p_i$ 都是有限个 $x_\lambda$ 的线性组合, 所以可以假定 $\Lambda$ 是一个有限集合, 即, $F$ 是定义于 $\{x_1, x_2, \cdots, x_n\}$ 上的自由模. 对 $n$ 用归纳法来证明我们的定理.

设 $n=1$, 则 $F=\mathfrak{A}x$. 假定 $p_i=\alpha_i x$, 以 $A$ 表示由 $\alpha_1, \alpha_2, \cdots, \alpha_m$ 所生成的左理想, 则 $P$ 与 $A$ 同构.

设 $n>1$, 并以 $F'$ 表由定义于 $\{x_1, x_2, \cdots, x_{n-1}\}$ 上的自由模. 让 $P'=P\cap F'$. 当 $p\in P$ 时, $p=p'+\alpha x_n$, 这里 $p'\in P'$. 特别 $p_i=p_i'+\alpha_i x_n$. 以 $A$ 表示由这些 $\alpha_i$ 所生成的左理想, 则 $A$ 是投射模. 环元素 $\alpha\in A$ 显然是由 $p$ 所唯一确定的, 故可定义一个模同态 $\pi: P\to A$, 使 $\pi(p)=\alpha$. 因 $A$ 是投射模, $P$ 有子模 $B$ 与 $A$ 同构, 且 $P=\operatorname{Ker}\pi\oplus B$. $\operatorname{Ker}\pi$ 显然等于 $P'$, 故 $P=P'\oplus B$, 且 $P'\subseteq F'$. 由归纳法的假定, $P'$ 同构于有限个有限生成的左理想的直和, 所以 $P$ 同构于有限个有限生成的左理想的直和.

若 $P_1\subseteq P$, $P$ 是投射模, 则因 $P$ 是某一个自由模的子模, $P_1$ 也必是自由模的子模. 如果 $P_1$ 有限生成, 则 $P_1$ 投射. □

定理 20 的后半句话事实上也是作为半遗传环的充分条件. 见

**定理 21** $\mathfrak{A}$ 是半遗传的, 其充要条件是其任何投射模的有限生成的子模也必投射.

证 $\mathfrak{A}$ 本身是自由模, 因而是投射模, 其有限生成的子模就是 $\mathfrak{A}$ 的有限生成的左理想. □

现在假设 $\mathfrak{A}$ 是一个整环. 我们回忆(第三章 § 13), 一个 $\mathfrak{A}$-模 $A$ 叫做无挠的, 如果 $t\mathfrak{A}=0$, 这意思是当 $\alpha a=0$ 时必有 $\alpha=0$ 或

$a=0$. 以 $Q$ 表 $\mathfrak{A}$ 的商域. 若 $A$ 是无挠模,而且可除,则 $A$ 必是 $Q$ 上的一个线性空间. 事实上, 如果 $\beta\neq 0$, $\alpha\in A$, 则有 $x\in A$, 使 $\beta x=\alpha a$. 这个 $x$ 是唯一的,因为若 $\beta x'=\beta x=\alpha a$, 则 $\beta(x-x')=0$. 因 $A$ 无挠, $x=x'$. 换言之, 对任何 $\alpha/\beta\in Q$, 必有 $(\alpha/\beta)a\in A$, $A$ 为 $Q$ 上的线性空间.

我们有

**定理 22** 整环 $\mathfrak{A}$ 是 Prüfer 环, 当且仅当每一个有限生成的无挠模都是投射的.

证 设 $\mathfrak{A}$ 为 Prüfer 环, $A$ 为一个无挠模, 且由 $a_1$, $a_2$, $\cdots$, $a_n$ 生成. 把 $A$ 嵌入到一个内射模 $E$ 中, 令 $tE=\{e\in E\mid 有\ 0\neq\alpha\in\mathfrak{A}$, 使 $\alpha e=0\}$ 为 $E$ 的挠子模(第三章 § 13), 则 $E'=E/tE$ 是无挠的, 而且由于 $E$ 可除(见 § 7), 故 $E'$ 可除, 所以 $E'$ 是域 $Q$ 上的一个线性空间. 由于 $A\subseteq E$, $A$ 无挠, 所以 $A$ 中任一个非零元素都不属于 $tE$, 因此, 映射 $E\to E'$ 在 $A$ 上的限制是一个单映射, 故可认为 $A$ 可嵌入到 $E'$ 中.

取线性空间 $E'$ 的一个基底为 $\{e_{\lambda\in\Lambda}\}$, 由于每一个 $a_i$ 都是有限个 $e_\lambda$ 的线性组合, 所以 $A$ 可嵌入到 $E'$ 的一个 $m(<\infty)$ 维线性子空间 $V$ 中. 取 $V$ 的一个基底为 $v_1$, $v_2$, $\cdots$, $v_m$, 则

$$a_i=\sum_{j=1}^{m}\frac{\alpha_{ij}}{\beta_{ij}}v_j.$$

让诸 $\beta_{ij}$ 之积为 $\beta$, 并令 $b_j=\beta^{-1}v_j$, 则因 $b_1$, $b_2$, $\cdots$, $b_m$ 在 $Q$ 上线性无关, 由它们所生成的 $\mathfrak{A}$-模 $F$ 是 $m$ 秩自由模, 而 $A\subseteq F$, 所以从定理 21 知 $A$ 是投射模.

反过来, 由于 $\mathfrak{A}$ 是一个整环, 所以它的每一个理想 $A$ 都是 $\mathfrak{A}$ 的子模, 而且是无挠的. 因此, 由所给的条件, 若 $A$ 是有限生成的, 则 $A$ 是投射的. 所以 $\mathfrak{A}$ 是 Prüfer 环. □

Prüfer 环上的无挠模也是平坦模, 见

**定理 23** 设 $\mathfrak{A}$ 是 Prüfer 环, $A$ 为 $\mathfrak{A}$-模, 则 $A$ 是平坦模当且仅当 $A$ 是无挠模.

证 设 $A$ 为平坦模, 取正合列

$$C \rightarrowtail F \twoheadrightarrow A,$$

这里 $F$ 是自由模，则对任何有限生成的理想 $I$，有 $CI=C\cap FI$.（第三章 § 9 定理 32 的推论）. 设有 $\alpha\neq 0$, $a\neq 0$, 但 $\alpha a=0$. 在 $F$ 中取 $x$, 使 $\pi(x)=a$, 则因 $\pi(\alpha x)=\alpha a=0$, 故 $\alpha x\in C$. 让 $I$ 为主理想 $(\alpha)$. 因 $CI=C\cap FI$, $\alpha x\in C\cap FI$, 故 $\alpha x\in CI$, 因此有 $c\in C$, 使 $\alpha x=\alpha c$. 因 $F$ 为自由模, $x-c\in F$, 故由 $\alpha(x-c)=0$ 得 $x-c=0$, 即, $x=c\in C$. 于是 $a=\pi(x)=\pi(c)=0$. 矛盾. 所以 $A$ 为无挠模.

反过来，若 $A$ 无挠，则其任何一个有限生成的子模 $B$ 也必无挠. 由定理 22, 因已知 $\mathfrak{A}$ 是 Prüfer 环, $B$ 必是投射模, 因而是平坦模. 由于 $A$ 的任何一个有限生成的子模都平坦, 故 $A$ 是平坦的. □

## § 9 弱维数与 Von Neumann 正则环

我们在 § 1 中用投射分解与 Ext 来定义了一个左 $\mathfrak{A}$-模的投射维数,现在我们用平坦分解与 Tor 的理论来定义 $\mathfrak{A}$-模的另一种维数，称为平坦维数. 平坦维数的理论与投射维数的理论几乎完全是平行的.

**定义 11** 零模的平坦维数定为 $-1$. 若 $A\neq 0$, 则定义 $A$ 的平坦维数为最小的 $n$, 使对任何右 $\mathfrak{A}$-模 $M$, 恒有 $\mathrm{Tor}_{n+1}(M, A)=0$. 如果这样的 $n$ 不存在, 即, 对任何 $n$, 恒有一个 $B_n$, 使 $\mathrm{Tor}_n(B, A)\neq 0$, 则定 $A$ 的平坦维数为 $\infty$.

我们常用记号 $\mathrm{Fd}\,A$ 来表示 $A$ 的平坦维数.

因此, $\mathrm{Fd}A=0$ 当且仅当 $A$ 是平坦模. 事实上, 由第三章 § 10 定理 36 的推论 2, $A$ 是平坦左 $\mathfrak{A}$-模, 当且仅当对任何右 $\mathfrak{A}$-模 $M$, 恒有 $\mathrm{Tor}_1(M, A)=0$, 但在 $A\neq 0$ 时, 至少有

$$\mathrm{Tor}_0(\mathfrak{A}, A)=\mathfrak{A}\otimes_{\mathfrak{A}} A=A\neq 0.$$

为了进一步了解所谓平坦维数的意义, 我们取

**定义 12** 如果正合列

$$\cdots \to F_n \xrightarrow{d_n} F_{n-1} \to \cdots \to F_1 \to F_0 \twoheadrightarrow A \qquad (9.1)$$

中每一个 $F_n$ 都是平坦模，则称 $\{F_n, d_n\}$ 为 $A$ 的一个**平坦分解**.

由于投射模必平坦，故投射分解也是一种平坦分解，所以平坦分解是一定存在的. 但平坦模未必投射(除非是有限表现的，见第三章 § 9 定理 33)，所以平坦分解未必是投射分解，它当然不会具备投射分解的全部性质.

定理 1 中的全部 7 条都可引用到目前的情况. 我们只需其中的 4 条，见

**定理 24** 对于 $\mathfrak{A}$-模 $A$，下列的四句话等价:

(1) $\mathrm{Fd}\, A \leqslant n$;

(2) $\mathrm{Tor}_{n+k}(M, A) = 0$; 对所有的 $M$, $K = 1, 2, 3, \cdots$;

(3) $\mathrm{Tor}_{n+1}(M, A) = 0$; 对任何 $M$;

(4) 在 $A$ 的任一个平坦分解(9.1)中，$\mathrm{Im}\, d_n$ 是平坦模.

证 (1)⇒(2) 设 $\mathrm{Fd}\, A = m \leqslant n$. 任取 $M$ 的一个投射分解 $\{P_n, \partial_n\}$，则由第三章 § 10 定理 34 与 36，有

$$\mathrm{Tor}_{n+k}(M, A) = \mathrm{Tor}_{m+1}(\mathrm{Im}\, \partial_{n-m+k-1}, A) = 0.$$

(2)⇒(3) 当然.

(3)⇒(4) 对于 $i = 0, 1, 2, \cdots$，有短正合列

$$\mathrm{Im}\, d_{i+1} \rightarrowtail F_i \twoheadrightarrow \mathrm{Im}\, d_i.$$

因 $F_i$ 平坦，故

$$\mathrm{Tor}_{j+1}(M, \mathrm{Im}\, d_i) \cong \mathrm{Tor}_j(M, \mathrm{Im}\, d_{i+1}),$$

于是

$$\begin{aligned} 0 = \mathrm{Tor}_{n+1}(M, A) &\cong \mathrm{Tor}_n(M, \mathrm{Im}\, d_1) \\ &\cong \mathrm{Tor}_{n-1}(M, \mathrm{Im}\, d_2) \cong \cdots \cong \mathrm{Tor}_1(M, \mathrm{Im}\, d_n). \end{aligned} \qquad (9.2)$$

由第三章 § 10 定理 36 的推论 2, $\mathrm{Im}\, d_n$ 是平坦模.

(4)⇒(1) 因为 $\mathrm{Tor}_1(M, \mathrm{Im}\, d_n) \cong \mathrm{Tor}_{n+1}(M, A)$，所以，若 $\mathrm{Im}\, d_n$ 是平坦模，对任何 $M$，恒有 $\mathrm{Tor}_1(M, \mathrm{Im}\, d_n)$，则 $\mathrm{Tor}_{n+1}(M, A) = 0$. 由此即知 $\mathrm{Fd}\, A \leqslant n$. □

**推论** 若 $\{F_n, d_n\}$ 与 $\{F'_n d'_n\}$ 都是 $A$ 的平坦分解，则当 $\mathrm{Im}\, d_n$

平坦时，$\mathrm{Im}\,d'_n$ 也必平坦. 最小的这样的 $n$ 就是 $A$ 的平坦维数.

可以仿照定环的总体维数的办法用平坦维数来定义环的另一种总体维数，称之为弱总体维数，简称弱维数. 一个环 $\mathfrak{A}$ 的左弱维数可定义为所有左 $\mathfrak{A}$-模的平坦维数的上确界. 这就是说，若 $\mathfrak{A}$ 的左弱维数等于 $n$，则有一个左 $\mathfrak{A}$-模 $A$，使 $\mathrm{Fd}A=n$，但对任何 $B$，都有 $\mathrm{Fd}\,B\leqslant n$，同时，有一个右 $\mathfrak{A}$-模 $M$，使 $\mathrm{Tor}_n(M, A)\neq 0$，但对任何右 $\mathfrak{A}$-模 $L$，恒有 $\mathrm{Tor}_{n+1}(L, A)=0$. 类似可定义 $\mathfrak{A}$ 的右弱维数. 其实这两种弱维数是相等的，所以我们取

**定义 13** 环 $\mathfrak{A}$ 的弱维数等于 $n$，如果有右模 $M$，与左模 $A$，使 $\mathrm{Tor}_n(M, A)\neq 0$，但对任何 $L$ 与 $B$，恒有 $\mathrm{Tor}_{n+1}(L, B)=0$.

我们常以记号 $\mathrm{Wd}\,\mathfrak{A}$ 来表示 $\mathfrak{A}$ 的弱维数.

与定义 13 相等价，我们有

$$\begin{aligned}\mathrm{Wd}\,\mathfrak{A}&=\sup \mathrm{Fd}A,\ A\ \text{取左}\ \mathfrak{A}\text{-模}\\&=\sup \mathrm{Fd}\,M,\ M\ \text{取右}\ \mathfrak{A}\text{-模}\\&=\sup\{n\mid \mathrm{Tor}_n(M, A)\neq 0\}.\end{aligned}$$

换言之，弱维数不分左右.

其所以称为“弱”维数，原因在于

**定理 25**

$$\mathrm{Wd}\,\mathfrak{A}\leqslant \min(\mathrm{Lgd}\,\mathfrak{A},\ \mathrm{Rgd}\,\mathfrak{A}). \tag{9.3}$$

原因非常简单，任一个模 $A$ 的投射分解必是平坦分解，但平坦分解却未必是投射分解.

对于环的弱维数，我们也有类似于定理 6 的定理，就是说，$\mathrm{Wd}\,\mathfrak{A}$ 等于其循环模的极大平坦维数. 为此，先证

**引理 1** 左 $\mathfrak{A}$-模 $B$ 是平坦模，其充要条件是对 $\mathfrak{A}$ 的任何右理想 $J$，由正合列

$$J \rightarrowtail \mathfrak{A} \twoheadrightarrow \mathfrak{A}/J=N$$

得正合列 $$J\otimes B \rightarrowtail \mathfrak{A}\otimes B \twoheadrightarrow N\otimes B.$$

**证** 必要性得自平坦模的定义.

关于充分性，作交换图

$$\begin{array}{ccc} J\otimes B & \xrightarrow{\eta} & \mathfrak{A}\otimes B \\ g\downarrow & & \downarrow f \\ JB & \xrightarrow{\sigma} & \mathfrak{A}B=B \end{array} \tag{9.4}$$

这里由所给的条件，$\eta$ 是单同态，$f$ 是同构，$\sigma$ 是嵌入映射，故 $g$ 为同构．由于 $J$ 是任意的，由第三章 §9 定理 32，$B$ 是平坦模．□

本引理可换一种说法：$B$ 为平坦模当且仅当对 $\mathfrak{A}$ 的任一右理想 $J$，恒有 $\mathrm{Tor}_1(\mathfrak{A}/J,\ B)=0$．事实上，因 $\mathfrak{A}$ 本身是投射 $\mathfrak{A}$-模，故 $\mathrm{Tor}_1(\mathfrak{A},\ B)=0$．所以由长正合列，得

$$0=\mathrm{Tor}_1(\mathfrak{A},\ B)\to\mathrm{Tor}_1(\mathfrak{A}/J,\ B)\to J\otimes B\xrightarrow{\eta}\mathfrak{A}\otimes B,$$

$\eta$ 既为单同态，其核为 0．

由此我们证明

**定理 26** $\mathrm{Wd}\,\mathfrak{A}=\sup\mathrm{Fd}\,N$，$N$ 为右循环模，

$=\sup\mathrm{Fd}\,\mathfrak{A}/J$，$J$ 为右理想．

弱维数既不分左右，改定理中的“右”为“左”，仍然正确．

证　设对所有的右理想 $J$，恒有 $\mathrm{Fd}\mathfrak{A}/J\leqslant n$，则对任何左理想 $B$，$\mathrm{Tor}_{n+1}(\mathfrak{A}/J,\ B)=0$．取 $B$ 的平坦分解为 $\{F_m,\ d_m\}$，则

$$0=\mathrm{Tor}_{n+1}(\mathfrak{A}/J,\ B)=\mathrm{Tor}_n(\mathfrak{A}/J,\ \mathrm{Im}\,d_1)$$
$$=\cdots=\mathrm{Tor}_1(\mathfrak{A}/J,\ \mathrm{Im}\,d_n)\ .$$

由引理 1，$\mathrm{Im}\,d_n$ 是平坦模．□

**定义 14** 若 $\mathrm{Wd}\mathfrak{A}=0$，则 $\mathfrak{A}$ 叫做一个 Von Neumann 正则环，简称 VN 正则环．

下列定理给出了 VN 正则环的结构．

**定理 27** 对于环 $\mathfrak{A}$，下列的 5 句话等价：

(1) $\mathfrak{A}$ 是 VN 正则环；

(2) 每一个左(右)模都平坦；

(3) 对任何 $\alpha\in\mathfrak{A}$，有 $\alpha'\in\mathfrak{A}$，使 $\alpha=\alpha\alpha'\alpha$；

(4) 每一个左(右)主理想 $\mathfrak{A}e\,(e\mathfrak{A})$ 都是由一个幂等元素 $e$ 所生成的；

(5) 每一个有限生成的左(右)理想都是主理想，因而由一个

幂等元素所生成.

**证** (1)⇔(2) 由定义.

(2)⇒(3) 我们引用第三章§9定理32的推论. 既然每一个右$\mathfrak{A}$-模都平坦, 那么, $N=\alpha\mathfrak{A}$ 当然是平坦模, 而且 $\mathfrak{A}/\alpha\mathfrak{A}$ 也是平坦右模, 那里的推论说, 对任何左理想 $A$, 必有 $NA=N\cap\mathfrak{A}A$. 取 $A=\mathfrak{A}\alpha$, 则 $\alpha\mathfrak{A}\alpha=\alpha\mathfrak{A}\cap\mathfrak{A}\alpha$. 由于 $\alpha\in\alpha\mathfrak{A}\cap\mathfrak{A}\alpha$, 故 $\alpha\in\alpha\mathfrak{A}\alpha$, 所以有 $\alpha'\in\mathfrak{A}$, 使 $\alpha=\alpha\alpha'\alpha$.

(3)⇒(4) 取 $A=\mathfrak{A}\alpha=\mathfrak{A}\alpha\alpha'\alpha$. 令 $e=\alpha'\alpha$, 则 $e^2=\alpha'\alpha\alpha'\alpha=\alpha'\alpha=e$, 故 $e$ 是幂等元素. 当 $x\in\mathfrak{A}$ 时, $x\alpha=x\alpha\alpha'\alpha=x\alpha e$, 所以 $\mathfrak{A}\alpha\subseteq\mathfrak{A}\alpha e$. 但 $e\in A$, $\mathfrak{A}\alpha e\subseteq\mathfrak{A}e\subseteq A$, 所以 $\mathfrak{A}\alpha=\mathfrak{A}e$.

(4)⇒(5) 设 $A$ 是由 $n$ 个元素所生成的左理想. 我们只需证明 $n=2$ 的情况就行了, 因为在 $n>2$ 的情况, 可用简单的归纳法来完成.

设 $A=\mathfrak{A}\alpha+\mathfrak{A}\beta$. 取幂等元 $e$, 使 $\mathfrak{A}\alpha=\mathfrak{A}e$, 于是 $A=\mathfrak{A}e+\mathfrak{A}\beta(1-e)$. 让 $\mathfrak{A}\beta(1-e)=\mathfrak{A}e'$, $e'^2=e'$. 令 $e''=(1-e)e'$. 于是

$$e''^2=(1-e)e'(1-e)e'=(e'-ee'-e'e+ee'e)e'.$$

因为 $e'=x\beta(1-e)$, $x\in\mathfrak{A}$, 故 $e'e=0$, 所以

$$e''^2=e'-ee'=(1-e)e'=e'',$$

$e''$ 是幂等元素.

因为 $e'e''=e'(1-e)e'=e'^2=e'$, 所以 $\mathfrak{A}e'\subseteq\mathfrak{A}e''$. 但

$$\mathfrak{A}e''=\mathfrak{A}(1-e)e'\subseteq\mathfrak{A}e',$$

所以 $\mathfrak{A}e'=\mathfrak{A}e''$. 于是,

$$A=\mathfrak{A}e+\mathfrak{A}\beta(1-e)=\mathfrak{A}e+\mathfrak{A}e'=\mathfrak{A}e+\mathfrak{A}e''.$$

我们来证明, $\mathfrak{A}e+\mathfrak{A}e''=\mathfrak{A}(e+e'')$, 而且 $e+e''$ 是幂等元.

首先,
$$ee''=e(1-e)e'=(e-e)e'=0;$$
$$e''e=(1-e)e'e=0,$$

故
$$(e+e'')^2=(e+e'')(e+e'')=e^2+e''^2=e+e'',$$

所以 $e+e''$ 是幂等元, 而且 $ee''=e''e=0$.

其次, 显然有 $\mathfrak{A}(e+e'')\subseteq\mathfrak{A}e+\mathfrak{A}e''$.

最后, 若 $x\in\mathfrak{A}$, 则 $xe=xe(e+e'')$, 故 $\mathfrak{A}e\subseteq\mathfrak{A}(e+e'')$, $xe''=$

$xe''(e+e'')$，所以 $\mathfrak{A}e''\subseteq\mathfrak{A}(e+e'')$. 于是

$$\mathfrak{A}e+\mathfrak{A}e''=A=\mathfrak{A}(e+e'').$$

(5)⟹(2) 我们要证任何右 $\mathfrak{A}$-模 $A$ 都是平坦模. 仍用第三章§9定理32的推论. 任取一个有限生成的左理想 $L$，因而 $L=\rightarrowtail e$，$e$ 是幂等元素. 我们要证，若 $B\rightarrowtail F\twoheadrightarrow A$，$F$ 为自由模，因而是平坦模，则 $FL\cap B=BL$，这样就证明了 $A$ 是平坦模.

任取 $b\in FL\cap B$，则因 $FL=Fe$，故 $b=fe$，$f\in F$，即

$$be=fe^2=fe=b,$$

所以
$$b=be\in Be\subseteq BL.$$

因此 $FL\cap B\subseteq BL$. 另一方面，$B$ 是右 $\mathfrak{A}$-模，当然有 $BL\subseteq FL$，$BL\subseteq B$. 故 $BL=FL\cap B$. 定理全部证毕.

作为 VN 正则环的一个例子，我们证明

**定理 28** 设 $\mathfrak{A}$ 为半单纯环，$A$ 为任一个 $\mathfrak{A}$-模，则 $\mathfrak{B}=\mathrm{Hom}_{\mathfrak{A}}(A, A)$ 是 VN 正则环.

证 任取 $f\in\mathrm{Hom}(A, A)$. 令 $B=\mathrm{Im}f$，则 $B$ 是 $A$ 的子模. 由于半单纯环上的任何模都投射，又内射，我们从

$$N\rightarrowtail A\xrightarrow{f}\!\!\!\rightarrow B$$

与
$$B\overset{\sigma}{\rightarrowtail} A\twoheadrightarrow C,$$

$\sigma$ 为嵌入映射，得 $A=N\oplus B'=B\oplus C'$，这里 $B'\cong B$，$C\cong C'$. 取 $g\in\mathrm{Hom}(A, A)$，使 $g(b+c')=\sigma(b)$，则得 $f=fgf$，所以 $\mathfrak{B}=\mathrm{Hom}(A, A)$ 是 VN 正则环. □

至此，就象我们确定了半单纯环为总体维数等于0的环一样，我们已确定了 VN 正则环是弱维数等于0的环.

关于 $\mathrm{Wgd}\,\mathfrak{A}\leqslant 1$ 的环 $\mathfrak{A}$，我们有

**定理 29** 对于环 $\mathfrak{A}$，下列的四句话等价：

(1) $\mathrm{Wd}\,\mathfrak{A}\leqslant 1$;

(2) $\mathfrak{A}$ 的左理想全平坦;

(3) $\mathfrak{A}$ 的右理想全平坦;

(4) 对任何右 $\mathfrak{A}$-模 $M$，任何左 $\mathfrak{A}$-模，恒有

$$\mathrm{Tor}_2(M, A)=0.$$

证 (1)⇔(4) 由弱维数的定义.

(1)⇔(2) 由定理 26, $\mathrm{Wd}\,\mathfrak{A}=\mathrm{Fd}N$, $N=\mathfrak{A}/J$ 为一循环模, $J$ 为某一个左理想. 于是, $\mathrm{Fd}N\leqslant 1$ 的充要条件是 $J$ 为平坦模.

(1)⇔(3) 弱维数不分左右. □

由定理 29 立知, 左(右)遗传环的弱维数都 $\leqslant 1$, 因其左(右)理想都是投射模. 特别, 若 $\mathfrak{A}$ 的左遗传环, 那么, 由于 $\mathrm{Wd}\,\mathfrak{A}\leqslant 1$, $\mathfrak{A}$ 的右理想也必平坦, 不管 $\mathfrak{A}$ 是不是右遗传环.

半遗传环的弱维数也必 $\leqslant 1$, 虽然它未必是遗传环. 为了证明, 我们设 $\mathfrak{A}$ 为一个半遗传环, 而 $A$ 是它的任一个左理想, 且有生成系 $X=\{x_{\lambda\in\Lambda}\}$. 设 $I$ 为 $X$ 的任一有限子集, $A_I$ 为一个以 $I$ 为生成系的左理想. 因为 $\mathfrak{A}$ 为半遗传环, $A_I$ 是投射模, 因而是平坦模, 所以 $A$ 是平坦模(第三章 § 9). 由于 $A\rightarrowtail\mathfrak{A}\twoheadrightarrow\mathfrak{A}/A$ 是循环模 $\mathfrak{A}/A$ 的平坦分解, 故 $\mathrm{Fd}\,\mathfrak{A}/A\leqslant 1$. 由定理 26, $\mathrm{Wd}\,\mathfrak{A}\leqslant 1$.

**推论** $\mathrm{Wd}\,\mathfrak{A}\leqslant 1$ 当且仅当任何平坦模的子模也必平坦.

证 设 $F_0$ 为平坦模, $F_1$ 为其子模, $A=F_0/F_1$. 易知 $\mathrm{Fd}\,A\leqslant 1$ 当且仅当 $F_1\rightarrowtail F_0\twoheadrightarrow A$ 为 $A$ 的平坦分解.

## § 10 拟局部环

在代数几何中常用局部环来研究代数流形上的局部性质, 我们现在推广其概念, 得到所谓拟局部环.

**定义 15** 若环 $\mathfrak{A}$ 有唯一的一个极大左理想 $J$, 则 $\mathfrak{A}$ 叫做一个拟局部环.

其实, 拟局部环 $\mathfrak{A}$ 的极大左理想 $J$ 也是一个右理想, 因而是双边理想. 为了证明这句话, 我们任取 $\gamma\in J$, $\beta\in\mathfrak{A}$, 并让 $M=\mathfrak{A}/J=\mathfrak{A}u$. 由于 $J$ 极大, 所以 $M$ 是单纯模, 而且 $\alpha u=0$ 当且仅当 $\alpha\in J$. 如果 $\beta u=0$, 则 $\beta\in J$, 因而 $\gamma\beta\in J$. 如果 $0\neq\beta u=v$, 则 $\mathfrak{A}v\neq 0$, 且因 $\mathfrak{A}v\subseteq M$, 故 $\mathfrak{A}v=M$. 让 $\mathfrak{A}v=\mathfrak{A}/J_1$, $\alpha v=0$ 当且仅当 $\alpha\in J_1$, 则 $J_1$ 也是极大左理想, 故 $J_1=J$. 所以 $\gamma v=0$, 即

$\gamma\beta u=0$. 因此 $\gamma\beta\in J$. 所以 $J$ 是一个右理想.

如果 $\gamma\in J$, 它当然不能有左逆元, 否则就要有 $J=\mathfrak{A}$. 反过来, 如果 $\gamma$ 没有左逆元, 那么, 左理想 $\mathfrak{A}\gamma$ 就不等于 $\mathfrak{A}$. 由 Zorn 引理, $\mathfrak{A}\gamma$ 将包含在一个极大的左理想内. 但 $\mathfrak{A}$ 只有唯一的一个极大左理想 $J$, 所以 $\mathfrak{A}\gamma\subseteq J$. 换言之, $\gamma\in J$ 的充要条件是它没有左逆元.

如果 $\gamma\overline{\in}J$, 所以 $\gamma$ 有左逆元 $\gamma'$, $\gamma'\gamma=1$. 因为 $J$ 也是一个右理想, $\gamma'$ 不能属于 $J$, 所以 $\gamma'$ 有左逆元 $\gamma''$. 于是, 从 $\gamma''\gamma'=1$ 得 $\gamma''=\gamma$. 这说明, 在 $\gamma\overline{\in}J$ 时, 它既有左逆元, 又有右逆元, 而当 $\gamma\in J$ 时, $\gamma$ 既无左逆元, 又无右逆元.

任取一个右理想 $A\neq\mathfrak{A}$, 如果有 $\alpha\in A$, 但 $\alpha\overline{\in}J$, 则因 $\alpha$ 有右逆元, 必有 $A=\mathfrak{A}$. 所以 $J$ 也是极大的右理想, 因为任何右理想 $A$ 都一定包含在 $J$ 内.

总结上述, 我们有

**定理 30** 对于环 $\mathfrak{A}$, 下列五句话等价:

(1) $\mathfrak{A}$ 是拟局部环;

(2) 所有无左逆元的元素成一个左理想;

(3) 所有无右逆元的元素成一个右理想;

(4) $\mathfrak{A}$ 有唯一的一个极大右理想;

(5) $\mathfrak{A}$ 有唯一的一个极大双边理想, 使凡不属此双边理想的元素既有左逆元, 又有右逆元.

不难证明, 拟局部环一定是 IBN 环, 事实上, 若 $F$ 是自由 $\mathfrak{A}$-模, $D=\mathfrak{A}/J$ 为可除环, 则 $D\underset{\mathfrak{A}}{\otimes}F$ 是自由 $D$-模. 如果 $F$ 有两个基底, 其所含基元数的个数不同, 那么, 自由 $D$-模 $D\otimes F$ 也必有两个基底, 其所含基元素的个数不同, 这样, $D$ 就不能是 IBN 环.

在一般环论中, 有单位元的环的 Jacobson 根是这个环的所有极大左理想之交(它也是一个双边理想, 见 § 13). 因此, 拟局部环的唯一极大左理想就是这个环的 Jacobson 根.

由于任何一个拟局部环的所有不可逆的元素组成一个理想,

所以，任何两个不可逆元素之和仍不可逆，一个可逆元素与一个不可逆元素之和必然可逆，不可逆元素乘任何环元素仍不可逆。

拟局部环的一个主要性质见

**定理 31** 拟局部环上任何可数生成的投射模必是自由模。

先证一条引理。

**引理 1** 设 $\mathfrak{A}$ 为拟局部环，$P$ 为 $\mathfrak{A}$ 上的投射模，$a\in P$，则有自由模 $G$，使 $a\in G$，而且 $P=G\oplus C$，$C$ 为某一个 $\mathfrak{A}$-模。

证 设 $P$ 投射，故有自由模 $F=P\oplus Q$。在 $F$ 的所有基底中，取 $X=\{x_{\lambda\in\Lambda}\}$，使 $a$ 的表达式

$$a=\sum_{i=1}^{n}\alpha_i x_i,\ \alpha_1,\ \cdots,\ \alpha_n\neq 0 \tag{10.1}$$

最短，即，$n$ 最小。这些 $\alpha_1,\ \alpha_2,\ \cdots,\ \alpha_n$ 中任何一个都不能是其余 $n-1$ 个 $\alpha_i$ 的右组合。不然的话，若 $\alpha_n=\sum\limits_{i=1}^{n-1}\alpha_i\beta_i,\ \beta_i\in\mathfrak{A}$，则代入(10.1)后，有 $a=\sum\limits_{i=1}^{n-1}\alpha_i(x_i+\beta_i x_n)$。注意，$x_1+\beta_1x_n,\ x_2+\beta_2x_n,\ \cdots,\ x_{n-1}+\beta_{n-1}x_n,\ x_n,\ x_{n+1},\ \cdots$ 也是 $F$ 的一个基底，但对此基底，$a$ 的表达式更短。

设 $x_\lambda=a_\lambda+b_\lambda,\ a_\lambda\in P,\ b_\lambda\in Q$，则

$$a=\sum\alpha_i x_i=\sum\alpha_i a_i+\sum\alpha_i b_i. \tag{10.2}$$

但 $a\in P,\ \sum\alpha_i a_i\in P,\ \sum\alpha_i b_i\in Q$，故(10.2)表明 $\sum\alpha_i b_i=0$。因此 $a=\sum\alpha_i a_i=\sum\alpha_i x_i$。因 $a_i\in P\subseteq F$，故

$$a_i=\sum_{j=1}^{n}\alpha_{ij}x_j+y_i,\ i=1,\ 2,\ \cdots,\ n, \tag{10.3}$$

而 $y_i$ 是 $x_{n+1},\ x_{n+2},\ \cdots$ 的左线性组合。于是

$$\begin{aligned}a&=\sum_{i=1}^{n}\alpha_i x_i=\sum\alpha_i a_i=\sum_{i=1}^{n}\alpha_i\sum_{j=1}^{n}\alpha_{ij}x_j+\sum_{i=1}^{n}\alpha_i y_i\\&=\sum_{i=1}^{n}\left(\sum_{j=1}^{n}\alpha_j\alpha_{ji}\right)x_i+\sum_{i=1}^{n}\alpha_i y_i.\end{aligned} \tag{10.4}$$

由于 $\{x_{\lambda\in\Lambda}\}$ 是 $F$ 的基底，(10.4)右方第二个 $\sum\limits_{i=1}^{n}$ 中没有 $x_1,x_2,\cdots,x_n$，所以，由(10.4)，有

$$\alpha_i=\sum_{j=1}^{n}\alpha_j\alpha_{ji},\ i=1,\ 2,\ \cdots,\ n, \tag{10.5}$$

而且 $\sum\alpha_i y_i=0$. 由于每一个 $\alpha_i$ 都不是其余 $n-1$ 个 $\alpha_j$ 的右组合，所以(10.6)中的每一个 $\alpha_{ii}$ 都是可逆元，不然的话，迁项后，$1-\alpha_{ii}$ 必可逆(因 $\mathfrak{A}$ 是拟局部环，若 $\alpha_{ii}$ 不可逆，则 $1-\alpha_{ii}$ 可逆)，则(10.5)中的 $\alpha_i$ 可以解出来，用其余的 $\alpha_j$ 来表达. 这不符合要求. 此外，我们也可肯定，在(10.5)中，当 $j\neq i$ 时，$\alpha_{ji}$ 也必不能是可逆元. 否则，也可把 $\alpha_j$ 解出来.

于是，把(10.5)中的 $\alpha_{ji}$ 排成一个 $n$ 行矩阵$(\alpha_{ji})$，此矩阵的主对角线上的元素都是可逆元，而不在主对角线上的元素肯定不可逆. 因此，可用一系列(有限次)行变换把矩阵$(\alpha_{ij})$变成单位矩阵. 换言之，若以 $A$ 表矩阵$(\alpha_{ij})$，则有矩阵 $B=(\beta_{ij})$，使 $BA=E$ 为单位矩阵.

(10.3)可排成一个矩阵的等式

$$\begin{pmatrix}a_1\\a_2\\\vdots\\a_n\end{pmatrix}=A\begin{pmatrix}x_1\\x_2\\\vdots\\x_n\end{pmatrix}+\begin{pmatrix}y_1\\ \\ \vdots\\y_n\end{pmatrix},$$

双方都左乘以 $B$，我们就可以把 $x_1,\ \cdots,\ x_n$ 都解出来，使得每一个 $x_i,\ i=1,\ 2,\ \cdots,\ n$，都可以由 $a_1,\ a_2,\ a_n,\ x_{n+1},\ \cdots$ 来线性表出. 因此，$\{a_1,\ a_2,\ \cdots,\ a_n,\ x_{n+1},\ \cdots\}$ 也是 $F$ 的一个基底. 以 $G$ 表示由 $a_1,\ a_2,\ \cdots,\ a_n$ 所生成的自由模，$H$ 为由 $x_{n+1},\ x_{n+2},\ \cdots$ 所生成的自由模，则 $F=G\oplus H$. 让 $C=P\cap H$，则因 $G\subseteq P$，得 $P=G\oplus C$，而 $a\in G$. □

现在证明定理31. 设投射模$P$ 由$\{a_1,\ a_2,\ \cdots,a_n,\ \cdots\}$所生成. 让$P_n$ 为由 $\{a_1,\ a_2,\ \cdots,\ a_n\}$ 所生成的 $\mathfrak{A}$-模. 我们用归纳法证明，对任何 $n$，有自由模 $G_n$ 使 $P=G_n\oplus C_n$，且 $P_n\subseteq G_n$.

当 $n=1$ 时，取引理中的 $a$ 为 $a_1$，$G=G_1$，则 $D=G_1\oplus C_1$，$a_1\in G_1$，故 $P_1\subseteq G_1$.

设 $n>1$，且 $P=G_{n-1}\oplus C_{n-1}$，$G_{n-1}$ 为自由模，且 $P_{n-1}\subseteq G_{n-1}$.

若 $a_n\in G_{n-1}$，那么就让 $G_n=G_{n-1}$，$C_n=C_{n-1}$，目的已经达到．若 $a_n=b+c$，$b\in G_{n-1}$，$0\neq c\in C_{n-1}$，则因 $C_{n-1}$ 也是投射模(它是投射模的直和加项)，故由引理 1，$C_{n-1}=G'\oplus C_n$，$c\in G'$，而 $G'$ 为自由模．于是

$$P=G_{n-1}\oplus C_{n-1}=G_{n-1}\oplus G'\oplus C_n=G_n\oplus C_n,$$

而 $P_n\subseteq G_n$.

这里实际上也证明了，自由模 $G_n$ 的一个基底或者就是 $G_{n-1}$ 的一个基底(这时 $G_n=G_{n-1}$)，或者是 $G_{n-1}$ 的一个基底再添上 $G'$ 的一个基底．总之，$\bigcup\limits_n G_n$ 是一个自由模，可选其一基底为诸 $G_n$ 的基底之并集.

由于 $P_n\subseteq G_n$，故 $P=\bigcup P_n\subseteq\bigcup G_n=G$，而另一方面，$P\supseteq G_n$，故 $P\supseteq\bigcup G_n$．所以 $P=\bigcup G_n=G$ 为自由模．定理得证.

拟局部环还有一些值得注意的性质，见

**定理 32** 设 $\mathfrak{A}$ 为拟局部环，其极大理想为 $J$，若 $A$ 是有限生成模，且 $JA=A$，则 $A=0$.

证 取 $A$ 的一个最小的生成系为 $\{a_1, a_2, \cdots, a_n\}$，即，任一个 $a_i$ 都不能由其余的 $n-1$ 个 $a_j$ 来线性表出．在 $A=JA$ 时，必有 $a_1=\sum\limits_{i=1}^n\alpha_ia_i$，$\alpha_i\in J$，因而 $(1-\alpha_1)a_1=\sum\limits_{i=2}^n\alpha_ia_i$．因 $\alpha_1\in J$，$1-\alpha_1$ 是可逆元，则 $a_1=\sum\limits_{i=2}^n(1+\alpha_1)^{-1}\alpha_ia_i$，$a_1$ 可由 $a_2$，$a_3$，$\cdots$，$a_n$ 来线性表出．矛盾．所以 $A=0$．□

**定理 33** 设 $\mathfrak{A}$ 为拟局部环，$J$ 为其极大理想，则任何有限生成的 $\mathfrak{A}$-模必有投射盖$(F, \pi)$，这里 $F$ 是自由模(拟局部环上任何有限生成的投射模都自由！)，且 $\operatorname{Ker}\pi\subseteq JF$.

证 取 $\{a_1, a_2, \cdots, a_n\}$ 为 $A$ 的一个最小的生成系，而 $F$ 是定义于集合 $\{x_1, x_2, \cdots, x_n\}$ 上的自由模．定义 $\pi$: $F\to A$，使 $\pi(x_i)=a_i$，并令 $N=\operatorname{Ker}\pi$，则得正合列

$$N\rightarrowtail F\xrightarrow{\pi}\twoheadrightarrow A.$$

任取 $y\in N$，$y=\sum\alpha_ix_i\in F$，则从 $\pi(y)=0$，知 $\sum\alpha_ia_i=0$．我们肯定

所有的 $\alpha_i$ 都属于 $J$. 不然的话,若 $\alpha_1 \overline{\in} J$, 则 $\alpha_1$ 有逆元素, 因而可把 $\alpha_1$ 解出来,这样 $\{\alpha_1, \alpha_2, \cdots, \alpha_n\}$ 就不能是 $A$ 的最小的生成系. 由此我们证明了,$N \subseteq JF$.

现在假定 $N+M=F$. 因 $N \subseteq JF$, 故 $JF+M=F$, 于是

$$F/M = JF+M/M \cong JF/M.$$

由于 $F/M$ 是有限生成的, 故由定理 32, $F/M=0$, 因而 $M=F$.

于是在 $\pi$: $F \twoheadrightarrow A$ 中, $\mathrm{Ker}\,\pi$ 对于 $F$ 是一个无足轻重的模 ($\mathrm{Ker}\,\pi$ 加上 $F$ 的任何一个非平凡子模都不能等于 $F$), 所以由第二章 § 11 定理 31 的推论 3, $(F, \pi)$ 是 $A$ 的投射盖. □

## § 11 交换环的局部化

交换环的局部化的理论是交换环论中的一个非常重要的理论,我们将在以下的几节中看到,这个理论也是研究交换环的一个非常有力的工具.

本节中的环都是交换环.

设 $S$ 为环 $\mathfrak{A}$ 的一个子集, $1 \in S$, $0 \overline{\in} S$, 而且当 $s_1, s_2 \in S$ 时, $s_1s_2 \in S$, 因此, $S$ 是 $\mathfrak{A}$ 中的一个不含 0 的带幺半群. 例如, 若 $P$ 是 $\mathfrak{A}$ 的一个素理想, 则 $P$ 在 $\mathfrak{A}$ 中的余集 $S=\mathfrak{A}-P$ 是一个不含 0 的带幺半群. 又设 $x$ 不是幂零元素,则集合 $\{1, x, x^2, \cdots\}$ 是一个不含 0 的带幺半群.

让 $T=\{(s, \alpha) \mid s \in S, \alpha \in \mathfrak{A}\}$. 我们规定

$(s_1, \alpha_1)=(s_2, \alpha_2)$ 当且仅当有 $0 \neq s \in S$, 使 $s(\alpha_1 s_2-\alpha_2 s_1)=0$. 当然, 如果 $\mathfrak{A}$ 是整环, 那么, 这个 $s$ 可取为 1, 这时, $(s_1, \alpha_1)=(s_2, \alpha_2)$ 当且仅当 $\alpha_1 s_2=\alpha_2 s_1$, 这就是通常的分数相等的定义.

首先必须证明上述的"$=$"是一个等价关系. 显然这个关系是自反的与对称的, 要证明它也是可传的, 我们假定 $(s_1, \alpha_1)=(s_2, \alpha_2)$, $(s_2, \alpha_2)=(s_3, \alpha_3)$, 则有 $0 \neq s \in S$, $0 \neq s' \in S$, 使

$$s(\alpha_1 s_2-\alpha_2 s_1)=0, \ s'(\alpha_3 s_2-\alpha_2 s_3)=0.$$

因 $S$ 是不含 0 的带幺半群, $s_2 s s' \neq 0$, 得

$$0 = ss'(\alpha_1 s_3 s_2 - \alpha_2 s_1 s_3) + ss'(\alpha_2 s_1 s_3 - \alpha_3 s_1 s_2)$$
$$= s_2 ss'(\alpha_1 s_3 - \alpha_3 s_1),$$

所以
$$(s_1, \alpha_1) = (s_3, \alpha_3).$$

再定义

$$(s_1, \alpha_1) + (s_2, \alpha_2) = (s_1 s_2, \alpha_1 s_2 + \alpha_2 s_1), \tag{11.1}$$
$$(s_1, \alpha_1)(s_2, \alpha_2) = (s_1 s_2, \alpha_1 \alpha_2), \tag{11.2}$$

具体计算可得，若

$$(s_1, \alpha_1) = (s_1', \alpha_1'), \ (s_2, \alpha_2) = (s_2', \alpha_2'),$$

则
$$(s_1 s_2, \alpha_1 s_2 + \alpha_2 s_1) = (s_1' s_2', \alpha_1' s_2' + \alpha_2' s_1),$$
$$(s_1' s_2', \alpha_1' \alpha_2') = (s_1 s_2, \alpha_1 \alpha_2),$$

因此，定义(11.1)与(11.2)都是良好的. 再考虑到结合律与分配律都成立，我们就得到一个环，它以$(1, 0)(=(s, 0))$为其零元素，并以$(1, 1)(=(s, s))$为其单位元素. 这个环称为$\mathfrak{A}$的关于$S$的局部化环，常记成$S^{-1}\mathfrak{A}$. 特别，当$S=\mathfrak{A}-P$时，$S^{-1}\mathfrak{A}$又记成$\mathfrak{A}_P$，而当$S=\{1, x, x^2, \cdots\}$时，$S^{-1}\mathfrak{A}$又记成$x^{-1}\mathfrak{A}$.（这个记号$x^{-1}\mathfrak{A}$千万不要与$\mathfrak{A}/x$相混，后者常来表示关于主理想$(x)$的剩余类环$\mathfrak{A}/(x)$，它与$x^{-1}\mathfrak{A}$毫不相干.）

定义
$$\theta: \mathfrak{A} \longrightarrow S^{-1}\mathfrak{A}$$
$$\alpha \ \mapsto (1, \alpha),$$

则$\theta$是一个环同态. 我们有

**定理 34** (1) $\theta(s)$是可逆元素；

(2) $\alpha \in \operatorname{Ker}\theta$之充要条件是有$s \in S$，使$s\alpha = 0$；

(3) $S^{-1}\mathfrak{A}$中任一个元素都可表成$\theta(\alpha)\theta(s)^{-1}$，此表达式不唯一，但若$\theta(\alpha)\theta(s)^{-1} = \theta(\alpha')\theta(s')^{-1}$，则必有$\bar{s} \in S$，使$\bar{s}(\alpha' s - \alpha s') = 0$，反之亦然.

证 (1) $\theta(s)^{-1} = (s, 1)$.

(2) 若$\theta(\alpha) = 0$则$(1, \alpha) = (s, 0)$，故有$s' \in S$，使$s' s\alpha = 0$. 反之，若$s\alpha = 0$，则$(1, \alpha) = (s, 0)$.

(3) 设$y = \sum_{i=1}^{n}(s_i, \alpha_i)$，让$\bar{s}_i = s_1 s_2 \cdots s_{i-1} s_{i+1} \cdots s_n$，则因$(s_i, \alpha_i) =$

$(s,\ \alpha_i\bar{s}_i)$, $s=s_1s_2\cdots s_n$, 得

$$y=(s,\ \sum\alpha_i\bar{s}_i)=(s,\ \alpha)=(s,\ 1)(1,\ \alpha)=\theta(s)^{-1}\theta(\alpha).$$

后半句话由"="的定义. □

因此, $s^{-1}\mathfrak{A}$ 中的元素 $(s,\ \alpha)$ 都可表成一个分数的形式 $\alpha/s$, 其加法与乘法((11.1)与(11.2))都与通常的有理数的加法与乘法相同, 唯一不同之处在于 $\alpha/s=\alpha'/s'$ 并不表示 $s'\alpha=s\alpha'$, 而是表示有 $\bar{s}\in S$, 使 $\bar{s}(s'\alpha-s\alpha')=0$, 而当 $S$ 中的元素都不是零因子时, 连这点差异也消失了.

设 $A$ 为一个 $\mathfrak{A}$-模, 我们完全可以象定义 $S^{-1}\mathfrak{A}$ 那样来定义 $S^{-1}A$. 取集合 $\{(s,\ a)\,|\,s\in S,\ a\in A\}$. 同样, 定义

$$\begin{gathered}(s,\ a)=(s',\ a')\text{ 当且仅当有 }\bar{s}\in S,\text{ 使 }\bar{s}(s'a-sa')=0;\\ (s_1,\ a_1)+(s_2,\ a_2)=(s_1s_2,\ s_1a_2+s_2a_1);\\ (s,\ \alpha)(s',\ a)=(ss',\ \alpha a).\end{gathered}\tag{11.3}$$

当然需要证明"="是等价关系, 加法与乘法的定义都是良好的. 于是我们得到一个 $S^{-1}\mathfrak{A}$-模, 记之以 $S^{-1}A$. 同样, $S^{-1}A$ 中的元素 $(s,\ a)$ 可表成 $a/s$, 而 $a/s=0$ 当且仅当有 $s'\in S$, 使 $s'a=0$.

如果考虑 $S^{-1}\mathfrak{A}$ 为一个 $\mathfrak{A}$-模, 让 $\alpha'\cdot\alpha/s=\alpha'\alpha/s$, 则 $S^{-1}A$ 还有另一种定义. 见

**引理 1** $S^{-1}\mathfrak{A}\underset{\mathfrak{A}}{\otimes}A\cong S^{-1}A$.

证 取映射 $\sigma$: $S^{-1}\mathfrak{A}\times A\longrightarrow S^{-1}A$

$$(\alpha/s,\ a)\longrightarrow(s,\ \alpha a).$$

映射 $\sigma$ 显然是线性平衡的, 故由张量积的泛性质, 有

$$f:\ S^{-1}\mathfrak{A}\otimes A\longrightarrow S^{-1}A,$$

使
$$f(\alpha/s\otimes a)=(s,\ \alpha a).$$

它显然是满的. 为了证明 $f$ 也是单的, 我们先注意, $S^{-1}\mathfrak{A}\otimes A$ 中的任何一个元素 $\sum_{i=1}^{n}\alpha_i/s_i\otimes a_i$ 都可以由通分再合并的办法变成一个单项式 $\frac{1}{s}\otimes a$, 而 $f\left(\frac{1}{s}\otimes a\right)=(s,\ a)$. 已知 $(s,\ a)=0$ 当且仅当有 $s'\in S$, 使 $s'a=0$, 故

$$\frac{1}{s}\otimes a=s'/ss'\otimes a=\frac{1}{ss'}\otimes s'a=\frac{1}{ss'}\otimes 0=0. \square$$

由此引理，读者将会体会到，本节所给"="的定义是非常恰当的.

其所以称 $S^{-1}\mathfrak{A}$ 为局部化环，原因在于

**定理 35** 若 $P$ 是 $\mathfrak{A}$ 的素理想，$S=\mathfrak{A}-P$，则 $S^{-1}\mathfrak{A}$ 是一个(可交换的)拟局部环，其唯一的极大理想是 $S^{-1}P$.

证 $S^{-1}P$ 中的元素均可表成 $p/s$ 的形状(但不唯一!). 易知 $S^{-1}P$ 是 $S^{-1}\mathfrak{A}$ 的一个理想. 它必是素理想，因为 $\alpha_1/s_1\cdot\alpha_2/s_2=\alpha_1\alpha_2/s_1s_2\in S^{-1}P$ 时，必有 $\alpha_1\alpha_2\in P$. 它也必是 $S^{-1}\mathfrak{A}$ 中的极大理想，因不属于 $S^{-1}P$ 的元素必取形 $s_1/s_2$，它是一个可逆元，其逆元素为 $s_2/s_1$. $\square$

**推论** 若 $\mathfrak{A}$ 是一个整环，$K$ 为其商域，$P$ 为 $\mathfrak{A}$ 的一个素理想，$s=\mathfrak{A}-P$，则 $s^{-1}\mathfrak{A}$ 是 $K$ 的一个子环.

证 定义
$$\sigma:\ S^{-1}\mathfrak{A}\longrightarrow K$$
$$(s,\ \alpha)\mapsto\alpha/s\in K,$$
由于 $\mathfrak{A}$ 是整环，$(s,\ \alpha)=0$ 当且仅当 $\alpha=0$ 当且仅当 $\alpha/s=0$，所以 $\sigma$ 是单同态. $\square$

**引理 2** $S^{-1}\mathfrak{A}$ 是平坦 $\mathfrak{A}$-模.

证 设 $f:\ A\longrightarrow B$ 为单同态. 如果
$$s\otimes f:\ S^{-1}\mathfrak{A}\otimes A\longrightarrow S^{-1}\mathfrak{A}\otimes B$$
不是单同态，必有
$$0\neq\frac{1}{s}\otimes a\longrightarrow\frac{1}{s}\otimes f(a)=0.$$
于是有 $s'\in S$，使 $0=s'f(a)=f(s'a)$. 因 $f$ 是单同态，$s'a=0$. 这说明 $\frac{1}{s}\otimes a=0$. $\square$

为了研究 $\mathrm{Gd}\,\mathfrak{A}$ 与 $\mathrm{Gd}\,S^{-1}\mathfrak{A}$ 的关系，我们先证

**引理 3** 若 $B$ 是 $S^{-1}\mathfrak{A}$-模，则 $S^{-1}B=S^{-1}\mathfrak{A}\underset{\mathfrak{A}}{\otimes}B\cong B$.

证 定义
$$\sigma:\ S^{-1}\mathfrak{A}\times B\longrightarrow B$$

$$(\alpha/s,\ b)\mapsto \alpha/sb.$$

$\sigma$ 当然是线性平衡的，所以有

$$f:\ S^{-1}B=S^{-1}\mathfrak{A}\underset{\mathfrak{A}}{\otimes}B\longrightarrow B$$

使 $f(\alpha/s\otimes b)=\alpha/sb=\frac{1}{s}\alpha b$. 它当然是满的. 由于 $S^{-1}\mathfrak{A}\otimes B$ 中的任何一个 $x=\Sigma\alpha_i/s_i\otimes b_i$ 都可以用通分的办法来变成一个单项式 $\frac{1}{s}\otimes b$，而 $f(x)=f\left(\frac{1}{s}\otimes b\right)=\frac{1}{s}b$. 若 $\frac{1}{s}b=0$，则 $b=0$，因而 $x=0$，所以 $f$ 是单同态. 既满又单必是同构. □

最后，我们证明

**定理 36** 设 $\mathfrak{A}$ 为交换环，$S$ 为 $\mathfrak{A}$ 中的一个不含 0 的带幺半群，则

$$\mathrm{Gd}\,\mathfrak{A}\geqslant \mathrm{Gd}\,S^{-1}\mathfrak{A}. \tag{11.4}$$

证 若 $F$ 为自由 $\mathfrak{A}$-模，它必是许多 $\mathfrak{A}$ 的直和，$F=\underset{\lambda\in\Lambda}{\oplus}\mathfrak{A}$，因此，$S^{-1}F=S^{-1}\mathfrak{A}\otimes\oplus\mathfrak{A}=\oplus s^{-1}\mathfrak{A}\otimes\mathfrak{A}=\underset{\lambda\in\Lambda}{\oplus}s^{-1}\mathfrak{A}$，所以 $s^{-1}F$ 是自由 $S^{-1}\mathfrak{A}$-模.

若 $P$ 是投射 $\mathfrak{A}$-模，$F=P\oplus Q$ 为自由 $\mathfrak{A}$-模，则

$$S^{-1}F=S^{-1}P\oplus S^{-1}Q,$$

故 $S^{-1}P$ 是投射 $S^{-1}\mathfrak{A}$-模.

如果 $\mathrm{Gd}\,\mathfrak{A}=\infty$，我们当然没有什么要证的.

假定 $\mathrm{Gd}\,\mathfrak{A}=n<\infty$. 任取一个 $S^{-1}\mathfrak{A}$-模 $B$，它首先是一个 $\mathfrak{A}$-模（定义 $\alpha b=(1\otimes\alpha)b$），作其投射分解

$$0\to P_n\to P_{n-1}\to\cdots\to P_1\to P_0\twoheadrightarrow B, \tag{11.5}$$

这里的 $P_i$ 都是投射 $\mathfrak{A}$-模，而 $\mathrm{Pd}_{\mathfrak{A}}B\leqslant n$. 由于 $S^{-1}\mathfrak{A}$ 是平坦 $\mathfrak{A}$-模，故由(11.5)有

$$0\to S^{-1}P_n\to S^{-1}P_{n-1}\to\cdots\to S^{-1}P_1\to S^{-1}P_0\twoheadrightarrow S^{-1}B. \tag{11.6}$$

这里每一个 $S^{-1}P_i$ 都是投射 $S^{-1}\mathfrak{A}$-模. 由引理 3，$S^{-1}B\cong B$，所以(11.6)是 $B$ 的（作为 $S^{-1}\mathfrak{A}$-模）投射分解，故 $\mathrm{Pd}_{S^{-1}\mathfrak{A}}B\leqslant n$. 因 $B$ 任

意，$\mathrm{Gd}\,S^{-1}\mathfrak{A}\leqslant n$. □

附注 定理 34 是局部化理论的基本定理，在下列意义下，定理中所列的三条可以认为是刻划了局部化环：若 $\theta$: $\mathfrak{A}\to\mathfrak{A}$ 与 $\theta'$: $\mathfrak{A}\to\mathfrak{A}'$ 都是环同态，而且都满足定理 34 中所列的三个条件，则 $\mathfrak{A}$ 与 $\mathfrak{A}'$ 必然同构. 这只要让 $\theta(\alpha)\theta(s)^{-1}$ 与 $\theta'(\alpha)\theta'(s)^{-1}$ 对应就行了，因为在 $\theta(\alpha)\theta(s)^{-1}=\theta(\alpha')\theta(s')^{-1}$ 时也必有 $\theta'(\alpha)\theta'(s)^{-1}=\theta'(\alpha')\theta'(s')^{-1}$，反之亦然. 换言之，所述的对应不但是良好定义的，而且还提供了一个同构. 因此，任何这样的 $\mathfrak{A}$ 都可认为是 $\mathfrak{A}$ 关于 $S$ 的局部化环.

我们在用二元向量 $(s,\ \alpha)$ 来定义 $S^{-1}\mathfrak{A}$ 时，所用的方法显然是从有理数的构造理论演变出来的. 在构造有理数时，$(a_1,\ b_1)=(a_2,\ b_2)$ 的定义是 $a_2b_1-a_1b_2=0$. 这种定义在有零因子的环中是行不通的. 例如，若 $s\alpha=0$，那么，在要求 $(1,\ s)$ 可逆的条件下，必须要定义 $(1,\ \alpha)=0$，纵然在 $\alpha\neq 0$ 时，也应如此. 因此，我们这里所给的定义（$(s,\ \alpha)=(s',\ \alpha')$ 当且仅当有 $\bar{s}\in S$ 使 $\bar{s}(s\alpha'-s'\alpha)=0$）看起来似乎奇怪，但事实上却是必要的. 特别，在引理 1 中，将 $S^{-1}A$ 与 $S^{-1}\mathfrak{A}\otimes A$ 等同起来（后者是在一般代数中扩大系数域的传统办法），这个定义就更显得非常恰当了.

对局部化的问题，M. Artin 提出了一个非常严格的理论（例如，见 Rotman: An Introduction to Homological Algebra, Acad. Press (1979), 97—101）. 简单地说明他的理论. 设 $S$ 是交换环 $\mathfrak{A}$ 中的一个不含 0 的带幺半群. 对每一个 $s\in S$，取一个未定量 $x_s$ 与之对应，让 $X=\{x_{s\in S}\}$，并让 $\mathfrak{A}$ 为多项式环 $\mathfrak{A}[X]$. 以 $I$ 表示由所有的线性式 $sx_s-1$ 所生成的理想，则定义剩余类环 $\mathfrak{A}[X]/I$ 为 $\mathfrak{A}$ 关于 $S$ 的局部化环 $S^{-1}\mathfrak{A}$. 让 $\eta$: $\mathfrak{A}\to\mathfrak{A}[X]$ 为嵌入映射，$\pi$: $\mathfrak{A}[X]\to\mathfrak{A}[X]/I$ 为自然同态. 令

$$\theta=\pi\eta:\ \mathfrak{A}\to\mathfrak{A}[X]/I,$$

那么，可以证明 $\theta$ 恰好满足定理 34 中的三个条件. 其中，例如，因 $sx_s-1\in I$，故 $\theta(s)\pi(x_s)=1$，即，$\theta(s)$ 是可逆的. 所以 $\mathfrak{A}[X]/I$ 也就是我们本节所定义的 $S^{-1}\mathfrak{A}$.

## § 12 Nöther 环

Nöther 环是一类最常见到的环，整数环与域上的多项式环都属此类.

环 $\mathfrak{A}$ 本身作为一个左 $\mathfrak{A}$-模，它的子模就是 $\mathfrak{A}$ 的左理想. 于是，由第二章 § 7 的定理 14, 对于环 $\mathfrak{A}$, 以下的三个条件等价:

(1) 极大条件　任何左理想之集 $\{A_{\lambda\in\Lambda}\}$ 中必有一个极大的左理想，它不包含在此集中的任何其它的左理想内;

(2) 升链条件　对任何左理想的升链

$$A_1 \subseteq A_2 \subseteq \cdots \subseteq A_n \subseteq \cdots$$

必有一个 $n$, 使 $A_n = A_{n+1} = \cdots$;

(3) 有限条件　任何左理想 $A$ 都是有限生成的.

**定义 16**　满足上述三个条件之一的环 $\mathfrak{A}$ 叫做一个左 Nöther 环. 换言之，作为一个左 $\mathfrak{A}$-模，若 $\mathfrak{A}$ 本身是一个 Nöther 模(第二章 § 7 定义 8)，则 $\mathfrak{A}$ 是一个左 Nöther 环.

由于“升链条件”这个词英文是 ascending chain condition, 取其第一个字母，所以左 Nöther 环又称为左 ACC 环，意思是指对左理想具有升链条件的环. 同样，左 Nöther 模也常称为左 ACC 模.

左 ACC 环未必是右 ACC 环. 我们举一个在 § 6 中已经举过的例子. 设 $Q$ 为有理数域，$R = Q(x_1, x_2, \cdots, x_n, \cdots)$ 为 $Q$ 上无穷多个未定量 $x_n$ 的有理函数域，$S = Q(x_1^2, x_2^2, \cdots, x_n^2, \cdots)$, 并让 $\mathfrak{A}$ 为矩阵环 $\begin{pmatrix} R & R \\ 0 & S \end{pmatrix}$. 让 $S'_n = Q(x_1, x_2, \cdots, x_n, x_{n+1}^2, x_{n+2}^2, \cdots)$, 则 $S \subset S'_1 \subset S'_2 \subset \cdots \subset S'_n \subset \cdots \subset R$. 让 $A'_n = \begin{pmatrix} 0 & S'_n \\ 0 & 0 \end{pmatrix}$, 则 $A'_n$ 是 $\mathfrak{A}$ 的右理想，且有无穷升链

$$A'_1 \subset A'_2 \subset \cdots \subset A'_n \subset \cdots,$$

所以 $\mathfrak{A}$ 不是右 ACC 环. 但它只有 6 个左理想，所以 $\mathfrak{A}$ 是左

ACC 环.

我们有

**定理 37** 左 ACC 环必是左 IBN 环.

为此先证

**引理 1** 若 $A$ 是 ACC 模(任何环上的), 且 $\phi$: $A\to A$ 是满同态, 则 $\phi$ 为同构.

证 设 $N_1=\mathrm{Ker}\,\phi\neq 0$. 对于 $0\neq a_1\in N_1$, 有 $a_2\in A$, 使 $\phi(a_2)=a_1$. 因 $\phi^2(a_2)=\phi(a_1)=0$, 故有 $a_2\in\mathrm{Ker}\,\phi^2=N_2$, 但 $a_2\overline{\in}N_1$. 这说明 $N_1\subset N_2$. 同理, $N_1\subset N_2\subset N_3=\mathrm{Ker}\,\phi^3$. 于是我们就必得一无穷升链

$$N_1\subset N_2\subset N_3\subset\cdots,$$

这是不可能的, 因 $A$ 是 Nöther 模.

**引理 2** $\mathfrak{A}$ 是左 ACC 环当且仅当它的每一个有限生成模的子模也必有限生成.

证 充分性 $\mathfrak{A}$ 本身作为 $\mathfrak{A}$-模是循环的(定义于 $\{1\}$ 上), 所以根据所给条件, $\mathfrak{A}$ 的任何子模也必有限生成. 因 $\mathfrak{A}$ 的子模就是 $\mathfrak{A}$ 的左理想, 而当每一个左理想都有限生成时, $\mathfrak{A}$ 是左 ACC 环.

必要性 设 $\mathfrak{A}$ 为左 ACC 环, $M$ 为一个 $\mathfrak{A}$-模且由$\{x_1, x_2, \cdots, x_n\}$生成. 我们要证明, $M$ 的任一子模 $A$ 也必有限生成.

对 $n$ 归纳.

设 $n=1$, 则 $M=\mathfrak{A}x\cong\mathfrak{A}/J$, $J$ 为 $\mathfrak{A}$ 的一个左理想, 因而有限生成. 设 $A$ 为 $M$ 的一个子模, 令 $S=\{\alpha\in\mathfrak{A}\mid\alpha x\in A\}$, 则 $S$ 为 $\mathfrak{A}$ 的一个左理想, 因而有限生成. 由于 $Jx=0\in A$, 故 $J\subseteq S$, 且有短正合列

$$J\rightarrowtail S\xrightarrow{\pi}\twoheadrightarrow A,$$

若 $S$ 由 $s_1, s_2, \cdots, s_n$ 生成, 则 $A$ 由 $\pi(s_1), \cdots, \pi(s_n)$ 所生成。

现设 $n>1$, 并假定 $M'=\mathfrak{A}x_n$. 作短正合列

$$M'\rightarrowtail M\twoheadrightarrow M/M'$$

与

$$A\cap M'\rightarrowtail A\twoheadrightarrow A/A\cap M'.$$

这里 $M/M'$ 最多由 $n-1$ 个元素生成, 而 $A/A\cap M'\cong A+M'/M'$

$\subseteq M/M'$，故由归纳法的假定，$A/A\cap M'$ 是有限生成的. 因 $A\cap M'$ 是循环模 $M'$ 的子模，所以是有限生成的，故 $A$ 为有限生成模. □

**推论** 若 $\mathfrak{A}$ 是左 ACC 环，则其任何有限生成的左 $\mathfrak{A}$-模必是 Nöther 模.

现在我们证明定理 37.

设 $A=\mathfrak{A}x_1+\mathfrak{A}x_2+\cdots+\mathfrak{A}x_n=\mathfrak{A}y_1+\mathfrak{A}y_2+\cdots+\mathfrak{A}y_m$ 既是定义于 $\{x_1, x_2, \cdots, x_n\}$ 上的自由模，又是定义于 $\{y_1, y_2, \cdots, y_m\}$ 上的自由模. 若 $n>m$，我们定义

$$\phi: A\to A$$

$$x_i\mapsto y_i,\ i=1, 2, \cdots, m,$$

$$x_i\mapsto 0,\ i>m,$$

于是 $\mathrm{Ker}\,\phi\neq 0$. 但 $A$ 是 ACC 模，$\phi$ 是满同态，由引理 1，$\phi$ 是同构，$\mathrm{Ker}\,\phi$ 不可能 $\neq 0$. 所以 $n$ 不能大于 $m$. 同理，$m$ 也不能大于 $n$，故 $\mathfrak{A}$ 是 IBN 环. □

我们曾在第二章 §9 中举过一个例子，说明无穷多个投射模的积未必是一个投射模，要看是在什么环上. 对偶地，我们将会考虑到，内射模的直和是否一定内射.

有限多个内射模的直和也就是它们的积，而我们在第二章 §10 中已经看到，内射模(不论多少个，也不论在哪一个环上)的积一定是内射模，所以，有限多个内射模的直和必然是内射的. 问题是，无穷多个内射模的直和是否一定是内射模. 下列定理完全解答了这个问题.

**定理 38** 无穷多个内射 $\mathfrak{A}$-模的直和仍是内射模，其充要条件是 $\mathfrak{A}$ 为 ACC 环.

证 设 $\mathfrak{A}$ 为左 ACC 环，且 $\{E_{\lambda\in\Lambda}\}$ 是一些内射 $\mathfrak{A}$-模 $E_\lambda$ 之集，并令 $E=\bigoplus\limits_{\lambda\in\Lambda}E_\lambda$. 由直和的定义，$E$ 的每一个元素 $e$ 都是一个集合 $\{e_{\lambda\in\Lambda}\}$，它是从每一个 $E_\lambda$ 中取一个元素 $e_\lambda$ 来组成的，但仅能取有限个 $e_\lambda$ 不为 0. 为了要证明 $E$ 是内射的，我们任取 $\mathfrak{A}$ 的一个左理想 $J$，并任取一个模同态 $g: J\to E$，我们要证明 $g$ 可以开拓

成一个模同态 $f: \mathfrak{A} \to E$，使 $f\eta = g$，这里 $\eta$ 是嵌入映射，如图

(12.1)

因 $\mathfrak{A}$ 是 ACC 环，故 $J$ 有限生成．取 $\{a_1, a_2, \cdots, a_m\}$ 为 $J$ 的一个生成系，则 $g$ 的象由 $g(a_1)$, $g(a_2)$, $\cdots$, $g(a_m)$ 所唯一确定．设 $g(a_i) = \{e_{\lambda \in \Lambda}^{(i)}\}$，而诸 $e_{\lambda \in \Lambda}^{(i)}$ 中只能有有限个不为 0，所以可以有 $\lambda_1, \lambda_2, \cdots, \lambda_n \in \Lambda$，使对每一个 $i=1, 2, \cdots, m$，都有

$$g(a_i) \in \bigoplus_{j=1,2,\cdots,n} E_{\lambda_j} = E',$$

即，$\operatorname{Im} g \subseteq E'$．于是有下列的图

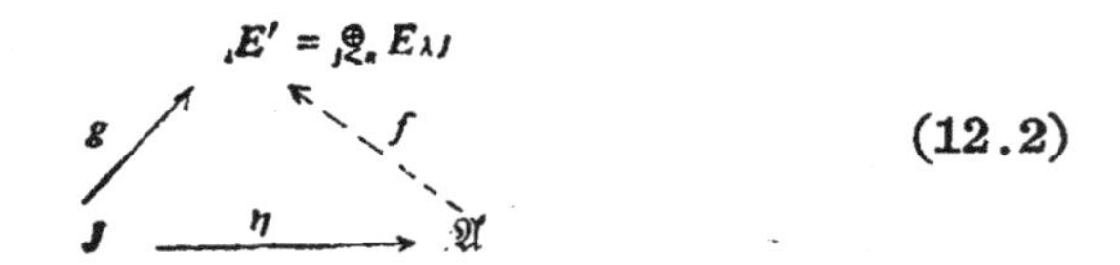


(12.2)

因 $E'$ 是 $n$ 个内射模之和，故为内射模，所以由 Baer 判别法，有 $f: \mathfrak{A} \to E'$，使 $f_\eta = g$．因 $E' \subseteq E$，故 $f$ 也是由 $\mathfrak{A}$ 到 $E$ 的模同态，它使(12.1)中的图成为交换图．故 $E$ 为内射模．

现在假定 $\mathfrak{A}$ 不是左 ACC 环，我们要找一些内射模 $E_n$，使 $E = \bigoplus_n E_n$ 不是内射模．

因 $\mathfrak{A}$ 不是左 ACC 环，故有左理想之严格升链

$$J_1 \subset J_2 \subset \cdots \subset J_n \subset \cdots, \tag{12.3}$$

其长度无穷．令 $J = \bigcup_n J_n$，则 $J$ 为 $\mathfrak{A}$ 的一个左理想．把左 $\mathfrak{A}$-模 $J/J_n$ 嵌入到一个左内射 $\mathfrak{A}$-模 $E_n$ 中，再取 $E = \oplus E_n$．我们将证明 $E$ 不能是内射模．

令 $\pi_n$: $J \to J/J_n$ 为自然同态．当 $a \in J$ 时，因 $J = \bigcup J_n$，必有 $n_0$，使当 $n \geqslant n_0$ 时，$a \in J_n$，因而 $\pi_n(a) = 0$．因 $J/J_m \subseteq E_m$，故 $\pi_m(a) \in E_m$，所以 $(\pi_1(a), \pi_2(a), \cdots, \pi_{n_0}(a), \cdots) \in E$．取

$$g: J \to E = \oplus E_n$$
$$a \mapsto (\pi_1(a), \pi_2(a), \cdots, \pi_{n_a}(a), \cdots).$$

如果 $E$ 是内射模，则由 Baer 判别法，$g$ 可以开拓成 $f: \mathfrak{A} \to E$，使当 $a \in J$ 时，$g(a) = f(a) = af(1)$. 设 $f(1) = (x_1, x_2, \cdots, x_m, \cdots)$. 任取 $m$ 为一个自然数，任取一个 $a \in J$，但 $a \bar{\in} J_m$. 由(12.3)，这个 $a$ 当然存在，而且 $\pi_m(a) \neq 0$. 因为 $g(a) = (\pi_1(a), \pi_2(a), \cdots, \pi_m(a), \cdots)$，而

$$g(a) = f(a) = af(1) = (ax_1, ax_2, \cdots, ax_m, \cdots),$$

故 $\pi_m(a) = ax_m \neq 0$，这说明 $x_m \neq 0$. 由于 $m$ 是任意的自然数，所以 $f(1) = (x_1, x_2, \cdots, x_m, \cdots)$ 中的每一个分量 $x_m$ 都不能等于 0. 这样的集合 $\{x_n\}$ 不能属于 $E$，因为 $E$ 的每一个元素 $\{y_n\}$ 只能有有限个 $y_n$ 不为 0. 因此 $E$ 不能是内射模，而本定理得以证明.

现在我们来讨论左 ACC 环上内射模的结构.

我们先证

**引理 3** 设 $\mathfrak{A}$ 为任意的环，$X$ 为 $\mathfrak{A}$-模，

$$X = X_1 \oplus X_2 \oplus \cdots \oplus X_n, \quad n < \infty,$$

以 $E(X)$ 表 $X$ 的内射包，则

$$E(X) = \bigoplus_i E(X_i).$$

**证** 对 $n$ 归纳.

$n=1$ 时，我们当然没有什么要证明的.

设 $n=2$. 由第二章 § 11 定理 29，我们需要证明 $E(X_1) \oplus E(X_2)$ 是内射模，而且是 $X_1 \oplus X_2$ 的本性扩模.

$E(X_1) \oplus E(X_2)$ 当然是内射模. 因为任何有限个内射模的直和仍然是内射的.

让 $C = E(X_1) \oplus E(X_2)$，则 $C$ 中的任一个 $c$ 都可表成一个二元向量 $c = (c_1, c_2)$，$c_i \in E(X_i)$，而 $c=0$ 当且仅当 $c_1$ 与 $c_2$ 都是 0. 设 $c = (c_1, c_2) \neq 0$. 不失普遍性，可假定 $c_1 \neq 0$. 因 $E(X_1)$ 是 $X_1$ 的内射包，它是 $X$ 的一个本性扩模，故有 $\alpha_1 \in \mathfrak{A}$，使 $0 \neq \alpha_1 c_1 \in X_1$. 如果 $\alpha_1 c_2 = 0 \in X_2$，则 $0 \neq \alpha_1 c \in X_1 \oplus X_2$. 如果 $\alpha_1 c_2 \neq 0$，则因 $E(X_2)$ 是 $X_2$ 的本性扩模，故有 $\alpha_2 \in \mathfrak{A}$，使 $0 \neq \alpha_2 \alpha_1 c_2 \in X_2$，于是

$0\neq\alpha_2\alpha_1c\in X_1\oplus X_2$. 所以，对任何 $0\neq c\in C$，必有 $\alpha\in\mathfrak{A}$，使 $0\neq\alpha c\in X_1\oplus X_2$. 由第二章 § 11 的引理 1，$C$ 是 $X_1\oplus X_2$ 的本性扩模. 因此 $E(X_1)\oplus E(X_2)$ 是 $X_1\oplus X_2$ 的内射包.

现设 $n>2$. 让 $X'=X_1\oplus X_2\oplus\cdots\oplus X_{n-1}$，则 $X=X'\oplus X_n$，于是 $E(X)=E(X')\oplus E(X_n)$. 再从归纳法的假设得到我们要证明引理. □

在环论中，左理想 $P$ 叫做可约的，如果有左理想 $A\supset P$，与 $B\supset P$（$A$ 与 $B$ 都严格地包含 $P$）；使 $P=A\cap B$. 否则，$P$ 为不可约的. 因此 $P$ 不可约当且仅当在 $P=A\cap B$ 时必有 $A=P$ 或 $B=P$. 极大左理想当然是不可约的，但不可约左理想却未必极大. 举一个简单的例子. 让 $p$ 为任一个素数，$S=\mathbb{Z}-(p)$ 为主理想 $(p)$ 在 $\mathbb{Z}$ 中的余集，作局部化环 $S^{-1}\mathbb{Z}$. 易知 $S^{-1}\mathbb{Z}$ 中的元素都是有理数，且既约分数 $\dfrac{b}{a}\in S^{-1}\mathbb{Z}$. 当且仅当 $p\nmid a$；而 $\dfrac{b}{a}$ 在 $S^{-1}\mathbb{Z}$ 中可逆，当且仅当 $p\nmid b$. 于是 $S^{-1}\mathbb{Z}$ 中的每一个理想都是主理想 $(p^n)$，$n$ 为自然数. 在这个环中，每一个理想都不可约，但只有 $(p)$ 才极大.

不可约理想与内射包的关系见

**引理 4** 若 $P$ 是不可约左理想，则左 $\mathfrak{A}$-模 $\mathfrak{A}/P$ 的内射包 $E(\mathfrak{A}/P)$ 不可分解.

证 假定 $E=E(\mathfrak{A}/P)=E_1\oplus E_2$，$0\subset E_1\subset E$，$0\subset E_2\subset E$，即，假定 $E$ 可分解，让 $E_1\cap\mathfrak{A}/P=A/P$，$E_2\cap\mathfrak{A}/P=B/P$. 因 $E$ 是 $\mathfrak{A}/P$ 的内射包，故为本性扩模，所以 $A/P$ 与 $B/P$ 均不等于 0. 但因 $E_1\cap E_2=0$，所以 $A/P\cap B/P=0$，即，$P=A\cap B$. 这说明 $P$ 是可约的. □

我们现在证明

**定理 39** 设 $\mathfrak{A}$ 为任意的环，$P$ 为 $\mathfrak{A}$ 的一个左理想，且可表达成 $n(<\infty)$ 个不可约左理想 $J_i$ 之交

$$P=J_1\cap J_2\cap\cdots\cap J_n,\tag{12.4}$$

其中任一个 $J_i$ 都不是多余的，即，每一个 $J_i$ 都不包含其余 $n-1$

个 $J_j$ 之交，则

$$E(\mathfrak{A}/P)\cong E(\mathfrak{A}/J_1)\oplus E(\mathfrak{A}/J_2)\oplus\cdots\oplus E(\mathfrak{A}/J_n). \tag{12.5}$$

证 设 $X=\mathfrak{A}/J_1\oplus\mathfrak{A}/J_2\oplus\cdots\oplus\mathfrak{A}/J_n$,

$C=E(\mathfrak{A}/J_1)\oplus E(\mathfrak{A}/J_2)\oplus\cdots\oplus E(\mathfrak{A}/J_n)$.

由引理 3, $E(X)=C$.

我们现在定义一个模同态

$$\phi:\ \mathfrak{A}\longrightarrow X$$

$$\alpha\mapsto([\alpha]_1,\ [\alpha]_2\cdots,\ [\alpha]_n), \tag{12.6}$$

这里$[\alpha]_i$表示在自然同态 $\mathfrak{A}\to\mathfrak{A}/J_i$ 下, $\alpha$ 所取的象. 若 $[\alpha]_i=0$, 则 $\alpha\in J_i$, 故 $\phi(\alpha)=0$ 当且仅当 $\alpha\in\bigcap_i J_i=P$. 换言之, (12.6) 可引出一个单同态

$$\psi:\ \mathfrak{A}/P\to X,$$

使 $\psi([\alpha])=\phi(\alpha)$, 这里$[\alpha]$表 $\alpha$ 在 $\mathfrak{A}/P$ 中的相应元素. 可以认定 $\operatorname{Im}\psi$ 就是 $\mathfrak{A}/P$, 因此, $\mathfrak{A}/P$ 是 $X$ 的一个子模. 于是

$$\mathfrak{A}/P\subseteq X\subseteq E(X)=C,$$

因此 $C$ 是 $\mathfrak{A}/P$ 的一个内射扩模. 现需证明, $E(\mathfrak{A}/P)=C$.

首先, 对任何 $i=1,\ 2,\ \cdots,\ n$, 必有 $\mathfrak{A}/P\cap\mathfrak{A}/J_i=A_i\neq0$. 事实上, 因 (12.4) 中的任一个 $J_i$ 都不是多余的, 故有 $\alpha_i\bar{\in}J_i$, 但对任何 $j\neq i$, $\alpha_i\in J_j$. 因此 $[\alpha_i]_i\neq0$, 但 $[\alpha_i]_j=0$. 所以

$$\psi([\alpha_i])=\phi(\alpha_i)=(0,\ \cdots,\ 0,\ [\alpha_i]_i,\ 0,\ \cdots,\ 0),$$

其第 $i$ 个分量为$[\alpha_i]_i\neq0$, 而其余分量为 0. 按照我们的约定, $\psi([\alpha_i])$就是$[\alpha_i]$, 故 $0\neq[\alpha_i]\in\mathfrak{A}/P\cap\mathfrak{A}/J_i=A_i$.

其次, 由 $A_i\subseteq\mathfrak{A}/J_i\subseteq E(\mathfrak{A}/J_i)$, 故 $E(A_i)\subseteq E(\mathfrak{A}/J_i)$, 因 $E(A_i)$ 为内射模, 且 $\neq0$, 所以 $E(A_i)$ 是 $E(\mathfrak{A}/J_i)$ 的一个直和加项. 但由引理 4, 因 $J_i$ 不可约, $E(\mathfrak{A}/J_i)$ 不可分解, 故 $E(A_i)=E(\mathfrak{A}/J_i)$. 于是由引理 3,

$$E(\oplus A_i)=\oplus E(A_i)=\oplus E(\mathfrak{A}/J_i)=C.$$

最后, 因 $A_i\subseteq\mathfrak{A}/P$, 诸 $A_i$ 之和只能是直和所以

$$\bigotimes_i A_i \subseteq \mathfrak{A}/P \subseteq X \subseteq C,$$

因此 $$E(\oplus A) \subsetneq E(\mathfrak{A}/P) \subseteq C.$$

但因 $E(\oplus A)=C$，故 $E(\mathfrak{A}/P)=C$. □

现在我们考虑 $\mathfrak{A}$ 是一个左 ACC 环.

**引理 5** 若 $\mathfrak{A}$ 的一个左 ACC 环，则 $\mathfrak{A}$ 的任一个左理想 $P$ 都是有限个不可约左理想之交.

证 设 $P$ 可约，$A\supset P$，$B\supset P$，$P=A\cap B$. 如果 $A$ 与 $B$ 均不可约，我们的目的已达到. 设 $A$ 可约，则 $A=A_1\cap B_1$，因而 $P=A_1\cap B_1\cap B$. 若 $A_1$ 可约，则 $A_1=A_2\cap B_2$. 这样我们将能得到一个升链 $A\subset A_1\subset A_2$. 由于 $\mathfrak{A}$ 有升链条件，这样作必将在有限步以后终止. 所以 $P$ 是有限个不可约左理想之交. □

**推论** 若 $\mathfrak{A}$ 是左 ACC 环，$A$ 是左内射模，且不可分解，则有不可约左理想 $P$，使 $E(\mathfrak{A}/P)=A$.

证 取 $0\neq x\in A$，则 $\mathfrak{A}x\subseteq A$，因而 $E(\mathfrak{A}x)\subseteq A$. 但 $A$ 不可分解，故 $E(\mathfrak{A}x)=A$.

让 $\mathfrak{A}x=\mathfrak{A}/P$. 若 $P$ 可约，则 $P=J_1\cap\cdots\cap J_n$，$n>1$. 由定理 39，$A=E(\mathfrak{A}x)=E(\mathfrak{A}/P)=\bigoplus_i E(\mathfrak{A}/J_i)$. 这说明 $A$ 可分解. 矛盾. □

现在我们证明

**定理 40** 左 ACC 环 $\mathfrak{A}$ 上的任一个内射模 $E$ 都是一些不可分解的内射子模 $E_\lambda$ 的直和，$E=\bigoplus_{\lambda\in\Lambda} E_\lambda$，每一个 $E_\lambda$ 都是某一个 $\mathfrak{A}/P_\lambda$ 的内射包，而 $P_\lambda$ 是不可约左理想.

证 首先，$E$ 必有不可分解的内射子模. 例如，任取 $0\neq x\in E$，则 $0\neq\mathfrak{A}x\subseteq E$. 让 $\mathfrak{A}x=\mathfrak{A}/P$，再表 $P$ 为不可约理想之交，$P=J_1\cap J_2\cap\cdots\cap J_n$，且任一个 $J_i$ 都不多余，则由定理 39，

$$E(\mathfrak{A}x)=E(\mathfrak{A}/P)=\bigoplus_i E(\mathfrak{A}/J_i).$$

因 $E(\mathfrak{A}x)\subseteq E$，故 $E(\mathfrak{A}/J_i)\subseteq E$. 由引理 4，$E(\mathfrak{A}/J_i)$ 不可分解.

以 $S$ 表示这样的子模 $A$ 之集，$A\in S$ 当且仅当 $A$ 是 $E$ 中不

可分解的内射子模的直和. 由于 $E$ 确有不可分解的内射子模，故 $S$ 不是空的.

由 Zorn 引理，$S$ 中必有一个极大的元素，设为 $M$, $M=\bigoplus_{\lambda} E_{\lambda}$, $E_{\lambda}$ 是 $E$ 中不可分解的内射子模. 由定理 38, $M$ 是内射模. 又因 $M$ 是 $E$ 的子模，故 $E=M\oplus N$. 若 $N\neq 0$，则 $N$ 是内射模，因而 $N$ 也有不可分解的内射子模，设为 $A$. 于是 $M'=M\oplus A$ 也是不可分解的内射子模的直和. 这破坏了 $M$ 的极大性，故 $M=E=\bigoplus_{\lambda} E_{\lambda}$.

定理的后一部分得自上述推论. □

## §13 Nöther 环的总体维数

本节中，$\mathfrak{A}$ 总表示一个左 Nöther 环，不再声明. 注意，Nöther 环又叫 ACC 环，这两个名词是同意词，前者以人名命名，后者以特性命名.

首先有

**定理 41** $\operatorname{Lgd}\mathfrak{A}=\operatorname{Wd}\mathfrak{A}$.

由定理 25(§9), $\operatorname{Wd}\mathfrak{A}\leqslant\operatorname{Lgd}\mathfrak{A}$. 所以我们只需证明

$$\operatorname{Lgd}\mathfrak{A}\leqslant\operatorname{Wd}\mathfrak{A}.$$

证　首先证明，$\mathfrak{A}$ 上任何有限生成的模必可有限表现(第三章 §9, 定义 6).

事实上，若 $A$ 由 $\{a_1, a_2, \cdots, a_n\}$ 生成，取 $F$ 为定义于 $\{x_1, \cdots, x_n\}$ 上的自由模，因而是投射模，定义 $\pi: F\to A$，使 $\pi(x_i)=a_i$，让 $N=\operatorname{Ker}\pi$，则 $N$ 是 $F$ 的子模. 由于 $F$ 有限生成，故由 §12 的引理 2, $N$ 有限生成，所以 $A$ 可有限表现.

于是，由第三章 §9 定理 33，任何有限生成的平坦模必是投射模.

任取一个循环模 $M=\mathfrak{A}x$，并取 $\{P, d\}$ 为 $M$ 的一个投射分解. 可假定这些 $P_i$ 都是有限生成的. 例如，可取 $P_0=\mathfrak{A}$，则 $\operatorname{Ker}d_0$ 为 $\mathfrak{A}$ 的一个左理想，且有限生成. 再取 $P_1$ 为有限生成的自由模，$d_1$ 为 $P_1$ 到 $\operatorname{Ker}d_0$ 的满同态. 作为 $P_1$ 的子模，$\operatorname{Ker}d_1$ 是

有限生成的，再取 $P_2$ 为有限生成的自由模，$d_2$ 为 $P_2$ 到 $\operatorname{Ker} d_1$ 的满同态，…，依此类推.

如果 $\operatorname{Fd} M \leqslant n$，则 $\operatorname{Im} d_n$ 是平坦模. 由于 $P_{n-1}$ 有限生成，$\operatorname{Im} d_n \subseteq P_{n-1}$，$\mathfrak{A}$ 是左 ACC 环，所以 $\operatorname{Im} d_n$ 有限生成. 因此 $\operatorname{Im} d_n$ 是投射模，故 $\operatorname{Pd} M \leqslant n$. 这说明 $\operatorname{Pd} M \leqslant \operatorname{Fd} M$.

由定理 6 与 26，得 $\operatorname{Lgd} \mathfrak{A} \leqslant \operatorname{Wd} \mathfrak{A}$. □

**推论** 若 $\mathfrak{A}$ 既是左 ACC 环又是右 ACC 环（这时称 $\mathfrak{A}$ 为双边 ACC 环，或双边 Nöther 环），则

$$\operatorname{Lgd} \mathfrak{A} = \operatorname{Rgd} \mathfrak{A}.$$

事实上，弱维数不分左右. □

下列的定理叫做第二换环定理，它不需要升链条件.

**定理 42** 设 $\mathfrak{B}$ 为任意的环，$x$ 为 $\mathfrak{B}$ 的中心元素，且不为零因子，又设 $A$ 为 $\mathfrak{B}$-模，$xa=0$ 时必有 $a=0$，则 $A/xA$ 为一个 $\Gamma = \mathfrak{B}/(x)$-模，且

$$\operatorname{Pd}_{\Gamma}(A/xA) \leqslant \operatorname{Pd}_{\mathfrak{B}} A. \tag{13.1}$$

证 $\Gamma$ 中的任一个元素都是 $(x)$ 的陪集，而 $A/xA$ 中的任一个元素都是 $xA$ 的陪集. 因为

$$(\beta + (x))(a + xA) = \beta a + xA$$

所以 $A/xA$ 是一个 $\Gamma$-模.

如果 $\operatorname{Pd}_{\mathfrak{B}} A = \infty$，我们就没有什么要证的. 所以，我们假定

$$\operatorname{Pd}_{\mathfrak{B}} A = n < \infty.$$

设 $n=0$. 若 $A$ 是自由 $\mathfrak{B}$-模，则 $A/xA$ 是自由 $\Gamma$-模. 如果 $F = A \oplus B$ 是定义于集合 $\{y_{\lambda \in \Lambda}\}$ 上的自由模，$y_\lambda = a_\lambda + b_\lambda$，且此分解式是唯一的，则 $xy_\lambda = xa_\lambda + xb_\lambda$，因此 $F/xF = A/xA \oplus B/xB$，故 $A/xA$ 为投射 $\Gamma$-模.

设 $n>0$. 取自由 $\mathfrak{B}$-模 $F$，与满同态 $\pi: F \twoheadrightarrow A$. 让 $N = \operatorname{Ker} \pi$，并以 $\sigma: A \to A/xA$ 表自然同态，$f = \sigma\pi$，则因

$$\begin{aligned} F/(N+xF) &\cong F/N/(N+xF)/N \cong A/xF/xF \cap N \\ &\cong A/xA, \end{aligned}$$

得短正合列

$$N+xF \rightarrowtail F \xrightarrow{f} A/xA,$$

因而有

$$(N+xF)/xF \rightarrowtail F/xF \twoheadrightarrow A/xA. \tag{13.2}$$

由于$(N+xF)/xF=N/N\cap xF$,故(13.2)变成

$$N/N\cap xF \rightarrowtail F/xF \twoheadrightarrow A/xA. \tag{13.3}$$

若$y\in N\cap xF$, $y=xu$, $u\in F$, 则从$0=\pi(xu)=x\pi(u)\in A$知$\pi(u)=0$(已给了条件, $xa=0$时, $a$必$=0$), 故$u\in N$. 换言之, $N\cap xF=xN$,因此(13.3)又变成

$$N/xN \rightarrowtail F/xF \twoheadrightarrow A/xA. \tag{13.4}$$

因为$\mathrm{Pd}_{\mathfrak{B}}A=n>0$,所以$\mathrm{Pd}_{\mathfrak{B}}N=n-1$(定理2). 由归纳法的假定, $\mathrm{Pd}_{\Gamma}N/xN\leqslant n-1$,于是由(13.4)(因$F/xF$为自由$\Gamma$-模),

$$\mathrm{Pd}_{\Gamma}A/xA\leqslant n-1+1=n. \quad \square$$

当然会提出这样的问题:(13.1)有否与何时取等式. 为了回答这个问题,我们需要一些有关Jacobson根的性质. 这里我们不拟也不可能较详细地阐述这种根的理论, 因为这应是一本环论书的任务(例如见N. Jacobson: Structure of Rings, Colloquium Publications, XXXVII(1956), 第一章). 但是简单叙述它的一些性质还是必要的. 在§10中我们曾对一个有单位元的环$\mathfrak{B}$定义其Jacobson根为它的所有极大左理想之交, 通常以$J(\mathfrak{B})$来表示. 下面的引理1给出$J(\mathfrak{B})$的最基本的性质.

**引理1** (1) $J(\mathfrak{B})$是$\mathfrak{B}$的一个双边理想;

(2) 若$x\in J(\mathfrak{B})$, 则$1-x$左右可逆(其左右逆元当然相等);

(3) 若$x\in\mathfrak{B}$无左逆元,且对任何$\beta\in\mathfrak{A}$, $1-\beta x$均有左逆元, 则$x\in J(\mathfrak{B})$.

证 (1) 设$x\in J(\mathfrak{B})$, $\beta\in\mathfrak{B}$. 任取一个极大左理想$A$, 则$\mathfrak{B}/A=\mathfrak{B}u$为一个单纯模, 这里$A$为$u$的左零化理想. 如果$\beta u=0$,则$\beta\in A$; 因而$x\beta\in A$. 如果$v=\beta u\neq 0$, 则$0\neq\mathfrak{B}v$也是一个单纯模. 让$B$为$v$的左零化理想,则$B$为极大左理想,所以$x\in B$. 于是从$0=xv=x\beta u$得$x\beta\in A$. 总之,不论$A$是哪一个极大左理想, 总必有$x\beta\in A$. 所以$x\beta\in J(\mathfrak{B})$,故$J(\mathfrak{B})$为双边理想.

(2) 如果 $1-x$ 没有左逆元，则左理想 $\mathfrak{B}(1-x)\neq\mathfrak{B}$，由 Zorn 引理，有一个极大左理想 $B\supseteq\mathfrak{B}(1-x)$. 于是 $x$ 与 $1-x$ 都属于 $B$，因此 $1\in B$. 这不符合要求. 所以 $1-x$ 有左逆元.

假定 $(1-x')(1-x)=1$，则 $x'=x'x-x\in J(\mathfrak{B})$，所以 $1-x'$ 有左逆元. 如果 $(1-x'')(1-x')=1$，则右乘以 $1-x$ 得 $1-x''=1-x$. 于是 $1-x'$ 也是 $1-x$ 的右逆元.

故 $1-x$ 双边可逆.

(3) 若 $x$ 无左逆元，则左理想 $\mathfrak{B}x\neq\mathfrak{B}$. 任取一个极大左理想 $A$. 如果 $x\bar{\in}A$，则 $\mathfrak{B}x+A=\mathfrak{B}$. 于是有 $\beta x+a=1$. 因 $1-\beta x$ 有左逆元，故 $a$ 有左逆元，因而 $A=\mathfrak{B}$. 这不合条件. 所以对任何极大左理想 $A$，恒有 $x\in A$，故 $x\in J(\mathfrak{B})$. □

注意，因 $J(\mathfrak{B})$ 是双边理想，$x\in J(\mathfrak{B})$ 时 $x\beta\in J(\mathfrak{B})$. 故 $x$ 无右逆元，而且 $1-x\beta$ 双边可逆，故用上述方法可得，$x$ 必属于任何极大右理想. 由这种左右对称性得到

**推论** 以 $J'(\mathfrak{B})$ 表 $\mathfrak{B}$ 的所有极大右理想之交，则 $J(\mathfrak{B})=J'(\mathfrak{B})$. 换言之，左 Jacobson 根与右 Jacobson 根重合.

下面的引理常称为 Nakayama 引理.

**引理 2** 设 $\mathfrak{B}$ 为任意的环，$J(\mathfrak{B})$ 为 Jacobson 根，$A$ 为 $\mathfrak{B}$ 上有限生成模，若 $J(\mathfrak{B})A=A$，则 $A=0$.

证 本引理是定理 32 的推广，证法也完全相同. □

下面的定理回答了(13.1)何时取等式的问题.

**定理 43**(**第三换环定理**) 设 $\mathfrak{A}$ 为左 ACC 环，$x\in J(\mathfrak{A})$ 为中心元素，且不为零因子，$A$ 是有限生成的 $\mathfrak{A}$-模，$xa=0$ 时必有 $a=0$，让 $\mathfrak{B}=\mathfrak{A}/(x)$，则

$$\mathrm{Pd}_{\mathfrak{B}}A/xA=\mathrm{Pd}_{\mathfrak{A}}A. \tag{13.5}$$

与定理 42 相比较，这里加了三个条件，一条是要所述的环为左 ACC 环，第二是 $x$ 在此环的 Jacobson 根内 第三是 $A$ 为有限生成模.

证 设 $a\in A$ 在自然同态 $A\to A/xA$ 下取象为 $[a]$，则当 $A$ 由 $\{a_1, a_2, \cdots, a_m\}$ 生成时，$\mathfrak{B}$-模 $A/xA$ 由 $\{[a_1], [a_2], \cdots, [a_m]\}$ 所

生成.

如果 $\mathrm{Pd}_{\mathfrak{B}}\, A/xA=\infty$, 则由定理 42, $\mathrm{Pd}_{\mathfrak{A}}\, A$ 也必为 $\infty$.

现在设 $\mathrm{Pd}_{\mathfrak{B}}\, A/xA=n<\infty$.

假定 $n=0$. 设 $A/xA$ 在作为 $\mathfrak{B}$-模时, 为定义于 $\{b_1, b_2, \cdots, b_m\}$ 上的自由模. 在 $A$ 中取 $a_i$, 使 $[a_i]=b_i$. 我们来证明 $A$ 是定义于 $\{a_1, a_2, \cdots,$ 上的自由模.

首先, 让 $C$ 为由 $\{a_1, a_2, \cdots, a_m\}$ 所生成的 $\mathfrak{A}$-模, 它当然是 $A$ 的子模, 而且 $C+xA=A$. 于是

$$A/C=(C+xA)/C=xA/xA\cap C=xA/C. \tag{13.6}$$

因 $x\in J(\mathfrak{A})$, (13.6) 说明 $J(\mathfrak{A})A/C=A/C$. 又因 $A$ 有限生成, 故 $A/C$ 有限生成, 所以由引理 2, $A/C=0$, 故 $A=C$, $A$ 由 $\{a_1, a_2, \cdots, a_m\}$ 所生成.

其次, 如果 $\sum \alpha_i a_i=0$, 则 $\sum \alpha_i b_i=0$. 设在自然同态 $\mathfrak{A}\to\mathfrak{A}/(x)$ 中, $\alpha$ 所取的象为 $[\alpha]$, 则因 $xb_i=0$ 得 $\sum[\alpha_i]b_i=0$. 但 $A/xA$ 在 $\{b_1, b_2, \cdots, b_m\}$ 上自由, 故 $[\alpha_i]=0$, 所以 $\alpha_i\in x\mathfrak{A}$, 故 $\alpha_i=x\alpha_i'$. 于是, 从 $\sum\alpha_i a_i=0$ 得 $x\sum\alpha_i' a_i=0$. 因 $x$ 不是零因子, 可消去 $x$, 得 $\sum\alpha_i' a_i=0$. 重复上述论证, 又得 $\alpha_i'=x\alpha_i''$, 且 $\sum\alpha_i'' a_i=0$. 如果 $\alpha_i\neq 0$, 我们就能得到一个无穷序列

$$\alpha_i,\ \alpha_i/x,\ \alpha_i/x^2,\ \cdots,$$

每一个 $\alpha_i/x^n$ 都属于 $\mathfrak{A}$, 且都不为 0. 于是有左理想的升链

$$\mathfrak{A}\alpha_i\subseteq\mathfrak{A}\alpha_i/x\subseteq\mathfrak{A}\alpha_i/x^2\subseteq\cdots, \tag{13.7}$$

我们肯定 $\mathfrak{A}\alpha_i/x\neq\mathfrak{A}\alpha_i$. 不然的话, 必有 $\bar{\alpha}\in\mathfrak{A}$ 使 $\alpha_i/x=\bar{\alpha}\alpha_i$, 因而 $(1-x\bar{\alpha})\alpha_i=0$. 但 $x\in J(\mathfrak{A})$, 因而 $x\bar{\alpha}\in J(\mathfrak{A})$, $1-x\bar{\alpha}$ 有左逆元, 故 $\alpha_i=0$. 同样, $\mathfrak{A}\alpha_i/x^n\neq\mathfrak{A}\alpha_i/x^{n+1}$. 于是 (13.7) 给出一个左理想的无穷升链. 但 $\mathfrak{A}$ 是左 ACC 环, 这不可能. 所以每一个 $\alpha_i$ 都必定为 0.

所以, 在 $\sum\alpha_i a_i=0$ 时, 所有的 $\alpha_i$ 都是 0, 故 $A$ 是定义于 $\{a_1, a_2, \cdots, a_m\}$ 上的自由模.

现在假定 $A/xA$ 为投射 $\mathfrak{B}$-模, 要证 $A$ 为投射 $\mathfrak{A}$-模.

为此, 取一个短正合列

$$N \stackrel{\eta}{\rightarrowtail} F \stackrel{\pi}{\twoheadrightarrow} A, \tag{13.8}$$

其中 $F$ 为自由模. 由于当 $y \in F$ 时, $y+xF \xrightarrow{\pi} \pi(y)+xA$, 故 $\pi$ 可引出 $F/xF$ 到 $A/xA$ 的满同态. 同样, $\eta$ 可引出 $N/xN$ 到 $F/xF$ 的单同态, 所以由(13.8)可得(具体作法与(13.4)的证明完全相同)

$$N/xN \rightarrowtail F/xF \twoheadrightarrow A/xA, \tag{13.9}$$

这里 $F/xF$ 是自由 $\mathfrak{B}$-模. 令 $B=A \oplus N$, 则

$$B/xB \cong A/xA \oplus N/xN.$$

由于 $A/xA$ 为投射 $\mathfrak{B}$-模, $F/xF \cong A/xA \oplus N/xN$, 故 $B/xB \cong F/xF$. 但因 $F/xF$ 是自由 $\mathfrak{B}$-模, 故 $B/xB$ 为自由 $\mathfrak{B}$-模. 由于已证明了, 当 $B/xB$ 为有限生成的自由 $\mathfrak{B}$-模时, $B$ 也是自由 $\mathfrak{A}$-模. 所以 $A$ 是投射 $\mathfrak{B}$-模.

于是对于 $\mathrm{Pd}_{\mathfrak{B}} A/xA=0$ 的情况, 等式(13.5)得证.

现设 $n>0$. 取短正合列(13.8), 其中 $F$ 是投射 $\mathfrak{A}$-模, 则有(13.9), 其中 $F/xF$ 是自由 $\mathfrak{B}$-模. 如果 $\mathrm{Pd}_{\mathfrak{B}} A/xA=n>0$, 则 $\mathrm{Pd}_{\mathfrak{B}} N/xN=n-1$. 因 $\mathfrak{B}$ 也是左 ACC 环, $N/xN$ 与 $N$ 都有限生成, 故由归纳法的假定, $\mathrm{Pd}_{\mathfrak{A}} N=n-1$, 于是 $\mathrm{Pd}_{\mathfrak{A}} A=n$. 定理全部证毕.

应用第一, 第二, 第三这三条换环定理, 我们可以证明

**定理 44** 设 $\mathfrak{A}$ 为左 ACC 环, $x$ 为 $\mathfrak{A}$ 的一个中心元素, 属于 $J(\mathfrak{A})$, 且不为零因子, $\mathfrak{B}=\mathfrak{A}/(x)$, 若 $\mathrm{Lgd}\,\mathfrak{B}=n<\infty$, 则 $\mathrm{Lgd}\,\mathfrak{A}=n+1$.

证 由第一换环定理, $\mathrm{Lgd}\,\mathfrak{A} \geqslant n+1$, 所以我们只需证明 $\mathrm{Lgd}\,\mathfrak{A} \leqslant n+1$.

任取一个循环模 $A=\mathfrak{A}a=\mathfrak{A}/I$, $I$ 为 $\mathfrak{A}$ 的一个左理想, 故有限生成. 假定 $\mathrm{Pd}_{\mathfrak{A}} A=m$, 我们要证 $m \leqslant n+1$.

若 $m=0$, 当然有 $m \leqslant n+1$.

设 $m>0$, 则 $\mathrm{Pd}_{\mathfrak{A}} I=m-1$. 由定理 43, $\mathrm{Pd}_{\mathfrak{A}} I=\mathrm{Pd}_{\mathfrak{B}} I/xI \leqslant n$, 故 $m \leqslant n+1$. 因 $A$ 是任意的, 由定理 6, $\mathrm{Lgd}\,\mathfrak{A} \leqslant n+1$. □

以下我们假定 $\mathfrak{A}$ 是一个可交换的 ACC 环. 我们将用局部化的理论来求 $\mathfrak{A}$ 的总体维数. 集合 $S$ 的意义见 § 11. 注意, 当 $A$ 与 $B$ 都是 $\mathfrak{A}$-模时, $\alpha(a\otimes b)=\alpha a\otimes b=a\otimes\alpha b$, 故 $A\underset{\mathfrak{A}}{\otimes}B$ 是一个 $\mathfrak{A}$-模.

**引理 3** 有同构

$$g:\ S^{-1}\mathfrak{A}\underset{\mathfrak{A}}{\otimes}(A\underset{\mathfrak{A}}{\otimes}B)\longrightarrow S^{-1}A\underset{S^{-1}}{\otimes}S^{-1}B, \qquad (13.10)$$

且对 $A$ 与 $B$ 均自然.

证 由定义,

$$S^{-1}A\underset{S^{-1}\mathfrak{A}}{\otimes}S^{-1}B=(S^{-1}\mathfrak{A}\underset{\mathfrak{A}}{\otimes}A)\underset{S^{-1}\mathfrak{A}}{\otimes}(S^{-1}\mathfrak{A}\otimes B)$$

$$\cong(S^{-1}\mathfrak{A}\underset{\mathfrak{A}}{\otimes}S^{-1}\mathfrak{A})\underset{\mathfrak{A}}{\otimes}(A\underset{\mathfrak{A}}{\otimes}B).$$

由 § 10 引理 3, $S^{-1}\mathfrak{A}\underset{\mathfrak{A}}{\otimes}S^{-1}\mathfrak{A}=S^{-1}\mathfrak{A}$, 故得(13.10).

若有 $\alpha: A\to A'$, $\partial: B\to B'$, 则因 $S^{-1}\mathfrak{A}$ 是平坦 $\mathfrak{A}$-模, 有交换图

$$\begin{array}{ccc} S^{-1}\mathfrak{A}\otimes(A\otimes B) & \xrightarrow{g} & S^{-1}A\otimes S^{-1}B \\ \Big| & & \downarrow \\ S^{-1}\mathfrak{A}\otimes(A'\otimes B') & \longrightarrow & S^{-1}A\otimes S^{-1}B \end{array} \qquad (13.11)$$

这说明了 $g$ 的自然性. □

**引理 4** 当 $n\geqslant 0$ 时, 恒有

$$S^{-1}\mathrm{Tor}_n^{\mathfrak{A}}(A,\ B)\cong\mathrm{Tor}_n^{S^{-1}\mathfrak{A}}(S^{-1}A,\ S^{-1}B). \qquad (13.12)$$

证 取 $\{P_n,\ \alpha_n\}$ 为 $B$ 的投射分解, 则 $\{S^{-1}P_n,\ \varepsilon\otimes\alpha_n\}$ 为 $S^{-1}B$ 的投射分解, 这里的 $\varepsilon$ 指 $S^{-1}\mathfrak{A}$ 的恒等自同构. 由引理 3 及 $g$ 的自然性, 可得复形同构

$$S^{-1}\mathfrak{A}\underset{\mathfrak{A}}{\otimes}(A\otimes P)\to S^{-1}A\otimes S^{-1}P. \qquad (13.13)$$

左方的同调模(注意 $S^{-1}\mathfrak{A}$ 的平坦性)是

$$H_n^{\mathfrak{A}}(S^{-1}\mathfrak{A}\otimes(A\otimes P)\cong S^{-1}\mathfrak{A}\otimes\mathrm{Tor}_n^{\mathfrak{A}}(A,\ B)$$

$$=S^{-1}\mathrm{Tor}_n^{\mathfrak{A}}(A,\ B);$$

右方的同调模是

$$H_n^{S^{-1}\mathfrak{A}}(S^{-1}A\otimes S^{-1}P)=\mathrm{Tor}_n^{S^{-1}\mathfrak{A}}(S^{-1}A,\ S^{-1}B).$$

由复形映射的同构性得到(13.12). □

**引理 5** 若 $\mathfrak{A}$ 是 ACC 环,则 $S^{-1}\mathfrak{A}$ 也是 ACC 环.

证 任取 $S^{-1}\mathfrak{A}$ 的一个理想 $\overline{A}$, 设 $\{\alpha_\lambda/S_\lambda,\ \lambda\in\Lambda\}$ 为 $\overline{A}$ 的一个生成系. 因为 $s_\lambda$ 在 $S^{-1}\mathfrak{A}$ 中是可逆元素,所以 $\{\alpha_\lambda/1\}$ 也是 $\overline{A}$ 的生成系. 让 $A$ 为 $\mathfrak{A}$ 中的理想,由 $\{\alpha_{\lambda\in\Lambda}\}$ 生成,则因 $\mathfrak{A}$ 是 ACC 环, $A$ 可由 $\{\alpha_1,\ \alpha_2,\ \cdots,\ \alpha_n\}$ 生成. 取环同态

$$\theta:\ \mathfrak{A}\to S^{-}\mathfrak{A},$$
$$\alpha\mapsto\alpha/1,$$

则当 $\alpha_\lambda=\sum\alpha_i'\alpha_i$ 时,

$$\alpha_\lambda/1=\theta(\alpha_\lambda)=\sum\theta(\alpha_i')\theta(\alpha_i)=\sum\alpha_i'/1\ \alpha_i/1,$$

所以 $\overline{A}$ 由 $\{\alpha_1/1,\ \alpha_2/1,\ \cdots,\ \alpha_n/1\}$ 生成. □

最后我们证明

**定理 45** 设 $\mathfrak{A}$ 为可交换的 ACC 环, 对于极大理想 $P$, 取 $S$ 为 $P$ 在 $\mathfrak{A}$ 中的余集, $S=\mathfrak{A}-P$, 并以 $\mathfrak{A}_P$ 表示 $S^{-1}\mathfrak{A}$, 则

$$\mathrm{Gd}\mathfrak{A}=\sup_P\mathfrak{A}_P. \tag{13.14}$$

证 定理 36 已经给出不等式 $\mathrm{Gd}\mathfrak{A}\geqslant\sup\limits_P\mathrm{Gd}\,\mathfrak{A}_P$, 所以我们只需证明 $\mathrm{Gd}\,\mathfrak{A}\leqslant\sup\mathrm{Gd}\,\mathfrak{A}_P$ 就行了. 再因 $\mathfrak{A}$ 与 $\mathfrak{A}_P$ 都是 ACC 环, $\mathrm{Gd}\,\mathfrak{A}=\mathrm{Wd}\,\mathfrak{A}$, 所以我们只需证明 $\mathrm{Wd}\,\mathfrak{A}\leqslant\sup\limits_P\mathrm{Wd}\,\mathfrak{A}_P$.

假定对于任何 $P$, 恒有 $\mathrm{Wd}\,\mathfrak{A}_P\leqslant n$, 则由引理 4,

$$\mathrm{Tor}_{n+1}^{\mathfrak{A}}(A,\ B)\cong\mathrm{Tor}_{n+1}^{\mathfrak{A}_P}(S^{-1}A,\ S^{-1}B)=0,$$

这里 $A$ 与 $B$ 是任意的 $\mathfrak{A}$-模, $S^{-1}A$ 与 $S^{-1}B$ 当然都是 $\mathfrak{A}_P$-模. 所以 $\mathrm{Gd}\,\mathfrak{A}=\mathrm{Wd}\,\mathfrak{A}\leqslant n$. 定理得证.

## § 14 Hilbert 基定理

Hilbert 基定理在数论, 多项式论以及代数几何学中都有重要的应用. 我们将从模论的角度来考虑这条定理, 用以构造性地证明, ACC 环可以任何非负整数为其总体维数.

设 $\mathfrak{B}$ 为一个环，$M$ 为一个 $\mathfrak{B}$-模，我们曾在§4中定义了多项式环 $\mathfrak{B}[x]$ 与多项式模 $M[x]$，后者是一个 $\mathfrak{B}[x]$-模.

我们要证明

**定理 46** 如果 $M$ 是一个左 ACC $\mathfrak{B}$-模(就是左 Nöther $\mathfrak{B}$-模)，则 $M[x]$ 是一个左 ACC $\mathfrak{B}[x]$-模.

为了证明本定理，当 $C$ 为 $M[x]$ 的任一子模时，我们定义 $L_n(C)=\{c\in M\mid 有\ f(x)=a_0+a_1x+\cdots+a_{n-1}x^{n-1}+cx^n\in C\}$，这里的 $c$ 可以是 0，并不要求它是 $f(x)$ 的首项系数(但 $f(x)$ 的次数要 $\leqslant n$). 因此 $L_n(C)$ 是 $M$ 的一个子模，而且 $L_n(C)\subseteq L_{n+1}(C)$.

我们先证

**引理** 若 $A$ 与 $B$ 都是 $M[x]$ 的子模，$A\subseteq B$，并且对于任何 $i=0, 1, 2, \cdots$，恒有 $L_i(A)=L_i(B)$，则 $A=B$.

证 若 $A\neq B$，必有

$$f(x)=a_0+a_1x+\cdots+a_{n-1}x^{n-1}+a_nx^n\in B,$$

但 $f(x)\overline{\in} A$. 设在属于 $B$ 但不属 $A$ 的多项式中，$f(x)$ 的次数最低，这里假定 $a_n\neq 0$. 由于 $L_0(A)=L_0(B)$，$A$ 与 $B$ 中的 0 次多项式的集合是重合的，所以 $n>0$.

因为 $L_n(A)=L_n(B)$，所以 $A$ 中有一个多项式

$$g(x)=b_0+b_1x+\cdots+b_{n-1}x^{n-1}+a_nx^n.$$

但这时 $f(x)-g(x)$ 属于 $B$ 不能属于 $A$，其次数小于 $n$. 矛盾. □

现在证明定理 46.

任取 $M[x]$ 的子模的一个升链

$$M_1\subseteq M_2\subseteq\cdots\subseteq M_n\subseteq\cdots, \tag{14.1}$$

则得双向的升链

$$\begin{array}{ccccccc}
L_0(M_1) & \subseteq & L_0(M_2) & \subseteq & L_0(M_3) & \subseteq & \cdots \\
\cap\!\!| & & \cap\!\!| & & \cap\!\!| & & \\
L_1(M_1) & \subseteq & L_1(M_2) & \subseteq & L_1(M_3) & \subseteq & \\
\cap\!\!| & & \cap\!\!| & & \cap\!\!| & & \\
L_2(M_1) & \subseteq & L_2(M_2) & \subseteq & L_2(M_3) & \subseteq & \\
\cap\!\!| & & \cap\!\!| & & \cap\!\!| & & \\
\vdots & & \vdots & & \vdots & &
\end{array} \tag{14.2}$$

由于每一个 $L_i(M_j)$ 都是 $M$ 的子模，故对每一个 $i=0, 1, 2\cdots$，有 $n_i$，使

$$L_i(M_{n_i})=L_i(M_{n_i+1})=L_i(M_{n_i+2})=\cdots, \tag{14.3}$$

又从

$$L_1(M_1)\subseteq L_2(M_2)\subseteq L_3(M_3)\subseteq\cdots$$

知，有 $q$，使

$$L_q(M_q)=L_{q+1}(M_{q+1})=\cdots. \tag{14.4}$$

令

$$n=\max(q, n_1, n_2, \cdots, n_q),$$

则对任何 $p=0, 1, 2, \cdots$，恒有 $L_p(M_n)=L_p(M_{n+1})=\cdots$. 由引理，$M_n=M_{n+1}=M_{n+2}=\cdots$，所以升链(14.1)有极大元素 $M_n$，故 $M[x]$ 满足升链条件. □

下列定理是定理 46 的一个非常重要的推论.

**定理 47**(**Hilbert 基定理**) 若 $\mathfrak{A}$ 是左 ACC 环，则 $\mathfrak{A}$ 上 $n$ 元多项式环 $\mathfrak{A}[x_1, x_2, \cdots, x_n]$ 也是左 ACC 环.

证 只需对 $n=1$ 的情况证明本定理就行了，在 $n>1$ 的情况可以用简单的归纳法来完成.

让定理 46 中的 $\mathfrak{B}=M=\mathfrak{A}$，因 $\mathfrak{A}[x]$ 本身是一个左 $\mathfrak{A}[x]$-模，故由定理 46，$\mathfrak{A}[x]$ 是一个 ACC 模. 由于 $\mathfrak{A}[x]$ 的子模就是它的左理想，所以，$\mathfrak{A}[x]$ 的左理想满足极大条件. □

于是域 $K$ 上的 $n$ 元多项式环 $K[x_1, x_2, \cdots, x_n]$ 是一个 ACC 环. 我们由合冲定理(§4 定理 10 的推论 3)已经知道 $\mathrm{Gd}\,K[x_1, x_2, \cdots, x_n]=n$. ACC 环的总体维数也可以是 $\infty$，见 §4 中的例子.

半单纯环(§6)也是一个 ACC 环，因此半单纯环上的 $n$ 元多项式环是一个 ACC 环，且有总体维数等于 $n$.

为了证明半单纯环是一个 ACC 环，我们回忆，若 $\mathfrak{A}$ 是半单纯环，则它的任一左理想必既是一个内射模，又是一个投射模. 因此，若 $A$ 与 $B$ 为两个左理想，且 $A\subset B$，则 $B=A\oplus B/A$. 这里 $B/A$ 也是 $\mathfrak{A}$ 的左理想. 于是，若

$$A_1\subseteq A_2\subseteq A_3\subseteq\cdots\subseteq A_n\subseteq A_{n+1}\subseteq\cdots \tag{14.5}$$

为左理想的升链，让 $A=\bigcup\limits_n A_n$，则有左理想的降链

$$A \supseteq A/A_1 \supseteq A/A_2 \supseteq \cdots \supseteq A/A_n \supseteq \cdots. \quad (14.6)$$

如果(14.5)是一个严格的升链(每一个"$\subseteq$"都是"$\subset$")且长度无穷,则(14.6)是一个严格降链,其长度也无穷.这不可能,因为 $\mathfrak{A}$ 满足降链条件,见§6.

其实,任何满足降链条件的环也必满足升链条件.不过,我们不拟证明这条定理,因为它与本书的关系不大,有兴趣的读者可以参看 Anderson 与 Fuller 合写的书: Rings and Categories of Modules, 第 172 页.

基定理可以推广到幂级数环上.设 $\mathfrak{A}$ 为任意的一个环,$x$ 为一个符号,用无穷和的形式来表达的式子

$$f(x)=\alpha_0+\alpha_1 x+\alpha_2 x^2+\cdots+\alpha_n x^n+\cdots,\ \alpha_n \in \mathfrak{A}, \quad (14.7)$$

称为 $\mathfrak{A}$ 上一元 $x$ 的幂级数.它仅仅是一个形式(没有收敛发散的问题),因此又称为形式幂级数.两个幂级数的加法与乘法都按照传统的办法来定义.因此,$\mathfrak{A}$ 上一元 $x$ 的所有幂级数组成一个环,称为 $\mathfrak{A}$ 上一元 $x$ 的幂级数环,常记成 $\mathfrak{A}[[x]]$.

我们有

**定理 48** 若 $\mathfrak{A}$ 是左 ACC 环,则 $\mathfrak{A}[[x]]$ 也是左 ACC 环.

证 设 $I$ 为 $\mathfrak{A}[[x]]$ 的任何一个左理想.我们要证明 $I$ 有限生成.

当 $n=0, 1, 2, \cdots$,时,让 $I_n$ 为由 $I$ 中的

$$f_n(x)=\alpha_n x^n+\alpha_{n+1}x^{n+1}+\cdots$$

所组成的集合.换言之,$f(x)=\sum_{i=0}^{\infty}\alpha_i x^i \in I_n$,当且仅当 $f(x)\in I$,而且 $\alpha_0=\alpha_1=\cdots=\alpha_{n-1}=0$,这里的 $\alpha_n$ 可以为 0 也可 $\neq 0$.再让 $A_n=\left\{\alpha_n \in \mathfrak{A} \mid 有\ f(x)=\sum_{i=n}^{\infty}\alpha_i x^i \in I_n\right\}$.于是,$A_n$ 是 $\mathfrak{A}$ 的一个左理想,而且

$$A_0 \subseteq A_1 \subseteq A_2 \subseteq \cdots \subseteq A_n \subseteq \cdots. \quad (14.8)$$

因为 $\mathfrak{A}$ 是一个左 ACC 环,有 $m$,使

$$A_m=A_{m+1}=A_{m+2}=\cdots.$$

当 $i\leqslant m$ 时，设 $A_i$ 由 $\{\alpha_i^{(1)},\ \alpha_i^{(2)},\ \cdots,\ \alpha_i^{(t_i)}\}$所生成，$\alpha_i^{(j)}\in\mathfrak{A}$，并取 $g_i^{(j)}(x)=\alpha_i^{(j)}x^i+\cdots\in I_i$. 我们要证明，这些 $g_i^{(j)}(x)$$\left(一共有 \sum_{i=0}^{m}t_i<\infty 个\right)$将生成理想 $I$.

任取 $f(x)=\alpha x^i+\cdots\in I_i$，若 $\alpha=\sum_j\beta^{(j)}\alpha_i^{(j)}$，则

$$f(x)-\sum_j\beta^{(j)}g_i^{(j)}(x)\in I_{i+1}.$$

因此，当 $f\in I_1\cup I_2\cup\cdots\cup I_{m-1}$ 时，有 $\beta_i^{(j)}\in\mathfrak{A}$，使

$$f(x)-\sum_{i=1}^{m-1}\sum_j\beta_i^{(j)}g_i^{(j)}(x)\in I_m. \tag{14.9}$$

改写 $g_m^{(1)},\ \cdots,\ g_m^{(t_m)}$ 为 $\phi_1,\ \phi_2,\ \cdots,\ \phi_{t_m}$(这只不过是为了方便，以免多写一些肩码，没有旁的目的)，则 $I_m$ 中的任一个 $\phi(x)$ 必有

$$\phi(x)-\sum_{j=1}^{t_m}\gamma_j^{(0)}\phi_j\in I_{m+1},\ \gamma_j^{(0)}\in\mathfrak{A}. \tag{14.10}$$

任取 $\psi(x)=\alpha x^{m+1}+\cdots\in I_{m+1}$，则因 $A_{m+1}=A_m$，故 $\alpha=\sum r_j^{(1)}\alpha_m^{(j)}$，因而 $\psi(x)-\sum r_i^{(1)}x\phi_j(x)\in I_{m+2}$. 又对

$$h(x)\in I_{m+2},\ h(x)-\sum r_j^{(2)}x^2\phi_j(x)\in I_{m+3},\ \cdots,$$

依此类推. 因此，对任何 $s$，当 $f(x)\in I$ 时，有

$$f(x)-\sum_{i=1}^{m-1}\sum_j\beta_i^{(j)}g_i^{(j)}(x)-\sum_{j=1}^{t_m}\left(\sum_{i=0}^{s}r_j^{(i)}x^i\right)\phi_j(x)\in I_{m+s+1}. \tag{14.11}$$

让 $s$ 无限增大，注意到 $\cap\ I_s=\{0\}$，让 $\psi_j(x)=\sum_{i=0}^{\infty}r_j^{(i)}x^i\in\mathfrak{A}[[x]]$，得

$$f(x)=\sum_{i=1}^{m-1}\sum_j\beta_i^{(j)}g_i^{(j)}(x)+\sum_{j=1}^{t_m}\psi_j(x)\phi_j(x).$$

所以全体 $g_i^{(j)}(x)$，$i=0,\ 1,\ \cdots,\ m,\ j=1,\ 2,\ \cdots,\ t_i$，将生成 $I$，即，$I$ 有限生成. 所以 $\mathfrak{A}[[x]]$是左 ACC 环. 定理得证.

定义 $\mathfrak{A}[[x_1,\ x_2,\ \cdots,\ x_n]]=\mathfrak{A}[[x_1,\ \cdots,\ x_{n-1}]][[x]]$，则有

**推论** 若 $\mathfrak{A}$ 为左 ACC 环，则 $\mathfrak{A}[[x_1,\ \cdots,\ x_n]]$ 为左 ACC 环.

证 对 $n$ 归纳. □

# §15 局部环

**定义 17** 左理想满足升链条件的拟局部环叫做左局部环. 同样有右局部环及可交换的局部环. 一般所谓局部环就是指可交换的局部环.

局部环的理论不仅在代数几何中有其重要的应用, 即在环论本身也是一个主要的研究对象和工具. 例如定理 45, 一个可交换的 ACC 环的总体维数可以通过局部环的总体维数来表达.

我们举两个重要的例子.

**例 1** 如果 $\mathfrak{A}$ 是左局部环, 则幂级数环 $\mathfrak{A}[[x_1, x_2, \cdots, x_n]]$ 也是左局部环.

事实上, 由定理 48, 当 $\mathfrak{A}$ 是左 ACC 环时, $\mathfrak{A}[[x_1, \cdots, x_n]]$ 也必是左 ACC 环. 所以我们只需证明 $\mathfrak{A}[[x_1, \cdots, x_n]]$ 是一个拟局部环.

设 $n=1$. 任取 $f(x)\in\mathfrak{A}[[x]]$, 则 $f=\alpha+xg(x)$, $g(x)\in\mathfrak{A}[[x]]$. 如果 $\alpha$ 是 $\mathfrak{A}$ 中的可逆元, 我们可以用待定系数法来求一个 $f_1=\alpha^{-1}+xg_1(x)$, 使 $ff_1=1$. 设 $g(x)=\beta_0+\beta_1x+\beta_2x^2+\cdots$, 让 $g_1(x)=\gamma_0+\gamma_1x+\cdots$, $\gamma_i$ 待定, 则从方程组

$$\begin{aligned}
\alpha\gamma_0+\beta_0\alpha^{-1}&=0,\\
\alpha\gamma_1+\beta_0\gamma_0+\beta_1\alpha^{-1}&=0,\\
\alpha\gamma_2+\beta_0\gamma_1+\beta_1\gamma_0+\beta_2\alpha^{-1}&=0,\\
\cdots\cdots\cdots\cdots\cdots\cdots&\\
\alpha\gamma_n+\beta_0\gamma_{n-1}+\cdots+\beta_{n-1}\gamma_0+\beta_n\alpha^{-1}&=0,\\
\cdots\cdots\cdots\cdots\cdots\cdots&
\end{aligned}$$

可逐次求出 $\gamma_0, \gamma_1, \gamma_2, \cdots$. 所以, 当 $f=\alpha+xg(x)$ 而 $\alpha$ 为 $\mathfrak{A}$ 中可逆元时, $f$ 是可逆元(当然在 $ff_1=1$ 时, 也有 $f_1f=1$); 而当 $\alpha$ 不可逆时, $f$ 也肯定不可逆. 由于 $\mathfrak{A}$ 是左局部环, $\mathfrak{A}$ 的极大理想设为 $J$, 则 $J+x\mathfrak{A}[[x]]$ 为 $\mathfrak{A}[[x]]$ 的唯一极大理想, 所以 $\mathfrak{A}[[x]]$ 是左局部环.

在 $n>1$ 时，可用归纳法.

**例 2** 假定 $\mathfrak{A}$ 是一个整环，并且对任意的两个元素 $\alpha$ 与 $\beta$，或者 $\alpha$ 可除得尽 $\beta$（意即，有 $\gamma\in\mathfrak{A}$，使 $\beta=\alpha\gamma$），或者 $\beta$ 可除得尽 $\alpha$，二者必居其一，则 $\mathfrak{A}$ 叫做一个赋值环. 在赋值环中，若 $\alpha$ 与 $\beta$ 均不可逆，则 $\alpha+\beta$ 也不可逆. 事实上，若 $\beta=\alpha\gamma$，则 $\alpha+\beta=\alpha(1+\gamma)$. 若 $\alpha+\beta$ 可逆，则 $\alpha$ 也必然可逆. 因此，所有的不可逆元组成 $\mathfrak{A}$ 的一个极大理想，所以，赋值环是拟局部环. 如果这时它又有升链条件（这时也称 1 阶赋值环），则为局部环.

以下如不特别声明，$\mathfrak{A}$ 总表示一个左局部环，$J$ 为其唯一的极大左理想，因而也是唯一的极大右理想，实际上是唯一的极大双边理想. 剩余类环 $\mathfrak{A}/J$ 是一个可除环 $D$，而 $\alpha\in J$ 当且仅当 $\alpha$ 不可逆. 再者，$J$ 也是 $\mathfrak{A}$ 的 Jacobson 根，因此，对于有限生成的模 $A$，若 $JA=A$，则 $A=0$.

首先有

**定理 49** 若有 $0\neq\alpha\in\mathfrak{A}$，使 $\alpha J=0$，则或 $\mathfrak{A}$ 为可除环（这时 $J=0$），或 $\operatorname{Lgd}\mathfrak{A}=\infty$.

证 任取 $A$ 为一个有限生成的左 $\mathfrak{A}$-模，我们来证明，或者 $A$ 是一个自由模（提醒一下，拟局部环上任何可数生成的投射模一定自由，见定理 31），或者 $\operatorname{Pd}A=\infty$.

首先，$\operatorname{Pd}A\neq1$. 否则，若 $\operatorname{Pd}A=1$，取 $(F,\ \pi)$ 为 $A$ 的投射盖，则 $N=\operatorname{Ker}\pi$ 为自由模且 $\subseteq JF$（定理 33）. 于是 $\alpha N\subseteq\alpha JF=0$，即，$\alpha N=0$，这不可能，因 $N$ 是自由模.

其次，我们证明，$\operatorname{Pd}A$ 也不能是任何一个大于 1 的自然数. 假定 $1<\operatorname{Pd}A=n<\infty$，任取 $A$ 的一个投射分解 $\{P_n,\ d_n\}$，则 $\operatorname{Pd}\operatorname{Im}d_{n-1}=1$. 由于 $\mathfrak{A}$ 是左 ACC 环，所有的 $P_i$ 都可选成有限生成的，而有限生成模的子模也必有限生成，故 $\operatorname{Im}d_{n-1}$ 有限生成. 上面已经证明，这样的模不能以 1 为其投射维数.

因此，只有两种可能，$\operatorname{Pd}A=0$，或 $\operatorname{Pd}A=\infty$. 如果每一个有限生成模都以 0 为其投射维数，则对每一个循环模 $M$，必有 $\operatorname{Pd}M=0$. 由定义及定理 6，$\operatorname{Lgd}\mathfrak{A}=0$，$\mathfrak{A}$ 为半单纯环. 但已知

$\mathfrak{A}$ 为左局部环，这只有在 $\mathfrak{A}$ 为可除环时才有可能.

如果有一个 $A$，使 $\operatorname{Pd} A=\infty$，则 $\operatorname{Lgd}\mathfrak{A}=\infty$. □

剩余类环 $D=\mathfrak{A}/J$ 当然可以看成为一个左 $\mathfrak{A}$-模，因此我们可以指望在求 $\mathfrak{A}$ 的总体维数时，这个 $D$ 将能起些作用. 诚然，见

**引理 1** 若 $A$ 是一个有限生成的 $\mathfrak{A}$-模，而且 $\operatorname{Hom}_{\mathfrak{A}}(A, D)=0$，则 $A=0$.

证 设 $A\neq 0$，则 $JA\neq A$，因而 $A/JA\neq 0$. 从正合列

得
$$0\longrightarrow JA\longrightarrow A\longrightarrow A/JA\longrightarrow 0,$$
$$0\longrightarrow \operatorname{Hom}_{\mathfrak{A}}(A/JA, D)\longrightarrow \operatorname{Hom}_{\mathfrak{A}}(A, D)=0,$$
故 $\operatorname{Hom}_{\mathfrak{A}}(A/JA, D)=0$. 但 $A/JA$ 为 $D$ 上的线性空间，故 $A/JA\cong\bigoplus_{i=1}^{n} D$，所以
$$\begin{aligned}\operatorname{Hom}_{\mathfrak{A}}(A/JA, D)&\cong\operatorname{Hom}_{\mathfrak{A}}(\oplus D, D)\\&=\oplus\operatorname{Hom}_{\mathfrak{A}}(D, D),\end{aligned}$$
它显然不能等于 0. □

本引理没有用到升链条件，所以对于 $\mathfrak{A}$ 是拟局部环的情况，本引理是已被证明了的.

**引理 2** $A$ 有限生成，则 $A$ 自由当且仅当
$$\operatorname{Ext}^1_{\mathfrak{A}}(A, D)=0. \tag{15.1}$$

证 必要性是明显的，因为 $A$ 自由，当然投射，故
$$\operatorname{Ext}^1_{\mathfrak{A}}(A, D)=0.$$
反过来，设 $\operatorname{Ext}^1(A, D)=0$. 取 $A$ 的投射盖 $(F, \pi)$，
$$N\rightarrowtail F\twoheadrightarrow A, \tag{15.2}$$
则 $N\subseteq JF$，于是由 (15.1) 有正合列
$$\operatorname{Hom}_{\mathfrak{A}}(A, D)\overset{g}{\rightarrowtail}\operatorname{Hom}(F, D)\overset{f}{\twoheadrightarrow}\operatorname{Hom}(N, D) \tag{15.3}$$
(长正合列定理). 取 $N\overset{\eta'}{\rightarrowtail}JF\overset{\eta}{\longrightarrow}F$ 均为嵌入映射，则 $f$ 可分解成
$$\operatorname{Hom}(F, D)\overset{\sigma}{\longrightarrow}\operatorname{Hom}(JF, D)\overset{\tau}{\longrightarrow}\operatorname{Hom}(N, D). \tag{15.4}$$

这里当$\phi\in \mathrm{Hom}(F, D)$时，$\sigma(\phi)=\phi\eta$. 任取$\alpha\in J$, $x\in F$, $\phi\eta(\alpha x)=\phi(\alpha x)$(等号左边的$\alpha x$是$JF$中的元素，右边的$\alpha x$是$F$中的元素)，而$\phi\in \mathrm{Hom}(F, D)$，故$\phi(\alpha x)=\alpha\phi(x)$. 因$\alpha\in J$, $x\in F$, $\phi(x)\in D$,而$JD=0$,所以$\alpha\phi(x)=0$. 故$\phi\eta=0$,再因$\phi$任意,$\sigma=0$. 于是$f=\tau\sigma=0$. 代入(15.3),得$\mathrm{Hom}(N, D)=0$. 因$N$有限生成，由引理1，$N=0$. 再由(15.2)，$F\cong A$, $A$是自由模. □

**推论** $A$有限生成，则$A$为投射模(因而是自由模)的充要条件是对任何以$A$为第三项的短正合列

$$A''\rightarrowtail A'\twoheadrightarrow A,$$

必有短正合列

$$\mathrm{Hom}_{\mathfrak{A}}(A, D)\rightarrowtail \mathrm{Hom}(A', D)\twoheadrightarrow \mathrm{Hom}(A'', D).$$

事实上,其充要条件是$\mathrm{Ext}^1(A, D)=0$. □

我们现在证明

**定理 50** $\mathrm{Lgd}\,\mathfrak{A}=\mathrm{Id}_{\mathfrak{A}}D$.

这里$D=\mathfrak{A}/J$看成左$\mathfrak{A}$-模，而$\mathrm{Id}\,D$是其内射维数.

证 由定理5, $\mathrm{Id}_{\mathfrak{A}}D\leqslant \mathrm{Lgd}\,\mathfrak{A}$.

现在设$\mathrm{Id}_{\mathfrak{A}}D=n$, 要证$\mathrm{Lgd}\,\mathfrak{A}\leqslant n$.

在$n=0$时,$D$为内射$\mathfrak{A}$-模,因而$\mathrm{Ext}^1_{\mathfrak{A}}(A, D)=0$,这里$A$为任何循环模(因而有限生成)，故由引理2，$A$是投射模. 所以$\mathrm{Lgd}\,\mathfrak{A}=0$.

设$n>0$. 取$D$的一个内射分解为

$$0\longrightarrow D\longrightarrow E^0\xrightarrow{\partial^0} E^1\longrightarrow\cdots\longrightarrow E^n\longrightarrow 0, \tag{15.5}$$

再对循环模$A$取其投射分解

$$\cdots\longrightarrow P_n\longrightarrow P_{n-1}\longrightarrow\cdots\cdots\longrightarrow P_0\twoheadrightarrow A, \tag{15.6}$$

这里的所有$P_n$都有限生成(因$\mathfrak{A}$是左ACC环)，让$A_n=\mathrm{Im}\,d_n$,则

$$\mathrm{Ext}^1_{\mathfrak{A}}(A_n, D)\cong \mathrm{Ext}^{n+1}_{\mathfrak{A}}(A, D)\cong \mathrm{Ext}^1_{\mathfrak{A}}(A, E^n).$$

因 $E^n$ 为内射模，$\mathrm{Ext}^1(A, E^n)=0$，故 $\mathrm{Ext}^1_{\mathfrak{A}}(A_n, D)=0$. $A_n$ 是 $P_{n-1}$ 的子模，当然有限生成，故由引理 2，$A_n$ 为投射模，$\mathrm{Pd}\,A\leqslant n$. 因此 $\mathrm{Lgd}\,\mathfrak{A}\leqslant n$. □

可交换的局部环还有一些进一步的性质. 以下，我们设 $\mathfrak{A}$ 为一个可交换的局部环，其极大理想为 $J$，而 $D=\mathfrak{A}/J$ 为一个域，它当然也是一个 $\mathfrak{A}$-模.

**引理 3** 若 $A$ 是有限生成的 $\mathfrak{A}$-模，则 $\mathrm{Pd}\,A\leqslant n$ 当且仅当

$$\mathrm{Tor}^{\mathfrak{A}}_{n+1}(A, D)=0.$$

证 必要性是当然的，因为既有 $\mathrm{Pd}\,A\leqslant n$，当然有 $\mathrm{Fd}\,A\leqslant n$，故对任何 $B$，必有 $\mathrm{Tor}^{\mathfrak{A}}_{n+1}(A, B)=0$.

充分性 对 $n$ 归纳.

设 $n=0$. 取 $A$ 的投射盖 $(F, \pi)$，这时 $N=\mathrm{Ker}\,\pi\subseteq JF$. 因 $\mathrm{Tor}_1(A, D)=0$，故有短正合列

$$N\otimes D\xrightarrow{\eta\otimes\varepsilon}F\otimes D\longrightarrow\!\!\!\!\rightarrow A\otimes D. \tag{15.7}$$

我们先证明 $\eta\otimes\varepsilon=0$. 为此，设 $F$ 为定义于 $\{x_1, \cdots, x_m\}$ 上的自由模，则当 $c\in N$ 时，因 $N\subseteq JF$，故 $c=\sum\gamma_i x_i$，$\gamma_i\in J$. 于是，对任何 $d\in D$，

$$\begin{aligned}(\eta\otimes\varepsilon)(c\otimes d)&=(\eta\otimes\varepsilon)\left(\sum\gamma_i x_i\otimes d\right)\\&=\sum\gamma_i x_i\otimes d=\sum x_i\otimes\gamma_i d\in F\otimes D.\end{aligned}$$

因 $JD=0$，故 $\gamma_i d=0$. 再由 $c$ 与 $d$ 的任意性，知 $\eta\otimes\varepsilon=0$，即 $N\otimes D=0$.

由于 $N\otimes D=N\otimes\mathfrak{A}/J\cong N/JN$（当 $C\in N$，$\alpha\in\mathfrak{A}$，$y\in J$ 时，$C\underset{\mathfrak{A}}{\otimes}(\alpha+y)=\alpha C+yC\otimes 1$），故从 $N\otimes D=0$ 得 $N=JN$. 但 $J$ 为 $\mathfrak{A}$ 的 Jacobson 根，$N$ 有限生成，所以 $N=0$. 于是 $F=A$，而 $A$ 为自由模，$\mathrm{Pd}\,A=0$.

设 $n>0$，而 $\{P_n, d_n\}$ 为 $A$ 的一个投射分解，则

$$0=\mathrm{Tor}_{n+1}(A, D)=\mathrm{Tor}_1(\mathrm{Im}\,d_n, D).$$

于是，由已证明的结果 $\mathrm{Im}\,d_n$ 为自由模，故 $\mathrm{Pd}\,A\leqslant n$. □

由此即得

**定理 51** $\mathrm{Gd}\,\mathfrak{A}\leqslant n$ 当且仅当 $\mathrm{Tor}^{\mathfrak{A}}_{n+1}(D,\ D)=0$.

证 必要性 从 $\mathrm{Gd}\mathfrak{A}\leqslant n$ 得 $\mathrm{Wd}\mathfrak{A}\leqslant n$, 因而对任何两个 $\mathfrak{A}$-模 $A$ 与 $B$, 都有 $\mathrm{Tor}_{n+1}(A,\ B)=0$.

充分性 由引理 3, 因 $D$ 是一个循环 $\mathfrak{A}$-模(由 $1+J$ 生成), 故 $\mathrm{Pd}_{\mathfrak{A}}D\leqslant n$, 因而 $\mathrm{Fd}\,D\leqslant n$. 所以对任何有限生成的 $A$(特别是循环模 $A$), 必有 $\mathrm{Tor}_{n+1}(A,\ D)=0$. 再由引理3, $\mathrm{Pd}\,A\leqslant n$. 由 $A$ 的任意性知 $\mathrm{Gd}\,\mathfrak{A}\leqslant n$. □

由此即得推论

**推论** $\mathrm{Gd}\mathfrak{A}=\mathrm{Pd}_{\mathfrak{A}}D$.

附注 最重要的一类(可交换的)局部环是所谓正则局部环, 我们将在附录 1 中对这类局部环作较详细的论述.

## §16 拟 Frobenius 环

我们将先考虑 ACC 环上的模及其对偶模, 由此来引出另一类的环, 称为拟 Frobenius 环, 简称 QF 环. 本节中的 $\mathfrak{A}$ 首先是一个双边(既左又右)的 ACC 环, 所有给定的模都有限生成(如不特别申明), 其左右性按具体情况, 例如若 $A$ 是左 $\mathfrak{A}$-模, 则 $A^*=\mathrm{Hom}_{\mathfrak{A}}(A,\ \mathfrak{A})$ 是右 $\mathfrak{A}$-模. 关于自反与半自反性均见第二章 §12.

因此, 投射模均自反(第二章 §12 定理 34 的推论 1). 易知投射模的对偶模也必投射且有限生成, 因而自反. 再者, 若 $A$ 为任一有限生成的 $\mathfrak{A}$-模, 取有限生成的投射模 $P$, 使有满同态 $\pi$: $P\longrightarrow\!\!\!\!\rightarrow A$, 则有单同态 $\pi^*$: $A^*\longrightarrow P^*$. 由于 $P^*$ 有限生成, $A^*$ 为其子模, 故也必有限生成.

首先有

**引理 1** 左 $\mathfrak{A}$-模 $C$ 是半自反的, 当且仅当它是一个有有限基底的自由模之子模.

证 因 $C$ 有限生成, 故 $C^*$ 有限生成. 取 $F$ 为有限生成的自由模, 使有满同态

$$\pi:\ F\longrightarrow\!\!\!\!\rightarrow C^*,$$

于是有单同态 $C^{**} \rightarrowtail F^*$. 因 $F$ 为自由模, $F^*$ 也自由, 且有限生成, 并因 $\mathfrak{A}$-是 ACC 环, $C^{**}$ 可以认为是 $F^*$ 的子模, 故有限生成. 再者, $C$ 是半自反模, $\mu_C$: $C \longrightarrow C^{**}$ 是单同态($\mu$ 的定义见第二章 §12), 故 $C$ 是 $F^*$ 的子模.

反过来, 若 $C$ 是自由 $F$ 的子模, 而 $F$ 有限生成, 则由第二章 §12 的定理 34 与 33, $C$ 为半自反模. □

**引理 2** 设 $A$ 为一个半自反左 $\mathfrak{A}$-模, 则有一个半自反右 $\mathfrak{A}$-模 $B$, 与投射左 $\mathfrak{A}$-模 $P$, 使有下列的四个短正合列:

$$A^* \rightarrowtail P^* \twoheadrightarrow B, \tag{16.1}$$

$$B^* \rightarrowtail P \twoheadrightarrow A, \tag{16.2}$$

$$A \overset{\mu_A}{\rightarrowtail} A^{**} \twoheadrightarrow \mathrm{Ext}^1(B, \mathfrak{A}), \tag{16.3}$$

$$B \overset{\mu_B}{\rightarrowtail} B^{**} \twoheadrightarrow \mathrm{Ext}^1(A, \mathfrak{A}). \tag{16.4}$$

**证** 取一个投射模 $P$, 使有

$$M \overset{\eta}{\rightarrowtail} P \overset{\pi}{\twoheadrightarrow} A,$$

则有

$$A^* \rightarrowtail P^* \overset{\eta^*}{\longrightarrow} M^*.$$

让 $B = \mathrm{Im}\,\eta^*$. 因 $M^*$ 半自反(第二章 §12推论 2), $B$ 为其子模, 故 $B$ 半自反(第二章 §12 定理 33). 因 $P$ 有限生成, $\mathfrak{A}$ 为 ACC 环, 故 $M$ 有限生成, 因而 $M^*$ 有限生成. 所以 $B$ 有限生成. 于是得(16.1).

对(16.1)取对偶, 得左正合列

$$B^* \rightarrowtail P^{**} \overset{\pi^{**}}{\longrightarrow} A^{**}. \tag{16.5}$$

考虑交换图

$$\begin{array}{ccc} P & \overset{\pi}{\twoheadrightarrow} & A \\ {\scriptstyle\mu_P}\downarrow & & \downarrow{\scriptstyle\mu_A} \\ P^{**} & \overset{\pi^{**}}{\longrightarrow} & A^{**} \end{array} \tag{16.6}$$

$\mu_P$ 是同构($P$ 是自反模), $\mu_A$ 是单同态($A$ 是半自反模), 故 $\mathrm{Im}\,\mu_A$

$=\operatorname{Im}\pi^{**}\cong A$. 于是有交换图

$$\begin{array}{ccc} P & \xrightarrow{\pi} & A \\ \mu_P^{-1}\uparrow & & \uparrow\tau \\ P^{**} & \xrightarrow{\pi^{**}} & \operatorname{Im}\pi^{**} \end{array} \tag{16.7}$$

这里 $\tau\mu_A(a)=a$. 于是从交换图

$$\begin{array}{ccccc} B^{*} \longrightarrow & P^{**} & \xrightarrow{\pi^{**}} & \operatorname{Im}\pi^{**} \\ & \mu_P^{-1}\downarrow & & \downarrow\tau \\ & P & \xrightarrow{\pi} & A \end{array} \tag{16.8}$$

得到(16.2)($\tau$ 与 $\mu_P^{-1}$ 都是同构).

由(16.1),因 $P^*$ 是投射模,得

$$\begin{aligned} 0\longrightarrow \operatorname{Hom}_{\mathfrak{A}}(B,\mathfrak{A})\longrightarrow \operatorname{Hom}(P^*,\mathfrak{A})\xrightarrow{\pi^{**}}\operatorname{Hom}(A^*,\mathfrak{A}) \\ \longrightarrow \operatorname{Ext}^1(B,\mathfrak{A})\longrightarrow \operatorname{Ext}^1(P^*,\mathfrak{A})=0. \end{aligned} \tag{16.9}$$

按定义, $\operatorname{Hom}(B,\mathfrak{A})=B^*$, $\operatorname{Hom}(P^*,\mathfrak{A})=P^{**}$, $\operatorname{Hom}(A^*,\mathfrak{A})=A^{**}$, (16.9)的第一行就是(16.5),而 $\operatorname{Im}\pi^{**}\cong A$. 于是,换 $\operatorname{Im}\pi^{**}$ 为 $A$,得

$$A\xrightarrow{\mu_A}A^{**}\longrightarrow \operatorname{Ext}^1(B,\mathfrak{A}),$$

这就是(16.3). (16.4)的证明是相同的. □

注意,引理中的左右是对称的,由 $A$ 可求到 $B$,由右 $\mathfrak{A}$–模 $B$ 也可求到 $A$. 换言之,引理2中的左右可以互换.(再提醒一下,$\mathfrak{A}$ 是双边 ACC 环.)

由此可得

**定理 52** 对于一个双边 ACC 环 $\mathfrak{A}$,下列的三句话等价:

(1) 所有有限生成的半自反左 $\mathfrak{A}$–模都自反;

(2) 对任何有限生成的半自反右 $\mathfrak{A}$–模 $B$,都有 $\operatorname{Ext}^1(B,\mathfrak{A})$

$=0$，这里 $\mathfrak{A}$ 看成右 $\mathfrak{A}$-模；

(3) 把 $\mathfrak{A}$ 本身看成右 $\mathfrak{A}$-模，则有内射维数 $\mathrm{Id}\,\mathfrak{A}\leqslant 1$.

定理中的左右当然可以互换.

证 (1)⇒(2) 任取一个半自反右 $\mathfrak{A}$-模 $B$，则有 $A$ 使有(16.3)，于是 $\mathrm{Ext}^1(B,\mathfrak{A})=0$ 当且仅当 $\mu_A$ 是同构.

(2)⇒(3) 首先把 $\mathfrak{A}$ 嵌入到一个内射模 $E$ 中，得正合列

$$\mathfrak{A} \overset{\eta}{\rightarrowtail} E \overset{\pi}{\twoheadrightarrow} Q, \qquad (16.10)$$

任取一个有限生成模 $M$，我们要证明 $\mathrm{Ext}^1(M,Q)=0$. 为此，取一个有限生成的自由模 $F$，使有

$$B \overset{\eta_1}{\rightarrowtail} F \overset{\pi_1}{\twoheadrightarrow} M$$

这里 $B$ 是 $F$ 的子模. 由引理 1，$B$ 是半自反模. 又因 $B$ 有限生成，由所给条件，$\mathrm{Ext}^1(B,\mathfrak{A})=0$.

于是有两个右正合列(注意，$\mathrm{Ext}^1(F,Q)=0$)

$$\mathrm{Hom}(B,E)\xrightarrow{f}\mathrm{Hom}(B,Q)\twoheadrightarrow\mathrm{Ext}^1(B,\mathfrak{A})=0,$$

$$\mathrm{Hom}(F,Q)\xrightarrow{g}\mathrm{Hom}(B,Q)\twoheadrightarrow\mathrm{Ext}^1(M,Q),$$

而 $f$ 是满同态. 要证 $g$ 也是满同态. 为此，任取 $\sigma\in\mathrm{Hom}(B,Q)$，则有 $\tau\in\mathrm{Hom}(B,E)$，使 $\sigma=f(\tau)=\pi\tau$. 因 $E$ 是内射模，有 $\phi\in\mathrm{Hom}(F,E)$，使 $\phi\eta_1=\tau$. 让 $\psi=\pi\phi\in\mathrm{Hom}(F,Q)$，则

$$g(\psi)=\psi\eta_1=\pi\phi\eta_1=\pi\tau=\sigma.$$

于是，因 $g$ 是满同态，$\mathrm{Ext}^1(M,Q)=0$.

现在证明 $Q$ 是一个内射模. 为此，任取 $J$ 为 $\mathfrak{A}$ 的一个右理想，则 $\mathfrak{A}/J$ 是一个循环模，当然有限生成，因此 $\mathrm{Ext}^1(\mathfrak{A}/J,Q)=0$. 由正合列

$$J\rightarrowtail\mathfrak{A}\twoheadrightarrow\mathfrak{A}/J$$

得

$$\mathrm{Hom}(\mathfrak{A},Q)\longrightarrow\mathrm{Hom}(J,Q)$$

是一个满同态. 由 Baer 判别法知 $Q$ 是内射模.

于是(16.10)是 $\mathfrak{A}$ 的内射分解，故 $\mathrm{Id}\,\mathfrak{A}\leqslant 1$.

(3)⇒(1) 取 $\mathfrak{A}$ 的一个内射分解为(16.10). 任取一个 $A$ 为

有限生成的半自反左 $\mathfrak{A}$-模. 由引理 2, 有 $B$, 使有(16.3). 因 $B$ 半自反, 有限生成, 故由引理 1, 它可嵌入得一个有限生成的自由模 $F$ 中, 于是有

$$B \rightarrowtail F \twoheadrightarrow F/B = M.$$

因 $Q$ 内射, 故 $\mathrm{Ext}^1(M, Q) = 0$. 用与上面完全相同的方法, 可以证明, 在 $\mathrm{Ext}^1(M, Q) = 0$ 时, 也必有 $\mathrm{Ext}^1(B, \mathfrak{A}) = 0$. 代入(16.3), $\mu_A$ 为同构. □

现在我们证明

**定理 53** 对于双边 ACC 环, 下列的两句话等价:

(1) $\mathfrak{A}$ 本身既是左内射 $\mathfrak{A}$-模, 又是右内射 $\mathfrak{A}$-模;

(2) 所有有限生成的左, 右 $\mathfrak{A}$-模都自反.

证 (1)$\Rightarrow$(2) 先设 $A$ 有限生成且半自反, 则由引理 2, 有 $B$ 使有(16.1)及(16.3). 因 $\mathfrak{A}$ 本身是内射模, $\mathrm{Ext}^1(B, \mathfrak{A}) = 0$, 故 $\mu_A$ 是同构, $A$ 是自反模.

再设 $A$ 为任意有限生成的 $\mathfrak{A}$-模. 取 $F$ 为有限生成的自由模, 得

$$C \overset{\eta}{\rightarrowtail} F \overset{\pi}{\twoheadrightarrow} A,$$

这里 $C$ 是 $F$ 的子模, $\mathfrak{A}$ 是 ACC 环, 故 $C$ 有限生成. 因 $F$ 是半自反模(实际上是自反模)故 $C$ 半自反. 再由定理 52, $C$ 是自反模.

考虑交换图

$$\begin{array}{ccccc} C & \overset{\eta}{\rightarrowtail} & F & \overset{\pi}{\twoheadrightarrow} & A \\ \downarrow{\scriptstyle \mu_C} & & \downarrow{\scriptstyle \mu_F} & & \downarrow{\scriptstyle \mu_A} \\ C^{**} & \xrightarrow{\eta^{**}} & F^{**} & \xrightarrow{\pi^{**}} & A^{**} \end{array} \qquad (16.11)$$

因 $\mu_C$ 与 $\mu_F$ 都是同构, 所以 $\eta^{**}$ 是单同态. 为了要证明 $\pi^{**}$ 是满同态, 我们先考虑单同态 $\pi^*$: $A^* \to F^*$. 因 $\mathfrak{A}$ 是内射模, 故对任何 $f \in A^{**} = \mathrm{Hom}(A^*, \mathfrak{A})$, 必有 $g \in F^{**} = \mathrm{Hom}(F^*, \mathfrak{A})$, 使 $f = g\pi^* = \pi^{**}(g)$. 易知 $\mathrm{Im}\,\eta^{**} = \mathrm{Ker}\,\pi^{**}$, 所以(16.11)的两行均短正合,

由五引理，$\mu_A$ 为同构，故 $A$ 为自反模.

(2)⇒(1) 任取 $B$ 为有限生成模，根据所给条件，它是自反模，首先是半自反模. 由(16.3)，$\mathrm{Ext}^1(B, \mathfrak{A})=0$. 这对 $B=\mathfrak{A}/J$ 为循环模时也不例外. 于是由

$$J \rightarrowtail \mathfrak{A} \twoheadrightarrow \mathfrak{A}/J$$

得

$$\mathrm{Hom}(\mathfrak{A}, \mathfrak{A}) \longrightarrow \mathrm{Hom}(J, \mathfrak{A}) \longrightarrow \mathrm{Ext}^1(\mathfrak{A}/J, \mathfrak{A})=0.$$

由 Baer 判别法，$\mathfrak{A}$ 是内射 $\mathfrak{A}$ 模. □

**定义 18** 满足定理 53 中所列任一条件的左、右 ACC 环叫做拟 Frobenius 环，简称拟 F 环，或 QF 环.

半单纯环显然是一个 QF 环，因为一方面，它一共只能有有限左理想与右理想，所以是双边 ACC 环；而另一方面，其任何左(右)模都是内射模，这也包括它自已.

作为第二个例子，取 $\mathfrak{B}$ 为主理想整环，$I=\mathfrak{B}a$ 为一个主理想. 我们来证明 $\mathfrak{A}=\mathfrak{B}/I$ 是一个 QF 环. 环 $\mathfrak{A}$ 中的元素都可表成 $\beta x$，这里 $x=1+I$，而 $\mathfrak{A}$ 中任一理想都是 $J/I$ 这样的形状，$J=\mathfrak{B}b$，而 $bc=a$. 所以 $J/I=\mathfrak{B}bx$. 任取一个模同态 $f: J/I\to\mathfrak{A}$，必有 $s\in\mathfrak{B}$，使 $f(bx)=sx$. 于是

$$0=f(ax)=f(bcx)=cf(bx)=csx,$$

所以 $cs\in\mathfrak{B}a$，即，$cs=\beta a=\beta bc$. 消去 $c$，得 $s=\beta b$. 定义 $g: \mathfrak{A}\to\mathfrak{A}$，使 $g(1+I)=\beta+I$，则由 Baer 判别法，$\mathfrak{A}$ 是一个内射 $\mathfrak{A}$-模.

于是 $\mathbb{Z}/n\mathbb{Z}$ 与 $K[x]/I$ 都是 QF 环，这里 $K$ 是一个域，而 $I$ 是 $K[x]$ 中任一理想.

下列的定理给出了 QF 环的特性.

**定理 54** 双边 ACC 环 $\mathfrak{A}$ 是 QF 环，其充要条件是每一个有限生成的投射模都内射.

证 必要性 有限生成的自由模 $F$ 是有限个 $\mathfrak{A}$ 的直和，如果 $\mathfrak{A}$ 是内射 $\mathfrak{A}$-模，则 $F$ 也是内射 $\mathfrak{A}$-模. 若 $F=P\oplus Q$ 是内射模，则 $P$ 也是内射模.

充分性 有限生成的自由模 $F$ 是内射模，$F\cong\oplus\mathfrak{A}$，故 $\mathfrak{A}$ 是

内射 $\mathfrak{A}$-模. □

QF 环的概念是从所谓 Frobenius 代数推广来的. 若 $\mathfrak{A}$ 是域 $\boldsymbol{K}$ 上的一个有限维代数(这里的所谓维数是指线性空间的线性维数), 它当然是一个双边的 ACC 环, 因为它的理想首先是 $\mathfrak{A}$ 的一个子空间. 对于任一个 $f\in \mathrm{Hom}_k(\mathfrak{A}, K)$, 当 $\alpha\in\mathfrak{A}$ 时, 定义 $(\alpha f)(\alpha')=f(\alpha'\alpha)\in K$, 则 $\alpha f\in \mathrm{Hom}_k(\mathfrak{A}, K)$ 因而 $\mathrm{Hom}_k(\mathfrak{A}, K)$ 是一个左 $\mathfrak{A}$-模. 由第三章 § 9 定理 30, $\mathrm{Hom}_k(\mathfrak{A}, K)$ 是一个内射左 $\mathfrak{A}$-模($\mathfrak{A}$ 是平坦右 $K$ 模, 也是左 $K$ 模, 而 $K$ 是内射左 $K$-模). 同样可以定义 $\mathrm{Hom}_k(\mathfrak{A}, K)$ 成一个内射右 $\mathfrak{A}$-模, (把 $K$ 看成右 $K$-模). 如果有加法群同构 $\phi$: $\mathfrak{A}\longrightarrow \mathrm{Hom}_k(\mathfrak{A}, K)$, 使 $\phi$ 既是一个左 $\mathfrak{A}$-模的模同构, 又是一个右 $\mathfrak{A}$-模的模同构, 则称 $\mathfrak{A}$ 为一个 Frobenius 代数. 它显然是一个 QF-环.

Frobenius 代数是域上有限维代数, 因此对左右理想都有降链条件. QF 环也有这个性质, 见

**定理 55** QF 环对左右理想都有 DCC.

证 设 $\mathfrak{A}$ 为 QF 环, $A\subset B$ 为两个左理想且不相等. 让 $\eta$: $A\to B$ 为嵌入映射, 得交换图

$$\begin{array}{ccccc} A & \rightarrowtail & \mathfrak{A} & \twoheadrightarrow & \mathfrak{A}/A \\ \eta\downarrow & & \downarrow\varepsilon & & \downarrow\tau \\ B & \rightarrowtail & \mathfrak{A} & \twoheadrightarrow & \mathfrak{A}/B \end{array} \tag{16.12}$$

这里 $\tau$ 是满同态, 但不能是同构. 取其对偶, 得单同态

$$\tau^*:\ (\mathfrak{A}/B)^* \overset{\tau^*}{\rightarrowtail} (\mathfrak{A}/A)^*,$$

我们肯定 $\tau^*$ 不能是同构. 事实上, 我们可有交换图

$$\begin{array}{ccc} \mathfrak{A}/A & \xrightarrow{\tau} & \mathfrak{A}/B \\ \mu\downarrow & & \downarrow\mu \\ (\mathfrak{A}/A)^{**} & \xrightarrow{\tau^{**}} & (\mathfrak{A}/B)^{**} \end{array} \tag{16.13}$$

如果 $\tau^*$ 是同构，则 $\tau^{**}$ 也必是同构．但两个 $\mu$ 都是同构（$\mathfrak{A}/A$ 与 $\mathfrak{A}/B$ 都是循环模，所以是自反的），这时 $\tau$ 必是同构．不可能．因此我们认定 $(\mathfrak{A}/B)^*\subset(\mathfrak{A}/A)^*$．

我们将证明 $(\mathfrak{A}/A)^*$ 为 $\mathfrak{A}$ 的一个右理想．由满同态

$$\mathfrak{A}\xrightarrow{\sigma}\mathfrak{A}/A,$$

可得单同态 $\sigma^*$: $(\mathfrak{A}/A)^*\longrightarrow\mathfrak{A}^*=\mathrm{Hom}_{\mathfrak{A}}(\mathfrak{A},\ \mathfrak{A})$（注意，这是右 $\mathfrak{A}$-模的同态）．其实，$\mathrm{Hom}_{\mathfrak{A}}(\mathfrak{A},\ \mathfrak{A})=\mathfrak{A}$．因为 $f\in\mathrm{Hom}_{\mathfrak{A}}(\mathfrak{A},\ \mathfrak{A})$ 是由 $f(1)$ 所唯一确定的，$f(\alpha)=\alpha f(1)$，如果对每一个 $\alpha'\in\mathfrak{A}$，定义 $f_{\alpha'}$，使 $f_{\alpha'}(1)=\alpha'$，我们就有 $\mathfrak{A}\cong\mathrm{Hom}(\mathfrak{A},\ \mathfrak{A})$，再因 $(\mathfrak{A}/A)^*$ 是右 $\mathfrak{A}$-模，故为右理想．

于是，若 $A\subset B$ 为左理想，则必 $(\mathfrak{A}/B)^*\subset(\mathfrak{A}/A)^*$ 为右理想．如果 $\{A_{\lambda\in\Lambda}\}$ 为左理想之集，其中没有极小元素，则 $\{(\mathfrak{A}/A_{\lambda\in\Lambda})^*\}$ 为右理想之集，其中没有极大元素．这不可能，因为 $\mathfrak{A}$ 是右 ACC 环．

同样，$\mathfrak{A}$ 的右理想也有降链条件．□

最后说明，我们这里定义 QF 环时，强调了 $\mathfrak{A}$ 本身既是一个左内射模，又是一个右内射模．其实，我们只需定义它是左内射模就行了，因为可以证明（用 DCC 环的理论）它也必然是右内射模．具体的作法可见 Jans: Rings and Homology，第 75—80 页．

# 第五章 谱序列与 Künneth 定理

## §1 分 级 模

在同调代数中，谱序列是一个非常重要的概念，其理论可以用来研究复形的同调群，我们将用正合偶以及过滤法来得到谱序列及其基本性质.

我们首先需要分级模的概念.

**定义 1** 由一些 $\mathfrak{A}$-模 $M_p$ 所组成的序列 $M=\{M_p;\ p\in\mathbb{Z}\}$ 叫做一个(单)分级模，$p$ 为 $M_p$ 的级，这里的 $\mathbb{Z}$ 为整数集合.（当然，在某些需要的情况，$\mathbb{Z}$ 也表示整数环或整数的加法群.）

设 $N=\{N_p;p\in\mathbb{Z}\}$ 也是一个分级模，而 $n$ 是一个固定的整数，那么，模同态

$$f_p:M_p\to N_{p+n}$$

的集合 $f=\{f_p;p\in\mathbb{Z}\}$ 叫做由 $M$ 到 $N$ 的一个分级模映射，其次数为 $n$. 这个映射常表成

$$f[n]:M\to N,$$

方括号内的数字为映射的次数.（注意，本书中，方括号在不同的场合有不同的意义.）

一个分级模 $M=\{M_p\}$ 中，$p$ 可能只取非负整数，或者只取非正整数，这时称 $M$ 为非负的，或非正的.

如果分级模 $A=\{A_p;\ p\in\mathbb{Z}\}$ 中，对每一个 $p\in\mathbb{Z}$ 都有 $A_p\subseteq M_p$，则称 $A$ 为 $M$ 的子分级模，而分级模 $\{M_p/A_p;\ p\in\mathbb{Z}\}$ 则为它们的商分级模. 这时将有分级模的短正合列

$$A\xrightarrow{n}M\xrightarrow{\pi}M/A,$$

$n$ 为嵌入映射，$\pi$ 为满映射，它们的次数都是 0.

若 $$f[n]:M\to N$$

我们取

$$(\mathrm{Im} f)_p = \mathrm{Im}\, f_{p-n}, \tag{1.1}$$

$$(\mathrm{Ker}\, f)_p = \mathrm{Ker} f_p, \tag{1.2}$$

则$(\mathrm{Im} f)_p \subseteq N_p$, $(\mathrm{Ker} f)_p \subseteq M_p$, 而且 $\mathrm{Im} f$ 与 $\mathrm{Ker} f$ 都是分级模.它们分别为 $N$ 与 $M$ 的子分级模. 所述的 $f$ 可分解成

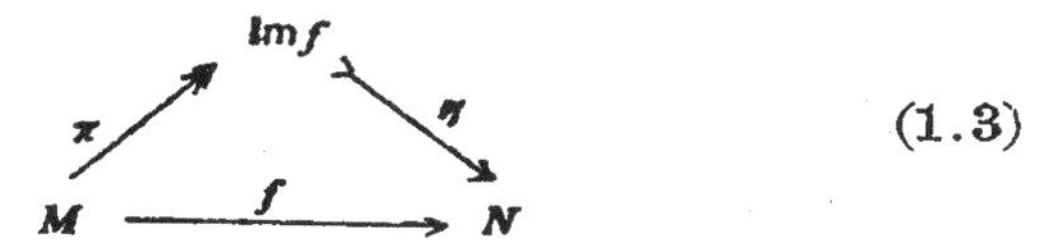

(1.3)

这里 $\pi$ 与 $\eta$ 为满与单映射. 逐条验证, $\mathfrak{A}\mathbb{M}$ 中所有的分级模连同它们两两之间的映射(当然是有次数的)成为一个 Abel 范畴.

我们将特别注意这样的 $n$ 次映射 $d[n]: C \to C$, 这里 $C = \{C_p\}$ 是分级模, $d$ 是 $C$ 到其自身的一个 $n$ 次映射, 且对任何 $p$, 恒有 $d_p d_{p-n} = 0$, 常简写成 $dd = 0$(足码全省掉了), 则 $C$ 为所述分级模范畴中的一个微分对象, $d$ 为其微分. 这时, $H_p(C) = \mathrm{Ker} d_p / \mathrm{Im} d_{p-n}$ 为 $C$ 的同调分级模.

在第三章中所定义的复形$(C, d)$是微分分级模的一个最主要的例子, 复形的微分 $d$ 也是这个微分分级模的微分, 其次数为 $-1$.

**定义 2** 假定$(C, d)$与$(C', d')$都是复形. 如果分级模 $C' = \{C'_p; p \in \mathbb{Z}\}$是$C = \{C_p\}$的子分级分模, 而且 $d'$ 是 $d$ 在$C'$ 上的限制, 即, 当 $c'_p \in C'_p$ 时 $d_p(c'_p) = d'_p(c'_p) \in C'_{p-1}$, 则$(C', d')$为$(C, d)$的子复形.

因此, 对于复形$(C, d)$, 子分级模$\{C'_n\}$能为$(C, d)$的子复形之充要条件就是 $d(C'_p) \subseteq C'_{p-1}$.

与上述(单)分级模相类似, 双分级模是一种双进的模序列$\{M_{pq}; p, q \in \mathbb{Z}\}$. 这意思是在 $pq$ 平面上的每一个整点$(p, q)$都对应一个 $\mathfrak{A}$-模 $M_{pq}$. 有时仅在$(p, q)$位于第一象限时才有 $M_{pq}$, 这时, 这个双分级模 $M = \{M_{pq}\}$ 就是第一象限中的双分级模. 同样有第二, 第三, 第四象限的分级模.

设 $M$ 与 $N = \{N_{pq}\}$ 都是双分级模, 而 $m$ 与 $n$ 为一对整数, 则

一些模同态(对每一对$(p, q)$有一个)

$$f_{pq}: M_{pq} \to N_{p+m, q+n}$$

的集合$f=\{f_{pq}\}$为由$M$到$N$的$[m, n]$次的分级模映射. 同样定义

$$(\mathrm{Ker} f)_{pq} = \mathrm{Ker} f_{pq} \subseteq M_{pq},$$

$$(\mathrm{Im} f)_{pq} = \mathrm{Im} f_{p-m, q-n} \subseteq N_{pq}.$$

双分级模的子分级模, 商分级模, 以及微分分级模, 同调分级模都是上述单分级模相应概念的推广. 它们也是本章的主要研究对象.

## §2 正合偶与谱序列

设$A=\{A_p\}$, $B=\{B_q\}$, $C=\{C_r\}$为三个分级模, 则称正合列

$$\cdots \to C_{n-n_3} \xrightarrow{\theta_{n-n_3}} A_n \xrightarrow{\phi_n} B_{n+n_1} \xrightarrow{\psi_{n+n_1}} C_{n+n_1+n_2} \xrightarrow{\theta} A_{n+n_1+n_2+n_3} \xrightarrow{\phi} \cdots \tag{2.1}$$

为一个正合三角形,常形象化地表成一个三角形

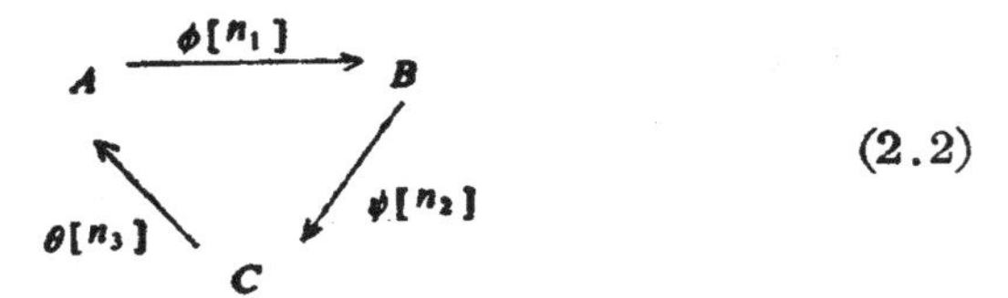


(2.2)

这里的$\phi[n_1]: A \to B$, $\psi[n_2]$: $B \to C$, $\theta[n_3]$: $C \to A$为分级模映射, 依次有次数$n_1, n_2$与$n_3$标在方括号内. 其实, 象这样的正合三角形, 我们已经见过多次, 例如, 在$A \rightarrowtail B \twoheadrightarrow C$为左$\mathfrak{A}$-模的短正合列时,对任何右$\mathfrak{A}$-模$M$, 我们将有三个分级模$\{\mathrm{Tor}_n(M, A)\}$, $\{\mathrm{Tor}_n(M, B)\}$与$\{\mathrm{Tor}_n(M, C)\}$, 而关于Tor的长正合列将给出一个正合三角形

$$\begin{array}{ccc} \mathrm{Tor}_n(M, A) & \xrightarrow{\phi[0]} & \mathrm{Tor}_n(M, B) \\ & \nwarrow \theta[-1] \quad \swarrow \phi[0] & \\ & \mathrm{Tor}_n(M, C) & \end{array} \tag{2.3}$$

这里的 $\phi$, $\psi$, 与 $\theta$ 都是分级模映射，它们的次数依次为 0, 0, 与 $-1$.

同样的概念与记号当然也适用于双分级模. 但是，我们的兴趣在于由两个双分级模所组成的正合三角形.

**定义 3** 设 $D=\{D_{pq}\}$ 与 $E=\{E_{pq}\}$ 为两个双级模，若有映射 $\phi$: $D\to D$, $\psi$: $D\to E$ 与 $\theta:E\to D$ 依次有次数 $[n_1, m_1]$, $[n_2, m_2]$, 与 $[n_3, m_3]$, 使有正合列

$$\cdots\longrightarrow E_{p-n_3,q-m_3}\xrightarrow{\theta_{p-n_3,q-m_3}}D_{pq}\xrightarrow{\phi_{pq}}D_{p+n_1,q+m_1}$$
$$\xrightarrow{\psi_{p+n_1,q+m_1}}E_{p+n_1+n_2,q+m_1+m_2}\xrightarrow{\theta}D_{p+n_1+n_2+n_3,q+m_1+m_2+m_3}$$
$$\xrightarrow{\phi}\cdots,$$

则 $D$ 与 $E$ 连同 $\phi$, $\psi$, 与 $\theta$ 组成一个正合偶，记以 $(D, E, \phi, \psi, \theta)$.

正合偶可以用一个正合三角形来表示，方括号内的数字是该映射的次数。

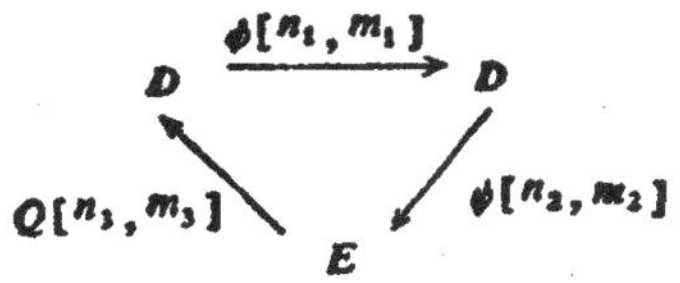

$$\begin{array}{ccc} D & \xrightarrow{\phi[n_1,m_1]} & D \\ & {}_{\theta[n_3,m_3]}\nwarrow \quad \swarrow_{\psi[n_2,m_2]} & \\ & E & \end{array} \tag{2.4}$$

为了下一节的需要，我们考虑由下图所表示的正合偶

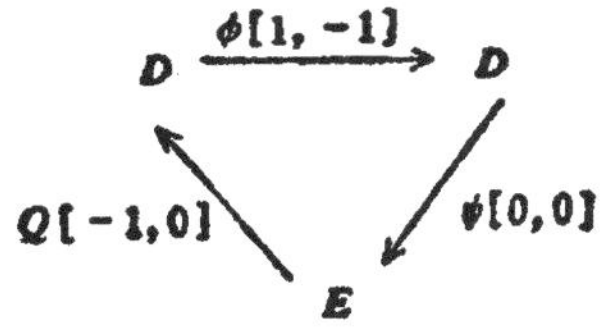

$$\begin{array}{ccc} D & \xrightarrow{\phi[1,-1]} & D \\ & {}_{\theta[-1,0]}\nwarrow \quad \swarrow_{\psi[0,0]} & \\ & E & \end{array} \tag{2.5}$$

我们将用下述的方法来从(2.5)导出一个新的正合偶$(D^2, E^2, \phi^2, \psi^2, \theta^2)$，它将称为(2.5)的导出正合偶，简称导出偶.（注意，以下所有的指数都是肩码，不是幂次.）

先定义 $d^1=\psi\theta:E\to E$. 由于 $\theta$ 有次数 $[-1, 0]$, $\psi$ 有次数 $[0, 0]$, 所以 $d^1$ 有次数 $[-1, 0]$, 而 $d^1_{pq}$ 是由 $E_{pq}$ 到 $E_{p-1,q}$ 的模同态,

这里 $p$, $q$ 是任何一对整数. 因为(2.5)是正合偶, $\theta\psi=0$(这里指的是 $\theta_{pq}\psi_{pq}=0$), 故 $d^1d^1=0$, 我们称 $d^1$ 是双分级模 $E$ 的微分.

令

$$\left.\begin{aligned}(\operatorname{Ker} d^1)_{pq}=\operatorname{Ker} d^1_{pq}=C_{pq}\subseteq E_{pq},\\(\operatorname{Im} d^1)_{pq}=\operatorname{Im} d^1_{p+1,q}=B_{pq}\subseteq E_{pq},\end{aligned}\right\}\tag{2.6}$$

则从 $d^1d^1=0$(即 $d^1_{p-1,q}d^1_{pq}=0$)得

$$0\subseteq B_{pq}\subseteq C_{pq}\subseteq E_{pq}.$$

定义

$$\begin{aligned}E^2_{pq}&=C_{pq}/B_{pq}=\operatorname{Ker} d^1_{pq}/(\operatorname{Im} d^1)_{pq},\\D^2_{pq}&=(\operatorname{Im}\phi)_{pq}=\operatorname{Im}\phi_{p-1,q+1}\subseteq D_{pq},\end{aligned}\tag{2.7}$$

于是 $D^2=\{D^2_{pq}\}$ 与 $E^2=\{E^2_{pq}\}$ 都是双分级模.

取 $\phi^2$ 为 $\phi$ 在 $D^2$ 上的限制, 就是说, 若 $x\in D^2_{pq}\subseteq D_{pq}$, 则 $\phi^2_{pq}(x)=\phi_{pq}(x)\in D^2_{p+1,q-1}\subseteq D_{p+1,q-1}$. 于是 $\phi^2$ 有次数 $[1,-1]$.

任取 $x\in D^2_{pq}\subseteq D_{pq}$. 由 $D^2$ 的定义, 有 $x'\in D_{p-1,q+1}$ 使 $\phi_{p-1,q+1}(x')=x$. 设 $\psi_{p-1,q+1}(x')=y\in E_{p-1,q+1}$, 因为 $d^1_{p-1,q+1}(y)=\psi_{p-2,q+1}\cdot\theta_{p-1,q+1}(y)=\psi_{p-2,q+1}\theta_{p-1,q+1}\psi_{p-1,q+1}(x')=0$, 所以 $y\in\operatorname{Ker} d^1_{p-1,q+1}=C_{p-1,q+1}$. 如果在自然同态 $C_{p-1,q-1}\to E^2_{p-1,q+1}$ 中, $y$ 所取的象为 $[y]$, 我们就定义

$$\psi^2_{pq}(x)=[y]\in E^2_{p-1,q+1}.$$

于是 $\psi^2$ 可表以记号 $[\psi\phi^{-1}]$, 它有次数 $[-1,1]$. 但需证明 $\psi^2$ 的定义是良好的. 为此, 若取 $x''\in D_{p-1,q+1}$, 使 $\phi(x'')=x$, $\psi_{p-1,q+1}(x'')=y'\in E_{p-1,q+1}$, 我们需证明 $[y]=[y']$. 事实上, 因为 $\phi(x)'=\phi(x'')$, 故 $\phi_{p-1,q+1}(x'-x'')=0$, $x'-x''\in\operatorname{Ker}\phi_{p-1,q+1}=\operatorname{Im}\theta_{p,q+1}$, 因此有 $\bar{y}\in E_{p,q+1}$, 使 $\theta_{p,q+1}(\bar{y})=x'-x''$. 于是 $\psi_{p-1,q+1}\cdot\theta_{p,q+1}(\bar{y})=\psi_{p-1,q+1}(x'-x'')=y-y'$, 即, $y-y'\in\operatorname{Im} d^1_{p,q+1}=B_{p-1,q+1}$, 所以 $[y]=[y']$.

再定义 $\theta^2$. 设 $[y]\in E^2_{pq}$, $y\in C_{pq}$, 我们定义

$$\theta^2_{pq}([y])=\theta_{pq}(y)\in D_{p-1,q}.$$

先需证明 $\theta_{pq}(y)\in D^2_{p-1,q}$. 事实上, 因 $y\in C_{pq}$, 故 $0=d^1_{pq}(y)=\psi_{p-1,q}\theta_{pq}(y)$, 所以, $\theta_{pq}(y)\in\operatorname{Ker}\psi_{p-1,q}=\operatorname{Im}\phi_{p-2,q+1}=D^2_{p-1,q}$. 再

需证明,此定义是良好的,即,在$[y]=0$时,应有$\theta_{pq}(y)=0$. 事实上,在$[y]=0$时,$y\in B_{1q}=\mathrm{Im}\,d^1_{p+1,q}$,故有$y'\in E_{p+1,q}$使$y=d^1_{p+1,q}(y')=\psi_{pq}\theta_{p+1,q}(y')$,因此,$\theta_{pq}(y)=\theta_{pq}\psi_{pq}\theta_{p+1,q}(y')=0$. 于是$\theta^2$也已确定,其次数为$[-1,0]$.

我们来证明

**定理 1** $D^2$, $E^2$, $\phi^2$, $\psi^2$, $\theta^2$都如上,则有正合偶

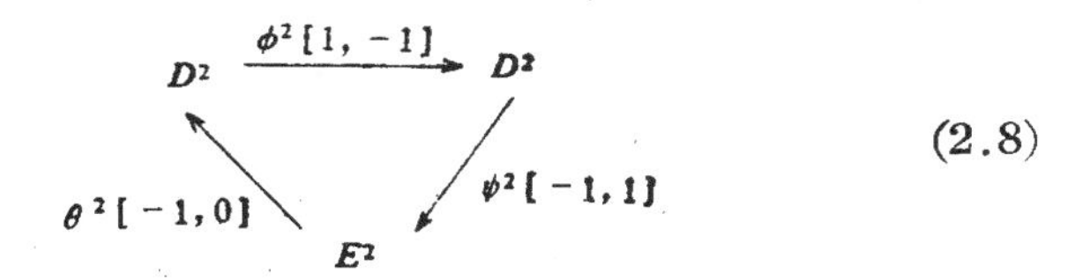


(2.8)

证 任取$x\in D^2_{pq}$,则由定义,有$x'\in D_{p-1,q+1}$,使$x=\phi_{p-1,q+1}(x')$,于是$\theta^2\psi^2(x)=\theta^2[\psi_{p-1,q+1}(x')]=\theta\psi(x')=0$,所以$\theta^2\psi^2=0$, $\mathrm{Im}\,\psi^2\subseteq\mathrm{Ker}\,\theta^2$. 同样可得$\phi^2\theta^2=0$, $\psi^2\phi^2=0$,即,$\mathrm{Im}\,\theta^2\subseteq\mathrm{Ker}\,\phi^2$, $\mathrm{Im}\,\phi^2\subseteq\mathrm{Ker}\,\psi^2$. 这里所有的足码都省掉了.

反过来,设$x\in\mathrm{Ker}\,\phi^2_{pq}$,则$\phi^2_{pq}(x)=\phi_{pq}(x)=0$. 于是$x\in\mathrm{Ker}\,\phi_{pq}=\mathrm{Im}\,\theta_{p+1,q}$, $x=\theta_{p+1,q}(y)$. 但$x\in\mathrm{Im}\,\phi_{p-1,q+1}=\mathrm{Ker}\,\psi_{pq}$,故从$0=\psi_{pq}(x)=\psi_{pq}\theta_{p+1,q}(y)=d^1_{p+1,q}(y)$,得$y\in\mathrm{Ker}\,d^1_{p+1,q}=C_{p+1,q}$再由$x=\theta_{p+1,q}(y)$知$x=\theta^2_{p+1,q}([y])$,所以$x\in\mathrm{Im}\,\theta^2_{p+1,q}$.

设$x\in\mathrm{Ker}\,\psi^2_{pq}$,则因$x\in D^2_{pq}=\mathrm{Im}\,\phi_{p-1,q+1}$, $x=\phi_{p-1,q+1}(x')$,并由$\psi^2$的定义,$0=\psi^2(x)=[\psi_{p-1,q+1}(x')]$,因此$\psi_{p-1,q+1}(x')\in B_{p-1,q+1}=\mathrm{Im}\,d^1_{p,q+1}=\mathrm{Im}\,\psi_{p-1,q+1}\theta_{p,q+1}$. 所以有$w\in E_{p,q+1}$,使$x'-\theta_{p,q+1}(w)\in\mathrm{Ker}\,\psi_{p-1,q+1}=\mathrm{Im}\,\phi_{p-2,q+2}=D^2_{p-1,q+1}$. 于是$\phi^2_{p-1,q+1}(x'-\theta_{p,q+1}(w))=\phi_{p-1,q+1}(x'-\theta_{p,q+1}(w))=\phi_{p-1,q+1}(x')=x$(注意,$\phi_{p-1,q+1}\theta_{p,q+1}=0$),所以$x\in\mathrm{Im}\,\phi^2_{p-1,q+1}$.

最后,任取$[y]\in\mathrm{Ker}\,\theta^2_{pq}$, $y\in C_{pq}$. 由$\theta^2$的定义,$0=\theta^2_{pq}([y])=\theta_{pq}(y)$,故$y\in\mathrm{Ker}\,\theta_{pq}=\mathrm{Im}\,\psi_{pq}$,因此,有$x'\in D_{pq}$,使$y=\psi_{pq}(x')$. 设$x=\phi_{pq}(x')\in D_{p+1,q-1}$,则由$D^2$与$\psi^2$的定义,$x\in D^2_{p+1,q-1}$,而$\psi^2_{p+1,q-1}(x)=[\psi_{pq}(x')]=[y]$. 所以$[y]\in\mathrm{Im}\,\psi^2_{p+1,q-1}$. □

定理1虽然是对于(2.5)中这样一个特定的正合偶来证明的,

但却有一般性. 对于任一个正合偶$(D, E, \phi, \psi, \theta)$, 不管$\phi$, $\psi$, $\theta$的次数是多少, 我们可以仿照上述的办法来定义$D^2$, $E^2$, 与$\phi^2$, $\psi^2$, $\theta^2$, 并同样证明$(D^2, E^2, \phi^2, \psi^2, \theta^2)$成为一个正合偶. 因此, 任何正合偶都可导出其导出偶.

重复上述作法, 我们可以从(2.8)又导出其导出偶$(D^3, E^3, \phi^3, \psi^3, \theta^3)$, 从而对任何自然数$r$, 由(2.5)中的正合偶(以后改写此正合偶为$(D^1, E^1, \phi^1, \psi^1, \theta^1)$, 并改(2.6)中的$B$与$C$为$B^1$与$C^1$), 可以经过逐次导出而得到正合偶$(D^r, E^r, \phi^r, \psi^r, \theta^r)$.

不难用归纳法证明

**定理 2** 由(2.5)中的正合偶$(D, E, \phi, \psi, \theta)$经过逐次导出所得到的正合偶$(D^r, E^r, \phi^r, \psi^r, \theta^r)$中, $\phi^r$, $\psi^r$, 与$\theta^r$相应有次数$[1, -1]$, $[1-r, r-1]$, 与$[-1, 0]$, 而$E^r$的微分$d^r(=\psi^r\theta^r)$有次数$[-r, r-1]$.

我们对于上述由$E^r$所组成的序列$\{E^1, E^2, \cdots, E^r, \cdots\}$特别感到兴趣, 它有两个性质: (1) 对每一个$r$, 都有一个$d^r: E^r \to E^r$, 使$d^r d^r=0$; (2) $E^{r+1}=H(E^r, d^r)=\operatorname{Ker} d^r/\operatorname{Im} d^r$. 具有这两个性质的双分级模序列称为谱序列. 见

**定义 4** 设$\{E^r; r=1, 2, 3, \cdots\}$为双分级模$E^r$的序列(每一个$E^r$都是一个双分级模), 如果对每一个$r$, 恒有双级模映射$d^r$: $E^r \to E^r$, 使(1) $d^r d^r=0$; (2) $E_{r+1}=H(E^r, d^r)=\operatorname{Ker} d^r/\operatorname{Im} d^r$, 则序列$\{E^r, d^r\}$叫做一个谱序列.

设$\{E^r, d^r\}$为任意的一个谱序列. 取$C^1=\operatorname{Ker} d^1$, $B^1=\operatorname{Im} d^1$, 则因$d^1d^1=0$, 有

$$0 \subseteq B^1 \subseteq C^1 \subseteq E^1; \ E^2=C^1/B^1.$$

再让$\bar{C}^2=\operatorname{Ker} d^2$, $\bar{B}^2=\operatorname{Im} d^2$, 则由$0 \subseteq \bar{B}^2 \subseteq \bar{C}^2 \subseteq E^2=C^1/B^1$, 有$C^1$的子分级模$B^2$与$C^2$, 使$\bar{B}^2=B^2/B^1$, $\bar{C}^2=C^2/B^1$. 由同态定理, $E^3 \cong C^2/B^2$, 且

$$0 \subseteq B^1 \subseteq B^2 \subseteq C^2 \subseteq C^1 \subseteq E^1.$$

依此类推, 我们将有

$$0 \subseteq B^1 \subseteq B^2 \subseteq \cdots \subseteq B^n \subseteq \cdots \subseteq C^n \subseteq \cdots \subseteq C^2 \subseteq C^1 \subseteq E^1, \quad (2.9)$$

且

$$E^r \cong C^{r-1}/B^{r-1} \cong \mathrm{Ker}\, d^{r-1}/\mathrm{Im}\, d^{r-1},\ r>1. \tag{2.10}$$

令

$$B_{pq}^{\infty}=\bigcup_r B_{pq}^r;\ C_{pq}^{\infty}=\bigcap_r C_{pq}^r; \tag{2.11}$$

$$E_{pq}^{\infty}=C_{pq}^{\infty}/B_{pq}^{\infty}. \tag{2.12}$$

我们称分级模 $\{E_{pq}^{\infty}; p,\ q\in\mathbb{Z}\}=E^{\infty}$ 为所述谱序列的极限项. 这个极限项在谱序列的理论中将起很重要的作用. 从直观上看, 当 $r$ 很大时, $E^r$ 将"近似地"等于 $E^{\infty}$. 因此我们往往希望发生这样的情况, 在 $r$ 充分大时, 能有 $E^r=E^{\infty}$, 这就是所谓"有限极限"的想法. 这是可能发生的, 例如, 如果对于所有的 $p$, $q$, 恒有 $d_{pq}^r=0$, 那么, $E^{r+1}=\mathrm{Ker}\, d^r/\mathrm{Im}\, d^r=E^r/0=E^r$, 于是, 若有 $s$, 使在 $r\geqslant s$ 时, 对所有的 $p$ 与 $q$, 都有 $d_{pq}^r=0$, 则必有 $E^s=E^{s+1}=\cdots$, 因而 $E^s=E^{\infty}$.

## §3 过　滤

用过滤的理论可以得到一个象(2.5)那样的正合偶, 从而可以求到一个谱序列.

**定义 5** 设 $\mathbb{C}$ 或为模范畴, 或为复形范畴, 或为分级模的范畴. 对于 $\mathbb{C}$ 中的对象 $C$, 若有一个规则 $F$, 使当 $p\in\mathbb{Z}$ 时, 恒有 $F^pC\subseteq C$, 而且

$$\cdots\subseteq F^{p-1}C\subseteq F^pC\subseteq F^{p+1}C\subseteq\cdots, \tag{3.1}$$

则 $F$ 称为 $C$ 的一个过滤.

有时我们也改写 $F^{-p}$ 为 $F_p$.

对于模范畴 $\mathfrak{A}\mathbb{M}$, $C$ 的过滤 $FC$ 事实上是一系列的子模, $\subseteq\cdots F^pC\subseteq F^{p+1}C\subseteq\cdots\subseteq C$. 对于分级模的范畴, $C=\{C_n,\ n\in\mathbb{Z}\}$是一个分级模, 其任一过滤 $FC$ 事实上是一系列的子分级模, 对任何 $n$, 有一个序列 $\cdots\subseteq F^pC_n\subseteq F^{p+1}C_n\subseteq\cdots\subseteq C_n$.

但对复形范畴来说, 情况有些不同, 因为每一个复形首先是一个分级模, 此外它还有一个微分. 于是, 若 $(C,\ \partial)$ 是一个复形, 那么, $F^pC$ 是一个子复形. 由定义 2 的规定, $F^pC$ 也是一个复形, 其

微分 $\partial^p$ 就是 $\partial$ 在子分级模 $F^pC$ 上的限制. 于是, 嵌入映射 $\eta_p$: $F^pC\to C$ 是一个复形映射, 因而可引出同调映射 $\eta_{*p}$: $H(F^pC)\to H(C)$, 这里 $H(F^pC)$ 与 $H(C)$ 相应表示分级模$\{H_n(F^pC); n\in\mathbb{Z}\}$ 与$\{H_n(C); n\in\mathbb{Z}\}$. 不难看出 $\operatorname{Im}\eta_{*p}\subseteq\operatorname{Im}\eta_{*p+1}$. 我们定义

$$F^pH(C)=\operatorname{Im}\eta_{*p}.$$

于是有

$$\cdots\subseteq F^{p-1}H(C)\subseteq F^pH(C)\subseteq F^{p+1}H(C)\subseteq\cdots\subseteq H(C). \tag{3.2}$$

所以复形的过滤 $F$ 同时也给出了其同调模的一个过滤.

假定 $F$ 是复形$(C,\partial)$的一个过滤, 我们对任一个 $p\in\mathbb{Z}$, 必能找到一个 $\bar{\partial}^p_n$: $F^pC_n/F^{p-1}C_n\to F^pC_{n-1}/F^{p-1}C_{n-1}$, 使有交换图:

$$\begin{array}{ccc} F^{p-1}C_n & \xrightarrow{\partial} & F^{p-1}C_{n-1} \\ \downarrow & & \downarrow \\ F^pC_n & \xrightarrow{\partial} & F^pC_{n-1} \\ \downarrow & & \downarrow \\ C_n/F^{p-1}C_n & \overset{\bar{\partial}}{\dashrightarrow} & F^pC_{n-1}/F^{p-1}C_{n-1} \end{array} \tag{3.3}$$

于是从 $\partial\partial=0$, 得$(F^pC/F^{p-1}C, \bar{\partial}^p)$是一个复形, 因而对每一个 $p\in\mathbb{Z}$, 都有一个复形的正合列

$$F^{p-1}C\rightarrowtail F^pC\twoheadrightarrow F^pC/F^{p-1}C, \tag{3.4}$$

于是由长正合列定理, 有正合列

$$\begin{aligned}\cdots\to H_{n+1}(F^pC/F^{p-1}C)&\xrightarrow{\theta}H_n(F^{p-1}C)\xrightarrow{\phi}H_n(F^pC)\\ &\xrightarrow{\psi}H_n(F^pC/F^{p-1}C)\xrightarrow{\theta}H_{n-1}(F^{p-1}C)\to\cdots,\end{aligned} \tag{3.5}$$

式(3.5)中只有两种类型的项, 一种是 $H_n(F^pC)$, 另一种是 $H_n(F^pC/F^{p-1}C)$. 让 $n=p+q$,

$$\begin{aligned}D_{pq}&=H_n(F^pC)=H_{p+q}(F^pC),\\ E_{pq}&=H_n(F^pC/F^{p-1}C)=H_{p+q}(F^pC/F^{p-1}C),\end{aligned} \tag{3.6}$$

并令 $D=\{D_{pq}\}$, $E=\{E_{pq}\}$都是双分级模, 则(3.5)给出一个正合

三角形

$$\begin{array}{ccc} D & \xrightarrow{\phi[1,-1]} & D \\ & \nwarrow_{\theta[-1,0]} \quad \swarrow_{\psi[0,0]} & \\ & E & \end{array} \tag{3.7}$$

这恰好是正合偶(2.5). 于是由§2的作法,可得一个谱序列

$$\{E^1,\ E^2,\ E^3,\ \cdots,\ E^r,\ \cdots\}. \tag{3.8}$$

这里的 $E^1$ 就是由(3.6)中的 $E_{pq}$ 所组成的双分级模. 因此有

**定理 3** 复形$(C,\ d)$的任一过滤 $F$ 都决定一个谱序列(3.8).

于是,复形$(C,\ d)$的任一个过滤 $F$ 就将提供出两个双分级模,一个是(3.2)中的 $FH(C)=\{F^pH_{p+q}(C)\}$, 另一个是(3.6)中的 $H(FC)=\{H_{p+q}F^pC\}$(这两个双分级模中的 $F$ 与 $H$ 互换), 以及一个谱序列(3.8), 它的第一项$E^1$就是双分级模 $\{H_{p+q}(F^pC/F^{p-1}C)\}$. 当然我们立即就会提出两个问题: (1)这些 $FH(C)$, $H(FC)$ 与 $E$ 之间有什么关系? (2)能否利用这个关系来推断$(C,\ d)$的同调模 $H(C)$ 的性质?

关于第二个问题我们将在下一节中就双复形为例来讨论.

关于第一个问题, 我们将只考虑一种看起来较特殊但却常用的过滤.

**定义 6** 设 $C=\{C_n;\ n\in\mathbb{Z}\}$为分级模, 过滤 $F$ 叫做**有限的**, 如果对每一个 $n\in\mathbb{Z}$, 有 $u=u_n$, $v=v_n$, 使当 $p\leqslant u$ 时, $F^pC_n=0$, 而当 $p\geqslant v$ 时, $F^pC_n=C$, 即, 对每一个 $n\in\mathbb{Z}$, 都有有限链

$$0=F^uC_n\subseteq F^{u+1}C_n\subseteq\cdots\subseteq F^vC_n=C_n. \tag{3.9}$$

有限过滤的定义当然也适用于复形,因为复形首先是分级模.

我们现在证明

**定理 4** 若复形$(C,\ \partial)$有有限过滤 $F$, 而 $\{E^r\}$ 为由它所决定的谱序列, $d$ 为其微分, 则对任何 $p,\ q\in\mathbb{Z}$, 有 $r=r(p,\ q)$, 使

$$(1)\quad E^r_{pq}=E^{r+1}_{pq}=\cdots, \tag{3.10}$$

$$(2)\quad E^r_{pq}\cong F^pH_{p+q}(C)/F^{p-1}H_{p+q}(C). \tag{3.11}$$

我们看到, (3.10)说明了, $E^\infty_{pq}=E^r_{pq}$, 谱序列的极限项 $E^\infty$ 的

每一个 $E_{pq}^{\infty}$ 都等于某一个有限项 $E_{pq}^{r}$. 但 $r$ 并不一定对 $p$, $q$ 一致, 不能因此得出 $E^{\infty}=E^{r}$ 的结论. 虽然如此, (3.11) 却明确了, $E^{\infty}$ 就是(或同构于)由 $F^{p}H_{p+q}(C)/F^{p-1}H_{p+q}(C)$ 所组成的双分级模.

证 (1) 让 $n=p+q$. 若 $p>v_n$, 则 $F^{p}C_n=F^{p-1}C_n=C_n$, 因而 $F^{p}C_n/F^{p-1}C_n=0$, 故由 (3.6), $E_{pq}=0$. 由 (2.9) 与 (2.10), 任何 $E_{pq}^{r}$ 都是 $E_{pq}$ 的子模之商模, 所以对任何 $r$, 都有 $E_{pq}^{r}=0$.

如果 $p\leqslant u_n$, 则 $F^{p}C_n=F^{p-1}C_n=0$, 故对任何 $r$, 也必有 $E_{pq}^{r}=0$.

现在设 $u_n<p\leqslant v_n$. 取 $r\geqslant \max(p-u_{n-1},\ v_{n+1}-p+1)$. 由于 $d^{r}$ (它是 $E^{r}$ 的微分) 的次数是 $[-r,\ r-1]$, 故有 $d_{pq}^{r}(E_{pq}^{r})\subseteq E_{p-r,q+r-1}^{r}$. 上面已证明, 在 $p-r\leqslant u_{n-1}$ 时, $E_{p+r,q-r-1}^{r}=0$, 故 $\operatorname{Ker} d_{pq}^{r}=E_{pq}^{r}$. 又因 $p+r>v_{n+1}$, 故 $E_{p+r,q-r+1}^{r}=0$, 所以 $d_{p+r,q-r+1}^{r}(E_{p+r,q-r+1}^{r})=0$, 即, $(\operatorname{Im} d^{r})_{pq}=\operatorname{Im} d_{p+r,q-r+1}^{r}=0$. 于是, $E_{pq}^{r+1}=(\operatorname{Ker} d^{r})_{pq}/(\operatorname{Im} d^{r})_{pq}=E_{pq}^{r}$.

总之, 只要让 $r=\max(p-u_{n-1},\ v_{n+1}-p+1)$, 就必有 $E_{pq}^{r}=E_{pq}^{r+1}=E_{pq}^{r+2}=\cdots$, 这里 $n=p+q$. 得 (3.10).

(2) 我们考虑由正合偶 (3.7) 所导出的第 $r$ 个导出偶, 并将这个导出偶写成正合列的形状:

$$\cdots\longrightarrow E_{p+r-1,q-r+2}^{r}\xrightarrow{\theta^{r}}D_{p+r-2,q-r+2}^{r}\xrightarrow{\phi^{r}}D_{p+r-1,q-r+1}^{r}$$
$$\xrightarrow{\psi^{r}}E_{pq}^{r}\xrightarrow{\theta^{r}}D_{p-1,q}^{r}\longrightarrow\cdots \qquad (3.12)$$

(注意, $\phi^{r}$, $\psi^{r}$ 与 $\theta^{r}$ 的次数依次为 $[1,\ -1]$, $[1-r,\ r-1]$ 与 $[-1,\ 0]$, 见定理 2). 由导出偶的定义, $D^{2}=\phi(D)$, $D^{3}=\phi^{2}(D^{2})$, $\cdots$, $D_{p-1,q}^{r}=\phi_{p-2,q+1}\phi_{p-3,q+2}\cdots\phi_{p-r,q+r-1}(D_{p-r,q+r-1})$. 由 (3.6) $D_{p-r,q+r-1}=H_{n-1}(F^{p-r}C)$, 这里 $n$ 仍然等于 $p+q$. 于是, 当 $p-r\leqslant u_{n-1}$, 即, $r\geqslant p-u_{n-1}$ 时, $F^{p-r}C_{n-1}=0$, 因此 $D_{p-r,q+r-1}=0$, 从而 $D_{p-1,q}^{r}=0$.

再考虑 $E_{p+r-1,q-r+2}^{r}$, 由 (2.10) 它是 $E_{p+r-1,q-r+2}$ 中两个子模之商, 而 $E_{p+r-1,q-r+2}=H_{n+1}(F^{p+r-1}C/F^{p+r-2}C)$. 如果 $p+r-2\geqslant$

$v_{n+1}$，即，$r \geqslant v_{n+1}-p+2$，则 $F^{p+r-1}C_{n+1}=F^{p+r-2}C_{n+1}=C_{n+1}$，因而 $E_{p+r-1,q-r+2}=0$. 所以，当 $r \geqslant \max(p-u_{n-1},\ v_{n+1}-p+2)$时，(3.12)的两端都为 0,

$$0 \to D^r_{p+r-2,q-r+2} \to D^r_{p+r-1,q-r+1} \to E^r_{pq} \to 0. \qquad (3.13)$$

我们肯定，当 $r \geqslant v_n-p+1$ 时，$D^r_{p+r-1,q-r+1}=F^pH_n(C)$，$n=p+q$.

事实上，由导出偶的定义

$$D^r_{p+r-1,q-r+1}=\phi_{p+r-2,q-r+2}\cdots\phi_{p+1,q-1}\phi_{pq}(D_{pq}), \qquad (3.14)$$

而在另一方面，由(3.5)，这些 $\phi$ 是由嵌入映射

$$F^pC \rightarrowtail F^{p+1}C \rightarrowtail \cdots \rightarrowtail F^{p+r-1}C$$

所得到的同调映射

$$H_n(F^pC) \xrightarrow{\phi_{*pq}} H_n(F^{p+1}C) \to \cdots \to H_n(F^{p+r-1}C), \qquad (3.15)$$

若 $r \geqslant v_n-p+1$，即，$p+r-1 \geqslant v_n$，则 $F^{p+r-1}C_n=C_n$，故(3.14)中诸 $\phi$ 之积实际上是由嵌入映射 $\eta$: $F^pC \rightarrowtail C$ 所得的同调映射 $\eta_*$: $H_n(F^pC) \to H_n(C)$. 由定义，$\operatorname{Im}\eta_*=F^pH_n(C)$，故 $D^r_{p+r-1,q-r+1}=F^pH_n(C)$.

同理，当 $r \geqslant v_n-p+2$ 时，$D^r_{p+r-2,q-r+2}=F^{p-1}H_n(C)$，代入(3.13)，即得(3.11). 定理全部证毕.

比较(3.6)与(3.11)，我们看到，在有限过滤下，以(3.6)中的 $E^1=\{E_{pq}\}$ 为首项的谱序列取(3.11)右方所组成的双分级模为其极限项，$F$ 与 $H$ 恰好互换.

对于这种现象，我们起一个名称，见

**定义 7** 设$\{H_n\}$为(单)分级模，如果由过滤 $F$ 所得的谱序列 $\{E^r\}$有

$$E^\infty_{pq} \cong F^pH_n/F^{p-1}H_n,\ n=p+q,$$

则称 $E$ 收敛于 $H$，记成 $E \underset{p}{\Rightarrow} H$，或 $E^2_{pq} \Rightarrow H_{p+q}$.

因此，定理说明，对于任何复形$(C,\ \partial)$，若 $F$ 为有限过滤，而 $\{E^r\}$ 为由 $F$ 所决定的谱序列，则 $E$ 收敛于 $H(C)$.

## §4 双 复 形

**定义 8** 设双分级模 $M=\{M_{pq}; p, q\in\mathbb{Z}\}$ 有两个到其自身的映射 $\partial: M\to M$ 与 $\delta: M\to M$，它们的次数为 $[-1, 0]$ 与 $[0, -1]$，而且

$$\begin{gathered}\partial_{p-1,q}\partial_{pq}=0,\ \delta_{p,q-1}\delta_{pq}=0,\\ \partial_{p,q-1}\delta_{pq}+\delta_{p-1,q}\partial_{pq}=0,\end{gathered}\tag{4.1}$$

则称 $(M, \partial, \delta)$ 为一个双复形，$\partial$ 与 $\delta$ 为此双复形的微分，或偏微分.

我们可以在 $pq$ 平面上作出双复形的图

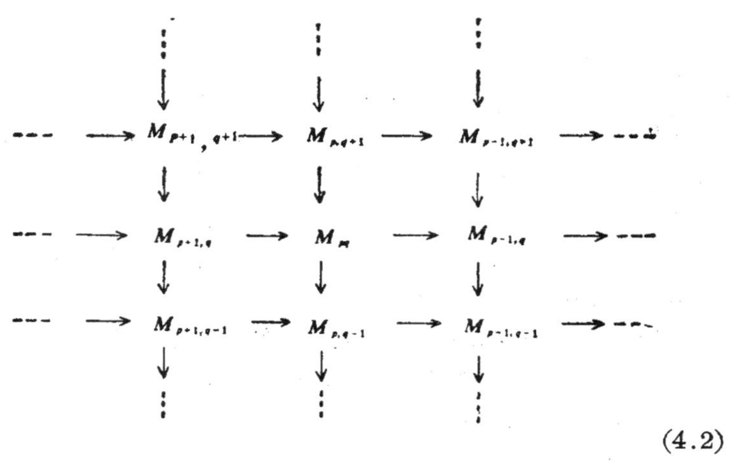

(4.2)

由(4.1)的前两个等式知，双复形(4.2)中每一行与每一列都是复形，第 $q$ 行的复形将表以 $M_{*q}$，而其第 $p$ 列的复形则表以 $M_{p*}$. 以 $H_p(M_{*q})$ 与 $H_q(M_{p*})$ 表示这两个复形的第 $p$ 与第 $q$ 个同调模，即，

$$\begin{aligned}H_p(M_{*q})&=\mathrm{Ker}\,\partial_{pq}/\mathrm{Im}\,\partial_{p+1,q},\\ H_q(M_{p*})&=\mathrm{Ker}\,\delta_{pq}/\mathrm{Im}\,\delta_{p,q+1}.\end{aligned}\tag{4.3}$$

由(4.1)的第三式，(4.2)并不可交换，而是反交换的，因为 $\delta\partial$

$=-\partial\delta$. 要想得到交换图,我们只需将 $\delta_{pq}$ 改成 $(-1)^p\delta_{pq}$ 就行了,这样各行各列仍为复形,不变其 Ker 也不变其 Im,因而仍然得到同样的同调模.

取(4.2)的第 $p$ 列的复形 $(M_{p*}, \delta)$, 其所有同调模之集 $\{H_q(M_{p*}); q\in\mathbb{Z}\}$ 为一个单分级模,记以 $H(M_{p*})$. 由于 $\partial$ 是复形 $M_{p*}$ 到 $M_{p-1,*}$ 的复形映射, 它可引出同调映射 $\partial_{*pq}: H_q(M_{p*})\to H_q(M_{p-1,*})$, 且由 $\partial\partial=0$ 得 $\partial_*\partial_*=0$, 故在 $q$ 固定时, 所有的 $H_q(M_{p*})$ 为一个复形, 而 $\partial_*$ 为其微分(我们把一些足码省掉了). 我们将以 $(H_{*q}(M), \partial_*)$ 来表示这个复形, 而 $H_nH_{*q}(M)$ 为其第 $n$ 个同调模.

同样地, (4.2)的第 $q$ 行也是一个复形 $(M_{*q}, \partial)$, 它的第 $p$ 个同调模为 $H_p(M_{*q}, \partial)$, 而 $\delta_*$ 是 $H_p(M_{*q}, \partial)$ 到 $H_p(M_{*q-1}, \partial)$ 的同调映射. 又因 $\delta_*\delta_*=0$, 在 $p$ 固定时,所有的 $H_p(M_{*q}, \partial)$ 为一个复形 $(H_{p*}(M), \delta_*)$, $\delta_*$ 为其微分, 而 $H_nH_{p*}(M)$ 为其第 $n$ 个同调模.

总之, $H_{*q}(M)$ 是(4.2)中各列复形的第 $q$ 个同调模所组的复形, $\partial_*$ 为其微分, $H_nH_{*q}(M)$ 是这个复形的第 $n$ 个同调模; 而 $H_{p*}(M)$ 是各行复形的第 $p$ 个同调模所组成的复形, $\delta_*$ 为其微分, $H_nH_{p*}(M)$ 为其第 $n$ 个同调模.

对于任何 $n\in\mathbb{Z}$, 定义

$$T_n=\bigoplus_{p+q=n} M_{pq},$$

$T_n$ 中任一个元素 $t_n$ 都可表成一个有限集合 $\{m_{pq}\in M_{pq};\ p+q=n\}$. 再令

$$\tau=\partial+\delta,$$

即, 当 $t_n=\{m_{pq}\}$ 时,

$$\tau_n(t_n)=\{\partial_{pq}(m_{pq})+\delta_{p-1,q+1}(m_{p-1,q+1}); p+q=n\}. \quad (4.4)$$

直接验算即知, $\tau_n$ 是 $T_n$ 到 $T_{n-1}$ 的一个模同态, 而且 $\tau_{n-1}\tau_n=0$, 因而全体 $T_n$ 成一个以 $\tau$ 为微分的复形. 此复形称为双复形 $(M, \partial, \delta)$ 的全复形, 记成 $\mathrm{Tot}\,M$, 其第 $n$ 项为 $(\mathrm{Tot}\,M)_n=T_n$. 有时为简化计(只要不会引起误解), $\mathrm{Tot}\,M$ 改写成 $T$.

我们可对 Tot $M$ 进行两种过滤，一种叫行过滤，另一种叫列过滤.

先考虑行过滤.

设 $p\in\mathbb{Z}$. 定义

$$F^pT_n=\bigoplus_{i\leqslant p}M_{i,n-i},\tag{4.5}$$

于是，首先，$F^pT_n\subseteq F^{p+1}T_n\subseteq T_n$; 其次，如果 $t_n^p\in F^pT_n$, $t_n^p=\{m_{i,n-i}\in M_{i,n-i};\ i\leqslant p\}$, 我们可以把 $t_n^p$ 也看成 $T_n$ 中的一个元素 $t_n=\{m_{i,n-i}\}$, 这里当 $i>p$ 时，$m_{i,n-i}=0$, 所以我们可以定义 $\tau^p$, 使

$$\tau_n^p(t_n^p)=\tau_n(t_n),$$

即，$\tau^p$ 是 $\tau$ 在 $F^pT$ 中的限制. 由于 $\tau_n^p\tau_{n+1}^p=0$, 所以 $F^pT$ 是 $T$ 的子复形，故 $F$ 是 $T$ 的一个过滤. 显然，我们还有

$$\bigcap_p F^pT=0;\ \bigcup_p F^pT=T.$$

设 $\{E^r\}$ 是 $T$ 由 $F$ 所决定的谱序列. 我们首先有

**引理 1** $E_{pq}=H_q(M_{p*})$; $D_{pq}=H_{p+q}(F^pT)$.

**证** 让 $n=p+q$, 因 $F^pT_n=F^{p-1}T_n\oplus M_{pq}$, 故得复形的正合列

$$\begin{array}{ccccccc}
\cdots\longrightarrow & F^{p-1}T_n & \xrightarrow{\tau^{p-1}} & F^{p-1}T_{n-1} & \longrightarrow\cdots \\
 & \downarrow & & \downarrow & \\
\cdots\longrightarrow & F^pT_n & \xrightarrow{\tau^p} & F^{p-1}T_{n-1} & \longrightarrow\cdots \\
 & \downarrow & & \downarrow & \\
\cdots\longrightarrow & M_{pq} & \xrightarrow{\delta_{pq}} & M_{p,q-1} & \longrightarrow\cdots
\end{array}\tag{4.6}$$

于是由(3.6) ($n=p+q$)

$$E_{pq}=H_n(F^pT/F^{p-1}T)=H_q(M_{p*}).\qquad\square$$

我们现在假定$(M,\ \partial,\ \delta)$是第一象限中的双象形，就是说，仅当 $p\geqslant0$ 且 $q\geqslant0$ 时，$M_{pq}$ 才可以不等于 0. 这时，上述过滤当然是有限的，因为对任何 $n\in\mathbb{Z}$, 若 $p\leqslant-1$, 则 $F^pT_n=0$, 而当 $p\geqslant n$ 时，$F^pT_n=T_n$.

于是由定理 4 立得

**定理 5** 设$(M,\ \partial,\ \delta)$是第一象限中的双复形，则对任何 $p$ 与

$q$，有 $r=r(p,\ q)$，使

(1) $E^r_{pq}=E^{r+1}_{pq}=\cdots$;

(2) $E^r_{pq}=F^pH_{p+q}(T)/F^{p-1}H_{p+q}(T)$.

我们来计算 $E^2$. 首先当然要确定 $d^1$ 是什么样的映射.

任取 $n$ 与 $p$，我们有下列的交换图，图中各行各列都是短正合列：

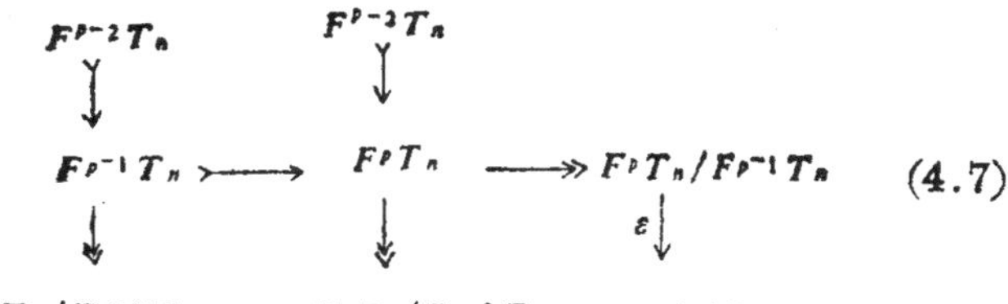

(4.7)

$\varepsilon$ 当然仍表恒等映射. 于是由同调正合列定理以及连接映射的自然性，得交换图

$$\begin{array}{ccccccccc}
\cdots\longrightarrow & H_n(F^{p-1}T) & \longrightarrow & H_n(F^pT) & \longrightarrow & H_n(F^pT/F^{p-1}T) & \longrightarrow & H_{n-1}(F^{p-1}T) & \longrightarrow\cdots \\
 & \downarrow & & \downarrow & & \downarrow & & \downarrow & \\
\cdots\longrightarrow & H_n\left(\dfrac{F^{p-1}T}{F^{p-2}T}\right) & \longrightarrow & H_n(F^pT/F^{p-2}T) & \longrightarrow & H_n(F^pT/F^{p-1}T) & \xrightarrow{\sigma} & H_{n-1}\left(\dfrac{F^{p-1}T}{F^{p-2}T}\right) & \longrightarrow\cdots
\end{array}$$

(4.8)

让 $n=p+q$，由引理 1 并用 § 2 中所用的记号，(4.8)可改写成

$$\begin{array}{ccccccc}
\cdots\longrightarrow & D_{pq} & \xrightarrow{\psi} & E_{pq} & \xrightarrow{\theta_{pq}} & D_{p-1,q} & \longrightarrow\cdots \\
 & \downarrow & & \downarrow{\scriptstyle\varepsilon} & & \downarrow{\scriptstyle\psi_{p-1,q}} & \\
\cdots\longrightarrow & H_n\left(\dfrac{F^pT}{F^{p-2}T}\right) & \longrightarrow & E_{pq} & \xrightarrow{\sigma} & E_{p-1,q} & \longrightarrow\cdots
\end{array} \qquad (4.9)$$

因此 $d^1_{pq}=\psi_{p-1,q}\theta_{pq}=\sigma$. 注意(4.8)中 $\sigma$ 的意义，$d^1=\sigma$ 就是复形的短正合列((4.7)的最下一行)

$$F^{p-1}T/F^{p-2}T \rightarrowtail F^pT/F^{p-2}T \twoheadrightarrow F^pT/F^{p-1}T \tag{4.10}$$

的连接映射. 由于 $F^{p-1}T_n = F^{p-2}T_n \oplus M_{p-1,n-p+1}$, $F^pT_n/F^{p-2}T_n = M_{p-1,n-p+1} \oplus M_{p,n-p}$, 所以(4.10)可改写成下列的交换图

$$\begin{array}{ccccccc}
\cdots & \longrightarrow & M_{p-1,q+1} & \xrightarrow{\delta} & M_{p-1,q} & \longrightarrow & \cdots \\
 & & \downarrow & & \downarrow & & \\
\cdots & \longrightarrow & M_{p-1,q+1} \oplus M_{pq} & \xrightarrow{\bar\tau} & M_{p-1,q} \oplus M_{p,q-1} & \longrightarrow & \cdots \\
 & & \downarrow & & \downarrow & & \\
\cdots & \longrightarrow & M_{pq} & \xrightarrow{\delta} & M_{p,q-1} & \longrightarrow &
\end{array} \tag{4.11}$$

易知, (4.2)中的 $\delta$ 就是复形 $F^{p-1}T/F^{p-2}T$ 与 $F^pT/F^{p-1}T$ 的微分. 用 $\bar\tau$ 来表示 $F^pT/F^{p-2}T$ 的微分. 考虑交换图

$$\begin{array}{ccc}
F^{p-2}T_n & \xrightarrow{\tau^{p-2}} & F^{p-2}T_{n-1} \\
\downarrow & & \downarrow \\
F^pT_n & \xrightarrow{\tau^p} & F^pT_{n-1} \\
\downarrow \pi_n & & \downarrow \pi_{n-1} \\
F^pT_n/F^{p-2}T_n & \xrightarrow{\bar\tau} & F^pT_{n-1}/F^{p-2}T_{n-1}
\end{array} \tag{4.12}$$

如果 $x \in M_{p-1,q+1}$, $y \in M_{pq}$, 则 $(x, y) \in M_{p-1,q+1} \oplus M_{pq} = F^pT_n/F^{p-2}T_n$, 能完成交换图(4.12)的 $\bar\tau$ 必有 $\bar\tau(x, y) = (\delta(x) + \partial(y), \delta(y)) \in M_{p-1,q} \oplus M_{p,q-1}$, 它就是(4.11)中的 $\bar\tau$.

于是, (4.10)的连接映射, $\sigma(=d^1)$ 也就是(4.11)的连接映射, $\sigma$: $H_q(M_{p*}) \to H_q(M_{p-1,*})$. 我们再具体地看看这个 $\sigma$ 到底是什么样的映射.

任取 $x \in H_q(M_{p*})$, 则有 $c \in \operatorname{Ker} \delta_{pq}$, 使 $c$ 在自然同态 $\operatorname{Ker} \delta_{pq} \to H_q(M_{p*}) = \operatorname{Ker} \delta_{pq}/\operatorname{Im} \delta_{p,q+1}$ 下取的象 $[c] = x$. 由第三章求连接映射的作法, 可取 $(0, c) \in M_{p-1,q+1} \oplus M_{pq}$, 再取 $\bar\tau(0, c) = (\partial(c), \delta(c)) \in M_{p-1,q} \oplus M_{p,q-1}$, 则 $\sigma(x) = \sigma([c]) = [\partial(c)]$, 这里 $[\partial(c)]$ 是 $\partial(c)$ 在 $H_q(M_{p-1,*})$ 中的相应元素. 由此看到, $d^1$ 事实上就是

由复形映射 $\partial$: $M_{p*}\to M_{p-1,*}$ 所引出的同调映射 $\partial_*$, 特别, $d^1_{pq}=\partial_{*pq}$: $H_q(M_{p*})\to H_q(M_{p-1*})$, 所以 $E^2_{pq}=\operatorname{Ker} d^1_{pq}/(\operatorname{Im} d^1)_{pq}=\operatorname{Ker}\partial_{*pq}/(\operatorname{Im}\partial_*)_{pq}=H_pH_{*q}(M)$.

我们得到了

**定理 6** 对于第一象限中的双复形$(M, \partial, \delta)$,由上述 $F$ 所决定的谱序列$\{E^r\}$,对任何 $p\geqslant 0$, $q\geqslant 0$,恒有

$$E^2_{pq}=H_pH_{*q}(M).$$

**定义 9** 设 $\{E^r\}$ 为一个谱序列,如果当 $q\neq 0$ 时,$E^2_{pq}$ 恒为 0,则此谱序列叫做衰退的.

我们有

**定理 7** 设$(M, \partial, \delta)$为第一象限中的双复形,而 $F$ 是一个行过滤,$\{E^r\}$是由此过滤所得的谱序列. 如果 $\{E^r\}$ 衰退,则对任何 $d$, $q\in\mathbb{Z}$,均有

$$E^\infty_{pq}=E^2_{pq}, \tag{4.13}$$

而且

$$H_p(\operatorname{Tot} M)\cong E^2_{p0}. \tag{4.14}$$

证 当 $q\neq 0$ 时, $E^2_{pq}=0$, 双分级模 $E^2=\{E^2_{pq}\}$ 的任何子分级模也必有些性质、因为当 $r\geqslant 2$ 时, $E^r=\{E^r_{pq}\}$ 实际上是双分级模 $E^2$ 的两个子分级模的商,所以当 $q\neq 0$ 时,也必有 $E^r_{pq}=0$.

由于 $d^r$ 有次数$[-r, r-1]$, $\operatorname{Im} d^r_{pq}\subseteq E^r_{p-r,q+r-1}$,而当 $q\geqslant 0$, $r\geqslant 2$ 时, $q+r-1>0$, 故 $E^r_{p-r,q+r-1}=0$, 所以 $d^r=0$. 因此, $E^r=\operatorname{Ker} d^r=\operatorname{Ker} d^r/\operatorname{Im} d^r=E^{r+1}$,故 $E^2=E^\infty$.

让 $n=p+q$, $H_n=H_n(\operatorname{Tot} M)=H_n(T)$,则有

$$0=F^{-1}H_n\subseteq F^0H_n\subseteq\cdots\subseteq F^nH_n=H_n, \tag{4.15}$$

但当 $q>0$, 即, $n>p$ 时, $E^2_{pq}=0$, 由定理 5, $E^\infty_{pq}=E^2_{pq}=0=F^pH_n/F^{p-1}H_n$,所以 $F^{p-1}H_n=F^pH_n$. 于是(4.15)变成

$$0=F^{-1}H_n=F^0H_n=\cdots=F^{n-1}H_n\subseteq F^nH_n=H_n,$$

所以

$$E^2_{n0}=F^nH_n/F^{n-1}H_n=F^nH_n=H_n. \qquad \square$$

上面所讨论的理论是对 $p$ 过滤的,我们同样可对 $q$ 过滤,这就

是列过滤. 取

$$\Phi^q T_n = \bigoplus_{j<q} M_{n-j,j}, \tag{4.16}$$

我们将能得到另一个谱序列 $\{E'^1, E'^2, \cdots, E'^r, \cdots\}$，它当然可能与上述的由行过滤所得的谱序列不同，但是却有相平行的性质. 其实，将 $M$ 转置，行变成列，列变成行，设所得的复形为 $M'$ (即，$M'_{pq} = M_{qp}$)，那么，对 $M'$ 作行过滤也就是对 $M$ 作列过滤. 所以，由行过滤所得谱序列 $\{E^r\}$ 的理论经过适当地交换其足码也将适用于 $\{E'^r\}$.

## §5 复形的 ⊗

设 $(P, \partial)$ 为右 $\mathfrak{A}$-模的复形，$(Q, \delta)$ 为左 $\mathfrak{A}$-模的复形，我们立即就可得到一个交换图

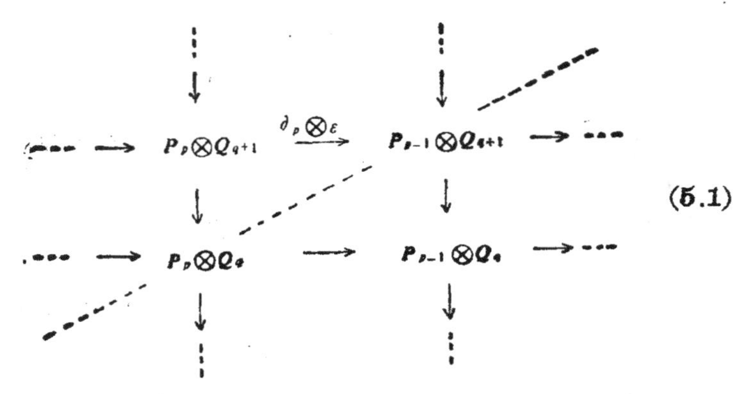


(5.1)

如果我们把 $\varepsilon_{p-1} \otimes \delta_{q+1}$ 换成 $(-1)^{p-1}\varepsilon_{p-1} \otimes \delta_{q+1}$，我们就得到一个双复形，其全复形 Tot 将表以 $P \underset{\mathfrak{A}}{\otimes} Q$ 或 $P \otimes Q$. 具体地说，对任何 $n \in \mathbb{Z}$，有

$$(P \otimes Q)_n = \bigoplus_{p+q=n} P_p \otimes Q_q, \tag{5.2}$$

它是 (5.1) 中斜虚线上诸群之直和，因而当 $t_n \in (P \otimes Q)_n$ 时，$t_n = \{m_{pq};\ m_{pq} \in P_p \otimes Q_q,\ p+q=n\}$，但此集合中只能有有限个元素 $m_{pq}$ 不为 0. 以 $\tau$ 表 $P \otimes Q$ 的微分，则

$$\tau_n(t_n)=\{(\partial_p\otimes\varepsilon_q)(m_{pq})$$
$$+(-1)^{p-1}(\varepsilon_{p-1}\otimes\delta_{q+1})(m_{p-1,q+1})\}.$$

于是，上节所述的理论全部都可应用于目前的情况. 特别，当$(P,\partial)$与$(Q,\delta)$均非负时，即，当$p<0$，或$q<0$时，$P_p$与$Q_q$均等于0，则双复形(5.1)(当然在添上符号因子$(-1)^p$以后)为一个第一象限中的双复形，因而所用的行过滤$F$是有限的. 由其所决定的谱序列仍表以$\{E^r\}$.

首先有

**引理** 设$(P,\partial)$与$(Q,\delta)$均非负，每一个$P_p$都平坦，$(Q,\delta)$是正合列，则谱序列$\{E^r\}$衰退，因而对任何$n\in\mathbb{Z}$，恒有

$$E^2_{n0}=H_n(P\otimes Q).\tag{5.3}$$

证 因$(Q,\delta)$为正合列，故当$q>0$时，$H_q(Q)=0$. 又因$P$平坦，$H_q(P_p\otimes Q)=P_p\otimes H_q(Q)=0$. 注意，$P_p\otimes Q$是双复形(5.1)的第$p$列的复形，而$H_q(P_p\otimes Q)$是该列复形的第$q$个同调模. 于是$H_{*q}(P\otimes Q)=0$，因而由定理6，当$q>0$时，$E^2_{pq}=H_pH_{*q}(P\otimes Q)=0$，谱序列$\{E^r\}$衰退.

(5.3)式得自定理7. □

**定理8** 若$(P,\partial)$是$A$的投射分解，$(Q,\delta)$是$B$的投射分解，$A$为右$\mathfrak{A}$-模，$B$为左$\mathfrak{A}$-模，则

$$\mathrm{Tor}_n^{\mathfrak{A}}(A,B)=H_n(P\otimes Q).$$

证 由引理，我们只需证明$E^2_{n0}=\mathrm{Tor}_n^{\mathfrak{A}}(A,B)$就行了.

由定理6，$E^2_{n0}=H_nH_{*0}(P\otimes Q)$，这里$H_{*0}(P\otimes Q)$表示(5.1)中各列复形的第0个同调模所成的复形，其微分为$\partial_*$. 试取第$p$列，得

$$\cdots\to P_p\otimes Q_q\to\cdots\to P_p\otimes Q_1\to P_p\otimes Q_0\twoheadrightarrow P_p\otimes B,$$

其第0个同调模为$\mathrm{Cok}\,\varepsilon\otimes\delta_1=P_p\otimes B$，因此，$E^2_{n0}=H_nH_{*0}(P\otimes Q)$是复形

$$\cdots\to P_n\otimes B\to P_{n-1}\otimes B\to\cdots\to P_0\otimes B\to A\otimes B$$

的第$n$个同调模，即，$E^2_{n0}=H_n(P\otimes B)$. 这恰是$\mathrm{Tor}_n^{\mathfrak{A}}(A,B)$的定义. □

当然，如果我改为对 $q$ 过滤，若所得的谱序列为$\{E''\}$，我们将得到同样的结果.

上述两个复形的 $\otimes$ 的概念尚可以推广到三个复形. 首先需要定义两个左模的张量积.

设 $K$ 为交换环，$\mathfrak{A}$ 与 $\mathfrak{B}$ 都是 $K$ 环(或称 $K$ 上的代数)，$A$ 与 $B$ 为左 $\mathfrak{A}$-模与左 $\mathfrak{B}$-模. $A$ 当然也可以定义成为一个 $K$-模，这只需当 $k\in K$, $a\in A$ 时，让 $ka=k1_{\mathfrak{A}}a$ 就行了. 如果认定 $\mathfrak{A}$, $\mathfrak{B}$, $A$, 与 $B$ 都是 $K$-模，则映射($W$ 为一个 $K$-模)

$$\phi: \mathfrak{A}\times\mathfrak{B}\times A\times B\to W$$

叫做 4 重线性的，若(1) $\phi$ 对 $\mathfrak{A}$, $\mathfrak{B}$, $A$ 与 $B$ 都线性，(2) $\phi(k_1\alpha, k_2\beta, k_3a, k_4b)=k_1k_2k_3k_4\phi(\alpha, \beta, a, b)$. 假定 $\phi: \mathfrak{A}\times\mathfrak{B}\times A\times B\to W$ 为 4 重线性映射，并对任何 4 重线性映射 $\psi$: $\mathfrak{A}\times\mathfrak{B}\times A\times B\to V$，必有唯一的 $K$-同态 $f: W\to V$，使 $f\phi=\psi$，则 $W$ 叫做 $\mathfrak{A}$, $\mathfrak{B}$, $A$ 与 $B$ 的张量积(关于 $K$)，记成 $W=\mathfrak{A}\underset{K}{\otimes}\mathfrak{B}\underset{K}{\otimes}A\underset{K}{\otimes}B$.

假定 $A$ 为左 $\mathfrak{A}$-模，$B$ 为左 $\mathfrak{B}$-模，$W=\mathfrak{A}\underset{K}{\otimes}\mathfrak{B}\underset{K}{\otimes}A\underset{K}{\otimes}B$，取$V=A\underset{K}{\otimes}B$，并令

$$\psi:\ \mathfrak{A}\times\mathfrak{B}\times A\times B\to V\ (\alpha,\ \beta,\ a,\ b)\mapsto\alpha a\otimes\beta b,$$

则 $\psi$ 显然是 4 重线性的，故有 $f: W\to V$，使

$$f(\alpha\otimes\beta\otimes a\otimes b)=\alpha a\otimes\beta b\in V.$$

我们取

**定义 10** 若 $\gamma\in\mathfrak{A}\underset{K}{\otimes}\mathfrak{B}$, $c\in A\underset{K}{\otimes}B$，则令

$$\gamma c=f(\gamma\otimes c)\in A\underset{K}{\otimes}B.$$

于是

$$(\alpha\otimes\beta)(a\otimes b)=\alpha a\otimes\beta b.$$

特别，当 $\mathfrak{A}=A$, $\mathfrak{B}=B$ 时，$\mathfrak{A}\underset{K}{\otimes}\mathfrak{B}$ 是一个环，而 $A\underset{K}{\otimes}B$ 是一个左 $\mathfrak{A}\otimes\mathfrak{B}$ 模.

我们来证明

**定理 9** 若 $A$ 为左 $\mathfrak{A}$-模，$B$ 为左 $\mathfrak{B}$-模，$\mathfrak{A}$ 与 $\mathfrak{B}$ 都是 $K$ 环，$C$ 是左 $\mathfrak{A}\otimes\mathfrak{B}$-模，$X$ 是右 $\mathfrak{A}\otimes\mathfrak{B}$-模，则有两个自然同构:

$$\xi: (X\underset{\mathfrak{A}}{\otimes}A)\underset{\mathfrak{B}}{\otimes}B\to X\underset{\mathfrak{A}\otimes\mathfrak{B}}{\otimes}(A\underset{K}{\otimes}B) \tag{5.4}$$

与

$$\zeta: \mathrm{Hom}_{\mathfrak{A}}(A, \mathrm{Hom}_{\mathfrak{B}}(B, C)) \to \mathrm{Hom}_{\mathfrak{A}\otimes\mathfrak{B}}(A\otimes B, C), \quad (5.5)$$

$$\phi \mapsto f,$$

$$\phi(a)(b) = f(a\otimes b).$$

证　象(5.5)这样的同构，我们在第三章的§9中曾见到过，但稍有不同，不过其证法是完全相同的，这里不再重复．(注意，当 $f\in \mathrm{Hom}_{\mathfrak{B}}(B,C)$，$\alpha\in\mathfrak{A}$ 时，$(\alpha f)(b) = (\alpha\otimes 1_{\mathfrak{B}})f(b)\in C$，故 $\mathrm{Hom}_{\mathfrak{B}}(B, C)$ 是一个左 $\mathfrak{A}$-模.)

现在证明(5.4)．首先说明，$X$ 是一个右 $\mathfrak{A}$-模，因为可定义 $x\alpha = x(\alpha\otimes 1_{\mathfrak{B}})$.

先设 $X = \mathfrak{A}\underset{K}{\otimes}\mathfrak{B}$．于是

$$(X\underset{\mathfrak{A}}{\otimes}A)\underset{\mathfrak{B}}{\otimes}B = ((\mathfrak{A}\underset{K}{\otimes}\mathfrak{B})\underset{\mathfrak{A}}{\otimes}A)\underset{\mathfrak{B}}{\otimes}B$$

$$\cong (\mathfrak{A}\underset{\mathfrak{A}}{\otimes}A)\underset{K}{\otimes}(\mathfrak{B}\underset{\mathfrak{B}}{\otimes}B) \cong A\underset{K}{\otimes}B \cong (\mathfrak{A}\otimes\mathfrak{B})\underset{\mathfrak{A}\otimes\mathfrak{B}}{\otimes}(A\otimes B).$$

因此，若 $X$ 是自由 $\mathfrak{A}\otimes\mathfrak{B}$-模，我们也必有同构 $\xi$.

最后，让 $X$ 为任意的 $\mathfrak{A}\otimes\mathfrak{B}$ 模．取 $F_1$ 与 $F_0$ 为自由 $\mathfrak{A}\otimes\mathfrak{B}$-模，使有右正合列

$$F_1 \to F_0 \twoheadrightarrow X,$$

则有 $\xi_1$ 与 $\xi_0$，并因而可求到 $\xi$ 得交换图

$$\begin{array}{ccccc}
(F_1\otimes A)\otimes B & \longrightarrow & (F_0\otimes A)\otimes B & \longrightarrow & (X\otimes A)\otimes B \\
\xi_1\downarrow & & \xi_0\downarrow & & \xi\downarrow \\
F_1\otimes(A\otimes B) & \longrightarrow & F_0\otimes(A\otimes B) & \longrightarrow & X\otimes(A\otimes B)
\end{array} \quad (5.6)$$

已知 $\xi_1$ 与 $\xi_0$ 均为同构，故由五引理(右边再添两对0)知 $\xi$ 也为同构.

同构 $\xi$ 与 $\zeta$ 的自然性(对所有的变量)是明显的．□

由此立得

**推论 1**　若 $A$ 与 $B$ 相应为平坦 $\mathfrak{A}$-模与平坦 $\mathfrak{B}$-模，则 $A\underset{K}{\otimes}B$ 为平坦 $\mathfrak{A}\otimes\mathfrak{B}$-模.

**事实上**,若有右 $\mathfrak{A}\otimes\mathfrak{B}$-模的短正合列

则有
$$X_1\rightarrowtail X_0\twoheadrightarrow X,$$
$$X_1\underset{\mathfrak{A}}{\otimes}A\rightarrowtail X_0\otimes A\twoheadrightarrow X\otimes A,$$

这是右 $\mathfrak{B}$-模的短正合列,故有

$$(X_1\underset{\mathfrak{A}}{\otimes}A)\underset{\mathfrak{B}}{\otimes}B\rightarrowtail(X_0\otimes A)\otimes B\twoheadrightarrow(X\otimes A)\otimes B,$$

因此有 $X_1\underset{\mathfrak{A}\otimes\mathfrak{B}}{\otimes}(A\otimes B)\rightarrowtail X_0\otimes(A\otimes B)\twoheadrightarrow X\otimes(A\otimes B)$. □

**推论 2** 若 $A$ 与 $B$ 相应为投射 $\mathfrak{A}$-模与投射 $\mathfrak{B}$-模, 则 $A\otimes B$ 为投射 $\mathfrak{A}\otimes\mathfrak{B}$-模.

证明方法与推论 1 的证法基本相同,但需用(5.5). □

现在我们证明

**定理 10** 设 $A$ 为左 $\mathfrak{A}$-模, $B$ 为左 $\mathfrak{B}$-模, $\mathfrak{A}$ 与 $\mathfrak{B}$ 都是 $K$ 环, $C$ 为右 $\mathfrak{A}\otimes\mathfrak{B}$-模, $(P,\ \partial)$, $(Q,\ \delta)$ 与 $(S,\ d)$ 相应为 $A$, $B$ 与 $C$ 的投射分解,且 $C$ 是平坦右 $\mathfrak{A}$-模,则

$$H_n(S\otimes P\otimes Q)=\mathrm{Tor}_n^{\mathfrak{A}}(C\underset{\mathfrak{A}}{\otimes}A,\ B),$$

这里的 $S\otimes P\otimes Q$ 指 $S\underset{\mathfrak{A}\otimes\mathfrak{B}}{\otimes}(P\underset{K}{\otimes}Q)$,它与 $(S\underset{\mathfrak{A}}{\otimes}P)\underset{\mathfrak{B}}{\otimes}Q$ 自然同构.

证 我们需要过滤两次.

第一次,让 $T'=P\underset{K}{\otimes}Q$, $T=S\otimes T'$,取 $q\geqslant 0$,让 $F^qT_n=\underset{i\leqslant q}{\oplus}S_{n-i}\otimes T'_i$,则得一个由 $F$ 所决定的谱序列$\{E'^r\}$. 此谱序列是衰退的,因为由推论 2, $T'_i$ 是投射 $\mathfrak{A}\otimes\mathfrak{B}$-模, 因而平坦, 而$(S,\ d)$为正合列. 于是由引理, $E'^2_{0n}=H_n(S\otimes T')$. 在定理 8 的证明中,我们可得到 $E'^2_{0n}=H_n(C\otimes T')$,所以

$$H_n(S\otimes P\otimes Q)=H_n(C\otimes T')=H_n(C\otimes P\otimes Q).$$

让 $R=C\underset{\mathfrak{A}}{\otimes}P$,则因 $C$ 是平坦 $\mathfrak{A}$-模, 故$(R,\ \varepsilon\otimes\partial)$为一个正合列. 对 $R\otimes Q$ 再过滤一次, 又得一个谱序列 $\{E^r\}$. 因 $Q$ 平坦, $R$ 正合, 故 $E$ 也衰退, 所以 $E^2_{0n}=H_n(R\otimes Q)=H_n((C\otimes P)\otimes Q)=H_n(C\otimes A\otimes Q)=\mathrm{Tor}_n^{\mathfrak{B}}(C\otimes A,\ B)$. □

同样地，用两次过滤，可得

**定理 11** 若 $\mathfrak{A}$ 与 $B$ 都是平坦 $K$-模(例如 $K$ 是一个域)，则

$$H_n(S\otimes P\otimes Q)=\mathrm{Tor}_n^{\mathfrak{A}\otimes\mathfrak{B}}(C,\ A\otimes B).$$

证 因 $\mathfrak{A}$ 是平坦 $K$-模，可证得 $P$ 是平坦 $K$-模，且 $S\otimes P$ 是平坦右 $\mathfrak{B}$-模. 于是可先滤出一个 $B$，再滤出一个 $A$，即得.

推论 1 与推论 2 使我们提出另一个问题，内射模是否有类似的性质，左内射模的张量积是否仍为左内射模. 答案一般是否定的，但是我们可以证明.

**定理 12** 设 $K$ 为域，$\mathfrak{A}$ 与 $\mathfrak{B}$ 都是域 $K$ 上的有限维代数，$A$ 与 $B$ 相应为内射左 $\mathfrak{A}$-模与内射左 $\mathfrak{B}$-模，则 $A\otimes B$ 是内射左 $\mathfrak{A}\otimes\mathfrak{B}$-模.

证 $\mathfrak{A}$ 与 $\mathfrak{B}$ 都是双边的 ACC 环，于是由第四章 §12 定理 40，$A=\bigoplus\limits_{\lambda}A_\lambda$，$B=\bigoplus\limits_{\omega}B_\omega$，这里的 $A_\lambda$ 与 $B_\omega$ 都是不可分解的内射模，而且 $A_\lambda=E(\mathfrak{A}/I_\lambda)$，$B_\omega=E(\mathfrak{B}/I_\omega)$，$I_\lambda$ 与 $I_\omega$ 都是相应的环内的不可约左理想，$E(\mathfrak{A}/I_\lambda)$ 与 $E(\mathfrak{B}/I_\omega)$ 为 $\mathfrak{A}/I_\lambda$ 与 $\mathfrak{B}/I_\omega$ 的内射包. 于是 $A\otimes B=\bigoplus\limits_{\lambda,\omega}A_\lambda\otimes B_\omega$，并因 $\mathfrak{A}\otimes\mathfrak{B}$ 也是 ACC 环(域 $K$ 上的有限维代数)，由第四章定理 38，若能证明 $A_\lambda\otimes B_\omega$ 都是内射 $\mathfrak{A}\otimes\mathfrak{B}$-模，则 $A\otimes B$ 必是内射 $\mathfrak{A}\otimes\mathfrak{B}$-模.

让 $A=\mathfrak{A}/I$，则因 $K$ 是一个域，$A$ 必是内射 $K$ 模，所以 $\mathrm{Hom}_K(\mathfrak{A},A)$ 是一个内射 $\mathfrak{A}$ 模. 当 $a\in A$ 时，定义 $f_a:\mathfrak{A}\to A$，使 $f_a(\alpha)=\alpha a$，则 $f_a\in\mathrm{Hom}_K(\mathfrak{A},\ A)$. 令 $\eta:A\to\mathrm{Hom}_K(\mathfrak{A},\ A)$，使 $\eta(a)=f_a$，则 $\eta$ 是单同态，因而可以认定 $A$ 是 $\mathrm{Hom}(\mathfrak{A},\ A)$ 的一个子模(注意，$\mathrm{Hom}_K(\mathfrak{A},\ A)$ 是一个左 $\mathfrak{A}$-模). 由于 $\mathrm{Hom}(\mathfrak{A},\ A)$ 是内射 $\mathfrak{A}$-模，$A$ 的内射包 $E(A)$ 必含于 $\mathrm{Hom}(\mathfrak{A},\ A)$ 内，且为后者的直和加项，所以 $\mathrm{Hom}(\mathfrak{A},\ A)=E(A)\oplus A'$. 同理，若 $B=\mathfrak{B}/J$，则 $\mathrm{Hom}_K(\mathfrak{B},\ B)=E(B)\oplus B'$. 因此，若能证明 $\mathrm{Hom}_K(\mathfrak{A},\ A)\otimes\mathrm{Hom}(\mathfrak{B},B)$ 是一个内射 $\mathfrak{A}\otimes\mathfrak{B}$-模，我们的定理就证出了.

任取 $f\in\mathrm{Hom}(\mathfrak{A},\ A)$，$g\in\mathrm{Hom}(\mathfrak{B},\ B)$，如果 $f(\alpha)=a$，$g(B)=b$，我们可取一个映射 $h:\mathfrak{A}\underset{K}{\otimes}\mathfrak{B}\to A\underset{K}{\otimes}B$ 使 $h(\alpha\otimes\beta)=a\otimes b$. 易

知 $h$ 是($K$ 上的)线性空间 $\mathfrak{A}\otimes\mathfrak{B}$ 到 $A\underset{K}{\otimes}B$ 的一个线性变换，故 $h\in\mathrm{Hom}_K(\mathfrak{A}\otimes\mathfrak{B},\ A\otimes B)$. 这种让$(f,\ g)$与 $h$ 的对应提供了一个同态

$$\xi:\mathrm{Hom}(\mathfrak{A},\ A)\otimes\mathrm{Hom}(\mathfrak{B},\ B)\to\mathrm{Hom}(\mathfrak{A}\otimes\mathfrak{B},\ A\otimes B),\qquad(5.7)$$

双方都是$K$上的线性空间，现计算其线性维数. 由于 $A$ 与 $B$ 相应等于 $\mathfrak{A}/I$ 与 $\mathfrak{A}/J$; 因此有维数 $n_1$ 与 $m_1$, 均 $<\infty$, 再设 $\mathfrak{A}$ 与 $\mathfrak{B}$ 有维数等于 $n$ 与 $m$, 故(5.7)的左方的维数为 $nn_1mm_1$, 而右方有维数等于 $nmn_1m_1$. 所以 $\xi$ 是同构. 这个同构事实上也是模同构，若$\xi(f\otimes g)=h$, $\alpha\in\mathfrak{A}$, $\beta\in\mathfrak{B}$, (注意 $\alpha f\in\mathrm{Hom}(\mathfrak{A},\ A)$, $\beta g\in\mathrm{Hom}(\mathfrak{B},\ B)$)则 $\xi((\alpha f)\otimes(\beta g))=(\alpha\otimes\beta)h$.

由于(5.7)的右方是内射 $\mathfrak{A}\otimes\mathfrak{B}$-模，故左方也是内射 $\mathfrak{A}\otimes\mathfrak{B}$-模. □

如果 $\mathfrak{A}$ 与 $\mathfrak{B}$ 不是有限维代数，纵然都满足升链条件，两个内射模的张量积仍未必是内射模. 举一反例. 设 $\mathfrak{A}=K[x]$, $\mathfrak{B}=K[y]$ 都是域上一元多项式环. 让 $A=K(x)$, $B=K(y)$ 为有理函数域，它们当然相应是内射 $\mathfrak{A}$-模与内射 $\mathfrak{B}$-模. 易知 $\mathfrak{A}\otimes\mathfrak{B}=K[x,\ y]$ 为二元多项式环，而 $A\otimes B$ 是有理函数域中可分离变量的函数 $\sum f_i(x)g_i(y)$ 之集合，它不可能是内射 $K[x,\ y]$-模; 例如，它不能是有理函数域 $K(x,\ y)$(作为 $K[x,\ y]$-模)的直和加项.

附注　五十年代末期，域 $K$ 上两个代数 $\mathfrak{A}$ 与 $\mathfrak{B}$ 的张量积 $\mathfrak{A}\otimes\mathfrak{B}$ 的总体维数的问题曾为许多同调代数学家们所注意，其关键当然在于求左 $\mathfrak{A}$-模 $A$ 与左 $\mathfrak{B}$-模 $B$ 的张量积 $A\otimes B$ 的投射维数. 关于这个问题的阐述可见于周伯壎在《数学的研究与评论》创刊号(1981)上所发表的论文"左模的张量积与同调维数". 关于 $K$ 为一般交换环的情况尚很少研究.

## §6 上双复形

上双复形是双复形的对偶概念. 若双分级模 $\{M^{pq};\ p,\ q\in\mathbb{Z}\}$ 有映射 $\partial$ 与 $\delta$, 其次数为$[1,\ 0]$与$[0,\ 1]$, 而且

$$\partial\partial=0,\ \delta\delta=0,\ \partial\delta+\delta\partial=0, \tag{6.1}$$

则$(M,\ \partial,\ \delta)$为一个上双复形，于是，上双复形可表以一个交换图

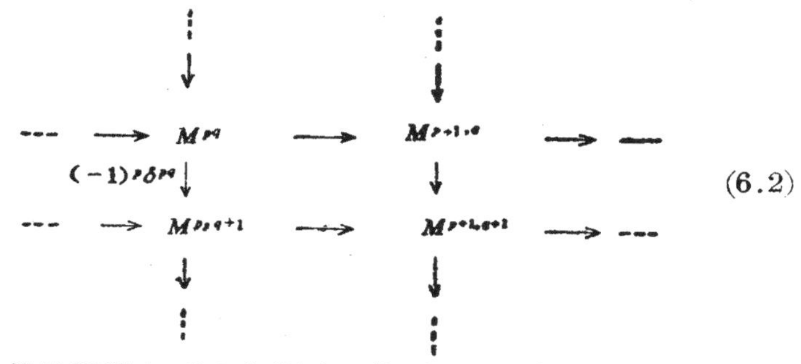


(6.2)

图中的符号因子$(-1)^p$当然可以按需要改用$(-1)^{p-1}$，$(-1)^{p+q}$或$(-1)^{p+q-1}$. 由(6.1)，(6.2)的各行各列都是上复形，其第$p$列复形的第$q$个上同调模将表以$H^q(M^{p*})$，而所有各列的第$q$个上同调模为一个单分级模$\{H^{*q}(M)\}$，它事实上也是一个上复形，因为由$\partial$可引出其微分$\partial^*$. 于是复形$(H^{*q},\ \partial^*)$的第$n$个上同调模将表以$H^nH^{*q}(M)$. 同样有$H^{p*}(M)$，它是所有各行复形的第$p$个上同调模所组成以$\delta^*$为微分之上复形，其第$n$个上同调模将表以$H^nH^{p*}(M)$.

设$n\in\mathbb{Z}$，定义

$$T^n=\prod_{p+q=n}M^{pq}, \tag{6.3}$$

而当

$$t^n=\{m^{pq}\in M^{pq};\ p+q=n\}$$

时，定义

$$\tau^n(t^n)=\{\partial^{pq}(m^{pq})+\delta^{p+1,q-1}(m^{p+1,q-1});\ p+q=n\}, \tag{6.4}$$

易知$\tau^n(t^n)\in T^{n+1}$，且$\tau^{n+1}\tau^n=0$，因而得一个上复形$(T,\ \tau)$，称为$(M,\ \partial,\ \delta)$的全复形，也记之为$\mathrm{Tot}\,M$，或$T$.（注意，若$M$是双复形，则$\mathrm{Tot}\,M$中的$T_n$用$\oplus$来定义，而当$M$是上复形时，$T^n$用$\prod$来定义.）

对于$(T,\ \tau)$我们定义一个过滤$\Phi$，使$\Phi_pT$为$T$的子复形，$\Phi_pT^n\subseteq\Phi_{p-1}T^n\subseteq T^n$. 在实用时还需加上条件$\bigcap_p\Phi_pT^n=0$，$\bigcup_p\Phi_pT^n=T^n$. 于是，由短正合列

$$\Phi_pT \rightarrowtail \Phi_{p-1}T \twoheadrightarrow \Phi_{p-1}T/\Phi_pT,$$

得长正合列

$$\cdots \to H^n(\Phi_pT) \to H^n(\Phi_{p-1}T) \to H^n(\Phi_{p-1}T/\Phi_pT) \to H^{n+1}(\Phi_pT) \to \cdots, \tag{6.5}$$

令

$$D^{pq} = H^{p+q}\Phi_pT,$$
$$E^{pq} = H^{p+q}\Phi_{p-1}T/\Phi_pT, \tag{6.6}$$

我们得一个正合偶

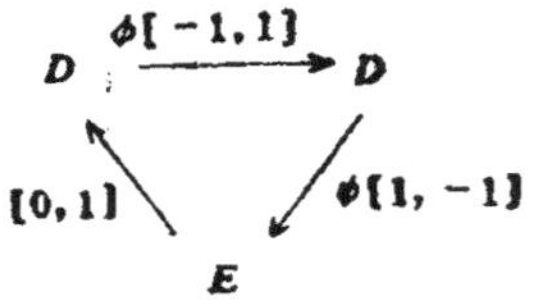

$$\begin{array}{ccc} D & \xrightarrow{\phi[-1,1]} & D \\ {\scriptstyle [0,1]}\nwarrow & & \swarrow{\scriptstyle \phi[1,-1]} \\ & E & \end{array} \tag{6.7}$$

同样作其导出偶. 设其第 $r$ 次的导出偶为 $(D_r, E_r; \phi_\lambda, \psi_r, \theta_r)$, 由其所决定的谱序列为 $\{E_r\}$, $E_r$ 的微分为 $d_r$, 则 $\phi_r$, $\psi_r$, $\theta_r$ 与 $d_r$ 依次有次数 $[-1, 1]$, $[r, -r]$, $[0, 1]$ 与 $[r, 1-r]$.

过滤 $\Phi$ 叫做有限的, 如果对任何 $n$, 有 $u=u_n$ 与 $v=v_n$, 使当 $p\geqslant u$ 时, $\Phi_pT^n=0$, 而当 $p\leqslant v$ 时, $\Phi_pT^n=T^n$.

以下的理论都与§3, §4相类似, 各定理的证明几乎可以逐字照抄, 当然需作必要的改动, 所以我们略去其证明.

**定理 13** 若过滤 $\Phi$ 是有限的, 则对任何 $p$, $q\in\mathbb{Z}$, 有 $r=r(p,q)$, 使

(1) $E_r^{pq}=E_{r+1}^{pq}=\cdots$,

(2) $E_r^{pq}=\Phi_{p-1}H^{p+q}(T)/\Phi_pH^{p+q}(T)$,

这里 $\Phi_pH^{p+q}(T)$ 的定义见§3.

现在假定 $(M, \partial, \delta)$ 是第一象限中的上双复形, 即, $M^{pq}$ 的 $p$ 与 $q$ 仅取非负整数(其它的 $M^{pq}$ 可设为 0). 我们取 $\Phi_pT^n=\prod\limits_{i>p}M^{i,n-i}$, 则过滤 $\Phi$ 是有限的, 而且有

**定理 14** $E^{pq}=H^q(M^{p*})$.

**定理 15** $E_2^{pq}=H^pH^{*q}(M)$.

**定理 16** 如果 $E$ 又是衰退的, 即当 $q\neq0$ 时, $E_2^{pq}=0$, 则

(1) $E_\infty^{pq}=E_2^{pq}$, 对所有的 $p\geqslant0$, $q\geqslant0$;

(2) $E_\infty^{p0}=E_2^{p0}\cong H^p(\mathrm{Tot}\,M)$.

证 (1) 若 $q\neq 0$, 则 $E_2^{pq}=0$, 因而 $E_3^{pq}=0$(它是 $E_2^{pq}$ 中两个子分级模之商), …….

若 $q=0$, 且 $r\geqslant 2$, 则因 $d_r$ 的次数 $[r,\ 1-r]$, 故 $\mathrm{Im}\,d_r^{pq}\subseteq E_r^{p+r,q-r+1}=0$ (这时 $q-r+1$ 为负数), 即, $\mathrm{Ker}\,d_r^{pq}=E_r^{pq}$. 又 $d_r^{p-r,q+r-1}$ 是 $E_r^{p-r,q+r-1}$ 到 $E_r^{pq}$ 的映射, 当 $q=0$ 时, $E_2^{p-r,q+r-1}=0$, 所以 $E_{r+1}^{p0}=E_r^{p0}=E_2^{p0}$.

(2) 让 $n=p+q$, $H^n=H^n(\mathrm{Tot}\,M)=H^n(T)$, 则由

$$T^n=\Phi_0T^n\supseteq\Phi_1T^n\supseteq\cdots\supseteq\Phi_nT^n\supseteq\Phi_{n+1}T^n=0,$$

得

$$H^n=\Phi_0H^n\supseteq\Phi_1H^n\supseteq\cdots\supseteq\Phi_{n-1}H^n\supseteq\Phi_nH^n\supseteq\Phi_{n+1}H^n=0. \qquad (6.8)$$

因为 $$E_2^{pq}=\Phi_{p-1}H^{p+q}/\Phi_pH^{p+q},$$

故 $$H^n=\Phi_0H^n=\Phi_1H^n=\cdots=\Phi_{n-1}H^n.$$

又因 $0=E_2^{n+1,-1}=\Phi_nH^n/\Phi_{n+1}H^n$, 得 $\Phi_nH^n=0$,

所以(6.8)变成

$$H^n=\Phi_0H^n=\Phi_1H^n=\cdots=\Phi_{n-1}H^n\supset\Phi_nH^n=0.$$

特别 $$E_2^{n0}=\Phi_{n-1}H^n/\Phi_nH^n=H^n.\ \square$$

**推论** 若 $E$ 衰退, 则对任何 $n$, 恒有

$$H^nH^{*0}(M)=H^n(\mathrm{Tot}\,M).$$

我们把这个理论用于下述的情况.

让 $(P,\ \partial)\to A$ 为左 $\mathfrak{A}$-模 $A$ 的投射分解, 而 $B\to(Q,\ \delta)$ 为左 $\mathfrak{A}$-模的内射分解, 让 $M^{pq}=\mathrm{Hom}(P_p,\ Q^q)$, 则得一个交换图:

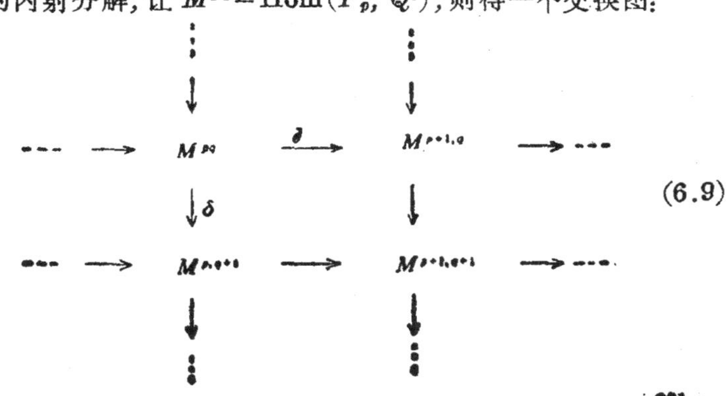


(6.9)

这里当 $f\in\mathrm{Hom}(P_p, Q^q)$ 时，$\partial^{pq}(f)=f\partial_{p+1}$，$\delta^{pq}(f)=\delta^q f$. 由于 $P_p$ 为投射模，$Q^q$ 为内射模，(6.9)的各行各列都正合，所以当 $q\neq 0$ 时，$H^{*q}(M)=0$. 因此由定理 15，当 $q\neq 0$ 时，$E_2^{pq}=0$，所得的谱序列衰退. 又由定理 16

$$E_2^{p0}=H^p(\mathrm{Tot}\,M). \tag{6.10}$$

重写(6.9)的第 $p$ 列为

$$\mathrm{Hom}(P_p, B)\to\mathrm{Hom}(P_p, Q^0)\to\mathrm{Hom}(P_p, Q^1)\to\cdots,$$

得

$$H^0M^{p*}=\mathrm{Hom}(P_p, B).$$

而 $H^pH^{*0}(M)$ 恰是复形

$$\cdots\to\mathrm{Hom}(P_{p-1}, B)\to\mathrm{Hom}(P_p, B)\to\mathrm{Hom}(P_{p-1}, B)\to\cdots$$

的第 $p$ 个上同调模，它正好是 $\mathrm{Ext}^p_{\mathfrak{A}}(A, B)$. 我们证明了.

**定理 17** 若 $(P, \partial)$ 是 $A$ 的投射分解，$(Q, \delta)$ 是 $B$ 的内射分解，让 $M^{pq}=\mathrm{Hom}_{\mathfrak{A}}(P_p, Q^q)$，微分为 $\partial^{pq}$ 与 $\delta^{pq}$，则

$$H^n(\mathrm{Tot}\,M)=\mathrm{Ext}^n_{\mathfrak{A}}(A, B).$$

## §7 关于 $\otimes$ 的 Künneth 定理

设

$$(X, d)\cdots\to X_p\xrightarrow{d}X_{p-1}\to X_{p-2}\to\cdots \tag{7.1}$$

为右 $\mathfrak{A}$-模的复形，其第 $p$ 个同调模表以 $H_p(X)$；

$$(Y, \partial)\cdots\to Y_q\to Y_{q-1}\to Y_{q-2}\to\cdots \tag{7.2}$$

为左 $\mathfrak{A}$-模的复形，第 $q$ 个同调模表以 $H_q(H)$，我们的问题是，$X$ 与 $Y$ 的张量积 $X\otimes Y$ 之同调模 $H_n(X\otimes Y)$ 是否可以由 $H_p(X)$ 与 $H_q(Y)$ 来决定，如果能决定，它采取什么方式.

一般说来，纵然在非常简单的情况下，所提的问题也是解决不了的，因为在一般情况，$H_n(X\otimes Y)$ 并不能由 $H_p(X)$ 与 $H_q(Y)$ 来决定，举一个例. 取 $\mathfrak{A}=\mathbb{Z}$ 为整数环，$X_0$ 与 $Y_0$ 都是只含两个元素的加法群，而当 $p\neq 0$ 时，$X_p=Y_p=0$，易知 $H_0(X\otimes Y)$ 为一个二元加法群，$H_1(X\otimes Y)=0$. $X$ 取 $X'_0$ 是一个由一元 $t$ 所生成的无穷循环群，$X'_1$ 是由一元 $s$ 所生成的无穷循环群，$d'_1(s)=2t$. 当

$p \neq 0, 1$ 时, 取 $X'_p = 0$. 于是对所有的 $p$, 恒有 $H_p(X) = H_p(X')$. 但 $H_1(X' \otimes Y)$ 是一个二元加法群, 并不等于 $H_1(X \otimes Y)$, 这说明, $H_n(X \otimes Y)$ 不能由 $H_p(X)$ 与 $H_q(Y)$ 来确定.

因此, 要想解决所提的问题, 我们必须对 $X$ 或 $Y$ 加一些限制. 见下列著名的

**定理 18**(关于 $\otimes$ 的 **Künneth** 定理) 假定 $(X, d)$ 与 $(Y, \partial)$ 相应为右 $\mathfrak{A}$–模与左 $\mathfrak{A}$–模的复形, 且所有的 $\operatorname{Im} d_p$ 与所有的 $\operatorname{Ket} d_p$ 都平坦, 则对任何 $n$ 都有自然的短正合列:

$$0 \to \bigoplus_{p+q=n} H_p(X) \otimes H_q(Y) \to H_n(X \otimes Y)$$

$$\to \bigoplus_{p+q=n-1} \operatorname{Tor}_1(H_p(X), H_q(Y)) \to 0. \tag{7.3}$$

由本定理立得

**推论**(**Künneth** 张量公式) 若复形 $(X, d)$ 中所有的 $\operatorname{Ker} d_p$ 与所有的 $H_p(X)$ 都是投射模(例如 $\mathfrak{A}$ 是半单纯环的情况), 则有

$$\bigoplus_{p+q=n} H_p(X) \otimes H_q(Y) \cong H_n(X \otimes Y). \tag{7.4}$$

证 由短正合列

$$\operatorname{Im} d_{p+1} \rightarrowtail \operatorname{Ker} d_p \twoheadrightarrow H_p(X),$$

并因 $H_p(X)$ 是投射模, 知 $\operatorname{Ker} d_p \cong \operatorname{Im} d_{p+1} \oplus H_p(X)$, 因而 $\operatorname{Im} d_{p+1}$ 也必是投射模. 由于投射模必平坦, 故有(7.3). 又因 $H_p(X)$ 是平坦模, $\operatorname{Tor}_1(H_p(X), H_q(Y)) = 0$, 故得(7.4). □

现在来证明(7.3).

令 $$B'_p = \operatorname{Im} d_p = B_{p-1},\ C_p = \operatorname{Ker} d_p;$$

$$\bar{B}_q = \operatorname{Im} \partial_q = \bar{B}_{q-1},\ \bar{C}_q = \operatorname{Ker} \partial_q.$$

于是 $$H_p(X) = C_p / B_p = C_p / B'_{p+1},$$

$$H_q(Y) = \bar{C}_q / \bar{B}_q = \bar{C}_q / \bar{B}'_{q+1}.$$

由于 $B'_p$ 是平坦模, 故由短正合列

$$C_p \overset{\eta_p}{\rightarrowtail} X_p \overset{d_p}{\twoheadrightarrow} B'_p$$

(这里的 $\eta$ 是嵌入映射)得短正合列(第三章 § 10 推论 1)

$$C_p \otimes Y_q \rightarrowtail X_p \otimes Y_q \twoheadrightarrow B'_p \otimes Y_q, \tag{7.5}$$

再定义两个复形

$$(C,\ 0)\cdots\xrightarrow{0}C_{p+1}\xrightarrow{0}C_p\xrightarrow{0}C_{p-1}\xrightarrow{0}\cdots,$$

$$(B',\ 0)\cdots\xrightarrow{0}B'_{p+1}\xrightarrow{0}B'_p\xrightarrow{0}B'_{p-1}\xrightarrow{0}\cdots,$$

则由(7.5)得短正合列

$$(C\otimes Y)_n\xrightarrow{(\eta\otimes\varepsilon)_n}(X\otimes Y)_n\xrightarrow{(d\otimes\varepsilon)_n}(B'\otimes Y)_n,$$

因此有复形的短正合列

$$C\otimes Y\xrightarrow{\eta\otimes\varepsilon}X\otimes Y\xrightarrow{d\otimes\varepsilon}B'\otimes Y. \tag{7.6}$$

于是从同调正合列定理，我们有长正合列

$$\cdots\to H_{n+1}(B'\otimes Y)\xrightarrow{\theta_{n+1}}H_n(C\otimes Y)\xrightarrow{(\eta\otimes\varepsilon)_*}H_n(X\otimes Y)$$
$$\xrightarrow{(\alpha\otimes\varepsilon)_*}H_n(B'\otimes Y)\xrightarrow{\theta_n}\cdots. \tag{7.7}$$

先计算 $H_n(B'\otimes Y)$.

以 $\tau^{B'}$ 表复形 $B'\otimes Y$ 的微分，则当 $t_n=\{b'_p\otimes y_{n-p};\ p\in\mathbb{Z}\}\in(B'\otimes Y)_n$ 时，$\tau_n^{B'}(t_n)=\{(-1)^p b'_p\otimes\partial_{n-p}(y_{n-p})\}$. 这就是说，若 $t_n$ 的第 $p$ 个分量是 $\sum_j b_p'^j\otimes y_{n-p}^j$，则 $\tau_n^{B'}(t_n)$ 的第 $p$ 个分量是 $(-1)^p\sum_j b_p'^j\otimes\partial_{n-p}(y_{n-p}^j)$. 因此有

$$\operatorname{Im}\tau_n^{B'}=\operatorname{Im}(\varepsilon\otimes\partial)_n;$$

与

$$\operatorname{Ke}_A\tau_n^{B'}=\operatorname{Ker}(\varepsilon\otimes\partial)_n.$$

又因 $B'_p$ 平坦，故从 $\bar{C}_q\rightarrowtail Y_q\twoheadrightarrow\bar{B}'_q$ 得

$$B'_p\otimes\bar{C}_q\rightarrowtail B'_q\otimes Y_q\twoheadrightarrow B'_p\otimes\bar{B}'_q,$$

所以

$$\begin{aligned}\operatorname{Im}\tau_n^{B'}&=\operatorname{Im}(\varepsilon\otimes\partial)_n=(B'\otimes\bar{B}')_n=(B\otimes\bar{B}')_{n-1},\\ \operatorname{Ker}\tau_n^{B'}&=\operatorname{Ker}(\varepsilon\otimes\partial)_n=B'\otimes\bar{C})_n=(B\otimes\bar{C})_{n-1}.\end{aligned} \tag{7.8}$$

(我们在本书中始终以 $\varepsilon$ 来表示单位态射或恒等自同构，虽然常常未明确标出它是哪一个模的恒等自同构，但其意义是自明的.)于是，从短正合列($B'_p$ 是平坦模)

$$B'_p\otimes\bar{B}'_{q+1}\rightarrowtail B'_p\otimes\bar{C}_q\twoheadrightarrow B'_p\otimes H_q(Y),$$

得

$$H_n(B'\otimes Y)=\operatorname{Ker}\tau_n^{B'}/\operatorname{Im}\tau_{n+1}^{B}=\operatorname{Ker}(\varepsilon\otimes\partial)_n/\operatorname{Im}(\varepsilon\otimes\hat{c})_{n+1}$$
$$=(B'\otimes\bar{C})_n/(B'\otimes\bar{B}')_{n+1}=(B'\otimes H(Y))_n$$
$$=(B\otimes H(Y))_{n-1}. \tag{7.9}$$

同理，

$$H_n(C\otimes Y)=(C\otimes H(Y))_n. \tag{7.10}$$

将(7.9)与(7.10)代入(7.7)得正合列

$$\cdots\to(B'\otimes H(Y))_{n+1}\xrightarrow{\theta_{n+1}}(C\otimes H(Y))_n\xrightarrow{(\eta\otimes\varepsilon)_{*n}}H_n(X\otimes Y)$$
$$\xrightarrow{(d\otimes\varepsilon)_{*n}}(B'\otimes H(Y))_n\xrightarrow{\theta_n}\cdots, \tag{7.11}$$

于是有

$$\operatorname{Cok}\theta_{n+1}\overset{\mu}{\rightarrowtail}H_n(X\otimes Y)\overset{\omega}{\twoheadrightarrow}\operatorname{Ker}\theta_n. \tag{7.12}$$

与(7.3)相比较，关键在于求得$\theta_n$. 为此，我们把(7.6)重写成下列的交换图：

$$\begin{array}{ccccccc}
\cdots & \longrightarrow & (C\otimes Y)_n & \xrightarrow{\tau_n^C} & (C\otimes Y)_{n-1} & \longrightarrow & \cdots \\
 & & \downarrow{\scriptstyle(\eta\otimes\varepsilon)_n} & & \downarrow & & \\
\cdots & \longrightarrow & (X\otimes Y)_n & \xrightarrow{\tau_n} & (X\otimes Y)_{n-1} & \longrightarrow & \cdots \\
 & & \downarrow{\scriptstyle(d\otimes\varepsilon)_n} & & \downarrow & & \\
\cdots & \longrightarrow & (B'\otimes Y)_n & \xrightarrow{\tau_n^{B'}} & (B'\otimes Y)_{n-1} & \longrightarrow & \cdots
\end{array} \tag{7.13}$$

由第二章§2中所述连接映射$\theta$的求法，若$u\in\operatorname{Ker}\tau_n^{B'}$, $[u]$为其在$H_n(B'\otimes Y)$中的相应元素(即于自然同态$\operatorname{Ker}\tau_n^{B'}\to H_n(B'\otimes Y)$下，$u$所取的象为$[u]$，以下的[]均表此意)，取$t\in(X\otimes Y)_n$，使$(d\otimes\varepsilon)_n(t)=u$，那么，$\theta_n([u])=[v]\in H_{n-1}(C\otimes Y)$的意思就是$v\in\operatorname{Ker}\tau_{n-1}^C$，$(\eta\otimes\varepsilon)_{n-1}(v)=\tau_n(t)$. 现在取$\bar{\eta}_p$: $B'_p\to C_{p-1}$为嵌入映射(注意，$B'_p\subseteq C_{p-1}$)，则从

$$\bar{\eta}_p\otimes\varepsilon_q: B'_p\otimes Y_q\to C_{p-1}\otimes Y_q,$$

得

$$(\bar{\eta}\otimes\varepsilon)_n: (B'\otimes Y)_n\to(C\otimes Y)_{n-1},$$

因而有同调映射

$$(\bar{\eta}\otimes\varepsilon)_{*n}: H_n(B'\otimes Y)\to H_{n-1}(C\otimes Y).$$

由(7.9)与(7.10)，$H_n(B'\otimes Y)=(B'\otimes H(Y))_n$, $H_{n-1}(C\otimes Y)$

$=(C\otimes H(Y))_{n-1}$，故当 $b'_p\in B'_p$，$\bar{c}_{n-p}\in\bar{C}_{n-p}$ 时，

$$(\bar{\eta}\otimes\varepsilon)_{*n}(\{b'_p\otimes[\bar{c}_{n-p}]\})=\{\bar{\eta}_p(b'_p)\otimes[\bar{c}_{n-p}]\}.$$

我们证明，$(\bar{\eta}\otimes\varepsilon)_{*n}$ 恰等于 $\theta_n$. 为此，让 $u=\{b'_p\otimes\bar{c}_{n-p}\}\in\operatorname{Ker}\tau_n^{B'}$，$v=\{\bar{\eta}_p(b'_p)\otimes\bar{c}_{n-p}\}$，取 $x_p\in X_p$ 使 $d_p(x_p)=b'_p$，取 $t=\{x_p\otimes\bar{c}_{n-p}\}$，则 $(d\otimes\varepsilon)_n(t)=u$，$\tau_n(t)=(\eta\otimes\varepsilon)_{n-1}(v)$，故由 $\theta_n$ 的定义，$\theta_n([u])=[v]$. 但 $[u]=\{b'_p\otimes[\bar{c}_{n-p}]\}$，$[v]=\{\bar{\eta}_p(b'_p)\otimes[\bar{c}_{n-p}]\}$，所以 $\theta_n=(\bar{\eta}\otimes\varepsilon)_{*n}$.

取短正合列 $B'_p\overset{\pi_p}{\rightarrowtail}C_{p-1}\twoheadrightarrow H_{p-1}(X)$，则由关于 Tor 的长正合列定理，并由 $C_{p-1}$ 平坦，得正合列

$$\begin{aligned}0=\operatorname{Tor}_1(C_{p-1},\ H_q(Y))&\to\operatorname{Tor}_1(H_{p-1}(X),\ H_q(Y))\\&\to B'_p\otimes H_q(Y)\to C_{p-1}\otimes H_q(Y)\\&\to H_{p-1}(X)\otimes H_q(Y)\to 0,\end{aligned}\tag{7.14}$$

因而有

$$\begin{aligned}&\bigoplus_{p+q=n-1}\operatorname{Tor}_1(H_p(X),\ H_q(Y))\rightarrowtail\bigoplus_{p+q=n}(B'_p\otimes H_q(Y))\\&\xrightarrow{(\bar{\eta}\otimes\varepsilon)_{*n}}\bigoplus_{p+q=n-1}(C_p\otimes H_q(Y))\twoheadrightarrow\bigoplus_{p+q=n-1}H_p(X)\otimes H_q(Y).\end{aligned}\tag{7.15}$$

注意到，$(\bar{\eta}\otimes\varepsilon)_{*n}=\theta$，$\bigoplus_{p+q=n}(B'_p\otimes H_q(Y))=(B'\otimes H(Y))_n$，$\bigoplus_{p+q=n-1}(C_p\otimes H_q(Y))=(C\otimes H_q(Y))_{n-1}$，我们有

$$\operatorname{Ker}\theta_n=\bigoplus_{p+q=n-1}\operatorname{Tor}_1(H_p(X),\ H_q(Y));$$

$$\operatorname{Cok}\theta_n=\bigoplus_{p+q=n-1}H_p(X)\otimes H_q(Y).$$

代入(7.12)即得(7.3). □

需要指出，在(7.11)中，$(\eta\otimes\varepsilon)_{*n}$ 把 $(C\otimes H(Y))_n$ 映成 $\operatorname{Cok}\theta_{n+1}$，也就是把 $\operatorname{Im}\theta_{n+1}$ 映成 0，并且因为 $(B'\otimes H(Y))_{n+1}$ 与 $(C\otimes H(Y))_n$ 中的元素相应地都是由 $\{b'_{p+1}\otimes[\bar{c}_q]\}$ 与 $\{c_p\otimes[\bar{c}_q]\}$ 这样的元素所生成，所以在把 $\{b'_{p+1}\otimes[\bar{c}_q]\}$ 映成 0 时，也就把 $\{c_p\otimes[\bar{c}_q]\}$ 映成 $\{[c_p]\otimes[\bar{c}_q]\}\in(H(X)\otimes H(Y))_n$，而 $\mu$ 是把 $\{[c_p]\otimes[\bar{c}_q]\}$ 映成 $\{[c_p\otimes\bar{c}_q]\}\in H_n(X\otimes Y)$ 的映射.

正合列(7.3)的自然性是明显的.

我们考虑(7.3)的可裂性. 先需两条引理.

**引理1** 设 $\mathfrak{A}$ 为遗传环, $\{H_p,\ p\in\mathbb{Z}\}$ 为分级 $\mathfrak{A}$-模,则有一个由投射模所组成的复形 $(P,\ \bar{d})$,使其同模 $H_p(P,\ \bar{d})$ 为 $H_p$ 同构.

证 对每一个 $p\in\mathbb{Z}$,取一个投射模 $Q_p$,使有短正合列

$$W_p \overset{\eta_p}{\rightarrowtail} Q_p \twoheadrightarrow H_p,$$

这里 $\eta_p$ 是嵌入映射,令 $P_p=W_{p-1}\oplus Q_p$,则因 $\mathfrak{A}$ 是遗传环, $W_{p-1}$ 是投射模 $Q_{p-1}$ 的子模,故为投射模,因而 $P_p$ 是投射模. 当 $(w_{p-1},\ q_p)\in P_p$ 时,令 $\bar{d}_p(w_{p-1},\ q_p)=(0,\ w_{p-1})\in P_{p-1}$,则得 $\bar{d}_{p-1}\bar{d}_p=0$, 所以 $(P,\ \bar{d})$ 为一个复形,由于 $\operatorname{Im}\bar{d}_p=W_{p-1}$, $\operatorname{Ker}\bar{d}_p=Q_p$, 故 $H_p(P,\ \bar{d})=\operatorname{Ker}\bar{d}_p/\operatorname{Im}\bar{d}_{p+1}=Q_p/W_p\cong H_p$. □

**引理2** 设 $(P,\ d)$ 与 $(Y,\ \partial)$ 都是遗传环 $\mathfrak{A}$ 上的复形, $P_p$ 都是投射模,且对每一个 $p\in\mathbb{Z}$,都有模同态 $g_p: H_p(P)\to H_p(X)$,则有复形映射 $f: P\to Y$,使同调映射 $f_{*p}=g_p$.

证 取

$$\widetilde{B}_p=\operatorname{Im} d_{p+1},\ \widetilde{C}_p=\operatorname{Ker} d_p;$$
$$\overline{B}_q=\operatorname{Im}\partial_{q+1},\ \overline{C}_q=\operatorname{Ker}\partial_q,$$

则因 $\widetilde{B}_p$ 与 $\widetilde{C}_q$ 都是投射模 $P_p$ 的子模,而 $\mathfrak{A}$ 是遗传环,故 $\widetilde{B}_p$ 与 $\widetilde{C}_p$ 都是投射模,因而有交换图

$$\begin{array}{ccccc}
\widetilde{B}_p & \rightarrowtail & \widetilde{C}_p & \twoheadrightarrow & H_p(P) \\
\downarrow{\scriptstyle \phi_p} & & \downarrow{\scriptstyle \phi_p} & & \downarrow{\scriptstyle g_p} \\
\overline{B}_p & \rightarrowtail & \overline{C}_p & \twoheadrightarrow & H_p(Y)
\end{array} \qquad (7.16)$$

与

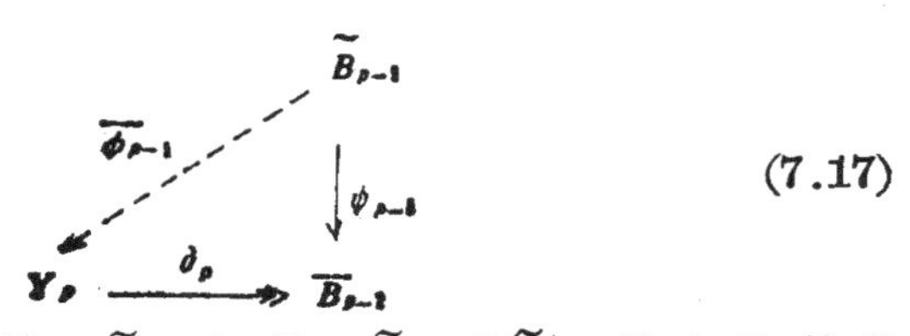


又从短正合列 $\widetilde{C}_p\rightarrowtail P_p\twoheadrightarrow\widetilde{B}_{p-1}$ 知 $P_p\cong\widetilde{B}_{p-1}\oplus\widetilde{C}_p$. 认定 $P_p$ 就是 $\widetilde{B}_{p-1}\oplus\widetilde{C}_p$,则当 $(\tilde{b}_{p-1},\ \tilde{c}_p)\in P_p$ 时, $d_p(\tilde{b}_{p-1},\ \tilde{c}_p)=(0,\ \tilde{b}_{p-1})\in\widetilde{B}_{p-2}$

$\oplus \widetilde{C}_{p-1} = P_{p-1}$. 定义

$$f_p(\widetilde{b}_{p-1}, \widetilde{c}_p) = \widetilde{\phi}_{p-1}(\widetilde{b}_{p-1}) + \phi_p(\widetilde{c}_p) \in Y_p$$

($\phi$, $\widetilde{\phi}$ 与 $\psi$ 的定义均见于(7.16)与(7.17)),则

$$\partial_p f_p(\widetilde{b}_{p-1}, \widetilde{c}_p) = \partial_p \phi_{p-1}(\widetilde{b}_{p-1}) = \psi_{p-1}(\widetilde{b}_{p-1}) \in B_{p-1},$$

$$f_{p-1} d_p(\widetilde{b}_{p-1}, \widetilde{c}_p) = f_{p-1}(0, \widetilde{b}_{p-1}) = \phi_{p-1}(\widetilde{b}_{p-1}) = \psi_{p-1}(\widetilde{b}_{p-1}),$$

因此 $f$ 是复形 $(P, d)$ 到 $(Y, \partial)$ 的复形映射, 而(7.16)中的 $\phi_p$ 是 $f_p$ 在 $\operatorname{Ker} \bar{d}_p = \bar{c}_p$ 上的限制. 所以 $f_{*p} = g_p$. □

下列的定理应该认为是 Künneth 定理的第二部分,这里要求 $\mathfrak{A}$ 是左遗传环:

**定理 19**(关于 $\otimes$ 的 Künneth 列的可裂性定理) 设 $\mathfrak{A}$ 为遗传环,复形 $(X, d)$ 中每一个 $X_p$ 都平坦,则(7.3)式成立且可裂,但可裂性不一定自然.

证 由于遗传环上平坦模的子模也仍然平坦(第四章 §9 定理 29 的推论),故 $\operatorname{Im} d_p$ 与 $\operatorname{Ker} d_p$ 都平坦,所以定理 18 的条件全部满足,因此有(7.3).

我们将分两种情况来证明(7.3)的可裂性.

先假定所有的 $X_p$ 与 $Y_q$ 都是投射模. 仍用定理 18 的证明中所用的记号,有可裂的短正合列($\eta_p$ 与 $\bar{\eta}_q$ 都是嵌入映射)

$$C_p \overset{\eta_p}{\rightarrowtail} X_p \twoheadrightarrow B_{p-1}$$

与

$$\bar{C}_q \overset{\bar{\eta}_q}{\rightarrowtail} Y_q \bar{B}_{q-1},$$

于是有满同态 $\pi_p: X_p \twoheadrightarrow C_p$ 与 $\bar{\pi}_q: Y_q \twoheadrightarrow \bar{C}_q$, 使 $\pi_p \eta_p = \varepsilon$, $\bar{\pi}_q \bar{\eta}_q = \varepsilon$. 让 $\phi_p: C_p \to C_p/B_p = H_p(X)$, $\psi_q: \bar{C}_q \to \bar{C}_q/\bar{B}_q = H_q(Y)$ 为相应的自然同态,再让 $f_p = \phi_p \pi_p$, $g_p = \psi_q \bar{\pi}_q$, 则有

因而 $$f_p \otimes g_q: X_p \otimes Y_q \to H_p(X) \otimes H_q(Y),$$

$$(f \otimes g)_n: (X \otimes Y)_n \twoheadrightarrow \bigoplus_{p+q=n} H_p(X) \otimes H_q(Y). \qquad (7.18)$$

任取 $x_{p+1} \in X_{p+1}$, 设 $d_{p+1}(x_{p+1}) = x_p \in B_p \subseteq C_p$, 则有 $f_p d_{p+1}(x_{p+1}) = f_p(x_p) = \phi_p(x_p) = 0$, 故 $f_p d_{p+1} = 0$. 同理 $g_q \bar{\partial}_{q+1} = 0$. 因此, 若以 $\tau$ 表示复形 $X \otimes Y$ 的微分, 则 $(f \otimes g)_n \tau_{n+1} = 0$, 即, $\operatorname{Im} \tau_{n+1} \subseteq \operatorname{Ker}(f \otimes g)_n$. 于是, (7.18) 中的 $(f \otimes g)_n$ 可引出

$$\bar{\omega}: H_n(X\otimes Y) \to \bigoplus_{p+q=n} H_p(X)\otimes H_q(Y),$$

其中当 $t\in \operatorname{Ker}\tau_n$ 时，$(f\otimes g)_n(t) = \bar{\omega}([t])$．特别，若 $c_p\in C_p$，$\bar{c}_q\in \bar{C}_q$，$p+q=n$，则显然 $t=(\cdots, c_p\otimes\bar{c}_q, \cdots)\in \operatorname{Ker}\tau_n$，且 $[t]=(\cdots, [c_p\otimes\bar{c}_q], \cdots)$，这时 $\bar{\omega}([t]) = \bigoplus_{p+q=n}[c_p]\otimes[\bar{c}_q]$．与 $\mu$ 的定义相比较，即知 $\bar{\omega}\mu=\varepsilon$，所以(7.3)可裂．

现在转到一般情况，$\mathfrak{A}$ 为遗传环，$X_p$ 都平坦．由引理1与2，有由投射模所组成的复形 $(P, \bar{d})$ 与 $(Q, \bar{\partial})$，以及复形映射 $f: P\to X$，$g: Q\to Y$，使同调映射 $f_{*n}: H_n(P, \bar{d})\to H_n(X, d)$ 与 $g_{*n}: H_n(Q, \bar{\partial})\to H_n(Y, \partial)$ 都是同构．由(7.3)的自然性，我们有交换图

$$\begin{array}{ccccc}
\bigoplus_{p+q=n} H_p(P)\otimes H_q(Q) & \rightarrowtail & H_n(P\otimes Q) & \twoheadrightarrow & \bigoplus_{p+q=n-1} \operatorname{Tor}_1(H_p(P), H_q(Q)) \\
\downarrow & & \downarrow & & \downarrow \\
\bigoplus_{p+q=n} H_p(X)\otimes H_q(Y) & \rightarrowtail & H_n(X\otimes Y) & \twoheadrightarrow & \bigoplus_{p+q=n-1} \operatorname{Tor}_1(H_p(X), H_q(Y))
\end{array} \tag{7.19}$$

两端纵箭头所表达的同态既都是同构，中间的纵箭头当然也是同构(五引理)．于是，第一行既可裂，第二行也必可裂．

上述的可裂性并不一定自然．举一个例子，设 $\mathfrak{A}=\mathbb{Z}$ 为整数环(它是遗传环1)，$X_0$ 与 $X_1$ 依次为由 $x_0$ 与 $x_1$ 所生成的无穷循环群，$d_1(x_1)=2x_0$，再当 $p\neq 0$，1时，令 $X_p=0$．取 $X'_1$ 为由 $x'_1$ 所生成的无穷循环群，$\phi_1(x_1)=x'_1$，于 $p\neq 1$ 时，令 $X'_p=0$．又取 $Y_0=Y'_0$ 都是由 $y$ 所生成的二阶循环群，$2y=0$，而当 $q\neq 0$ 时，$Y_q=Y'_q=0$，并令 $\psi_0=\varepsilon_{Y_0}$．具体计算即知 $H_0(X)\cong H_0(Y)=H_0(Y^1)=\mathbb{Z}/(2)$，$H_1(X')\cong\mathbb{Z}$，而其余的 $H_p(X)$，$H_p(X')$，$H_q(Y)$ 与 $H_q(Y')$ 均为0．从 $(X\otimes Y)_0\cong(X\otimes Y)_1\cong\mathbb{Z}/(2)$，$\tau_1=0$，与 $(X'\otimes Y')_0=0$，$(X'\otimes Y')_0\cong\mathbb{Z}/(2)$，$\tau'=0$，得 $H_1(X\otimes Y)\cong\mathbb{Z}/(2)\cong H_1(X'\otimes Y')$，$(\phi\otimes\psi)_{*1}=\varepsilon$．再算出 $\operatorname{Tor}_1(H_0(X), H_0(Y))=(2)\otimes\mathbb{Z}/(2)\cong\mathbb{Z}/(2)$，$\operatorname{Tor}_1(H_0(X'), H_0(Y'))=0$，代入 Künneth 列((7.3)中 $n=1$ 的情况)，并由自然性，得两行均短正合的交换图：

$$
\begin{array}{ccccc}
0 & \longrightarrow & Z/(2) & \twoheadrightarrow & Z/(2) \\
\downarrow & & \downarrow & & \downarrow \\
Z/(2) & \rightarrowtail & Z/(2) & \twoheadrightarrow & 0
\end{array}
\tag{7.20}
$$

如果把 4 个横箭头都调转方向，单改满，满改单(纵箭头不变)，则两行仍短正合(Künneth 列可裂)，但这样改过以后的图不再可交换. 因此，就本例而言，Künneth 列的可裂性并不自然.

但是，如果诸 $Y_q$ 中只有一项 $Y_0=A$ 不为 0，那么，所述 Künneth 列的可裂性对 $A$ 仍然是自然的. 这就是

**定理 20**(同调泛系数定理) 设 $\mathfrak{A}$ 为遗传环，复形$(X, d)$中各项 $X_p$ 均平坦，则对任何 $\mathfrak{A}$-模 $A$，任何 $n\in\mathbb{Z}$，恒有可裂的短正合列

$$
H_n(X)\otimes A \overset{\mu}{\rightarrowtail} H_n(X\otimes A) \overset{\omega}{\twoheadrightarrow} \mathrm{Tor}_1(H_{n-1}(X),\ A),
\tag{7.21}
$$

可裂性对 $A$ 自然.

证 当然我们只需要证明(7.21)的可裂性对 $A$ 是自然的.

先设所有的 $X_n$ 都是投射模. 仍让 $C_n=\mathrm{Ker}\,d_n$，$B_n=\mathrm{Im}\,d_{n+1}$，$\pi_n: X_n\twoheadrightarrow C_n$，$\phi_n: C_n\twoheadrightarrow C_n/B_n=H_n(X)$，$f_n=\phi_n\pi_n$，则得

$$
f_n\otimes\varepsilon: X_n\otimes A\twoheadrightarrow H_n(X)\otimes A.
\tag{7.22}
$$

由于$(f_n\otimes\varepsilon)(d_{n+1}\otimes\varepsilon)=\phi_n\pi_n d_{n+1}\otimes\varepsilon=0$，故由(7.22)可得

$$
\bar{\omega}: H_n(X_n\otimes A)\twoheadrightarrow H_n(X)\otimes A,
$$

这里当 $u=\sum_i x_n^{(i)}\otimes a_i\in\mathrm{Ker}(d_n\otimes\varepsilon)$ 时，$\bar{\omega}([u])=\sum_i[\pi_n(x_n^{(i)})]\otimes a_i$.

设 $\sigma: A\to A'$，则有交换图:

$$
\begin{array}{ccc}
X_n\otimes A & \xrightarrow{f_n\otimes\varepsilon} & H_n(X)\otimes A \\
\downarrow{\scriptstyle \varepsilon\otimes\sigma} & & \downarrow \\
X_n\otimes A' & \longrightarrow & H_n(X)\oplus A'
\end{array}
\tag{7.23}
$$

若 $u\in\mathrm{Ker}(d_n\otimes\varepsilon_A)$，则$(\varepsilon\otimes\sigma)(u)$必属于 $\mathrm{Ker}\,d_n\otimes\varepsilon_{A'}$，又若 $v\in$

$\mathrm{Im}(d_{n+1}\otimes\varepsilon_A)$，则 $(s\otimes\sigma)(v)$ 必属于 $\mathrm{Im}(d_{n+1}\otimes\varepsilon_{A'})$。所以由(7.23)可得交换图：

$$\begin{array}{ccc} H_n(X\otimes A) & \xrightarrow{\bar{\omega}} & H_n(X)\otimes A \\ \downarrow & & \downarrow \\ H_n(X\otimes A') & \longrightarrow & H_n(X)\otimes A \end{array} \tag{7.24}$$

所以 $\bar{\omega}$ 是一个自然变换.

现在考虑一般情况. 设 $X_n$ 都是平坦模，则有一个由投射模 $P_n$ 所组成的复形 $(P, \bar{d})$，使 $H_n(P)\cong H_n(X)$. 以 $\psi$ 表复形映射 $(P, \bar{d})\to(X, d)$，则由(7.20)的自然性，有交换图

$$\begin{array}{ccccc} H_n(P)\otimes A & \rightarrowtail & H_n(P\otimes A) & \twoheadrightarrow & \mathrm{Tor}_1(H_{n-1}(P), A) \\ \downarrow & & \downarrow & & \downarrow \\ H_n(X)\otimes A & \rightarrowtail & H_n(X\otimes A) & \twoheadrightarrow & \mathrm{Tor}_1(H_{n-1}(X), A) \end{array} \tag{7.25}$$

两端的纵箭头既为同构，中间的纵箭头也必是同构. 于是，若 $\sigma: A\to A'$，则因

$$\begin{array}{ccc} H_n(P\otimes A) & \longrightarrow & H_n(P)\otimes A \\ \downarrow & & \downarrow \\ H_n(P\otimes A') & \longrightarrow & H_n(P)\otimes A' \end{array} \tag{7.26}$$

可交换，故必有交换图：

$$\begin{array}{ccc} H_n(X\otimes A) & \to & H_n(X)\otimes A \\ \downarrow & & \downarrow \\ H_n(X\otimes A') & \to & H_n(X)\otimes A' \end{array} \tag{7.27}$$

定理全部证毕.

附注　本节以及§9中的证明都见于 Heller, A., On the Künneth Theorem, *Trans. of AMS.*, **98**(1961), 450—458. 我们只不过在一些关键的地方多说几句话，使得稍微容易读而已. 定理18是这条定理的最一般的形式，而 Heller 的证明是最早的证

明. 用谱序列的理论也可证明本定理，看起来似乎短一些，其实如果将各步都交代清楚，所占篇幅并不亚于本节的证明. 因此，我们仍采用了原来的证法.

## §8 复形的 Hom

在第三章中，我们看到，函子 $\otimes$ 与 Hom 有着许多相互对偶的性质，因此，我们在讨论了复形的 $\otimes$ 以后，自然会想到复形的 Hom.

假定

$$(X, \partial)\cdots\to X_p \xrightarrow{\partial} X_{p-1}\to\cdots \tag{8.1}$$

与

$$(Y, \delta)\cdots\to Y_q \xrightarrow{\delta} Y_{q-1}\to\cdots \tag{8.2}$$

都是左 $\mathfrak{A}$-模的复形，我们要恰当地定义它们的 Hom. 首先，让 $X'_p = X_{-p}$，则得一个上复形

$$\cdots\to X'_{-p}\to X'_{-p+1}\to\cdots, \tag{8.3}$$

于是可得一个交换图

$$\begin{array}{ccccc} & & \vdots & & \vdots \\ & & \downarrow & & \downarrow \\ \cdots\to & & \mathrm{Hom}(X'_{-p}, Y_q) & \xrightarrow{\partial'} & \mathrm{Hom}(X'_{-p-1}, Y_q)\to\cdots \\ & & \delta'\downarrow & & \downarrow \\ \cdots\to & & \mathrm{Hom}(X'_{-p}, Y_{q-1}) & \to & \mathrm{Hom}(X'_{-p-1}, Y_{q-1})\to\cdots \\ & & \downarrow & & \downarrow \\ & & \vdots & & \vdots \end{array} \tag{8.4}$$

这里当 $f\in\mathrm{Hom}(X'_{-p}, Y_q)=\mathrm{Hom}(X_p, Y_q)$ 时

$$\partial'(f)=f\partial_{p+1},$$

$$\delta'(f)=\delta_q f,$$

于是(8.4)给出一个双复形(只需将 $\delta'$ 乘上一个符号因子).

**定义 11** 令

$$\mathrm{Hom}(X, Y)_n=\prod_{p+q=n}\mathrm{Hom}(X'_p, Y_q)=\prod_{p+q=n}\mathrm{Hom}(X_{-p}, Y_q)$$

$$=\prod_p \mathrm{Hom}(X_p, Y_{n+p}),$$

这就是说，$\mathrm{Hom}(X,Y)_n$ 中的任一元 $f_n$ 都是一个集合 $f_n=\{f_{p,n+p}\in\mathrm{Hom}(X_p,\ Y_{n+p});\ p\in\mathbb{Z}\}$（注意 $f_{p,n+p}$ 的足码的含义. 再定义

$$\tau_n(f_n)=\tau_n(\{f_{p,n+p}\})=\{(-1)^{n+1}f_{p,n+p}\partial_{p+1}+\delta_{n+p+1}f_{p+1,n+p+1};\ p\in\mathbb{Z}\}. \tag{8.5}$$

由于 $f_{p,n+p}\partial_{p+1}$ 与 $\delta_{n+p+1}f_{p+1,n+p+1}$ 都 $\in\mathrm{Hom}(X_{p+1},\ Y_{n-1+p+1})$，故 $\tau_n(f_n)\in\mathrm{Hom}(X,\ Y)_{n-1}$，如图

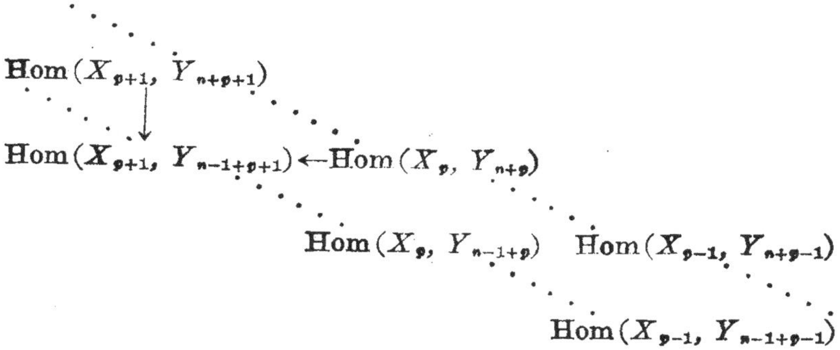

$$\begin{array}{llll}
\ddots & & & \\
\mathrm{Hom}(X_{p+1},\ Y_{n+p+1}) & & & \\
\quad\downarrow \quad \ddots & & & \\
\mathrm{Hom}(X_{p+1},\ Y_{n-1+p+1}) & \leftarrow \mathrm{Hom}(X_p,\ Y_{n+p}) & & \\
 & \quad\ddots \qquad\qquad \ddots & & \\
 & \mathrm{Hom}(X_p,\ Y_{n-1+p}) & \mathrm{Hom}(X_{p-1},\ Y_{n+p-1}) & \\
 & \qquad\qquad \ddots & \qquad \ddots & \\
 & & \mathrm{Hom}(X_{p-1},\ Y_{n-1+p-1}) &
\end{array} \tag{8.6}$$

上一条斜虚线上诸 Hom 之 $\prod$ 是 $\mathrm{Hom}(X,\ Y)_n$，下一条是 $\mathrm{Hom}(X,\ Y)_{n-1}$；实箭头之和是 $\tau_n$（横箭头需考虑到符号因子）. 易知 $\tau_n\tau_{n+1}=0$，因此，所有的 $\mathrm{Hom}(X,\ Y)_n$ 之集是一个以 $\tau$ 为其微分的复形. 此复形将记之以 $\mathrm{Hom}(X,\ Y)$.

在 $\tau$ 的定义中取符号因子 $(-1)^{n+1}$，其目的在于可得到下列的定理：

**定理 21** $f=\{f_{pp};\ p\in\mathbb{Z}\}\in\mathrm{Ker}\,\tau_0$ 当且仅当它是复形 $(X,\ \partial)$ 到 $(Y,\ \delta)$ 的复形映射；$f=\tau_1(g)\in\mathrm{Im}\,\tau_1$ 当且仅当 $f$ 与 0 同伦，而 $g$ 是同伦映射，$g:f\simeq 0$.

证 $\tau_0(f)=0$ 表示对所有的 $p\in\mathbb{Z}$ 都有 $f_{pp}\partial_{p+1}=\delta_{p+1}\cdot f_{p+1,p+1}$，故 $f=\{f_{pp}\}$ 为复形映射.

若 $f=\{f_{pp}\}=\tau_1(g)$，则 $f_{pp}=g_{p,1+p}\partial_{p+1}+\delta_{p+2}g_{p+1,p+2}$，故 $g$：$f\simeq 0$. □

复形的 Hom 的自然性表现在

**定理 22** 若 $\phi:(X, \partial)\to(\overline{X}, \overline{\partial})$ 与 $\psi:(Y, \delta)\to(\overline{Y}, \overline{\delta})$ 都是复形映射，则

(1) 有交换图

$$\begin{array}{ccc} \mathrm{Hom}(\overline{X}, Y)'_n & \xrightarrow{\overline{\tau}_n} & \mathrm{Hom}(\overline{X}, \overline{Y})'_{n-1} \\ \mathrm{Hom}(\phi, \psi)_n\downarrow & & \downarrow \\ \mathrm{Hom}(X, Y)_n & \xrightarrow{\overline{\overline{\tau}}_n} & \mathrm{Hom}(X, \overline{Y})_{n-1} \end{array} \tag{8.7}$$

这里的 $\overline{\tau}$ 与 $\overline{\overline{\tau}}$ 是有关复形的微分，而当 $f_n=\{f_{p,n+p}\in \mathrm{Hom}(\overline{X}_p, Y_{n+p}); p\in\mathbb{Z}\}$ 时；

$$\mathrm{Hom}(\phi, \psi)_n(f_n)=\{\psi_{n+p}f_{p,n+p}\phi_p; p\in\mathbb{Z}\},$$

如图(8.8)所示

$$\begin{array}{ccc} \overline{X}_p & \xrightarrow{f} & Y_{n+p} \\ \phi\downarrow & & \downarrow\psi \\ X_p & \xrightarrow{\mathrm{Hom}(\phi,\psi)(f)} & \overline{Y}_{n+p} \end{array} \tag{8.8}$$

(2) 若 $\phi\simeq\overline{\phi}$, $\psi\simeq\overline{\psi}$，则 $\mathrm{Hom}(\phi, \psi)\simeq\mathrm{Hom}(\overline{\phi}, \overline{\psi})$；

(3) 若 $(X, \partial)\cong(\overline{X}, \overline{\partial})$ 与 $(Y, \delta)\cong(\overline{Y}, \overline{\delta})$ 都是复形同构，则

$$\mathrm{Hom}(X, Y)\cong\mathrm{Hom}(\overline{X}, \overline{Y})$$

也是同构.

证 具体一算便知.

我们在定义 $\mathrm{Hom}(X, Y)_n$ 时，用 $\prod$ 而不用 $\oplus$，目的在于能得到下列的相伴性定理，它是第三章 § 9 中的相伴性定理的推广（由模范畴推广到复形范畴）. 不过为了叙述与证明方便计，我们这里主要考虑右 $\mathfrak{A}$-模与右 $\mathfrak{B}$-模.

**定理 23** 设 $(A, \partial)$ 为右 $\mathfrak{A}$-模的复形，$(M, d)$ 是左 $\mathfrak{A}$ 右 $\mathfrak{B}$-双模的复形，$(E, \delta)$ 是右 $\mathfrak{B}$-模的复形，则有群复形的复形同构：

$$\omega:\mathrm{Hom}_{\mathfrak{A}}(A, \mathrm{Hom}_{\mathfrak{B}}(M, E))\to\mathrm{Hom}_{\mathfrak{B}}(A\otimes_{\mathfrak{A}}M, E) \tag{8.9}$$

(注意，$\mathrm{Hom}_{\mathfrak{B}}(M, E)$ 是一个右 $\mathfrak{A}$-模的复形，而 $A\otimes M$ 是一个右 $\mathfrak{B}$-模的复形).

证　为了简化记号，$\mathrm{Hom}_{\mathfrak{A}}$, $A\underset{\mathfrak{A}}{\otimes}M$ 下面的 $\mathfrak{A}$(与 $\mathfrak{B}$)都省掉，读者应该清楚这些 Hom 与 $\otimes$ 是对哪一个环取的.

任取三个整数 $p$, $q$ 与 $n$，则由第三章 § 9 中的引理，我们有群同构:

$$\omega_{pqn}: \mathrm{Hom}(A_p, \mathrm{Hom}(M_{q-p}, E_{n+q})) \to \mathrm{Hom}(A_p\otimes M_{q-p}, E_{n+q})$$
$$\phi_{p,q-p,n+q} \mapsto f_{p,q-p,n+q}, \tag{8.10}$$

这里当 $a\in A_p$, $m\in M_{q-p}$ 时，$\phi_{p,q-p,n+q}(a)(m)=f_{p,q-p,n+q}(a\otimes m)=e\in E_{n+q}$.

让 $n$ 固定，双方都取 $\prod\limits_{p,q}$，则得同构

$$\omega_n: \prod_{p,q}\mathrm{Hom}(A_p, \mathrm{Hom}(M_{q-p}, E_{n+q}))$$
$$\to \prod_{p,q}\mathrm{Hom}(A_p\otimes M_{q-p}, E_{n+q}). \tag{8.11}$$

由于

$$\prod_{p,q}\mathrm{Hom}(A_p, \mathrm{Hom}(M_{q-p}, E_{n+q}))$$
$$=\prod_p \mathrm{Hom}(A_p, \prod_q \mathrm{Hom}(M_{q-p}, E_{n+q}))$$
$$=\prod_p \mathrm{Hom}(A_p, \mathrm{Hom}(M, E)_{n+p})$$
$$=\mathrm{Hom}(A, \mathrm{Hom}(M, E))_n,$$

并从第三章 § 6 的引理

$$\prod_{p,q}\mathrm{Hom}(A_p\otimes M_{q-p}, E_{n+q})=\prod_q \mathrm{Hom}(\bigoplus_p A_p\otimes M_{q-p}, E_{n+q})$$
$$=\prod_q \mathrm{Hom}((A\otimes M)_q, E_{n+q})=\mathrm{Hom}(A\otimes M, E)_n.$$

所以(8.11)中的 $\omega_n$ 事实上给出了群同构

$$\omega_n: \mathrm{Hom}(A, \mathrm{Hom}(M, E))_n \to \mathrm{Hom}(A\otimes M, E)_n$$
$$\phi_n=\{\{\phi_{p,q-p,n+q}; q\in\mathbb{Z}\}; p\in\mathbb{Z}\}\mapsto\{\{f_{p,q-p,n+q};$$
$$p\in\mathbb{Z}\}; q\in\mathbb{Z}\}=f_n. \tag{8.12}$$

让 $\tau$, $\tau'$, $\bar{\tau}$ 与 $\bar{\tau}'$ 依次表示复形 $\mathrm{Hom}(A, \mathrm{Hom}(M, E))$, $\mathrm{Hom}(A\otimes M, E)$, $\mathrm{Hom}(M, E)$ 与 $A\otimes M$ 的微分，那么，经过比

较复杂但却是机械的计算，对于(8.12)中的 $\phi_n$ 将可以有 $\omega_{n-1}\tau_n(\phi_n)=\tau'_n\omega_n(\phi_n)$，即，有交换图.

$$\begin{array}{ccc} \mathrm{Hom}(A,\mathrm{Hom}(M,E))_n & \xrightarrow{\tau_n} & \mathrm{Hom}(A,\mathrm{Hom}(M,E))_{n-1} \\ \omega_n\downarrow & & \downarrow{}_{n-1} \\ \mathrm{Hom}(A\otimes M,E)_n & \xrightarrow{\tau'_n} & \mathrm{Hom}(A\otimes M,E)_{n-1} \end{array} \qquad (8.13)$$

所以 $\omega$ 是复形映射. 定理得证.

## §9 关于 Hom 的 Künneth 定理

与定理 18 相对偶，我们可以用基本相同的方法来证明下列的关于 Hom 的 Künneth 定理. 本节中，$\mathfrak{A}$ 是一个左遗传环，所有的模都是左模.

**定理 24** 设 $(X,d)$ 与 $(Y,\partial)$ 都是 $\mathfrak{A}$-模的复形，而所有的 $X_p$ 都是投射模，则有自然的短正合列

$$\prod_p \mathrm{Ext}^1(H_p(X),\ H_{n+1+p}(Y)) \overset{\mu}{\rightarrowtail} H_n(\mathrm{Hom}(X,Y))$$
$$\overset{\omega}{\twoheadrightarrow}\prod_p \mathrm{Hom}(H_p(X),\ H_{n+p}(Y)). \qquad (9.1)$$

证 仍用 §7 中所用的记号，令

$$B'_p=\mathrm{Im}\,d_p=B_{p-1},\ C_p=\mathrm{Ker}\,d_p;$$
$$\bar{B}'_q=\mathrm{Im}\,\partial_q=\bar{B}_{q-1},\ \bar{C}_q=\mathrm{Ker}\,\partial_q,$$

于是有短正合列

$$\begin{array}{l} C_p\rightarrowtail X_p\twoheadrightarrow B'_p, \\ \bar{C}_q\rightarrowtail Y_q\twoheadrightarrow \bar{B}'_q, \end{array} \qquad (9.2)$$

由于 $\mathfrak{A}$ 是遗传环，$X_p$ 与 $X_{p-1}$ 都是投射模，它们的子模也都投射，所以 $C_p$ 与 $B'_p$ 都是投射模. 因此对任何 $Y_{n+p}$ 恒有短正合列

$$\mathrm{Hom}(B'_p,\ Y_{n+p})\rightarrowtail \mathrm{Hom}(X_p,\ Y_{n+p})\twoheadrightarrow \mathrm{Hom}(C,\ _pY_{n+p}), \qquad (9.3)$$

同样取复形 $(C,0)$ 与 $(B',0)$，则得复形的短正合列(以 $\delta^{B'}$，$\delta$ 与

$\delta^C$ 表下列三个复形之微分)：

$$\mathrm{Hom}(B', Y) \overset{\eta}{\rightarrowtail} \mathrm{Hom}(X, Y) \overset{\pi}{\twoheadrightarrow} \mathrm{Hom}(C, Y), \quad (9.4)$$

于是有长正合列

$$\cdots \to H_n(\mathrm{Hom}(B', Y)) \xrightarrow{\eta_{*n}} H_n(\mathrm{Hom}(X, Y))$$
$$\xrightarrow{\pi_{*n}} H_n(\mathrm{Hom}(C, Y)) \xrightarrow{\theta_n} H_{n-1}(\mathrm{Hom}(B', Y))$$
$$\to \cdots. \quad (9.5)$$

先计算 $H_n(\mathrm{Hom}(B', Y))$. 由复形的 Hom 的定义，若 $f_{p,n+p} \in \mathrm{Hom}(B'_p, Y_{n+p})$, $f_n = \{f_{p,n+p};\ p \in \mathbb{Z}\} \in \mathrm{Hom}(B', Y)_n$, 则 $\delta_n^{B'}(f_n) = \{\partial_{n+p} f_{p,n+p}; p \in \mathbb{Z}\}$, 所以, $\delta_n^{B'} = \{\mathrm{Hom}(\varepsilon_p, \partial_{n+p}); p \in \mathbb{Z}\} = \mathrm{Hom}(\varepsilon, \partial)_n$, 这里的 $\mathrm{Hom}(\varepsilon_p, \partial_{n+p})$ 表示由 $\partial_{n+p}: Y_{n+p} \to Y_{n+p-1}$ 所引出的映射 $\mathrm{Hom}(B'_p, Y_{n+p}) \to \mathrm{Hom}(B'_p, Y_{n+p-1})$. 由于 $B'_p$ 投射(这里用到了投射这个条件，仅要求平坦是不够的)，故从短正合列得

$$\bar{C}_{n+p} \rightarrowtail Y_{n+p} \twoheadrightarrow \bar{B}'_{n+p},$$

$$\mathrm{Hom}(B'_p, \bar{C}_{n+p}) \rightarrowtail \mathrm{Hom}(B'_p, Y_{n+p}) \twoheadrightarrow \mathrm{Hom}(B'_p, \bar{B}'_{n+p}),$$

所以 $\quad \mathrm{Im}\,\delta_n^{B'} = \mathrm{Im}\,\mathrm{Hom}(\varepsilon, \partial)_n = \mathrm{Hom}(B', \bar{B}')_n,$

$$\mathrm{Ker}\,\delta_n^{B'} = \mathrm{Ker}\,\mathrm{Hom}(\varepsilon, \partial)_n = \mathrm{Hom}(B', \bar{C})_n.$$

再从

$$\mathrm{Hom}(B'_p, \bar{B}'_{n+1+p}) \rightarrowtail \mathrm{Hom}(B'_p, \bar{C}_{n+p}) \twoheadrightarrow \mathrm{Hom}(B'_p, H_{n+p}(Y)),$$

得

$$H_n(\mathrm{Hom}(B', Y)) = \mathrm{Ker}\,\delta_n^{B'} / \mathrm{Im}\,\delta_{n+1}^{B'} = \mathrm{Hom}(B', H(Y))_n$$
$$= \mathrm{Hom}(B, H(Y))_{n-1}.$$

同理 $\quad \mathrm{Im}\,\delta_n^C = \mathrm{Hom}(C, \bar{B}')_n;\ \mathrm{Ker}\,\delta_n^C = \mathrm{Hom}(C, \bar{C})_n;$

$$H_n(\mathrm{Hom}(C, Y)) = \mathrm{Hom}(C, H(Y))_n.$$

代入(9.5)，得

$$\cdots \to \mathrm{Hom}(C, H(Y))_{n+1} \xrightarrow{\theta_{n+1}} \mathrm{Hom}(B', H(Y))_n$$
$$\xrightarrow{\eta_{*n}} H_n(\mathrm{Hom}(X, Y)) \xrightarrow{\pi_{*n}} \mathrm{Hom}(C, H(Y))_n$$
$$\to \cdots, \quad (9.6)$$

与 § 7 中的办法相同，若让 $\bar{\eta}_p: B'_p \to C_{p-1}$ 为嵌入映射，则 $\theta_{n+1} =$

$\mathrm{Hom}(\bar{\eta}_p, \varepsilon)$，它把 $f_{p-1,n+p} \in \mathrm{Hom}(C_{p-1}, H_{n+p}(Y))$ 变成 $f_{p-1,n+p}\bar{\eta}_p \in \mathrm{Hom}(B'_p, H_{n+p}(Y))$. 再从

$$B'_{p+1} \rightarrowtail C_p \twoheadrightarrow H_p(X),$$

得($C_p$ 是投射模)

$$\begin{aligned} 0 &\to \mathrm{Hom}(H_p(X), H_{n+p}(Y)) \to \mathrm{Hom}(C_p, H_{n+p}(Y)) \\ &\to \mathrm{Hom}(B'_{p+1}, H_{n+p}(Y)) \to \mathrm{Ext}^1(H_p(X), H_{n+p}(Y)) \\ &\to \mathrm{Ext}^1(C_p, H_{n+p}(Y)) = 0, \end{aligned} \tag{9.7}$$

与(9.6)相比较，即得

$$\mathrm{Im}\,\pi_{*n} = \mathrm{Ker}\,\theta_n = \prod_p \mathrm{Hom}(H_p(X), H_{n+p}(Y))$$

$$\begin{aligned} \mathrm{Im}\,\eta_{*n} &= \mathrm{Hom}(B', H(Y))_n / \mathrm{Im}\theta_{n+1} \\ &= \prod_p \mathrm{Ext}^1(H_p(X), H_{n+p}(Y)), \end{aligned}$$

代入(9.6)即得(9.1).

关于自然性，若 $\phi: (X, d) \to (\bar{X}, \bar{d})$ 与 $\psi: (Y, \partial) \to (\bar{Y}, \bar{\partial})$ 都是复形映射，那么，由定理 22，有映射 $h(\phi, \psi)$，它把有关 $\bar{X}$ 与 $Y$ 的 Künneth 列变成 $X, \bar{Y}$ 的 Künneth 列. 特别，若 $\phi$ 与 $\psi$ 都是同构，则 $X$ 与 $Y$ 的 Künneth 列也与 $\bar{X}, \bar{Y}$ 的 Künneth 列同构. □

我们看到，本定理的证明实际上完全是一步一趋地仿照定理 18 的证明，只是把 ⊗ 换成了 Hom，并作适当的修改，如此而已，并没什么新的技巧.

用定理 19 的证法，当然需作适当的改变以适应目前的情况，可以证明，(9.1)是可裂的. 同样可以用一个简单的例子来说明可裂性不一定是自然的.

如果我们改写 $\mathrm{Hom}(X, Y)_{-n}$ 为 $\mathrm{Hom}(X, Y)^n$，而当 $f \in \mathrm{Hom}(X, Y)_{-n}$ 时，定义 $\tau^n(f) = \tau_{-n}(f)$，则因 $\tau_{-n}(f) \in \mathrm{Hom}(X, Y)_{-n-1} = \mathrm{Hom}(X, Y)^{n+1}$，所以 $\{\mathrm{Hom}(X, Y)^n, \tau^n\}$ 为一个上复形，$H^n(\mathrm{Hom}(X, Y))$ 为此上复形的第 $n$ 个上同调模. 注意，$H^n(\mathrm{Hom}(X, Y))$ 就是 $H_{-n}(\mathrm{Hom}(X, Y))$.

将(9.1)中的 $n$ 改成 $-n$，即得

$$\prod_p \mathrm{Ext}^1(H_p(X), H_{-n+1+p}(Y)) \rightarrowtail H^n(\mathrm{Hom}(X, Y))$$

$$\xrightarrow{\omega}\prod_p \mathrm{Hom}(H_p(X),\ H_{-n+p}(Y)). \tag{9.8}$$

假定复形$(Y,\ \partial)$只有一项，即，$Y_0=A$，而当$q\neq 0$时，$Y_q=0$，于是当$q=0$时$H_0(Y)=A$，而当$q\neq 0$时，$H_q(Y)=0$. 代入到(9.8)就得到

**定理 25**（上同调泛系数定理） 设$\mathfrak{A}$为遗传环，$(X,\ d)$为$\mathfrak{A}$-模的复形，$A$为任一$\mathfrak{A}$-模，则有短正合列

$$\mathrm{Ext}^1_{\mathfrak{A}}(H_{n-1}(X),\ A)\rightarrowtail H^n(\mathrm{Hom}(X,\ A))$$
$$\mathfrak{A}\mathrm{Hom}(H_n(X),\ A). \tag{9.9}$$

证 在(9.8)中最左边的$p$只能等于$n-1$，最右边的$p$只能等于$n$. □

## §10 零调模与 Grothendieck 谱序列

我们介绍一种非常重要的谱序列，称为 Grothendieck 谱序列，来结束本章.

我们将从零调模的概念着手.

**定义 12** 设$F$是由$\mathfrak{A}\mathbb{M}$到$\mathfrak{B}\mathbb{M}$的一个加法（共变或逆变）函子，若$A$是一个$\mathfrak{A}$-模，且于$p\geqslant 1$时，恒有$R^pFA=0$，则$A$为一个右$F$-零调模；若对任何$p\geqslant 1$，恒有$L_pFA=0$，则$A$为一个左$F$-零调模. 这里$RF$与$LF$表$F$的右导出与左导出函子.

由第三章的理论，若$F$是共变的，我们取$A$的一个内射分解

$$A\rightarrowtail Q^0\xrightarrow{\partial}Q^1\to Q^2\to\cdots,$$

则有复形

$$0\to FQ^0\to FQ^1\to FQ^2\to\cdots,$$

因此，在$p\geqslant 1$时，$R^pFA=\mathrm{Ker}F\partial^p/\mathrm{Im}\,F\partial^{p-1}$，它不随所取的内射分解而改变. 所以，如果$A$是内射模，则由$R^pFA=0$知$A$是右$F$-零调模. 由于在取$L_pFA$时，我们需取$A$的投射分解，所以，若$A$是投射模，则它是左$F$-零调模. 类似，若$F$是逆变函子，则投射模是右$F$-零调模.

在本节中，我们将考虑下列情况.

$\mathfrak{A}$, $\mathfrak{B}$, $\Gamma$ 为三个环，$G: \mathfrak{A}\mathbb{M} \to \mathfrak{B}\mathbb{M}$, $F: \mathfrak{B}\mathbb{M} \to \Gamma\mathbb{M}$ 都是加法共变函子，而 $F$ 是左正合的，且当 $Q$ 为内射 $\mathfrak{A}$-模时，$GQ$ 是右 $F$-零调模.

任取 $A$ 为一个 $\mathfrak{A}$-模，取

$$A \to Q^0 \xrightarrow{\sigma^0} Q^1 \to Q^2 \to \cdots \tag{10.1}$$

为 $A$ 的一个内射分解. 应用 $G$ 于(10.1)，得到一个复形

$$GA \to GQ^0 \to GQ^1 \to GQ^2 \to \cdots. \tag{10.2}$$

令

$$\begin{gathered} C^p = \operatorname{Ker} G\sigma^p;\ p = 0, 1, 2, \cdots, \\ B^0 = 0, \\ B^p = \operatorname{Im} G\sigma^{p-1},\ p > 0, \end{gathered} \tag{10.3}$$

于是 $R^pGA = C^p/B^p$. 若

$$B^p \rightarrowtail B^{p0} \to B^{p1} \to \cdots \tag{10.4}$$

与

$$R^pGA \rightarrowtail H^{p0} \to H^{p1} \xrightarrow{\rho} \cdots \tag{10.5}$$

相应为 $B^p$ 与 $R^pGA$ 的内射分解，则从短正合列 $B^p \rightarrowtail C^p \twoheadrightarrow R^pGA$ 可得一个交换图

$$\begin{array}{ccccccc} B^p & \rightarrowtail & B^{p0} & \to & B^{p1} & \to & \cdots \\ \downarrow & & \downarrow & & \downarrow & & \\ C^p & \rightarrowtail & C^{p0} & \to & C^{p1} & \to & \cdots \\ \downarrow & & \downarrow & & \downarrow & & \\ R^pGA & \rightarrowtail & H^{p0} & \to & H^{p1} & \to & \cdots \end{array} \tag{10.6}$$

其中间一行是 $C^p$ 的内射分解，各列均可裂正合. 又从短正合列 $C^p \rightarrowtail GQ^p \twoheadrightarrow B^{p+1}$，得到交换图(10.7)，其各列均可裂正合：

$$\begin{array}{ccccccccc} C^p & \rightarrowtail & C^{p0} & \to & C^{p1} & \to & C^{p2} & \to & \cdots \\ \downarrow & & \downarrow & & \downarrow & & \downarrow & & \\ GQ^p & \rightarrowtail & Q^{p0} & \to & Q^{p1} & \to & Q^{p2} & \to & \cdots \\ \downarrow & & \downarrow & & \downarrow & & \downarrow & & \\ B^{p+1} & \rightarrowtail & B^{p+1,0} & \to & B^{p+1,1} & \to & B^{p+1,2} & \to & \cdots \end{array} \tag{10.7}$$

中间一行为 $GQ^p$ 的内射分解，它事实上是由 $B^{pq}$ 与 $H^{pq}$ 所决定的(先由 $B^{pq}$ 与 $H^{pq}$ 由(10.6)得到 $C^{pq}$，再由(10.7)得到 $(Q^{pq})$，定义 $\zeta: Q^{pq}\to Q^{p+1,q}$ 为 $Q^{pq}\to B^{p+1,q}\to C^{p+1,q}\to Q^{p+1,q}$ 之积(这些映射都见于(10.7)与(10.6)两图)，即得交换图：

$$\begin{array}{ccccccc} & & \downarrow & & \downarrow & & \\ \cdots & \to & E^{pq} & \longrightarrow & E^{p+1,q} & \to & \cdots \\ & & \xi\downarrow & & \downarrow & & \\ \cdots & \to & E^{p,q+1} & \longrightarrow & E^{p+1,q+1} & \to & \cdots \\ & & \downarrow & & \downarrow & & \end{array} \tag{10.8}$$

引用 $F$ 于(10.8)即得一个上双复形 $(M, \partial, \delta)$

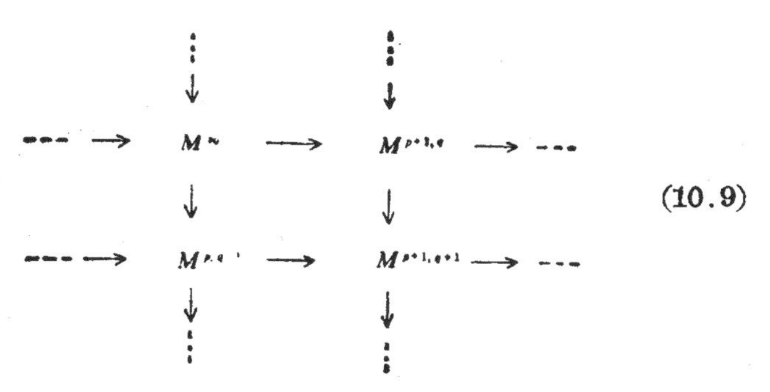

(10.9)

这里 $M^{pq}=FQ^{pq}$，$\partial=F\zeta$，$\delta=F\xi$.

上双复形 $(M, \partial, \delta)$ 是第一象限中的上双复形，用行过滤来求一个谱序列 $\{E_r\}$. 已知(定理 15) $E_2^{pq}=H^pH^{*q}(M)$. 由定义，$H^{*q}(M)$ 是(10.9)中各列复形的第 $q$ 个上同调模所组成的上复形($\partial_*$ 为其微分). 考虑第 $p$ 列. 由于 $M^{pq}=FQ^{pq}$，而(10.7)的中间一行是 $GQ^p$ 的内射分解，所以 $M^{p*}$ 的第 $q$ 个上同调模就是 $R^qFGQ^p$. 因 $Q^p$ 是内射模，故 $GQ^p$ 是右 $F$-零调模，因而当 $q\neq 0$ 时，$R^qFGQ^p=0$. 这说明，$H^{*q}(M)$ 的各项全是 0，因而当 $q\neq 0$ 时，$E_2^{pq}=H^pH^{*q}(M)=0$，即，$\{E_r\}$ 衰退. 所以，我们有

**定理 26** 在上述情况与条件下，由行过滤所得的谱序列 $\{E_r\}$

有

(1) $E_\infty^{pq}=E_2^{pq}$，对所有的 $p\geqslant 0$, $q\geqslant 0$；

(2) $E_2^{pq}=H^p(\mathrm{Tot}M)$，当 $q=0$，

$=0$，当 $q\neq 0$；

(3) $H^p(\mathrm{Tot}M)\cong R^p(FG)A$.

证 因 $F$ 左正合，故由单同态 $GQ^p\to Q^{p0}$ 得到单同态 $FGQ^p\to FQ^{p0}$，所以(10.9)的第 $p$ 列的第 0 个上同调模就是 $FGQ^p$，因而 $H^{*0}(M)$ 就是复形

$$FGA\to FGQ^0\to FGQ^1\to\cdots,\qquad(10.10)$$

它的第 $p$ 个上同调模就是 $R^pFGA=H^pH^{*0}(M)=E_2^{p0}$. □

定理 26 中，谱序列 $\{E_r\}$ 称为 $A$ 的关于 $F$ 与 $G$ 的 Grothendieck 谱序列，我们已经看到，它提供了 $R^p(FG)A$ 的信息. 这是对(10.9)用行过滤来得到的谱序列. 同样，用列过滤我们将能得到 $A$ 的另一种(可称第二种)Grothendieck 谱序列.

我们当然还会有其它类型的 Grothendieck 谱序列，例如可考虑$F$ 为右正合函子，$P$ 为投射模时，$GP$ 为左 $F$-零调模的情况，这时对任意的 $\mathfrak{A}$-模 $A$，也可用上述办法找到一个谱序列 $\{E_r\}$. 另外，也可考虑 $F$ 与 $G$ 中有逆变函子(一个逆变，另一个共变，或两个都逆变)的情况，其中又可分 $F$ 为左正合或右正合两类，对每一种情况都可用行过滤与列过滤来得到谱序列. 求这些谱序列的目的都在于求得 $L_pFGA$与$R^pFGA$ 的性质.

# 附录一　正则局部环

本世纪五十年代末期，同调代数学家们曾应用同调代数的理论和方法证明了一条纯属环论的定理——正则局部环必是单一分解环. 这使得人们认为，同调代数已不仅是一种理论，而且也是一种研究环论的有效方法.

所述定理的证法有好几个，但都应用了同调代数这个工具，其中最早的是 Auslander 与 Buchsbaum 给出的，见他们在 Proc. Nat. Acad. Sci. USA., **45**(1959)上所发表的文章. 比较简单易懂的证明（据笔者认为）是 Kaplansky 给出的（见 I. Kaplansky: Commutative Rings, 1974, 第四章）. 在 Matsumura 的书 Commutative Algebra 第二版(1980)上对 Kaplansky 的证法又作了一些改进（该书第七章）前者是在一个正则局部环 $\mathfrak{A}$ 上添加一个未定量 $x$, 因而先来考虑多项式环 $\mathfrak{A}[x]$的单一分解性，而 Matsumura 的书上，却在 $\mathfrak{A}$ 中适当选一个非零因子 $x$, 作局部化环 $x^{-1}\mathfrak{A}$, 这样作的结果明显地简化了前者的证明，例如，完全避免了应用可逆理想的理论. 我们在这里主要是要严格地证明所述的定理. 但为此目的，我们必须先阐述有关 ACC 环的素理想以及正则环的一些基本理论. 所述的证明基本上见于 Matsumura 的书，仅在其末尾略作改动，用以绕过该书中所用的外代数的方法.

本附录中所有的环都是有单位元的交换环，所有的指数，除了少数明显的例外(如 $\mathrm{Ext}^n$)，都指幂次.

## §1　素理想与 Krull 维数

设 $A$ 与 $B$ 都是环 $\mathfrak{A}$ 的理想，当 $A\supseteq B$ 时，称 $A$ 为 $B$ 的因子，若 $A$ 又是素理想，则称 $A$ 为 $B$ 的素因子，其极小的素因子为 $B$ 的极小素因子. 当然，若 $B$ 本身是素理想，则其极小素因子就是 $B$ 自己. 任何一个理想 $B$ 必有素因子，例如，可用 Zorn 引理证明，

存在一个极大理想 $M \supseteq B$，这个极大理想当然是一个素理想．再者，$B$ 的极小素因子也是存在的．为了证明这句话，我们称素理想集 $\{p_{\lambda \in \Lambda}\}$ 为 $B$ 的一个素因子链，如果(1)每一个 $p_\lambda$ 都是 $B$ 的素因子；(2) $\Lambda$ 是全有序集，且当 $\lambda_1 < \lambda_2$ 时，$P_{\lambda_1} \supset P_{\lambda_2}$．以 $\Omega$ 表示所有素因子链之集．这个集不是空的，因为单独一个素因子也构成一个素因子链（它的指标集 $\Lambda$ 只含一个元素）．设 $\{P_\lambda\}$ 与 $\{P'_\mu\}$ 为 $B$ 的两个素因子链（它们的指标集未必相同），如果每一个 $P_\lambda$ 都是某一个 $P'_\mu$，则称 $\{P_\lambda\} \subseteq \{P'_\mu\}$，于是 $\Omega$ 就成为一个拟有序集．由 Zorn 引理，有 $\{P_\lambda\}$ 为 $\Omega$ 的极大元素，则 $P = \bigcap_\lambda P_\lambda$ 就是 $B$ 的极小素因子．

设 $A$ 为 $\mathfrak{A}$ 的任一理想．称 $\mathrm{Rad}\, A = \{\alpha \in \mathfrak{A} \mid$ 有自然数 $n$，使 $\alpha^n \in A\}$ 为 $A$ 的**根**，它当然是 $\mathfrak{A}$ 的一个理想且 $\supseteq A$．如果 $\mathrm{Rad}\, A$ 是有限生成的，例如由 $\{\alpha_1, \alpha_2, \cdots, \alpha_m\}$ 所生成，而 $\alpha_i^{n_i} \in A$，则必有 $(\mathrm{Rad}\, A)^n \subseteq A$，这里 $n = \Sigma n_i - m + 1$．如果 $\mathrm{Rad}\, A = A$，则 $A$ 叫做一个**根理想**．任何理想 $B$ 的根 $\mathrm{Rad}\, B$ 本身显然是一个根理想．零理想的根 $\mathrm{Rad}\, 0$ 叫做 $\mathfrak{A}$ 的诣零根，也记成 $\mathrm{Rad}\, \mathfrak{A}$．在 $\mathfrak{A}$ 是 ACC 环时，$\mathrm{Rad}\, \mathfrak{A}$ 必有限生成，故为幂零的，即，有 $n$，使 $(\mathrm{Rad})^n = 0$．

我们首先有

**定理 1** 设 $\mathfrak{A}$ 为 ACC 环，则

(1) 每一个根理想 $A$ 必可表成有限个极小素因子之交

$$A = P_1 \cap P_2 \cap \cdots \cap P_n, \tag{1.1}$$

这里每一个 $P_i$ 都是 $A$ 的极小素因子；

(2) 每一个根理想 $A$ 都只有有限个极小素因子，它们都出现在表达式(1.1)中；

(3) 每一个理想 $B$ 都只能有有限个极小素因子，全部极小素因子之交就是 $\mathrm{Rad}\, B$．

证 (1) 假定并不是每一个根理想都具有所述的性质，那么，由于 $\mathfrak{A}$ 有升链条件，不具此性质的根理想之集合中必有一个极大的，设为 $A$．$A$ 本身当然不能是素理想，因此有 $b \overline{\in} A$，$c \overline{\in} A$，但

$bc\in A$. 令 $B=(b, A)$, $C=(C, A)$（$(b, A)$指所有的 $\alpha b+a$, $\alpha\in\mathfrak{A}$, $a\in A$, 即, 由 $b$ 与 $A$ 所生成的理想）. 于是 Rad $B$ 与 Rad $C$ 都严格地包含 $A$, 因而都具有所述的性质, 所以

$$\text{Rad } B=\bigcap_{i<n} P_i,\ \text{Rad } C=\bigcap_{j<m} Q_j,$$

$P_i$ 与 $Q_j$ 都是极小素因子. 我们肯定 $A=\text{Rad } B\cap\text{Rad } C$. 事实上, 当然有 $A\subseteq\text{Rad } B\cap\text{Rad } C$, 反过来, 任取 $x\in\text{Rad } B\cap\text{Rad } C$, 则有自然数 $s$ 与 $t$, 使 $x^s=\alpha b+a$, $x^t=\alpha'c+a'$, $\alpha$, $\alpha'\in\mathfrak{A}$, $a,a'\in A$. 于是 $x^{s+t}=\alpha\alpha'bc+a''\in A$, 故 $x\in\text{Rad } A=A$. 所以 $A=(\cap P_i)\cap(\cap Q_j)$在 $P_i$ 与 $Q_j$ 中取 $A$ 的极小素因子 $P'_i$ 与 $Q'_j$, 则

$$A=(\cap P_i)\cap(\cap Q_j)\supseteq(\cap P'_i)\cap(\cap Q'_j)\supseteq A.$$

因此, $A$ 是有限个极小素因子之交.

(2) 设 $A$ 为根理想, $A=\bigcap_{1<i<n} P_i$, $P_i$ 是 $A$ 的极小素因子, 并假定这个表达式中, 每一个 $P_i$ 都不是多余的. 我们将证明, 这些 $P_1$, $P_2$, $\cdots$, $P_n$ 就是 $A$ 的全部极小素因子. 假定, $A$ 另有一个极小素因子 $P$ 不是诸 $P_i$ 之一, 则对每一个 $i$, 有 $x_i\in P_i$, 但 $x_i\overline{\in} P$（因为 $P_i\not\subseteq P$）. 因 $x=x_1x_2\cdots x_n\in P_1P_2\cdots P_n\subseteq P_1\cap P_2\cap\cdots\cap P_n=A$, 但 $x\overline{\in} P$, 所以 $P$ 根本不能是 $A$ 的素因子.

(3) 任取 $P$ 为 $B$ 的一个素因子, 并设 $x\in\text{Rad } B$. 因为 $x^n\in B\subseteq P$, 故 $x\in P$. 换言之, $P$ 也必是 Rad $B$ 的素因子. □

**推论** ACC 环只能有有限个极小素理想.

事实上, 环 $\mathfrak{A}$ 的极小素理想都是 0 理想的极小素因子. □

下列定理表达了极小素理想的基本性质.

**定理 2** 极小素理想由零因子所组成, 这里不需要升链条件.（整环的极小素理想当然是 0.）

这条定理肯定了, 若 $\alpha\in\mathfrak{A}$ 不是零因子, 那么, $\alpha$ 的任何素因子都不能是环 $\mathfrak{A}$ 的极小素理想.

证 设 $P$ 为环 $\mathfrak{A}$ 的一个极小素理想, 让 $Z$ 为 $\mathfrak{A}$ 中所有零因子之集. 令 $S=\{\gamma\in\mathfrak{A}\,|\,\gamma=\alpha\beta,\ \alpha\overline{\in} P,\ \beta\overline{\in} Z$, 则 $S$ 既不是空集也不等于 $\mathfrak{A}$, 因为 $0\overline{\in} S$, 而 $1\in S$. 显然, $S$ 是对乘法封闭的. 由

Zorn 引理，包含在 $S$ 的余集 $\mathfrak{A}-S$ 内的所有理想中有一个极大的，设为 $Q$. 我们首先肯定，$Q$ 是一个素理想. 不然的话，必有 $a\overline{\in}Q$，$b\overline{\in}Q$，但 $ab\in Q$. 让 $A=(a, Q)$，$B=(b, Q)$，则因 $Q$ 极大，$A\supset Q$，$B\supset Q$，故 $A\cap S$ 与 $B\cap S$ 都不是空集. 所以有 $s=\alpha a+q$，$s'=\alpha' b+q'$，$ss'=\alpha'' ab+q''\in Q$. 但 $ss'\in S$，$Q$ 不能包含在 $\mathfrak{A}-S$ 内. 其次，我们肯定，$Q\subseteq Z$. 事实上，如果 $x\in Q$，但 $x\overline{\in}Z$，则让 $x=1\cdot x$ 知 $x\in S$，因为 $1\overline{\in}P$，$x\overline{\in}Z$，这时 $Q$ 也不能包含在 $\mathfrak{A}-S$ 内. 最后，$Q\subseteq P$，否则若 $x\in Q$，$x\overline{\in}P$，因 $x=x\cdot 1\in S$，$Q$ 不能包含在 $\mathfrak{A}-S$ 内. 因 $P$ 是极小素理想，$Q\subseteq P$，故 $Q=P$，所以 $P\subseteq Z$. □

Krull 维数是交换环理论中的非常重要的概念.

**定义 1** 素理想 $P$ 的秩 rank $P$ 定义为最大的自然数 $n$，使有一个从 $P$ 开始，长度为 $n$（尽管下式中共有 $n+1$ 个素理想）的素理想降链

$$P=P_0\supset P_1\supset P_2\supset\cdots\supset P_n, \tag{1.2}$$

这里的所有的 $P_i$ 都是素理想，$P_i\neq P_{i+1}$. 如果从 $P$ 开始的素理想降链中，不存在最长的，则定义 rank $P=\infty$.

**定义 2** 理想 $A$ 的秩 rank $A=\operatorname{Inf}$ rank $P$，$P$ 通过 $A$ 的所有极小素因子.

**定义 3** 环 $\mathfrak{A}$ 的 Krull 维数 Kd $\mathfrak{A}$ 定义为所有素理想的秩的上确界，即，

$$\mathrm{Kd}\,\mathfrak{A}=\sup_{p\text{ 为素理想}} \operatorname{rank} P.$$

我们在第二章 §7 中曾定义过一个模的合成列. 设 $A$ 为一个 $\mathfrak{A}$-模，若有降链

$$A=A_0\supset A_1\supset A_2\supset\cdots\supset A_n=0 \tag{1.3}$$

使每一个 $A_{i+1}$ 都是 $A_i$ 的子模，$A_{i+1}\neq A_i$，而且每一个商模 $A_i/A_{i+1}$ 都是单纯模，$i=0, 1, \cdots, n-1$，则 (1.3) 为 $A$ 的一个合成列，其长度为 $n$. 在那里，我们也曾指出：(1) 如果 $A$ 有合成列，则任何降链 $A\supset B\supset C$ 都必可加细成为一个合成列；(2) 两个合成列都有相等的长度；(3) 若 $A=A'_0\supset A'_1\supset\cdots\supset A'_n=0$ 为 $A$ 的任一个合成列，

则商模列$\{A_0/A_1, A_1/A_2, \cdots, A_{n-1}/A_n\}$与商模列$\{A'_0/A'_1, A'_1/A'_2, \cdots, A'_{n-1}/A'_n\}$逐项同构，但不一定顺着所排的顺序.

**定理 3** 下列的三句话等价：

(1) $\mathfrak{A}$ 是 ACC 环，且 $\mathrm{Kd}\,\mathfrak{A}=0$；

(2) 任何有限生成的 $\mathfrak{A}$-模都有有限长度；

(3) $\mathfrak{A}$ 本身作为 $\mathfrak{A}$-模有有限长度.

证 (1)⇒(2) $\mathfrak{A}$ 只能有有限个素理想 $M_1, M_2, \cdots, M_n$，每一个既是极大素理想，又是极小素理想，(每一个素理想的秩都是0). 让 $J=\cap M_i$，它实际上就是 $\mathfrak{A}$ 的 Jacobson 根(所有极大理想之交). 我们先来证明，$J$ 中每一个元素都幂零的. 事实上，若 $x\in J$ 不幂零，那么，集合 $S=\{1, x, x^2, \cdots\}$ 就是一个对乘法封闭的集合，且 $0\bar{\in} S$. 正如我们在引理 2 的证明那样，在余集 $\mathfrak{A}-S$ 有一个极大的理想 $P$，它必是一个素理想，因而是诸 $M_i$ 之一. 但 $x$ 属于每一个 $M_i$，因而必属于 $P$，这样，$P\cap S$ 就不能是空集. 矛盾.

由于 $\mathfrak{A}$ 是 ACC 环，$J$ 是诣零理想，故 $J$ 是幂零的，$J^m=0$. 特别$(M_1M_2\cdots M_n)^m=0$.

现设 $A$ 为有限生成模. 取 $A=A_0$, $A_1=M_1A$, $A_2=M_1^2A$, $\cdots$, $A_m=M_1^mA$, $A_{m+1}=M_1^mM_2A$, $\cdots$. 象这样，我们就得到一个以 $A$ 为首的降链，且有某一个 $s\leqslant nm$，使有

$$A=A_0\supset A_1\supset A_2\supset\cdots\supset A_s=0. \tag{1.4}$$

这里每一个 $A_{i+1}$ 都等于 $M_jA_i$，于是其商模 $A_i/A_{i+1}=A_i/M_jA_i$ 实际上是域 $\mathfrak{A}/M_j$ 上的一个有限维线性空间. 假定此空间的维数是 $p$，那么，$A_i/M_jA_i$ 就是 $p$ 个 $\mathfrak{A}/M_j$ 的直和. 于是，在 $A_i$ 与 $A_{i+1}$ 之间，可嵌入 $p-1$ 项，相邻两项之商模都同构于 $\mathfrak{A}/M_j$，它当然是一个单纯 $\mathfrak{A}$-模(因 $M_j$ 是 $\mathfrak{A}$ 的极大理想). 所以，用这种办法可把(1.4)加细成为 $A$ 的一个合成列，其长度是有限的.

(2)⇒(3) 当然.

(3)⇒(1) 设 $A$ 是 $\mathfrak{A}$ 的任一理想，因 $\mathfrak{A}$ 有有限长，故从降链 $\mathfrak{A}\supset A\supset 0$ 可加细成为 $\mathfrak{A}$ 的一个合成列

$$\mathfrak{A}\supset\cdots\supset A=A_0\supset A_1\supset\cdots\supset A_{n-1}\supset A_n=0.$$

因为 $A_i/A_{i+1}$ 是单纯模，因而是循环模，所以有 $x_i\in A_i$，使 $A_i$ 由 $x_i$ 与 $A_{i+1}$ 所生成，$A_i=(x_i, A_{i+1})$．易证，$A$ 由 $x_0, x_1, \cdots, x_{n-1}$ 所生成，故 $\mathfrak{A}$ 为 ACC 环．

尚需证明 $\mathrm{Kd}\,\mathfrak{A}=0$．

若 $\mathfrak{A}$ 为整环，长度有限，则在其非零的理想中必有一个最小的，设为 $A$．任取 $0\neq a\in A$，则因 $aA$ 也是非零的理想，且 $aA\subseteq A$，故 $aA=A$．于是有 $b\in A$，使 $ab=a$．因 $\mathfrak{A}$ 是整环，$b$ 必等于 1，即，$A=\mathfrak{A}$．因此，$\mathfrak{A}$ 是一个域，它的 Krull 维数当然等于 0．

现设 $\mathfrak{A}$ 不是整环．任取素理想 $P$，于是由降链 $\mathfrak{A}\supset P\supset 0$ 可加细成为 $\mathfrak{A}$ 的一个合成列．因此，$\mathfrak{A}/P$ 也有有限长度，但 $\mathfrak{A}/P$ 为一个整环，所以是一个域，故 $P$ 为极大理想．这说明任何素理想都是极大理想，当然也是极小素理想．所以每一个素理想都有秩为 0，故 $\mathrm{Kd}\,\mathfrak{A}=0$．□

## §2 主理想定理

下列的定理叫做 Krull 主理想定理，它是 ACC 环论中最重要的定理之一．

**定理 4** 设 $\mathfrak{A}$ 为 ACC 环，$0\neq x\in\mathfrak{A}$ 不是可逆元，$P$ 是 $x$ 的一个极小素因子，则 $\mathrm{rank}\,P\leqslant 1$．如果 $x$ 不属于任何极小素理想，例如 $x$ 不是零因子(见定理 2)，则 $\mathrm{rank}\,P=1$．

证　第二部分是明显的，因为若 $x$ 不属于任何极小素理想，当然 $P$ 不能极小，故必有素理想 $P'$，使 $P\supset P'$，因而 $\mathrm{rank}\,P\geqslant 1$．再与第一部分合起来，即得 $\mathrm{rank}\,P=1$．

现在证明第一部分，用反证法．假定 $\mathrm{rank}\,P\geqslant 2$，则有素理想的降链 $P\supset P_1\supset P_2$．可以假定 $P_1$ 为包含在 $P$ 内的极大素理想，在 $P$ 与 $P_1$ 之间不存在其它的素理想．由于 $P$ 是 $x$ 的一个极小素因子，$x\overline{\in}P_1$．取 $\overline{\mathfrak{A}}=\overline{\mathfrak{A}}/P_2$，$\bar{P}=P/P_2$，$\bar{P}_1=P_1/P_2$，则 $\overline{\mathfrak{A}}$ 是整环，$\bar{P}\supset\bar{P}_1$ 都是 $\overline{\mathfrak{A}}$ 的素理想，而在映射 $\overline{\mathfrak{A}}\to\overline{\overline{\mathfrak{A}}}/P_2$ 中，$x$ 所取的象 $\bar{x}\in\bar{P}$，但 $\overline{\in}\bar{P}_1$．让 $S=\overline{\mathfrak{A}}-\bar{P}$ 为 $\overline{\mathfrak{A}}$ 中 $\bar{P}$ 的余集．作局部整环

$S^{-1}\mathfrak{A}$，它以 $S^{-1}\bar{P}$ 为其极大理想，$\bar{x}\in S^{-1}\bar{P}$，但不属于 $S^{-1}\bar{P}_1$.

于是，我们可以假定 $\mathfrak{A}$ 为局部整环，$P$ 为其极大理想，$Q\neq P$ 为一个非零的素理想，$x\in P$ 但 $x\bar{\in}Q$. 我们将证明，这种现象是不可能出现的.

在 $Q$ 中任取 $v\neq 0$，并让 $A_n=\{\alpha\in\mathfrak{A}\mid \alpha x^n\in(v)\}$. 这些 $A_n$ 当然都是 $\mathfrak{A}$ 的理想，且有升链

$$(v)\subseteq A_1\subseteq A_2\subseteq\cdots.$$

由升链条件，有一个 $n\geqslant 1$，使 $A_n=A_{n+1}=\cdots=A_{2n}=\cdots$. 让 $u=x^n$，则从 $A_n=A_{2n}$ 得 $\alpha u\in(v)$ 当且仅当 $\alpha u^2\in(v)$. 考虑下列的两个降链:

$$(u,\ v)/(u^2)\supset(u)/(u^2)\supset 0 \tag{2.1}$$

与

$$(u^2,\ v)/(u^2)\supset(u^2,\ uv)/(u^2)\supset 0. \tag{2.2}$$

我们首先有

$$(u,\ v)/(u^2)/(u)/(u^2)\cong(u,\ v)/(u)\cong(u^2,\ uv)/(u^2). \tag{2.3}$$

事实上，左边的同构由同态定理得到，右边的同构是让 $\alpha u+\beta v+(u)$ 对应 $\alpha u^2+\beta uv+(u^2)$ 的结果.

其次，我们有

$$(u^2,\ v)/(u^2)/(u^2,\ uv)/(u^2)\cong(u^2,\ v)/(u^2,\ uv)$$
$$\cong(u)/(u^2). \tag{2.4}$$

事实上，让 $A=(u)/(u^2)$，则 $A^{\perp}=(u)$，即，$A\cong\mathfrak{A}/(u)$. 再让 $B=(u^2v)/(u^2,\ uv)$，它事实上是由 $v$ 的象所生成的循环模. 显然有 $(u)\subseteq B^{\perp}$. 反过来，若 $\beta\in\beta^{\perp}$，则必有 $\beta v=\alpha u^2+\gamma uv$，因此 $\alpha u^2\in(v)$，故 $\alpha u\in(v)$. 设 $\alpha u=\delta v$，代入得 $\beta v=\delta vu+\gamma uv$. 消去 $v$($\mathfrak{A}$ 是整环，$v\neq 0$)，得 $\beta\in(u)$. 于是由 $B^{\perp}=(u)$ 知 $B\cong\mathfrak{A}/(u)$，得(2.4).

最后，让 $\mathfrak{B}=\mathfrak{B}/(u^2)$，它是一个局部环，只有唯一的一个素理想，就是 $P/(v^2)$，因此 $\mathrm{Kd}\ \mathfrak{B}=0$. 由定理 3，任何有限生成的 $\mathfrak{B}$-模都有有限长度. 由于 (2.1) 与 (2.2) 中的四个模都可看成为

$\mathfrak{B}$-模，所以它们都有有限长，特别，作为 $\mathfrak{B}$-模，$(u, v)/(u^2)$ 有合成列，而(2.1)与(2.2)都可加细成为合成列。且由(2.3)与(2.4)，这两个合成列的长度相等。但是 $(u^2, v)/(u^2) \subseteq (u, v)/(u^2)$，这只有在它们相等时才有可能。所以 $u=\alpha u^2+\beta v$，即 $u(1-\alpha u) \in (v) \subseteq Q$。因 $\alpha u \in P$，$\mathfrak{A}$ 为局部环，$1-\alpha u$ 为可逆元，所以 $u \in (v) \subseteq Q$，即 $x^n \in Q$。因 $Q$ 为素理想，故 $x \in Q$。但一开头就假定了 $x \overline{\in} Q$。发生矛盾。于是定理得证。

推广上述定理，我们有

**定理 5** 设 $\mathfrak{A}$ 是 ACC 环，$A$ 是由 $(a_1, a_2, \cdots, a_n)$ 所生成的理想，$P$ 是 $A$ 的极小素因子，则 $\operatorname{rank} P \leqslant n$，即，$\operatorname{rank} A \leqslant n$。

证 不失普遍性，设 $\mathfrak{A}$ 为局部环，而 $P$ 为其极大理想。

$n=1$ 的情况已见定理 4.

现在设 $n>1$，并假定 $\operatorname{rank} P>n$，于是有素理想的降链

$$P=P_0 \supset P_1 \supset \cdots \supset P_n \supset P_{n+1}, \tag{2.5}$$

且在 $P_0$ 与 $P_1$ 之间不存在其它的素理想。由于 $P$ 是 $A$ 的极小素因子，$A$ 不可能包含在 $P_1$ 内。设 $a_1 \overline{\in} P_1$，并让 $B=(a_1, P_1) \supset P_1$，则 $B \subseteq P$，而且在 $B$ 与 $P$ 之间不存在其它的素理想，所以 $P$ 也是 $B$ 的极小素因子。

让 $\mathfrak{B}=\mathfrak{A}/B$，则 $\mathfrak{B}$ 也是一个局部环，但只有一个素理想，就是 $P/B$，它当然既是极大又是极小的素理想。我们肯定 $P/B$ 中的元素必然幂零。不然的话，若 $\bar{x} \in P/B$ 但不幂零，则包含在余集 $\mathfrak{B}-\{1, \bar{x}, \bar{x}^2, \cdots\}$ 内的所有理想中必有一个极大的，设为 $\bar{Q}$，则 $\bar{Q}$ 必是一个素理想，但不包含 $\bar{x}$，这不可能。于是，因为 $A \subseteq P$，对每一个 $a_i$，$i=1, 2, \cdots, n$，有正整数 $n_i$，与 $\alpha_i \in \mathfrak{A}$，$b_i \in P_1$，使

$$a_i^{n_i}=\alpha_i a_1+b_i \in B$$

(当然有可能 $B=P$，这时每一个 $n_i$ 都等于 1)。以 $C$ 表示由 $b_2, \cdots, b_n$ 所生成的理想。当然 $C \subseteq P_1$。但 $P_1$ 不能是 $C$ 的极小素因子，因为 $C$ 由 $n-1$ 个元素生成，而 $\operatorname{rank} P_1$ 却 $\geqslant n$ (见(2.5))。违反归纳法的假设。于是 $C$ 有一个极小素因子 $Q$，使 $C \subseteq Q \subset P_1$。取 $D=(a_1, Q) \supset Q$。因 $A$ 的每一个元素都有某一次幂属于 $D$，所以

$D$ 的极小素因子也必包含 $A$，因而就是 $P$.

取 $\mathfrak{A}\to\mathfrak{A}/Q=\overline{\mathfrak{A}}$，则 $a_1$ 的象 $\bar{a}_1$ 以 $P/Q$ 为它的极小素因子. 但 $P/Q\supset P_1/Q\supset 0$ 为一个素理想降链($Q$ 为素理想，所以 $\overline{\mathfrak{A}}$ 为整环，0 为素理想)，故 $\operatorname{rank} P/Q\geqslant 2$. 这与定理 4 发生矛盾. □

下面的引理以后是要用到的.

**引理** 设 $A$ 为环 $\mathfrak{A}$ 中一些元素之集，对加法与乘法都封闭，$Q_1, Q_2, \cdots, Q_n$ 是 $n$ 个理想，其中最多有两个不是素理想，至少有 $n-2$ 个是素理想，如果

$$A\subseteq Q_1\cup Q_2\cup\cdots\cup Q_n, \tag{2.6}$$

则必有一个 $Q_j$，使 $A\subseteq Q_j$.

证 我们首先尽量删掉那些不必要的 $Q$. 假定这样精简的结果，我们有

$$A\subseteq Q_1\cup Q_2\cup\cdots\cup Q_m, \tag{2.7}$$

这里的每一个 $Q_j$ 都去不掉，去掉任一个的话，它们的合就不能包含 $A$ 了.

我们要证明(2.7)中的 $m=1$.

设 $m=2$. 取 $a_1\in A$，但 $a_1\overline{\in} Q_2$；取 $a_2\in A$，但 $a_2\overline{\in} Q_1$. 于是 $a_1\in Q_1$，$a_2\in Q_2$，但 $a_1+a_2\in A$ 却既不属于 $Q_1$ 又不属于 $Q_2$，因而 $A\nsubseteq Q_1\cup Q_2$. 矛盾.

设 $m\geqslant 3$. 这时 $Q_1, Q_2, \cdots, Q_m$ 中至少有一个是素理想. 设 $Q_1$ 是素理想. 由于(2.7)是最精简的表示式，所以对每一个 $j=1, 2, \cdots, m$，有 $a_j\in A$，但 $a_j\overline{\in} Q_1\cup\cdots\cup Q_{j-1}\cup Q_{j+1}\cup\cdots\cup Q_m$. 这时当然有 $a_j\in Q_j$. 让 $a=a_1+a_2a_3\cdots a_m$. 易知 $a\in A$，但 $a$ 不属于任何 $Q_j$，因而也不属于它们的合. 矛盾. □

下列定理是定理 5 的进一步的推广.

**定理 6** 设 $\mathfrak{A}$ 为 ACC 环，理想 $A$ 由 $n$ 个元素 $a_1, a_2, \cdots, a_n$ 所生成，$P$ 是 $A$ 的素因子，在环 $\mathfrak{A}/A$ 中，$P/A$ 的秩$=m$($P/A$ 当然是 $\mathfrak{A}/A$ 的素理想)，则

$$\operatorname{rank} A+m\leqslant\operatorname{rank} P\leqslant n+m. \tag{2.8}$$

证 $\bar{P}=P/A$ 的子理想 $\bar{B}$ 总同 $P$ 与 $A$ 之间的理想 $B$ 一一对

应，这只要让 $\bar{B}=B/A$ 就行了. 这种对应关系不仅保持包含关系"$\subseteq$"，而且也保持素性，即，$B$ 为 $\mathfrak{A}$ 的素理想，当且仅当 $\bar{B}=B/A$ 为 $\bar{\mathfrak{A}}=\mathfrak{A}/A$ 的素理想.

因此，定理的条件等价于：$A$ 有一个长度为 $m$ 的，以 $P$ 为首的素因子链

$$P=P_0\supset P_1\supset\cdots\supset P_{m-1}\supset P_m\supseteq A, \tag{2.9}$$

而且在所有这样的素因子链中，(1.12)是最长的. 所以，$P_m$ 是 $A$ 的极小素因子，而且在 $P_i$ 与 $P_{i+1}$ 之间，不存在其它的素理想.

由(2.9)即知 rank $P\geqslant m+$rank $P_m\geqslant m+$rank $A$，得(2.8)左边的不等式.

对于右边的不等式，我们用归纳法.

$m=0$ 时，$P_0$ 是 $A$ 的极小素因子，由定理 5 即知 rank $P\leqslant n=n+0$.

设 $m>0$. 这时 $P_{m-1}$ 不可能是 $A$ 的极小素因子（$P_m$ 是更小的），它也不可能包含在 $A$ 的任何一个极小素因子内，因而由引理，它不能包含在 $A$ 的所有极小素因子之合内，所以有 $x\in P_{m-1}$ 不属于 $A$ 的任何一个素因子. 让 $B$ 由 $x, a_1, a_2, \cdots, a_n$ 所生成. 当然 $A\subset B\subseteq P_{m-1}$. 我们肯定，在 $\mathfrak{A}/B$ 内，$P/B$ 的秩$\leqslant m-1$. 不然的话，$B$ 必有一个以 $P$ 为首的素因子链

$$P=P_0\supset P_1'\supset\cdots\supset P_m'\supseteq B\supset A,$$

这时 $P_m'$ 不能是 $A$ 的极小素因子，因为 $B$ 不包含在 $A$ 的任一个极小素因子中，所以必有素理想 $P_{m+1}'$，使 $P_m'\supset P_{m+1}'\supseteq A$. 这样就必有 rank $P/A\geqslant m+1$，不合条件.

于是由归纳法的假定（因为这时 rank $P/B\leqslant m-1$），并注意到 $B$ 是由 $n+1$ 个元素所生成的，得

$$\text{rank } P\leqslant(n+1)+(m-1)=n+m. \qquad \square$$

定理 6 有两个很重要的推论，推论中的 $\mathfrak{A}$ 都是 ACC 环.

**推论 1** $P$ 为 $\mathfrak{A}$ 的素理想，$0\neq x\in P$，则 rank $P$ 或等于 rank $P/x$，或等于 rank $P/x+1$. 若 $x$ 不属于任何极小素理想，则 rank $P=$rank $P/x+1$，这里的 $P/x$ 指环 $\mathfrak{A}/(x)$ 中的理想

$P/(x)$.

事实上，这就是定理 3 中 $n=1$ 的特例，因为由定理 4，$\text{rank}(x)\leqslant 1$．如果 $x$ 不属于任何极小素理想，则 $(x)$ 的极小素因子的秩肯定等于 1，即 $\text{rank}(x)=1$．□

**推论 2** 设素理想 $P$ 有秩 $m>0$，则有 $\mathfrak{A}$ 的元素 $a_1, a_2, \cdots, a_m$ 都不为 0，使它们所生成的理想 $A$ 以 $P$ 为其极小素因子．

证 设

$$P=P_0\supset P_1\supset P_2\supset\cdots\supset P_m \tag{2.10}$$

为一个以 $P$ 为首的素理想降链．让 $i=0, 1, \cdots, m$，易知 $P_{m-i}$ 的秩等于 $i$，因为它既不能小于 $i$（(2.10) 已给出了以 $P_{m-i}$ 为首，长度为 $i$ 的降链），又不能大于 $i$（否则 $\text{rank}\ P>m$）．

$P_{m-1}$ 当然不能包含在任何极小素理想中，因而由引理，它不能包含在所有极小素理想之合中，所以有 $a_1\in P_{m-1}$ 不属于任何极小素理想．如果有素理想 $Q$，使 $P_{m-1}\supset Q\supseteq(a_1)$，那么，由于 $Q$ 不能是极小素理想，势必有素理想 $Q'\subset Q$，这样就必然有 $\text{rank}\ P_{m-1}\geqslant 2$．矛盾．所以 $P_{m-1}$ 是 $(a_1)$ 的极小素因子．

现在假定 $a_1, a_2, \cdots, a_i$ 都已取定，使 $A_i=(a_1, a_2, \cdots, a_i)$ 以 $P_{m-i}$ 为其极小素因子．与上述理由相同，我们可以选出一个 $a_{i+1}\in P_{m-i-1}$ 不属于 $A_i$ 的任何极小素因子，而且 $P_{m-i-1}$ 是 $A_{i+1}=(a_1, a_2, \cdots, a_{i+1})$ 的极小素因子．□

对于局部环（有唯一极大理想的 ACC 环），其 Krull 维数还有一个完全等价的定义．设 $\mathfrak{A}$ 为局部环，其极大理想为 $M$．理想 $A$ 叫做 $M$–准素的，如果 $\text{Rad}\ A=M$，这就是说，有自然数 $m$，使 $M^m\subseteq A$．换言之，$A$ 是 $M$–准素的，其充要条件是 $M$ 为 $A$ 的唯一的极小素因子．我们有

**推论 3** 设 $\mathfrak{A}$ 为局部环，其极大理想为 $M$，$\text{Kd}\ \mathfrak{A}=\text{rank}\ M=n$，则 $n$ 为最小的数使有一个 $M$–准素理想 $A$ 由 $n$ 个元素生成．

证 若 $n=0$，则 $\mathfrak{A}$ 只有一个素理想，就是 $M$．由于 $\mathfrak{A}$ 的根 $\text{Rad}\ \mathfrak{A}$ 是其所有素因子之交，所以 $\text{Rad}\ \mathfrak{A}=M$，即，$M$ 是 $\mathfrak{A}$ 的幂零根，0 理想是 $M$–准素理想．我们约定，0 理想由 0 个元素生成．

设 $n>0$. 由推论 2, 有理想 $A$ 由 $n$ 个元素所生成, 且以 $M$ 为其极小素因子. 若 $B$ 由 $m$ 个元素所生成, 且以 $M$ 为其极小素因子, 则由定理 5, $\text{Kd}\,\mathfrak{A}=\text{rank}\,M=n\leqslant m$. □

## §3 正则局部环

设 $\mathfrak{A}$ 为一个局部环 (有唯一极大理想的 ACC 环), 其极大理想为 $M$, 则 $K=\mathfrak{A}/M$ 是一个域, 称为局部环 $\mathfrak{A}$ 的剩余类域. 在 $A$ 为一个 $\mathfrak{A}$-模时, 商模 $A/MA$ 实际上是域 $K$ 上的一个线性空间. 下列引理指出了这个空间的生成系与 $A$ 的生成系之间的一个重要关系.

**引理 1** 设 $A$ 有限生成, $a_1, a_2, \cdots, a_n\in A$, 它们在 $A/MA$ 中的象设为 $[a_1], [a_2], \cdots, [a_n]$, 则 $\{a_1, a_2, \cdots, a_n\}$ 为 $A$ 的生成系, 当且仅当 $\{[a_1], [a_2], \cdots, [a_n]\}$ 为 $K$ 上线性空间 $A/MA$ 的生成系.

证 必要性是明显的, 因为 $A\to A/MA$ 是满同态.

现证充分性. 设 $B$ 由 $\{a_1, a_2, \cdots, a_n\}$ 生成, 则 $B+MA=A$, 于是 $A/B=B+MA/B=MA/B$. 因 $A/B$ 有限生成, 故 $A/B=0$, 即, $A=B$. □

于是, 当 $A/MA$ 为 $K$ 上 $n$ 维线性空间时, $A$ 中有 $n$ 个元素 $a_1, a_2, \cdots, a_n$ 在 $A/MA$ 中所取的象 $[a_1], [a_2], \cdots, [a_n]$ 组成 $A/MA$ 的一个基底, 同时, 它们也组成 $A$ 的一个最小的生成系. 这里所谓最小是指着 $A$ 中任何 $n-1$ 个元素 $b_1, b_2, \cdots, b_{n-1}$ 都不能组成 $A$ 的一个生成系.

**定义 4** 设局部环 $\mathfrak{A}$ 的极大理想为 $M$, 则作为 $K=\mathfrak{A}/M$ 上的线性空间, $M/M^2$ 在 $K$ 上的线性维数叫做 $\mathfrak{A}$ 的**线性维数**, 记以 $\text{Vd}\,\mathfrak{A}$.

因此, $\text{Vd}\,\mathfrak{A}$ 有两个含义, 一是 $M/M^2$ 在 $K$ 上的线性维数, 另一个是, $M$ 有一个最小的生成系由 $\text{Vd}\,\mathfrak{A}$ 个元素所组成.

与定理 6 的推论 1 相类似, 我们有

**引理 2** 设 $\mathfrak{A}$ 为局部环，$M$ 为其极大理想，$x\in M-M^2$，$\overline{\mathfrak{A}}=\mathfrak{A}/x$，则 $\mathrm{Vd}\,\overline{\mathfrak{A}}=\mathrm{Vd}\,\mathfrak{A}-1$.

证 $\overline{\mathfrak{A}}$ 当然是局部环，其极大理想为 $\overline{M}=M/x$.

设 $\mathrm{Vd}\,\overline{\mathfrak{A}}=n$. 取 $\{\bar{y}_1, \bar{y}_2, \cdots, \bar{y}_n\}$ 为 $\overline{M}$ 的一个最小的生成系. 再取 $y_i$，使它们在 $\overline{M}=M/x$ 中的象为 $\bar{y}_i$. 我们要证明，$x, y_1, y_2, \cdots, y_n$ 这 $n+1$ 个元素组成 $M$ 的一个最小生成系.

首先，它们当然可以生成 $M$.

其次，将它们映射到 $M/M^2$ 上，我们肯定这 $n+1$ 个象是 $K=\mathfrak{A}/M$ 上线性无关的. 为此，我们假定

$$\alpha x+\sum\beta_i y_i=w\in M^2,\ \alpha,\ \beta_i\in\mathfrak{A},$$

映射到 $\overline{M}$ 上，得

$$\sum\bar{\beta}_i\bar{y}_i=\bar{w}\in\overline{M}^2,\ \bar{\beta}_i\in\overline{\mathfrak{A}}=\mathfrak{A}/x.$$

再映到 $\overline{M}/\overline{M}^2$ 上，从 $[\bar{\beta}_i]$ 表 $\bar{\beta}_i$ 在 $\overline{\mathfrak{A}}/\overline{M}=\overline{K}$ 中所取的象，$[\bar{y}_i]$ 表 $\bar{y}_i$ 在 $\overline{M}/\overline{M}^2$ 中所取的象，则

$$\sum[\bar{\beta}_i][\bar{y}_i]=0,$$

但由所给的条件，$[\bar{y}_1], \cdots, [\bar{y}_n]$ 是在 $\overline{K}$ 上线性无关的，所以 $\bar{\beta}_i\in\overline{M}$，因而 $\beta_i\in M$. 因 $y_i\in M$，所以 $\alpha x\in M$，故 $\alpha\in M$. 这说明了，$x, y_1, \cdots, y_n$ 这 $n+1$ 个元素在 $M/M^2$ 中的象是 $K$ 上线性无关的，因此，$\mathrm{Vd}\,\mathfrak{A}=n+1$. □

于是，对于局部环 $\mathfrak{A}$，我们已经定义了两种纯属环论范围的维数，一个是 Krull 维数 $\mathrm{Kd}\mathfrak{A}$，另一个是线性维数 $\mathrm{Vd}\,\mathfrak{A}$. 它们的关系见

**定理 7** $\mathrm{Kd}\,\mathfrak{A}\leqslant\mathrm{Vd}\,\mathfrak{A}$. (3.1)

证 $\mathrm{Kd}\,\mathfrak{A}$ 当然等于 $\mathrm{rank}\,M$. 若 $M$ 有最小生成系 $\{x_1, x_2, \cdots, x_n\}$，则 $\mathrm{Vd}=n$，因此由定理5，$\mathrm{Kd}\,\mathfrak{A}=\mathrm{rank}\,M\leqslant n=\mathrm{Vd}\,M$.

在 (3.1) 中取等式的 $\mathfrak{A}$ 有其特殊的重要性，见

**定义 5** 若局部环 $\mathfrak{A}$ 有 $\mathrm{Kd}\,\mathfrak{A}=\mathrm{Vd}\,\mathfrak{A}$，则 $\mathfrak{A}$ 叫做一个**正则局部环**，简称**正则环**.

为了进一步研究正则环的性质，我们先证

**引理 3** 假定 $\mathfrak{A}$ 是局部环，$M$ 为其极大理想. 若 $\mathfrak{A}$ 为 $n$ 维正

则环，则当 $x\in M-M^2$ 时，$\mathfrak{A}/x$ 为 $n-1$ 维正则环．反之，若 $x$ 不含在任一个极小素理想内，例如 $x$ 不是零因子，则当 $\mathfrak{A}/x$ 为 $n-1$ 维正则环时，$\mathfrak{A}$ 为 $n$ 维正则环．

证 已知 $\mathrm{Kd}\,\mathfrak{A}=\mathrm{Vd}\,\mathfrak{A}=n$．由引理 2，$\mathrm{Vd}\,\mathfrak{A}/x=n-1$．又由定理 6 的推论 1，$\mathrm{Kd}\,\mathfrak{A}/x$ 或为 $n$，或为 $n-1$．但它不能等于 $n$，因为由定理 7，$\mathrm{Kd}\,\mathfrak{A}/x\leqslant \mathrm{Vd}\,\mathfrak{A}/x$．所以 $\mathrm{Kd}\,\mathfrak{A}/x=n-1=\mathrm{Vd}\,\mathfrak{A}/x$，$\mathfrak{A}/x$ 为正则环．

反之，若 $x$ 不属于任何一个极小素理想，则由定理 6 的推论 1，$\mathrm{Kd}\,\mathfrak{A}/x=\mathrm{Kd}\,\mathfrak{A}-1=\mathrm{Vd}\,\mathfrak{A}/x=\mathrm{Vd}\,\mathfrak{A}-1$，故 $\mathfrak{A}$ 为正则环．

我们现在可以证明

**定理 8** 正则环必是整环．

证 设 $\mathrm{Kd}\,\mathfrak{A}=\mathrm{Vd}\,\mathfrak{A}=n$．对 $n$ 归纳．

$n=0$ 时，$M/M^2$ 是 0 维空间，故 $M=M^2$，因而 $M=0$．这时 $\mathfrak{A}$ 为域，它当然是整环．

设 $n>0$．这时 $M\supset M^2$．任取 $x\in M-M^2$，则由引理 3，$\mathfrak{A}/x$ 是 $n-1$ 维正则环．由归纳法的假定，$\mathfrak{A}/x$ 是整环，因此，主理想 $(x)$ 是 $\mathfrak{A}$ 中的素理想．

今证明，若 $\mathfrak{A}$ 不是整环，则素理想 $(x)$ 必是极小素理想．不然的话，必有素理想 $Q\subset(x)$．这个 $Q$ 不能是 0，因为已假定 $\mathfrak{A}$ 不是整环，因而 0 理想不是素理想．任取 $0\neq y\in Q$，则 $y=\alpha_1 x$，因而 $y\in(\alpha_1)$，$(y)\subseteq(\alpha_1)$．我们肯定 $(y)\neq(\alpha_1)$．否则就有 $\alpha_1=\beta y$，因而 $y(1-\beta x)=0$．因 $\mathfrak{A}$ 是局部环，$\beta x$ 不可逆，故 $1-\beta x$ 是可逆元，于是 $y=0$，矛盾．所以 $(y)\subset(\alpha_1)$．由于 $\alpha_1 x\in Q$，$Q$ 是素理想，$x\overline{\in} Q$，故 $\alpha_1\in Q\subset(x)$．因此 $\alpha_1=\alpha_2 x$．同样可得 $(\alpha_1)\subset(\alpha_2)$．象这样，我们可得到一系列的主理想 $(y)\subset(\alpha_1)\subset(\alpha_2)\subset\cdots$，永无止境．这是不可能的，因 $\mathfrak{A}$ 是 ACC 环．所以 $(x)$ 是极小素理想．

让 $Q_1, Q_2, \cdots, Q_m$ 为 $\mathfrak{A}$ 的全部极小素理想．由于每一个 $x\in M-M^2$ 都属于某一个极小素理想，所以

$$M-M^2\subseteq Q_1\cup Q_2\cup\cdots\cup Q_m,$$

即

$$M\subseteq M^2\cup Q_1\cup Q_2\cup\cdots\cup Q_m,$$

由§2的引理，$M$ 必包含在某一个 $Q_i$ 内（$M$ 当然不能包含在 $M^2$ 内）．这不可能，因为这时 rank $M=0\neq n$.

由上述矛盾得到我们的定理．□

设 $\mathfrak{A}$ 为正则环，$\mathrm{Vd}\,\mathfrak{A}=\mathrm{Kd}\,\mathfrak{A}=n>0$，而 $M$ 是 $\mathfrak{A}$ 的极大理想．取 $\{x_1, x_2, \cdots, x_n\}$ 为 $M$ 的一个最小生成示，则 $x_1$ 不是零因子（$\mathfrak{A}$ 是整环）．由引理 3，$\bar{\mathfrak{A}}=\mathfrak{A}/x_1$ 是 $n-1$ 维正则环．设 $\bar{x}_2$ 为 $x_2$ 在 $\mathfrak{A}/x_1$ 中的象，则 $\bar{x}_2$ 也不是 $\bar{\mathfrak{A}}$ 中的零因子．换言之，$\alpha x_2\in(x_1)$ 时，必有 $\alpha\in(x_1)$．再由引理 3，$\bar{\bar{\mathfrak{A}}}=\bar{\mathfrak{A}}/\bar{x}_2=\bar{\bar{\mathfrak{A}}}/(x_1, x_2)$ 是 $n-2$ 维正则环，而 $x_3$ 在 $\bar{\bar{\mathfrak{A}}}$ 中的象 $\bar{\bar{x}}_3$ 不是零因子．换言之，$\alpha x_3\in(x_1, x_2)$ 时，必有 $\alpha\in(x_1, x_2)$．依此类推．一般地，$x_{j+1}$ 在 $\mathfrak{A}/(x_1, x_2, \cdots, x_j)$ 中的象不是零因子，即，当 $\alpha x_{j+1}\in(x_1, x_2, \cdots, x_j)$ 时，必有 $\alpha\in(x_1, \cdots x_j)$.

这样的序列 $\{x_1, x_2, \cdots, x_n]$ 有一个特别的名称，见

**定义 6** 设 $\mathfrak{A}$ 为局部环，极大理想为 $M$，$M-M^2$ 中的一个序列 $\{x_1, x_2, \cdots, x_n\}$ 叫做一个正则序列，简称 $R$-序列，如果(1) $x_1$ 不是 $\mathfrak{A}$ 的零因子，(2) 每一个 $x_j$ 都不是 $\mathfrak{A}/(x_1, \cdots, x_{j-1})$ 上的零因子，即，当 $\alpha x_j\in(x_1, \cdots, x_{j-1})$ 时，必然 $\alpha\in(x_1, \cdots, x_{j-1})$.

上面已经证明，正则环的极大理想是由一个 $R$-序列所生成的．

其逆亦真，一个局部环 $\mathfrak{A}$ 的极大理想 $M$ 若由一个 $R$-序列所生成，则 $\mathfrak{A}$ 必是正则环．为了证明，我们首先假定，$M$ 是主理想 $(x_1)$，而 $x_1$ 不是零因子．由定理 1，$\mathrm{Kd}\,\mathfrak{A}=\mathrm{rank}\ M=1$，这时 $\mathrm{Vd}\,\mathfrak{A}$ 当然也等于 1，故 $\mathfrak{A}$ 正则．其次，设 $M$ 由 $R$-序列 $\{x_1, x_2, \cdots, x_n\}$ 生成，而 $n>1$．作 $\bar{\mathfrak{A}}=\mathfrak{A}/x_1$，让 $x_2, \cdots, x_n$ 在 $\bar{\mathfrak{A}}$ 中的象为 $\bar{x}_2, \bar{x}_3, \cdots, \bar{x}_n$．易证这 $n-1$ 个元素的序列是一个 $R$-序列，并生成 $\bar{\mathfrak{A}}$ 的极大理想 $\bar{M}=M/x_1$．故由归纳法的假定，$\bar{\mathfrak{A}}$ 是一个 $n-1$ 维正则环，因此，由引理 3，$\mathfrak{A}$ 是 $n$ 维正则环．我们证明了

**定理 9** 设 $\mathfrak{A}$ 为局部环，$M$ 为其极大理想，则 $\mathfrak{A}$ 是正则环当且仅当 $M$ 由一个 $R$-序列生成．

最后附注，这里所说的正则局部环虽然也简称正则环，却与第

四章§8中所述的 Von Neumann 正则环不同，它们是两种类型的正则环. 在 Von Neumann 正则环中，对任何 $\alpha$，恒有 $\alpha'$，使 $\alpha\alpha'\alpha=\alpha$. 如果它又是正则局部环，那么，它不但需要是交换环，而且还要是整环，因而 $\alpha$ 或等于 0，或可逆. 换言之，Von Neumann 正则环是正则局部环的充要条件为它是一个域.

## §4 正则环的总体维数

我们要在本节中证明

**定理 10** $n$ 维正则环的总体维数等于 $n$. 反之，若局部环 $\mathfrak{A}$ 的总体维数等于 $n<\infty$，则 $\mathfrak{A}$ 是 $n$ 维正则环.

需要四条引理.

**引理 1** 设 $\mathfrak{A}$ 是 ACC 环，$A$ 是一个有限生成的 $\mathfrak{A}$-模，$I$ 为一个理想，且对每一个 $\alpha\in I$，有 $0\neq a\in A$，使 $\alpha a=0$，则有 $0\neq y\in A$，使 $Iy=0$.

证 当 $0\neq a\in A$ 时，定义 $a^{\perp}=\{\alpha\in\mathfrak{A}\,|\,\alpha a=0\}$，它称为 $a$ 的零化理想($a^{\perp}$ 当然是 $\mathfrak{A}$ 的一个理想). 由升链条件，在所有的零化理想中，至少有一个极大的. 我们首先证明，极大零化理想必是素理想. 事实上，若 $P=a^{\perp}$ 是一个极大零化理想. 且 $\alpha\beta\in P$. 但 $\beta\overline{\in}P$，则因 $\beta a\neq 0$，$\alpha(\beta a)=\alpha\beta a=0$，知 $\alpha\in(\beta a)^{\perp}\supseteq a^{\perp}=P$. 但 $P$ 极大，故 $(\beta a)^{\perp}=P$，即，$\alpha\in P$.

其次，我们肯定，一共只能有有限个极大零化理想. 为此，我们设 $\{P_\lambda\}$ 为全体极大零化理想之集，$P_\lambda=a_\lambda^{\perp}$. 取 $B$ 为由所有这些 $a_\lambda$ 所生成的($A$ 的)子模. 由于 $\mathfrak{A}$ 是 ACC 环，$A$ 有限生成，故 $B$ 有限生成. 设 $B$ 由 $a_1, a_2, \cdots, a_n$ 生成，于是，每一个 $a_\lambda$ 都是 $a_1, x_2, \cdots, a_n$ 的线性组合，$a_\lambda=\sum\alpha_i a_i$，因此 $P_\lambda=a_\lambda^{\perp}\supseteq\bigcap\limits_i a_i^{\perp}=\bigcap\limits_i P_i$. 如果 $P_\lambda$ 不是诸 $P_1, P_2, \cdots, P_n$ 之一，必有 $x_i\in P_i$，但 $x_i\overline{\in}P_\lambda$. 于是 $x_1x_2\cdots x_n\in\bigcap\limits_i P_i\subseteq P_\lambda$. 这不可能，因 $P_\lambda$ 是素理想. 这说明，$P_1, P_2, \cdots, P_n$ 就是全体极大零化理想. 由所给条件，$I$ 的每一

个元素都属于某一个 $P_i$, 所以 $I\subseteq P_1\cup P_2\cup\cdots\cup P_n$. 由§1的引理4, $I$ 包含在诸 $P_i$ 之一内. 设 $I\subseteq P_1$, 让 $y=a_1$, 即得 $Iy=0$. □

**引理 2** 设 $\mathfrak{A}$ 为局部环, $M$ 为其极大理想, 若 $M$ 的每一个元素都是零因子, 则作为 $\mathfrak{A}$-模, $M$ 的投射维数 $\mathrm{Pd}_{\mathfrak{A}}\,M=\infty$.

证 首先, $\mathrm{Pd}M\neq 0$, 不然的话, 若 $\mathrm{Pd}\,M=0$, 则 $M$ 为投射模, 因而是自由模(局部环上的投射模必自由), 这里的模当然都是有限生成的. 取引理1中的 $A$ 与 $I$ 都是 $M$, 则有 $0\neq y\in M$, 使 $My=0$. 这在 $M$ 为自由模的情况下是不可能的.

其次, 我们考虑 $\mathrm{Pd}\,M$是否有可能等于一个自然数 $n$. 我们肯定, 这也是不可能的. 否则, 如果 $\mathrm{Pd}\,M=n$, 则必有一个 $\mathfrak{A}$-模 $B$, 使其投射维数 $\mathrm{Pd}\,B=1$. 取 $\{b_1, b_2, \cdots, b_m\}$ 为 $B$ 的一个最小的生成系(任何一个 $b_i$ 都去不掉), 再取 $F$ 为定义于 $\{x_1, x_2, \cdots, x_n\}$ 上的自由模, 则得一个短正合列

$$N\rightarrowtail F\twoheadrightarrow B.$$

因 $\mathrm{Pd}\,B=1$, 故$N$为投射模, 所以 $N$ 是自由模. 任取 $\sum\alpha_jx_j\in N$. 因 $\sum\alpha_jb_j=0$, 所以每一个 $\alpha_j$ 都属于$M$, 否则, 例如, 若 $\alpha_1\bar{\in}M$, 它必是 $\mathfrak{A}$ 中的一个可逆元, 因而 $b_1$ 就可以用 $b_2, b_3, \cdots, b_m$ 来表出. 那么, $\{b_1, b_2, \cdots, b_m\}$就不是 $B$ 的最小的生成系了. 取引理1中的 $y\in\mathfrak{A}$, 使 $yM=0$. 于是 $yN=0$. 但 $N$ 是自由模, 这是不能成立的.

剩下来唯一的可能性只有 $\mathrm{Pd}\,M=\infty$. □

**引理 3** 设 $\mathfrak{A}$ 为局部环, 其极大理想 $M\neq 0$, 若 $\mathrm{Pd}_{\mathfrak{A}}\,M=n<\infty$, 则有 $x\in M-M^2$ 不是零因子.

证 若 $0\neq a\in M$ 为零因子, 则其零化理想 $a^\perp$ 不等于0. 用引理1的办法可知, 极大的零化理想都是素理想, 而且只能有有限个. 取 $a_1^\perp, a_2^\perp, \cdots, a_m^\perp$ 为所有的极大零化理想, 那么, 如果 $x$ 是零因子, $x$ 就必然属于诸 $a_i^\perp$ 之一. 假定 $M-M^2$ 的每一个元素都是零因子, 则必有

$$M-M^2\subseteq a_1^\perp\cup a_2^\perp\cup\cdots\cup a_m^\perp,$$

因而

$$M\subseteq M^2\cup a_1^\perp\cup a_2^\perp\cup\cdots\cup a_m^\perp.$$

由§2的引理，$M$ 必然包含在某一个 $\mathfrak{a}_i^\perp$ 内（$M$ 当然不能包含在 $M^2$ 内），即 $M\mathfrak{a}_i=0$. 这说明 $M$ 的每一个元素都是零因子. 由引理2，它的投射维数应为 $\infty$，不能是一个有限数 $n$. □

**引理4** 设 $\mathfrak{A}$ 为局部环，其极大理想 $M\neq 0$. 如果 $\mathrm{Pd}_{\mathfrak{A}}M=n<\infty$，则 $\mathfrak{A}$ 的总体维数 $\mathrm{Gd}\,\mathfrak{A}=n+1$.（交换环的总体维数不分左右，$\mathrm{Lgd}\,\mathfrak{A}=\mathrm{Rgd}\,\mathfrak{A}=\mathrm{Gd}\,\mathfrak{A}$.）

证 对 $n$ 归纳.

$n=0$ 时，$M$ 是投射模，因而是自由模. 交换环的理想若又是自由模，它必是主理想（若 $M=\bigoplus\mathfrak{A}x_\lambda$，则 $x_1x_2\in\mathfrak{A}x_1\cap\mathfrak{A}x_2$），故 $M=(x)$. 因 $\mathfrak{A}$ 是局部环，故 $M$ 中任一元素 $y$ 都等于 $x^m u$，$m$ 为某一个自然数，$u$ 是可逆元. 所以 $\mathfrak{A}$ 是主理想环，$\mathrm{Gd}\,\mathfrak{A}=1$.

设 $n>0$，取 $x\in M-M^2$ 不是零因子，令 $\overline{\mathfrak{A}}=\mathfrak{A}/x$，它是一个局部环，其极大理想为 $\overline{M}=M/x$.

首先，我们证明

$$M/xM\cong M/x\oplus(x)/xM. \tag{4.1}$$

为此，我们取 $\{x, b_1, \cdots, b_m\}$ 为 $M$ 的一个最小的生成系. 这样的生成系当然是存在的. 以 $B$ 表示由 $\{b_1, \cdots, b_m\}$ 所生成的 $\mathfrak{A}$-模，并让 $A=xM+B$. 显然 $A+(x)=M$. 我们肯定 $A\cap(x)=xM$. 一方面，$xM\subseteq A$，$xM\subseteq(x)$；而在另一方面，若 $c\in A\cap(x)$，则 $c=\alpha x+\sum\beta_i b_i=\gamma x$，$\alpha\in M$，$\beta_i$，$\gamma\in\mathfrak{A}$. 如果 $\gamma\notin M$，它必是可逆元，因而 $\gamma-\alpha$ 是可逆元. 那么，$x$ 就可由 $b_1, \cdots, b_m$ 来线性表出，这样，$\{x, b_1, \cdots, b_m\}$ 就不能是最小的生成系. 所以 $\gamma\in M$，而 $c\in xM$. 于是我们有 $M/xM=A/xM\oplus(x)/xM$. 再注意到，$A/xM\cong M/x$，即得(4.1).

其次，(4.1)中的三个模都可看成 $\overline{\mathfrak{A}}$-模，故 $\mathrm{Pd}_{\overline{\mathfrak{A}}}\,M/x\leqslant\mathrm{Pd}_{\overline{\mathfrak{A}}}\,M/xM$. 由第二换环定理

$$\mathrm{Pd}_{\overline{\mathfrak{A}}}\,M/xM\leqslant\mathrm{Pd}_{\mathfrak{A}}\,M=n<\infty,$$

所以 $\mathrm{Pd}_{\overline{\mathfrak{A}}}\,\overline{M}<\infty$. 再由第一换环定理，$\mathrm{Pd}_{\mathfrak{A}}\,M/x=\mathrm{Pd}_{\overline{\mathfrak{A}}}\,M/x+1$. 由短正合列 $(x)\rightarrowtail M\twoheadrightarrow M/x$ 并因 $(x)$ 是投射模，$\mathrm{Pd}_{\mathfrak{A}}\,M=n>0$，知 $\mathrm{Pd}_{\mathfrak{A}}\,M/x=n$. 所以 $\mathrm{Pd}_{\overline{\mathfrak{A}}}\,\overline{M}=n-1$.

最后,由归纳法的假定,$\mathrm{Gd}\,\overline{\mathfrak{A}}=n$. 又因 $x$ 位于 $\mathfrak{A}$ 的 Jacobson 根内, $\mathrm{Gd}\,\mathfrak{A}=\mathrm{Gd}\,\overline{\mathfrak{A}}+1=n+1$. □

现在证明定理 10.

先假定 $\mathrm{Kd}\,\mathfrak{A}=\mathrm{Vd}\,\mathfrak{A}=n$. 要证 $\mathrm{Gd}\,\mathfrak{A}=n$.

若 $n=0$, 则 $M=0$, 这时 $\mathfrak{A}$ 是域, 当然 $\mathrm{Gd}\,\mathfrak{A}=0$.

设 $n>0$. 因正则环是整环, 任何 $0\neq x\in M$ 都不是零因子, 故 $\mathrm{Vd}\,\mathfrak{A}=\mathrm{Vd}\,\mathfrak{A}/x+1$, $\mathrm{Kd}\,\mathfrak{A}=\mathrm{Kd}\,\mathfrak{A}/x+1$. 由归纳法的假定, $\mathrm{Gd}\,\mathfrak{A}/x=\mathrm{Vd}\,\mathfrak{A}/x=\mathrm{Kd}\,\mathfrak{A}/x=n-1<\infty$, 而 $x$ 在 $\mathfrak{A}$ 的 Jacobson 根内, 故 $\mathrm{Gd}\,\mathfrak{A}=n$.

关于定理的后一部分,仍用归纳法.

设 $\mathrm{Gd}\,\mathfrak{A}=n$. 若 $n=0$, 则 $\mathfrak{A}$ 为半单纯环, 可交换的半单纯局部环只能是域, 所以 $\mathrm{Kd}\,\mathfrak{A}=\mathrm{Vd}\,\mathfrak{A}=0$;

设 $n=1$, 这时 $\mathfrak{A}$ 是主理想环, 这时 $\mathrm{Kd}\,\mathfrak{A}=\mathrm{Vd}\,\mathfrak{A}=1$.

设 $1<n<\infty$. 由总体维数的定义 $\mathrm{Pd}_{\mathfrak{A}}\,M=m<n$, 再由引理 4, $m=n-1>0$. 于是由引理 3, 有 $x\in M-M^2$ 不是零因子. 让 $\overline{\mathfrak{A}}=\mathfrak{A}/x$, $\overline{M}=M/x$, 则 $\mathrm{Pd}_{\overline{\mathfrak{A}}}\,\overline{M}=m-1=n-2$. 由引理 4, $\mathrm{Gd}\,\overline{\mathfrak{A}}=n-1<\infty$. 于是, 由归纳法的假定, $\overline{\mathfrak{A}}$ 是 $n-1$ 维正则环. 再由 $\mathrm{Vd}\,\mathfrak{A}=\mathrm{Vd}\,\mathfrak{A}/x+1$, $\mathrm{Kd}\,\mathfrak{A}=\mathrm{Kd}\,\mathfrak{A}/x+1$, $\mathrm{Gd}\,\mathfrak{A}=\mathrm{Gd}\,\mathfrak{A}/x+1$, 知 $\mathfrak{A}$ 是 $n$ 维正则环. □

为了证明定理 11,我们需要

**引理 5** 设 $\mathfrak{A}$ 为整环, $S$ 为 $\mathfrak{A}$ 中一些元素的集合, $1\in S$, $0\notin S$, 且于 $s_1, s_2\in S$ 时, $s_1s_2\in S$, 则有 (1) 若 $F$ 是自由 $\mathfrak{A}$-模, 则 $S^{-1}F=S^{-1}\mathfrak{A}\underset{\mathfrak{A}}{\otimes}F$ 为自由 $S^{-1}\mathfrak{A}$ 模; (2) 若 $P$ 为投射 $\mathfrak{A}$-模, 则 $S^{-1}P=S^{-1}\mathfrak{A}\underset{\mathfrak{A}}{\otimes}P$ 为投射 $S^{-1}\mathfrak{A}$-模; (3) 作为 $\mathfrak{A}$-模, $S^{-1}\mathfrak{A}$ 是平坦的.

证 (1) 若 $F$ 定义于集合 $\{x_\lambda\}$ 上, 则 $S^{-1}F$ 也定义于集合 $\{x_\lambda\}$ 上, 它的每一个元素都可唯一地表成 $\sum \alpha_i/S_i\otimes x_{\lambda_i}$, $\alpha_i\in\mathfrak{A}$, $s_i\in S$.

(2) 若 $F=P\oplus Q$, 则 $S^{-1}F=S^{-1}P\oplus S^{-1}Q$.

(3) 设 $A\xrightarrow{\phi}B$ 为 $\mathfrak{A}$-模的单同态, 则因 $S^{-1}A=S^{-1}\mathfrak{A}\underset{\mathfrak{A}}{\otimes}A$ 中

的每一个元素 $\sum \alpha_i/s_i \otimes a_i$ 都可由通分而变成 $\frac{1}{s}\otimes a$（或可写成 $a/s$），它在在 $s^{-1}A$ 内不为 0（这时 $a\neq 0$），那么 $\frac{1}{s}\otimes\phi(a)$ 也不能为 0.

**定理 11** 设 $\mathfrak{A}$ 为 $n$ 维正则环，$M$ 为其极大理想，$P$ 为任一素理想，且 $\neq M$，$s=\mathfrak{A}-P$，则 $S^{-1}\mathfrak{A}$ 也是一个正则环，其维数小于 $n$.

证 $S^{-1}\mathfrak{A}$ 当然是局部环，其极大理想是 $S^{-1}P$.

设 $A$ 为任一个 $S^{-1}\mathfrak{A}$-模，它当然是一个 $\mathfrak{A}$-模，于是，让 $\frac{1}{s}\otimes a\to\frac{a}{s}$ 得到 $S^{-1}A=S^{-1}\mathfrak{A}\underset{\mathfrak{A}}{\otimes}A$ 到 $A$ 的一个同构. 取 $A$ 作为 $\mathfrak{A}$-模的一个投射分解

$$0\to P_m\to P_{m-1}\to\cdots\to P_0\to A,$$

则

$$0\to S^{-1}P_m\to S^{-1}P_{m-1}\to\cdots\to S^{-1}P_0\to A$$

是 $S^{-1}\mathfrak{A}$-模 $A$ 的一个投射分解，故 $\mathrm{Pd}_{S^{-1}\mathfrak{A}}A\leqslant\mathrm{Pd}_{\mathfrak{A}}A$. 这说明 $\mathrm{Gd}\,S^{-1}\mathfrak{A}\leqslant\mathrm{Gd}\,\mathfrak{A}=n<\infty$，故由定理 10，$S^{-1}\mathfrak{A}$ 为正则环.

我们考虑 $S^{-1}\mathfrak{A}$ 的 Krull 维数. 取一个由 $P'=S^{-1}P$ 开始的素理想降链

$$P'=P'_0\supset P'_1\supset\cdots\supset P'_m=0.$$

由于 $P=P'\cap\mathfrak{A}$，$P_i=P'_i\cap\mathfrak{A}$ 都是 $\mathfrak{A}$ 的素理想，

$$\mathrm{Kd}\,S^{-1}\mathfrak{A}=\mathrm{rank}\,P'\leqslant\mathrm{rank}\,P.$$

但 $m$ 必小于 $n$，否则 $\mathfrak{A}$ 中必有一个其长度大于 $n$ 的素理想降链

$$M\supset P_0\supset P_1\supset\cdots\supset P_n,$$

这不可能. 所以 $\mathrm{Gd}\,S^{-1}\mathfrak{A}=\mathrm{Kd}\,S^{-1}\mathfrak{A}=\mathrm{rank}\,P'<n$. □

## §5 单一分解性

设 $\mathfrak{A}$ 是 ACC 整环，$\mathfrak{A}$ 中的元素 $p\neq 0$ 叫做一个**素元素**，如果在 $p=\alpha\beta$ 时，$\alpha$ 与 $\beta$ 中至少有一个是可逆元；$p\neq 0$ 叫做一个**主素元素**. 如果主理想 $(p)\neq\mathfrak{A}$ 是一个素理想. 因此，$p$ 是主素元素，当且仅当 $p|\alpha\beta$ 时，必有 $p|\alpha$，或 $p|\beta$，这里 $p|\alpha$ 指 $p$ 可整除 $\alpha$（即，

有 $\gamma$，使 $\alpha=p\gamma$）．主素元素当然是素元素，但是素元素却未必是主素元素，例如，将 $\sqrt{-5}$ 添加到整数环上，得 $2+\sqrt{-5}$ 是一个素元素，但不是主素元素．

在 $\mathfrak{A}$ 是 ACC 整环时（实际上只需要其主理想满足升链条件），任何非 0 的元素 $\alpha$ 一定可以分解成有限个素元素之积，$\alpha=p_1p_2\cdots p_n$．如果这些 $p_i$ 都是主素元素，则其分解式是单一的，因为若又有 $\alpha=q_1q_2\cdots q_m$，$q_j$ 都是素元素，则 $p_1$ 必可整除诸 $q_j$ 之一，设 $p_1|q_1$，$q_1=p_1u_1$．但 $q_1$ 是素元素，$u_1$ 必是可逆元．依此类推，即可得 $n=m$，而且重新调整次序以后，可有 $q_j=p_ju_j$，$u_j$ 为可逆元．所以分解式是单一的．但若 $\mathfrak{A}$ 有素元素 $p$ 不是主素元素，那么，必有 $\alpha\beta\in(p)$，即，$\alpha\beta=p\gamma$，但 $\alpha$ 与 $\beta$ 都不能被 $p$ 所整除，这时 $\alpha\beta$ 分解成素元素之积的表示式不能是单一的．于是，整环 $\mathfrak{A}$ 是否单一分解整环，完全看它的素元素是不是全为主素元素．

下列引理所表达的判定法是最基本的，这里的所谓最小素理想是指非零的素理想中的最小的．（我们只考虑 $\mathfrak{A}$ 是整环的情况，这时，零理想当然是极小素理想．）以下我们所考虑的素理想都指非零的素理想．

**引理 1** 对于 ACC 整环 $\mathfrak{A}$，下列的三句话等价：

(1) $\mathfrak{A}$ 是单一分解环；

(2) $\mathfrak{A}$ 中任一素理想 $P$ 都至少包含一个主素元素；

(3) $\mathfrak{A}$ 中任一最小素理想都是主理想．

证 (1)⇒(2) 任取 $0\neq\alpha\in P$，让 $\alpha=p_1p_2\cdots p_n$，这里的 $p_j$ 都是主素元素．因 $p$ 是素理想，至少有一个 $p_j$ 属于 $P$．

(2)⇒(3) 设 $P$ 是最小素理想，它必包含一个主素元素 $p$，因此 $(p)\subseteq P$．但 $(p)$ 也是素理想所以 $(p)=P$．

(3)⇒(1) 设 $0\neq\alpha\in\mathfrak{A}$，而 $P$ 是 $\alpha$ 的一个极小素因子，由定理 4，$\operatorname{rank}P=1$，所以 $P=(p)$，故 $\alpha=p\alpha_1$，$p$ 为主素元素，再对 $\alpha_1$ 如此作，最后可得 $\alpha=p_1p_2\cdots p_n$，$p_j$ 都是主素元素．因此 $\mathfrak{A}$ 是单一分解环．□

由此得

**引理 2** 设 $S$ 为 $\mathfrak{A}$ 的一个子集，$1\in S$，$0\overline{\in} S$，且当 $s_1$，$s_2\in S$ 时，$s_1s_2\in S$，则当 $\mathfrak{A}$ 是单一分解整环时，局部化环 $S^{-1}\mathfrak{A}$ 也是单一分解整环. 反之，若 $S$ 是由 1 以及一些主素元素所生成的乘法封闭集，则当 $S^{-1}\mathfrak{A}$ 为单一分解整环时，$\mathfrak{A}$ 也是单一分解整环.

证 任取 $P'$ 为 $S^{-1}\mathfrak{A}$ 的一个素理想，则 $P=\mathfrak{A}\cap P'$ 为 $\mathfrak{A}$ 的素理想. 取 $p\in P$ 为主素元素，则它是 $P'$ 中的（$S^{-1}\mathfrak{A}$ 的）主素元素，因为若 $\frac{\alpha}{s}\frac{\beta}{s'}=p\frac{\gamma}{s_1}$，则 $\alpha\beta s_1=\gamma ss'p$，$p$ 必可整除 $\alpha$ 或 $\beta$（$p$ 不能整除 $s_1$，否则 $p$ 将是 $S^{-1}\mathfrak{A}$ 中的可逆元），因而 $p$ 是 $S^{-1}\mathfrak{A}$ 中的主素元素，故由引理 1，$S^{-1}\mathfrak{A}$ 是单一分解环.

现在假定 $S$ 由 1 及 $\{p_i\}$ 所生成，每一个 $p_i$ 都是 $\mathfrak{A}$ 的主素元素，并且 $S^{-1}\mathfrak{A}$ 是单一分解整环. 我们要证 $\mathfrak{A}$ 也是单一分解整环. 为此，任取 $P$ 为 $\mathfrak{A}$ 的一个素理想，我们要证明 $P$ 至少含有一个主素元素. 如果有一个 $p_i\in P$，我们的任务当然已经完成. 假定每一个 $p_i$ 都不属于 $P$. 令 $P'=S^{-1}P=\{p/s\mid p\in P,\ s\in S\}$，则 $P'$ 是 $S^{-1}\mathfrak{A}$ 的素理想，由引理 1，$P'$ 中有一个主素元素 $q/s$. 由于 $s$ 是 $S^{-1}\mathfrak{A}$ 中的可逆元，故 $q$ 也是 $P'$ 的主素元素. 再者，若 $q=q_1p_i$，则一方面 $q_1$ 是 $P'$ 中的主素元素，而另一方面，$q_1\in P$（因 $P$ 是素理想，$p_i\overline{\in} P$）. 象这样，将 $q$ 中所有如 $p_i$ 这样的因子都逐个地除去（由升链条件，$q$ 只能有限个这样的因子），我们可以假定，$q\in P$，任何 $p_i$ 都除不尽 $q$，且 $q$ 为 $P'$ 中的主素元素. 我们要证明 $q$ 也是 $\mathfrak{A}$ 的主素元素. 为此，假定 $ab=qc$，$a$，$b$，$c\in\mathfrak{A}$. 考虑 $S^{-1}\mathfrak{A}$ 中的素理想 $(q)\subseteq P'$，知 $a$ 或 $b$ 必属于 $(q)$. 若 $a\in q$，则 $a=q\,\frac{\alpha}{s}$，即，$sa=q\alpha$. 让 $s=p_1p_2\cdots p_n$，因 $p_i$ 是 $\mathfrak{A}$ 的主素元素，$p_i$ 不能整除 $q$，故都能整除 $\alpha$，$\alpha=s\beta$. 于是 $sa=qs\beta$，消去 $s$，得 $a=q\beta$. 所以，作为 $\mathfrak{A}$ 中的主理想 $(q)$，当 $ab\in(q)$ 时，或 $a$ 或 $b$ 必属于 $q$，故 $(q)$ 为素理想，因而 $q$ 为 $\mathfrak{A}$ 中的主素元素. 由引理 1，$\mathfrak{A}$ 是单一分解环. □

我们还需要

**引理 3** 设 $\mathfrak{A}$ 为 ACC 整环，$A$ 是一个有限生成的 $\mathfrak{A}$-模，则

$$\mathrm{Pd}_{\mathfrak{A}} A = \sup_P \mathrm{Pd}_{\mathfrak{A}_P} A_P, \tag{5.1}$$

这里的 $P$ 通过 $\mathfrak{A}$ 的所有的极大素理想，$\mathfrak{A}_P$ 与 $A_P$ 相应表示 $(\mathfrak{A}-P)^{-1}\mathfrak{A}$ 与 $(\mathfrak{A}-P)^{-1}A(=(\mathfrak{A}-P)^{-1}\mathfrak{A}\underset{\mathfrak{A}}{\otimes}A)$.

证　由定理 11 的证明即知 $\mathrm{Pd}_{\mathfrak{A}_P} A_P \leqslant \mathrm{Pd}_{\mathfrak{A}} A$.

现假定 $n = \sup\limits_P \mathrm{Pd}_{\mathfrak{A}_P} A_P < \infty$，我们要证明，对任何 $\mathfrak{A}$-模 $B$，恒有

$$\mathrm{Ext}_{\mathfrak{A}}^{n+1}(A, B) = 0. \tag{5.2}$$

为此，取 $A$ 的一个自由分解

$$\cdots \to F_n \to F_{n-1} \to \cdots \to F_1 \to F_0 \to A, \tag{5.3}$$

这里因 $A$ 有限生成，$\mathfrak{A}$ 是 ACC 环，所以每一个 $F_n$ 都可取为有限生成的自由模. 注意，因 $\mathfrak{A}$ 是交换环，故 $\mathrm{Hom}_{\mathfrak{A}}(A, B)$ 是一个 $\mathfrak{A}$-模. 又让 $S=\mathfrak{A}-P$，$S^{-1}\mathfrak{A}$ 是一个平坦 $\mathfrak{A}$-模，可得下列的交换图:

$$\begin{array}{ccccccccc}
0 \to & \mathrm{Hom}_{\mathfrak{A}}(A, B)_P & \to & \mathrm{Hom}(F_0, B)_P & \to & \cdots & \to & \mathrm{Hom}(F_n, B)_P & \to \cdots \\
& \downarrow \phi & & \downarrow \phi & & & & \downarrow \phi & \\
0 \to & \mathrm{Hom}_{\mathfrak{A}}(A, B_P) & \to & \mathrm{Hom}(F_0, B_P) & \to & \cdots & \to & \mathrm{Hom}(F_n, B_P) & \to \cdots \\
& \downarrow \psi & & \downarrow \psi & & & & \downarrow \psi & \\
0 \to & \mathrm{Hom}_{\mathfrak{A}_P}(A_P, B_P) & \to & \mathrm{Hom}(F_{0P}, B_P) & \to & \cdots & \to & \mathrm{Hom}(F_{nP}, B_P) & \to \cdots
\end{array} \tag{5.4}$$

这里的实箭头 $\phi$ 是这样定义的：若 $F$ 是定义于$\{e_1, e_2, \cdots, e_m\}$上的自由模，$f \in \mathrm{Hom}(F, B)$，$s \in S$，则令

$$\bar{f}(e_i) = \frac{1}{s} \otimes f(e_i) \in S^{-1}\mathfrak{A} \underset{\mathfrak{A}}{\otimes} B = B_P,$$

于是定义 $\phi\left(\frac{1}{s} \otimes f\right) = \bar{f} \in \mathrm{Hom}(F, B_P)$. 实箭头的 $\phi$ 既已确定，最左边的虚箭头 $\phi$ 随之而确定.

再定义实箭头 $\psi$. 若 $F$ 的基底是 $\{e_1, e_2, \cdots, e_m\}$，$g \in \mathrm{Hom}_{\mathfrak{A}}(F, B_P)$，则令 $\psi(g) = \bar{g}$，使 $\bar{g}(1 \otimes e_i) = g(e_i) \in B_P$. 这里的 1 是 $S^{-1}\mathfrak{A}$ 中的单位元，而 $F_P$ 是定义于 $\{1 \otimes e_1, \cdots, 1 \otimes e_m\}$ 上

的自由 $S^{-1}\mathfrak{A}$-模. 实的 $\psi$ 确定以后，最左边的虚的 $\psi$ 也随之而定.

注意到(5.4)中的所有各项事实上都是 $\mathfrak{A}_P(=S^{-1}\mathfrak{A})$-模，$\phi$ 与 $\psi$ 都是既单又满的，故都是同构，且对 $A$ 自然. 让 $\theta=\psi\phi$，则 $\theta$ 是第一行的上复形到第三行的上复形的一个复形同构，它们当然有同构的上同调. 第一行的第 $n+1$ 个上同调模是

$$\mathrm{Ext}_{\mathfrak{A}}^{n+1}(A,\ B)_P=S^{-1}\mathfrak{A}\otimes\mathrm{Ext}_{\mathfrak{A}}^{n+1}(A,\ B)$$

($S^{-1}\mathfrak{A}$ 是平坦 $\mathfrak{A}$-模)，第三行的第 $n+1$ 个上同调模是 $\mathrm{Ext}_{\mathfrak{A}_P}^{n+1}(A_P,\ B_P)$，故

$$S^{-1}\mathfrak{A}\underset{\mathfrak{A}}{\otimes}\mathrm{Ext}_{\mathfrak{A}}^{n+1}(A,\ B)\cong\mathrm{Ext}_{\mathfrak{A}_P}^{n+1}(A_P,\ B_P).\qquad(5.5)$$

因 $n=\sup\limits_P \mathrm{Pd}_{\mathfrak{A}_P}A_P$，(5.5)右方为 0，所以左方也是 0. 再从 $S^{-1}\mathfrak{A}$ 的平坦性，得 $\mathrm{Ext}_{\mathfrak{A}}^{n+1}(A,\ B)=0$. 因 $B$ 任意，故 $\mathrm{Pd}_{\mathfrak{A}}A\leqslant n$. □

附注 在引理的证明中并没有用到 $P$ 的极大性，所以公式(5.1)中的 $P$ 可以通过所有的素理想. 但是，如果 $M\supset P$ 都是素理想，那么，$\mathfrak{A}_P$ 实际上是 $\mathfrak{A}_M$ 的局部化环，因而 $\mathrm{Pd}_{\mathfrak{A}_P}A_P\leqslant\mathrm{Pd}_{\mathfrak{A}_M}A_M$，所以(5.1)中的 $P$ 只需通过所有的极大素理想就够了.

现在我们来证明我们最后的定理.

**定理 12** 正则局部环必是单一分解环.

证 设 $\mathfrak{A}$ 为正则局部环，其极大理想为 $M$，$n=\mathrm{Gd}\mathfrak{A}=\mathrm{Kd}\mathfrak{A}=\mathrm{Vd}\,\mathfrak{A}$. 对 $n$ 归纳.

$n=0$ 时，$\mathfrak{A}$ 为一个域，没有什么话要说的.

$n=1$ 时，$\mathfrak{A}$ 的每一个理想都是 $\mathfrak{A}$ 上的投射模. 但 $\mathfrak{A}$ 是局部环，任一投射模必是自由模. 在 $\mathfrak{A}$ 是交换环的情况，$A$ 既是 $\mathfrak{A}$ 的理想，又是一个自由模，它只能是主理想. 换言之，这时 $\mathfrak{A}$ 是主理想环，它当然可单一分解.

现设 $n>1$. 任取 $x\in M-M^2$，则 $x$ 必是一个主素元素(可得一个以 $x$ 为首的正则序列). 让 $X=\{1,\ x,\ x^2,\ \cdots\}$，并让 $\mathfrak{A}'=X^{-1}\mathfrak{A}$. 由引理 2，$\mathfrak{A}$ 可单一分解，当且仅当 $\mathfrak{A}'$ 可单一分解.

在 $\mathfrak{A}'$ 中任取一个最小素理想 $Q'$. 如果证实了 $Q'$ 必是主理

想，那么，由引理 1，$\mathfrak{A}'$ 是单一分解整环，因而 $\mathfrak{A}$ 是单一分解整环，我们的任务就全部完成了.

首先，我们证明，$Q'$ 是一个投射 $\mathfrak{A}'$-模．为此，我们任取 $P'$ 为 $\mathfrak{A}'$ 的一个极大素理想，并作局部化环 $\mathfrak{A}'_{P'}$．让 $P=\mathfrak{A}\cap P'$，则 $P$ 为 $\mathfrak{A}$ 的素理想，且 $\neq M$．易知 $\mathfrak{A}'_{P'}=\mathfrak{A}_P$．由定理 11，$\mathfrak{A}_P$ 为一个正则环，其维数小于 $n$．由归纳法的假定，$\mathfrak{A}_P=\mathfrak{A}'_{P'}$ 是一个单一分解整环．如果 $Q'\subseteq P'$，则 $Q'_{P'}(=(\mathfrak{A}'-P')^{-1}\mathfrak{A}'\underset{\mathfrak{A}'}{\otimes}Q')$ 是 $\mathfrak{A}'_{P'}$ 的一个最小素理想，因而是主理想．如果 $Q'$ 不包含在 $P'$ 内，则因 $Q'$ 含 $\mathfrak{A}'_{P'}$ 的可逆元素，$Q'_{P'}=\mathfrak{A}'_{P'}$．总之，不论在哪一种情况，对任何极大素理想 $P'$，一定有 $\mathrm{Pd}_{\mathfrak{A}'_{P'}}Q'_{P'}=0$．由引理 3，$\mathrm{Pd}_{\mathfrak{A}'}Q'=0$，$Q'$ 是投射 $\mathfrak{A}'$-模.

其次，我们证明，有 $F'$ 与 $G'$ 都是有限生成的自由 $\mathfrak{A}'$-模，使

$$Q'\oplus F'\cong Q'. \tag{5.6}$$

事实上，让 $Q=Q'\cap\mathfrak{A}$，则 $Q$ 为 $\mathfrak{A}$ 的一个有限生成的理想，又因 $\mathfrak{A}$ 为正则局部环，任何投射模均自由，故 $Q$ 有有限自由分解(注意，$\mathrm{Pd}_{\mathfrak{A}}Q\leqslant n$)：

$$0\to F_m\to F_{m-1}\to\cdots\to F_0\twoheadrightarrow Q,$$

又 $X^{-1}\mathfrak{A}$ 是平坦 $\mathfrak{A}$-模，得

$$\begin{aligned}0\to X^{-1}\mathfrak{A}\underset{\mathfrak{A}}{\otimes}F_m\to X^{-1}\mathfrak{A}\otimes F_{m-1}\to\cdots\to X^{-1}\mathfrak{A}\otimes F_0\\ \twoheadrightarrow X^{-1}\mathfrak{A}\otimes Q=Q'.\end{aligned} \tag{5.7}$$

让 $F'_i=X^{-1}\mathfrak{A}\otimes F_i$，它是有限生成的自由 $\mathfrak{A}'$-模，故(5.7)表示 $Q'$ 有有限自由分解

$$0\to F'_m\xrightarrow{d}F'_{m-1}\to\cdots\to F'_0\to Q'.$$

让 $N_i=\mathrm{Ker}\,d_i=\mathrm{Im}\,d_{i+1}$，$i=0,1,\cdots,m-1$，则从正合列

$$N_{i+1}\rightarrowtail F_{i+1}\twoheadrightarrow N_i,\quad N_1\rightarrowtail F'_0\twoheadrightarrow Q'$$

并因 $Q'$ 是投射模，知每一个 $N_i$ 均为投射模，因而

$$F'_0\cong N_1\oplus Q',\quad N_i\oplus N_{i+1},\ \cong F_{i+1},\ F'_m\oplus N_{m+1}\cong F'_{m-1},$$

故

$$\bigoplus_{i\text{为奇}}F'_i\oplus Q'\cong\bigoplus_{j\text{为偶}}F'_j.$$

让 $F'=\oplus F'_i$, $G=\oplus F'_j$，即得(5.6)。

最后，取极大理想 $P'\supseteq Q'$，作局部化，从(5.6)得

$$Q'_{P'}\oplus F'_{P'}\cong G'_{P'}. \tag{5.8}$$

因为 $Q'_{P'}$ 是 $\mathfrak{A}'_{P'}$ 中的主理想，所以是秩为 1 的自由 $\mathfrak{A}'_{P'}$-模. 若 $F'$ 与 $G'$ 相应为$m$秩与 $r$ 秩的自由 $\mathfrak{A}'$-模，则 $F'_{P'}$ 与 $G'_{P'}$ 为$m$秩与 $r$ 秩的自由 $\mathfrak{A}'_{P'}$-模，所以(5.8)的左方是 $m+1$ 秩自由模，右方是 $r$ 秩自由模. 但交换环是 IBN 环，左右秩数应该相等，故 $m=r-1$，即，(5.6)中的 $F'$ 与 $G'$ 相应为 $r-1$ 秩与 $r$ 秩的自由 $\mathfrak{A}'$-模，即

$$Q'\oplus\mathfrak{A}'^{(r-1)}\cong\mathfrak{A}'^{(r)},$$

双方都是 $r$ 项的直和，这里 $\mathfrak{A}'^{(r)}$表示 $\mathfrak{A}'$ 上 $r$ 秩自由模.

下列的引理肯定了 $Q'$ 是一个主理想.

**引理 4** 设 $\mathfrak{B}$ 是整环，$B$ 是它的一个理想，如果

$$B\oplus\mathfrak{B}^{(r-1)}\cong\mathfrak{B}^{(r)}, \tag{5.9}$$

则 $B$ 是主理想.

证 在 $B$ 中任取 $x\neq 0$, 并让 $B'=\left\{\frac{b}{x}\ |b\in B\right\}$, 这里的 $\frac{b}{x}$ 表 $\mathfrak{B}$ 的商域中的元素($b$ 除以 $x$ 所得的商). 易知 $B'$ 是一个 $\mathfrak{B}$-模，而且若让 $\frac{b}{x}$ 与 $b$ 对应，则 $B'$ 与 $B$ 是模同构的. 于是由(5.9)得模同构

$$T:\ B'\oplus\mathfrak{B}^{(r-1)}\to\mathfrak{B}^{(r)}, \tag{5.10}$$

若以 $u_i$ 表示第 $i$ 个标准单位向量(第 $i$ 个分量为 1，其余分量为 0)，则

$$\begin{aligned} B'\oplus\mathfrak{B}^{(r-1)}&=B'u_1+\sum_{i=2}^{r}\mathfrak{B}u_i,\\ \mathfrak{B}^{(r)}&=\sum_{i=1}^{r}\mathfrak{B}u_i. \end{aligned} \tag{5.11}$$

我们注意到，因 $1=\frac{x}{x}\in B'$，故 $T(u_1)$ 是有意义的. 不但如此，若 $\frac{b}{x}\in B'$，则从 $bT(u_1)=T(bu_1)=T\left(x\cdot\frac{b}{x}u_1\right)=xT\left(\frac{b}{x}u_1\right)$得

$$T(B'u_1)=B'T(u_1).$$

由(5.10)与(5.11)，$T$ 将对应一个矩阵$(B_{ij})$，使

$$Tu_i=\sum_{j=1}^{r}\beta_{ij}u_j,\ i=1,\ \cdots,\ r,\ \beta_{ij}\in\mathfrak{B}. \tag{5.12}$$

因此 $$T(B'u_1+\sum\mathfrak{B}u_i)=B'T(u_1)+\sum_{i=2}^{r}\mathfrak{B}T(u_i),$$

以(5.12)代入,集项,再注意 $\operatorname{Im}T=\mathfrak{B}^{(r)}$,我们将得到 $r$ 个等式

$$\mathfrak{B}=\beta_{ij}B'+\sum_{i=2}^{r}\beta_{ij}\mathfrak{B},\ j=1,\ 2,\ \cdots,\ r. \tag{5.13}$$

取其乘积,左方是 $r$ 个 $\mathfrak{B}$ 相乘,因而仍等于 $\mathfrak{B}$. 现考虑右方,它是 $r^r$ 个理想之和. 如果 $\pm\beta_{1j_1}\beta_{2j_2}\cdots\beta_{rj_r}$ 是行列式 $\det(\beta_{ij})$ 的展式中的一项,那么这 $r^r$ 个理想中有一个是 $\beta_{1j_1}\beta_{2j_2}\cdots\beta_{rj_r}B'\mathfrak{B}\cdots\mathfrak{B}$. 任取 $b'\in B'$, $\beta_j\in\mathfrak{B}$, 则 $\beta_{1j_1}\beta_{2j_2}\cdots\beta_{rj_r}(\pm b')\beta_1\cdots\beta_r$ 在此理想中. 于是,若 $\delta=\det(\beta_{ij})$, 则 $\delta b'\beta_1\cdots\beta_r\in\mathfrak{B}$, 因而

$$\delta B'\mathfrak{B}=\delta B'\subseteq\mathfrak{B}. \tag{5.14}$$

现在考虑 $T$ 的逆 $T^{-1}$. 同样, $T^{-1}(u_i)=\sum\gamma_{ij}u_j$, $\gamma_{i1}\in B'$, 而当 $j>1$ 时, $\gamma_{ij}\in\mathfrak{B}$, 易知, 矩阵 $(\gamma_{ij})$ 是矩阵 $(\beta_{ij})$ 的逆矩阵, 其行列式 $\det(\gamma_{ij})=\delta^{-1}$. 用同样的方法可得 $\delta^{-1}\mathfrak{B}\subseteq B'$. 与(5.14)合起来, 即得 $B'=\mathfrak{B}\delta^{-1}$, 因此 $B=\mathfrak{B}\dfrac{x}{\delta}=\mathfrak{B}y$, $B$ 是主理想. 引理得证.

至此,定理 12 的证明全部完成.

# 附录二 Serre 问题

1955 年 J. P. Serre 在他的一篇著名的论文 Faisceaux algébriques cohérents(*Ann. Math.*, **61**(1955), 191—278) 中提出了这样的一个问题"域 $K$ 上多项式环 $K[x_1, x_2, \cdots, x_n]$上的有限生成的投射模是否一定自由? 初看起来,此问题似乎不难,因为在 $n=1$ 的情况, $K[x]$是一个主理想环,而我们在第二章 § 9 定理 22 中已经证明, 主理想环上的任何投射模都是自由模. 但是, 对于一般的 $n>1$, 尽管经过了许多数学家们的努力, 此问题直到 1976 年才由美国数学家 Quillen (*Invent. Math.*, **36** (1976), 167—171) 与苏联数学家 Suslin (*Доклады Акад Наук СССР*, **229** (1976), 1160—1164) 几乎同时用不同的方法, 高度技巧性地给以解决.

Serre 为什么在 1955 年提出这个问题? 详细回答这个问题是很困难的, 因为它牵涉到代数拓扑与代数几何中的一些概念与理论. 可是, 简单地说明一下其背景将有助于我们了解其重要性. 五十年代中期, 拓扑学中的层论的观点被系统地引进到代数几何中来, 在这个观点下, 代数流形上的向量丛可被定义成为"局部自由层",而平凡的向量丛就对应着自由层. 域 $K$ 上 $n$ 维仿射空间中, 局部自由层是由$K[x_1, \cdots, x_n]$上的有限生成的投射模来给出的. 因此,有限生成的投射模就对应着 $n$ 维仿射空间上的向量丛. 所以, Serre 问题就是问: 仿射空间上的每一个向量丛是否一定是平凡的?

这样的一个问题当然是为拓扑学家们、代数几何学家们以及代数学家们所感兴趣的,以至于,它在促进一个新的学科的产生与发展上起了重要的作用. 六十年代初,人们对于一个任意的环 $\mathfrak{A}$, 由 $\mathfrak{A}$ 上的投射模的性质来定义一种群,称为 Grothendieck 群, 记

之以 $K_0(\mathfrak{A})$. 研究这种群的理论称为代数 $K$ 理论. 如果 $\mathfrak{A}$ 是 IBN 环,而且每一个有限生成的投射模都是自由模,那么, $K_0(\mathfrak{A})$ 就必是整数群 $\mathbb{Z}$. 于是, Serre 问题的一个较弱的形式是: $K[x_1, \cdots, x_n]$ 的 $K_0$ 是不是 $\mathbb{Z}$?

Serre 本人在他所提的问题上也作出了重要的工作. 在他写的书 Modules projectifs etespaces fibrés à fibre vectorielle (Śem. Dubreil-Pisot, 23, 1957/1958) 上, 他证明了, $K[x_1, x_2, \cdots, x_n]$ 上的有限生成的投射模一定是所谓稳定自由的. 于是, 问题又转换成: 什么样的环上的稳定自由模一定自由? 在线性代数中,一个"长度"为 1 的向量一定可以开拓成为一个 $U$ 矩阵. 数学家们发现,若环 $\mathfrak{A}$ 上任何稳定自由模一定自由,那么,环 $\mathfrak{A}$ 必须具备的条件很象上述线性代数中的这条定理,因此称为 $U$ 性质. 具有 $U$ 性质的环将称为 Hermit 环. Suslin 在这个问题上所作的主要贡献就是证明了,域 $K$ 上的多项式环 $K[x_1, x_2, \cdots, x_n]$ 是一个 Hermit 环.

我们将在此附录中沿着上述的途径来证明下列的定理.

**定理** $K[x_1, x_2, \cdots, x_n]$ 上任何有限生成的投射模一定是自由模.

以下, 所有的环 $\mathfrak{A}$, $\mathfrak{B}$, $\Gamma$ 等都是有单位元的交换环, 所有给定的模,如不特别声明,都是有限生成的,而 $\Gamma^{(m)}$ 将表示环 $\Gamma$ 上的 $m$ 秩自由模.

在证明上述定理以前,先需说明上面已经提到的两个概念, $U$ 性质与稳定自由模.

设 $c=(\gamma_1, \gamma_2, \cdots, \gamma_m)\in\Gamma^{(m)}$, 如果有 $d=(\delta_1, \delta_2, \cdots, \delta_m)\in\Gamma^{(m)}$, 使 $1=cd=\sum\gamma_i\delta_i$, 则称 $c$ 是 $\Gamma$ 上的一个 $U$ 向量. 如果存在 $\Gamma$ 上的一个可逆矩阵 $M$ (其行列式等于 $\Gamma$ 中的一个可逆元素), 使 $c$ 恰为 $M$ 的第一列, 则称 $c$ 为一个强 $U$ 向量. 强 $U$ 向量当然是 $U$ 向量, 这只需将行列式 $\det M$ 展开就可知道. 我们常用 $u_i$ 来表示第 $i$ 个单位向量(其第 $i$ 个分量为 1, 其余分量为 0), 那么, $c$ 是强 $U$ 向量, 当且仅当有 $\Gamma$ 上的一个可逆矩阵 $M$, 使 $c=Mu_1$. 如

果环 $\Gamma$ 上的每一个 $U$ 向量都是强 $U$ 向量，则说 $\Gamma$ 具有 $U$ 性质，具有 $U$ 性质的环也叫 Hermit 环.

设 $P$ 为一个 $\Gamma$-模，若有自然数 $m$ 与 $n$，使 $P\oplus\Gamma^{(m)}\cong\Gamma^{(n)}$，则 $P$ 叫做一个稳定自由模. 自由模当然稳定，而稳定自由模必然投射. 一般说来，反之不真. 不过，如果 $P$ 不是有限生成的，且有短正合列 $P\rightarrowtail F\twoheadrightarrow\Gamma^{(m)}$，这里 $F$ 为自由模，则 $P$ 必然自由. 事实上，$F$ 必是定义于无穷集合 $S$ 上的自由模. 由于 $m<\infty$ 必有 $S$ 的有限子集 $S_0$，使 $F_0$ 为定义于 $S_0$ 上的自由模，且有 $Q\rightarrowtail F_0\twoheadrightarrow\Gamma^{(m)}$. 于是 $P/Q=P/P\cap F_0\cong P+F_0/F_0=F/F_0=F_1$，而 $F_1$ 是定义于 $S_1=S-S_0$ 上的自由模. $S_1$ 也是一个无穷集合. 因 $m<\infty$，故有 $F_2$ 为自由模，使 $F_1\cong\Gamma^{(m)}\oplus F_2$. 所以，$P\cong Q\oplus F_1\cong Q\oplus\Gamma^{(m)}\oplus F_2\cong F_0\oplus F_2$，故 $P$ 为自由模.

对于所述的定理，我们的证明将分成三步，表达成下列的三条预理.

**预理 1** 域 $K$ 上的 $n$ 元多项式环 $\mathfrak{A}=K[x_1,\cdots,x_n]$ 具有 $U$ 性质.

**预理 2** 交换环 $\Gamma$ 具有 $U$ 性质，当且仅当任何稳定自由模一定自由.

**预理 3** 环 $\mathfrak{A}=K[x_1,\cdots,x_n]$ 上任何投射模必稳定自由.

## §1 预理 1 的证明

需要 5 条引理，

**引理 1** 设 $n$ 为自然数.

$$f(x)=x^n+\beta_1x^{n-1}+\beta_2x^{n-2}+\cdots+\beta_{n-1}x+\beta_n\in\mathfrak{B}[x],$$

$$g(x)=\delta_0x^{n-1}+\delta_1x^{n-2}+\cdots+\delta_{n-2}x+\delta_{n-1}\in\mathfrak{B}[x],$$

这里的 $\delta_0,\delta_1,\cdots$ 可以是 0，则当 $j=0,1,2,\cdots$ 时，有 $h_j\in(f,g)$，使 $h_j-\delta_jx^{n-1}$ 的次数 $\leqslant n-2$，$(f,g)$ 表示由 $f$ 与 $g$ 所生成的理想.

证 对 $j$ 归纳，当 $j=0$ 时，可取 $h_0=g(x)$.

设 $j>0$. 让

$$g'(x)=xg-\delta_0 f=(\delta_1-\delta_0\beta_1)x^{n-1}+(\delta_2-\delta_0\beta_2)x^{n-2}$$
$$+\cdots+(\delta_j-\delta_0\beta_j)x^{n-j}+\cdots$$
$$=\delta'_0x^{n-1}+\delta'_1x^{n-2}+\cdots+\delta'_{j-1}x^{n-j}+\cdots.$$

由归纳法的假设，有 $\phi$ 与 $\psi$ 都 $\in\mathfrak{B}[x]$，使 $h'(x)=\phi f+\psi g'=\delta'_{j-1}x^{n-1}+\cdots=(\delta_j-\delta_0\beta_j)x^{n-1}+\cdots$. 于是，让

$$h(x)=h'(x)+\beta_j g(x)=\delta_j x^{n-1}+\cdots=\phi f+\psi g'+\beta_j g$$
$$=\phi f+\psi xg-\psi\delta_0 f+\beta_j g\in(f,\ g),$$

则 $h(x)-\delta_j x^{n-1}$ 的次数 $\leqslant n-2$. □

**引理 2** 若 $c\in\Gamma^{(m)}$, $N$ 为 $\Gamma$ 上的 $m$ 行可逆矩阵，则 $c$ 为 $U$ 向量当且仅当 $Nc$ 为 $U$ 向量，$c$ 为强 $U$ 向量当且仅当 $Nc$ 为强 $U$ 向量.

证 当 $d\in\Gamma^{(m)}$ 时，$dc=dN^{-1}Nc=(dN^{-1})(Nc)$.

若 $c=Mu_1$, 则 $Nc=NMu_1$, 而 $NM$ 可逆.

反之，若 $Nc=Mv_1$, 则 $c=N^{-1}Mu_1$. □

**引理 3** 设 $\mathfrak{B}$ 为局部环，其极大理想为 $J$, $\Gamma=\mathfrak{B}[x]$, $c=(c_1(x),\ \cdots,\ c_m(x))$ 为 $\Gamma^{(m)}$ 中的一个 $U$ 向量，如果 $c_1(x),\cdots,c_m(x)$ 中至少有一个是首一多项式，则 $c$ 为强 $U$ 向量.

证 $m\leqslant 2$ 的情况是明显的，因为 $d_1(x)c_1(x)+d_2(x)c_2(x)=1$ 表示矩阵 $\begin{pmatrix}c_1 & -d_2\\ c_2 & d_1\end{pmatrix}$ 的行列式等于 1.

假定 $m\geqslant 3$.

对于 $\Gamma^{(m)}$ 中的任一向量 $f=(f_1(x),\ \cdots,\ f_m(x))$, 如果每一个 $f_i$ 都不是首一多项式，则定义 $f$ 的高度为 $-1$; 如果诸 $f_i$ 中有首一多项式，则定义这些首一多项式的最小次数为 $f$ 的高度. 本引理的意思就是：若 $c$ 的高度 $\geqslant 0$, 且为一个 $U$ 向量，则 $c$ 为强 $U$ 向量.

设 $c$ 为 $U$ 向量，高度为 $n$. 对 $n$ 归纳.

设 $n=0$. 诸 $c_j(x)$ 中有一个等于 1, 这时显然可取一个矩阵 $M$, 使其第一列为 $c$, 且行列式等于 1.

设 $n \geqslant 1$. 不失普遍性,可设 $c_1(x)$ 为 $n$ 次首一多项式. 把 $c$ 看成一个 $m \times 1$ 矩阵,对此矩阵作行变换将相当于左乘一个可逆矩阵 $N$,而 $c$ 为 $U$ 向量(强 $U$ 向量)当且仅当 $Nc$ 为 $U$ 向量(强 $U$ 向量).

首先,可假定 $c_2(x), c_3(x), \cdots, c_m(x)$ 的次数都小于 $n$. 否则,例如 $c_2(x)$ 的次数 $\geqslant n$,可作带余除法 $c_2(x) = q(x)c_1(x) + c_2'(x)$, $c_2'(x)$ 的次数小于 $n$,则由适当的行变换可把 $c_2(x)$ 变成 $c_2'(x)$.

其次,我们肯定 $c_2(x), c_3(x), \cdots, c_m(x)$ 不能都属于 $J[x]$. 否则,由于 $1 = \sum d_i(x)c_i(x)$,在作同态 $\mathfrak{B} \to \mathfrak{B}/J = D$ 时,$c_2(x), \cdots, c_m(x)$ 都变成 0,于是必有 $1 = \bar{d}_1(x)\bar{c}_1(x)$,这里 $\bar{c}_1(x)$, $\bar{d}_1(x)$ 都 $\in D[x]$. 但 $\bar{c}_1(x)$ 的次数 $n > 0$,这不可能.

因此,可设 $c_2(x) = \beta_0 x^{n-1} + \cdots + x^j + \beta_{n-j} x^{j-1} + \cdots$. 由引理 1,有 $h(x) = \phi c_1 + \psi c_2 = x^{n-1} + \cdots$. 因 $c$ 的高度为 $n$,$c_3(x)$ 的次数 $\leqslant n-1$,故 $c_3(x)$ 不可能是首一多项式. 于是将 $h(x)$ 加到 $c_3(x)$ 上(这是一个初等变换)就把 $c_3(x)$ 中 $x^{n-1}$ 的系数变成 $\Gamma$ 中的一个可逆元. 以 $N$ 表示相应的初等矩阵,则 $Nc$ 的高度小于 $n$. 由于 $c$ 是 $U$ 向量,故 $Nc$ 是 $U$ 向量. 再由归纳法的假设,$Nc$ 为强 $U$ 向量,所以由引理 2,$c$ 是强 $U$ 向量. □

**引理 4** 设 $\mathfrak{B}$ 为整环,$\Gamma = \mathfrak{B}[x]$ 为 $\mathfrak{B}$ 上一元 $x$ 的多项式环,$c(x) = (c_1(x), c_2(x), \cdots, c_m(x))$ 为 $\Gamma^{(m)}$ 中的一个 $U$ 向量,其中至少有一个 $c_i(x)$ 是首一多项式,则有 $\Gamma$ 上的可逆矩阵 $M(x)$ 与 $\mathfrak{B}$ 上的 $U$ 向量 $b$,使

$$c(x) = M(x)b. \tag{1.1}$$

证 对于引理中已给定的 $c(x)$,我们在 $\mathfrak{B}$ 中取这样的 $B$,对 $\Gamma$ 上任何可逆的 $m$ 行矩阵 $M(x)$,$\Gamma$ 中任何两个多项式 $f(x)$ 与 $g(x)$,一定能找到 $\Gamma$ 上的一个可逆矩阵 $N(x)$,使

$$M(x)c(f(x) + \beta g(x)) = N(x)c(f(x)), \tag{1.2}$$

这里 $c(f(x))$ 指 $\Gamma^{(m)}$ 中的向量 $c(f(x)) = (c_1(f(x)), c_2(f(x)), \cdots, c_m(f(x)))$. 以 $B$ 表示所有这些 $\beta$ 的集合. 这个 $B$ 不是空

的，例如 0 就是其中的一个元素. 再者，若 $\beta$ 与 $\beta'$ 都属于 $B$，则从

$$M(x)c(f(x)+\beta g(x)+\beta' g(x))=N(x)c(f(x)+\beta g(x))$$
$$=N_1(x)c(f(x)),$$

知 $\beta+\beta'\in B$. 当 $\beta\in B$, $\beta'\in\mathfrak{B}$ 时，显然有 $\beta\beta'\in B$，故 $B$ 为 $\mathfrak{B}$ 的一个理想.

我们要证明 $B=\mathfrak{B}$.

用反证法. 设 $B\neq\mathfrak{B}$. 在 $\mathfrak{B}$ 中取极大理想 $J$，使 $B\subseteq J$. 作局部环 $\mathfrak{B}_J=\overline{\mathfrak{B}}$. 由于 $\mathfrak{B}$ 是整环，故 $\overline{\mathfrak{B}}$ 实际上是由 $\mathfrak{B}$ 的商域中所有的分数 $\beta/\beta'$ 所组成的，其中 $\beta'\overline{\in}J$，因而 $\mathfrak{B}\subseteq\overline{\mathfrak{B}}$. 于是 $c(x)$ 是 $\overline{\mathfrak{B}}[x]^{(m)}$ 中的 $U$ 向量，其分量 $c_i(x)$（均 $\in\overline{\mathfrak{B}}[x]$）中至少有一个是首一多项式，故由引理 3，有 $\overline{\mathfrak{B}}[x]$ 上的一个 $m$ 行可逆矩阵 $\overline{M}(x)$，使

$$c(x)=\overline{M}(x)u_1.$$

让 $y$ 为另一个未定元，易知 $\overline{M}(x+y)$ 也是一个可逆矩阵，其所有元素均属于 $\overline{\mathfrak{B}}[x, y]$. 令

$$\overline{L}(x, y)=\overline{M}(x)\overline{M}(x+y)^{-1}, \tag{1.3}$$

则

$$\overline{L}(x, y)c(x+y)=\overline{L}(x, y)\overline{M}(x+y)u_1$$
$$=\overline{M}(x)u_1=c(x), \tag{1.4}$$

由(1.3)知 $\overline{L}(x, 0)$ 是单位矩阵. 设 $\overline{L}(x, y)=(\phi_{ij}(x)+y\psi_{ij}(x, y))$，则 $\phi_{ij}(x)$ 或 $=0$，或 $=1$. 取 $\beta$ 为所有 $\psi_{ij}(y)$ 的系数之公分母，则 $\beta y\psi_{ij}(x, \beta y)=h_{ij}(x, y)$ 均属于 $\mathfrak{B}[x, y]$. 所以 $\overline{L}(x, \beta y)=L(x, y)$ 为 $\mathfrak{B}[x, y]$ 上的一个可逆矩阵. 于是(1.4)变成

$$L(x, y)c(x+\beta y)=c(x), \tag{1.5}$$

由于 $\beta$ 是所有 $\psi_{ij}(x, y)$ 的系数的公分母，它不能属于 $J$，当然更不能属于 $B$.

任取 $f(x)$ 与 $g(x)\in\Gamma$，让 $L(f(x), g(x))=M_1(x)$. 因 $L(x, y)$ 是可逆的，故 $M_1(x)$ 是可逆矩阵，这时(1.5)变成

$$M_1(x)c(f(x)+\beta g(x))=c(f(x)). \tag{1.6}$$

任给一个可逆矩阵 $M(x)$，让 $N=MM_1^{-1}$，则从(1.6)得

$$M(x)c(f(x)+\beta g(x))=Nc(f(x)),$$

这恰是等式(1.2)，因而$\beta\in B$. 由此矛盾得知 $B=\mathfrak{B}$.

让(1.2)中的 $M(x)$ 为单位矩阵，$f(x)=x$, $\beta=1$, $g(x)=-x$, $c(0)=b\in\mathfrak{B}^{(m)}$, 则 $b$ 为一个 $U$ 向量，且

$$N(x)c(x)=b.$$

因 $N(x)$ 为可逆矩阵，得(1.1). □

**引理 5** 设 $K$ 为一个域，$0\neq f(x_1, x_2, \cdots, x_n)\in K[x_1, x_2, \cdots, x_n]$, 让 $f$ 的总次数$+1$ 为 $m$, 令

$$\begin{aligned}&x_n=y,\\&x_i=y_i+y^{m^{n-i}},\quad i<n,\end{aligned}\tag{1.7}$$

则 $f=ag(y_1, \cdots, y_{n-1}, y)$, $a\in K$, 而且作为环 $K[y_1, \cdots, y_{n-1}]$ 上一元 $y$ 的多项式，$g$ 是首一的.

证 在 $f$ 中任取一项 $t=a_tx_1^{j_1}x_2^{j_2}\cdots x_n^{j_n}$. 以(1.7)代入，得

$$\begin{aligned}t&=a_t(y_1+y^{m^{n-1}})^{j_1}\cdots(y_{n-1}+y^m)^{j_{n-1}}y^{j_n}\\&=a_ty^{s_t}+\cdots,\quad a_t\in K,\end{aligned}$$

这里

$$s_t=j_1m^{n-1}+j_2m^{n-2}+\cdots j_{n-1}m+j_n.\tag{1.8}$$

由 $m$ 的定义知 $j_i<m$, 故(1.8)实际上是 $s_t$ 的 $m$-进表示式，所以由$(j_1, j_2, \cdots, j_n)$所唯一决定，不同的 $t$ 将有不同的 $s_t$. 对 $f$ 中的各项 $t$, 让 $s=\max\limits_t s_t$, 则

$$f=ay^s+f_1(y_1, \cdots, y_{n-1}, y),\quad 0\neq a\in K,$$

且 $f_1$ 中 $y$ 的次数小于 $s$. 让 $g=y^s+a^{-1}f_1$ 即得引理. □

现在证明预理 1.

对 $n$ 用归纳法.

设 $n=1$. 这时 $\mathfrak{A}=K[x]$是主理想环，其任一投射模都自由. 设 $a=(a_1(x), a_2(x), \cdots, a_m(x))$ 为 $\mathfrak{A}^{(m)}$ 中的一个 $U$ 向量，$\sum a_i(x)f_i(x)=1$. 固定这些 $f_i$. 定义

$$\phi:\ \mathfrak{A}^{(m)}\to\mathfrak{A},$$

使当 $a'=(a_1'(x), a_2'(x), \cdots, a_m'(x))$时，$\phi(a')=\sum a_i'f_i\in\mathfrak{A}$. 因为 $\phi(a)=1$, 所以 $\phi$ 是满同态. 让 $N=\operatorname{Ker}\phi$, 得

$$N \rightarrowtail \mathfrak{A}^{(m)} \twoheadrightarrow \mathfrak{A}$$

因 $\mathfrak{A}$ 是自由 $\mathfrak{A}$-模，上列可裂，故 $N$ 为投射模，所以是自由模．于是

$$\mathfrak{A}^{(m)} = \mathfrak{A}a \oplus N.$$

因 $\mathfrak{A}$ 是 IBN 环，$N$ 必有基底 $y_2, y_3, \cdots, y_m$，故 $\mathfrak{A}^{(m)}$ 有基底 $a, y_2, \cdots, y_m$．因 $u_1, u_2, \cdots, u_m$ 也是 $\mathfrak{A}^{(m)}$ 的基底，故有可逆矩阵 $M$，使 $a = Mu_1$ 故 $a$ 为强 $U$ 向量．

现设 $n>1$．任取 $a=(a_1, a_2, \cdots, a_m)$ 为 $\mathfrak{A}=k[x_1, \cdots, x_n]$ 上的一个 $U$ 向量，$a_i \in \mathfrak{A}$．不失普遍性，可假定 $a_1 \neq 0$．以这个 $a_1$ 为引理 5 中的 $f$，作变换(1.7)，得 $a_1 = kg$，$0 \neq k \in K$，$g \in K[y_1, y_2, \cdots, y_{n-1}][y]$，且为 $y$ 的首一多项式．因 $K$ 是域，$k$ 是 $K$ 中的可逆元，故可假定 $a_1 = g$．让 $\mathfrak{B} = K[y_1, \cdots, y_{n-1}]$，则 $a$ 是 $\mathfrak{B}[y]$ 上的一个 $m$ 元 $U$ 向量，而 $a_1$ 是首一多项式．由引理 4

$$a(y) = M(y)b,$$

$b$ 是 $\mathfrak{B}$ 上的 $m$ 元 $U$ 向量．由归纳法的假定，$\mathfrak{B}$ 有 $U$ 性质，故 $b = Nu_1$，所以 $a(y) = M(y)Nu_1$．(1.7) 显然有逆变换，故 $a$ 是强 $U$ 向量，因而 $\mathfrak{A}$ 有 $U$ 性质．预理 1 得证．□

## §2 预理 2 的证明

设 $\Gamma$ 有 $U$ 性质，而 $P$ 为有限生成的稳定自由模，$P \oplus \Gamma^{(m)} = \Gamma^{(n)}$．要证 $P$ 是自由模．

设 $m=1$．让 $\eta: P \rightarrowtail \Gamma^{(n)}$ 为嵌入映射，得正合列

$$P \overset{\eta}{\rightarrowtail} \Gamma^{(n)} \overset{\pi}{\twoheadrightarrow} \Gamma,$$

在 $\Gamma^{(n)}$ 中取 $c_1 = (\gamma_1, \gamma_2, \cdots, \gamma_n)$，使 $\pi(c_1) = 1$．让 $c_1 = \Sigma \gamma_i u_i$，故 $1 = \Sigma \gamma_i \pi(u_i)$，所以 $c_1$ 是 $U$ 向量，因 $\Gamma$ 有 $U$ 性质，所以有可逆矩阵 $M$，使

$$c_1 = Mu_1.$$

让 $c_i' = Mu_i$，它事实上是 $M$ 的第 $i$ 列．再设 $\pi(c_i') = \delta_i$，则因

$\pi(c_i'-\delta_i c_1)=0$, 故 $c_i=c_i'-\delta_i c_1\in P$. 对 $M$ 作列变换, 第 $i$ 列减去 $\delta_i$ 乘第 1 列, 得矩阵 $M_1$. 由于 $\det M=\det M_1$, 所以 $M_1$ 也是可逆的. 因为

$$c_i=M_1u_i,\ i=1,\ 2,\ \cdots,\ n,$$

所以 $c_1,\ c_2,\ \cdots,\ c_n$ 为 $\Gamma^{(n)}$ 的一个基底, 于是 $P$ 是由 $c_2,\ c_3,\ \cdots,\ c_n$ 所生成的自由模.

在 $m>1$ 的情况, 其证明可由简单的归纳法来完成.

现在假定, $\Gamma$ 上任何稳定自由模一定自由, $c_1=(\gamma_1,\gamma_2,\cdots,\gamma_n)$ 是一个 $U$ 向量, $\Sigma\gamma_i\delta_i=1$, 我们要证明, $c_1$ 必是强 $U$ 向量.

对于 $\Gamma^{(n)}$ 中的任一个 $x=(x_1,\ x_2,\ \cdots,\ x_n)$, 定义 $\pi(x)=\Sigma x_i\delta_i\in\Gamma$, 于是 $\pi$ 是 $\Gamma^{(n)}$ 到 $\Gamma$ 的满同态. 让 $P=\mathrm{Ker}\ \pi$, 则有短正合列 $P\rightarrowtail\Gamma^{(n)}\twoheadrightarrow\Gamma$, 故有 $P\oplus\Gamma\cong\Gamma^{(n)}$, $P$ 是稳定自由的, 因此 $P$ 是 $n-1$ 秩自由模. 取 $P$ 的任一基底为 $c_2,\ c_3,\ \cdots,\ c_n$, 易知 $c_1,\ c_2,\ \cdots,\ c_n$ 为 $\Gamma^{(n)}$ 的一个基底. 于是有可逆矩阵 $M$, 使 $c_i=Mu_i$. 特别, $c_1=Mu_1$, $c_1$ 为强 $U$ 向量. □

## §3 预理 3 的证明

我们还需要两个概念与 9 条引理.

设 $C$ 是 $\Gamma$-模, 若有正合列

$$0\to F_n\xrightarrow{d}F_{n-1}\to\cdots\to F_1\to F_0\twoheadrightarrow C,\qquad(3.1)$$

其中每一个 $F_i$ 都是 $\Gamma$ 上有限生成的自由模, 则称 $C$ 可有限自由分解, 其长度$\leqslant n$. 这里的“有限”有两重含义, 一是(3.1)的长度有限, 二是每一个 $F_i$ 都有限生成. 于是, 若 $C$ 可有限自由分解, 则其自身也必有限生成.

有限自由分解与预理 3 的关系在于

**引理 6** 投射模 $C$ 可有限自由分解, 当且仅当它是稳定自由的.

于是我们的任务就转换成要证明 $K[x_1,\ x_2,\ \cdots,\ x_n]$ 上任何投

射模都可有限自由分解.

证 若 $C$ 是稳定自由的, $C\oplus\Gamma^{(m)}=\Gamma^{(n)}$, 则有 $0\to\Gamma^{(m)}\to\Gamma^{(n)}\twoheadrightarrow C$, 故 $C$ 可有限自由分解.

反过来, 设 $C$ 有有限自由分解(3.1). 对 $n$ 归纳.

若 $n=0$, 则 $C=F_0$, 它本身自由, 故稳定自由.

设 $n>0$. 设 $N=\mathrm{Im}\,d_1=\mathrm{Ker}\,d_0$, 则因 $C$ 为投射模, $F_0$ 为自由模, $N$ 也必是投射模. 但 $N$ 可有限自由分解, 其长度 $\leqslant n-1$, 所以由归纳法的假定, $N$ 是稳定自由的. 设 $N\oplus\Gamma^{(m)}=\Gamma^{(s)}$, 则 $\Gamma_0\oplus\Gamma^{(m)}\cong C\oplus N\oplus\Gamma^{(m)}=C\oplus\Gamma^{(s)}$, 故 $C$ 稳定自由. □

**引理 7** 若 $C$ 有有限自由分解(3.1), 而 $\{F', \partial\}$ 为 $C$ 的任一个自由分解, 其中每一个 $F'_i$ 都有限生成, 则 $\mathrm{Ker}\,\partial_n=\mathrm{Im}\,\partial_{n+1}$ 是稳定自由模.

证 设 $N=\mathrm{Ker}\,\partial_n$, 则由第四章 § 1 的引理 3 有

$$N\oplus F_{n-1}\oplus F'_{n-2}\oplus\cdots\cong F_n\oplus F'_{n-1}\oplus F_{n-2}\oplus\cdots.$$

故 $N$ 是稳定自由模. □

**引理 8** 设

$$0\to P_n\xrightarrow{d}P_{n-1}\to\cdots\to P_1\to P_0\twoheadrightarrow C \tag{3.2}$$

为 $C$ 的一个投射分解, 每一个 $P_i$ 都是稳定自由模, 则 $C$ 可有限自由分解, 且其长度 $\leqslant n+1$.

证 若 $n=0$, 则 $C\cong P_0$ 是稳定自由的, 由引理 1, $C$ 可有限自由分解, 其长度 $\leqslant 1$.

设 $n>0$. 让 $P_0\oplus\Gamma^{(m)}=\Gamma^{(s)}$, 我们可以得到 $C$ 的另一个投射分解

$$0\to P_n\to\cdots\to P_2\to P_1\oplus\Gamma^{(m)}\to P_0\oplus\Gamma^{(m)}\twoheadrightarrow C, \tag{3.3}$$

让 $N=\mathrm{Im}\,d_1\oplus\Gamma^{(m)}$, 则由归纳法的假定, $N$ 有一个其长度 $\leqslant n$ 的有限自由分解 $\{F, \bar{d}\}$, 故 $C$ 有有限自由分解

$$0\to F_n\to\cdots\to F_1\to\Gamma^{(s)}\twoheadrightarrow C \tag{3.4}$$

(注意, $\Gamma^{(s)}=P_0\oplus\Gamma^{(m)}$). □

以上三条引理都是为了证明下列的

**引理 9** 若 $\Gamma$ 是 ACC 环，$C'\rightarrowtail C\twoheadrightarrow C''$ 为 $\Gamma$-模的任一短正合列，如果 $C'$, $C$, $C''$ 中有两个可有限自由分解，则第三个也必可有限自由分解.

证 取 $\{F'_n, d'_n\}$ 为 $C'$ 的一个自由分解，$\{F''_n, d''_n\}$ 为 $C''$ 的一个自由分解，则可求出 $\{F_n, d_n\}$ 为 $C$ 的自由分解，其中 $F_n=F'_n\oplus F''_n$. 因 $\Gamma$ 是 ACC 环，故 $F'_n$ 与 $F''_n$ 都可取为有限生成的自由模，所以 $F_n$ 有限生成.

对任一个 $n$，取 $N'=\mathrm{Ker}\, d'_n$, $N=\mathrm{Ker}\, d$, $N''=\mathrm{Ker}\, d''$，则有正合列

$$N'_n\rightarrowtail N_n\twoheadrightarrow N''_n. \tag{3.5}$$

如果 $C'$, $C$, $C''$ 中有两个可有限自由分解，其长度都 $\leqslant n$，则由引理 7，相应的两个 $N$ 必稳定自由.

如果 $N''_n$ 是稳定自由模，则因它是投射模，故 $N_n\cong N'_n\oplus N''_n$，所以，在 $N_n$ 与 $N'_n$ 中不论哪一个是稳定自由模时，另一个也必稳定自由. 于是，$C'$, $C$, $C''$ 都可有限自由分解.

如果 $N_n$ 与 $N'_n$ 都稳定自由，则因 $F'_i\oplus F''_i$ 与 $F'_i$ 都是自由模，故由引理 3, $C$ 与 $C'$ 都可有限自由分解. 再由(3.5)，有

$$0\to N'_n\to N_n\to F''_{n-1}\to\cdots\to C'',$$

各项都稳定自由，所以 $C$ 可有限自由分解. □

我们所需要的另一个概念是族. 设 $\mathscr{F}$ 是范畴 $\Gamma\mathbb{M}$ 中的一些模的集体，如果对任何短正合列 $C'\rightarrowtail C\twoheadrightarrow C''$，当这三个模中有两个属于 $\mathscr{F}$ 时，第三个也必属于 $\mathscr{F}$，我们就称 $\mathscr{F}$ 是一个**模族**，简称为**族**. 零模 0 当然属于任何模族，因为若 $C\in\mathscr{F}$，则从 $0\rightarrowtail C\twoheadrightarrow C$ 知 $0\in\mathscr{F}$. 又若 $C\cong C'$，则当 $C\in\mathscr{F}$ 时，$C'$ 也属于 $\mathscr{F}$. 因为有 $0\rightarrowtail C\twoheadrightarrow C'$.

若 $S$ 为任何类 $\Gamma$-模，我们可用下列的方法来把 $S$ 拓广成为一个模族. 对任何短正合列 $C'\rightarrowtail C\twoheadrightarrow C''$，若这三个模中有两个属于 $S$，我们就把第三个也添加进去. 象这样把所有的"第三者"都添加进去以后，我们就得到一个新的模类(一些模的集体)，记之以 $\mathscr{C}(S)$. 类似地，我们可有

$$\mathscr{C}^2(S)=\mathscr{C}\mathscr{C}(S),\ \mathscr{C}^3(S)=\mathscr{C}(\mathscr{C}^2(S)),\ \cdots.$$

于是 $\mathscr{F}=\bigcup_n \mathscr{C}^n(S)$ 是一个模族，称为由 $S$ 所生成的模族. 为下文叙述方便计，$S$ 本身常记成 $\mathscr{C}^0(S)$.

我们还需要

**引理 10** 设 $\Gamma$ 为 ACC 环，$0\neq C$ 为一个 $\Gamma$-模，取 $0\neq y\in C$，使 $y^{\perp}=\max\{c^{\perp}|0\neq c\in C\}$，这里 $c^{\perp}=\{\gamma\in\Gamma|\gamma c=0\}$ 当然是 $\Gamma$ 的一个理想，则 $y^{\perp}$ 是一个素理想.（注意，因为 $\Gamma$ 是 ACC 环，$\{c^{\perp}\}$ 中必有极大理想，但不一定唯一，这里是取 $y^{\perp}$ 为其中之一.）

证 若 $\gamma\gamma' y=0$，但 $\gamma$ 与 $\gamma'$ 都不属于 $y^{\perp}$，则因 $\gamma\in(\gamma' y)^{\perp}$，而且 $y^{\perp}\subseteq(\gamma' y)^{\perp}$，这时 $y^{\perp}$ 不能极大. □

现在取 $\Gamma=\mathfrak{B}[x]$ 为 $\mathfrak{B}$ 上一元 $x$ 的多项式环. 若 $M$ 为 $\Gamma$-模，我们让 $M^{\perp}=\{\gamma\in\Gamma|\gamma M=0\}$，并让 $M_{\mathfrak{B}}^{\perp}=M^{\perp}\cap\mathfrak{B}$，那么，显然，$M_{\mathfrak{B}}^{\perp}$ 与 $M_{\mathfrak{B}}^{\perp}$ 相应为 $\Gamma$ 与 $\mathfrak{B}$ 的理想.

我们证明

**引理 11** 设 $\mathfrak{B}$ 为 ACC 环，$\Gamma=\mathfrak{B}[x]$（当然也是一个 ACC 环，Hilbert 基定理），$\mathscr{F}$ 是一个 $\Gamma$-模的模族，且 $\Gamma$ 本身属于 $\mathscr{F}$. 如果对任何 $\Gamma$-模 $M$，当 $M_{\mathfrak{B}}^{\perp}\neq0$ 时，$M$ 必属于 $\mathscr{F}$，则 $\Gamma$ 的任何素理想也必属于 $\mathscr{F}$.

证 设 $Q$ 为一个素理想，$M=\Gamma/Q$，则 $M^{\perp}=Q$.

如果 $Q\cap\mathfrak{B}\neq0$，则由所给的条件，$M\in\mathscr{F}$，因而从 $Q\rightarrowtail\Gamma\twoheadrightarrow M$ 知 $Q\in\mathscr{F}$.

现在假定 $Q\cap\mathfrak{B}=0$. 因 $Q$ 是 $\Gamma$ 的素理想，$Q\cap\mathfrak{B}$ 必是 $\mathfrak{B}$ 的素理想，因此 0 是 $\mathfrak{B}$ 的素理想，$\mathfrak{B}$ 必是一个整环.

取 $Q$ 的一个生成系为 $(g_1(x),\ g_2(x),\ \cdots,\ g_n(x))$. 在 $Q$ 中取 $f(x)$ 为次数最低的多项式，那么，可由带余除法得到 $0\neq\beta_i\in\mathfrak{B}$，使 $\beta_i g_i(x)=f(x)q_i(x)$，这里 $q_i(x)\in\mathfrak{B}[x]$. 让 $\beta=\beta_1\beta_2\cdots\beta_n\neq0$，则 $\beta(Q/(f))=0$，因此 $0\neq\beta\in(Q/(f))_{\mathfrak{B}}^{\perp}$. 由引理所给的条件，$Q/(f)$ 属于 $\mathscr{F}$. 又，主理想 $(f)$ 与 $\Gamma$ 同构（都看成 $\Gamma$-模），所以 $(f)\in\mathscr{F}$，因此 $Q\in\mathscr{F}$. □

**引理 12** 设 $\mathfrak{B}$ 为 ACC 环. $\Gamma=\mathfrak{B}[x]$，$\mathscr{F}$ 为一些 $\Gamma$-模所组

成的模族，而且 $\Gamma\in\mathscr{F}$，则或者每一个 $\Gamma$-模都属于 $\mathscr{F}$；或者 $\mathfrak{B}$ 有一个非零的理想 $I$ 使有 $M$ 为 $\Gamma$-模，$M_{\mathfrak{B}}^{\perp}=I$，且 $M\bar{\in}\mathscr{F}$，但当 $C_{\mathfrak{B}}^{\perp}\supset I$ 时，$C$ 必属于 $\mathscr{F}$.

证　如果有 $M$ 为 $\Gamma$-模，但 $M\bar{\in}\mathscr{F}$，那么，由于 $M_{\mathfrak{B}}^{\perp}$ 是 $\mathfrak{B}$ 的理想，而 $\mathfrak{B}$ 是 ACC 环，这些 $M_{\mathfrak{B}}^{\perp}$ 中必有一个极大，设为 $I=M_{\mathfrak{B}}^{\perp}$.

如果 $I\neq 0$，那么，这个 $I$ 就是引理中所要求的 $I$.

假定 $I=0$，于是由 $I$ 的定义，有 $M\bar{\in}\mathscr{F}$，$M_{\mathfrak{B}}^{\perp}=0$，但若 $C_{\mathfrak{B}}^{\perp}\neq 0$，$C$ 一定属于 $\mathscr{F}$. 由引理 11，$\Gamma$ 的任何素理想都属于 $\mathscr{F}$.

在 $M$ 中取 $y_1$，使 $y_1^{\perp}=\max\{m^{\perp}\mid m\in M\}$. 由引理 10，$y_1^{\perp}=Q_1$ 是 $\Gamma$ 的一个素理想. 再在 $M$ 中取 $y_2$，使 $\bar{y}_2^{\perp}=\max\{\bar{m}^{\perp}\mid \bar{m}\in M/\Gamma y_1\}$，这里 $\bar{y}_2$ 为在同态 $M\to M/\Gamma y_1$ 下，$y_2$ 所取的象. 于是 $\bar{y}_2^{\perp}=Q_2$ 也是素理想. 再在 $M$ 中取 $y_3$，使 $\bar{\bar{y}}_3^{\perp}=\max\{\bar{\bar{m}}^{\perp}\mid \bar{\bar{m}}\in M/\Gamma y_1+\Gamma y_2\}$，则 $\bar{\bar{y}}_3^{\perp}=Q_3$ 是素理想，如此，我们可以取到 $y_1, y_2, \cdots$. 让 $M_i$ 由 $y_1, y_2, \cdots, y_i$ 所生成，我们有

$$0=M_0\subseteq M_1\subseteq\cdots\subseteq M_m\subseteq\cdots\subseteq M.$$

但 $M$ 有限生成，$\Gamma$ 为 ACC 环，必有 $n$，使 $M=M_n$. 由 $y_i$ 与 $Q_i$ 的定义知 $M_1=\Gamma y_1\cong\Gamma/Q_1$，$M_2/M_1=\Gamma\bar{y}_2\cong\Gamma/Q_2$，$M_3/M_2\cong\Gamma\bar{\bar{y}}_3\cong\Gamma/Q_3$，$\cdots$，$M_n/M_{n-1}=M/M_{n-1}\cong\Gamma/Q_{n-1}$. 因为 $\Gamma$ 与 $Q_i$ 都属于 $\mathscr{F}$，所以对所有的 $i$，都有 $M_{i+1}/M_i\in\mathscr{F}$. 但 $M_1\in\mathscr{F}$，所以 $M_2\in\mathscr{F}$. 再由 $M_3/M_2\in\mathscr{F}$，知 $M_3\in\mathscr{F}$，$\cdots$，最后得 $M=M_n\in\mathscr{F}$. 发生矛盾.

因此 $I=0$ 的情况是不可能发生的. □

**引理 13**　设 $\mathfrak{B}$ 为 ACC 环，$\Gamma=\mathfrak{B}[x]$，$S$ 为由所有 $\mathfrak{B}[x]\underset{\mathfrak{B}}{\otimes}B$ 所组成的 $\Gamma$-模之模类，而 $B$ 通过所有的 $\mathfrak{B}$-模，并让 $\mathscr{F}$ 为由 $S$ 所生成的模族，则 $\mathscr{F}$ 包含所有的 $\Gamma$-模.

再提醒一句，本附录中所有的模(除非特别声明)都是有限生成模.

证　用反证法. 假定 $\mathscr{F}$ 不包含所有的 $\Gamma$-模，则由引理 12，$\mathfrak{B}$ 有一个非零的理想 $I$，使有 $\Gamma$-模 $M\bar{\in}\mathscr{F}$，$M_{\mathfrak{B}}^{\perp}=I$，但当 $C_{\mathfrak{B}}^{\perp}\supset I$

时，$C$ 必属于 $\mathscr{F}$.

令 $\overline{\mathfrak{B}}=\mathfrak{B}/I$, $\overline{\Gamma}=\overline{\mathfrak{B}}[x]$, $\overline{\mathfrak{B}}$ 与 $\overline{\Gamma}$ 当然仍是 ACC 环. 照样取 $\overline{S}$ 与 $\overline{\mathscr{F}}$. 每一个 $\overline{\Gamma}$-模 $\overline{C}$ 都可定义成为一个 $\Gamma$-模(让 $\gamma\overline{C}=\overline{\gamma}\overline{C}$, 这里 $\overline{\gamma}$ 是在同态 $\Gamma\to\overline{\Gamma}$ $T$, $\gamma$ 所取的象). 于是, 可由数学归纳法证明, 若 $\overline{C}\in\mathscr{C}^n(\overline{S})$, 则 $\overline{C}\in\mathscr{C}^n(S)$.

我们肯定, $\overline{\mathscr{F}}$ 不能包含所有的 $\overline{\Gamma}$-模. 例如上述的 $M$, 因为 $IM=0$, 所以 $M$ 可以看成一个 $\overline{\Gamma}$-模. 如果 $M\in\overline{\mathscr{F}}$, 它必属于某一个 $\mathscr{C}^n(\overline{S})$, 因而 $M\in\mathscr{C}^n(S)$, 这样它就必属于 $\mathscr{F}$. 这违反 $M$ 的条件.

由引理 12, $\overline{\mathfrak{B}}=\mathfrak{B}/I$ 有一个非零的理想 $\overline{I}=I_1/I$, 使有 $\overline{M}$ 为 $\overline{\Gamma}$-模, $\overline{M}\overline{\in}\overline{\mathscr{F}}$, $\overline{M}^{\perp}_{\overline{\mathfrak{B}}}=\overline{I}$, 且当 $\overline{C}^{\perp}\supset\overline{I}$ 时, $\overline{C}$ 必属于 $\overline{\mathscr{F}}$,

以 $\overline{\mathfrak{B}}$, $\overline{\Gamma}$, $\overline{I}$ 代替原来的 $\mathfrak{B}$, $\Gamma$ 与 $I$, 我们又可得到 $I_2$, 使 $I\subset I_1\subset I_2$. 这样将可永无止境地作下去, 因而得到 $\mathfrak{B}$ 的理想的一个无穷升链. 这是不可能的, 因为 $\mathfrak{B}$ 是 ACC 环. □

由引理 13 立得

**引理 14** 设 $\mathfrak{B}$ 为 ACC 环, 且任何 $\mathfrak{B}$-模均可有限自由分解, 则多项式环 $\Gamma=\mathfrak{B}[x]$ 上的任何模也都可以有限自由分解.

证 若 $B$ 可有限自由分解, 则 $\mathfrak{B}[x]\underset{\mathfrak{B}}{\otimes}B$ 也必可有限自由分解, 因为 $\mathfrak{B}[x]$ 是平坦 $\mathfrak{B}$-模. 于是引理 13 的 $S$ 中任何 $\Gamma$-模都可自由分解. 由引理 9, 并用归纳法知 $\mathscr{C}^n(S)$ 中任何 $\Gamma$-模也必可有限自由分解, 于是 $\mathscr{F}$ 中任何 $\Gamma$-模均可有限自由分解, 而由引理 13, $\mathscr{F}$ 包含了所有的 $\Gamma$-模. □

由引理 6 与引理 14, 再应用简单的数学归纳法即得预理 3. 定理全部证毕.

# 参 考 文 献


[1] 周伯壎,左模张量与同调维数,数学研究与评论,创刊号(1980).
[2] 周伯壎,左模的张量积与三复形,南京大学学报(自然科学版),1982年第二期.
[3] 佟文廷,环模及其张量积的广义对偶性,数学研究与评论,**4**(1984).
[4] 胡述安,左模张量积函子 I,数学研究与评论,**3**(1983).
[5] 胡述安,左模张量积函子 II,数学研究与评论,**3**(1983).
[6] 刘迎胜,左模张量积及其线性映射,数学研究与评论,**2**(1981).
[7] 李 微,关于本原环的总体维数,南京大学数学半年刊,**1**(1984).
[8] Anderson, F. and Fuller, K., Rings and Categories of Modules, Springer-Verlag, 1974.
[9] Auslander, M. and Buchsbaum, D. A., Homological Dimension in Local Rings, *Trans. AMS.*, **85**(1957), 390—405.
[10] Auslander, Homological Dimension in Noetherian Rings, *Trans. AMS.*, **88**(1958), 194—206.
[11] Auslander, Unique Factorization in Regular Rings, *Proc. Nat. Acad. Sci. USA.*, **45**(1959).
[12] Cartan, H. and Eilenberg, S., Homological Algebra, Princeton U. Press, 1956.
[13] Chase, S. U., Direct Products of Modules, *Trans. AMS.*, **97**(1960).
[14] Eilenberg, S. and MacLane, S., General Theory of Natural Equivalence, *Trans. AMS.*, **58**(1945).
[15] Hilton, P. J. and Stammbach, U., A Course in Homological Algebra, Springer-Verlag, 1970.
[16] Faith, C., Algebra, Rings, Modules, and Categories I, Springer-Verlag, 1973.
[17] Jacobson, N., The Structure of Rings, *Colloquium Publ. AMS.*, 1956.
[18] Jans, J. P., Rings and Homology, Holt., 1964.
[19] Kan, D., Adjoint Functors, *Trans. AMS.*, **87**(1958).
[20] Kaplansky, I., On the Dimension of Modules and Algebras X, *Nagoya Math. J.*, **13**(1958).
[21] Kaplansky, Projective Modules, *Ann. of Math.*, **68**(1958).
[22] Kaplansky, Fields and Rings, Chicago U. Press, 1969.
[23] Kaplansky, Infinite Abelian Groups, U. of Michigan Press, 1954.
[24] Kaplansky, Commutative Rings, 1974.
[25] Lam, T. Y., Serre's Conjecture Lecture Notes 635, Springer-Verlag, 1978.
[26] MacLane, S., Homology, Springer-Verlag, 1963.
[27] Matlis, E., Injective Modules over Noetherian Rings, *Pac. J. of Math.*, **8**(1958).

[28] Matsumura, H., Commutative Algebra, 1981.
[29] Mitchell, B. Theory of Categories, Acad. Press, 1965.
[30] Northcott, D. G., An Introduction to Homological Algebra, Cambridge U. Press, 1973.
[31] Northcott, A First Course of Homological Algebra, Cambridge U. Press, 1973.
[32] Northcott, Ideal Theory, Cambridge Tracts., 1953.
[33] Quillen, D., Projective Modules over Polynomial Rings, *Invent. Math.*, **36** (1976).
[34] Rotman, J. J., An Introduction to Homological Algebra, Acad. Press, 1979.
[35] Silvester, J. P., Introduction to Algebraic K-Theory, 1981.
[36] Suslin, A. A., On Projective Modules over a Polynomial Ring are Free, *Dokl.*, **229** (1976).
[37] Swan, R. G., Vector Bundles and Projective Modules, *Trans. AMS.*, **105** (1962).

# 索 引

## 三 画



## 四 画



## 五 画

## 六　画



## 七　画

## 八　画



## 九　画



## 十　画



## 十 一 画

## 十二与十三画



## 十四画以上

# 《现代数学基础丛书》已出版书目

1 数理逻辑基础(上册) 1981.1 胡世华 陆钟万 著
2 数理逻辑基础(下册) 1982.8 胡世华 陆钟万 著
3 紧黎曼曲面引论 1981.3 伍鸿熙 吕以辇 陈志华 著
4 组合论(上册) 1981.10 柯 召 魏万迪 著
5 组合论(下册) 1987.12 魏万迪 著
6 数理统计引论 1981.11 陈希孺 著
7 多元统计分析引论 1982.6 张尧庭 方开泰 著
8 有限群构造(上册) 1982.11 张远达 著
9 有限群构造(下册) 1982.12 张远达 著
10 测度论基础 1983.9 朱成熹 著
11 分析概率论 1984.4 胡迪鹤 著
12 微分方程定性理论 1985.5 张芷芬 丁同仁 黄文灶 董镇喜 著
13 傅里叶积分算子理论及其应用 1985.9 仇庆久 陈恕行 是嘉鸿 刘景麟 蒋鲁敏 编
14 辛几何引论 1986.3 J.柯歇尔 邹异明 著
15 概率论基础和随机过程 1986.6 王寿仁 编著
16 算子代数 1986.6 李炳仁 著
17 线性偏微分算子引论(上册) 1986.8 齐民友 编著
18 线性偏微分算子引论(下册) 1992.1 齐民友 徐超江 编著
19 实用微分几何引论 1986.11 苏步青 华宣积 忻元龙 著
20 微分动力系统原理 1987.2 张筑生 著
21 线性代数群表示导论(上册) 1987.2 曹锡华 王建磐 著
22 模型论基础 1987.8 王世强 著
23 递归论 1987.11 莫绍揆 著
24 拟共形映射及其在黎曼曲面论中的应用 1988.1 李 忠 著
25 代数体函数与常微分方程 1988.2 何育赞 萧修治 著
26 同调代数 1988.2 周伯壎 著
27 近代调和分析方法及其应用 1988.6 韩永生 著
28 带有时滞的动力系统的稳定性 1989.10 秦元勋 刘永清 王 联 郑祖庥 著
29 代数拓扑与示性类 1989.11 [丹麦] I.马德森 著
30 非线性发展方程 1989.12 李大潜 陈韵梅 著

31　仿微分算子引论　1990.2　陈恕行　仇庆久　李成章　编
32　公理集合论导引　1991.1　张锦文　著
33　解析数论基础　1991.2　潘承洞　潘承彪　著
34　二阶椭圆型方程与椭圆型方程组　1991.4　陈亚浙　吴兰成　著
35　黎曼曲面　1991.4　吕以辇　张学莲　著
36　复变函数逼近论　1992.3　沈燮昌　著
37　Banach 代数　1992.11　李炳仁　著
38　随机点过程及其应用　1992.12　邓永录　梁之舜　著
39　丢番图逼近引论　1993.4　朱尧辰　王连祥　著
40　线性整数规划的数学基础　1995.2　马仲蕃　著
41　单复变函数论中的几个论题　1995.8　庄圻泰　杨重骏　何育赞　闻国椿　著
42　复解析动力系统　1995.10　吕以辇　著
43　组合矩阵论(第二版)　2005.1　柳柏濂　著
44　Banach 空间中的非线性逼近理论　1997.5　徐士英　李　冲　杨文善　著
45　实分析导论　1998.2　丁传松　李秉彝　布　伦　著
46　对称性分岔理论基础　1998.3　唐　云　著
47　Gel'fond-Baker 方法在丢番图方程中的应用　1998.10　乐茂华　著
48　随机模型的密度演化方法　1999.6　史定华　著
49　非线性偏微分复方程　1999.6　闻国椿　著
50　复合算子理论　1999.8　徐宪民　著
51　离散鞅及其应用　1999.9　史及民　编著
52　惯性流形与近似惯性流形　2000.1　戴正德　郭柏灵　著
53　数学规划导论　2000.6　徐增堃　著
54　拓扑空间中的反例　2000.6　汪　林　杨富春　编著
55　序半群引论　2001.1　谢祥云　著
56　动力系统的定性与分支理论　2001.2　罗定军　张　祥　董梅芳　著
57　随机分析学基础(第二版)　2001.3　黄志远　著
58　非线性动力系统分析引论　2001.9　盛昭瀚　马军海　著
59　高斯过程的样本轨道性质　2001.11　林正炎　陆传荣　张立新　著
60　光滑映射的奇点理论　2002.1　李养成　著
61　动力系统的周期解与分支理论　2002.4　韩茂安　著
62　神经动力学模型方法和应用　2002.4　阮　炯　顾凡及　蔡志杰　编著
63　同调论——代数拓扑之一　2002.7　沈信耀　著
64　金兹堡-朗道方程　2002.8　郭柏灵　黄海洋　蒋慕容　著

65 排队论基础 2002.10 孙荣恒 李建平 著
66 算子代数上线性映射引论 2002.12 侯晋川 崔建莲 著
67 微分方法中的变分方法 2003.2 陆文端 著
68 周期小波及其应用 2003.3 彭思龙 李登峰 谌秋辉 著
69 集值分析 2003.8 李 雷 吴从炘 著
70 强偏差定理与分析方法 2003.8 刘 文 著
71 椭圆与抛物型方程引论 2003.9 伍卓群 尹景学 王春朋 著
72 有限典型群子空间轨道生成的格(第二版) 2003.10 万哲先 霍元极 著
73 调和分析及其在偏微分方程中的应用(第二版) 2004.3 苗长兴 著
74 稳定性和单纯性理论 2004.6 史念东 著
75 发展方程数值计算方法 2004.6 黄明游 编著
76 传染病动力学的数学建模与研究 2004.8 马知恩 周义仓 王稳地 靳 祯 著
77 模李超代数 2004.9 张永正 刘文德 著
78 巴拿赫空间中算子广义逆理论及其应用 2005.1 王玉文 著
79 巴拿赫空间结构和算子理想 2005.3 钟怀杰 著
80 脉冲微分系统引论 2005.3 傅希林 闫宝强 刘衍胜 著
81 代数学中的 Frobenius 结构 2005.7 汪明义 著
82 生存数据统计分析 2005.12 王启华 著
83 数理逻辑引论与归结原理(第二版) 2006.3 王国俊 著
84 数据包络分析 2006.3 魏权龄 著
85 代数群引论 2006.9 黎景辉 陈志杰 赵春来 著
86 矩阵结合方案 2006.9 王仰贤 霍元极 麻常利 著
87 椭圆曲线公钥密码导引 2006.10 祝跃飞 张亚娟 著
88 椭圆与超椭圆曲线公钥密码的理论与实现 2006.12 王学理 裴定一 著
89 散乱数据拟合的模型、方法和理论 2007.1 吴宗敏 著
90 非线性演化方程的稳定性与分歧 2007.4 马 天 汪宁宏 著
91 正规族理论及其应用 2007.4 顾永兴 庞学诚 方明亮 著
92 组合网络理论 2007.5 徐俊明 著
93 矩阵的半张量积:理论与应用 2007.5 程代展 齐洪胜 著
94 鞅与 Banach 空间几何学 2007.5 刘培德 著
95 非线性常微分方程边值问题 2007.6 葛渭高 著
96 戴维-斯特瓦尔松方程 2007.5 戴正德 蒋慕蓉 李栋龙 著
97 广义哈密顿系统理论及其应用 2007.7 李继彬 赵晓华 刘正荣 著
98 Adams 谱序列和球面稳定同伦群 2007.7 林金坤 著

99　矩阵理论及其应用　2007.8　陈公宁　编著

100　集值随机过程引论　2007.8　张文修　李寿梅　汪振鹏　高　勇　著

101　偏微分方程的调和分析方法　2008.1　苗长兴　张　波　著

102　拓扑动力系统概论　2008.1　叶向东　黄　文　邵　松　著

103　线性微分方程的非线性扰动(第二版)　2008.3　徐登洲　马如云　著

104　数组合地图论(第二版)　2008.3　刘彦佩　著

105　半群的 $S$-系理论(第二版)　2008.3　刘仲奎　乔虎生　著

106　巴拿赫空间引论(第二版)　2008.4　定光桂　著

107　拓扑空间论(第二版)　2008.4　高国士　著

108　非经典数理逻辑与近似推理(第二版)　2008.5　王国俊　著

109　非参数蒙特卡罗检验及其应用　2008.8　朱力行　许王莉　著

110　Camassa-Holm 方程　2008.8　郭柏灵　田立新　杨灵娥　殷朝阳　著

111　环与代数(第二版)　2009.1　刘绍学　郭晋云　朱　彬　韩　阳　著

112　泛函微分方程的相空间理论及应用　2009.4　王　克　范　猛　著

113　概率论基础(第二版)　2009.8　严士健　王隽骧　刘秀芳　著

114　自相似集的结构　2010.1　周作领　瞿成勤　朱智伟　著

115　现代统计研究基础　2010.3　王启华　史宁中　耿　直　主编

116　图的可嵌入性理论(第二版)　2010.3　刘彦佩　著

117　非线性波动方程的现代方法(第二版)　2010.4　苗长兴　著

118　算子代数与非交换 $L_p$ 空间引论　2010.5　许全华　吐尔德别克　陈泽乾　著

119　非线性椭圆型方程　2010.7　王明新　著

120　流形拓扑学　2010.8　马　天　著

121　局部域上的调和分析与分形分析及其应用　2011.4　苏维宜　著

122　Zakharov 方程及其孤立波解　2011.6　郭柏灵　甘在会　张景军　著

123　反应扩散方程引论(第二版)　2011.9　叶其孝　李正元　王明新　吴雅萍　著

124　代数模型论引论　2011.10　史念东　著

125　拓扑动力系统——从拓扑方法到遍历理论方法　2011.12　周作领　尹建东　许绍元　著

126　Littlewood-Paley 理论及其在流体动力学方程中的应用　2012.3　苗长兴　吴家宏　章志飞　著

127　有约束条件的统计推断及其应用　2012.3　王金德　著

128　混沌、Mel'nikov 方法及新发展　2012.6　李继彬　陈凤娟　著

129　现代统计模型　2012.6　薛留根　著

130　金融数学引论　2012.7　严加安　著

131　零过多数据的统计分析及其应用　2013.1　解锋昌　韦博成　林金官　著

132　分形分析引论　2013.6　胡家信　著
133　索伯列夫空间导论　2013.8　陈国旺　编著
134　广义估计方程估计方程　2013.8　周　勇　著
135　统计质量控制图理论与方法　2013.8　王兆军　邹长亮　李忠华　著
136　有限群初步　2014.1　徐明曜　著
137　拓扑群引论(第二版)　2014.3　黎景辉　冯绪宁　著
138　现代非参数统计　2015.1　薛留根　著